全国中医药行业高等教育“十四五”规划教材
全国高等中医药院校规划教材（第十一版）

物　理　学

（新世纪第五版）

（供中药学及相关专业用）

主　编　章新友　侯俊玲

中国中医药出版社
·北　京·

图书在版编目（CIP）数据

物理学 / 章新友，侯俊玲主编 . -- 5 版 . -- 北京：
中国中医药出版社，2021.6（2024.6重印）
全国中医药行业高等教育“十四五”规划教材
ISBN 978-7-5132-6833-2

Ⅰ . ①物… Ⅱ . ①章… ②侯… Ⅲ . ①物理学－中医
学院－教材 Ⅳ . ① O4

中国版本图书馆 CIP 数据核字 (2021) 第 052093 号

融合出版数字化资源服务说明

全国中医药行业高等教育“十四五”规划教材为融合教材，各教材相关数字化资源（电子教材、PPT 课件、视频、复习思考题等）在全国中医药行业教育云平台“医开讲”发布。

资源访问说明

扫描右方二维码下载“医开讲 APP”或到“医开讲网站”（网址：www.e-lesson.cn）注册登录，输入封底“序列号”进行账号绑定后即可访问相关数字化资源（注意：序列号只可绑定一个账号，为避免不必要的损失，请您刮开序列号立即进行账号绑定激活）。

资源下载说明

本书有配套 PPT 课件，供教师下载使用，请到“医开讲网站”（网址：www.e-lesson.cn）认证教师身份后，搜索书名进入具体图书页面实现下载。

中国中医药出版社出版
北京经济技术开发区科创十三街 31 号院二区 8 号楼
邮政编码　100176
传真　010-64405721
万卷书坊印刷（天津）有限公司印刷
各地新华书店经销

开本 889×1194　1/16　印张 22.25　字数 593 千字
2021 年 6 月第 5 版　2024 年 6 月第 4 次印刷
书号　ISBN 978-7-5132-6833-2

定价　83.00 元
网址　www.cptcm.com

服务热线　010-64405510　微信服务号　zgzyycbs
购书热线　010-89535836　微商城网址　https://kdt.im/LIdUGr
维权打假　010-64405753　天猫旗舰店网址　https://zgzyycbs.tmall.com

如有印装质量问题请与本社出版部联系（010-64405510）

全国中医药行业高等教育“十四五”规划教材
全国高等中医药院校规划教材（第十一版）

《物理学》
编 委 会

主　编

章新友（江西中医药大学）　　侯俊玲（北京中医药大学）

副主编

邵建华（上海中医药大学）　　顾柏平（南京中医药大学）
韦相忠（广西中医药大学）　　李　光（长春中医药大学）

编　委（以姓氏笔画为序）

王　勤（贵州中医药大学）　　王冬梅（黑龙江中医药大学）
王蕴华（天津中医药大学）　　孔志勇（山东中医药大学）
邬家成（安徽中医药大学）　　刘　慧（成都中医药大学）
李　敏（浙江中医药大学）　　汪　捷（湖南中医药大学）
宋　璐（陕西中医药大学）　　张春强（江西中医药大学）
陈伟炜（福建中医药大学）　　陈继红（河南中医药大学）
冼慧敏（广州中医药大学）　　高建平（甘肃中医药大学）
高清河（辽宁中医药大学）　　梅　婷（北京中医药大学）

《物理学》

融合出版数字化资源编创委员会

全国中医药行业高等教育“十四五”规划教材

全国高等中医药院校规划教材（第十一版）

主　编

章新友（江西中医药大学）　侯俊玲（北京中医药大学）

副主编

邵建华（上海中医药大学）　顾柏平（南京中医药大学）

韦相忠（广西中医药大学）　李　光（长春中医药大学）

编　委（以姓氏笔画为序）

王　勤（贵州中医药大学）　王冬梅（黑龙江中医药大学）

王蕴华（天津中医药大学）　孔志勇（山东中医药大学）

邬家成（安徽中医药大学）　刘　慧（成都中医药大学）

李　敏（浙江中医药大学）　汪　捷（湖南中医药大学）

宋　璐（陕西中医药大学）　张春强（江西中医药大学）

陈伟炜（福建中医药大学）　陈继红（河南中医药大学）

冼慧敏（广州中医药大学）　高建平（甘肃中医药大学）

高清河（辽宁中医药大学）　梅　婷（北京中医药大学）

专家指导委员会

彭代银（安徽中医药大学校长）
董竞成（复旦大学中西医结合研究院院长）
韩晶岩（北京大学医学部基础医学院中西医结合教研室主任）
程海波（南京中医药大学校长）
鲁海文（内蒙古医科大学副校长）
翟理祥（广东药科大学校长）

秘书长（兼）

陆建伟（国家中医药管理局人事教育司司长）
侯卫伟（中国中医药出版社有限公司董事长）

办公室主任

周景玉（国家中医药管理局人事教育司副司长）
李秀明（中国中医药出版社有限公司总编辑）

办公室成员

陈令轩（国家中医药管理局人事教育司综合协调处处长）
李占永（中国中医药出版社有限公司副总编辑）
张峘宇（中国中医药出版社有限公司副总经理）
芮立新（中国中医药出版社有限公司副总编辑）
沈承玲（中国中医药出版社有限公司教材中心主任）

编审专家组

前 言

为全面贯彻《中共中央 国务院关于促进中医药传承创新发展的意见》和全国中医药大会精神，落实《国务院办公厅关于加快医学教育创新发展的指导意见》《教育部 国家卫生健康委 国家中医药管理局关于深化医教协同进一步推动中医药教育改革与高质量发展的实施意见》，紧密对接新医科建设对中医药教育改革的新要求和中医药传承创新发展对人才培养的新需求，国家中医药管理局教材办公室（以下简称“教材办”）、中国中医药出版社在国家中医药管理局领导下，在教育部高等学校中医学类、中药学类、中西医结合类专业教学指导委员会及全国中医药行业高等教育规划教材专家指导委员会指导下，对全国中医药行业高等教育“十三五”规划教材进行综合评价，研究制定《全国中医药行业高等教育“十四五”规划教材建设方案》，并全面组织实施。鉴于全国中医药行业主管部门主持编写的全国高等中医药院校规划教材目前已出版十版，为体现其系统性和传承性，本套教材称为第十一版。

本套教材建设，坚持问题导向、目标导向、需求导向，结合“十三五”规划教材综合评价中发现的问题和收集的意见建议，对教材建设知识体系、结构安排等进行系统整体优化，进一步加强顶层设计和组织管理，坚持立德树人根本任务，力求构建适应中医药教育教学改革需求的教材体系，更好地服务院校人才培养和学科专业建设，促进中医药教育创新发展。

本套教材建设过程中，教材办聘请中医学、中药学、针灸推拿学三个专业的权威专家组成编审专家组，参与主编确定，提出指导意见，审查编写质量。特别是对核心示范教材建设加强了组织管理，成立了专门评价专家组，全程指导教材建设，确保教材质量。

本套教材具有以下特点：

1.坚持立德树人，融入课程思政内容

将党的二十大精神进教材，把立德树人贯穿教材建设全过程、各方面，体现课程思政建设新要求，发挥中医药文化育人优势，促进中医药人文教育与专业教育有机融合，指导学生树立正确世界观、人生观、价值观，帮助学生立大志、明大德、成大才、担大任，坚定信念信心，努力成为堪当民族复兴重任的时代新人。

2.优化知识结构，强化中医思维培养

在“十三五”规划教材知识架构基础上，进一步整合优化学科知识结构体系，减少不同学科教材间相同知识内容交叉重复，增强教材知识结构的系统性、完整性。强化中医思维培养，突出中医思维在教材编写中的主导作用，注重中医经典内容编写，在《内经》《伤寒论》等经典课程中更加突出重点，同时更加强化经典与临床的融合，增强中医经典的临床运用，帮助学生筑牢中医经典基础，逐步形成中医思维。

3.突出“三基五性”，注重内容严谨准确

坚持“以本为本”，更加突出教材的“三基五性”，即基本知识、基本理论、基本技能，思想性、科学性、先进性、启发性、适用性。注重名词术语统一，概念准确，表述科学严谨，知识点结合完备，内容精炼完整。教材编写综合考虑学科的分化、交叉，既充分体现不同学科自身特点，又注意各学科之间的有机衔接；注重理论与临床实践结合，与医师规范化培训、医师资格考试接轨。

4.强化精品意识，建设行业示范教材

遴选行业权威专家，吸纳一线优秀教师，组建经验丰富、专业精湛、治学严谨、作风扎实的高水平编写团队，将精品意识和质量意识贯穿教材建设始终，严格编审把关，确保教材编写质量。特别是对32门核心示范教材建设，更加强调知识体系架构建设，紧密结合国家精品课程、一流学科、一流专业建设，提高编写标准和要求，着力推出一批高质量的核心示范教材。

5.加强数字化建设，丰富拓展教材内容

为适应新型出版业态，充分借助现代信息技术，在纸质教材基础上，强化数字化教材开发建设，对全国中医药行业教育云平台“医开讲”进行了升级改造，融入了更多更实用的数字化教学素材，如精品视频、复习思考题、AR/VR等，对纸质教材内容进行拓展和延伸，更好地服务教师线上教学和学生线下自主学习，满足中医药教育教学需要。

本套教材的建设，凝聚了全国中医药行业高等教育工作者的集体智慧，体现了中医药行业齐心协力、求真务实、精益求精的工作作风，谨此向有关单位和个人致以衷心的感谢！

尽管所有组织者与编写者竭尽心智，精益求精，本套教材仍有进一步提升空间，敬请广大师生提出宝贵意见和建议，以便不断修订完善。

国家中医药管理局教材办公室
中国中医药出版社有限公司
2023年6月

编写说明

物理学是全国高等中医药院校中药学类本科专业的一门必修课程，通过本课程的学习，旨在培养学生的科学素养和创新思维，也是学习后继课程及将来从事中药学工作和研究的必备基础。

全国中医药行业高等教育“十四五”规划教材《物理学》，是根据教育部关于普通高等教育教材建设与改革意见的精神，为适应我国高等中医药院校中药学类本科专业教育发展，满足全国中医药行业高等教育“十四五”期间中药学类本科专业物理学课程教学需要而编写。本教材在国家中医药管理局教材办公室的统一规划、宏观指导下，由来自全国20所高等中医药院校从事物理学课程教学和研究的一线教师联合编写而成，可供高等中医药院校中药学及相关专业本科生使用。

本教材共分十六章。在分别介绍质点力学基础、刚体的转动、流体动力学基础、分子物理学基础、热力学基础、静电场、恒定电流与电路、恒定磁场、电磁感应、振动和波、波动光学、量子力学基础、原子光谱与分子光谱、原子核物理基础、光学基本知识与药用光学仪器以及近代物理专题等选修章节（带“*”号）的基础上，力求与中药学类专业的教学、科研和生产实践紧密结合，在保证教材的科学性、系统性的前提下，重点介绍物理学在中药学领域的最新成果。本教材力求做到概念准确、条理清晰、语言流畅、教师好教、学生好学，为此，在每章前面编写了教学要求，各章后面编写了小结和习题，需要重点理解和记忆的公式还作了加框标记，第一次定义的重要物理名词注明了英文。为了落实立德树人根本任务和增强教材的可读性，激发学生学习物理学的兴趣，在每章小结前或正文中增加了“课程思政”和“知识链接”等内容，介绍了许多物理学家的生平和事迹，以及正能量故事和有趣的物理学知识。有的章节标题前加“*”号，表示为选修内容，可供学生自学，以扩大学生的知识面。本教材后附与物理学相关的常数、单位、符号和物理量的定义等内容。本教材涉及的物理量、单位和符号均采用国际单位制和我国的国家标准。

在纸质教材基础上提供了配套的数字化教学素材，包括本课程的PPT、知识拓展内容、精品视频等，助力老师线上教学和学生线下学习。

本教材编写分工如下：第一章由邵建华、高清河编写；第二章由韦相忠、高清河编写；第三章由邬家成、高清河编写；第四章由张春强、冼慧敏编写；第五章由王勤、汪捷编写；第六章由李光、汪捷编写；第七章由侯俊玲、梅婷编写；第八章由刘慧、汪捷编写；第九章由李敏、宋璐编写；第十章由高建平、宋璐编写；第十一章由章新友、张春强编写；第十二章由王蕴华、宋璐编写；第十三章由顾柏平、孔志勇编写；第十四章由陈伟炜、孔志勇编写；第十五章由章新友、陈继红编写；第十六章由王冬梅、孔志勇编写。各章编者中第一作

者是纸质教材的执笔者，第二作者主要是协助第一作者完成本章的数字化教材编写工作。

本教材在编写过程中得到国家中医药管理局教材办公室、中国中医药出版社和江西中医药大学有关领导，以及全国各兄弟院校领导和同行的支持与帮助，在此一并表示感谢。为使教材日臻完善，如发现存有不足，希望广大读者和教师提出宝贵意见，以便再版和重印时修订提高。

《物理学》编委会

2021 年 3 月

目 录

第一章

质点力学基础

扫一扫，查阅本章数字资源，含PPT、音视频、图片等

【教学要求】

1. 了解理想模型质点的概念和描写质点运动的物理量（参量），掌握牛顿运动定律及其适用条件。

2. 理解动量和冲量的概念，理解动量守恒定律。

3. 了解功和能的概念以及相互关系，熟练应用机械能守恒定律计算有关问题。

力学是研究物体机械运动规律的一门学科。力学现象普遍存在于自然界和生命科学等领域。机械运动是物质运动最简单、最基本的初级运动形式，自然界几乎所有的运动都包含有机械运动的成分。

以牛顿的三大运动定律为基础的力学称为牛顿力学。力的作用有时间和空间效应，即动量和功的概念以及由此引出的动量守恒和机械能守恒定律。

本章主要介绍矢量、质点的概念、运动形式的描述以及牛顿运动定律，讨论动量和功及其相关的守恒定律。

第一节　理想模型　矢量

本节我们将介绍理想模型——质点的概念，以及描写运动学所必需的数学概念——矢量。

一、理想模型

（一）研究对象的简化和抽象

任何物体都有大小和形状。一般而言，物体运动时其内部各点的位置变化是不一样的，形状和大小也可能发生变化。因此，物体的运动是非常复杂的。例如地球的运动有绕太阳的公转、绕地轴的自转以及其他物体的运动等，然而通过分析，认为地球的公转是其主要的运动。物理学中，常常对实际研究对象进行简化，确定影响运动的主要因素，从而建立相应的理想模型。

（二）质点

有些运动问题中，物体的大小和形状对于所研究的问题影响不大，可以忽略，这时可将物体抽象为一个只有质量而没有大小和形状的几何点，这样的点称为**质点**（particle）。

1. 当物体平移时，物体上各点的运动相同，可用物体上任一点的运动来代表整个物体的运动，此时可将该物体当作质点。

2. 当物体的线度远小于所研究问题的相关线度时，物体上的每一点的运动情况认为相同，可将物体视为质点。

一般的物体可看成由许多质点组成的质点系统，称为**质点系**（system of particles）。

二、矢量

（一）位置矢量

质点的位置可以用矢量来表示。设某一时刻 t 质点位于空间中的 P 点，从参考点 O（通常取坐标原点）引向点 P 的有向线段 $\boldsymbol{OP}$ 称为 t 时刻该质点的**位置矢量**（position vector），用 $\boldsymbol{r}$ 表示，如图 1-1 所示。由于位置矢量是时间 t 的函数，一般写作

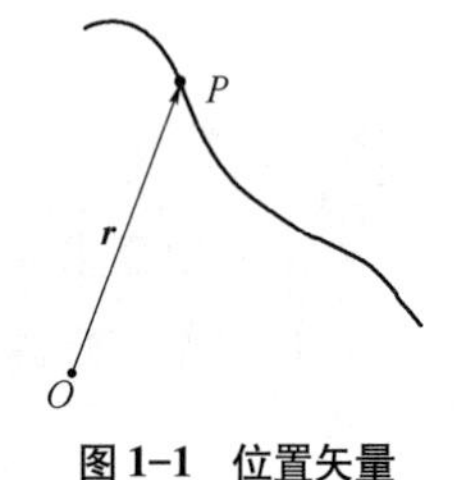

图 1-1　位置矢量

$$\boxed{\boldsymbol{r}=\boldsymbol{r}(t)} \tag{1-1}$$

它描述了质点在任一时刻 t 相对于坐标原点的距离和方位，因此，式 1-1 称为质点运动的**矢量方程**（vector equation）。

（二）位移矢量

位移是反映质点位置变化的物理量。

设时刻 t 质点位于 P（t）点，其位置矢量是 $\boldsymbol{r}_1$，时刻 $t+\Delta t$ 位于 Q（$t+\Delta t$）点，位置矢量是 $\boldsymbol{r}_2$，从起始位置 P 指向终止位置 Q 的有向线段 $\boldsymbol{PQ}$，称为**位移矢量**（displacement vector），用 $\Delta\boldsymbol{r}$ 表示，如图 1-2 所示。通常写作：

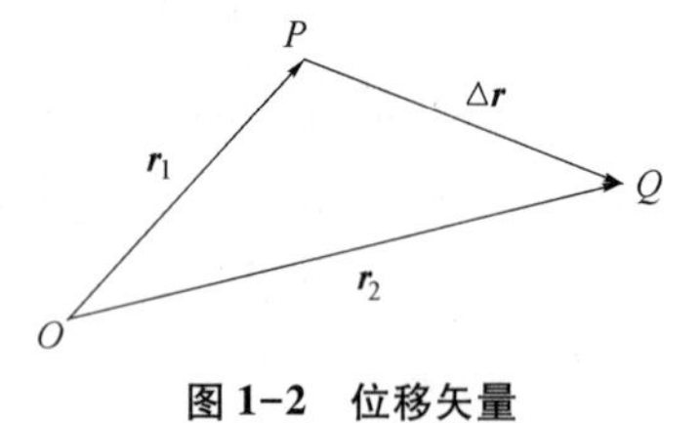

图 1-2　位移矢量

$$\boxed{\Delta\boldsymbol{r}=\boldsymbol{r}_2-\boldsymbol{r}_1} \tag{1-2}$$

需要注意，位置矢量依赖于坐标系的选取，而位移矢量与坐标系的选取无关。

第二节　质点的运动

本节我们从质点运动的特点出发，介绍质点运动的速度、加速度、直线运动、圆周运动。

一、速度

描述质点运动快慢和方向的物理量是速度。在 Δt 时间内质点运动的平均速度可定义为质点的位移和发生这段位移所经历的时间 Δt 之比，即

$$\boxed{\bar{\boldsymbol{v}}=\frac{\Delta\boldsymbol{r}}{\Delta t}} \tag{1-3}$$

平均速度是矢量，其方向与位移的方向相同。为了精确反映质点在某一瞬时的运动情况，引入瞬时速度，简称**速度**（velocity），定义为

$$\boxed{\boldsymbol{v}=\lim_{\Delta t\to 0}\frac{\Delta\boldsymbol{r}}{\Delta t}=\frac{\mathrm{d}\boldsymbol{r}}{\mathrm{d}t}} \tag{1-4}$$

速度是矢量，大小是描述质点在 t 时刻运动的快慢，方向是 t 时刻质点运动的方向，即沿着质点所在处运动轨迹的切线而指向运动的前方。它反映了 t 时刻质点的运动状态，如图 1-3 所示。速度的大小称为**速率**（speed），以 v 表示。用 Δs 表示质点在 Δt 时间内沿运动轨迹所经过的路程，那么当 $\Delta t \to 0$ 时，$|\Delta \boldsymbol{r}|$ 与 Δs 趋于一致，则有

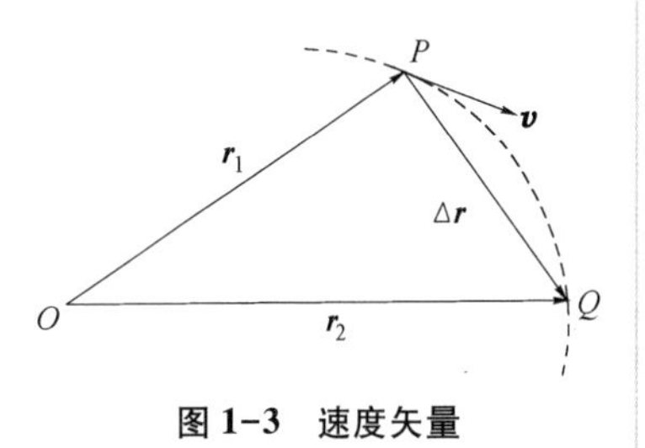

图 1-3　速度矢量

$$v = |\boldsymbol{v}| = \lim_{\Delta t \to 0} \frac{|\Delta \boldsymbol{r}|}{\Delta t} = \lim_{\Delta t \to 0} \frac{\Delta s}{\Delta t} = \frac{\mathrm{d}s}{\mathrm{d}t} \tag{1-5}$$

二、加速度

质点运动时，它的速度可能随时间变化，为了描述质点速度的变化情况，引入加速度的概念。设质点在时刻 t 和 $t+\Delta t$ 的速度分别为 $\boldsymbol{v}_1$ 和 $\boldsymbol{v}_2$，则平均加速度定义为

$$\bar{\boldsymbol{a}} = \frac{\boldsymbol{v}_2 - \boldsymbol{v}_1}{\Delta t} = \frac{\Delta \boldsymbol{v}}{\Delta t} \tag{1-6}$$

同理，质点在时刻 t 的瞬时加速度，简称**加速度**（acceleration），定义为

$$\boxed{\boldsymbol{a} = \lim_{\Delta t \to 0} \frac{\Delta \boldsymbol{v}}{\Delta t} = \frac{\mathrm{d}\boldsymbol{v}}{\mathrm{d}t}} \tag{1-7}$$

若以 $\boldsymbol{v} = \dfrac{\mathrm{d}\boldsymbol{r}}{\mathrm{d}t}$ 代入式 1-7，加速度也可写成

$$\boxed{\boldsymbol{a} = \frac{\mathrm{d}^2 \boldsymbol{r}}{\mathrm{d}t^2}} \tag{1-8}$$

由定义可知，加速度是矢量，其方向就是 $\Delta t \to 0$ 时速度增量 $\Delta \boldsymbol{v}$ 的极限方向。对于直线运动，加速度是时间的函数；对于匀变速直线运动，加速度是一个恒量。

在国际单位制（SI）中，速度和加速度的单位分别是米/秒（m/s）和米/秒^2（m/s^2）。

三、直线运动

在匀变速直线运动中，质点加速度为常量，即 a = 常量，则由式 1-7 有

$$\int_{v_0}^{v} \mathrm{d}v = \int_0^t a \mathrm{d}t$$

积分得

$$\boxed{v = v_0 + at} \tag{1-9}$$

将上式代入式 1-5，有

$$\int_{s_0}^{s} \mathrm{d}s = \int_0^t (v_0 + at) \mathrm{d}t$$

积分得

$$s = s_0 + v_0 t + \frac{1}{2} a t^2$$

若 $s_0 = 0$，则

$$\boxed{s = v_0 t + \frac{1}{2} a t^2} \tag{1-10}$$

将式 1-9 和式 1-10 中消去参数 t，可得

$$\boxed{v^2 - v_0^2 = 2as} \tag{1-11}$$

四、圆周运动

（一）匀速（率）圆周运动

质点沿圆周运动时，在相同的时间内运动的路程相等，称为**匀速（率）圆周运动**（uniform circular motion）。质点在运动时，速度大小不变，只是方向改变。因此，其加速度就是速度方向的变化率。如图 1-4 所示。

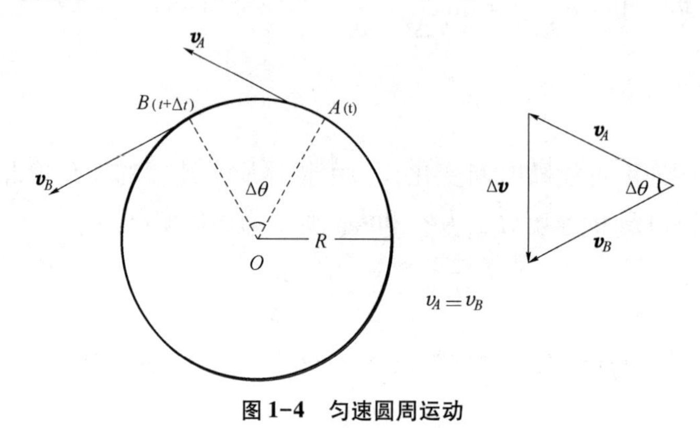

图 1-4 匀速圆周运动

加速度为

$$a=\frac{\mathrm{d}v}{\mathrm{d}t}=v_A\frac{\mathrm{d}\theta}{\mathrm{d}t}=v_A\cdot\frac{\mathrm{d}s}{R\mathrm{d}t}=\frac{v_A^2}{R} \tag{1-12}$$

由图 1-4 可知，当 $\Delta t\to 0$ 时，$\Delta\theta\to 0$，则dv垂直速度v_A。即加速度指向圆心，称为**向心加速度**（centripetal acceleration）。

（二）变速圆周运动

一般质点沿圆周运动时，速度大小、方向均随时间变化，即变速圆周运动，如图 1-5 所示。

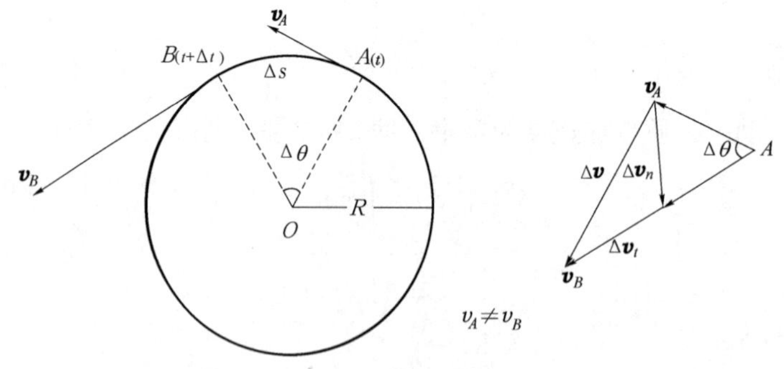

图 1-5 变速圆周运动

在矢量 $\boldsymbol{v}_B$ 上截一段，其长度等于 v_A，作矢量 $\Delta\boldsymbol{v}_n$ 和 $\Delta\boldsymbol{v}_t$，有

$$\Delta\boldsymbol{v}=\Delta\boldsymbol{v}_n+\Delta\boldsymbol{v}_t$$

$$\boldsymbol{a}=\frac{\mathrm{d}\boldsymbol{v}}{\mathrm{d}t}=\frac{\mathrm{d}\boldsymbol{v}_n}{\mathrm{d}t}+\frac{\mathrm{d}\boldsymbol{v}_t}{\mathrm{d}t}=\boldsymbol{a}_n+\boldsymbol{a}_t$$

有

$$\boxed{a_n=\frac{v^2}{R}}\qquad\boxed{a_t=\frac{\mathrm{d}v}{\mathrm{d}t}} \tag{1-13}$$

a_n 的方向指向圆心且与 a_t 垂直，称为**法向加速度**（normal acceleration）。a_t 的方向沿运动轨

迹的切线方向，称为**切向加速度**(tangential acceleration)。法向加速度反映了速度方向的变化，切向加速度反映了速度大小的变化。

例 1-1　某列车出发时，速度由静止均匀增大，轨迹是半径 $R=800\text{m}$ 的圆弧，如图 1-6 所示。已知列车出发后第 3 分钟时，速率为 $\upsilon=20\text{m/s}$。求列车出发后，第 2 分钟时的切向和法向以及总加速度。

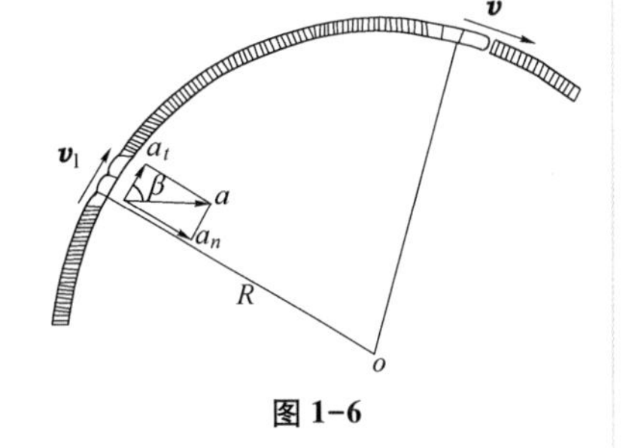

图 1-6

解：可以将车厢上任一点的运动表示为列车的运动，适用于质点运动学。

切向加速度 $a_t=\frac{\mathrm{d}\upsilon}{\mathrm{d}t}=\frac{\upsilon-0}{t}=\frac{20}{3\times60}=0.11\ (\text{m/s}^2)$

$\because\ t_1=2\text{min}$ 时的速率 $\upsilon_1=a_t t_1$

$\therefore$ 法向加速度

$$a_n=\frac{\upsilon_1^2}{R}=\frac{(a_t t_1)^2}{R}$$

$$=\frac{(0.11\times60\times2)^2}{800}=0.22\ (\text{m/s}^2)$$

总加速度大小为

$$a=\sqrt{a_n^2+a_t^2}=\sqrt{0.22^2+0.11^2}=0.25(\text{m/s}^2)$$

a 与 a_t 的夹角为

$$\beta=\text{arctg}\frac{a_n}{a_t}=\text{arctg}\frac{0.22}{0.11}=63.4°$$

第三节　牛顿运动定律

本节主要讨论质点动力学。而动力学的基本定律是牛顿运动定律。牛顿运动定律是经典力学的基础，虽然它一般是对质点而言的，但这并不影响定律的广泛适用性，因为物体在很多情况下可以看作是质点的集合。牛顿在 1687 年发表的《自然哲学的数学原理》中提出了质点运动三定律。他通过质点运动的种种现象，总结出了惯性、加速度和作用力三者的关系，揭示出了质点运动的规律。

一、牛顿第一定律（Newton's first law）

牛顿第一定律可表述为：任何物体都保持其静止或匀速直线运动状态，直到外力使其改变这种状态为止。

牛顿第一定律给出了惯性的概念，即任何物体都具有保持自己原有运动状态的固有属性。因此，牛顿第一定律也称为“**惯性定律**”。同时又阐述了力和运动的关系，运动并不需要力去维持，只有当物体的运动状态发生变化时，才需要力的作用，即力是改变运动状态的原因。

二、牛顿第二定律（Newton's second law）

牛顿第二定律可表述为：物体所受合力大小与物体的动量随时间变化率成正比，合力的方向与动量 $\boldsymbol{P}$ 变化率的方向相同。

定律表达式为：

$$\boldsymbol{F}=\frac{\mathrm{d}\boldsymbol{p}}{\mathrm{d}t}=\frac{\mathrm{d}(m\boldsymbol{\upsilon})}{\mathrm{d}t}=m\frac{\mathrm{d}\boldsymbol{\upsilon}}{\mathrm{d}t}+\boldsymbol{\upsilon}\frac{\mathrm{d}m}{\mathrm{d}t}\tag{1-14}$$

牛顿当时认为，一个物体（应理解为质点）的质量是一个与它的运动速度无关的常量。

因此，上式可写成：

$$\boxed{\boldsymbol{F}=m\frac{\mathrm{d}\boldsymbol{v}}{\mathrm{d}t}=m\boldsymbol{a}} \tag{1-15}$$

在牛顿力学中，式1-14和式1-15是等价的。当物体速度接近光速时，其质量明显与速度有关，因而式1-15不再适用，而式1-14仍然是成立的。

从牛顿第二定律可以看出，在合力一定时，质量越大，加速度越小；质量越小，加速度越大。就是说，质量大的物体，改变其运动状态较难，反之，比较容易。说明质量反映了物体维持原有运动状态的能力。因此，将此质量称为**“惯性质量”**（inertial mass）。

几点说明：

（1）牛顿第二定律是力的瞬时作用规律。即瞬时的合力对应瞬时加速度。力与加速度之间具有瞬时性和同向性。

（2）牛顿第二定律表达式是矢量形式，在具体应用时，必须根据物体运动特征选取适当的坐标系，列出牛顿第二定律的分量式，解出分量后，可根据需要进行合成。

（3）这里讲的物体都是对质点而言的。

三、牛顿第三定律（Newton's third law）

牛顿第三定律可表述为：两物体相互作用时，如果$\boldsymbol{F}_{12}$表示第一个物体受第二个物体的作用力，以$\boldsymbol{F}_{21}$表示第二个物体受第一个物体的作用力，力$\boldsymbol{F}_{12}$与$\boldsymbol{F}_{21}$总是大小相等，方向相反，并在一直线上。定律的数学形式为：

$$\boldsymbol{F}_{12}=-\boldsymbol{F}_{21}$$

牛顿第三定律指出物体之间的作用是相互的，有受力者必然同时有施力者。作用力和反作用力的性质相同，同时出现，同时作用，同时消失。它们大小相等、方向相反，沿同一作用线分别作用在两个物体上。

牛顿运动定律适用范围：

（1）牛顿运动定律只适用于惯性系。

（2）牛顿运动定律适用于与光速相比速度低得多的物体。否则要应用相对论力学。

（3）牛顿运动定律适用于宏观物体，若在微观领域，要应用量子力学。

四、牛顿运动定律的应用

通常将力学问题分为两类，一类是已知力求运动；另一类是已知运动求力。有时两者兼有，关键是正确分析物体的受力情况。

例1-2 在光滑的水平面上放一质量为M的楔块，楔块倾角为θ，斜面光滑。今在其斜面上放一质量为m的物块。求这两物体的加速度以及它们之间的相互作用力。

解：分别选楔块和物块作为研究对象，它们的受力情况如图1-7所示。由于水平面光滑，在物块下滑过程中，楔块会向后运动。以水平面为惯性参考系，建立直角坐标系。

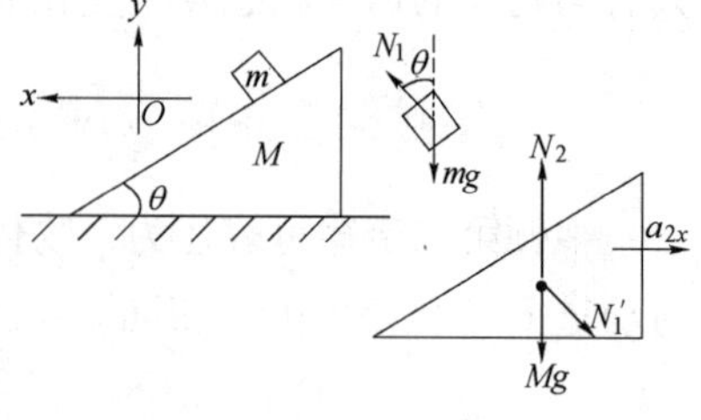

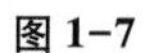
图1-7

物块m受到重力mg和楔块对它的支持力N_1的作用，其加速度大小为a_1，则有

$$N_1\sin\theta=ma_{1x}$$

$$N_1\cos\theta - mg = ma_{1y}$$

楔块 M 受到重力 Mg，地面的支持力 N_2 以及物块对它的压力 N'_1，则有

$$-N'_1\sin\theta = -Ma_{2x}$$

$$N_2 - Mg - N'_1\cos\theta = 0$$

由牛顿第三定律知 $N_1 = N'_1$。另外，物块 m 相对于楔块的加速度沿 x 轴和 y 轴的分量为（$a_{1x}+a_{2x}$）和 a_{1y}，则

$$\mathrm{tg}\theta = \frac{-a_{1y}}{a_{1x}+a_{2x}}$$

解上述方程，可得

$$a_{1x} = \frac{Mg\sin\theta\cos\theta}{M + m\sin^2\theta}, \qquad a_{2x} = \frac{mg\sin\theta\cos\theta}{M + m\sin^2\theta}$$

$$a_{1y} = \frac{-(m + M)g\sin^2\theta}{M + m\sin^2\theta}, \qquad N_1 = \frac{Mmg\cos\theta}{M + m\sin^2\theta}$$

第四节　动量定理与动量守恒定律

牛顿第二运动定律反映了力的瞬时效应，即表示了力和受力物体加速度的瞬时关系。事实上，力对物体的作用可能要持续一段时间，力的作用将累积起来产生一个总效果。同时力不仅作用于质点，而且更普遍地说是作用于质点系。本节主要讨论力的时间累积效应的规律——动量定理和在特定条件下的守恒定律——动量守恒定律。

一、冲量和动量定理

（一）冲量

在很多情况下，我们需要考虑力按时间累积的效果。将牛顿第二定律写成微分形式，即

$$\boldsymbol{F}\mathrm{d}t = \mathrm{d}\boldsymbol{p} \tag{1-16}$$

两边积分得

$$\boxed{\int_{t_1}^{t_2}\boldsymbol{F}\mathrm{d}t = \int_{p_1}^{p_2}\mathrm{d}\boldsymbol{p} = \boldsymbol{p}_2 - \boldsymbol{p}_1} \tag{1-17}$$

上式中左侧积分表示在 t_1 到 t_2 这段时间内合外力的**冲量**（impulse），用 $\boldsymbol{I}$ 表示，即

$$\boxed{\boldsymbol{I} = \int_{t_1}^{t_2}\boldsymbol{F}\mathrm{d}t} \tag{1-18}$$

（二）质点的动量定理

式 1-17 可写成

$$\boxed{\boldsymbol{I} = \boldsymbol{p}_2 - \boldsymbol{p}_1} \tag{1-19}$$

上式表明，在给定时间间隔内，质点所受合外力的冲量等于质点在同一时间内动量的增量。这就是**动量定理**（theorem of momentum）。

从式 1-19 看出，左边冲量是一个过程量，右边动量的增量是一个状态量，是力作用的效果。要产生同样的效果，即动量的增量相同，力可以有大小，力大，作用时间短，力小，作用时间长。只要力的时间累积即冲量相同即可。

在碰撞这类问题中，物体相互作用时间很短，力的变化很快。这种力称为**冲力**（impulsive force）。我们可以利用动量定理对这冲力的大小有个估计，即冲力对碰撞时间的平均，称为**平均冲力**。用$\overline{\boldsymbol{F}}$表示平均冲力，则

$$\overline{\boldsymbol{F}}=\frac{\int_{t_1}^{t_2}\boldsymbol{F}(t)\mathrm{d}t}{t_2-t_1}=\frac{\boldsymbol{p}_2-\boldsymbol{p}_1}{t_2-t_1} \tag{1-20}$$

例 1-3 一质量为$m=2.5\mathrm{g}$的小球，以初速$v_1=20\mathrm{m/s}$与桌面法线成45°角飞向桌面，然后以$v_2=18\mathrm{m/s}$的速度与桌面法线成30°角方向弹起。求小球所受到的冲量。如果碰撞时间为0.01s，求小球受到的平均冲力。

图 1-8

解：将小球视为质点，$\alpha_1=45°$，$\alpha_2=30°$，建立直角坐标系，如图 1-8 所示。动量定理沿x轴和y轴的分量式是

$$I_x=mv_2\sin\alpha_2-mv_1\sin\alpha_1=-1.29\times10^{-2}\mathrm{N\cdot s}$$

$$I_y=mv_2\cos\alpha_2-(-mv_1\cos\alpha_1)=7.4\times10^{-2}\mathrm{N\cdot s}$$

∴ 小球受到的冲量为

$$I=\sqrt{I_x^2+I_y^2}=7.5\times10^{-2}\mathrm{N\cdot s}$$

与x轴夹角为

$$\alpha=\mathrm{arctg}\frac{I_y}{I_x}=99.9°$$

小球与桌面碰撞过程中，受到重力mg和桌面的支持力N，则合外力的冲量为$I=\int_{\Delta t}(mg+N)\mathrm{d}t=mg\Delta t+N\Delta t$，小球受到的平均冲力$\overline{N}=I/\Delta t-mg$。重力$mg=2.5\times10^{-3}\times9.8=2.45\times10^{-2}$（N），$|\boldsymbol{I}|=7.5\times10^{-2}\mathrm{N\cdot s}$，$|\boldsymbol{I}|/\Delta t=7.5\mathrm{N}$。因为$mg\ll|\boldsymbol{I}|/\Delta t$，所以小球受到的平均冲力$\overline{N}=7.5\mathrm{N}$，且与$x$轴成99.9°角。

在碰撞问题中，相互作用时间都很短，所以像重力、摩擦力等远小于相互作用的平均冲力，在计算时可忽略不计。

二、质点系的动量定理

（一）质点系

由相互作用的若干个质点（或质量元）组成的系统，称为**质点系**。质点系内各质点间的相互作用力称为**内力**（internal force）。质点系以外的物体对质点系中任一质点的作用力称为**外力**（external force）。

（二）质点系动量定理

我们先讨论由两个质点组成的质点系统，设两个质点质量分别为m_1和m_2，分别受到外力$\boldsymbol{F}_1$和$\boldsymbol{F}_2$，相互作用的内力分别为$\boldsymbol{f}_{12}$和$\boldsymbol{f}_{21}$。由动量定理得

$$\int_{t_1}^{t_2}(\boldsymbol{F}_1+\boldsymbol{f}_{12})\mathrm{d}t=\boldsymbol{p}_1-\boldsymbol{p}_{10},\quad \int_{t_1}^{t_2}(\boldsymbol{F}_2+\boldsymbol{f}_{21})\mathrm{d}t=\boldsymbol{p}_2-\boldsymbol{p}_{20}$$

两式相加，$\int_{t_1}^{t_2}(\boldsymbol{F}_1+\boldsymbol{f}_{12})\mathrm{d}t+\int_{t_1}^{t_2}(\boldsymbol{F}_2+\boldsymbol{f}_{21})\mathrm{d}t=\boldsymbol{p}_1+\boldsymbol{p}_2-(\boldsymbol{p}_{10}+\boldsymbol{p}_{20})$

由牛顿第三定律可知$\boldsymbol{f}_{12}=-\boldsymbol{f}_{21}$，则上式为

$$\int_{t_1}^{t_2}(\boldsymbol{F}_1+\boldsymbol{F}_2)\mathrm{d}t=\boldsymbol{p}_1+\boldsymbol{p}_2-(\boldsymbol{p}_{10}+\boldsymbol{p}_{20})$$

将这个结果推广到有任意多个质点的质点系。由于质点系中的各个内力总是以作用力和反作用力出现的，因此它们总的矢量和为零。从而可以得到

$$\boxed{\int_{t_1}^{t_2}\sum_i \boldsymbol{F}_i\mathrm{d}t=\int_{t_1}^{t_2}\boldsymbol{F}_{外}\,\mathrm{d}t=\boldsymbol{p}-\boldsymbol{p}_0} \qquad (1-21)$$

上式表明，质点系受到的合外力的冲量等于质点系总动量的增量，称为**质点系动量定理**(theorem of momentum of particle system)。

三、动量守恒定律

若质点系所受到的合外力为零，则质点系的总动量的增量亦为零，由式 1-21 可知

$$当\ \boldsymbol{F}_{外}=\boldsymbol{0},\quad 则\quad \boxed{\boldsymbol{p}=\boldsymbol{p}_0=常矢量} \qquad (1-22)$$

就是说，当某个质点系所受到的合外力为零时，这个质点系的总动量保持不变。这一结论称为**动量守恒定律**（law of conservation of momentum）。

几点说明：

（1）动量守恒定律是从牛顿定律导出的，所以它只适用于惯性系。式 1-22 中的动量必须是同一惯性系中的测量值。

（2）实践表明，动量守恒定律是自然界的普遍规律，它不仅在宏观范围适用，而且在微观领域也适用。

（3）在质点系所受到的外力比内力小得多的情况下，外力对质点系的总动量变化影响甚小，这时可认为$\boldsymbol{F}_{外}=\boldsymbol{0}$，即满足守恒条件，就可以近似地应用动量守恒定律。像碰撞、打击、爆炸等这类问题，都可以这样处理。

若质点系所受到的合外力矢量和并不为零，但合外力在某一坐标轴上的分量为零时，这时质点系总动量虽不守恒，但总动量在该坐标轴上的分量守恒。

例 1-4　在光滑的水平轨道上，某辆车以$v_0=3\mathrm{m/s}$的速度行驶，设车质量$m_1=200\mathrm{kg}$，车上站立一人，质量$m_2=50\mathrm{kg}$。若此人向与车辆速度v_0成 30°角的方向水平地跳出车外，跳出速度（相对于地面）$v_2=6\mathrm{m/s}$，求人跳出后车辆的速度及跳出过程中轨道受到的侧向冲量。

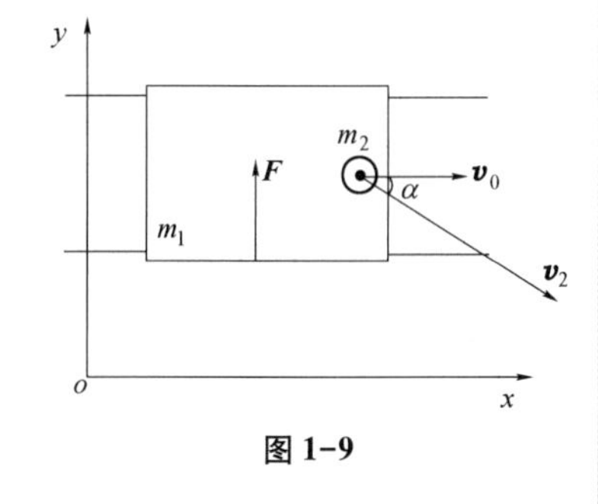

图 1-9

解：选择人、车辆为一个系统，外力是重力、轨道向上支持力和轨道侧向力，由于轨道光滑，所以侧向力与轨道垂直。所有外力在 x 方向的投影为零，因此 x 方向上的动量守恒。以地面为参照系，建立坐标如图 1-9 所示。设人跳出后车速为v_1，轨道对车的侧向力为 F，

$\because \sum_i F_{ix}=0$　　　　$\therefore \boldsymbol{p}_x=常量$，有

$$(m_1+m_2)v_0=m_1v_1+m_2v_2\cos\alpha$$

解得
$$v_1=\frac{(m_1+m_2)\ v_0-m_2v_2\cos\alpha}{m_1}=2.45\mathrm{m/s}$$

由动量定理得
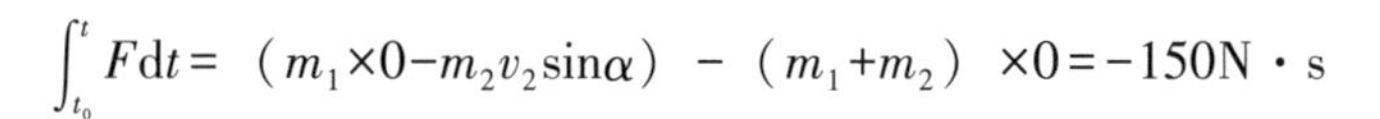
$$\int_{t_0}^{t}F\mathrm{d}t=(m_1\times0-m_2v_2\sin\alpha)-(m_1+m_2)\times0=-150\mathrm{N\cdot s}$$

即车受到的冲量沿 y 负方向。根据牛顿第三定律，轨道受到的冲量的大小是 150N·s，方向垂直向上。

第五节 功和能 机械能守恒定律

在许多实际问题中，一个质点受到的力不但随时间变化，同时也随它的位置而变化。有时我们无法知道力随时间变化的关系，但事先可以知道力和位置的关系。因此，我们可以研究力对空间的累积效应。

本节主要介绍功、动能和势能的基本概念，讨论质点和质点系在运动过程中，功和机械运动能量的转换关系，由此导出动能定理、功能原理和机械能守恒定律。

一、功

设一质点受到变力 $\boldsymbol{F}$ 的作用沿一曲线运动，由 a 点移动到 b 点，如图 1-10 所示。将全部路程分成许多小段（位移元 $\mathrm{d}\boldsymbol{r}$），力 $\boldsymbol{F}$ 在位移元上对质点作的元功为

$$\mathrm{d}A=\boldsymbol{F}\cdot\mathrm{d}\boldsymbol{r}$$

就是说，功等于质点受到的力和它的位移的点乘积，也称标积。将全部路径上的元功加起来就可以得到力 $\boldsymbol{F}$ 对质点作的总功，即

$$A=\int_a^b\boldsymbol{F}\cdot\mathrm{d}\boldsymbol{r}=\int_{r_a}^{r_b}F\cos\theta\mathrm{d}r \tag{1-23}$$

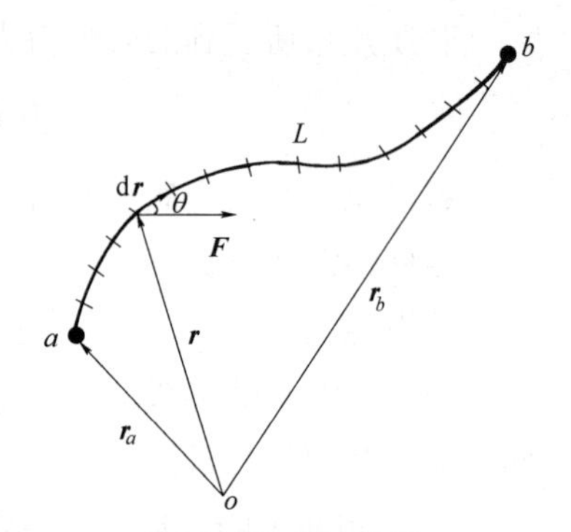

图 1-10 变力的功

这是计算功最一般的公式，这一积分在数学上称为力沿质点运动轨迹的**线积分**，其值一般既与质点运动的位置有关，又与运动的路径有关。

几点说明：

（1）功是标量，它没有方向，但有正负。当 $0\leqslant\theta<\pi/2$ 时，$A>0$，力对质点作正功；当 $\theta=\pi/2$ 时，$A=0$，力对质点不作功；当 $\pi/2<\theta\leqslant\pi$ 时，$A<0$，力对质点作负功，通常说成是质点克服力作了功。

（2）当质点同时受到几个力时，则合力对质点作的功为

$$A=\int_a^b\boldsymbol{F}\cdot\mathrm{d}\boldsymbol{r}=\int_a^b(\boldsymbol{F}_1+\boldsymbol{F}_2+\cdots)\cdot\mathrm{d}\boldsymbol{r}=\int_a^b\boldsymbol{F}_1\cdot\mathrm{d}\boldsymbol{r}+\int_a^b\boldsymbol{F}_2\cdot\mathrm{d}\boldsymbol{r}+\cdots$$
$$=A_1+A_2+\cdots$$

结果表明，合力的功等于各分力所作的功的代数和。

在国际单位（SI）制中，功的单位是焦耳，符号是 J。

$$1\mathrm{J}=1\mathrm{N}\cdot\mathrm{m}$$

二、动能、动能定理

力对物体作功会产生什么样的效果呢？下面将讨论力的空间累积效应。如图 1-11 所示，质量为 m 的质点，在合力 $\boldsymbol{F}$ 作用下由初位置 a 沿曲线移至 b，在 a 处速度为 v_a，b 处速度为 v_b。由式 1-23可得，力 $\boldsymbol{F}$ 在这过程中所作的功是

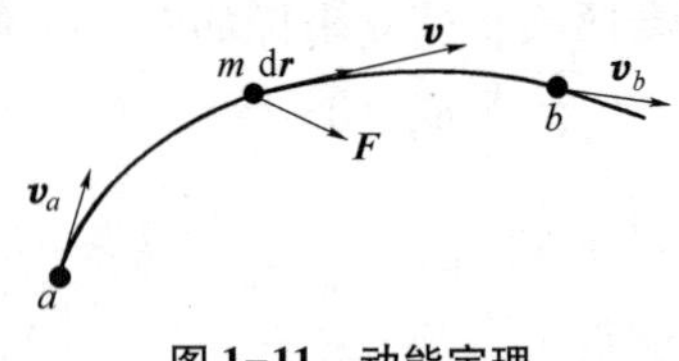

图 1-11 动能定理

$$A_{ab}=\int_a^b\boldsymbol{F}\cdot\mathrm{d}\boldsymbol{r}=\int_a^bF_t|\mathrm{d}\boldsymbol{r}|=m\int_a^ba_t|\mathrm{d}\boldsymbol{r}|$$

由于 $$a_t=\frac{\mathrm{d}v}{\mathrm{d}t},\quad |\mathrm{d}\boldsymbol{r}|=v\,\mathrm{d}t$$

因此 $$A_{ab}=m\int_a^b\frac{\mathrm{d}v}{\mathrm{d}t}v\,\mathrm{d}t=m\int_{v_a}^{v_b}v\mathrm{d}v=\frac{1}{2}mv_b^2-\frac{1}{2}mv_a^2 \tag{1-24}$$

这里出现了一个新的物理量$\frac{1}{2}mv^2$，这个量是由质点以速率表征的运动状态所决定的。这个量称为质点的**动能**（kinetic energy），用 E_k 表示，即

$$\boxed{E_k=\frac{1}{2}mv^2} \tag{1-25}$$

动能是标量，与功有相同的单位，即焦耳（J）

式 1-24 可以写成

$$\boxed{A_{ab}=E_{k_b}-E_{k_a}} \tag{1-26}$$

上式表明，合外力对质点所作的功等于质点动能的增量。这个结论称为**动能定理**（theorem of kinetic energy）。

几点说明：

（1）当 $A_{ab}>0$ 时，说明合外力对质点作正功，质点的动能增加；当 $A_{ab}<0$ 时，合外力对质点作负功，即质点克服外力作功，质点的动能减少。

（2）功和动能既有联系又有区别，功是与合外力作用下质点发生位移过程相联系的，是一个过程量。动能是表征质点运动状态的一个物理量，是一个状态量。两者又有联系，即只有合外力对质点作功，才能使质点的动能发生变化，功是能量变化的量度。

（3）式 1-26 可以推广到质点系，对于质点系中每一个质点都可列出类似式 1-26 的方程，然后将它们相加，就得到质点系的动能定理，即

$$\boxed{A=A_{外}+A_{内}=E_k-E_{k_0}} \tag{1-27}$$

这里 E_k 和 E_{k_0}分别表示质点系终态和初态的总动能，A 表示合外力作功 $A_{外}$ 和一切内力作功 $A_{内}$ 之和。

（4）动能定理适用于惯性系。

例 1-5 一质量为 m 的小球系在线的一端，线的另一端固定在墙上的钉子上，线长为 l。先使小球保持水平静止，然后松手使小球下落，求线摆下 θ 角度时这个小球的速率和线的张力。

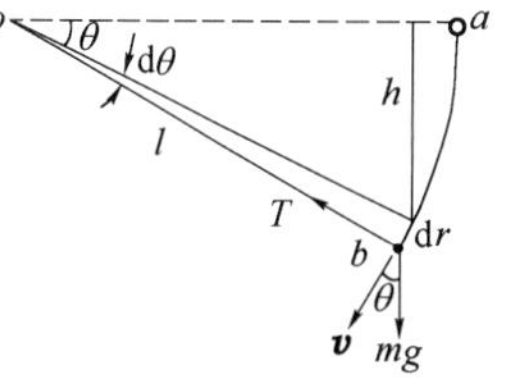

图 1-12

解：小球受到的力是 mg 和 T，如图 1-12 所示。小球由 a 落到 b 的过程中，合外力作功为

$$A_{ab}=\int_a^b(\boldsymbol{T}+m\boldsymbol{g})\cdot\mathrm{d}\boldsymbol{r}=\int_a^b\boldsymbol{T}\cdot\mathrm{d}\boldsymbol{r}+\int_a^b m\boldsymbol{g}\cdot\mathrm{d}\boldsymbol{r}=\int_a^b mg\mathrm{d}r\cos\theta$$

因为 $$\mathrm{d}r=l\mathrm{d}\theta$$

所以 $$A_{ab}=\int_0^\theta mgl\cos\theta\mathrm{d}\theta=mgl\sin\theta$$

按动能定理有

$$A_{ab}=\frac{1}{2}mv_b^2-\frac{1}{2}mv_a^2=\frac{1}{2}mv_b^2-0=mgl\sin\theta$$

所以 $$v_b=\sqrt{2gl\sin\theta}$$

小球处于 θ 角度时，由牛顿第二定律沿法向的分量式有

$$T-mg\sin\theta=m\frac{v_b^2}{l}$$

因此，线中的张力为 $$T=mg\sin\theta+m\frac{v_b^2}{l}=3mg\sin\theta$$

三、保守力、势能

（一）万有引力的功

图 1-13 中，有一质量为 M 的质点静止不动，另一质量为 m 的质点，在 M 的引力作用下从点 a 经任意路径运动到 b 点。质点 m 受到的万有引力为

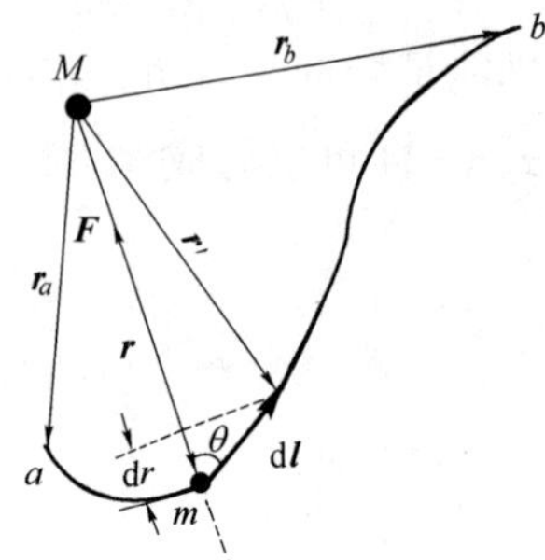

图 1-13 万有引力的功

$$\boldsymbol{F}=-G\frac{Mm}{r^2}\cdot\boldsymbol{r}_0$$

在任一段元位移 $\mathrm{d}\boldsymbol{l}$，万有引力的元功为

$$dA=\boldsymbol{F}\cdot\mathrm{d}\boldsymbol{l}=F\cos\theta\mathrm{d}l=-G\frac{Mm}{r^2}\mathrm{d}r$$

那么质点 m 从 a 点运动到 b 点时，万有引力对它作的功为

$$\boxed{A_{ab}=\int_a^b\mathrm{d}A=\int_{r_a}^{r_b}-G\frac{Mm}{r^2}\mathrm{d}r=G\frac{Mm}{r_b}-G\frac{Mm}{r_a}} \tag{1-28}$$

上式表明，万有引力所作的功只与质点的初始和终点位置有关，而与质点所经过的路径无关。

（二）保守力

重力、弹性力、万有引力等有一个共同特点，就是它们的功只与初始和终点位置有关，而与路径无关，具有这种性质的力称为**保守力**（conservative force），反之称为**非保守力**（nonconservative force），比如摩擦力、牵拉力、磁力等。保守力作功特征的数学表达式为

$$\oint_L\boldsymbol{F}\cdot\mathrm{d}\boldsymbol{r}=0$$

（三）势能

保守力作的功与路径无关，只与初始和终点位置有关。所以对两质点的系统，存在着一个由它们的相对位置决定的状态函数。这一函数相应于两个状态量的差就给出了系统从一种状态改变到另一种状态时保守力所作的功。这个由相对位置决定的函数称为系统的势能函数，简称为**势能**或**位能**（potential energy），用 E_p 表示。若用 E_{pa} 和 E_{pb} 分别表示质点在位置 a 和位置 b 处系统的势能，则它们和保守力作的功 A_{ab} 的关系是

$$\boxed{A_{ab}=E_{p_a}-E_{p_b}=-\Delta E_p} \tag{1-29}$$

上式表明，系统由位置 a 到位置 b 的过程中，保守力作的功等于系统势能的减少量（或势能增量的负值）。

几点说明：

（1）式 1-29 不仅适用于两质点系统，而且也适用于任意多质点系统，只要这些质点间的内

力是保守力。

（2）势能具有相对性，势能的值与势能零点的选取有关。例如选择位置 b 为势能零点，即规定 $E_{pb}=0$，则任一点位置 a 的势能是

$$E_{pa}=A_{a\to零点}=\int_a^{零点}\boldsymbol{F}\cdot\mathrm{d}\boldsymbol{r} \tag{1-30}$$

上式表明，系统在任一位置的势能等于它从该位置变化到势能零点的过程中保守力作的功。

四、机械能守恒定律

（一）功能原理

质点系内各质点相互作用的内力可分为保守内力和非保守内力，内力作功之和可写成

$$A_内=A_保+A_{非保}$$

式 1-27 动能定理可写成

$$A_外+A_保+A_{非保}=E_k-E_{k_0}$$

因此

$$A_外+A_{非保}=(E_k+E_p)-(E_{k_0}+E_{p_0})$$

在力学中，动能和势能之和称为**机械能**（mechanical energy），即

$$E=E_k+E_p$$

则又可写成

$$\boxed{A_外+A_{非保}=E-E_0} \tag{1-31}$$

上式表明，质点系的机械能的增量等于外力的功和非保守内力的功的总和，这个结论称为质点系的**功能原理**（principle of work and energy）。

几点说明：

（1）势能的改变已经反映了保守内力作的功，在计算功时，要将保守内力作的功除外。

（2）功能原理是从牛顿运动定律得出的，只适用于惯性系。

（3）功是过程量，动能和势能是状态量。

例 1-6　某人骑车由静止从高度为 h 的斜坡沿斜面向下行驶，到达底部时速率为 v，已知人和车的质量分别为 m_1 和 m_2。求人到达坡底的过程中摩擦力作的功 A_f。

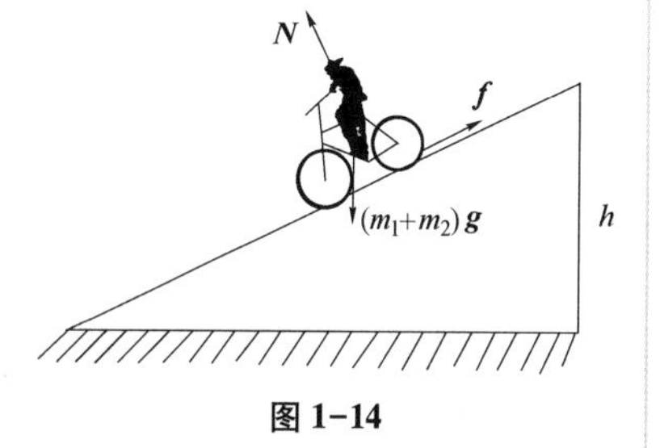

图 1-14

解：以人与车为一系统作为研究对象，系统末状态为势能零点，其受力如图 1-14 所示。

由功能原理有

$$A_f+\int_0^v\boldsymbol{N}\cdot\mathrm{d}\boldsymbol{r}=\left[\frac{1}{2}(m_1+m_2)v^2+0\right]-[0+(m_1+m_2)gh]$$

所以，摩擦力作功为

$$A_f=\frac{1}{2}(m_1+m_2)v^2-(m_1+m_2)gh$$

读者也可用动能定理求解，试比较两种方法的思路和联系。

（二）机械能守恒定律

在质点系中，如果外力的功和非保守内力的功都为零，或可忽略不计，只有保守内力作功，

质点系的机械能保持不变。即

$$\boxed{E_k + E_p = E_{k_0} + E_{p_0} = 常量} \tag{1-32}$$

其物理意义是：外力的功和非保守内力的功都为零，只有保守内力作功时，质点系的机械能守恒。这一结论称为**机械能守恒定律**（law of conservation of mechanical energy）。

例 1-7 利用机械能守恒定律再解例1-5中线摆下落 θ 角时小球的速度。

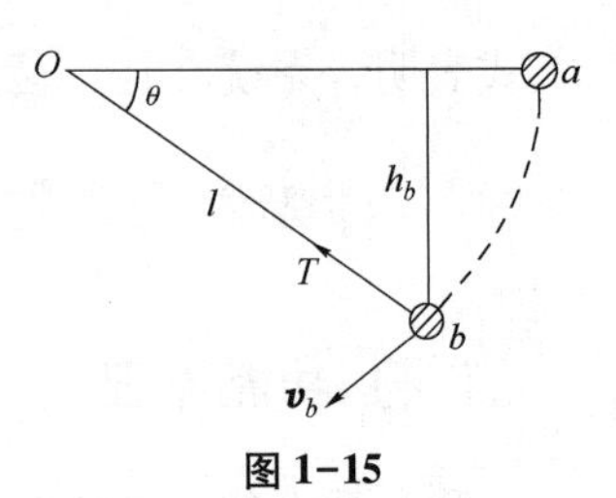

图 1-15

解：如图 1-15 所示，取小球和地球作为研究的系统。设线的悬点 O 所在高度为重力势能零点，选择地面为参照系。小球在运动过程中，线拉小球的外力始终垂直于小球的速度，所以不作功，只有保守内力重力作功，系统机械能守恒。

系统初始状态的机械能为

$$E_a = mgh_a + \frac{1}{2}mv_a^2 = 0$$

线摆下落 θ 角时系统的机械能为

$$E_b = -mgh_b + \frac{1}{2}mv_b^2$$

因为

$$h_b = l\sin\theta,\ E_a = E_b$$

由此可得

$$v_b = \sqrt{2gl\sin\theta}$$

与以前得出的结果相同，但计算大为简化。

知识链接 1

艾萨克·牛顿（Issac Newton，1643—1727 年），杰出的英国物理学家，经典物理学的奠基人。他的不朽巨著《自然哲学的数学原理》总结了前人和自己关于力学以及微分学方面的研究成果，其中包含牛顿的三条运动定律和万有引力定律，以及质量、动量、力和加速度等概念。在光学方面，他还说明了色散的起因，发现了色差及牛顿环，并提出了光的微粒说。

小　结

本章主要介绍质点运动学，建立牛顿运动定律中的惯性、加速度和作用力三者的关系，以定量的形式揭示出运动的共同规律。主要内容有：

1. 参照系　描述物体运动时选作参照的其他物体。

2. 描述质点运动的四个基本物理量

位置矢量（运动函数）：$\boldsymbol{r}=\boldsymbol{r}(t)$；　　位移矢量：$\Delta\boldsymbol{r}=\boldsymbol{r}(t+\Delta t)-\boldsymbol{r}(t)$

速度：$\boldsymbol{v}=\frac{\mathrm{d}\boldsymbol{r}}{\mathrm{d}t}$；　　加速度：$\boldsymbol{a}=\frac{\mathrm{d}\boldsymbol{v}}{\mathrm{d}t}=\frac{\mathrm{d}^2\boldsymbol{r}}{\mathrm{d}t^2}$

3. 匀变速直线运动

$\boldsymbol{a}$ = 常矢量，$v=v_0+at$；$s=v_0t+\frac{1}{2}at^2$；$v^2-v_0^2=2as$

4. 圆周运动

加速度　　$\boldsymbol{a}=\boldsymbol{a}_n+\boldsymbol{a}_t$；$a_n=\dfrac{v^2}{R}$；$a_t=\dfrac{\mathrm{d}v}{\mathrm{d}t}$

5. 牛顿运动定律

第一定律：惯性定律。给出惯性和力的概念，惯性系的定义。

第二定律：$\boldsymbol{F}=\dfrac{\mathrm{d}(m\boldsymbol{v})}{\mathrm{d}t}=\dfrac{\mathrm{d}\boldsymbol{p}}{\mathrm{d}t}$，当 m 为常量时，$\boldsymbol{F}=m\boldsymbol{a}$

第三定律：$\boldsymbol{F}_{12}=-\boldsymbol{F}_{21}$

6. 动量定理　合外力的冲量等于质点（质点系）动量的增量。

微分形式：
$$\mathrm{d}\boldsymbol{I}=\boldsymbol{F}\mathrm{d}t=\mathrm{d}\boldsymbol{p}$$

积分形式：
$$\boldsymbol{I}=\int_{t_1}^{t_2}\boldsymbol{F}\mathrm{d}t=\boldsymbol{p}_2-\boldsymbol{p}_1$$

7. 动量守恒定律　系统所受合外力为零时，$\boldsymbol{p}=\sum_i \boldsymbol{p}_i=$常矢量

8. 功

$$\mathrm{d}A=\boldsymbol{F}\cdot\mathrm{d}\boldsymbol{r};\quad A=\int_a^b\boldsymbol{F}\cdot\mathrm{d}\boldsymbol{r}$$

9. 动能定理

对于一个质点：
$$A_{外}=\frac{1}{2}mv^2-\frac{1}{2}mv_0^2$$

对于质点系：
$$A_{外}+A_{内}=E_k-E_{k_0}$$

10. 保守力　作功与路径无关，只与初始和终点位置有关的力。

11. 势能　对保守力可引进势能的概念。势能的增量等于保守力作功的负值。

$$A_{保}=-\Delta E_p$$

12. 功能关系

$$A_{外}+A_{非保}=E-E_0$$

13. 机械能守恒定律　在只有保守内力作功的情况下，系统的机械能保持不变。

习题一

1-1　物体速度为零的时刻，加速度一定为零；加速度为零的时刻，速度一定为零。这种说法正确吗？

1-2　有人认为牛顿第一定律是牛顿第二定律的特例，即合力为零时的情形，那么为什么还要单独给出牛顿第一定律呢？

1-3　何谓保守力？何谓势能？在什么条件下系统的机械能守恒？

1-4　一质点沿 x 轴运动，其速度 $v=t^3+3t^2+2$（m/s）。初始为 $t=2$s 时，$x=4$m。求当 $t=3$s 时该质点的位置、速度和加速度。

1-5　一质点沿 x 轴运动，其运动方程为 $x=4.5t^2-2t^3$（m），求：

（1）第 2 秒的平均速度。

（2）第 1 秒及第 2 秒末的速度和加速度。

（3）第 2 秒内通过的路程。

1-6 已知质点的运动方程 $x=\sqrt{3}\cos\frac{\pi}{4}t$，$y=\sin\frac{\pi}{4}t$ 。求：

（1）质点的轨迹方程。

（2）质点的速度和加速度的表达式。

（3）$t=1\text{s}$ 时质点的位置、速度和加速度。

1-7 一个质量 $m=0.14\text{kg}$ 的垒球沿水平方向以 $v_1=50\text{m/s}$ 的速率投来，经棒打击后沿仰角 45°的方向以速率 $v_2=80\text{m/s}$ 飞回。求：

（1）棒作用于球的冲量。

（2）如果球与棒接触的时间为 $\Delta t=0.02\text{s}$，求棒对球的平均冲力。它是垒球本身重量的几倍？

1-8 一支质量为 0.8kg 的手枪，水平射出一质量为 0.016kg、速度为 70m/s 的子弹，求手枪的反冲速度。

1-9 一辆停在水平轨道上的炮车以仰角 α 向前发射一炮弹，炮车与炮弹的质量分别为 M 和 m，炮弹射击速度（相对靶面）为 v_0，求炮车的反冲速度。车轮与轨道间的摩擦力忽略不计。

1-10 如图 1-16 所示，轻滑轮上跨有一轻绳，绳的两端连接质量分别为 1kg 和 2kg 的物体 A、B。现以 50N 的力向上提滑轮，求物体 A、B 的加速度分别为多少？滑轮质量及滑轮与绳间摩擦忽略不计。

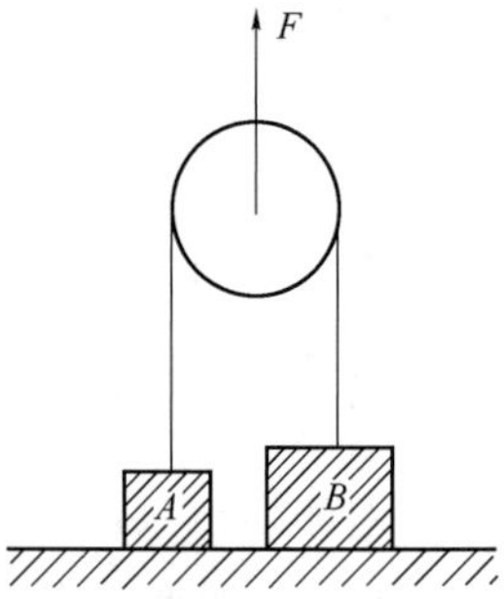

1-11 光滑水平面上固定一半径为 R 的圆形围屏，质量为 m 的滑块沿围屏内壁转动，滑块与内壁间摩擦系数为 μ。求：

（1）当滑块速度为 v 时，它受到的摩擦力及它的切向加速度。

（2）当滑块的速率由 v 减为 $\frac{v}{3}$ 时所需的时间。

图 1-16

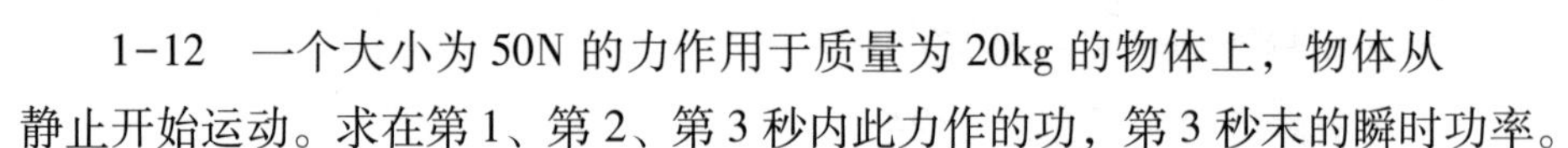

1-12 一个大小为 50N 的力作用于质量为 20kg 的物体上，物体从静止开始运动。求在第 1、第 2、第 3 秒内此力作的功，第 3 秒末的瞬时功率。

1-13 如图 1-17 所示，一变力 $F=10\sin\alpha$ N 通过轻绳和轻滑轮将一物体从 A 处（$\alpha_1=30°$）拉到 B 处（$\alpha_2=60°$）。设高 $h=2\text{m}$，求拉力 F 在此过程中对物体作的功。

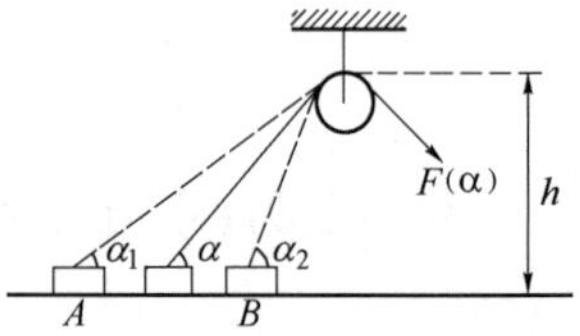

1-14 一均匀细棒长为 l，质量为 M。在棒的延长线距棒端为 a 处有一质量为 m 的质点。求 m 在 M 的引力场中的势能。

图 1-17

1-15 如图 1-18 所示，雪橇从高 h 的坡上由静止滑下后在水平面上滑行一段距离后停了下来。求：

（1）滑动摩擦系数。

（2）若 $h=2\text{m}$，倾角为 37°，到达坡底后又经过一段水平距离 $l=20\text{m}$，冲上另一倾角为 30° 的坡，设滑动摩擦系数均为 0.01，问它能冲到多高？

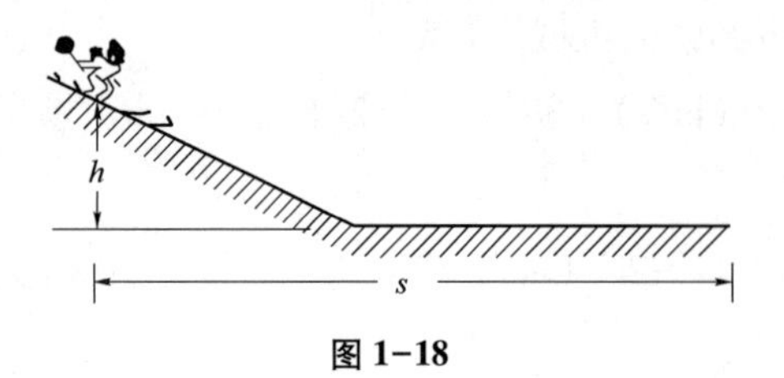

图 1-18

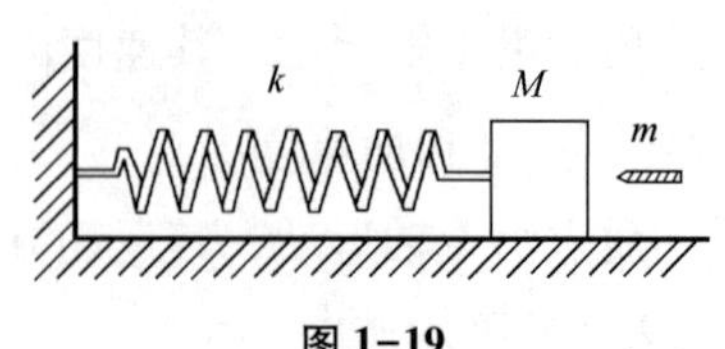

图 1-19

1-16 如图 1-19 所示，一质量为 $m=0.02\text{kg}$ 的子弹，水平射入质量 $M=8.98\text{kg}$ 的木块内，

弹簧的倔强系数 $k=100\text{N/m}$，子弹射入木块后，弹簧被压缩 10cm，求子弹的速度。（设木块与平面间的滑动摩擦系数为 0.2）

立德树人 1　两弹一星元勋王大珩院士

王大珩院士（1915—2011 年），江苏吴县人，两弹一星元勋。他是中国光学界的主要学术奠基人、开拓者和组织领导者，开拓和推动了中国国防光学工程事业。他领导研制出我国第一台红宝石激光器和首台航天照相机，主持研制出我国第一台大型光测设备。在遥感技术、计量科学、色度标准等方面也做出了重要贡献。荣获改革先锋称号，并获评“863 计划”的主要倡导者。

王大珩说：“请不要再叫我中国光学之父了。”“我是时代的幸运儿。”王大珩常说，自己顶多是中国光学事业的奠基人之一。自己所做的工作，都是在国际形势的大环境中、在国家建设需求的促进和推动下完成的，并不是个人的功劳。

王大珩说科研秘诀是老老实实地用科学的态度来对待科学。科学家精神是胸怀祖国、服务人民的爱国精神，勇攀高峰、敢为人先的创新精神，追求真理、严谨治学的求实精神，淡泊名利、潜心研究的奉献精神，集智攻关、团结协作的协同精神，甘为人梯、奖掖后学的育人精神。

第二章

刚体的转动

扫一扫，查阅本章数字资源，含PPT、音视频、图片等

【教学要求】

1. 掌握描述刚体定轴转动的三个物理量——角位移、角速度、角加速度，理解角量与线量的关系，并能熟练运用匀变速转动的运动方程进行具体计算。
2. 理解转动惯量的定义和物理意义，并能进行具体计算。
3. 掌握刚体转动定律并能具体运用。
4. 理解角动量的概念和角动量定理，掌握角动量守恒定律并能具体运用。
5. 了解陀螺的进动现象。

物体的机械运动是很复杂的，上一章我们把物体视为一质点来研究。但在许多实际问题中，如在讨论地球自转、陀螺的运动、原子及原子核的转动等时，就不能忽略它们的形状和大小，不能再把这些物体看作质点了。物体在外力作用下，其形状和大小或多或少要发生变化，即物体各部分之间会有相对运动。为了简便起见，我们引入一个理想模型——**刚体**（rigid body），即无论在多大的外力作用下，其形状和大小都不发生任何变化的物体。因此，刚体上任意两点的距离始终不变。

刚体最简单和最基本的运动是平动和定轴运动，其运动形式可以是多样化的。但再复杂的形式都可以看成是其质心的平动和绕通过质心轴转动的合成。当刚体运动时，如果刚体内任意一条直线，在运动过程中始终彼此平行，这种运动称为**平动**（translation）。作平动的刚体，其上各点的运动状态完全相同。可把它视为一质点来处理，那么，描述质点运动的各种物理量（如位移、速度、加速度等）以及牛顿定律都适用于刚体的平动，前一章已讨论过，本章主要讨论刚体定轴转动时所遵循的规律。

第一节　刚体定轴转动的描述

刚体的**转动**（rotation），即刚体上各个质点在运动中都绕同一直线做圆周运动。这一直线称为**转动轴**，简称**转轴**（axis of rotation）。其转轴固定不动的转动称为**定轴转动**（fixed-axis rotation），如电动机的转子绕轴转动就是定轴转动。定轴转动是刚体最简单的一种转动形式。下面首先介绍刚体定轴转动的特点：

（1）除转轴上的点以外，刚体上任意一个质点都绕转轴做圆周运动，但各个质点做圆周运动的半径不一定相等。

（2）各质点做圆周运动的平面垂直于轴线，圆心就是该平面与轴线的交点。

（3）各质点的矢径，在相同时间内转过的角度都相等，因此，只需要一个独立的转角（变量）就可以确定刚体的位置。

如图 2-1 所示，根据定轴转动的特点，在描述刚体的转动时，通常取任意一个垂直于定轴 OO' 的平面 S 作为转动平面。当刚体做定轴转动时，只要掌握了转动平面的运动情况，就可以确定整个刚体的运动情况。当然，仅用位移、速度、加速度这些物理量来描述刚体各质点的运动情况是很不方便的，因为转动平面上各质点的位移、速度、加速度各不相同，为此，我们引进角位移、角速度和角加速度等物理量来描述刚体的定轴转动。

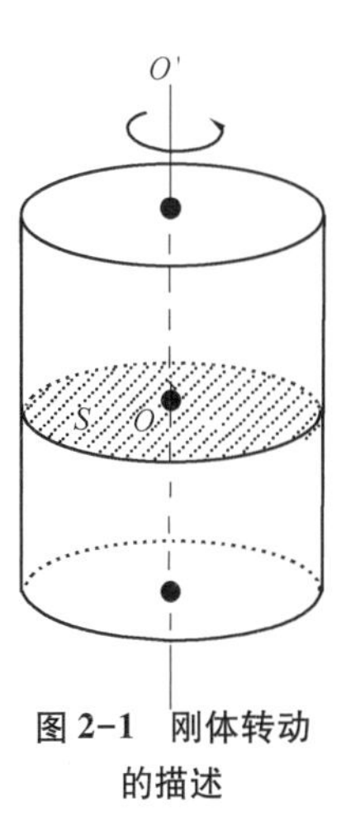

图 2-1　刚体转动的描述

一、角坐标与角位移

如图 2-2（a）所示，研究转动平面上任意一点 P，设水平向右为参考方向，则从圆心 O 到 P 点的连线，即 P 点的矢径 $\boldsymbol{r}$，与参考方向的夹角 θ 称为**角坐标**（angular coordinate），它是描写刚体位置的一个参量。当选取不同的参考方向时，角坐标的值也不同。通常规定：以参考方向为准，矢径 $\boldsymbol{r}$ 沿逆时针方向旋转，角坐标为正（$\theta>0$）；矢径 $\boldsymbol{r}$ 沿顺时针方向旋转，角坐标为负（$\theta<0$）。刚体做定轴转动时，其角坐标 θ 将随时间而变，函数 $\theta=f(t)$ 就是转动时的运动方程。角坐标的单位是**弧度**（rad）。

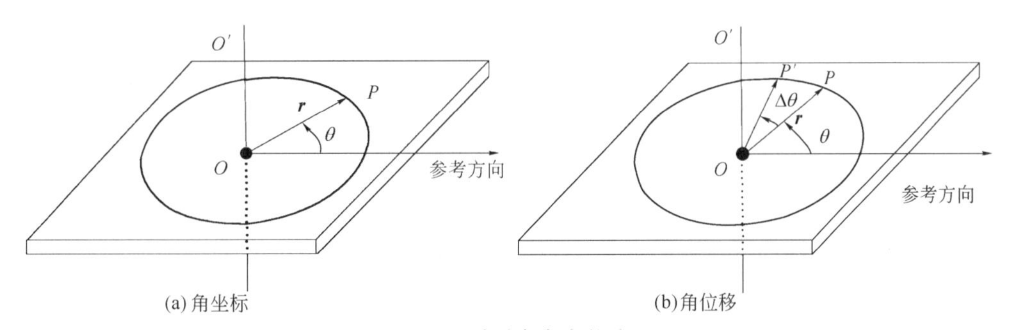

图 2-2　角坐标与角位移

设 t 时刻质点在 P 点，角坐标为 θ。在 $t+\Delta t$ 时刻，质点到达 P' 点，角坐标为 $\theta+\Delta\theta$，则在这段时间 Δt 内，角坐标的增量 $\Delta\theta$ 称为**角位移**（angular displacement）。

角位移是一个矢量，其大小就等于矢径 $\boldsymbol{r}$ 转过的角度；对于定轴转动来说，由于只有逆、顺时针两个转动方向，因而角位移可用正、负号表示，一般规定沿逆时针方向转动的角位移为正，沿顺时针方向转动的角位移为负。角位移的单位也是弧度。

二、角速度

为了描述刚体转动的快慢，我们引进角速度的概念。设刚体从 t 到 $t+\Delta t$ 这段时间内的角位移为 $\Delta\theta$，则角位移与所用时间之比称为 Δt 这段时间的**平均角速度**（average angular velocity），用 $\bar{\omega}$ 表示，即

$$\bar{\omega}=\frac{\Delta\theta}{\Delta t} \tag{2-1}$$

当 $\Delta t\to 0$ 时，平均角速度的极限值称为 t 时刻的瞬时角速度，简称**角速度**（angular velocity），用 ω 表示，即

$$\omega = \lim_{\Delta t \to 0} \frac{\Delta\theta}{\Delta t} = \frac{d\theta}{dt} \quad (2-2)$$

角速度的单位为弧度/秒（rad/s）。

如图 2-3 所示，角速度 $\boldsymbol{\omega}$ 是矢量，其方向由**右手螺旋法则**确定：将右手拇指伸直，其余四指弯曲，使右手螺旋转动的方向与刚体的转动方向一致，这时拇指的方向就是角速度 $\boldsymbol{\omega}$ 的方向。当刚体同时参与多个转动时，其总角速度是各分转动的角速度的矢量和。

在任意相等的时间内，如果刚体转过的角位移都相等，那么这种转动称为匀速转动。

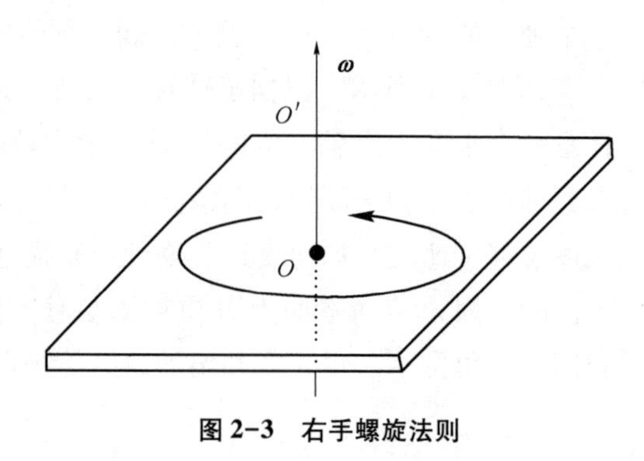

图 2-3　右手螺旋法则

三、角加速度

刚体在 t 时刻的角速度为 ω，经过时间 Δt 后，在 $t+\Delta t$ 时刻的角速度为 $\omega+\Delta\omega$，则角速度的增量 $\Delta\omega$ 与时间 Δt 之比，称为在 Δt 这段时间内刚体转动的**平均角加速度**（average angular acceleration），用$\bar{\beta}$表示，即

$$\bar{\beta} = \frac{\Delta\omega}{\Delta t} \quad (2-3)$$

当 Δt 趋近于零，那么这个比值就趋近某一极限值，即

$$\beta = \lim_{\Delta t \to 0} \frac{\Delta\omega}{\Delta t} = \frac{d\omega}{dt} \quad (2-4)$$

β 称为在 t 时刻刚体转动的瞬时角加速度，简称**角加速度**（angular acceleration）。角加速度的单位是弧度/秒^2（rad/s^2）。

角加速度 $\boldsymbol{\beta}$ 也是矢量，依 $\boldsymbol{\beta}=\frac{d\boldsymbol{\omega}}{dt}$定义，$\boldsymbol{\beta}$ 的方向与 $\boldsymbol{\omega}$ 的变化情况有关；对于定轴转动，当 $\boldsymbol{\beta}$ 和 $\boldsymbol{\omega}$ 方向相同时，刚体做加速转动；当 $\boldsymbol{\beta}$ 与 $\boldsymbol{\omega}$ 方向相反时，刚体做减速转动。

四、匀变速转动

刚体做匀速和匀变速转动，用角量表示的运动方程与质点做匀速直线运动和匀变速直线运动的运动方程相似。

匀速转动（$\beta=0$）的运动方程为 $\theta=\theta_0+\omega t$ (2-5)

匀变速转动（β 为一常数）的运动方程为

$$\begin{aligned} \omega &= \omega_0 + \beta t \\ \theta &= \omega_0 t + \frac{1}{2}\beta t^2 \\ \omega^2 &= \omega_0^2 + 2\beta\theta \end{aligned} \quad (2-6)$$

式中 θ、ω、ω_0 和 β 分别表示角位移、角速度、初角速度和角加速度。

五、角量与线量的关系

我们通常把描写质点运动的物理量称为线量，描写刚体转动的物理量称为角量。由于刚体做

定轴转动时，刚体上的每个质点（轴线上的点除外）都在做圆周运动，所以，从描写质点运动的角度来说，用的是线量；从描写整个刚体转动的角度来说，用的是角量。因此，角量与线量之间必然有一定的关系。

如图 2-4 所示，刚体在 dt 时间内角位移为 dθ，P 点在这段时间内的位移为 ds（弦长），弦长可以认为等于弧长，所以有 $ds=rd\theta$

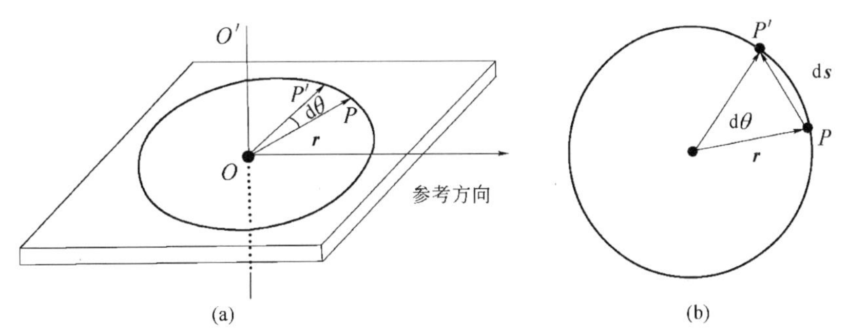

图 2-4　线量与角量的关系

两边除以 dt，则得

$$\frac{ds}{dt}=r\frac{d\theta}{dt}$$

而$v=\frac{ds}{dt}$，$\omega=\frac{d\theta}{dt}$，所以上式改写为

$$v=r\omega \tag{2-7}$$

写成矢量形式为

$$\boxed{\boldsymbol{v}=\boldsymbol{\omega}\times\boldsymbol{r}} \tag{2-8}$$

式 2-8 是一个矢量叉乘式，它既表示速度的大小，又表示速度的方向，其方向由右手法则确定，即让拇指与其余四指垂直，四指沿 $\boldsymbol{\omega}$ 方向经过小于平角的角度转向矢径 $\boldsymbol{r}$ 的方向，此时拇指所指的方向就是速变$\boldsymbol{v}$的方向。

将式 2-7 两边对时间 t 求导数，由于 r 是恒量，得

$$\frac{dv}{dt}=r\frac{d\omega}{dt}$$

即

$$\boxed{a_\tau=r\beta} \tag{2-9}$$

这就是切向加速度 a_τ 与角加速度 β 之间的关系式。把$v=r\omega$ 代入法向加速度的公式 $a_n=\frac{v^2}{r}$，可得到

$$\boxed{a_n=\frac{v^2}{r}=r\omega^2} \tag{2-10}$$

这就是法向加速度 a_n 与角速度 ω 之间的关系式。

第二节　转动动能　转动惯量

一、转动动能

如图 2-5 所示，刚体可以看成是由许多质点所组成的。设各质点的质量分别为 Δm_1、$\Delta m_2\cdots$

$\Delta m_i \cdots \Delta m_n$，各质点到转轴的距离分别为 r_1、$r_2 \cdots r_i \cdots r_n$。当刚体以角速度 $\boldsymbol{\omega}$ 绕 OO' 轴转动时，各质点的角速度都相等，均为 $\boldsymbol{\omega}$，但线速度 $\boldsymbol{v}_i$ 各不相同。

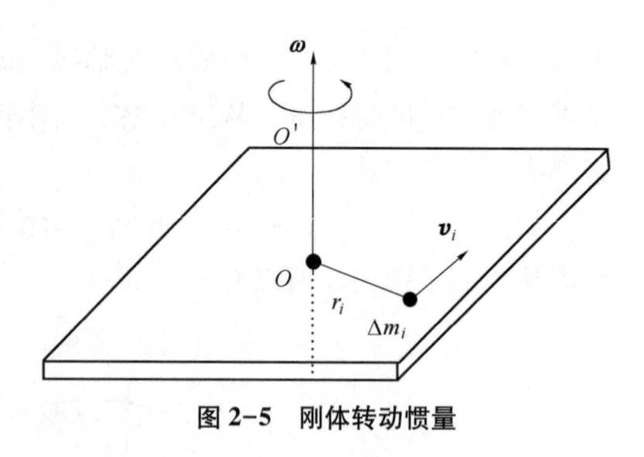

图 2-5 刚体转动惯量

设第 i 个质点的线速度为 $\boldsymbol{v}_i$，其大小为 $v_i = r_i\omega$，则其相应的动能为

$$\Delta E_{ki} = \frac{1}{2}\Delta m_i v_i^2 = \frac{1}{2}\Delta m_i r_i^2 \omega^2$$

整个刚体的总动能是所有各质点的动能之和，即

$$\begin{aligned} E_k &= \frac{1}{2}\Delta m_1 v_1^2 + \frac{1}{2}\Delta m_2 v_2^2 + \cdots + \frac{1}{2}\Delta m_n v_n^2 \\ &= \frac{1}{2}\Delta m_1 r_1^2 \omega^2 + \frac{1}{2}\Delta m_2 r_2^2 \omega^2 + \cdots + \frac{1}{2}\Delta m_n r_n^2 \omega^2 \\ &= \sum_{i=1}^{n} \frac{1}{2}\Delta m_i r_i^2 \omega^2 \end{aligned}$$

因 $\frac{1}{2}\omega^2$ 对各质点都相同，可从括号内提出，所以刚体转动动能为

$$E_k = \frac{1}{2}\left(\sum_{i=1}^{n} \Delta m_i r_i^2\right)\omega^2 \tag{2-11}$$

式 2-11 中括号内的量常用 I 来表示，称为刚体对给定转轴的**转动惯量**或称**惯量矩**（moment of inertia），因此刚体的转动能可写成

$$\boxed{E_k = \frac{1}{2}I\omega^2} \tag{2-12}$$

式中

$$\boxed{I = \sum_{i=1}^{n} \Delta m_i r_i^2} \tag{2-13}$$

式 2-13 是一个数学连加式，如果是质量连续分布的刚体，其形式可改写成积分形式

$$\boxed{I = \int r^2 \mathrm{d}m} \tag{2-14}$$

二、转动惯量

由式 2-13 可知转动惯量等于刚体中每个质点的质量与这一质点到转轴的距离平方的乘积之和，即所有质点的质量与其转动半径的平方的乘积之和。把转动动能与平动动能公式相比较可知，转动惯量对应于平动的惯性质量，它是刚体转动时转动惯性大小的量度。转动惯量的单位是千克·米^2（$\mathrm{kg \cdot m^2}$）。

对于质量连续体分布的刚体，式 2-14 应写成

$$I = \int r^2 \rho \mathrm{d}V \tag{2-15}$$

式 2-15 中 $\mathrm{d}V$ 表示体元的体积，ρ 表示体元处的质量体密度，$\mathrm{d}m = \rho \mathrm{d}V$ 表示体元的质量，r 是体元与转轴之间的距离。

对于质量连续面分布的刚体，式 2-14 应写成

$$I=\int r^2\sigma \mathrm{d}S \tag{2-16}$$

式 2-16 中 $\mathrm{d}S$ 表示面元的面积，σ 表示质量面密度，$\mathrm{d}m=\sigma\mathrm{d}S$ 表示面元的质量，r 是面元与转轴之间的距离。

对于质量连续线分布的刚体，式 2-14 应写成

$$I=\int r^2\lambda \mathrm{d}l \tag{2-17}$$

式 2-17 中 $\mathrm{d}l$ 表示线元的长度，λ 表示线元处的质量线密度，$\mathrm{d}m=\lambda\mathrm{d}l$ 表示线元的质量，r 是线元与转轴之间的距离。常见几何形状简单的、密度均匀的物体对某一转轴的转动惯量，见表 2-1。

表 2-1　常见几何形状简单的、密度均匀的物体对某一转轴的转动惯量

物体	转轴	图示	转动惯量	物体	转轴	图示	转动惯量
细棒	过中心且垂直细棒	l	$\frac{1}{12}ml^2$	细棒	过端点且垂直细棒	l	$\frac{1}{3}ml^2$
圆柱体	中心对称轴	R	$\frac{1}{2}mR^2$	圆筒	中心对称轴	R_2 R_1	$\frac{1}{2}m\ (R_1^2+R_2^2)$
球体	直径	R	$\frac{2}{5}mR^2$	薄球壳	直径	R	$\frac{2}{3}mR^2$
薄圆盘	过中心且垂直于盘面	R	$\frac{1}{2}mR^2$	薄的矩形板	垂直板面通过中心	a b	$\frac{1}{12}m\ (a^2+b^2)$

从转动惯量的定义可以看出，刚体转动惯量的大小取决于下列三个因素：①与刚体的质量有关，一般来说质量越大，其转动惯量越大。②在质量一定的情况下，还与质量的分布有关，即与刚体的形状、大小和各部的密度有关。例如同质料的等质量的空心球体和实心球体绕直径转轴的转动惯量，前者转动惯量较大。③转动惯量与转轴的位置有关，例如同一均匀细长棒，对于通过棒的中心并与棒垂直的转轴和通过棒的一端并与棒垂直的另一转轴，转动惯量是不相同的，后者较大。所以只有指出刚体对某一转轴的转动惯量才有明确意义。

三、平行轴定理

如图 2-6 所示，刚体对任意一根转轴 OO' 的转动惯量 I 与对通过其质心的平行轴 CC' 的转动

惯量 I_C 之间有如下关系

$$\boxed{I = I_C + mh^2} \qquad (2\text{-}18)$$

式 2-18 中，m 为刚体的总质量；h 为两平行轴之间的距离。式 2-18 称为**平行轴定理**。应用该定理可以很方便地求出刚体绕与通过其质心的转轴平行的任意一根转轴的转动惯量。

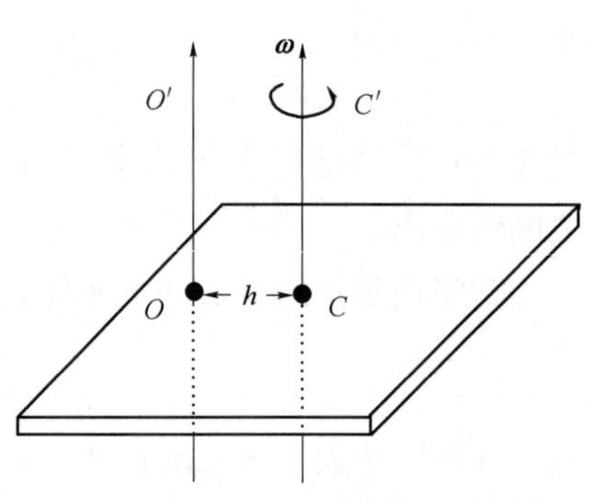

图 2-6 平行轴定理

四、转动惯量的叠加性

如图 2-7 所示，刚体由两个球 A、C 及细杆 B 组成，它对转轴 OO'的转动惯量为 I，根据式 2-13 很容易得到

$$I = I_A + I_B + I_C \qquad (2\text{-}19)$$

式 2-19 中，I_A、I_B 和 I_C 分别是 A、B 和 C 对转轴 OO'的转动惯量。上式表明，由几部分物体组成的刚体对转轴的转动惯量等于其各部分物体对同一轴的转动惯量之和。这一特性，是利用实验方法来测定特殊形状的物体的转动惯量的基本依据。

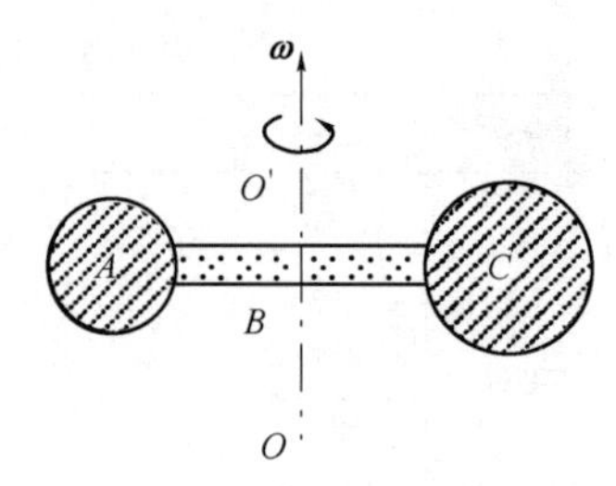

图 2-7 转动惯量的叠加

例 2-1 如图 2-8 所示，质量为 m，半径为 R 的均匀薄圆盘（面密度为 σ）。求其绕通过盘心且垂直于盘面的中心转轴的转动惯量。

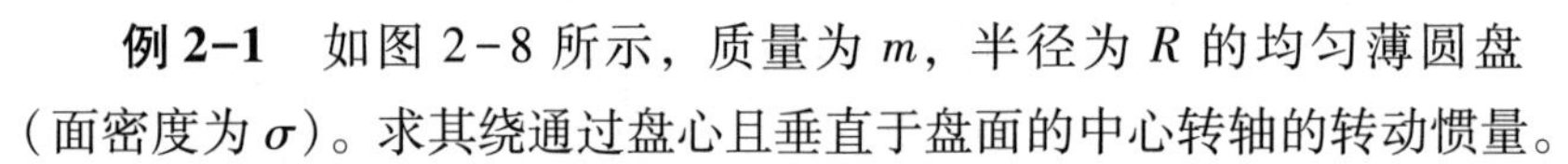

解： 圆盘质量面密度 $\sigma = \dfrac{m}{\pi R^2}$，取半径为 r，宽为 $\mathrm{d}r$ 的细圆环作为质量元 $\mathrm{d}m$，$\mathrm{d}m = \sigma \mathrm{d}S = \dfrac{m}{\pi R^2} 2\pi r \mathrm{d}r$，所以质量元对转轴的转动惯量 $\mathrm{d}I$ 为

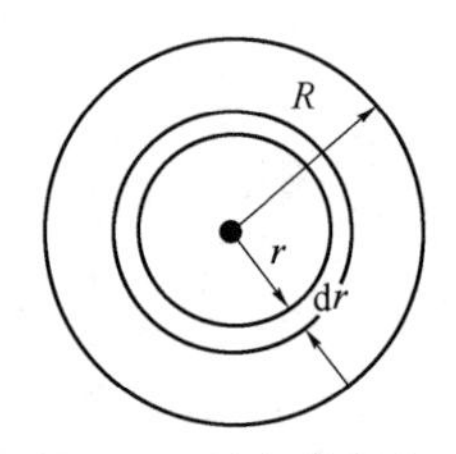

图 2-8 均匀薄圆盘

$$\mathrm{d}I = r^2 \mathrm{d}m = \frac{m}{\pi R^2} 2\pi r^3 \mathrm{d}r$$

于是，圆盘对给定轴的转动惯量 I 为

$$I = \int_0^R \frac{m}{\pi R^2} 2\pi r^3 \mathrm{d}r = \frac{2m}{R^2}\int_0^R r^3 \mathrm{d}r = \frac{1}{2} mR^2$$

例 2-2 有一质量为 m，半径为 R 的均匀实心球（体密度为 ρ），求其对通过球心的轴的转动惯量。

解： 球体的质量体密度 $\rho = \dfrac{m}{\dfrac{4}{3}\pi R^3}$，如图 2-9 所示，取垂直于转轴的薄圆盘质量元 $\mathrm{d}m$（厚度为 $\mathrm{d}x$，半径为 r），$\mathrm{d}m = \rho \mathrm{d}V = \rho\pi r^2 \mathrm{d}x = \rho\pi\ (R^2 - x^2)\ \mathrm{d}x$，根据例 2-1 结果，该质量元对所给定轴的转动惯量 $\mathrm{d}I$ 为

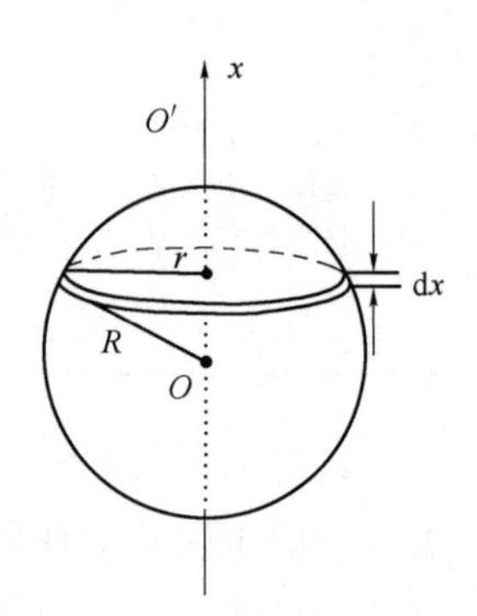

图 2-9 均匀实心球

$$\mathrm{d}I = \frac{1}{2} r^2 \mathrm{d}m = \frac{\rho\pi}{2}(R^2 - x^2)^2 \mathrm{d}x$$

于是，球体对所给定轴的转动惯量为

$$I = \int \mathrm{d}I = \frac{\rho\pi}{2}\int_{-R}^{+R}(R^2 - x^2)^2 \mathrm{d}x = \frac{2}{5} mR^2$$

例 2-3 如图 2-10 所示，两小球的质量分别为 m_1 和 m_2，分别连在一根质量为 M、长为 $2l$ 的均匀刚性细棒的两头，整体绕通过中

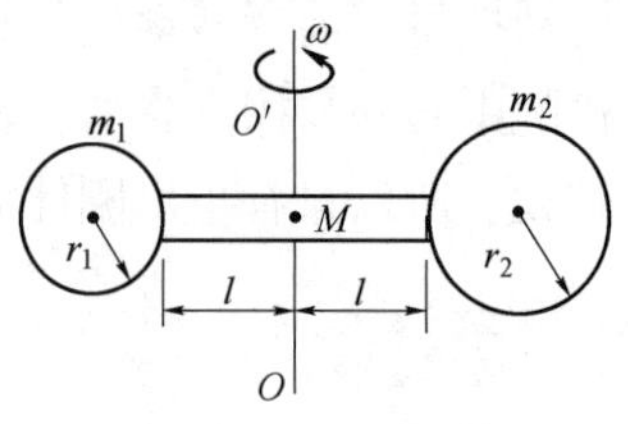

图 2-10 转动惯量的叠加

心 O 的垂直轴转动，求在下列情况时，刚体总的转动惯量：①不计小球的大小；②小球的半径分别为 r_1 和 r_2。

解：该问题应用转动惯量的叠加性和平行轴定理来求解。

（1）两小球 m_1 和 m_2 绕轴的转动惯量分别为

$$I_1=m_1l^2,\ I_2=m_2l^2$$

棒的转动惯量为

$$I_3=\frac{1}{12}M(2l)^2=\frac{1}{3}Ml^2$$

总的转动惯量为

$$I=I_1+I_2+I_3=m_1l^2+m_2l^2+\frac{1}{3}Ml^2$$

$$=(m_1+m_2+\frac{1}{3}M)l^2$$

（2）当考虑小球的大小时，首先应用平行轴定理求出各小球对轴的转动惯量

$$I_1=I'_1+m_1(l+r_1)^2=\frac{2}{5}m_1r_1^2+m_1(l+r_1)^2$$

$$I_2=I'_2+m_2(l+r_2)^2=\frac{2}{5}m_2r_2^2+m_2(l+r_2)^2$$

再应用转动惯量的叠加性求出总的转动惯量为

$$I=I_1+I_2+I_3=\frac{2}{5}m_1r_1^2+m_1(l+r_1)^2+\frac{2}{5}m_2r_2^2+m_2(l+r_2)^2+\frac{1}{3}Ml^2$$

第三节　力矩与转动定律

本节讨论刚体绕定轴转动时的运动规律——转动定律。首先，引入力矩的概念。然后，给出刚体所受外力矩与在其作用下产生角加速度的定量关系。

一、力矩

要使处于静止状态有固定转轴的刚体发生转动，仅仅施加外力是不够的。事实上，刚体转动状态的改变不仅与力的大小、方向有关，而且与力的作用线到转轴的距离有关。也就是说，要使原来静止的刚体转动，或者使转动的刚体改变其角速度，则必须对刚体施加外力矩。设刚体所受外力 $\boldsymbol{F}$ 在垂直于转轴 OO' 的平面内，如图 2-11（a）所示，力的作用线和转轴之间的距离 d 称为力对转轴的力臂。力和力臂的乘积称为力对转轴的**力矩**（moment of force），用 M 表示。即

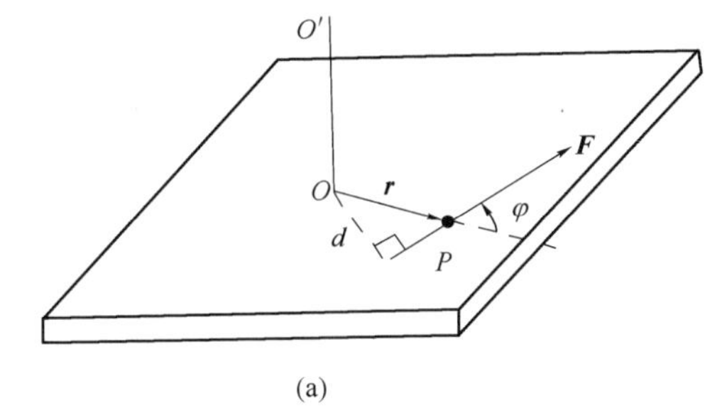

(a)

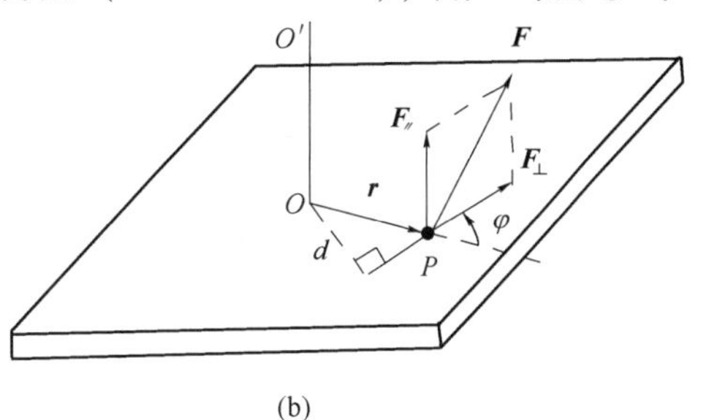

(b)

图 2-11　力矩

$$M = Fd \tag{2-20}$$

设力的作用点是 P，P 点至转轴 OO' 的距离为 r，相应的矢径为 $\boldsymbol{r}$。从图 2-11（a）可知，$d=r\sin\varphi$，φ 角是力 $\boldsymbol{F}$ 与矢径 $\boldsymbol{r}$ 之间的夹角，所以上式也可写成

$$M = Fr\sin\varphi \tag{2-21}$$

力矩是矢量，亦可用矢量式表示，即

$$\boxed{\boldsymbol{M} = \boldsymbol{r} \times \boldsymbol{F}} \tag{2-22}$$

上式既表示了力矩的大小，又表示了力矩的方向，它的方向按右手法则确定，即让右手拇指与其余四指垂直，四指沿矢径 $\boldsymbol{r}$ 的方向，经过小于平角的角度转到力 $\boldsymbol{F}$ 的方向，此时拇指的方向就是力矩 $\boldsymbol{M}$ 的方向。

如果刚体所受的作用力不在垂直于转轴的平面内，那就必须把外力分解为两个互相垂直的分力，一个是与转轴平行的分力 $F_{/\!/}$，它不能使物体转动；另一个是与转轴垂直的分力 $F_{\perp}$，它能使物体转动。如图 2-11（b）所示。力矩的单位为牛顿·米（N·m）。

二、转动定律

刚体运动的动力学规律可以在牛顿运动定律的基础上演绎和推导出来。

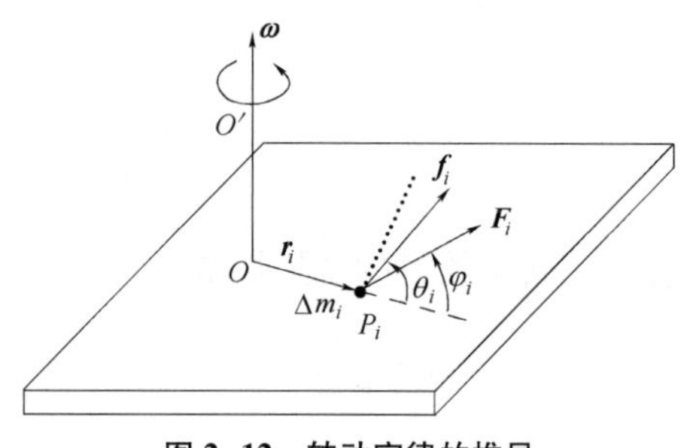

图 2-12　转动定律的推导

图 2-12 表示一个绕 OO' 轴转动的刚体，P_i 为构成刚体的任一质点在 t 时刻所经过的位置，质点的质量为 Δm_i，P_i 点离转轴的距离为 r_i，相应的矢径为 $\boldsymbol{r}_i$。设在 t 时刻，刚体绕 OO' 轴转动的角速度和角加速度分别为 ω 和 β，此时质点 P_i 所受外力为 $\boldsymbol{F}_i$，内力 $\boldsymbol{f}_i$（刚体中其他各质点对质点 P_i 所施作用力的合力）。设 $\boldsymbol{F}_i$、$\boldsymbol{f}_i$ 都在转动平面内且与 $\boldsymbol{r}_i$ 的夹角分别为 φ_i 和 θ_i。根据牛顿第二定律，得

$$\boldsymbol{F}_i + \boldsymbol{f}_i = \Delta m_i \boldsymbol{a}_i$$

式中的 $\boldsymbol{a}_i$ 是质点 P_i 的加速度。质点 P_i 绕转轴做圆周运动，可把力和加速度都沿径向和切向分解。由于径向力的方向是通过转轴的，其力矩为零，因此，可不予考虑。切向分量的方程为

$$F_i\sin\varphi_i + f_i\sin\theta_i = \Delta m_i a_{it}$$

$$\text{或 } F_i\sin\varphi_i + f_i\sin\theta_i = \Delta m_i r_i\beta$$

上式中 $a_{it}=r_i\beta$ 是质点 P_i 的切向加速度。上式左边表示质点 P_i 所受的切向力。在上式的两边各乘以 r_i 可得到

$$F_i r_i\sin\varphi_i + f_i r_i\sin\theta_i = \Delta m_i r_i^2\beta$$

可见左边第一项是外力 F_i 对转轴的力矩，第二项是内力 f_i 对转轴的力矩。

同理，对刚体中全部质点都可写出类似的方程。把这些式子全部相加，则有

$$\sum_i F_i r_i\sin\varphi_i + \sum_i f_i r_i\sin\theta_i = \left(\sum_i \Delta m_i r_i^2\right)\beta$$

上式与力 f_i 相关的项表示内力对转轴的力矩的代数和，而内力总是成对出现的，每一对都是大小相同、方向相反、力臂相同，所以该项等于零，即

$$\sum_i f_i r_i\sin\theta_i = 0$$

于是得

$$\sum_i F_i r_i \sin\varphi_i = \left(\sum_i \Delta m_i r_i^2\right)\beta$$

上式的左边是刚体所有质点受的外力对转轴力矩的代数和，称为合外力矩，用 M 表示，而右边的 $\sum_i \Delta m_i r_i^2$ 是刚体围绕该轴转动的转动惯量 I，于是有

$$\boxed{M = I\beta} \tag{2-23}$$

该式表明，刚体作定轴转动时，刚体的角加速度和它所受合外力矩成正比，和它的转动惯量成反比（M、I、β 都是对同一根转轴而言）。这个关系称为**转动定律**（law of rotation）。它体现了转动的规律性，是刚体动力学的一个基本方程式。

用矢量式表示时，转动定律可写作

$$\boldsymbol{M} = I\boldsymbol{\beta} = I\frac{\mathrm{d}\boldsymbol{\omega}}{\mathrm{d}t} \tag{2-24}$$

三、力矩所作的功

如图 2-13（a）所示，刚体在垂直于转轴的平面内的合外力 F 作用下，在 $\mathrm{d}t$ 时间内绕轴转过一极小的角位移 $\mathrm{d}\theta$，力 F 作用点 P 的位移为 $\mathrm{d}s=r\mathrm{d}\theta$（弦长等于弧长），$r$ 为 P 点到转轴的距离，位移 $\mathrm{d}\boldsymbol{s}$ 与 $\boldsymbol{r}$ 垂直，与 F 的夹角为 ϕ，根据功的定义，力 $\boldsymbol{F}$ 在这段位移中所作的功为

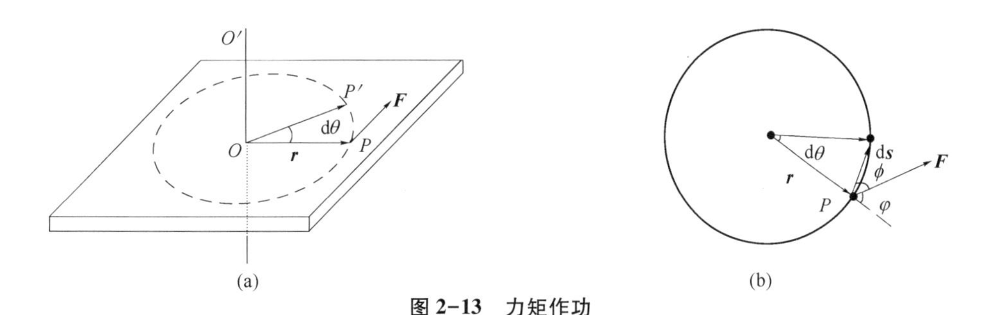

图 2-13　力矩作功

$$\mathrm{d}A = F\cos\phi\mathrm{d}s = Fr\cos\phi\mathrm{d}\theta$$

因 $\phi+\varphi=90°$，所以 $\cos\phi=\sin\varphi$。又因 $A=fr\sin\varphi$，故上式可写成

$$\mathrm{d}A = M\mathrm{d}\theta \tag{2-25}$$

它表明，刚体在力矩的作用下，产生了角位移 $\mathrm{d}\theta$，则力矩所作的元功 $\mathrm{d}A$ 等于力矩 M 和角位移 $\mathrm{d}\theta$ 的乘积。

在恒力矩 M 作用下刚体转过 θ 角，则力矩对刚体所作的功为

$$A = M\theta \tag{2-26}$$

在变力矩作用下刚体从 θ_1 转到 θ_2，则力矩对刚体所作的功为

$$A = \int_{\theta_1}^{\theta_2} M\mathrm{d}\theta \tag{2-27}$$

四、动能定理

从转动定律 $M=I\beta$ 出发可以推导出刚体定轴转动中的动能定理。

因
$$\beta=\frac{\mathrm{d}\omega}{\mathrm{d}t}=\frac{\mathrm{d}\omega}{\mathrm{d}\theta}\cdot\frac{\mathrm{d}\theta}{\mathrm{d}t}=\omega\frac{\mathrm{d}\omega}{\mathrm{d}\theta}$$

而
$$M=I\left(\omega\frac{\mathrm{d}\omega}{\mathrm{d}\theta}\right)$$

于是有

$$\boxed{M\mathrm{d}\theta = I\omega\mathrm{d}\omega = \mathrm{d}\left(\frac{1}{2}I\omega^2\right)} \tag{2-28}$$

当刚体的角速度从 t_1 时刻的 ω_1 改变为 t_2 时刻的 ω_2 时，在这过程中，合外力矩对刚体所作的功为

$$W = \int_{\theta_1}^{\theta_2} M\mathrm{d}\theta = \int_{\omega_1}^{\omega_2} \mathrm{d}\left(\frac{1}{2}I\omega^2\right) = \frac{1}{2}I\omega_2^2 - \frac{1}{2}I\omega_1^2$$

式 2-28 表明：合外力矩对定轴刚体所作的功等于刚体转动动能的增量。这一关系称为刚体定轴转动中的**动能定理**（theorem of kinetic energy）。

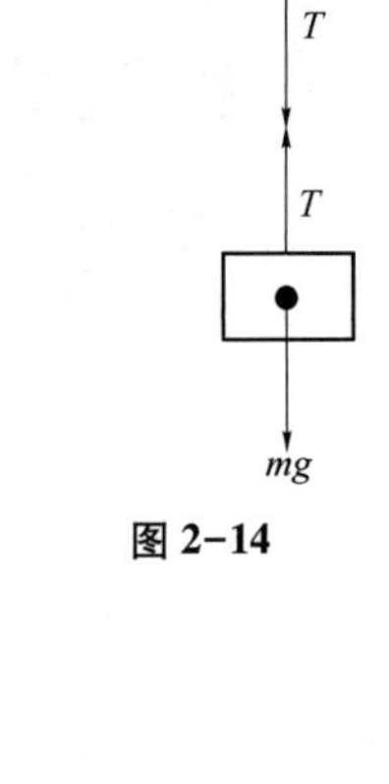

图 2-14

例 2-4 质量均匀分布的圆盘，半径为 R，质量为 M，使它能绕通过中心与盘面垂直的转轴转动，在盘边缘上挂一质量为 m 的重物，求此圆盘的角加速度及圆盘边缘上切向加速度（摩擦力不计）。

解：设物体 m 下落的加速度为 a（也就是圆盘边缘的切向加速度），物体 m 匀加速下落的同时圆盘也作匀加速转动。圆盘的角加速度 β 与加速度 a 的关系为

$$a = R\beta$$

图 2-14 所示，由转动定律和牛顿第二定律，有

$$TR = \frac{1}{2}MR^2\beta$$

$$mg - T = ma$$

联解上三式，得

$$\beta = \frac{2mg}{(2m + M)R};\quad a = \frac{2mg}{2m + M}$$

例 2-5 将20N · m 的恒定力矩作用在转轮上，在 10s 内该轮的角速度由零增加到100rev/min，然后移去此外力矩，转轮因受轴承的摩擦力矩（视为恒定的转矩）作用经 100s 而停止。求：

（1）轮的转动惯量和摩擦力矩。

（2）自开始转动到停止，转轮转过的圈数。

解：依题意可知，转轮在前 10s 作匀加速转动，后 100s 作匀减速转动，已知在 10s 时刻的角速度为 $\omega = 100 \times 2\pi \times \frac{1}{60} = \frac{10\pi}{3}$（rad/s），设在前 10s 的角加速度大小为 β_1，由 $\omega = \omega_0 + \beta t$ 得

$$\beta_1 = \frac{\omega}{t} = \frac{\frac{10}{3}\pi}{10} = \frac{\pi}{3}\ (\mathrm{rad/s^2})$$

设后 100s 的角加速度大小为 β_2，依题意可知，10s 末的角速度就是后 100s 开始的初角速度，得

$$\beta_2 = \frac{\frac{10}{3}\pi}{100} = \frac{\pi}{30}\ (\mathrm{rad/s^2})$$

设轴承所受的摩擦力矩为 M'，转轮的转动惯量为 I，由转动定律 $M = I\beta$ 得

$$20 - M' = I\beta_1$$

$$M' = I\beta_2$$

联立上面两式得 $\quad I = \frac{600}{11\pi}\ \mathrm{kg \cdot m^2};\ M' = \frac{20}{11}\ \mathrm{N \cdot m}$

根据匀变速转动方程 $\theta=\omega_0 t+\frac{1}{2}\beta t^2$，可得

转轮前 10s 转过的角位移　　$\theta_1=\frac{1}{2}\times\frac{\pi}{3}\times10^2=\frac{50}{3}\pi$

转轮后 100s 转过的角位移　　$\theta_2=\frac{10\pi}{3}\times100-\frac{1}{2}\times\frac{\pi}{30}\times100^2=\frac{500}{3}\pi$

整个转动过程转过的圈数　　$N=\frac{\theta_1+\theta_2}{2\pi}=\frac{275}{3}\text{rev}$

第四节　角动量定理　角动量守恒定律

一、角动量定理

（一）角动量的概念

动量是描述物体平动状态的物理量。在刚体作定轴转动时，我们引入一角动量的物理量来描述其转动状态。设刚体在恒定的合外力矩 M 的作用下绕定轴转动，转动惯量为 I，刚体的转动惯量 I 和角速度 ω 的乘积 $I\omega$ 定义为**角动量**（angular momentum），又称**动量矩**，与物体平动动量 $m\boldsymbol{v}$ 相对应，它是描述刚体绕定轴转动状态的一个物理量，用 $\boldsymbol{L}$ 表示，它是一个矢量，方向与 $\boldsymbol{\omega}$ 的方向一致，角动量的单位是千克·米²/秒（kg·m²/s）。

$$\boxed{\boldsymbol{L}=I\boldsymbol{\omega}} \tag{2-29}$$

（二）角动量定理

刚体所受力矩的作用往往不是瞬间的，而是持续的，因此，必须要研究力矩对时间的积累作用规律。

刚体作定轴转动时，I 不变，转动定律可表示成

$$M=I\beta=I\frac{\mathrm{d}\omega}{\mathrm{d}t}=\frac{\mathrm{d}(I\omega)}{\mathrm{d}t}=\frac{\mathrm{d}L}{\mathrm{d}t}$$

或

$$\boxed{\boldsymbol{M}\mathrm{d}t=\mathrm{d}\boldsymbol{L}} \tag{2-30}$$

式 2-30 表明：作用在刚体上的合外力矩等于刚体的角动量（或动量矩）对时间的变化率。或者说，刚体上的合外力矩对时间累积等于刚体角动量的增量；这一关系称为**角动量定理**（theorem of angular momentum）。这种表达式比 $M=I\beta$ 的形式适用范围更广泛，就如同 $F\mathrm{d}t=\mathrm{d}P$ 形式的牛顿第二定律比起 $F=ma$ 更为普遍一样。上式中，$M\mathrm{d}t$ 是力矩对时间的积累，称为**冲量矩**（moment of impulse），与物体平动时的冲量 $F\mathrm{d}t$ 相对应。

当刚体由 t_1 时刻的角速度 ω_1 改变为 t_2 时刻的角速度 ω_2 时，力矩 $\boldsymbol{M}$ 的冲量矩为

$$\int_{t_1}^{t_2}\boldsymbol{M}\mathrm{d}t=\int_{\omega_1}^{\omega_2}\mathrm{d}(I\boldsymbol{\omega})=I\boldsymbol{\omega}_2-I\boldsymbol{\omega}_1 \tag{2-31}$$

冲量矩也是一个矢量，方向与角动量的变化方向相同，单位是牛顿·米·秒（N·m·s）。

二、角动量守恒定律

根据式 2-30 或式 2-31，当作用的合外力矩 $\boldsymbol{M}=\mathbf{0}$ 时，刚体的角动量

$$\boxed{\boldsymbol{L}=I\boldsymbol{\omega}=\text{恒矢量}} \tag{2-32}$$

上式说明：当刚体所受的合外力矩等于零时，其角动量（或动量矩）保持不变。这就是**角动量守恒定律**（law of conservation of angular momentum），又称**动量矩守恒定律**。

角动量保持不变有两种情况：①对于定轴刚体，其转动惯量 I 是保持一定的，刚体的角速度 ω 也是保持一定的。即原来静止就永远静止，原来做匀角速转动仍然做匀角速度转动。②对于定轴非刚体，由于刚体上各质点对轴的位置是可以改变的，即 I 是可变的，因 $I\omega=I_0\omega_0$，得 $\omega=\dfrac{I_0\omega_0}{I}$，这时物体的角速度随转动惯量的改变而变化，但乘积 $I\omega$ 保持不变。转动惯量增大则角速度变小，反之转动惯量变小则角速度增大。

在日常生活中有许多应用角动量守恒的例子。例如在舞蹈、花样溜冰、杂技、跳水等表演节目中，当演员旋转身体时，常把伸开的双臂收回靠拢身体，以便迅速减小转动惯量，增加角速度使身体旋转加快。

例 2-6 一飞轮的质量为 M，半径为 R 并以角速度 ω 旋转着，某一瞬间有一质量为 m 的碎片从飞轮边缘飞出，假定碎片脱离飞轮时的瞬时速度方向正好竖直向上。问：①它能上升多高？②余下部分的角速度又是多少？

解：（1）依题意可知：从边缘上飞出的碎片的速度为 $v=R\omega$，由机械能守恒定律可得

$$mgh=\frac{1}{2}mv^2=\frac{1}{2}mR^2\omega^2$$

上升的高度为

$$h=\frac{R^2\omega^2}{2g}$$

（2）设余下部分的角速度为 ω'，其转动惯量为 $\left(\dfrac{1}{2}MR^2-mR^2\right)$，根据角动量守恒得，

$$\frac{1}{2}MR^2\omega=\left(\frac{1}{2}MR^2-mR^2\right)\omega'+mR^2\omega$$

$\therefore\ \omega=\omega'$，保持原来的角速度不变。

第五节 陀螺的进动

刚体运动时，形式是多样的，如果刚体内有一点始终保持不动，则称为**定点转动**（fixed-point rotation）。陀螺、回转罗盘（用于航空和航海方面）等，都是刚体定点转动的实例。陀螺绕自身对称轴转动的同时，其对称轴又绕着竖直方向做回旋运动，这种现象称为陀螺的**进动**（precession）。

刚体定点转动与定轴转动不同之处，在于转动轴只通过一个定点，转动轴在空间的取向随着时间的改变而变化，因而角速度、角动量的大小和方向都随着时间在变化。这是一个三维空间的转动问题，比定轴转动复杂得多，因为在定轴转动时，角速度、角动量的方向只沿着固定的转动轴。

图 2-15（a）是一个绕其自身对称轴以角动量 $\boldsymbol{L}$ 高速旋转的陀螺，O 点是固定点。对称轴 OO' 与 z 轴成 θ 角，通过 O 点的支撑力不产生绕 O 点的力矩，只有重力对 O 产生一个力矩 $\boldsymbol{M}$，其大小为

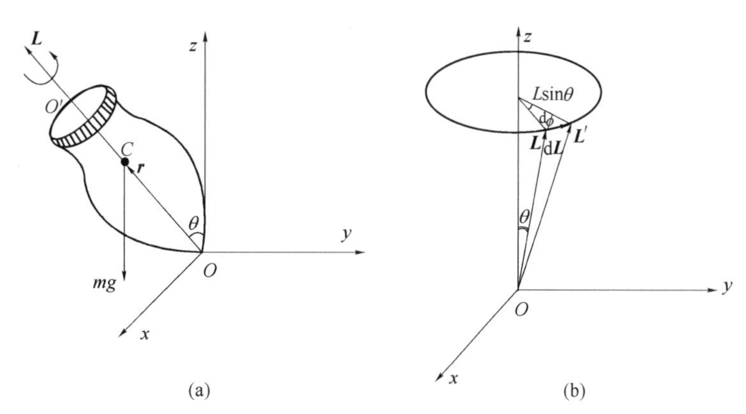

图 2-15　陀螺的进动

$$M = mgr\sin\theta$$

其中，m 是陀螺的质量，r 是其质心到 O 点的距离，若对称轴 OO' 在 xz 平面内，重力矩的方向沿 y 轴正方向。根据角动量定理，在一段微小时间 $\mathrm{d}t$ 内，有

$$\mathrm{d}L = M\mathrm{d}t$$

从图 2-15（b）中可以看出

$$\mathrm{d}L = L\sin\theta\mathrm{d}\phi$$

$\mathrm{d}\phi$ 是 $\boldsymbol{L}$ 的顶端的轨迹在 $\mathrm{d}t$ 的时间内所画的圆心角。由以上三式得到

$$\Omega = \frac{\mathrm{d}\phi}{\mathrm{d}t} = \frac{mgr}{L}$$

$$\Omega = \frac{mgr}{I\omega} \tag{2-33}$$

其中，I 是陀螺绕自身对称轴 OO' 转动的转动惯量，ω 是陀螺绕自身对称轴 OO' 转动的角速度，Ω 就是陀螺绕竖直 z 轴做回旋运动的角速度，称为**进动角速度**（angular velocily of precession）。

上式表明，陀螺的进动角速度 Ω 与转动惯量 I 及自转角速度 ω 成反比，与其重心的位置 r 成正比；转动惯量越大，自转角速度越高，重心位置越低，进动就越缓慢。进动角速度越小，角动量的方向变化就越缓慢，在很长时间内可保持角动量相对稳定，这一性质被广泛地应用于航空、航海和制导中。陀螺进动的机械模型，也是我们用经典理论研究微观结构的重要图像。例如，著名的拉莫尔进动频率成功地用经典的方法解释了原子光谱线在磁场中的分裂现象。原子核在磁场中能级也会发生分裂。在射频作用下发生核磁共振现象。在药物结构研究中，通过核磁共振实验可以测出核的进动的频率，以研究药物分子的结构。

知识链接 2

伽利略·伽利雷（Galileo Galilei，1564—1642 年），是近代实验科学的先驱者，是意大利文艺复兴后期伟大的天文学家、力学家、哲学家、物理学家、数学家。也是近代实验物理学的开拓者，被誉为“近代科学之父”。1564 年 2 月 15 日生于比萨，历史上他首先提出并证明了同物质同形状的两个重量不同的物体下降速度一样快，他以系统的实验和观察推翻了亚里士多德诸多观点。

因此，他被称为“近代科学之父”“现代观测天文学之父”“现代物理学之父”“科学之父”及“现代科学之父”。

小　结

1. 基本概念

刚体：无论在多大的外力作用下，其形状和大小都不发生任何变化的物体。

平动：刚体内任一条直线，在运动过程中始终彼此平行地运动。

定轴转动：刚体转轴固定不动的转动。

定点转动：刚体内有一点始终保持不动的转动。

转动动能：
$$E_k=\frac{1}{2}I\omega^2$$

转动惯量：物体所有质点的质量与其转动半径的平方的乘积之和，即 $I=\sum_{i=1}^{n}\Delta m_i r_i^2$，质量连续分布时，$I=\int r^2\mathrm{d}m$。

角动量：刚体的转动惯量 I 和角速度 ω 的乘积。

2. 主要公式及定律

（1）平动与转动的重要公式及其比较

质点的直线运动（刚体的平动）	刚体的定轴转动	质点的直线运动（刚体的平动）	刚体的定轴转动
速度 $v=\frac{\mathrm{d}s}{\mathrm{d}t}$	角速度 $\omega=\frac{\mathrm{d}\theta}{\mathrm{d}t}$	力 F，质量 m 牛顿第二定律 $F=ma$	力矩 M，转动惯量 I 转动定律 $M=I\beta$
加速度 $a=\frac{\mathrm{d}v}{\mathrm{d}t}$	角加速度 $\beta=\frac{\mathrm{d}\omega}{\mathrm{d}t}$	动量 mv，冲量 Ft（恒力） 动量原理 $Ft=mv-mv_0$（恒力）	角动量 $I\omega$，冲量矩 Mt（恒力矩） 角动量原理 $Mt=I\omega-I_0\omega_0$（恒力矩）
匀速直线运动 $s=vt$	匀角速转动 $\theta=\omega t$	动量守恒定律（$\boldsymbol{F}=\boldsymbol{0}$） $\boldsymbol{p}=\Sigma m\boldsymbol{v}=$恒矢量	角动量守恒定律（$\boldsymbol{M}=\boldsymbol{0}$） $\boldsymbol{L}=\Sigma I\boldsymbol{\omega}=$恒矢量
匀变速直线运动 $v=v_0+at$ $s=v_0t+\frac{1}{2}at^2$ $v^2-v_0^2=2as$	匀变速运动 $\omega=\omega_0+\beta t$ $\theta=\omega_0t+\frac{1}{2}\beta t^2$ $\omega^2-\omega_0^2=2\beta\theta$	平动动能 $\frac{1}{2}mv^2$ 恒力的功 $A=Fs$ 动能定理 $A=\frac{1}{2}mv^2-\frac{1}{2}mv_0^2$	转动动能 $\frac{1}{2}I\omega^2$ 恒力矩的功 $A=M\theta$ 动能定理 $A=\frac{1}{2}I\omega^2-\frac{1}{2}I\omega_0^2$

（2）进动角速度

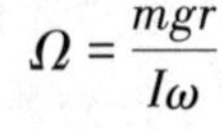

$$\Omega=\frac{mgr}{I\omega}$$

陀螺的进动角速度 Ω 与自转角动量 L 成反比，与其重心的位置 r 成正比。

习题二

2-1　两个半径相同的飞轮用一皮带相连，作无滑动转动时，大飞轮边缘上各点的线速度的大小是否与小飞轮边缘上各点的线速度的大小相同？角速度又是否相同？

2-2　当刚体转动时，如果它的角速度很大，是否说明刚体的角加速度一定很大？

2-3　如果作用在刚体上的合力矩垂直于刚体的角动量，则刚体角动量的大小和方向会发生变化吗？

2-4　一个人坐在转椅上并随着转椅转动，两手各拿一只重量相等的哑铃，当他将两臂伸开，他和转椅的转动角速度是否改变？

2-5　直径为 0.6m 的转轮，从静止开始做匀变速转动，经 20s 后，它的角速度达到 100π rad/s，求角加速度和在这一段时间内转轮转过的角度。

2-6　求质量为 m，长为 l 的均匀细棒对下面几种情况的转动惯量。

（1）转轴通过棒的中心并与棒垂直。

（2）转轴通过棒的一端并与棒垂直。

（3）转轴通过棒上离中心为 h 的一点并与棒垂直。

（4）转轴通过棒中心并和棒成 θ 角。

2-7　如图 2-16 所示，一铁制飞轮，已知密度 $\rho = 7.8\text{g/cm}^3$，$R_1 = 0.030$m，$R_2 = 0.12$m，$R_3 = 0.19$m，$b = 0.040$m，$d = 0.090$m，求它对转轴的转动惯量。

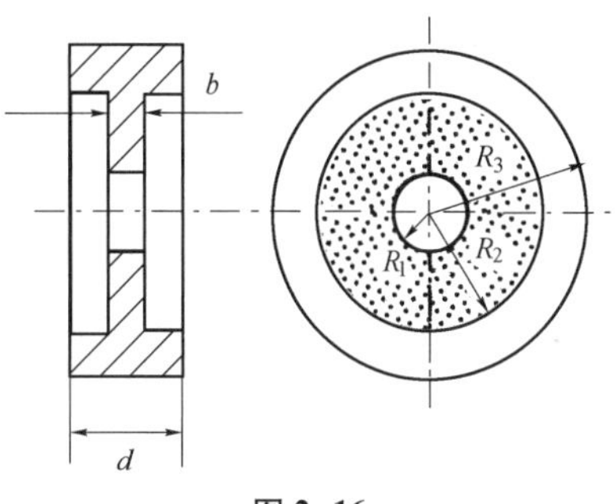

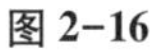
图 2-16

2-8　一飞轮直径为 0.3m，质量为 5kg，边缘绕绳，现用恒力拉绳一端，使它由静止均匀地加速，经 0.5s 后转速达到 10rev/s，假定飞轮可看作实心圆柱体，求：

（1）飞轮的角加速度及其在这段时间内转过的转数。

（2）拉力及拉力所作的功。

（3）$t = 10$s 时飞轮的角速度及轮边缘上一点的速度和加速度。

2-9　用线绕于半径 $R = 1$m，质量 $m = 100$kg 的圆盘上，在绳的一端作用 10kg 的拉力，设圆盘可绕过盘心且垂直于盘面的定轴转动。求：

（1）圆盘的角加速度。

（2）当线拉下 5m 时，圆盘所得到的动能。

2-10　两个质量为 m_1 和 m_2 的物质分别系在两条绳上，这两条绳又分别绕在半径为 r_1 和 r_2 并装在同一轴的两鼓轮上，如图 2-17 所示。已知两鼓轮绕轴的转动惯量为 I，轴间摩擦不计，绳子的质量忽略不计，求鼓轮的角加速度。

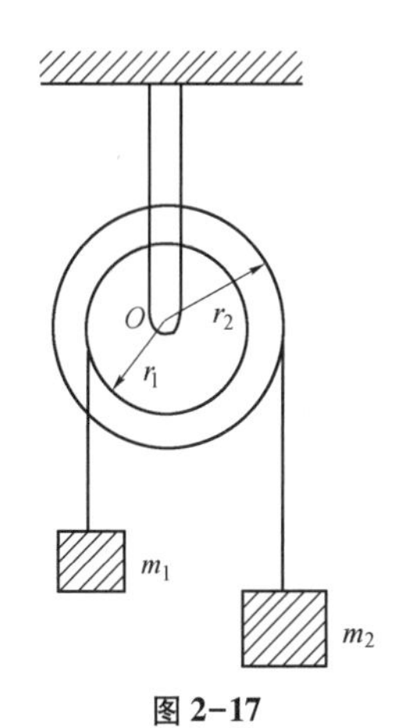

图 2-17

2-11　如图 2-18 所示，已知滑轮的半径为 30cm，转动惯量为 $0.50\text{kg}\cdot\text{m}^2$，弹簧的劲度系数 $k = 2.0$N/m。问质量为 60g 的物体落下 40cm 时的速率是多大？（设开始时物体静止且弹簧无伸长，在物体下落过程中绳子与滑轮无相对滑动）

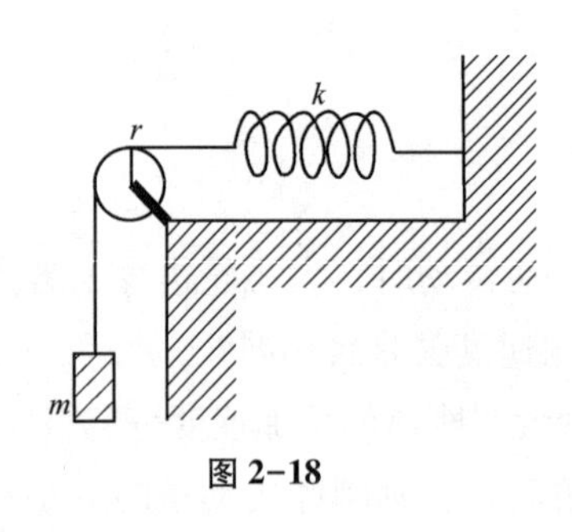

图 2-18

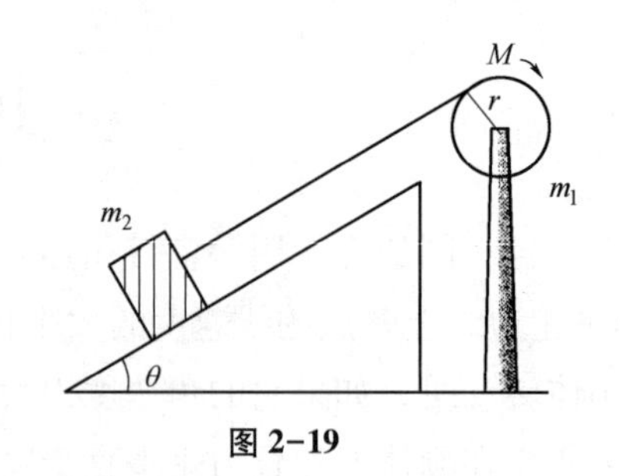

图 2-19

2-12 如图 2-19 所示，一不变的力矩 M 作用在绞车的鼓轮上使轮转动。轮的半径为 r，质量为 m_1，缠在鼓轮上的绳子系一质量为 m_2 的重物，使其沿倾角为 θ 的斜面滑动，重物和斜面之间的滑动摩擦系数为 μ，绳子的质量忽略不计，鼓轮可看作均质圆柱，在开始时此系统静止，试求鼓轮转过角 φ 时的角速度。

2-13 一转台绕竖直轴转动，每 10s 转一周，转台对轴的转动惯量为 1200kg · m^2。质量为 80kg 的人，开始站在台的中心，随后沿半径向外跑去，问当人离转台中心 2m 时，转台的角速度是多少。

2-14 有圆盘 A 和 B，盘 B 静止，盘 A 的转动惯量为盘 B 的一半。它们的轴由离合器控制，开始时，盘 A、B 是分开的，盘 A 的角速度为 ω_0，两者衔接到一起后，产生了 2000J 的热，求原来盘 A 的动能为多少。

2-15 一根质量为 m，长为 l 的均匀细棒 AB，绕一水平光滑转轴 O 在竖直平面内转动。O 轴离 A 端距离为 $\frac{l}{3}$，此时的转动惯量为 $\frac{1}{9}ml^2$，今使棒从静止开始由水平位置绕 O 轴转动，求：

（1）棒在水平位置上刚起动时的角加速度。

（2）棒转到竖直位置时角速度和角加速度。

（3）转到垂直位置时，在 A 端的速度及加速度。（重力作用点集中于距支点 $\frac{l}{6}$ 处）

勇攀高峰 1 我国成功发射世界上首颗量子通信实验卫星

中国于 2016 年 8 月 16 日成功发射了世界上首颗量子通信实验卫星——墨子号量子科学实验卫星（简称墨子号），这标志着中国空间科学研究和量子通信技术研究又迈出重要一步。在“墨子号”发射之前，中国在量子通信技术方面就已经处于前沿了。中国科学家实现了国际上首个所有节点都互通的量子保密通信网络，后来又利用该成果为中华人民共和国 60 周年国庆阅兵关键节点间构建了“量子通信热线”。

量子通信是通过微观粒子（比如光子、电子等）的量子态的量子纠缠原理实现信息传输的保密通信过程。对于两个纠缠的量子态，其中一个量子态发生变化，另一个量子态就会立刻发生相应的变化，反之亦然。经典信息传播是需要载体的（比如弹性媒介、电磁波等），而量子通信是不需要载体的量子信息隐形传送的过程。具体来说就是，将原有信息加载于一个量子纠缠态，另一个量子纠缠态就会立刻获得相应信息，从而实现了信息的传输。因此，量子通信是一种全新通信方式，它传输的不再是经典信息而是量子态携带的量子信息，是构成未来量子通信网络的核心要素。

“星地量子密钥分发”的实现，为构建覆盖全球的量子保密通信网络奠定了可靠的技术基础。

以此为基础可将卫星作为可信中继，实现地球上任意两点的密钥共享，将量子密钥分发范围扩展到覆盖全球。另外，将量子通信地面站与城际光纤量子保密通信网互联，可以构建覆盖全球的天地一体化保密通信网络。“星地量子纠缠分发”和“地星量子隐形传态”的实现，使人们可以利用量子纠缠所建立起的量子信道，构建起量子信息处理网络的基本单元，必将为未来开展大尺度量子网络和量子通信实验研究以及开展外太空广义相对论、量子引力等物理学基本原理的实验检验奠定可靠的技术基础。2018 年初，通过与奥地利科学院的国际合作，“墨子号”量子卫星首次实现了北京和维也纳之间相距约 7600 公里的洲际量子保密通信，这一成果也被美国物理学会评选为 2018 年度国际物理学十大进展之一。

“墨子号”是未来一系列量子通信卫星的探路者。发展量子通信技术的终极目标，是构建广域乃至全球范围的绝对安全的量子通信网络体系。而要建设覆盖全球的量子通信网络，必需依赖多颗类似的“墨子号”量子通信卫星的组网。在实现这目标的艰难长途中，中国正努力走在世界前列。

第三章

流体动力学基础

扫一扫，查阅本章数字资源，含PPT、音视频、图片等

【教学要求】

1. 了解流体的四大特性；理解理想流体、稳定流动、流线、流管等概念。
2. 掌握连续性方程、伯努利方程及它们在理想流体中的应用。
3. 理解牛顿黏性定律的物理意义；掌握黏滞系数的概念。
4. 了解实际流体的伯努利方程；了解片流、湍流、雷诺数等概念。
5. 理解泊肃叶定律、斯托克斯定律的物理意义和应用条件。
6. 了解测定液体黏度的方法。

在前一章讨论刚体的定轴转动时我们已经说明，刚体是大小和形状不会发生变化的物体。但对液体和气体来讲，情况就不同了，它们没有固定的形状，而且各部分之间很容易发生相对运动，这种特性叫作流动性。凡是具有流动性的物体，称为**流体**（fluid）。液体和气体都是流体。流动性是流体区别固体的主要特征。中学物理学中已经讲过一些流体静力学的内容，现在我们进一步讨论流体动力学的基本规律。

对于从事药学专业的工作者来说，在药物合成和制造过程中要涉及流体，其中包括流体的输运、测量和参量控制等。因此，具备一些有关流体动力学的基本知识，掌握流体的运动规律是完全必要的。

本章仍以牛顿质点力学为基础，着重介绍不可压缩流体流动时的基本规律及其应用。

第一节　描述流体运动的基本概念

一、流体的特性

流体具有四大特性，即流动性、连续性、黏滞性和可压缩性。

流体没有固定的形状，其形状由容器的形状而定。在力的作用下，流体的一部分相对于另一部分极易发生相对运动，流体的这种性质称为**流动性**（fluidity）。虽然流体和其他物体一样是由分子组成的，分子之间有一定的距离。但在流体力学中由于主要研究流体质点的宏观运动，不考虑流体的微观结构，故而把流体看作连续介质。在静止或流动过程中流体质点间都是连续排列的，这就是所谓宏观角度上流体的**连续性**（continuity）。流体流动时，都或多或少地具有**黏滞性**（viscosity）。黏滞性（也称黏性）是指当流体流动时，由存在于层与层之间阻碍相对运动的内摩

擦力（也称黏滞力）而引起的宏观表现。在管道中流动的流体，总是管轴处流速最大，越靠近管壁处流速越小。这都是流体具有黏滞性的表现。但对于黏滞性不大的流体，或黏滞性对流体流动影响不大时，常可以不考虑流体的黏滞性，这种流体称作**非黏性流体**（non-viscous fluid）。相反，若黏滞性的作用比较明显时，则应把流体看作**黏性流体**（viscous fluid）。液体的黏滞性比气体大。

除了上述三大特性，流体还具有**可压缩性**（compressibility）。流体受力时除形状很容易改变外，体积也会发生变化，流体体积随压力的改变而变化的这种性质称为流体的可压缩性。液体的体积随压力变化很小。例如，水在10℃时，在100atm压力作用下，体积只比标准状态下缩小0.5%，所以一般认为液体是不可压缩的。气体很容易被压缩。但因气体极易流动，较小的压强差就可以使它迅速流动，而这时气体的密度变化不大，几乎处处相等，所以在研究气体流动的许多问题时，也可以认为它是不可压缩的。

二、理想流体的稳定流动

（一）理想流体模型

为了使研究流体流动问题简化起见，一般忽视流体的可压缩性和内摩擦力的作用，而**把流体看成完全没有黏滞性和绝对不可压缩的，这样的流体称为理想流体**（ideal fluid）。理想流体是一个理想化了的物理模型，事实上虽不存在，但根据这一理想模型得出的结论，在一定条件下完全可以近似地说明实际流体的流动情况。例如，像水、酒精这样的液体，在非特殊情况下，可以当成理想流体来处理。

流体单位体积内的重量称为流体的**重度**（gravity），用γ表示。即

$$\gamma = \frac{G}{V} = \frac{mg}{V} = \rho g$$

上式中G为体积V内流体的重量，g为重力加速度。重度的单位为牛顿/米^3（N/m^3）。因理想流体的不可压缩性，所以它的密度和重度都是恒量。

（二）稳定流动　流线和流管

一般对运动着的流体而言，不但在同一时刻空间各点上流体质点的流速不同，而且在不同时刻，流经空间确定点上的流体质点，流动速度的大小和方向也都在变化着，也就是说，速度是空间坐标与时间的函数，即

$$\boldsymbol{v} = \boldsymbol{v}(x, y, z, t) \tag{3-1a}$$

如果在流体流过的区域内，各点上的流速都不随时间而变化，那么这种流动称为**稳定流动**（steady flow）或简称**稳流**，这时流速只是空间坐标的函数，即

$$\boldsymbol{v} = \boldsymbol{v}(x, y, z) \tag{3-1b}$$

流体在流动时，流体的每个质点在空间中都会有运动轨迹。在同一时刻，流体的各个质点的速度大小和方向并不一样。为了对每时刻流体空间各质点的流速分布情况有一个较清晰的图像，我们引入流线的概念。所谓**流线**（stream lines）是这样一组曲线，在每一瞬间，曲线上任何一点的切线方向和流经该点的流体速度方向一致。因为在每点上流体速度只有一个，所以**流线是不能相交的**，如图3-1所示。图中A和B两处流体速度$\boldsymbol{v}_A$和$\boldsymbol{v}_B$的大小和方向均不相同，但它们均不随时间变化，也就是流线的形状不改变，即为稳定流动。从流速分布看，A处流线密，流速大；B处流线稀，流速小。图3-2是流体流经几种不同形状的物体时流线的图形。

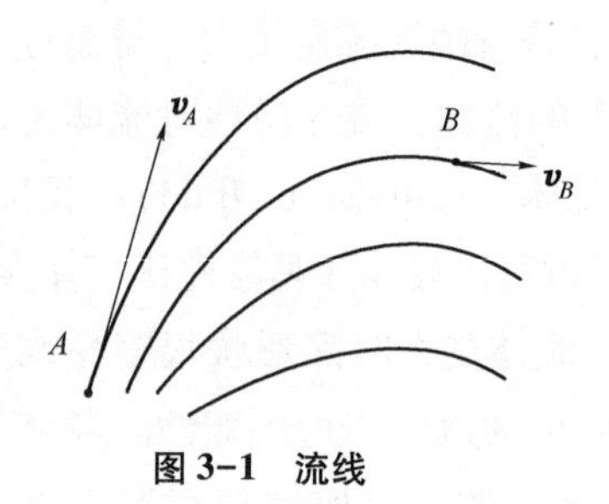

图 3-1 流线

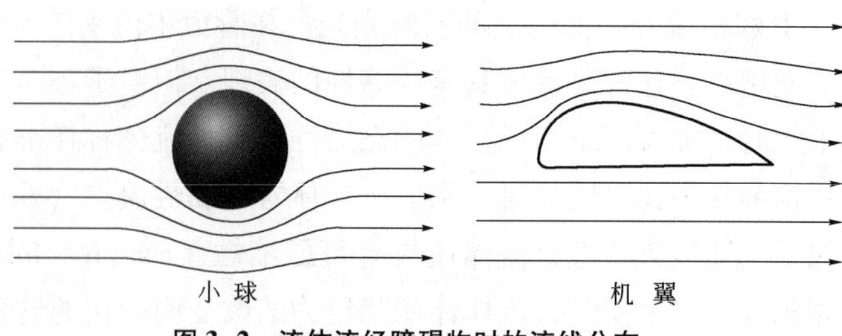

图 3-2 流体流经障碍物时的流线分布

流体流动时，在流体流过的空间，画出一个任意横截面 S，通过它四周的许多流线所围成的管状区域，称为**流管**（tube of flow），如图 3-3 所示。在流体做**稳定流动时**，由于流线的性质，所以**流管内外的流体不能穿过流管侧壁进行交换**。同时，**流管的粗细、形状也不随时间改变**。稳定流动时，由于流线和流管在空间的位置及形状不随时间改变，若设想流管是无限细的，便成为一条流线，流管内的流体质点沿着该流线运动，所以只有在稳定流动时流线才和各处质点运动的轨迹相重合。

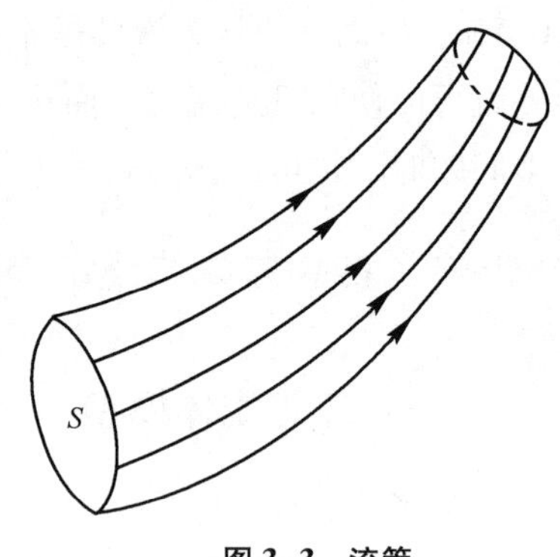

图 3-3 流管

（三）连续性方程

流体做稳定流动时，取细流管上的一段，它的两端横截面的面积分别为 S_1 和 S_2，在这两个很小的截面上的流速分别为 $\boldsymbol{v}_1$ 和 $\boldsymbol{v}_2$，如图 3-4 所示。因为是稳定流动，这段流管内流体的质量不会增减，在很短的时间 Δt 内，流入 S_1 处流体的质量和从 S_2 处流出的流体质量相等。S_1 处流体流入的距离为 $v_1\Delta t$，流体在 S_1 处的密度为 ρ_1，故流入 S_1 处的流体质量为

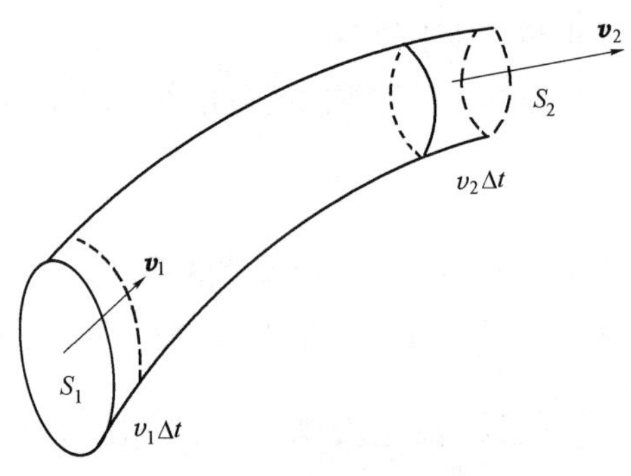

图 3-4 连续性方程的说明

$$\Delta m_1=\rho_1 v_1 \Delta t S_1$$

同理，从 S_2 处流出距离为 $v_2\Delta t$，密度为 ρ_2，故流出的质量为

$$\Delta m_2=\rho_2 v_2 \Delta t S_2$$

又因为质量守恒，$\Delta m_1=\Delta m_2$，即

$$\rho_1 v_1 S_1=\rho_2 v_2 S_2$$

这里 S_1、S_2 是任选的，所以上面的关系对于流管中任意两个与流管成垂直的截面都是正确的，这一关系还可写成

$$\boxed{\rho vS=\text{恒量}} \tag{3-2}$$

上式表明，在稳定流动时，同一流管内任何截面 S 处，流体的密度、流速和横截面积的乘积都为同一恒量。这一关系称为**稳定流动的连续性原理**；式 3-2 称为稳定流动的**连续性方程**（continuity equation）。式中 ρvS 即单位时间内通过该任意横截面 S 的流体质量，称为**质量流量**（mass flow rate），用 Q_m 表示。因此，上述关系又称为**质量流量守恒定律**。

若是不可压缩的流体做稳定流动，因密度处处相同，则式 3-2 就变化为

$$\boxed{Sv=\text{恒量}} \tag{3-3a}$$

上式中$S\upsilon$是单位时间内通过该横截面S的流体体积，我们把它称为**体积流量**（volume rate of flow），用Q_V表示，其单位为米^3/秒（m^3/s）。这样一来，式3-3a还可写成

$$\boxed{Q_V = \text{恒量}} \tag{3-3b}$$

这表明不可压缩的流体做稳定流动时，通过同一流管中任意横截面的流体，体积流量都为同一个恒量，这一结论称为**体积流量守恒定律**。

把式3-2两端同乘以重力加速度g，则有

$$\gamma S\upsilon = \text{恒量} \tag{3-4a}$$

式中的$\gamma S\upsilon$是单位时间内通过该横截面S的流体重量，称为**重量流量**（weight flow rate），并以Q_g表示。则式3-4又可写作

$$Q_g = \text{恒量} \tag{3-4b}$$

即在稳定流动时，同一流管中通过任何横截面的重量流量都等于同一恒量，这称为**重量流量守恒定律**。式3-2至式3-4均称为连续性方程。

例3-1　在制药厂，当流量固定时，若要确定管道中管道内径的大小，应如何选定流体的流速?

解：对于形状一定的管道当中流动的、不可压缩的流体可以应用体积流量守恒定律来解决相应的问题，但流速应理解为管道内截面上的平均流速。在制药厂，首先应根据生产任务确定体积流量Q_V，由式3-3a可知$Q_V=S\upsilon$为定值，所以流速与内截面的关系为

$$\upsilon = \frac{Q_V}{S}$$

若输送流体的管道直径为d，则管道的内横截面积$S=\frac{\pi}{4}d^2$，代入上式则有

$$\upsilon = \frac{Q_V}{\frac{\pi}{4}d^2}$$

或者

$$d = \sqrt{\frac{Q_V}{\frac{\pi}{4}\upsilon}}$$

上式表明，要想确定管径的大小d，必须先确定流速υ。选取流速大时管径要小，但流体受到的阻力大，消耗了更多的能量。反之，流速小，管径要大，此时阻力虽然减小，但管道材料费用增大，所以要多方面权衡利弊。

一般来说，对于密度大的流体，流速应取小些，如液体的流速应比气体的流速小得多。对于黏滞性小的液体，以及含有杂质的流体，其流速不宜选得太低。另外，对于一些特殊的流体，选择流速时还要考虑其他因素。表3-1给出了一些生产实践中流体的常用流速，仅供参考。

表3-1　一些流体在管道中的常用流速范围

流体种类	流速范围（m/s）	流体种类	流速范围（m/s）
水及一般液体	1.0～2.0	压力较高的气体	15～25
黏度较大的液体	0.50～1.0	饱和水蒸气3atm以下	40～60
低压气体	8.0～15	饱和水蒸气3atm以上	20～40

续表

流体种类	流速范围（m/s）	流体种类	流速范围（m/s）
易燃易爆低压气体	<8.0	过热水蒸气	30～50

第二节　理想流体的伯努利方程及其应用

伯努利方程（Daniel Bernoulli's equation）是流体力学中一个很重要的基本方程，用途非常广泛。它说明的是理想流体做稳定流动时，在一根细流管中或一条流线上，压强 p、流速 v 和高度 h 之间的关系。伯努利方程是根据功能原理导出来的，所以说它是能量守恒定律在理想流体情况下的具体体现。

一、伯努利方程

如图 3-5 所示，在细流管中任取一段流体 S_1S_2。在截面 S_1 处流体的流速为 v_1，压强为 p_1，在截面 S_2 处流体的流速为 v_2，压强为 p_2。它们对某一参照平面，高度分别为 h_1 和 h_2。经过极短时间 Δt 后，这段流体流动到 $S'_1S'_2$ 位置。流体在空间 S'_1S_2 这部分之间（图中斜线部分）没有任何变化。所以整个这段流体的运动相当于图 3-5 中虚线部分所示的流体柱从 S_1 截面处移到 S_2 截面处。由于时间极短，S_1 和 S'_1 相距很近，它们截面的面积几乎相同。同理 S_2 和 S'_2 的截面积也相等。

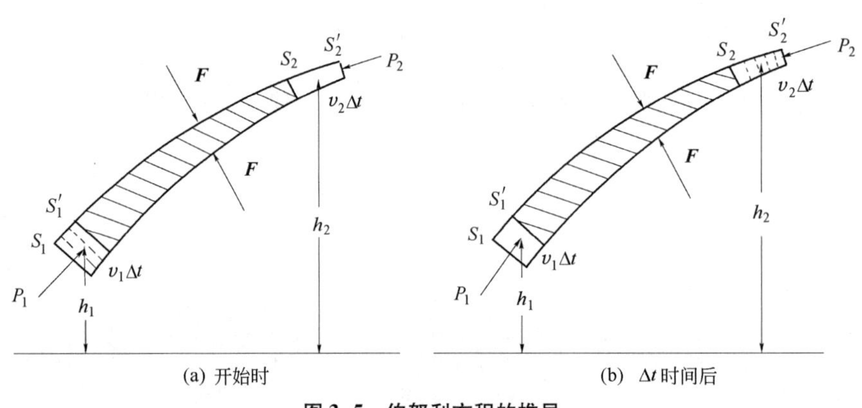

图 3-5　伯努利方程的推导

首先求压力所作的功。流管中整个这段流体，其两个端面要受到相邻流体的压力作用。在 S_1 处受到外压力为 F_1，它等于该处的压强 p_1 与横截面积 S_1 的乘积，即 $F_1=p_1S_1$。在 S_1 处流柱的位移等于 $v_1\Delta t$，此处力和位移方向相同，压力作正功，值为 $A_1=p_1S_1v_1\Delta t$。在 S_2 处受到外压力为 F_2，它的大小为 $F_2=p_2S_2$，在 S_2 处流柱的位移为 $v_2\Delta t$，在 S_2 处位移的方向和力的方向相反，所以压力作负功，大小为 $A_2=-p_2S_2v_2\Delta t$。在流管外周，相邻流体对流管内流体的作用力 $\boldsymbol{F}$ 都垂直于流管表面，即力的方向和流体的位移方向垂直，因而作功为零。根据连续性方程，S_1 处和 S_2 处的体积流量 Q_V 相等，所以在同样的时间间隔 Δt 内，体积

$$\Delta V = S_1v_1\Delta t = S_2v_2\Delta t$$

这样，作用于流管中这段流体上压力所作的总功 A 为：

$$A = A_1 + A_2 = p_1S_1v_1\Delta t - p_2S_2v_2\Delta t = p_1\Delta V - p_2\Delta V$$

接下来求机械能的增量。设虚线所示那小段流体柱的质量为 Δm，则在 S_1 处机械能为

$\frac{1}{2}\Delta m v_1^2+\Delta m g h_1$，在 S_2 处的机械能为$\frac{1}{2}\Delta m v_2^2+\Delta m g h_2$。

根据功能原理，压力对这段流体所作的功等于流体机械能的增量。故有

$$p_1\Delta V - p_2\Delta V = \frac{1}{2}\Delta m v_2^2 + \Delta m g h_2 - \left(\frac{1}{2}\Delta m v_1^2 + \Delta m g h_1\right)$$

移项则有

$$\frac{1}{2}\Delta m v_1^2 + \Delta m g h_1 + p_1\Delta V = \frac{1}{2}\Delta m v_2^2 + \Delta m g h_2 + p_2\Delta V$$

两边除以这部分流体的体积 ΔV，并且流体密度 $\rho=\frac{\Delta m}{\Delta V}$是恒量。于是有

$$\boxed{\frac{1}{2}\rho v_1^2 + \rho g h_1 + p_1 = \frac{1}{2}\rho v_2^2 + \rho g h_2 + p_2}$$

上式写成一般式，则为

$$\boxed{\frac{1}{2}\rho v^2 + \rho g h + p = 恒量} \tag{3-5}$$

这就是**伯努利方程式**（Daniel Bernoulli's equation）。从式 3-5 可知$\frac{1}{2}\rho v^2$是单位体积内的动能，$\rho g h$ 是单位体积的势能。压强 p 相当于单位体积的流体通过某一截面时压力所作的功，常把它称为**压强能**（pressure energy）。于是式 3-5 表示**理想流体作稳定流动时，在细流管的任何截面处，单位体积的流体之动能、势能和压强能的总和是一个恒量**。

式 3-5 被重度 $\gamma=\rho g$ 除，则改变为

$$\boxed{\frac{p}{\gamma} + \frac{v^2}{2g} + h = 恒量} \tag{3-6}$$

式 3-6 中各项都表示高度的意义，在工程技术上给它一个专门名称，称为**压头**（head）。把 h 称为**势压头**（potential head），$\frac{v^2}{2g}$称为**动压头**或称**速度头**（velocity head），$\frac{p}{\gamma}$称为**压力头**（pressure head）。它们之和$\frac{p}{\gamma}+\frac{v^2}{2g}+h$ 称为**水头**（water head）。式 3-6 表明，理想流体做稳定流动时，流管中任一截面处的势压头、动压头和压力头之和为一恒量。他们都是用高度来表示的，故单位都是米（m）。

例 3-2　水管内 A 处水的压强为$4.0\times10^5\text{N/m}^2$，流速为 2.0m/s，水从内径为 20mm 的管子 A 处流到 5.0m 高的高位水槽内，在槽入口处水管内径为 10mm，求流入槽时水的流速及压强各为多少？

解：由流体的连续性方程得流入时水的流速v_2 为

$$v_2 = \left(\frac{S_1}{S_2}\right) v_1 = \left(\frac{d_1}{d_2}\right)^2 v_1 = \left(\frac{0.02}{0.01}\right)^2 \times 2.0 = 8.0(\text{m/s})$$

即水流入槽内时，流速为$v_2=8.0\text{m/s}$。

现已知水管 A 处的压强 $p_1=4.0\times10^5\text{N/m}^2$，高度 $h_1=0$，$h_2=h=5.0\text{m}$，水的密度 $\rho=1.0\times10^3\text{kg/m}^3$。由式 3-5

$$\frac{1}{2}\rho v_1^2 + \rho g h_1 + p_1 = \frac{1}{2}\rho v_2^2 + \rho g h_2 + p_2$$

求出 p_2，有

$$p_2 = p_1 - \frac{1}{2}\rho(v_2^2 - v_1^2) - \rho g h = 4\times10^5 - \frac{1}{2}\times10^3(8^2 - 2^2) - 10^3\times10\times5$$
$$=3.2\times10^5(\mathrm{N/m^2})$$

如果将槽的入口处阀门关闭，即水不流动，这时$v_1=v_2=0$，于是有

$$p_2 = p_1 - \rho g h = 4\times10^5 - 10^3\times10\times5 = 3.5\times10^5(\mathrm{Pa})$$

二、伯努利方程的应用

（一）小孔流速

如图 3-6 所示，液体在重力作用下自小孔口自由射出，设小孔中心离液面高度为 h，由于小孔直径远小于高度 h，故可认为小孔中射出的液体流速是均匀的。由于随着液面的下降，小孔处的流速将会逐渐降低，故严格地说，容器内的液体并不是做稳定运动。但因小孔直径很小，在很短时间内液面高度不会有明显变化，可以近似地看作稳定流动。

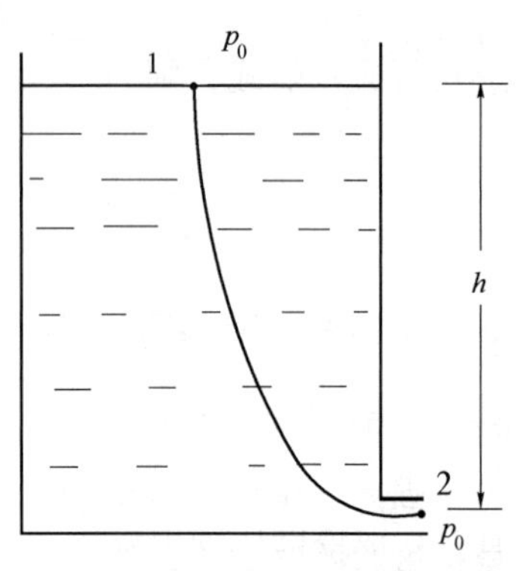

图 3-6 小孔流速问题

设在液体中取一个细流管，其上部截面在自由表面处 1 点，下部截面在小孔处 2 点，应用伯努利方程式，有

$$p_0 + \frac{1}{2}\rho v_1^2 + \rho g h = p_0 + \frac{1}{2}\rho v_2^2$$

式中 p_0 为大气压强，v_1、v_2 分别为自由液面和小孔处的水流速度，并设自由液面处的横截面积为 S_1，小孔处的截面积为 S_2。依据连续性原理，有

$$S_1 v_1 = S_2 v_2 \qquad v_1 = \frac{S_2}{S_1} v_2$$

代入伯努利方程，则

$$\frac{v_2^2}{2}\left(\frac{S_2}{S_1}\right)^2 + gh = \frac{1}{2} v_2^2$$

所以

$$v_2 = \sqrt{2gh}\,\frac{1}{\sqrt{1 - \left(\frac{S_2}{S_1}\right)^2}}$$

当容器截面积比小孔的截面积大得多时，即 $S_1 \gg S_2$，则$\left(\frac{S_2}{S_1}\right)$项可忽略，于是得到

$$v_2 = \sqrt{2gh} \tag{3-7}$$

上式说明液体自小孔射出的速度与质点自由下落 h 高度所达到的速度相同。其实，由于 $S_1 \gg S_2$，必然有$v_1 \ll v_2$，因此近似认为$v_1=0$，则可直接由伯努利方程式求出$v_2=\sqrt{2gh}$的结果。此时从小孔射出的液体流量

$$Q_V = S_2\sqrt{2gh}$$

显然，上述得出的结论只是近似的结果。

（二）水平管与空吸作用

水平管是指流体流经的管道成水平放置或近于水平放置。当流体做稳定流动时，因管路的高度相同，即 $h_1=h_2$，所以势能不改变。伯努利方程，式 3-5 可简化为

$$p_1+\frac{1}{2}\rho v_1^2=p_2+\frac{1}{2}\rho v_2^2$$

从上式可以看出，在流管中流速小的地方压强大；流速大的地方压强小。又由式 3-3a 体积流量守恒定律可知 $S_1v_1=S_2v_2$。即

$$\frac{v_1}{v_2}=\frac{S_2}{S_1}$$

把它代入上述水平管情况的伯努利方程中去，则得

$$p_2-p_1=\frac{1}{2}\rho v_2^2\left[\left(\frac{S_2}{S_1}\right)^2-1\right] \tag{3-8}$$

上式表示流体在流管中的压强和它流经的流管截面积的关系。如果 $S_2<S_1$，则 $\left(\frac{S_2}{S_1}\right)^2<1$，从式 3-8 可知 $p_2-p_1<0$，即 $p_2<p_1$；反之，若 $S_2>S_1$，则 $p_2>p_1$。**理想流体在同一水平流管中做稳定流动时截面积大处的流速小，而它的压强大；反之截面积小处的流速大，而它的压强小。**这个关系可用图 3-7 所示液体的实验装置来证实。图中的三根支管是用来测量液体压强的。当没有这三根支管时，液体的压强由原来的流管管壁来承担，没法显示出来。安上支管后，如果该处液体的压强大于大气压强时，则液体上升，其高度为液体压强超过大气压强对应显示的高度值。这样就可观测到液体在该处的压强。从图 3-7 可以看到截面积 S_1 的粗管处压强 p_1 大于截面积 S_2 的细管处压强 p_2。

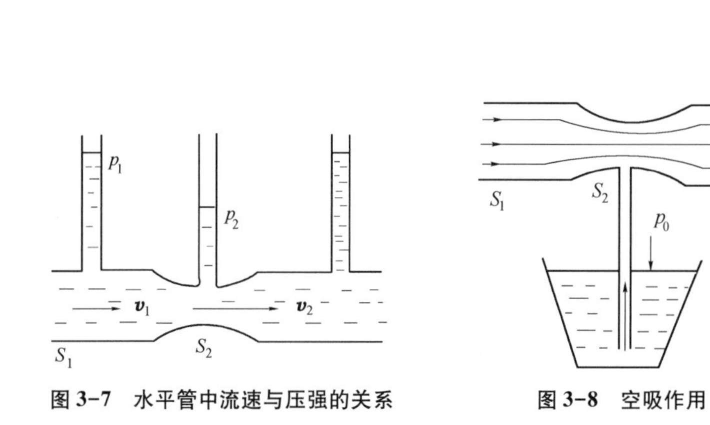

图 3-7　水平管中流速与压强的关系　　**图 3-8　空吸作用**

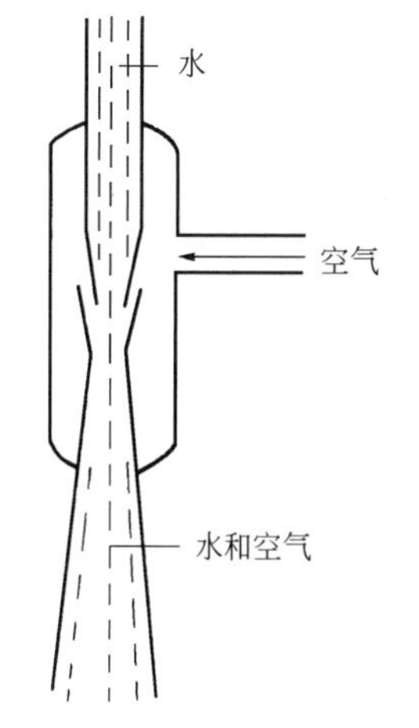

图 3-9　水流抽气机

当流体在 S_2 处的流速 v_2 进一步增大时，会使得 S_2 处压强 p_2 比 p_1 小得多。如果 p_1 接近大气压强，这样细管 S_2 处的压强 p_2 将比大气压强小，即为负压，结果把它外边的其他流体吸引过来，如图 3-8 所示。**我们把运动的流体在细管处的吸力作用称为空吸作用**（suction）。

实验室中使用的水流抽气机就是根据空吸作用而设计的，如图 3-9 所示。当水自圆锥形管

冲出小孔流出时，小孔处截面积小流速大，因而压强小，于是将外边的气体吸入并随水一起流走。喷雾器也是应用空吸作用的原理，使容器中的液体随着流速大的空气一起喷出去（可类比参看图 3-8）。

（三）文丘里管流量计（Venturi-meter）原理的说明

文丘里管流量计是测量流体流经水平管道时流量的装置。它是由一段中间细两头粗的管子所组成，水平地串接于待测流体的管路中，它和图 3-7 所示的结构一样。故相应有下列关系式

$$p_1 - p_2 = \frac{1}{2}\rho(v_2^2 - v_1^2) = \frac{1}{2}\rho v_1^2\left(\frac{v_2^2}{v_1^2} - 1\right)$$

把连续性方程 $\frac{v_2}{v_1}=\frac{S_1}{S_2}$ 代入上式，则得到

$$v_1 = \sqrt{\frac{2(p_1 - p_2)S_2^2}{\rho(S_1^2 - S_2^2)}}$$

把上式代入体积流量公式 $Q_V=S_1v_1$，得

$$Q_V = S_1v_1 = S_1S_2\sqrt{\frac{2(p_1 - p_2)}{\rho(S_1^2 - S_2^2)}} \tag{3-9}$$

如果截面积 S_1 和 S_2 已知，只要测出压强差 p_1-p_2 来，就可测得流量的多少。

（四）比托管（Pitot tube）原理

比托管是一种常用的流速计，可用来测量液体或气体的流速。比托管的形式很多，但原理都一样。

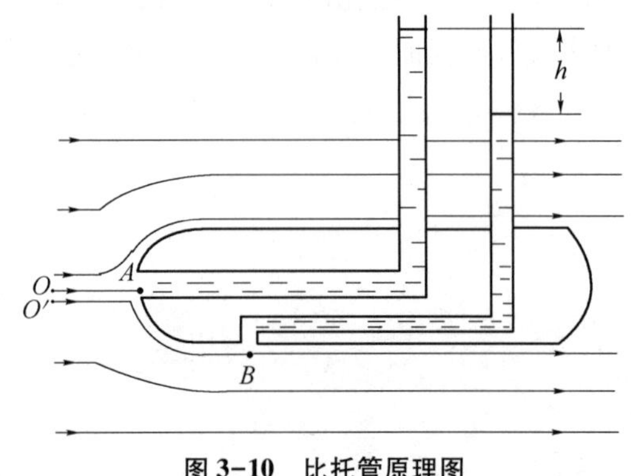

图 3-10 比托管原理图

图 3-10 为比托管的原理图。它是由连在一起的两个弯成直角的玻璃管组成。其中一个的开口 A 迎面对着流来的液体；另一个开口 B 在侧面，与流线相平行，两者均与待测液体相接触。将比托管水平放入流动的液体中后，两竖直管内的液面即有高度差，它可反映流体流速的大小。设液体的密度为 ρ，两管液面高度差为 h，液体沿水平方向流动，视液体为理想流体。

选取通过 A、B 两点的 O—A、O'—B 两条流线附近的细流管应用伯努利方程式。在远离 A 点的 O 处压强和流速分别为 p_O、v_O，接近 A 点时流体质点受阻，到 A 点时流速为零，A 点称为**驻点**（arrest point）。又因比托管本身很细，可认为 $h_A=h_O=h_B=h_{O'}$，故

$$p_O + \frac{1}{2}\rho v_O^2 = p_A$$

对 O'—B 附近相应的细流管，因为点 O' 和点 O 非常接近，所以可近似认为 $v_{O'}=v_O$，$p_{O'}=p_O$，得

$$p_{O'} + \frac{1}{2}\rho v_{O'}^2 = p_O + \frac{1}{2}\rho v_O^2 = p_B + \frac{1}{2}\rho v_B^2$$

比较以上两式，得到

$$p_A = p_B + \frac{1}{2}\rho v_B^2$$

根据静止流体内的压强分布规律

$$p_A - p_B = \rho g h$$

代入上式即可得出待测液体的流速

$$v = v_B = \sqrt{\frac{2(p_A - p_B)}{\rho}} = \sqrt{2gh} \tag{3-10}$$

第三节　黏滞流体的运动

现在以具有黏滞性但不可压缩流体的流动为例，来讨论实际流体的流动情况。

一、流体的黏滞性

自然界中，一般的流体都有黏滞性。做如图 3-11 所示的实验。在玻璃管上部装有着色甘油，下部装有无色甘油。当它们流动时，经过一段时间之后，则见甘油缓缓流下，在两部分甘油的界面处呈锥形界面，在管轴处甘油流速最大，距管轴愈远，流速愈小，**在管壁上甘油附着不动，流速为零**。由此可知，当流体流动时，流体可分为许多流层，各流层的速度不等，说明各流层之间有和流层成平行的切向阻力存在，这种阻力称为内摩擦力，流体具有内摩擦力的性质，称为**黏滞性**或**黏性**（viscosity）。

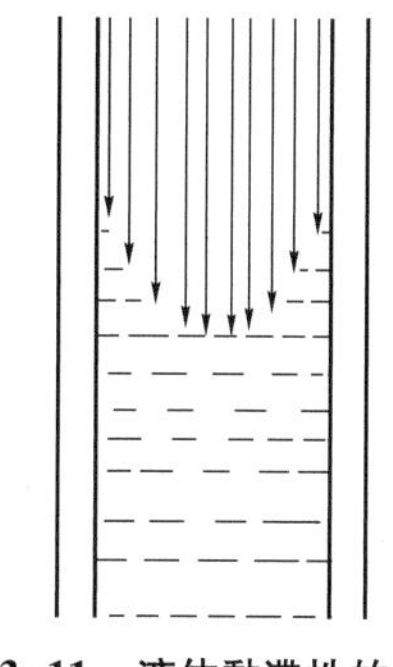

图 3-11　液体黏滞性的实验

二、动力黏度

从实验可知，当相邻两层实际流体做相对运动时，平行于两流层的切向阻力，即内摩擦力的大小除了和流体的性质有关外，还和两流层接触面的面积 S 成正比。

如果层面与 y 轴垂直，两流层的高度分别为 y_1 和 y_2，相距为 $\Delta y = y_2 - y_1$，如图 3-12 所示。两流层的速度差为 Δv，把$\frac{\Delta v}{\Delta y}$称为两流层之间的平均速度梯度。更精确表述，应取 $\Delta y \to 0$时的极限，所得速度梯度为

$$\frac{\mathrm{d}v}{\mathrm{d}y} = \lim_{\Delta y \to 0} \frac{\Delta v}{\Delta y}$$

速度梯度（velocity gradient）是表示流速对空间变化率的物理量。

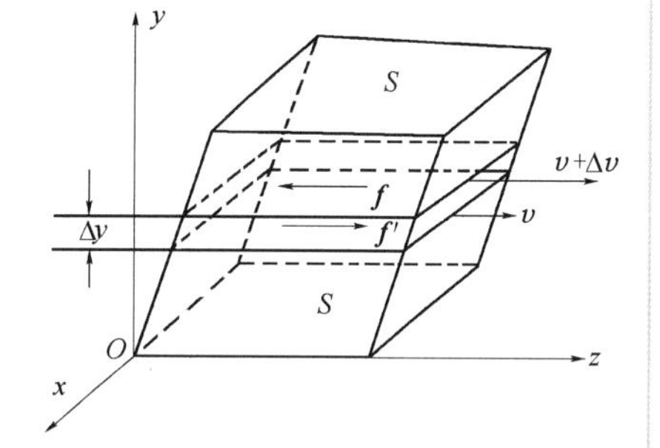

图 3-12　牛顿黏性定律的说明

内摩擦力 f 还与速度梯度成正比。

综合起来有如下的关系

$$f \propto \frac{\mathrm{d}v}{\mathrm{d}y} S$$

改写成等式，则为

$$\boxed{f = \eta \frac{\mathrm{d}v}{\mathrm{d}y} S} \tag{3-11}$$

这个关系式称为**牛顿黏性定律**（Newton's viscosity law）。比例系数 η 由流体的性质决定，称为**动力黏度**（dynamic viscosity），也常称为**黏滞系数**（coefficient of viscosity），它是表示流体流动难易程度的物理量，η 越大越难流动。η 的单位是帕斯卡·秒（Pa·s）。1 帕·秒的意义是两流层相距 1m，速度差为 1m/s 时，沿流体层 $1m^2$ 的面积上，作用的内摩擦力为 1N 的流体所具有的动力黏度。

动力黏度还和流体的温度有关。一般来说，气体的动力黏度随温度增加而增大，液体的动力黏度随温度增加而减少。表 3-2 是几种流体在不同温度下的动力黏度。

表 3-2　动力黏度

流体	温度（℃）	η（Pa·s）	流体	温度（℃）	η（Pa·s）
空气	0 18 40 54 74	1.708×10^{-5} 1.827×10^{-5} 1.904×10^{-5} 1.958×10^{-5} 2.102×10^{-5}	水	0 20 40 60 80 100	1.702×10^{-3} 1.000×10^{-3} 6.56×10^{-4} 4.69×10^{-4} 3.56×10^{-4} 2.84×10^{-4}
水银	0 20 100	1.70×10^{-3} 1.57×10^{-3} 1.22×10^{-3}	甘油	2.8 8.1 14.3 20.3 26.5	4.220 2.518 1.387 0.830 0.494
无水乙醇	18	0.0133			
蓖麻油	17.5 50	1.2250 0.1227	汽油	18	0.00065
			煤油	18	0.00280

从表 3-2 可以看出，一般流体在一定温度下，它们的黏度值为常量，即遵循牛顿黏性定律，这类流体称为**牛顿流体**（Newtonian fluid）。但还有另一类流体，如血液、一些悬浊液等，它们的黏度值在一定温度下不是常量，还与速度梯度有关，因此它们不遵循牛顿黏性定律，这类流体称为**非牛顿流体**（non-Newtonian fluid）。

工程技术上还使用**运动黏度**（kinetic viscosity）ν 这个概念。它是流体的动力黏度 η 和同温度下该流体密度 ρ 的比值。即

$$\nu=\frac{\eta}{\rho} \tag{3-12}$$

运动黏度的单位是米²/秒（m^2/s）。

三、实际流体的伯努利方程

伯努利方程式 3-6 是依理想流体情况导出的。但把它应用于实际情况时，会出现许多与实际结果不符之处。例如流体在均匀的水平管中流动，这时高度相同 $h_1=h_2$，截面积也相等 $S_1=S_2$，由伯努利方程可得 $p_1=p_2$，即各处的压强应相等。但实际并非如此，如图 3-13 所示，在水平管中装有竖直的细管作为压强计，从细管中流体上升的高度来测定各处的压强。实验表明，实际流体在水平管中流动时压强并不相等，而是沿着流体流

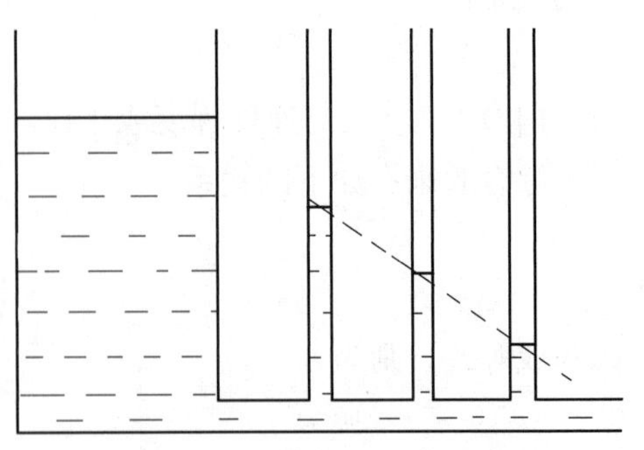

图 3-13　实际流体在水平管中流动

动方向，压强随流程的增加而逐渐降低。

上述实验结果的原因在于，实际流体流动过程中，流体内部层与层之间、流体与管壁之间有内摩擦力作用，流体必须克服阻力而作功，使流体的部分能量转换成热能。这样实际流体的伯努利方程应是式 3-6 上加一份因作功而损失的能量，**损失压头**（loss of head）Z_w。Z_w 表示单位重量的实际流体在流动过程中克服阻力所作的功。所以就有式

$$\boxed{\frac{p_1}{\gamma}+\frac{v_1^2}{2g}+h_1=\frac{p_2}{\gamma}+\frac{v_2^2}{2g}+h_2+Z_w} \tag{3-13}$$

这就是实际流体的伯努利方程。

在实际应用中，必须考虑需要多大的压强差和高度差才能克服流动过程中的阻力，而使流体保持一定的流速和压强。

例 3-3　如图 3-14 所示，高位槽的水经内径为 200mm 的管道流出，高位槽的水面 1-1′比排水管口 2-2′高出 7.5m，在维持水位不变情况下，设因管道全部阻力造成的损失压头为 3.0m（水柱）。试求，每小时由管口排出的水量是多少立方米？

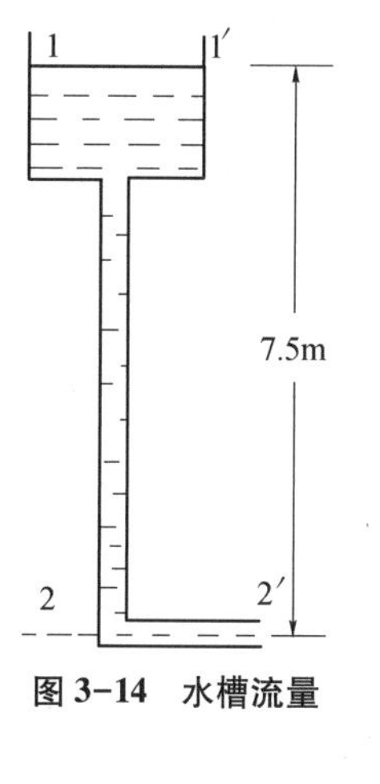

图 3-14　水槽流量

解：由式 3-13 列出在 1-1′处和 2-2′处的伯努利方程

$$\frac{p_1}{\gamma}+\frac{v_1^2}{2g}+h_1=\frac{p_2}{\gamma}+\frac{v_2^2}{2g}+h_2+Z_w$$

即

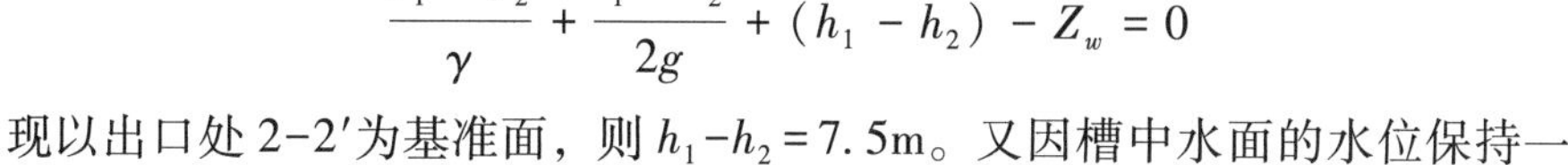

$$\frac{p_1-p_2}{\gamma}+\frac{v_1^2-v_2^2}{2g}+(h_1-h_2)-Z_w=0$$

现以出口处 2-2′为基准面，则 $h_1-h_2=7.5\text{m}$。又因槽中水面的水位保持一定，所以应有$v_1=0$，水在 1-1′处和出口处的压强皆为大气压强，故有$\frac{p_1-p_2}{\gamma}=0$，而 $Z_w=3.0\text{m}$（水柱）。代入上式则得

$$v_2=3\sqrt{g}=9.39(\text{m/s})$$

设每小时排出水量为 Q

$$Q=3600\times v_2\times S=3600\times 9.39\times\frac{\pi}{4}(0.200)^2=1.06\times10^3(\text{m}^3/\text{h})$$

例 3-4　有重度为 $\gamma=1.0\times10^4\text{N/m}^3$ 的水，如图 3-15 所示。从贮水槽用泵把它打到 22m 高处，泵的进口管路内径为 100mm，流速为1.0m/s，泵出口管路的内径为 60mm，损失压头为 3.0m（水柱），试求泵出口处水的流速和所需要的外加功（或称为**外加压头** $L_{外功}$）。

解：已知泵入口及出口处管的内径分别为 d_1 和 d_2，泵的出口处水的流速可由连续性方程 $s_1v_1=s_2v_2$ 求得

$$v_{出}=v_{入}\left(\frac{d_{入}}{d_{出}}\right)^2=1\times\left(\frac{0.1}{0.06}\right)^2=2.78(\text{m/s})$$

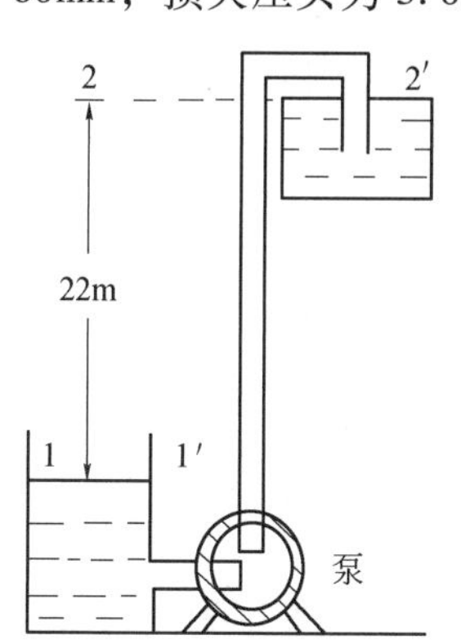

图 3-15　用泵把水打到高处

如图所示，取水面 1-1′为基准面，即 $h_1=0$，用泵把水打到 2-2′水面，故 $h_2=22\text{m}$，1-1′水面水位不变，$v_1=0$，此处压强 p_1 为 1 大气压，在2-2′管出口处 p_2 也是 1 大气压。$v_2=v_{出}=2.78\text{m/s}$。代入式

3-13得

$$\frac{p_0}{\gamma}+\frac{0^2}{2g}+0+L_{外功}=\frac{p_0}{\gamma}+\frac{(2.78)^2}{2g}+22+3.0$$

取 $g=9.8\text{m/s}^2$，解得

$$L_{外功}=25.4 \text{ 米水柱}$$

由本题可知，泵的外加压头必然大于液体垂直扬程高度。

四、片流、湍流、雷诺数

流体的流动形态除受内摩擦力作用的影响外，还受到其他因素的影响。为此，我们做雷诺（Reynolds）实验，其装置如图3-16所示。B 为贮水槽，在实验过程中水槽水位由溢流装置保持恒定。在水槽下面接一根水平的玻璃管。它的出口处装有阀门 V 来调节流量。玻璃管的进口处装有一根与墨水瓶相通的细管，以引入墨水流入玻璃管。打开阀门 V 使水流动。当水在玻璃管中流速不大时，可以看到墨水在管中成一直线流动。若开大阀门 V 使水的流速增大到某一流速时，墨水与水混在一起，不再是直线流动而是整个玻璃管内都充满水与墨水的混合物。

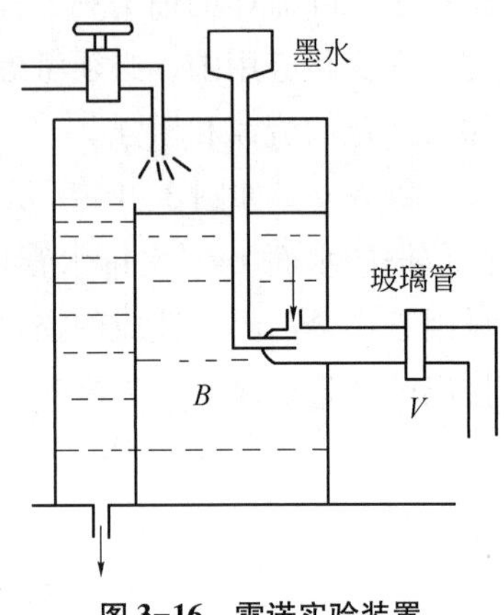

图 3-16 雷诺实验装置

上述实验说明，流体在管道中流动可分为两种类型。当流体在管中流动时，若其质点始终沿着管轴成平行的方向做直线运动，质点轨迹之间互不混合，充满整个管的流体的流动就像许多层的同心圆筒一层一层地逐次向前推动，中间圆筒层流动快，远离中心层的流动慢，像这样的流动形态称为**片流**，或称为**层流**（laminar flow）。以前讨论的流体运动都是层流情况。

当流体的流速再大时，流体质点除向前运动外，它的流速大小和运动方向都随时变化，甚至互相碰撞并互相混合，通常还伴有旋涡和声音，这种流动称为**湍流**（turbulent flow）。

为了判断在直圆管道中流体的流动形态，可借助**雷诺数**（Reynolds number）作为判断标准，用 Re 来表示。雷诺数和流体流速 v、动力黏度 η、密度 ρ 及管径 d 有关。即

$$Re=\frac{dv\rho}{\eta}=\frac{dv\gamma}{\eta g} \tag{3-14}$$

它是个没有单位的纯粹数值。

对于流体在直圆管中流动，有如下规律：当 $Re<2000$ 时流体的流动形态是层流；当 $Re>3000$ 时流体的流动形态是湍流。当 Re 在 2000 和 3000 之间时为过渡流，流态是不稳定的，可能是层流，稍加扰动，就会变成湍流。

发生湍流时，由于各流层互相混合，使得流体在管内的大部分截面上速度几乎相同，因而它和管壁上流层形成很大的速度梯度，而使内摩擦力增大。所以流体在相等的压强差下，湍流时的流量比片流时的流量减少许多倍。

五、泊肃叶定律、斯托克斯定律

药品检验中，通常要测定液体的黏滞系数，常用的方法有毛细管黏度计法和沉降法两种。下面通过对泊肃叶定律和斯托克斯定律的介绍，来说明这两种方法的原理。

（一）泊肃叶定律

设有长为 l、半径为 R 的一段水平细长管，液体在管中流动，若液体的动力黏度为 η，管两端的压强差为 $\Delta p=p_1-p_2$，则流体的体积流量 Q_V 为

$$Q_V=\frac{\pi R^4(p_1-p_2)}{8\eta l} \tag{3-15}$$

这就是**泊肃叶定律**（Poiseuille's law）的数学表达式。

实际液体在粗细均匀半径为 R 的细管中做层流流动。如图 3-17 所示，在横截面上各点速度不同，紧靠管壁的流层由于附着在管壁上速度为零，而在管子中心流速最大。现设距管中心 r 处的流速为v，作用于长度为 l 的圆柱体流体上的压强，左端为 p_1，右端为 p_2，则使流体流动的压力差 Δf 为

$$\Delta f=\Delta p\pi r^2$$

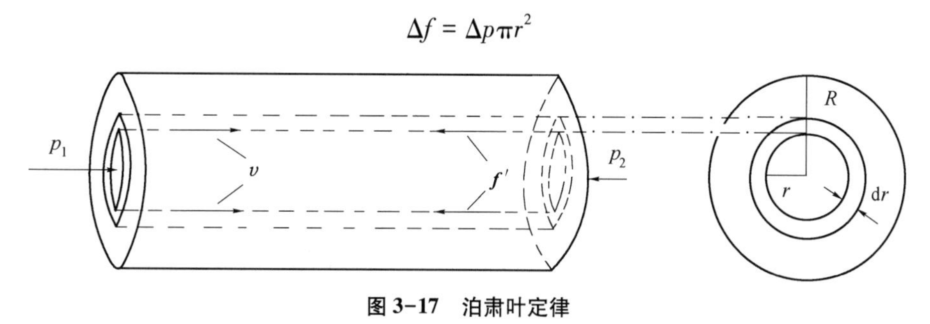

图 3-17　泊肃叶定律

圆柱体的表面积为 $2\pi rl$，作用于此圆柱体外表面的内摩擦力为 $f'=-\eta 2\pi rl\dfrac{dv}{dr}$。式中负号表示$v$值随 r 值的增加而减小。现流体做匀速运动，压力差与内摩擦力大小相等而方向相反，形成二力平衡，即 $\Delta f=f'$。经过整理后则有

$$\frac{-dv}{dr}=\frac{\Delta pr}{2\eta l}$$

即

$$dv=-\frac{\Delta p}{2\eta l}rdr$$

已知 $r=R$ 时，$v=0$；$r=r$ 时，速度为v，故作积分求某处的速度v：

$$\int_v^0 dv=-\frac{\Delta p}{2\eta l}\int_r^R rdr$$

得

$$v=\frac{\Delta p}{4\eta l}(R^2-r^2) \tag{3-16}$$

上式表明，管中心 $r=0$ 处，速度最大，$v_{max}=\dfrac{\Delta p}{4\eta l}R^2$，管壁 $r=R$ 处，速度为零。管中的液体流速与管子两端压强差成正比。

为了求出管中流体的流量，取一内径为 r、厚度为 dr 的管状液层。这一液层的截面积为 $2\pi rdr$，流速为v时，它的流量 dQ_V 为

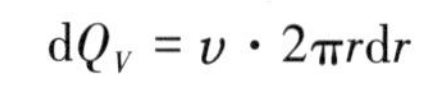

$$dQ_V=v\cdot 2\pi rdr$$

把式 3-16 代入上式有

$$dQ_V = \frac{\pi \Delta p}{2\eta\, l}(R^2 - r^2)r\mathrm{d}r$$

于是整个管子的总流量为

$$Q_V = \frac{\pi \Delta p}{2\eta\, l}\int_0^R (R^2 - r^2)r\mathrm{d}r = \frac{\pi R^4 \Delta p}{8\eta\, l}$$

上式即为式 3-15，它表明**总流量与流体的动力黏度成反比，与管的长度成反比，与管两端的压强差成正比，与管子半径的四次方成正比**。这就是泊肃叶定律。

从式 3-15 可知，如能测得除 η 外的所有物理量，则可求出液体的 η 值。依此原理可做成测动力黏度的装置，常见的有**奥氏黏度计**（Ostwald viscometer）、**乌氏黏度计**（Ubbelohde viscometer）等毛细管黏度计。在实验室和生产实践中常采用比较法，参照标准液体（标准油、蒸馏水等），测定待测液体的黏度。

如果令 $R^* = \frac{8\eta l}{\pi R^4}$，把 R^* 称为流阻。则式 3-15 可改写为

$$\boxed{Q_V = \frac{\Delta p}{R^*}} \qquad (3\text{-}17)$$

式 3-17 表明总流量与管两端压强差 $\Delta p = p_1 - p_2$ 成正比，而和管的流阻成反比。这一规律和电学中欧姆定律相类似。同样，当 n 种不同流阻的管道串联时总流阻为它们之和

$$R^*_{总} = R^*_1 + R^*_2 + \cdots + R^*_n$$

当 n 种流阻不同的管道并联时，总流阻与各流阻的关系为

$$\frac{1}{R^*_{总}} = \frac{1}{R^*_1} + \frac{1}{R^*_2} + \cdots + \frac{1}{R^*_n}$$

由上二式可知管路串联时流阻增大；并联时流阻减小。

（二）斯托克斯定律

当物体在黏性流体中运动速度比较小时，由于物体的表面附着一层流体，此层与其相邻流层之间有摩擦力，故物体在运动过程中必须克服这一阻滞力。如果物体是半径为 r 的球，其速度为 v，流体的动力黏度为 η 时，则球所受的阻力为

$$\boxed{f = 6\pi\eta r v} \qquad (3\text{-}18)$$

此关系式称为**斯托克斯定律**（Stokes' law）。

根据斯托克斯定律的原理定出的沉降法可以测动力黏度。

把密度为 ρ、半径为 R 的球体放于密度为 σ 的流体中，小球受到方向向下的重力为 $\frac{4}{3}\pi R^3 \rho g$，浮力为 $\frac{4}{3}\pi R^3 \sigma g$，当物体匀速下降时，浮力与摩擦阻力之和必须等于重力的大小。即小球所受合力为零。即有

$$\frac{4}{3}\pi R^3 \sigma g + 6\pi\eta R v = \frac{4}{3}\pi R^3 \rho g$$

整理后得

$$v = \frac{2}{9\eta}R^2(\rho - \sigma)g \qquad (3\text{-}19)$$

上式中v称为物体的**收尾速度**或**沉降速度**（terminal velocity）。显然沉淀速度与小球的大小、小球密度与液体密度的差值、液体的黏滞系数等有关。如果式 3-19 中除了 η 外，其他物理量能够测出，则可以求出 η 来。

在含颗粒的流体中分离颗粒时，常使用离心分离器。由于惯性离心力可比重力大得多，因而可使沉降速度增大很多。已知离心加速度为 $a=r\omega^2$，ω 为做圆周运动时的角速度。则用离心加速度代替重力加速度代入式 3-19 中，有

$$v=\frac{2}{9\eta}R^2(\rho-\sigma)r\omega^2$$

由上式可知转速愈大，则沉淀速度愈快。药厂的旋风分离器分离颗粒即依照此原理。

在制造剂型为混悬液的药物时，为了提高混悬液的稳定性，即降低v值，常需增加介质的密度和减小颗粒半径，就是依照式 3-19 所示原理。

知识链接 3

伯努利家族及丹尼尔第一伯努利，伯努利家族（Bernoulli family）是 17～18 世纪瑞士巴塞尔的数学和自然科学家的大家族，祖孙三代，出过十多位科学家。丹尼尔第一伯努利（Daniel Bernoulli）1700 年 2 月 8 日生于荷兰格罗宁根，1782 年 3 月 17 日卒于巴塞尔。丹尼尔 25 岁就成为彼得堡科学院数学教授，他在概率论、偏微分方程、物理等方面均有贡献。曾获法国科学院奖金 10 次之多。他的《流体动力学》1738 年出版，其为流体动力学基础的“伯努利方程”的出处。1733 年他回到巴塞尔，教授解剖学、植物学和自然哲学。

小　结

1. 基本概念

（1）流体的四大特性　即流动性、连续性、可压缩性和黏滞性。

（2）理想流体　指的是完全没有黏滞性而且绝对不可压缩的流体。它是一种理想化了的模型，是实际流体的近似。像水、酒精这样的液体，一般可以看成理想流体。

（3）稳定流动　指的是在流体流过的区域中各点的流速都不随时间的变化而变化的流动。它是实际流动的一种特殊情况。

（4）流线与流管　流线指的是曲线上各点的切线方向都与该点的流速方向一致的曲线；由流线束围成的管状区域称为流管。稳定流动时，流线、流管的分布、形状都不随时间改变。两条流线不能相交。流管内外的流体质点不能穿过流管的侧壁流入、流出。

（5）体积流量 Q_V　单位时间内通过流管中某一截面的流体体积。它的单位为 m^3/s。

（6）动力黏度 η　反映流体黏性大小的物理量，也称为黏滞系数。它的单位为 Pa・s。

（7）流阻 R^*　对流体流动的阻力。它是流动着的流体各层之间以及流体与管壁之间相互作用的综合效果。它的单位为 $Pa\cdot s/m^3$。

2. 基本定律

（1）体积流量守恒定律　不可压缩流体做稳定流动时，通过同一细流管中任意横截面的体积流量都相等。即

$$Q_V=Sv=\text{恒量}$$

实际应用中，也可将其推广到刚性管道中流动的不可压缩流体情况，但流速要用横截面上的平均流速来代替。

（2）伯努利方程 广义上讲，该方程是机械能守恒定律在流体力学中的表现形式。其条件和结论为：理想流体做稳定流动时，在同一细流管中任意截面处或同一流线上任意点处，单位体积中流体的动能、势能和压强能之和是一个恒量。即

$$\frac{1}{2}\rho v^2+\rho gh+p=\text{恒量}$$

应用理想流体伯努利方程解题时应注意的几点：

①判断要研究的流体是否可以被看作理想流体、是否在做稳定流动。

②确定一条流线，在流线上选定两个点（有时也可选定三个或更多的点），使得被选定点处流体的流速、高度、压强或为已知量或为所求量，若某点与大气接触，则该点的压强为大气压 $p_0=1.013\times10^5\text{Pa}$。用相关的物理量 p_1、v_1、h_1、p_2、v_2、h_2 列出相应的代数方程

$$\frac{1}{2}\rho v_1^2+\rho gh_1+p_1=\frac{1}{2}\rho v_2^2+\rho gh_2+p_2$$

③将对应物理量的单位统一到国际单位制上，将相应量值代入方程运算。

④有时将伯努利方程与连续性方程 $S_1v_1=S_2v_2$ 联立，可求出更多的未知量。

（3）牛顿黏性定律 流体流动时，相互接触的两流层间的内摩擦力 f 与黏滞系数 η、速度梯度 $\frac{dv}{dy}$ 及接触面积 S 成正比。即

$$f=\eta\left(\frac{dv}{dy}\right)S$$

（4）实际流体的伯努利方程 考虑到克服阻力所作的功即损失压头，伯努利方程被修正为以下形式

$$\frac{p_1}{\gamma}+\frac{v_1^2}{2g}+h_1=\frac{p_2}{\gamma}+\frac{v_2^2}{2g}+h_2+Z_w$$

（5）泊肃叶定律 液体在水平圆形细管中做层流时，体积流量与管道半径、管道长度、黏滞系数及两端压强差之间的关系为

$$Q_V=\frac{\pi R^4(p_1-p_2)}{8\eta l}$$

或

$$Q_V=\frac{\Delta p}{R^*}\quad\text{（此式适用的条件更为广泛）}$$

（6）斯托克斯定律 小圆球在黏性流体中，以不大的速度运动时所受的阻力为

$$f=6\pi\eta rv$$

习题三

3-1 两条相距较近，平行共进的船会相互靠拢而导致船体相撞。试解释其原因。

3-2 在稳定流动时，任一点处流速矢量恒定，那么流体质点能否有加速度，为什么？

3-3　水从水龙头流出后，下落的过程中水流逐渐变细，这是为什么？

3-4　试解释飞机机翼截面形状与升力之间的关系。

3-5　某人在购买白酒时，将酒瓶倒置，观察瓶中小气泡上升的速度，以此来判断白酒品质的优劣。试问这种做法有无科学道理？原因何在？

3-6　用水泵将流速为 0.5m/s 的水，从内径为 300mm 的管道，打到内径为 60mm 的管道中去，求其流速为多少。

3-7　一大水槽中的水面高度为 H，在水面下深 h 处的槽壁上开一小孔，让水射出，问：

（1）水流在地面上的射程 s 为多大？

（2）h 为多大时射程最远？

（3）最远的射程 s_{max} 是多大？

3-8　水平管道中流有重度为 $8.8\times10^3 N/m^3$ 的液体。在内径为 106mm 的 1 处，流速为 1m/s，压强为 1.2atm。求在内径为 68mm 的 2 处液体流速和压强。

3-9　有一上下截面积均为 S 的容器，盛水于液面高度为 H。打开容器底部一截面为 A 的小孔，让水从小孔中流出。求：

（1）水位下降到 h 时所需的时间。

（2）水全部流完所需的时间。

3-10　在水管的某处，水的流速为 2.0m/s，压强比大气压强多 10^4Pa。在水管的另一处，高度上升了 1.0m，水管截面积是前一处截面积的二倍。求此处水的压强比大气压强大多少？

3-11　一个顶端是开口的圆桶形容器，直径为 10cm，在圆桶底部中心，开一面积为 $1.0cm^2$ 的小圆孔。水从圆桶顶部以 $140cm^3/s$ 的流量注入圆桶，问桶中水面最大可以升到多高？

3-12　密度 $\rho=1.5\times10^3 kg/m^3$ 的冷冻盐水在水平管道中流动，先流经内径为 $D_1=100mm$ 的 1 点，又流经内径为 $D_2=50mm$ 的 2 点。1、2 两点各插入一根竖直的测压管。测得 1、2 两点处的测压管中盐水柱高度差为 0.59m。求盐水在管道中的质量流量。

3-13　大容器中装有密度为 ρ 的黏性液体，液面高度为 H。在其底部横插一根长为 L、半径为 r 的水平细管。流体从细管中每分钟流出 V 体积。求其动力黏度。（可近似用流体静压强来处理容器底部与液面的压强差）

3-14　20℃的水在半径为 1.0cm 的管内流动，如果在管的中心处流速为 10cm/s，求由于黏滞性使得沿管长为 1.0m 的两个截面间的压强降为多少？（$\eta_水=1.00\times10^{-3}Pa\cdot s$）

3-15　20℃的水以 30cm/s 的流速在直径为 15cm 的光滑直管道中流动。求相应的雷诺数是多少？它应属于哪种流动？体积流量是多少？

3-16　液体中有一空气泡，气泡的直径为 1.0mm。已知液体的动力黏度为 0.3Pa · s，密度为 $9.0\times10^2 kg/m^3$。问气泡在液体中上升的收尾速度为多少？（比起该液体空气密度可以忽略）

立德树人 2　国际公认的湍流奠基人周培源

周培源（1902—1993 年），江苏宜兴人，国际公认的湍流奠基人。湍流是流体力学中最困难的研究领域，很多人望而生畏，不敢涉足。但是周培源先生却在这个领域整整奋斗了 53 年，最终取得了非常重要的突破。

1945 年，周培源在美国《应用数学季刊》上发表了“关于速度关联和湍流脉动方程的解”，创立了湍流模式。著名空气动力学家冯 · 卡门教授给予其很高评价，美国政府邀请他参加美国战

时科学研究与发展局的科研工作。他提出了空投鱼雷入水时产生的冲击力方程，美国借助这个理论设计水上飞机降落时所受到的冲击力。二战结束后，战时研究机构解散，他被留下写项目总结报告，这个报告被美国海军列为保密文件，直至1957年才解密。而他自己留的一份，新中国成立后就交给了中国人民海军的有关部门。后来，美国海军军工试验站成立，他们以优厚的待遇邀请周培源先生加入，这是一个政府科研机构，要求外籍人员必须加入美国国籍。周先生向美方开出条件：第一，不入美国籍；第二，只承担临时性任务；第三，可以随时离开。他只在试验站工作了半年多，就离开回国了，这是他第二次拒绝美国了。

1942年，当时的祖国积贫积弱，处于风雨飘摇中，但是他却对美国说出如此硬气的话，表现出中国知识分子的崇高操守。他是国际公认的湍流奠基人，也是我国力学学科的奠基人之一。

勇攀高峰2　雄伟的长江三峡大坝全线修建成功

雄伟的长江三峡大坝是当今世界最大的水利发电工程。大坝为混凝土重力坝，大坝坝顶总长3035m，坝高185m。设计正常蓄水水位枯水期为175m（丰水期为145m），左右两岸厂房共安装32台水能发电机组，机组单机容量均为70万千瓦，总装机容量2250万千瓦，年平均发电量1000亿度。三峡大坝于1994年12月14日正式动工修建，2006年5月20日全线修建成功。三峡大坝主要有三大效益，即防洪、发电和航运。

伟大的革命先行者孙中山先生，在《建国方略》中提出建设三峡工程的设想。中华人民共和国缔造者毛泽东主席，1956年三次畅游长江之后写下的气势磅礴、豪情满怀的光辉诗篇，《水调歌头·游泳》中“更立西江石壁，截断巫山云雨，高峡出平湖”成为人们对三峡工程的美好向往。只有改革开放我国综合国力增强后，才能修建成这一巨大工程。雄伟的长江三峡大坝全线修建成功，也是我国水利专家勇攀高峰的精神体现。

第四章

分子物理学基础

扫一扫，查阅本章数字资源，含PPT、音视频、图片等

【教学要求】

1. 能从宏观和统计意义上理解压强、温度等概念，了解系统的宏观性质是微观运动的统计表现，了解统计方法。
2. 掌握分子平均能量按自由度均分原理，会计算理想气体的内能。
3. 理解麦克斯韦速率分布律、速率分布函数和速率分布曲线的物理意义，理解“三种速率”的意义和求法，了解玻尔兹曼能量分布律。
4. 了解物质中三种迁移现象的概念、宏观规律等。
5. 了解液体的表面现象。

物质由大量分子构成，所有分子都在不停地做无规则运动。大量分子做无规则运动称为**分子热运动**（molecular thermal motion）。物体与温度有关的物理性质的变化称为**热现象**（thermal phenomena）。热现象是大量分子热运动的表现。热学是研究热现象的规律和应用的学科，它包括分子物理学和热力学两个方面。每一个运动的分子都有它的体积、质量、速度和能量等，这些表征个别分子性质和运动状态的物理量称为**微观量**（microscopic quantity），而一般实验所测得的，如压强、温度等，则是表征大量分子集体性质的物理量，即**宏观量**（macroscopic quantity）。微观量与宏观量之间存在内在的联系，分子物理学着重于阐明热现象的微观本质，而热力学侧重于研究热现象的宏观规律。

本章将根据所假定的分子模型，运用统计方法，建立微观量与宏观量之间的联系，研究气体的宏观性质和规律，从而阐明这些性质和规律的微观本质。此外，我们还将研究物质中的迁移现象和液体的表面现象。

第一节　理想气体的压强和温度

本节将从分子运动论的观点出发，运用统计方法研究微观量与宏观量（压强、温度）之间的关系，从而对与大量分子热运动相关的压强、温度做出微观解释。

一、理想气体的微观模型

（一）理想气体状态方程

热学研究的对象，称为热力学系统，简称**系统**（system），而能与系统发生相互作用的其他

物体称为**外界**（surrounding）或**环境**（environment）。与外界没有任何相互作用的系统称为**孤立系统**（isolated system）。系统可以是由大量分子组成的气体、液体或固体。

一个孤立系统，经过相当长的时间，终将达到一个宏观性质均匀并不随时间而变化的状态，这种状态称为**平衡态**（equilibrium state）。在平衡态下，考虑到气体中热运动的存在，我们常将这种平衡态称为**热动平衡态**（thermal equilibrium state）。实验表明，对于一定质量的气体，其状态可用气体的压强 p、体积 V、温度 T 描述，这些描述气体状态的变量 p、V、T，则称为气体的**状态参量**（state parameter）。

严格遵守波意耳-马略特定律、查理定律和盖・吕萨克定律的气体称为**理想气体**（ideal gas）。对于理想气体，体积 V 是气体分子所能达到的空间，即容器的容积，在 SI 中，单位是立方米（m^3）。压强 p 是气体作用在单位面积容器壁上的垂直作用力，是大量分子对器壁不断碰撞的宏观表现，在 SI 中，单位是帕斯卡（Pa）。温度 T 与物体内部分子热运动的剧烈程度有关，在 SI 中，单位是开尔文（K）。

对于平衡态下的一定质量的某种理想气体，其状态参量 p、V、T 都有确定的值，并满足状态方程

$$\boxed{pV=\frac{m}{M}RT} \tag{4-1}$$

式中 m 为气体的质量，M 为摩尔质量，R 为普适气体常数，其值为

$$R = 8.31\ \mathrm{J/(mol\cdot K)}$$

（二）理想气体的微观模型

理想气体的微观模型是：

1. 分子的大小比分子之间的平均距离小得多，即分子可视为质点。
2. 除碰撞的瞬间外，分子之间以及分子与器壁之间都没有相互作用力。
3. 分子之间以及分子与器壁之间的碰撞可视为完全弹性碰撞。

根据以上模型，可以说理想气体是大量无规则运动的弹性质点的集合。在常温、常压下，分子间的平均距离约为其平均线度的 10 倍，这说明分子本身所占据的空间很小，气体越稀薄，这种气体就越接近于理想气体。

虽然每一个分子的运动都遵从牛顿运动定律的规律，但由于气体中分子数量极大，而且碰撞频繁，使得单个分子的运动难以预测。然而大量分子的集合却具有一定的规律性，这就是统计平均的规律。

气体处于平衡态时，在没有外力场的条件下，气体分子在空间的分布是均匀的，朝各个方向运动的可能性是均等的。因此，对理想气体系统中的大量分子可作如下的统计假设：

1. 容器内任一位置处单位体积中的分子数相同，即分子数密度相等。
2. 分子沿任何方向运动的机会均等，即朝任何方向运动的分子数相等。

根据以上假设可知，气体分子速度在 x、y、z 三个坐标方向的分量的平方的平均值应当相等，即

$$\overline{v_x^2}=\overline{v_y^2}=\overline{v_z^2}$$

二、理想气体的压强公式

由于大量分子的无规则运动，分子将不断与器壁发生碰撞，使器壁受到一个持续的恒定的冲

力，就像密集的雨点打在伞上，感受到一个均匀的压力一样。

（一）理想气体的压强公式的推导

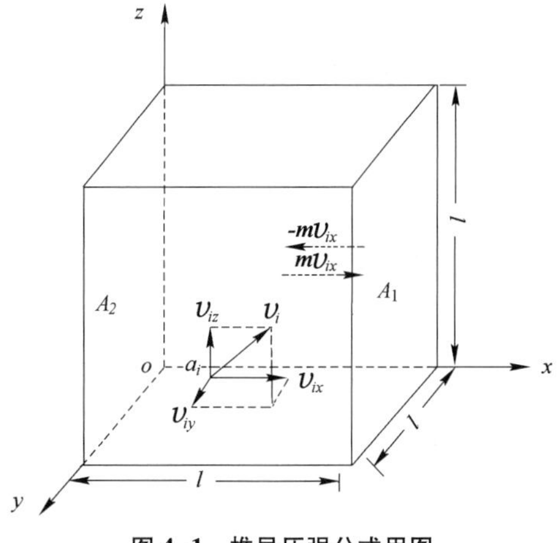

图 4-1　推导压强公式用图

设有一个边长为 l 的立方体容器，如图 4-1 所示，其中有 N 个分子，分子质量为 m。当气体处于平衡态时，器壁各处所受的压强完全相等。因此，只需求出 A_1 面所受的压强，即可代表整个气体的压强。下面分四步讨论。

1. 考虑一个分子与器壁 A_1 碰撞一次施于 A_1 冲量。设第 i 个分子 a_i，速度为$\boldsymbol{v}_i$，在 x、y、z 三个坐标方向的分量为v_{ix}、v_{iy}、v_{iz}。由于分子 a_i 与 A_1 面发生完全弹性碰撞，所以碰撞后分子 a_i 的速度分量分别为$-v_{ix}$、v_{iy}、v_{iz}，这样，分子碰撞一次动量改变量为

$$(-mv_{ix}-mv_{ix}) = -2mv_{ix}$$

由动量定律知，这就是 A_1 面施于分子 a_i 的冲量。再由牛顿第三定律知，分子施于 A_1 面的冲量应为

$$I_i = 2mv_{ix}$$

2. 计算一个分子在 dt 时间内施于 A_1 的冲量。分子 a_i 与 A_1 连续两次碰撞之间，在 x 方向所经历的路程为 $2l$，所需时间为 $2l/v_{ix}$，dt 时间内碰撞的次数为 $\mathrm{d}t/(2l/v_{ix}) = v_{ix}\mathrm{d}t/2l$。因为一个分子与器壁 A_1 碰撞一次施于 A_1 的冲量为 $2mv_{ix}$，所以一个分子在 dt 时间内施于 A_1 的冲量应为

$$2mv_{ix}\cdot\frac{v_{ix}\mathrm{d}t}{2l} = \frac{m\mathrm{d}t}{l}v_{ix}^2$$

3. 计算 N 个分子施于器壁 A_1 的平均冲力 $\overline{F}$。因为 N 个分子在 dt 时间内施于器壁 A_1 的冲量为

$$I = \overline{F}\mathrm{d}t = \sum_{i=1}^{N}\frac{mv_{ix}^2\,\mathrm{d}t}{l} = \frac{m\mathrm{d}t}{l}\sum_{i=1}^{N}v_{ix}^2$$

所以平均冲力为

$$\overline{F} = \frac{m}{l}\sum_{i=1}^{N}v_{ix}^2 \tag{4-2}$$

虽然单个分子对器壁的冲力是断续的，但大量分子对器壁不断碰撞的结果，却在宏观上显示出一个持续作用的力。

4. 求压强 p。因为压强 $p=\overline{F}/l^2$，故将式 4-2 代入便得

$$p = \frac{m}{l^3}\sum_{i=1}^{N}v_{ix}^2 = \frac{m}{V}\sum_{i=1}^{N}v_{ix}^2 \tag{4-3}$$

式中 V 为气体的体积。将上式分子分母分别乘以容器中分子数 N，得

$$p = \frac{mN}{V}\sum_{i=1}^{N}\frac{v_{ix}^2}{N} = mn\,\overline{v_x^2} \tag{4-4}$$

式中 $n=\dfrac{N}{V}$，表示单位体积内的分子数，即**分子数密度**（molecular numeral density），$\overline{v_x^2} = \sum\limits_{i=1}^{N}\dfrac{v_{ix}^2}{N}$，

表示 N 个分子在 x 轴方向的速度分量平方的平均值。根据统计假设，沿各个方向分子速度分量平方的平均值应该相等，即$\overline{v_x^2}=\overline{v_y^2}=\overline{v_z^2}$，又因为$\overline{v_x^2}+\overline{v_y^2}+\overline{v_z^2}=\overline{v^2}$，所以$\overline{v_x^2}=\frac{1}{3}\overline{v^2}$。因此，

$$p=\frac{1}{3}nm\overline{v^2}$$

或

$$p=\frac{2}{3}n\left(\frac{1}{2}m\overline{v^2}\right) \tag{4-5}$$

式中 $\frac{1}{2}m\overline{v^2}$ 为气体分子的平均平动动能，简称**平均平动能**（average kinetic energy of translation）。

（二）关于理想气体压强公式的说明

1. 理想气体压强的实质 气体在宏观上施于器壁的压强是大量分子对器壁不断碰撞的结果，这是关于气体压强的定性解释。由压强公式的推导过程可知，气体压强等于所有分子在单位时间内施于单位面积器壁的平均冲量，它由分子数密度 n 和分子的平均平动动能$\frac{1}{2}m\overline{v^2}$决定，这是关于气体压强的定量说明。从压强的微观实质分析，n 大，即单位体积的分子数多，分子在单位时间内与单位面积器壁碰撞的次数多，因而 p 大；$\frac{1}{2}m\overline{v^2}$大，则分子的平均平动动能大，分子热运动激烈程度大，一方面分子在单位时间内与单位面积器壁碰撞的次数多，另一方面，分子每次碰撞施于器壁的平均冲量大，由于这双重原因都导致 p 大。

2. 压强公式是一个统计规律，而不是一个力学规律 在导出压强公式的过程中不止是应用了力学原理，而且应用了统计概念和方法。由于分子对器壁碰撞是断续的，分子施于器壁的冲量涨落不定，所以分子在单位时间内施于单位面积器壁的平均冲量，即压强，是一个统计平均量，这是对大量分子、对时间、对面积的统计平均量，要求分子数足够多，时间足够长，面积足够大。当然这“三个足够”都是相对而言的。在气体中，单位体积的分子数和分子的速度都涨落不定，所以分子数密度 n 和分子的平均平动动能$\frac{1}{2}m\overline{v^2}$也是统计平均量。因此，压强公式是一个表征三个统计平均量 p、n 和$\frac{1}{2}m\overline{v^2}$之间相互关系的统计规律。

3. 压强公式不能直接用实验验证 压强 p 可以直接测定，但$\frac{1}{2}m\overline{v^2}$不能直接用实验测定，然而由公式出发可以满意地解释或导出几个已经验证过的实验定律，如玻-马定律等。这表明，压强公式及其推导该公式的有关假设的确在一定程度上符合客观实际。

三、理想气体的温度

由理想气体状态方程和压强公式，可以导出气体的温度与分子平均平动能的关系，从而揭示温度这一宏观量的微观本质。

设容器中有 N 个分子，每个分子的质量为 m'，则气体的质量为 $m=Nm'$，摩尔质量 $M=N_Am'$，$N_A=6.0221367\times10^{23}\,\text{mol}^{-1}$（阿伏伽德罗常数）。由理想气体状态方程

$$pV=\frac{m}{M}RT$$

可得

$$p=\frac{N}{V}\frac{R}{N_A}T=n\frac{R}{N_A}T$$

令 $k=\frac{R}{N_A}=1.38\times10^{-23}$ J/K，k 称为**玻尔兹曼常数**（Boltzmann constant），于是状态方程可写成另一种形式

$$\boxed{p=nkT} \tag{4-6}$$

该式说明，**在相同的温度和相同的压强下，各种理想气体在相同的体积内含有的分子数都相同，这就是阿伏伽德罗定律**（Avogadro's law）。将上式与压强公式 $p=\frac{2}{3}n\left(\frac{1}{2}m\overline{v^2}\right)$ 比较得

$$\boxed{\frac{1}{2}m\overline{v^2}=\frac{3}{2}kT} \tag{4-7}$$

此式表明，理想气体分子的平均平动能只与温度有关，并与绝对温度成正比。气体的温度越高，分子的平均平动能越大，分子热运动越剧烈。因此，可以说，**温度是标志分子热运动剧烈程度的物理量**，或者说，**温度是分子平均平动能的量度**。温度是大量分子热运动的集体表现，如同压强一样，它也是一个统计量，对个别分子来说温度是没有意义的。

例 4-1　容器内贮有氧气，其压强 $p=2.026\times10^5$ Pa，温度为 17 ℃。求：

（1）单位体积中的分子数 n；

（2）分子质量 m；

（3）气体的质量密度 ρ；

（4）分子间的平均距离 d；

（5）分子的平均平动能 e_k。

解：（1）由 $p=nkT$ 得

$$n=\frac{p}{kT}=\frac{2.026\times10^5}{1.38\times10^{-23}\times290}=5.06\times10^{25}(\text{m}^{-3})$$

（2）$m=\frac{M}{N_A}=\frac{32\times10^{-3}}{6.02\times10^{23}}=5.32\times10^{-26}(\text{kg})$

（3）$\rho=nm=5.06\times10^{25}\times5.32\times10^{-26}=2.69\ (\text{kg/m}^3)$

（4）每个分子平均所占据的空间为 $1/n$，即 $d^3=1/n$，所以

$$d=\left(\frac{1}{n}\right)^{1/3}=\left(\frac{1}{5.06\times10^{25}}\right)^{1/3}=2.7\times10^{-9}(\text{m})$$

（5）$e_k=\frac{3}{2}kT=1.5\times1.38\times10^{-23}\times290=6.0\times10^{-21}(\text{J})$

第二节　能量均分原理

上节中，我们讨论了分子平均平动动能。实际上，除单原子分子以外的其他结构比较复杂的分子，不但有平动能，还有转动能和振动能。为了确定分子各种形式的运动能量的统计规律，有必要引入和了解自由度的概念，接着我们还将讨论能量按自由度均分原理和理想气体的内能。

一、自由度数

决定一个物体空间位置所需要的独立坐标数，称为这个物体的**自由度数**（degree of freedom）。

决定质点、刚体、分子的空间位置所需要的独立坐标数不同，因而它们的自由度数也不同。

1. 质点的自由度数 决定一个质点的空间位置需要三个独立坐标，故质点有三个自由度，如 x、y、z。在平面或曲面上运动的质点有两个自由度，在直线或曲线上运动的质点则只有一个自由度。如果将飞机、轮船、火车视为质点，则飞机有三个自由度，轮船有两个自由度，而火车只有一个自由度。

2. 刚体的自由度数 由三个和三个以上的原子组成的分子在常温下可近似地视为刚体，所以要讨论分子的自由度，有必要先讨论刚体的自由度。刚体的运动可分解为质心的平动和绕通过质心的轴的转动，所以刚体的空间位置可决定如下：

（1）用三个坐标，如 x、y、z 决定其质心的位置。

（2）用两个坐标，如 α、β 决定通过质心的转轴 OA 的方位（因为三个方位角 α、β、γ 满足方程 $\cos^2\alpha+\cos^2\beta+\cos^2\gamma=1$，故只有两个方位角是独立的）；用一个坐标，如 θ 决定刚体对起始位置转过的角度。因此，自由刚体有六个自由度，其中有三个平动自由度，三个转动自由度，如图 4-2 所示。

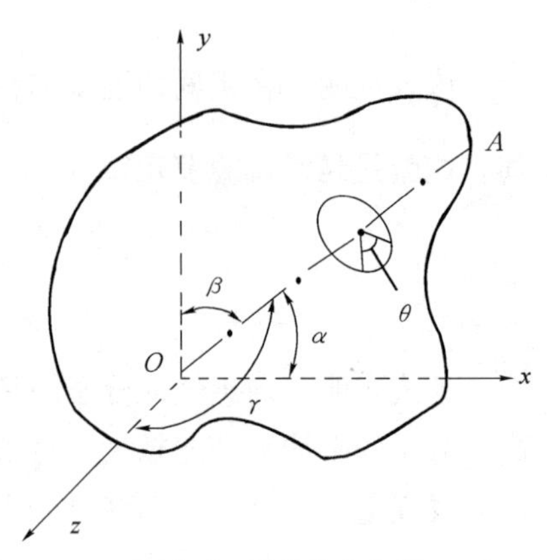

图 4-2 刚体的自由度

当刚体的运动受到限制时，其自由度数将减少。例如绕定轴转动的刚体只有一个自由度。

3. 分子的自由度数 单原子分子如氦、氖、氩等，可视为自由运动的质点，有三个自由度。双原子分子，如氧、氮、一氧化碳等，如果原子间的距离保持不变，可将这种分子视为“两个质点组成的哑铃”或刚性分子，由于质心的位置需要三个独立坐标决定，两个原子连线方向需要两个独立坐标决定，而通过两个质点连线不存在绕以此连线为轴的转动，所以刚性双原子分子有五个自由度：三个平动自由度和两个转动自由度。由三个或三个以上原子组成的多原子分子，如果在常温下，一般可将其视为刚体，应有六个自由度。但实际上，由两个或两个以上的原子组成的分子并不完全是刚性的。根据分子光谱的研究结果，知道沿原子连线方向还有微小的振动。因此，这些分子除平动和转动自由度以外，还有振动自由度。例如，非刚性双原子分子共有六个自由度：三个平动自由度、两个转动自由度和一个振动自由度。这种双原子分子可用“一根可忽略质量的弹簧连接两个质点的模型”来描述。一般来说，由 n 个原子组成的非刚性分子，最多有 $3n$ 个自由度，其中有三个平动自由度，三个转动自由度，$3n-6$ 个振动自由度。

二、能量按自由度均分原理

下面，先介绍能量按自由度均分原理，然后确定分子的平均总动能和分子的平均总能量。

上节已得出

$$\overline{v_x^2}=\overline{v_y^2}=\overline{v_z^2}=\frac{1}{3}\overline{v^2}$$

并已知理想气体分子的平均平动能为

$$\frac{1}{2}m\overline{v^2}=\frac{3}{2}kT$$

由以上二式可以得出一个重要的结果，即

$$\frac{1}{2}m\overline{v_x^2}=\frac{1}{2}m\overline{v_y^2}=\frac{1}{2}m\overline{v_z^2}=\frac{1}{2}kT \tag{4-8}$$

上式说明，气体分子沿 x、y、z 三个方向运动的平均平动能都相等，都等于$\frac{1}{2}kT$，由此可以认为，分子的平均平动能$\frac{3}{2}kT$是均匀地分配在每一个自由度上的。

这个结论虽然是对分子平动说的，但可以推广到转动和振动。由于气体分子无规则运动的结果，**在温度为 T 的平衡状态下，分子的每一个自由度都具有相等的平均动能，其值为**$\frac{1}{2}kT$。这个能量分配所遵从的原理称为**能量按自由度均分原理，**简称**能均分原理**（equipartition theorem of energy）。因此，如果某种气体分子有 t 个平动自由度，r 个转动自由度和 s 个振动自由度，则这种气体分子的平均平动能、平均转动能、平均振动能分别为$\frac{t}{2}kT$、$\frac{r}{2}kT$、$\frac{s}{2}kT$，而分子的平均总动能为

$$\boxed{\bar{e}_k=\frac{1}{2}(t+r+s)kT} \tag{4-9}$$

能均分原理是关于分子热运动动能的统计规律，是对大量分子统计平均所得的结果。对于个别分子而言，在任一瞬时它的各种形式的动能和总动能完全可能与根据能均分原理所确定的平均值有很大差别，而且每一种形式的动能也不见得按自由度均分。对大量分子整体来说，每一种形式的动能其所以按自由度均分是依靠分子无规则碰撞实现的。

由振动学可知，弹性谐振子在一个周期内的平均动能和平均势能是相等的。由于分子内原子的振动可近似地看成谐振动，所以对于分子的每一个振动自由度，除了具有$\frac{1}{2}kT$ 的平均动能外，还有$\frac{1}{2}kT$ 的平均势能。因此，每个分子的平均振动动能和平均振动势能各应为$\frac{s}{2}kT$，分子的平均总能量应为

$$\boxed{\bar{e}=\frac{1}{2}(t+r+2s)kT} \tag{4-10}$$

由以上两式，即公式 4-9 和 4-10 可知

对于单原子分子，因为 $t=3$，$r=s=0$，所以分子的平均总动能$\bar{e}_k$和平均总能量$\bar{e}$ 为

$$\bar{e}_k=\bar{e}=\frac{3}{2}kT$$

对于双原子刚性分子，因为 $t=3$，$r=2$，$s=0$，故分子的平均总动能$\bar{e}_k$和平均总能量 $\bar{e}$ 为

$$\bar{e}_k=\bar{e}=\frac{5}{2}kT$$

对于双原子非刚性分子，因为 $t=3$，$r=2$，$s=1$，所以分子的平均总动能$\bar{e}_k$和平均总能量 $\bar{e}$ 分别为

$$\bar{e}_k=\frac{6}{2}kT,\quad \bar{e}=\frac{7}{2}kT$$

对于三原子和三原子以上刚性分子，因为 $t=3$，$r=3$，$s=0$，则分子的平均总动能$\bar{e}_k$和平均总能量 $\bar{e}$ 为

$$\bar{e}_k=\bar{e}=\frac{6}{2}kT$$

对于三原子和三原子以上非刚性分子，因为 $t=3$，$r=3$，s 的值各不相同，所以分子的平均总动能

$\bar{e}_k$和平均总能量 $\bar{e}$ 也各不相同。

需要说明的是，分子可能有的平动、转动和振动，常因气体温度而定。例如氢分子，在低温时，只可能有平动，在室温时，可能有平动和转动，只有在高温时，才可能有平动、转动和振动，但氯分子在室温时，已可能有平动、转动和振动。

在本书中，为简便起见，以后凡无特殊说明，将气体分子均视为刚性的，即只有平动自由度和转动自由度，并用符号 i 表示平动自由度 t 和转动自由度 r 之和。于是，一个分子的平均总动能和平均总能量为

$$\boxed{\bar{e}_k = \bar{e} = \frac{i}{2}kT} \tag{4-11}$$

三、理想气体的内能

由于气体分子与分子之间存在相互作用力，所以气体分子之间存在势能。所有气体分子的各种形式的动能和势能之和称为气体的**内能**（internal energy），其中各种形式的势能包括分子内原子间的势能和分子与分子间的势能。由于理想气体不存在相互作用力，故不具有与这种力相联系的势能，所以，**理想气体的内能是所有分子各种形式的动能和分子内原子间的势能之和**。应当注意，内能与机械能不同，地球表面物体的机械能可以等于零，但物体内部分子仍然在运动着和相互作用着，内能永远不会等于零。

因为一个分子总的平均能量是$\frac{i}{2}kT$，1mol 理想气体有 N_A 个分子，所以 1mol 理想气体的内能为

$$\boxed{E_{\text{mol}} = N_A\left(\frac{i}{2}kT\right) = \frac{i}{2}RT} \tag{4-12}$$

设气体的摩尔质量为 M，则质量为 m 千克的理想气体的内能为

$$\boxed{E = \frac{m}{M}\frac{i}{2}RT} \tag{4-13}$$

由此可知，**一定质量的某种理想气体的内能完全决定于气体的热力学温度 T**，所以有时也将“**理想气体的内能只是温度的单值函数**”这一性质作为理想气体的另一定义。当一定质量的某种理想气体在不同的状态变化过程中，只要温度的变化量相同，则它们的内能变化量也相同。

应该指出，对于非刚性分子，质量为 m 千克的理想气体的内能则应由下式决定

$$E = \frac{m}{M}\frac{1}{2}(t + r + 2s)RT \tag{4-14}$$

例 4-2 在室温 27℃时，求：

（1）一个氧分子和一个氮分子的平均动能$\bar{e}_k$以及一个氧分子和一个氮分子的平均能量 $\bar{e}$；

（2）1mol 氧气的内能 $(E_{\text{mol}})_{O_2}$和 1mol 氮气的内能 $(E_{\text{mol}})_{N_2}$；

（3）1g 氧气的内能 E_{O_2}和 1g 氮气的内能 E_{N_2}。

解：因为在室温下，氧和氮可视为刚性分子理想气体，它们都是双原子分子，总自由度数 $i=t+r=5$，一个氧分子和一个氮分子的平均动能和平均能量相等，1mol 氧气和1mol氮气的内能也相等，所以

（1）一个氧分子和一个氮分子的平均动能$\bar{e}_k$以及一个氧分子和一个氮分子的平均能量 $\bar{e}$ 是

$$\overline{e_k}=\bar{e}=\frac{i}{2}kT=\frac{5}{2}\times1.38\times10^{-23}\times300$$

$$=1.04\times10^{-20}(\mathrm{J})$$

（2）1mol 氧气的内能 $(E_{mol})_{O_2}$ 和 1mol 氮气的内能 $(E_{mol})_{N_2}$ 是

$$(E_{mol})_{O_2}=(E_{mol})_{N_2}=\frac{i}{2}RT=\frac{5}{2}\times8.31\times300=6.23\times10^3(\mathrm{J})$$

（3）1g 氧气的内能 E_{O_2} 和 1g 氮气的内能 E_{N_2} 分别是

$$E_{O_2}=\frac{m}{M}(E_{mol})_{O_2}=\frac{1}{32}\times6.23\times10^3=1.9\times10^2(\mathrm{J})$$

$$E_{N_2}=\frac{m}{M}(E_{mol})_{N_2}=\frac{1}{23}\times6.23\times10^3=2.2\times10^2(\mathrm{J})$$

第三节　分子的速率

一、麦克斯韦速率分布定律

在气体内部，不同的分子有不同的运动速率，而且由于相互碰撞，每个分子的速率都在不断改变，因此，即使同一个分子在不同的时刻其速率也各不相同。如果我们在某一特定时刻考察某一特定的分子，其速率有多大，完全是偶然的。然而，在一定条件下，大量气体分子却遵从一定的统计规律，麦克斯韦从理论上确定了这个规律，这就是麦克斯韦速率分布定律。

（一）麦克斯韦速率分布函数

我们将 N 个气体分子，依速率大小分成若干个速率区间，例如从 0～100m/s 为第一区间，101～200 m/s 为第二区间，…。对应于各个速率区间的分子数分别为 ΔN_1、ΔN_2、…，则 $\frac{\Delta N_i}{N}$ 表示在第 i 个速率区间的分子数占分子总数的比率，该比率在一定的条件下，遵从确定的统计规律。表 4-1 给出了 0 ℃时氧气分子速率分布的实验结果。麦克斯韦从理论上研究的结论是：在热力学温度为 T 的平衡状态下，在没有外力场作用的给定气体中，分布在 $v\sim v+\mathrm{d}v$ 速率区间的分子数 $\mathrm{d}N$ 占总分子数 N 的比率所遵从的统计规律为

$$\frac{\mathrm{d}N}{N}=4\pi\left(\frac{m}{2\pi kT}\right)^{3/2}e^{-\frac{mv^2}{2kT}}v^2\mathrm{d}v \tag{4-15}$$

式 4-11 中 m 为分子质量，k 为玻尔兹曼常数，上式称为**麦克斯韦速率分布定律**（Maxwell's distribution law of speed）。

表 4-1　0℃时氧气分子速率分布的实验结果

速率区间（m/s）	分子数比率 ΔN/N（%）	速率区间（m/s）	分子数比率 ΔN/N（%）
0～100	1.4	501～600	15.1
101～200	8.1	601～700	9.2
201～300	16.5	701～800	4.8
301～400	21.4	801～900	2.0

续表

速率区间（m/s）	分子数比率 $\Delta N/N$（%）	速率区间（m/s）	分子数比率 $\Delta N/N$（%）
401～500	20.6	901～∞	0.9

将式 4-15 写成以下形式

$$\frac{dN}{N}=f(v)dv \tag{4-16}$$

或

$$f(v)=\frac{dN}{Ndv} \tag{4-17}$$

比较式 4-15 和式 4-16 可知

$$f(v)=4\pi\left(\frac{m}{2\pi kT}\right)^{3/2}e^{-\frac{mv^2}{2kT}}v^2 \tag{4-18}$$

$f(v)$ 称为**麦克斯韦速率分布函数**（Maxwell's distribution function of speed），1859 年麦克斯韦根据概率论导出了这个函数。从式 4-17 可以看出，**$f(v)$ 表示分布在速率 v 附近的单位速率区间内的分子数占总分子数的比率，这就是速率分布函数的物理意义。**

根据麦克斯韦速率分布函数式 4-18 画出的 $f(v)$ 与 v 之间的关系曲线，称为**麦克斯韦速率分布曲线**（Maxwell's distribution curve of speed），如图 4-3 所示。

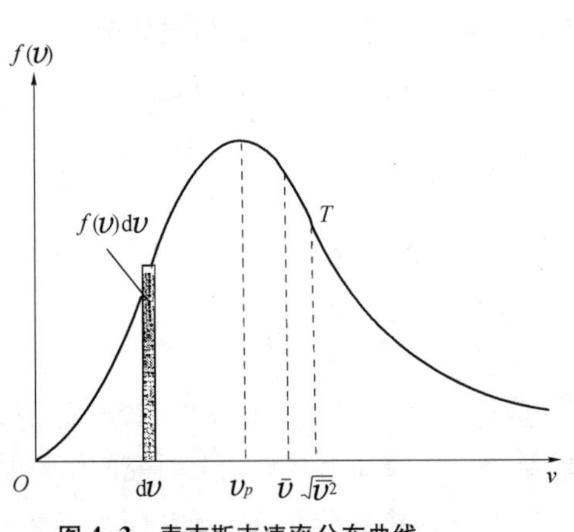

图 4-3　麦克斯韦速率分布曲线

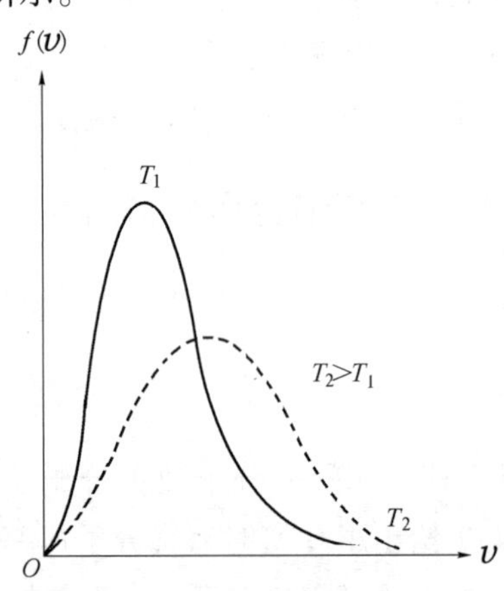

图 4-4　不同温度下速率分布曲线

由图 4-3 可知，当 $v\to0$ 和 $v\to\infty$ 时，均有 $f(v)\to0$，且中间存在一极大值，这说明气体分子的速率可取 0～∞ 的一切数值，速率很大和很小的分子所占的比率都很小，而速率中等的分子所占的比率却很大。

图中任一速率区间 $v\sim v+dv$ 内曲线下的窄条面积等于

$$f(v)dv=\frac{dN}{N}$$

它表示分子速率分布在 v 附近的 $v\sim v+dv$ 速率区间的分子数占分子总数的比率，而整个曲线下的面积则表示分布在 0～∞ 整个速率区间的分子数占气体分子总数的比率，其结果应等于 1，即

$$\int_0^{\infty}f(v)dv=1 \tag{4-19}$$

这个关系式是速率分布函数 $f(v)$ 所必须满足的条件，称为速率分布函数的**归一化条件**（normalized condition），它是由速率分布函数 $f(v)$ 本身的物理意义所决定的。

图 4-4 表示同种分子在两种不同温度下的速率分布曲线（$T_2>T_1$）。温度升高时，曲线整体向速率大的方向移动，这说明气体中速率较小的分子数目减少，而速率较大的分子数目增多。图中两种曲线的形状虽然不同，但曲线下的面积却相等，这是由于分布函数的归一化条件决定的。

（二）三种分子速率

麦克斯韦速率分布定律对于研究气体分子的热运动有关的现象具有重要意义。应用速率分布函数求三种速率就是一个重要方面。

1. 最概然速率 v_p 　与分布函数 $f(v)$ 最大值所对应的速率称为**最概然速率**（the most probable speed），常用 v_p 表示。最概然速率的物理意义是，如果将整个分子速率分成若干个相等的速率区间，则以分布在 v_p 这个速率区间内的分子数比率最大。

要确定 v_p，可取分布函数 $f(v)$ 对速率 v 的一阶导数为零，即

$$\frac{\mathrm{d}f(v)}{\mathrm{d}v}=0$$

将式 4-18 代入上式，解得 v 即为 v_p，即

$$\boxed{v_p=\sqrt{\frac{2kT}{m}}=\sqrt{\frac{2RT}{M}}\approx 1.41\sqrt{\frac{RT}{M}}} \tag{4-20}$$

2. 平均速率 $\bar{v}$ 　大量分子速率的算术平均值称为**平均速率**（average speed），通常用 $\bar{v}$ 表示。对 N 个分子的速率求和，然后除以 N，便得分子的平均速率 $\bar{v}$，即

$$\bar{v}=\frac{\sum_{i=1}^{N}v_i}{N}$$

实际上，确定分子平均速率是利用分布函数计算的。设分子速率介于 v 附近的 $v\sim v+\mathrm{d}v$ 的分子数为 $\mathrm{d}N$，由式4-16可得

$$\mathrm{d}N=Nf(v)\mathrm{d}v$$

由于 $\mathrm{d}v$ 很小，$\mathrm{d}N$ 个分子的速率可视为都近似等于 v，$\mathrm{d}N$ 个分子速率之和就是 $v\mathrm{d}N=vNf(v)\mathrm{d}v$，将这个结果对所有分子速率间隔求和就得到 N 个分子速率的总和，再除以分子总数 N，便得分子平均速率 $\bar{v}$。考虑分子速率为连续分布，应用积分代替求和，于是有

$$\bar{v}=\frac{\int_0^{\infty}vNf(v)\mathrm{d}v}{N}=\int_0^{\infty}vf(v)\mathrm{d}v$$

将式 4-18 代入上式积分（可查积分表），得

$$\boxed{\bar{v}=\sqrt{\frac{8kT}{\pi m}}=\sqrt{\frac{8RT}{\pi M}}\approx 1.60\sqrt{\frac{RT}{M}}} \tag{4-21}$$

3. 方均根速率 $\sqrt{\overline{v^2}}$ 　与求平均速率同理，可得分子速率平方的平均值

$$\overline{v^2}=\frac{1}{N}\int_0^{\infty}v^2\mathrm{d}N=\frac{1}{N}\int_0^{\infty}v^2Nf(v)\mathrm{d}v=\int_0^{\infty}v^2f(v)\mathrm{d}v$$

将式 4-18 代入上式积分（可查积分表），得 $\overline{v^2}=\frac{3kT}{m}$，由此得**方均根速率**（root-mean-square-speed）

$$\boxed{\sqrt{\overline{v^2}}=\sqrt{\frac{3kT}{m}}=\sqrt{\frac{3RT}{M}}\approx 1.73\sqrt{\frac{RT}{M}}} \tag{4-22}$$

比较三种速率可知，$v_p < \bar{v} < \sqrt{\overline{v^2}}$，它们均与$\sqrt{T}$成正比，与$\sqrt{M}$成反比。这三种速率分别用于不同的情况，例如，研究分子速率时，常用到最概然速率v_p；计算分子运动的平均自由程时，常用到平均速率 $\bar{v}$；计算分子的平均动能时，常用到方均根速率$\sqrt{\overline{v^2}}$。

1920 年斯特恩用实验证实了麦克斯韦速率分布律的正确性。

二、玻尔兹曼能量分布律

玻尔兹曼在考察麦克斯韦速率分布律时发现，$e^{-\frac{mv^2}{2kT}}$中的$\frac{mv^2}{2}$就是分子的平动能，将其推广到分子处于保守力场（如重力场），则分子的能量是动能 $e_k = \frac{mv^2}{2}$和势能 $e_p = mgh$ 之和。这时考虑分子的分布不仅速度限定在一定的区间内，而且位置也应限定在一定的坐标区间内。若取分子速度区间为$v_x \sim v_x + \mathrm{d}v_x$，$v_y \sim v_y + \mathrm{d}v_y$，$v_z \sim v_z + \mathrm{d}v_z$；坐标区间为 $x \sim x+\mathrm{d}x$，$y \sim y+\mathrm{d}y$，$z \sim z+\mathrm{d}z$，则在此范围内的分子数为

$$\mathrm{d}N = n_0\left(\frac{m}{2\pi kT}\right)^{3/2} e^{-\frac{e_k+e_p}{kT}} \mathrm{d}v_x\,\mathrm{d}v_y\,\mathrm{d}v_z\,\mathrm{d}x\mathrm{d}y\mathrm{d}z \qquad (4\text{-}23)$$

式 4-23 中 n_0 表示势能 e_p 为零处单位体积内含有各种速度的分子数，它反映了气体分子按能量的分布规律，式 4-23 称为**玻耳兹曼能量分布律**（Boltzmann distribution law of energy）。

玻尔兹曼能量分布律的另一形式，或称为分子**势能的分布律**为

$$\boxed{n = n_0 e^{-\frac{mgz}{kT}} = n_0 e^{-\frac{e_p}{kT}}} \qquad (4\text{-}24)$$

式中 n 表示势能为 $e_p = mgz$ 处单位体积中的分子数。

若将地球表面的气体看作理想气体，则有 $p = nkT$，代入上式可得

$$\boxed{p = p_0 e^{-\frac{mgz}{kT}} = p_0 e^{-\frac{e_p}{kT}}} \qquad (4\text{-}25)$$

上式称为**等温气压公式**，式中 p 和 p_0 分别表示任意 z 处和 $z=0$ 处的气压。在假定温度不随高度变化的条件下，大气压强随高度按指数减小。利用该公式可以算出不同高度的压强，反之测得不同地点的压强，又可确定这些地点的高度。

例 4-3 在蛋白质胶体溶液中，已知蛋白质分子的密度为ρ，直径为 d ，溶剂密度为σ，求此溶液中温度为 T 时，高度差为 h 的两点处分子数密度之比。

解：将玻尔兹曼势能分布律，即

$$n = n_0 e^{-\frac{mgz}{kT}} = n_0 e^{-\frac{e_p}{kT}}$$

应用于胶体溶液，并注意到蛋白质分子所受合力为重力与浮力之差，故高度差为 h 的两点处胶体分子的势能差为

$$e_p = \frac{4}{3}\pi\left(\frac{d}{2}\right)^3(\rho - \sigma)gh = \frac{\pi}{6}d^3(\rho - \sigma)gh$$

将其代入式 4-24，可得高度差为 h 的两点处分子数密度之比

$$\frac{n}{n_0} = e^{-\frac{e_p}{kT}} = e^{\frac{\pi d^3(\sigma-\rho)gh}{6kT}}$$

第四节　物质中的迁移现象

本章此前讨论的是气体在平衡状态下的性质。事实上，许多实际问题不仅与气体，而且与液体和固体在非平衡状态下的性质有关。例如，当流体中各流层速度不同时所发生的黏滞现象，当物质各部分温度不同时所发生的热传导现象以及密度不同时所发生的扩散现象等。这些现象称为物质中的**迁移现象**（transference phenomenon）。懂得这些现象的宏观规律和微观本质对理解某些药物生产的原理，提高药物质量有重要意义。

一、黏滞现象

当流体各流层速度不同时，相邻两层流体将互施平行于接触面的作用力，即黏滞力，其结果使流动较快的流层减速，使流动较慢的流层加速，这种现象称为**黏滞现象**（viscous phenomenon）。在流体力学一章中，已得出了决定黏滞力大小的牛顿黏滞定律：

$$f=\eta\frac{\mathrm{d}v}{\mathrm{d}y}S \qquad (4\text{-}26)$$

式 4-26 中 η 为决定于流体性质和温度的动力黏度，$\mathrm{d}v/\mathrm{d}y$ 为速度梯度，S 为所考虑的相邻接触面面积。

黏滞力作用的效果，使流速大的流层减速，即减少动量，而使流速小的流层加速，即增加动量，如以 $\mathrm{d}P$ 表示在 $\mathrm{d}t$ 时间内从流速大的流层传给流速小的流层的动量，根据动量原理有 $\mathrm{d}P=f\mathrm{d}t$，于是式 4-26 可写作

$$\boxed{\mathrm{d}P=-\eta\frac{\mathrm{d}v}{\mathrm{d}y}S\mathrm{d}t} \qquad (4\text{-}27)$$

式 4-27 中负号表示动量是沿着动量减小的方向传递的。

黏滞现象在气体和液体中发生。研究液体的黏滞现象对提高某些液体药剂的稳定性，对提高药剂制品的质量有较大的实际意义。

在外力作用下，变形性质介于弹性固体和黏滞性液体之间的一类物质，称为**黏弹性物质**（viscoelastic matter），如橡胶、油漆、生物体中的软组织及药物中的外用膏剂等。对这类物质黏滞现象的研究，在医药学研究中占有一定地位。

二、热传导现象

当物质中各处温度不均匀时，热量就会从温度较高的地方传向温度较低的地方，这种现象称为**热传导**（heat conduction）。热传导的宏观规律在形式上与黏滞现象类似。为简单起见，设物质中温度仅在 y 方向发生变化，其变化率即温度梯度为 $\mathrm{d}T/\mathrm{d}y$。在 y 轴上某处垂直于 y 轴取一截面 S，以 $\mathrm{d}Q$ 表示在 $\mathrm{d}t$ 的时间内沿 y 轴的正方向通过截面 S 的热量，热传导的宏观规律可表示为

$$\boxed{\mathrm{d}Q=-\lambda\frac{\mathrm{d}T}{\mathrm{d}y}S\mathrm{d}t} \qquad (4\text{-}28)$$

上式称为**傅里叶定律**（Fourier's law）。定律表明，由热传导所传递的热量，与观察的截面积成正比，与观察的时间成正比，与温度梯度成正比，其比例系数 λ 称为**导热系数**（thermal conductivity coefficient），它反应物质的导热性能。公式中负号表示热量向温度降低的方向传递。

室温下一些物质的导热系数见表4-2。

表4-2 室温下一些物质的导热系数

物质	λ［W/(m·K)］	物质	λ［W/(m·K)］
银	418	窗玻璃	8.35
铝	209	水	0.552
铜	388	二烷基酒精	0.182
铁	62.6	氢	0.182
镍铬合金	12.5	空气	0.0255

热传导在气体、液体和固体中均有发生。从表4-2可以看出，固体的导热性能较液体和气体好。气体一般为热的不良导体，而金属为热的良导体。对于气体、液体和固体，热传导的本质都是构成物质的微观粒子（分子、原子和自由电子）热运动能量的转移，但转移的方式各不相同。

蒸馏、蒸发和干燥是药物制剂生产的三个基本操作，都要靠热传导进行。其基本操作方法有二种，一是使热能通过容器壁传给其他物质，如加热和冷却过程；二是阻止热能丧失，如在制剂生产中的保温、保暖过程。

三、扩散现象

在物质内部，当某种物质分子的密度不均匀时，该物质分子将从密度大的地方向密度小的地方迁移，这种现象称为**扩散现象**（diffusion phenomenon）。例如，要将药材中可溶性有效成分浸出，就是依靠药材细胞内外溶液有效成分存在浓度差产生扩散。

为简单起见，我们只讨论没有压强差引起宏观流动的单纯扩散现象。例如温度和压强均相等的 N_2 和 CO 的混合过程。

扩散的宏观规律在形式上与黏滞现象以及热传导现象类似。设扩散物质的密度仅在 y 方向有变化，其变化率即密度梯度为 $\mathrm{d}\rho/\mathrm{d}y$，在 y 轴某处垂直 y 轴取一截面 S，以 $\mathrm{d}m$ 表示在 $\mathrm{d}t$ 的时间内沿 y 轴的正方向通过截面 S 迁移的物质质量，扩散的规律可表示为

$$\boxed{\mathrm{d}m=-D\frac{\mathrm{d}\rho}{\mathrm{d}y}S\mathrm{d}t} \tag{4-29}$$

上式称为**斐克扩散定律**（Fick's law of diffusion）。公式表明，由扩散迁移的物质质量，与观察的截面面积成正比，与观察的时间成正比，与密度梯度成正比。比例系数 D 称为**扩散系数**（diffusion coefficient），它与扩散物质的性质、扩散介质的性质、温度和密度都有关。温度越高，D 越大。公式中的负号表示质量向密度减小的方向迁移。

扩散在气体、液体、固体中均可发生，并在生产、生活中有着广泛应用。例如，要研究浸出制剂的浸出原理和探讨影响浸出效率的因素时，要用到斐克扩散定律。由该定律可知，要提高药材有效成分的浸出效率，则应该

（1）提高温度或选恰当的溶媒，以增大扩散系数；

（2）加大药材细胞内外溶液有效成分的浓度差，即增加密度梯度；

（3）提高药材的粉碎度，以增大扩散面积；

（4）延长浸出时间等。

第五节　液体的表面现象

本节主要讨论与医药有关的液体表面现象和表面性质。

一、表面张力和表面能

（一）表面张力

液体都有尽量缩小其表面积的性质，因此，水珠、露珠、液滴等总是趋于球形。如图 4-5 所示，在一金属丝环上系一丝线环，将它们一起没入肥皂液中，然后取出，金属丝环上形成一层肥皂液膜，丝线环则在液膜上成任意形状且可游动，如图 4-5（a）所示。当丝线环内的肥皂液膜被刺破时，丝线环则被拉成圆形，如图 4-5（b）所示。

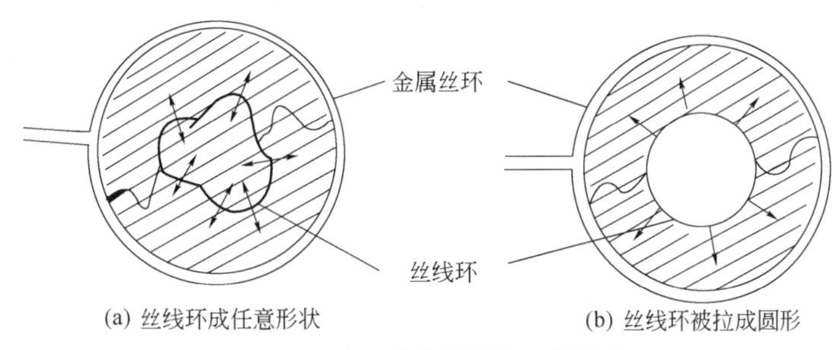

图 4-5　表面张力使丝线环成圆形

上述实验及大量事实表明：液体表面好像是一层被拉紧的弹性膜，在表面内存在着沿表面切向使表面有收缩倾向的张力作用，我们称这种张力为**表面张力**（surface tension）。

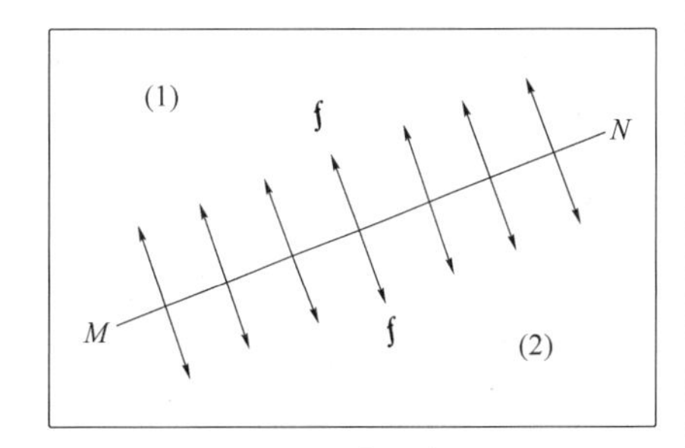

图 4-6　表面张力

如图 4-6 所示，我们设想在液面上作任一长为 l 的分界线 MN，将液面分成（1）、（2）两部分，则每一部分液面将以同样大小的力作用于另一部分，力的方向垂直分界线并与液面相切，像这种液面各部分间相互吸引的力就是表面张力。实验表明，表面张力的大小与设想的分界线的长度成正比，写成等式为

$$f=\gamma l \text{ 或 } \gamma=\frac{f}{l} \tag{4-30}$$

式 4-30 中比例系数 γ，习惯上称为**表面张力系数**（coefficient of surface tension），国家法定的命名是表面张力，以下仍称表面张力系数。**表面张力系数是反应液体性质的一个物理量，其大小等于垂直作用在液体表面内单位长度分界线上的张力，方向沿液体表面并与之相切**，单位为牛/米（N/m）。

液体表面张力系数不仅与液体的性质有关，也与和液体相接触的液面外的物质性质有关，同时还与温度有关。温度越高，表面张力系数越小。

表 4-3 给出了几种液体的表面张力系数的量值。表中除特别指明了与液面相接触的物质外，其余与液面相接触的均为空气。

表 4-3 几种液体的表面张力系数（20℃）

液体	γ（$\times10^{-3}$N/m）	液体	γ（$\times10^{-3}$N/m）
水	73	乙醇	17
汞	465	酒精	22
苯	29	甲醇	23
汞-水	427	肥皂液	25
水-苯	34	甘油	63

（二）表面能

分子之间存在着相互作用的斥力和引力，斥力只有当分子非常靠近时才起作用，而引力的有效作用距离 d 却较大。为了考察分子受力的情况，我们以被考察的分子为球心，以分子引力有效作用距离 d 为半径作球体，这样的球体称为**分子作用范围**（molecular sphere of action），只有分子作用范围内的分子才对其中心的分子有引力作用。在液体表面厚度等于分子有效作用距离 d 的一层称为**表面层**（surface layer）。如图 4-7 所示，

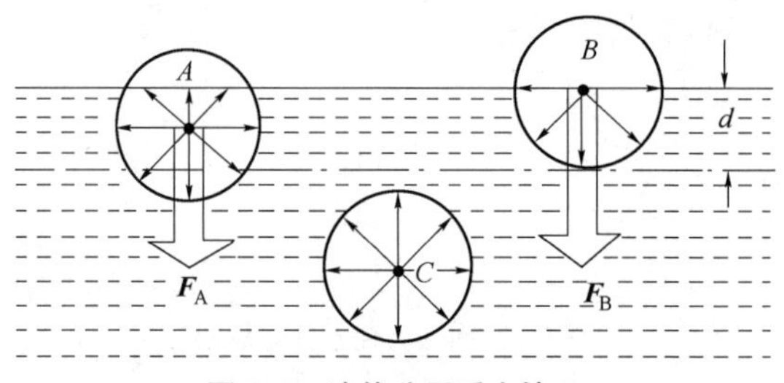

图 4-7 液体分子受力情况

液体内任一分子 C 受周围分子引力的合力为零，而处于表面层内的分子 A、B 一方面受液体分子的引力，其合力指向液内，另一方面受液体外面气体分子的引力，此力可忽略不计。因此，要把一个分子从液体内部移到表面层去，就要克服指向液内的分子力作功，其结果增加了表面层分子的势能。**表面层分子比它们在液体内部所多出的势能称为表面能**（surface energy）。

如图 4-8 所示，有一只 U 形的金属框，在它的两臂上有一根可自由滑动的长度为 l 的金属丝，将金属框没入液体中再提出来，使它蒙上一层液膜。表面张力将使金属丝向左移动。如果要使金属丝向右移动 Δx，必须对它施加一个向右的外力 $\boldsymbol{F}$，F 应与作用在金属丝上的表面张力大小相等。注意到液膜有上、下两个表面，故 $F=\gamma\cdot 2l$。外力 $\boldsymbol{F}$ 使金属丝向右移动 Δx 作功为

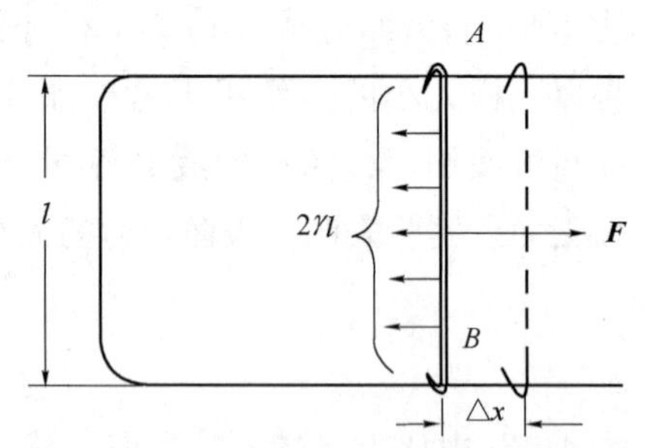

图 4-8 克服表面张力作功增加表面能

$$\Delta A = F\Delta x = 2\gamma l\Delta x = \gamma\Delta S$$

上式中 ΔS 为所增加液体的表面积。根据功能关系，这个功应等于液膜增加表面积时所增加的表面能，于是

$$\Delta A = \gamma\Delta S = \Delta E_p$$

所以

$$\boxed{\gamma = \frac{\Delta E_p}{\Delta S}} \tag{4-31}$$

上式表明，**表面张力系数在数值上还等于增加单位表面积所增加的表面能**，其单位还可以是焦/米^2（J/m^2）。

二、表面活性物质和表面吸附

如图 4-9 所示，一种密度较小的液滴Ⅰ浮在另一种密度较大的液体Ⅱ的表面上。液滴Ⅰ和液体Ⅱ与空气接触的表面，其表面张力系数分别为 γ_1 和 γ_2，液滴Ⅰ的下表面与液体Ⅱ接触，其表面张力系数为 γ_{12}。液体Ⅰ、Ⅱ、空气三个界面的会合处是一个圆周，在圆周的任一小段 ΔL 上作用着三个表面张力 $\boldsymbol{f}_1$、$\boldsymbol{f}_2$ 和 $\boldsymbol{f}_{12}$，其中 $\boldsymbol{f}_1$ 和 $\boldsymbol{f}_{12}$ 使液滴有紧缩的趋势；$\boldsymbol{f}_2$ 使液滴有伸展的趋势。当液滴Ⅰ平衡时，$\boldsymbol{f}_1$、$\boldsymbol{f}_2$ 和 $\boldsymbol{f}_{12}$ 三个力的矢量和为零。根据矢量合成的平行四边形法则，只有当 $f_1+f_{12}>f_2$，即 $\gamma_1+\gamma_{12}>\gamma_2$ 时，液滴Ⅰ才能在液体Ⅱ上保持液滴的形状；如果 $\gamma_1+\gamma_{12}<\gamma_2$ 时，液滴Ⅰ将在液体Ⅱ上伸展成薄膜。液体Ⅰ在液体Ⅱ表面上伸展成薄膜的现象，称为液体Ⅱ对液体Ⅰ的**表面吸附**（surface adsorption），同时称液体Ⅰ为液体Ⅱ的**表面活性物质**（surfactant），称液体Ⅱ为液体Ⅰ的**吸附剂**（adsorbent）。一种物质是不是表面活性物质，或者是不是吸附剂，要看相对什么物质而言。例如水的表面活性物质有胆盐、肥皂、酸、醇等。表面活性物质相对吸附剂而言，其表面张力系数较小，即单位面积的表面能较小。**表面活性物质的主要特性是有降低表面张力的作用**。在吸附剂单位表面积上表面活性物质的分子数称为**表面浓度**（surface density），吸附剂的表面张力系数随表面活性物质的表面浓度的增加而减小。

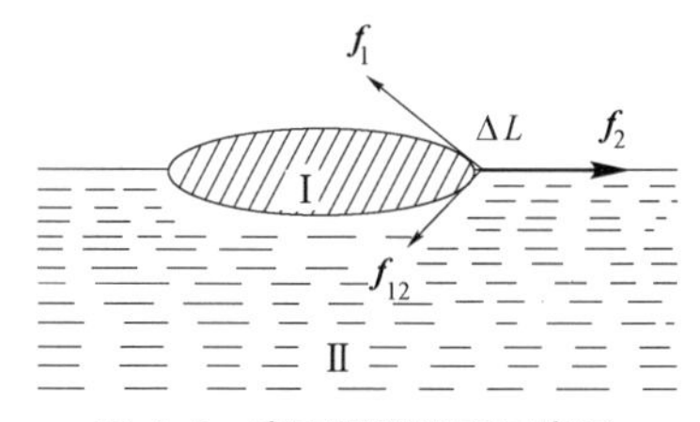

图 4-9　表面吸附原理示意图

表面活性物质在医药上的用途，除部分直接用于消毒、杀菌、防腐外，主要用于对药物的增滤，混悬液分散、助悬，油的乳化以及有效成分的提取，促进片剂的崩解，增加药物的稳定性，促进药物的透皮吸收，增强药物的作用等。

另有一类物质溶于溶剂后，可使溶剂的表面张力系数增加，这类物质称为**表面非活性物质**（non-surfactant）。例如水的非表面活性物质有食盐、糖类、淀粉等。

固体也能对气体、液体产生表面吸附，以减小自己的表面能。固体对被吸附的分子引力很大。例如要将被吸附在玻璃表面的水蒸气分子完全去掉，需在真空中加热到 400℃。固体的表面积越大，吸附能力越强。例如活性炭吸附的气体体积往往可以达到它本身体积的几百倍。医学上常用粉状白陶土或活性炭来吸附肠胃道中的细菌和食物分解出来的毒素等。在药物生产过程中常采用活性炭等吸附剂精制葡萄糖、胰岛素等药品。

三、弯曲液面的附加压强

静止的液体表面，一般为平面，但如肥皂泡、小液滴以及固体与液体的接触处，液面却是弯曲的。这时，由于表面张力的存在，弯曲液面内外有一压强差，称为**附加压强**（additive pressure），用 p_s 表示。

在液体表面层取一小面积 AB，如图 4-10 所示。通过周界作用在小面积 AB 上的表面张力，将垂直于周界并与液面相切。如果液面是水平的，如图 4-10（a）所示，作用在小面积 AB 上的表面张力也是水平的，且合力为零；如果液面是弯曲的，如图 4-10（b）和（c）所示，则作用在小面积 AB 上的表面张力的合力将指向液体内部或外部，而使液面内部的压强大于或小于外部的压强，形成液面内外的压强差，即附加压强。在凸面的情形下，液面内部的压强大于外部的压强，附加压强是正的；在凹面的情形下，液面内部的压强小于外部的压强，附加压强是负值。但不管液面是凸面还是凹面，总是凹形一方的压强大于凸形一方的压强。

为了研究半径为 R 的球形液面的附加压强的大小，我们取球形液面的一个小圆块为研究对

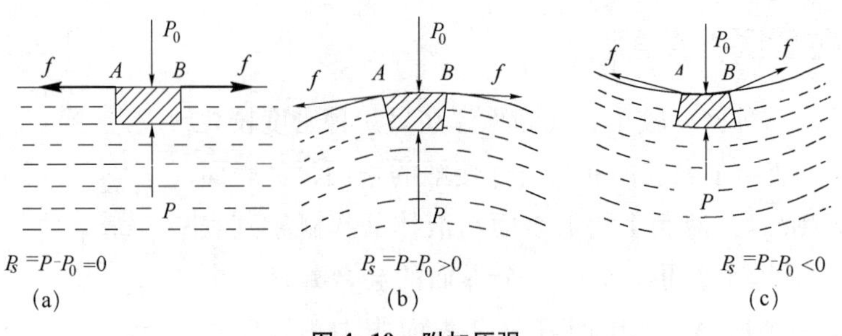

图 4-10 附加压强

象，如图 4-11 所示，它的周界是以 r 为半径的圆周，通过其圆周作用在小圆块上的表面张力的合力方向向下，该合力除以以 r 为半径的圆面积，便可得球形液面的附加压强的大小。现推导如下：通过圆周每一小段 ΔL 作用在小圆块上的表面张力 $\Delta \boldsymbol{f}$ 可分解为垂直向下的分力 $\Delta \boldsymbol{f}_1$ 和水平分力 $\Delta \boldsymbol{f}_2$，通过整个圆周作用在小圆块上的表面张力，其水平分力互相抵消，而垂直向下的分力 $\Delta \boldsymbol{f}_1$ 之和的大小为

$$F=\sum \Delta f_1=\sum \gamma \Delta L \sin\varphi=\gamma \cdot 2\pi r \sin\varphi$$

图 4-11 球形液面的附加压强

由图 4-11 可知，$\sin\varphi=r/R$，将其代入上式，得

$$F=\frac{2\pi r^2\gamma}{R}$$

该力除以以 r 为半径的圆面积 πr^2，便可得球形液面的附加压强 p_s

$$\boxed{p_s=\frac{2\gamma}{R}} \tag{4-32}$$

由此式可知，表面张力系数 γ 越大，球面半径 R 越小，附加压强 p_s 越大。

当液体在细管中流动时，如果细管中出现气泡，液体的流动将受到比没有气泡时更大的阻碍，气泡多了，液体的流动将受到阻塞，这种现象称为**气体栓塞**（air embolism），这是由于细管中的弯曲液面的附加压强导致的。

四、毛细现象

（一）浸润现象和不浸润现象

小水滴滴在洁净的玻璃上会扩展，而小水银滴滴在洁净的玻璃上则会收缩成椭球形。可见，当液体与固体接触时有两种不同的现象，一种是液体与固体的接触面有扩大的趋势，液体易于附着固体，这种现象称为**浸润现象**（soakage）；另一种是液体与固体的接触面有收缩的趋势，这种现象称为**不浸润现象**（non-soakage）。

如图 4-12 所示，在液体表面与固体表面接触处，液体表面切线经液内与固-液界面之间的夹角 θ 称为**接触角**（contact angle）。当 θ 为锐角时，称为**液体浸润固体**，其中当 $\theta=0$ 时，称为**液体完全浸润固体**，这时液体将完全展延在全部固体表面上；当 θ 为钝角时，称为**液体不浸润固体**，其中当 $\theta=\pi$ 时，称为**液体完全不浸润固体**。同一种液体浸润某

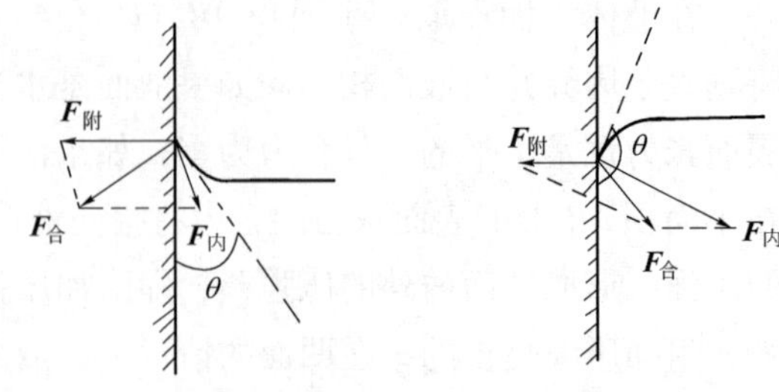

(a) 液体浸润固体　(b) 液体不浸润固体

图 4-12 浸润现象和不浸润现象

些固体的表面，但不浸润另一些固体的表面。水浸润洁净的玻璃，但不浸润石蜡；水银不浸润玻璃，但浸润洁净的铜、铁等物质。

液体浸润或不浸润固体，取决于液体分子间的相互吸引力（称为内聚力）小于或大于液体分子与固体分子间的相互吸引力（称为附着力）。

（二）毛细现象与液柱高度

取几根直径不同的细玻璃管插入水中，可以看到水沿细玻璃管上升；如果将这些细玻璃管插入水银中，水银将沿细玻璃管下降，而且管径越小，上升或下降的高度越大。这种浸润固体的液体在细管中上升和不浸润固体的液体在细管中下降的现象，称为**毛细现象**（capillarity）。

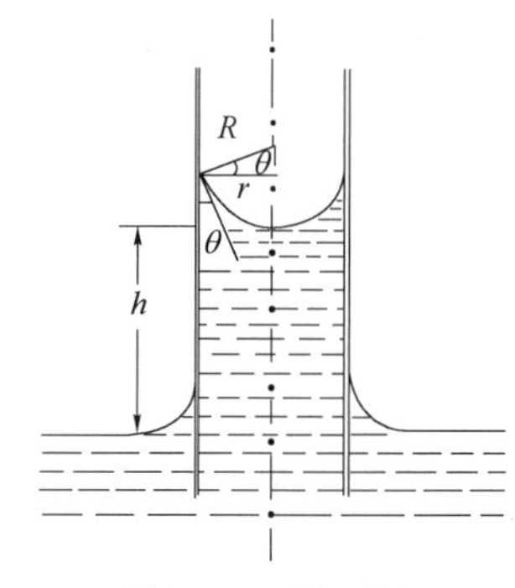

图 4-13　毛细现象

毛细现象可以根据弯曲液面的附加压强来说明。如图 4-13 所示，将细玻璃管插入水中，由于水浸润玻璃，接触角 θ 为锐角，管内液面为凹面，液面内的压强小于液面外的大气压强，所以管内液体沿细管上升，直到升高的液柱产生的压强等于弯曲液面产生的附加压强。因为管子很细，所以管内液面可近似视为球面的一部分，注意管半径 r 与液面曲率半径 R 有 $R\cos\theta=r$ 的关系，密度为 ρ 的液体沿细管上升到最大高度 h 时，有下式成立

$$p_s=\frac{2\gamma}{R}=\frac{2\gamma}{r}\cos\theta=\rho gh$$

因此

$$h=\frac{2\gamma\cos\theta}{\rho gr} \tag{4-33}$$

这说明浸润固体的液体在细管中上升的高度与管半径成反比。根据此式可以测出液体的表面张力系数。

同理，可以说明不浸润固体的液体在细管中下降的现象。

对于完全浸润或完全不浸润固体的液体，接触角 θ 为零或为 π，式 4-33 可简化成以下形式

$$\boxed{h=\pm\frac{2\gamma}{\rho gr}} \tag{4-34}$$

式 4-34 中“-”表示液体沿细管下降。

液体表面现象和表面性质的有关基本概念和基本知识，在日常生活和生产技术中，尤其在药物的生产、使用、保管等方面，例如在考虑某些液体药剂、针剂、软膏、丸剂等的生产和它们的稳定性等问题上有着重要意义。用表面张力学说说明乳剂的形成和稳定就是其中一例。

知识链接 4

路德维希·玻尔兹曼（Ludwig Edward Boltzmann，1844—1906 年），热力学和统计物理学的奠基人之一。生于维也纳，卒于意大利的杜伊诺，1866 年获维也纳大学博士学位，历任格拉茨大学、维也纳大学、慕尼黑大学和莱比锡大学教授。他发展了麦克斯韦的分子运动类学说，把物理体系的熵和概率联系起来，阐明了热力学第二定律的统计性质，并引出能量均分理论（麦克斯韦-波尔兹曼定律）。他首先指出，一切自发过程，总是从概率小的状态向概率大的状态变化，从有序向无序变化。

小　结

本章建立了部分微观量与宏观量之间的联系，并阐明了一些宏观量的微观本质。主要内容有：

1. 理想气体状态方程　　$pV=\frac{m}{M}RT$

2. 理想气体的压强公式　　$p=\frac{2}{3}n\left(\frac{1}{2}m\overline{v^2}\right)$

该公式从定量意义上阐明了理想气体压强的微观本质：压强是大量分子对器壁不断碰撞的结果，它等于所有分子在单位时间内施于单位面积器壁的平均冲量，它由分子数密度 n 和分子的平均平动动能$\frac{1}{2}m\overline{v^2}$决定。

理想气体的压强公式的另一形式是　　$p=nkT$

此式即为阿伏伽德罗定律的数学形式。

3. 能量按自由度均分原理　在温度为 T 的平衡状态下，分子的每一个自由度都具有相同的平均动能，其值为$\frac{1}{2}kT$。

一个分子的平均平动能为　　$\frac{1}{2}m\overline{v^2}=\frac{3}{2}kT$

该公式揭示了宏观量温度的微观本质：温度是标志分子热运动剧烈程度的物理量，是分子平均平动能的量度。

一个分子的平均动能为　　$\overline{e_k}=\frac{i}{2}kT$

一摩尔理想气体的内能为　　$E_{\text{mol}}=\frac{i}{2}RT$

对于刚性分子，在以上两式中 i 的取值是：单原子分子 $i=3$，双原子分子 $i=5$，多原子分子$i=6$。

4. 麦克斯韦速率分布律

麦克斯韦速率分布函数　　$f(v)=\frac{\mathrm{d}N}{N\mathrm{d}v}$

公式表示分布在速率v附近单位速率区间内的分子数占总分子数的比率。

最概然速率　　$v_p\approx 1.41\sqrt{\frac{RT}{M}}$

平均速率　　$\overline{v}\approx 1.60\sqrt{\frac{RT}{M}}$

方均根速率　　$\sqrt{\overline{v^2}}\approx 1.73\sqrt{\frac{RT}{M}}$

5. 物质中的迁移现象

黏滞现象　　$\mathrm{d}P=-\eta\frac{\mathrm{d}v}{\mathrm{d}y}S\mathrm{d}t$

热传导现象　　　　　　　　$dQ = -\lambda \frac{dT}{dy} S dt$

扩散现象　　　　　　　　　$dm = -D \frac{d\rho}{dy} S dt$

这些现象产生的原因都是物质内存在一定的不均匀性，在宏观上具有相同的形式，在微观上都来源于分子热运动和分子间的相互作用。他们在制剂生产中有着较大的作用。

6. 液体表面现象　表面张力和表面能，表面吸附和表面活性物质，弯曲液面的附加压强，浸润和毛细现象等概念和知识，在药物生产、使用、保管等方面有重要意义。

习题四

4-1　对于一定量的某种理想气体，当温度不变时，气体的压强随体积的减小而增大（玻-马定律）；当体积不变时，压强随温度的升高而增大（查理定律）。从宏观来看，这两种变化同样使压强增大，从微观（分子运动）来看，它们有什么区别？

4-2　两瓶不同的气体，设分子平均平动能相同，但气体的密度不同，问它们的温度是否相同？压强是否相同？为什么？

4-3　有大小不同的两个肥皂泡，半径分别为 R 和 r，它们用带有阀门的玻璃管连通。当活门打开时，大小不同的两个肥皂泡将会如何变化？变到什么情况为止？

4-4　将毛细管插入水中，在下列情形中，水在毛细管中上升的高度有何不同？

（1）将毛细管加长；

（2）减小毛细管直径；

（3）使水温升高。

4-5　假设开有小口的容器其容积为 V，其中充满着双原子分子气体，气体的温度为 T_1，压强为 p_0，在将气体加热到较高温度 T_2 的过程中，容器开口使气压恒定，试证明在 T_1 和 T_2 时，容器内气体的内能相等。

4-6　将理想气体压缩，使其压强增加 1.01×10^4Pa，且温度保持为27℃。问单位体积容器内分子数增加多少？

4-7　温度为 T 时，求：

（1）1mol 刚性单原子分子、双原子分子理想气体热运动的平动能、转动能、总的动能以及它们的内能；

（2）1mol 非刚性单原子分子、双原子分子理想气体热运动的平动能、转动能、总的动能以及它们的内能。

4-8　容器中储有压强为 1.33Pa，温度为27℃的气体。求：

（1）气体分子的平均平动能；

（2）$1cm^3$ 中分子具有的总平动能。

4-9　某气体在 273K 时，压强为 1.01×10^3Pa，密度为 $1.24 \times 10^{-2} kg/m^3$。求：

（1）这种气体的方均根速率；

（2）这种气体的摩尔质量。

4-10　一个能量为 1.0×10^{12}eV 的宇宙射线粒子射入一氖管中，氖管中含有 0.10mol 的氖气，如果射线粒子的能量全部被氖分子所吸收，试求氖气的温度升高多少度？

4-11 储有氧气的容器以 $u=50\text{m/s}$ 的速度运动着。当使容器突然停止运动，并假设氧气随容器的定向运动能量全部转变成无规则热运动能量，试求氧气的温度升高多少？

4-12 设处于平衡温度 T_2 时的气体分子最概然速率与处于平衡温度 T_1 时的该气体分子的方均根速率相等，试求 $T_2:T_1$。

4-13 有大量质量为 $6.2\times10^{-14}\text{g}$ 的粒子悬浮于温度为27℃的液体中，试求粒子的最概然速率、平均速率和方均根速率。

4-14 飞机起飞前机舱中气压计指示为1.00atm，温度为27℃，飞到一定高度时，气压计指示为0.80atm，温度仍为27℃。试计算此时飞机距地面的高度。

4-15 水和油边界的表面张力系数 $\gamma=1.8\times10^{-2}\text{N/m}$，为了使 $1.0\times10^{-3}\text{kg}$ 质量的油在水内散布成半径为 $r=1.0\times10^{-6}\text{m}$ 的小油滴，需要作多少功？散布过程可视为是等温的，油的密度 $\rho=900\text{kg/m}^3$。

4-16 水沸腾时，形成半径为 $1.00\times10^{-3}\text{m}$ 的蒸汽泡，已知泡外压强为 p_0，水在100℃时的表面张力系数为 $5.89\times10^{-2}\text{N/m}$。求气泡内的压强（设气泡在水面下）。

4-17 将U形管竖直放置，并灌入一部分水。设U形管两边的内直径分别为 $1.0\times10^{-3}\text{m}$ 和 $3.0\times10^{-3}\text{m}$，水面的接触角为零，水的表面张力系数为 $7.3\times10^{-2}\text{N/m}$。求两管水面的高度差。

4-18 有一圆柱形铜棒，长1.2m，横截面积为 $4.8\times10^{-4}\text{m}^2$，使它侧面绝热，棒的一端置于冰水混合物中，另一端置于沸水中以维持100℃的温度差，已知冰的融解热为 $3.35\times10^5\text{J/kg}$，求沿铜棒传递的热流量和在一端点处冰融化的速率。

4-19 如果窗外温度为−10℃，而室内温度为20℃，试求通过3.0mm厚的窗玻璃单位面积上所散失的热流量（即单位时间通过某面积的热量）。

如果再安装一块同样厚的外层窗玻璃，两层玻璃之间留有7.5cm厚的空气层，再求单位面积上所散失的热流量。

立德树人3　中国原子与分子物理学创始人苟清泉

苟清泉（1917—2011年），四川邛崃人，中国原子与分子物理学创始人，著名的物理学家，杰出的教育家。长期从事原子与分子物理、高压物理和物理力学的研究，致力于使物理力学的研究建立在原子物理和高压物理的基础之上，并促进这三门学科的合作与交流，为促使物理力学形成研究特色做出了贡献。

在长期科学研究和学科建设中，他提出从原子分子相互作用出发研究高温高压下物质结构、状态及其变化规律的学术思想，“这些理论主要为国防尖端科学技术服务”。四川大学原子与分子物理研究所所长贺端威列举了苟老的一项研究——人造金刚石。据悉，苟老在国内较早地提出了人造金刚石合成机理，大大促进了国内外该领域技术的发展，“世界上90%的人造金刚石都是产自中国，而苟老在理论上的建设为这一领域的人才培养奠定了基础”。

苟老不仅是著名物理学家，更是一名出色的物理教育家，他的弟子几乎都是国内知名学者，他亲自指导的学生中已有5人当选中国科学院院士。他是一位像钱学森先生那样，文武全才的科学家，他既懂得基础理论，擅长数学演算，又能深入到具体的高技术科学的实践中去。90多岁高龄的他仍未放弃学术研究工作。

从苟老的身上总结出以下品质：刻苦钻研，坚持不懈，善于观察，科学务实，严谨认真，迎难而上，不畏艰苦，大胆想象，敢于创新，精益求精等。这些都值得当代大学生和科研工作者学习！

第五章
热力学基础

扫一扫，查阅本章数字资源，含PPT、音视频、图片等

【教学要求】

1. 掌握功和热量的概念；掌握热力学第一定律。
2. 理解准静态过程和理想气体的摩尔热容。能熟练地分析、计算理想气体各等值过程和绝热过程中功、热量、内能的改变量及卡诺循环的效率。
3. 理解可逆过程和不可逆过程，理解热力学第二定律的两种叙述。
4. 了解熵和焓的概念与计算，了解熵增加原理和焓变。

热力学是研究物质热运动形式及热运动规律的一门学科，它不考虑物质的微观结构和过程，只从能量观点出发，根据能量转换和守恒定律研究在物质状态变化过程中，宏观物理量间的数量关系及过程中热、功转换的条件及方向等问题。热力学的理论基础是热力学第一定律和热力学第二定律。

本章主要讨论物质热现象的宏观基本规律及其应用，主要内容有：准静态过程、热量、功、内能等基本概念，热力学第一定律及其对理想气体各等值过程的应用，理想气体的摩尔热容，卡诺循环和热力学第二定律，卡诺定理，熵和焓等。

第一节　热力学第一定律

一、热力学基本概念

在热力学中，我们通常把所研究的对象称为热力学系统（thermodynamic system），简称系统。对系统以外的物质则称为外界环境（surrounding），简称环境。

一个系统在不同的时刻具有一定的性质，而一个状态可以用一个或多个物理量来描述它的性质。为了描述系统所处的状态，可以选择一些物理量来描述系统状态的变化，这些物理量统称为状态参量（state parameter）。我们把系统开始时所处的状态称为初态（initial state），把通过变化以后系统所处的状态称为末态（final state）。

在系统中的不同部分任意一个状态参量有不同的量值，或者系统的任意一个状态参量随时间而发生变化，则该系统处于非平衡状态（non-equilibrium state）。如果一个系统中所有的状态参量都不随时间而发生变化时，也就是说系统中各部分都具有各自相同的量值时，则该系统处于一个确定的平衡状态（equilibrium state）。

必须指出的是：平衡状态是指系统的宏观性质不随时间发生变化。但在微观上，组成系统的分子处在某个平衡状态时仍在永不停息地做无规则运动，只是分子运动的平均效果不随时间而改变，这种平均效果的不改变在宏观上就表现为系统达到平衡状态。但自然界中并不存在所有性质都永久保持不变的系统，系统的平衡状态只是人们为了对系统在一定条件下，对状态描述的理想化模型，在本章中除了特别说明以外，所有状态均是指平衡状态。

热力学系统从一个状态向另一个状态过渡，其间所经历的过渡方式，称为**热力学过程**（thermodynamic process），简称**过程**。根据过程所经历的中间状态的性质，可以把热力学过程分为准静态过程和非静态过程。

在状态转变过程中所经历的所有中间状态都无限接近于平衡态，或者说在转变过程的每一瞬间系统都处于平衡态，此过程称为**准静态过程**（quasi-stationary process），也称**平衡过程**。一般来说，系统经历过程的任何一个微小阶段必定引起系统状态的改变，而状态的改变必然破坏平衡，并且系统尚未达到新的平衡状态之前又继续经历过程的下一个微小阶段，这样在过程中系统必然要经历一系列的非平衡状态，这种过程称为**非静态过程**（non-stationary process）。

如果过程进行得无限缓慢，以至在每一个中间状态上都停留足够长时间，使其无限接近于平衡态，这样的过程就可以认为是准静态过程。但实际过程都是在有限时间内完成的，不可能无限缓慢地进行，所以，准静态过程只是一种抽象的理想过程。热力学理论以研究准静态过程为基础，从而有助于对实际过程的讨论。

对一定质量的气体来说，状态参量 p、V、T 只有两个是独立的，因此给定任意两个参量的数值就确定了一个平衡态。在 p-V（V-T、p-T）图上，任何一个点都对应一个平衡态，任何一条直线或曲线都表示一个准静态过程。而非平衡态，由于没有确定的状态参量，则无法在p-V 图上表示。

二、内能、过程中的功和热量

（一）内能

热力学系统所具有的、并由系统内部状态所决定的能量，称为系统的**内能**（internal energy）。热力学系统的内能与系统的状态相联系，是系统状态的单值函数。依照理想气体分子模型的假设，忽略气体分子的相互作用，气体的内能只是温度的单值函数。第四章已得出

$$E=\frac{m}{M}\frac{i}{2}RT$$

非理想气体的内能通常是温度和体积的函数，即 $E=E(T, V)$。当气体的状态确定时，其内能也是确定的。系统状态变化所引起的内能变化 ΔE，只与系统的初始状态和末状态有关，与系统所经历的中间过程无关。即系统从同一初始状态沿不同过程到达相同的末状态，系统内能的增量相同。系统的状态经一系列变化回到初始状态时，系统的内能不变。

（二）功

改变热力学系统的内能有两个途径，一是作功，二是传递热量。作功是能量传递和转换的一种方式。外力对系统作功，使系统的内能增加，系统对外界作功，使系统的内能减少。

下面讨论在准静态过程中系统作功的情况。如图 5-1（a）所示，设有一个盛有一定量气体的柱状容器，容器内装有一个可无摩擦地自由移动的截面积为 S 的活塞。最初系统处于平衡态

p_1、V_1，由于气体膨胀，状态发生变化，系统达到了一个新的平衡态 p_2、V_2。活塞移动一微小距离 $\mathrm{d}l$ 时，系统对外界所作的元功为

$$\mathrm{d}A = f \cdot \mathrm{d}l = pS\mathrm{d}l = p\mathrm{d}V$$

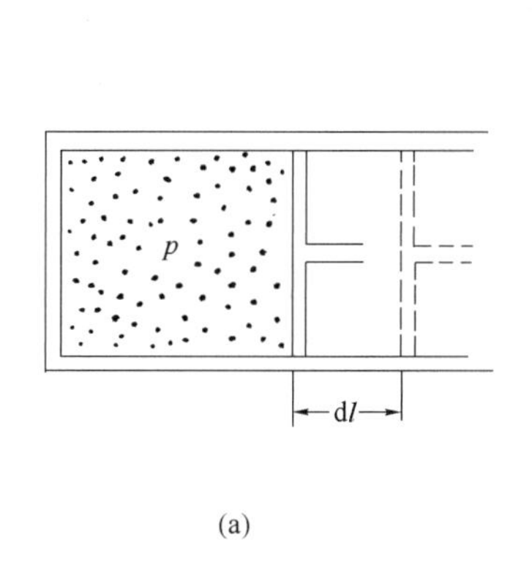

(a)

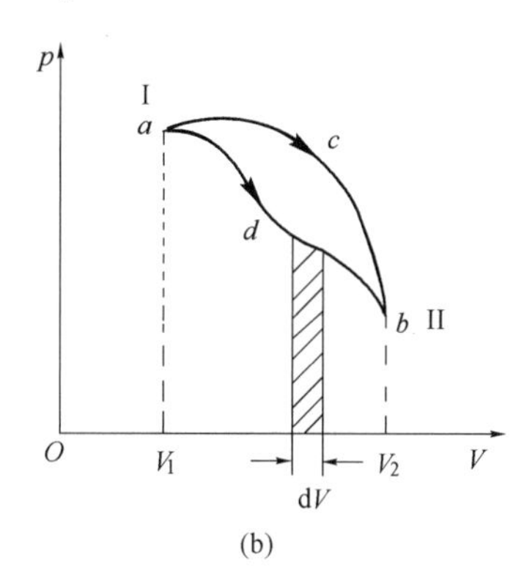

(b)

图 5-1　系统作功

从初态到末态系统对外界所作的总功为

$$A = \int_{V_1}^{V_2} \mathrm{d}A = \int_{V_1}^{V_2} p\mathrm{d}V \tag{5-1}$$

如果系统从初态变化到末态的具体过程是已知的，即已知压强 p 随体积 V 变化的函数关系，便可以由式 5-1 求得系统在这个过程中对外界所作的总功。

气体体积变化时的功可用 p-V 图中曲线下的面积表示，如图 5-1（b）所示。在 p-V 图上曲线下画斜线的面积表示系统对外界所作的元功 $p\mathrm{d}V$，曲线下在 V_1 和 V_2 之间的面积，则表示系统对外界所作的总功 A。

系统由Ⅰ状态经 adb 的准静态过程到达Ⅱ状态，在整个过程中系统作功 $A = \int_{V_1}^{V_2} p\mathrm{d}V$，在数值上等于曲线 adb 下面的面积，显然在 adb 和 acb 这两个过程中系统所作的功是不同的。这说明功不仅与初、末状态有关，而且还与过程有关。功不能反映系统状态的特征，它只能反映过程的特征。

（三）传热

当两个原来存在温差的系统接触时，热量将从高温系统流向低温系统，结果使两个系统的内能都发生了变化。可见，传热也是能量传递和转换的一种方式，也是改变热力学系统内能的一种途径。在传热过程中所传递能量的多少称为**热量**（heat capacity）。

系统在与外界交换热量后，系统的温度一般要发生变化，但有时系统的温度也可能不发生变化，例如对沸腾的水加热，水吸收热量但水温却维持在沸点而不再升高。即只要有能量的传递，无论系统温度是否发生变化，都是热量的传递过程。

当把热量传递给系统，系统的内能将增大；当系统释放出热量，系统的内能将减小。实验表明，系统从一个状态变化到另一个状态所获得的或释放的热量不仅决定于初、末状态，而且还与经历的过程有关。可见，热量与功一样也是过程量，而不是系统状态的特征。

热量用 Q 表示。在国际单位制中，热量的单位为焦耳（J）。

在理解内能、功和热量时，需注意下面几点：

1. 在改变系统的内能或量度系统内能的变化方面，传热和作功具有等效性。焦耳的热功当量实验直接证明了这种等效性。

2. 在改变系统的内能方面传热和作功是等效的，但它们都不与内能相等同。内能是由状态决定的量，是状态函数，而传热和作功不仅决定于始、末状态，而且与过程有关，即反映了过程的特征。

3. 作功和传热是改变系统内能的两种不同方式，它们在本质上是有区别的。作功是通过系统在力的作用下产生宏观位移来改变系统内能的，而传热则是通过分子之间的相互作用来实现系统内能的改变。

4. 内能是状态的单值函数，要改变系统的内能，就必须改变系统所处的状态，可以而且只能通过如下途径，即或者对系统作功，或者对系统传热，或者既作功也传热。

三、热力学第一定律的描述

如果一个系统从外界吸收热量为 Q，同时对外界作功为 A，系统从一个平衡态变化到另一个平衡态，其内能改变了 ΔE，那么，根据能量转换和守恒定律，下面的关系必定成立

$$\boxed{Q = \Delta E + A} \tag{5-2}$$

这个关系称为热力学第一定律。即：**系统从外界所获取的热量，一部分用来增加系统的内能，另一部分用来对外界作功**。可见，热力学第一定律就是包括热量在内的能量转换和守恒定律。

应该指出，在式 5-2 中，Q、ΔE 和 A 都可以为正值，也可以为负值。一般约定：系统从外界获得热量，Q 为正值，系统向外界释放热量，Q 为负值；系统内能增加，ΔE 为正值，内能减小，ΔE 为负值；系统对外界作功，A 为正值，外界对系统作功，A 为负值。

对于初态和末态相差无限小的过程，系统从外界吸收微量热量 $\mathrm{d}Q$，其内能改变量为 $\mathrm{d}E$，并且对外界作元功 $\mathrm{d}A$，这时热力学第一定律可表示为

$$\mathrm{d}Q = \mathrm{d}E + \mathrm{d}A \tag{5-3}$$

在系统体积发生微小变化的准静态过程中，系统对外界所作元功可表示为

$$\mathrm{d}A = p\mathrm{d}V$$

此时热力学第一定律可写为

$$\boxed{\mathrm{d}Q = \mathrm{d}E + p\mathrm{d}V} \tag{5-4}$$

应该指出的是，由于 Q 和 A 都不是态函数，都与过程有关，所以用 $\mathrm{d}Q$ 和 $\mathrm{d}A$ 表示无限小过程的无限小量，而不同于态函数的微量差 $\mathrm{d}E$、$\mathrm{d}V$ 等。

热力学第一定律是能量转换和守恒定律在涉及热现象的宏观过程的表现形式。它是在长期生产实践和大量科学实验的基础上总结出来的。它适用于自然界中在平衡态之间进行的一切过程。历史上曾有不少人幻想制造一种机器，它不需要消耗任何形式的能量而能够持续不断地对外作功。在热力学中这种机器称为第一类永动机。显然，第一类永动机是违背热力学第一定律的，是不可能实现的。热力学第一定律也可以表述为，第一类永动机不可能实现。

第二节　热力学第一定律的应用

一、等容过程

系统的体积始终保持不变的过程称为**等容过程**（isochoic process）。在等容过程中，对应的过

程方程是查理定律：$\frac{p}{T}$=恒量，该过程在 $p-V$ 图上对应一条与 p 轴平行的线段，如图 5-2 所示。等容过程的特点是在状态变化时系统的体积不变，其特征方程为 dV=0。因为 dA=pdV=0，所以系统对外不作功，即 A=0。因而，在等容过程中热力学第一定律可写成如下形式

$$dQ_V = dE \tag{5-5a}$$

$$Q_V = E_2 - E_1 \tag{5-5b}$$

上式表明在等容过程中气体吸收的热量全部用来增加气体的内能。

1mol 物质在无化学反应、无相变时，温度改变 1 开尔文所吸收或放出的热量，称为摩尔热容（molar heat capacity）。

若物质的体积不变，则相应的摩尔热容称为定容摩尔热容（heat capacity at constant volume），用 C_V 表示；若物质的压强不变，则相应的摩尔热容称为定压摩尔热容（heat capacity at constant pressure），用 C_P 表示。

设 1mol 的物质在一微小过程中吸收的热量为 dQ，温度由 T 升高到 T+dT，则该物质的摩尔热容为

$$C = \frac{dQ}{dT} \tag{5-6a}$$

摩尔热容的单位为焦耳/（摩尔·开尔文）［J/(mol·K)］。气体的摩尔热容与热力学过程有关，也是一个过程量。如对等温过程，因为 dQ≠0，而 dT=0，所以 $C_T=\infty$；对绝热过程，因为 dQ=0，所以 C_Q=0；定容摩尔热容 C_V 和定压摩尔热容 C_P 则介于二者之间。

设 1mol 理想气体在等容过程中，所吸收的热量为 dQ_V，气体的温度由 T 升高到 T+dT，则气体的定容摩尔热容为

$$C_V = \frac{dQ_V}{dT} \tag{5-6b}$$

由热力学第一定律得

$$dE = dQ_V = C_V dT \tag{5-7a}$$

由上式求得 1mol 理想气体在等容过程中内能的增量和吸收的热量为

$$E_2 - E_1 = Q_V = \int_{T_1}^{T_2} C_V dT = C_V(T_2 - T_1) \tag{5-7b}$$

对于质量为 m、定容摩尔热容为 C_V 的理想气体，当温度由 T_1 变为 T_2 时，气体内能的增量和吸收的热量为

$$\boxed{E_2 - E_1 = Q_V = \frac{m}{M}C_V(T_2 - T_1)} \tag{5-7c}$$

由于内能是态函数，所以上式适合于任何过程理想气体内能增量的计算。

因为 1 mol 理想气体的内能为

$$E = \frac{i}{2}RT$$

两边求微分得

$$dE = \frac{i}{2}RdT \tag{5-7d}$$

比较式 5-7a 和式 5-7d，可得

$$\boxed{C_V = \frac{i}{2}R} \quad (5-7e)$$

二、等压过程

等压过程（isobaric process）是指理想气体的压强始终保持不变的过程，对应的过程方程是盖·吕萨克定律$\frac{V}{T}$=恒量，每一等压过程在 p-V 图上对应一条与 V 轴平行的线段，如图 5-2 所示。等压过程的特点是在状态变化时系统的压强不变，其特征方程为 dp=0。

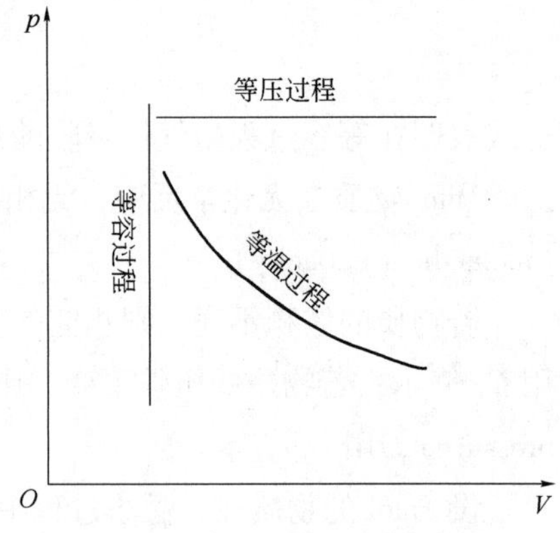

图 5-2　等容、等压、等温过程

设系统的压强为 p，则系统对环境所作的功为

$$\boxed{A = \int_{V_1}^{V_2} p\mathrm{d}V = p(V_2 - V_1)} \quad (5-8)$$

式中 V_1、V_2 分别表示系统始、末状态的体积。因为内能与过程无关，所以等压过程计算内能的公式仍为

$$E_2 - E_1 = Q_V = \frac{m}{M}C_V(T_2 - T_1)$$

根据热力学第一定律有

$$Q_p = E_2 - E_1 + A = \frac{m}{M}C_V(T_2 - T_1) + p(V_2 - V_1)$$

根据理想气体状态方程有

$$p(V_2 - V_1) = \frac{m}{M}R(T_2 - T_1)$$

由以上两式得

$$Q_p = \frac{m}{M}(C_V + R)(T_2 - T_1)$$

由定压摩尔热容 C_p 的定义可知，对于质量为 m 的理想气体，当温度由 T_1 改变为 T_2 时，所吸收的热量为

$$\boxed{Q_p = \frac{m}{M}C_p(T_2 - T_1)} \quad (5-9a)$$

比较以上两式得

$$\boxed{C_p = C_V + R} \quad (5-9b)$$

上式称为**迈耶**（Mayer）**公式**。由该公式可知，在等压过程和等容过程中，当系统温度的改变量相等时，等压过程吸收的热量要比等容过程吸收的热量多。这是因为在等压过程中，理想气体在内能改变的同时，还要对环境作功。

由式 5-7e 知

$$C_V = \frac{i}{2}R$$

故有

$$C_p = C_V + R = \frac{i+2}{2}R$$

且有

$$\gamma = \frac{C_p}{C_V} = \frac{i+2}{i} \tag{5-9c}$$

式中 C_p 与 C_V 的比值 γ 称为气体的**摩尔热容比**，也称**比热比**（ratio of specific heat）。上式表明，理想气体的比热比仅与分子的自由度有关。对单原子分子气体 $\gamma=1.67$，对刚性双原子分子 $\gamma=1.40$，对刚性多原子分子 $\gamma=1.33$。

表 5-1 给出了几种气体摩尔热容的实验数据。从表中可以看出，各种气体的 C_p-C_V 之值都接近 R，单原子及双原子分子的 C_p、C_V 和 γ 的理论值与实验值接近。但多原子分子的 C_p、C_V 和 γ 的理论值与实验值显然不符。这说明分子结构模型及理想气体模型的局限性。

表 5-1　几种气体摩尔热容的实验数据

分子内原子数	气体	C_p[J/(mol·K)]	C_V[J/(mol·K)]	C_p-C_V[J/(mol·K)]	$\gamma=\frac{C_p}{C_V}$
单原子	氦	20.9	12.5	8.4	1.67
	氩	21.2	12.5	8.7	1.70
双原子	氢	28.8	20.4	8.4	1.41
	氮	28.8	20.4	8.4	1.41
	一氧化碳	29.3	21.2	8.1	1.38
	氧	28.9	21.0	7.9	1.38
多原子	水蒸气	36.2	27.8	8.4	1.30
	甲烷	35.6	27.2	8.4	1.31
	氯仿	72.0	63.7	8.3	1.13
	乙醇	87.5	79.2	8.3	1.10

三、等温过程

在系统经历的整个过程中温度保持不变，这样的过程称为**等温过程**（isothermal process）。例如，有一个密闭的气缸与温度为 T 的恒温热源相接触，气缸内的气体吸收热量而膨胀，推动活塞对外作功的过程。对应的过程方程是玻意耳-马略特定律：$pV=$恒量。理想气体的等温过程在 p-V 图上是一条等轴双曲线，如图 5-2 所示。等温过程的特点是在状态变化时系统的温度不变，因而内能也不变，即 $\mathrm{d}E=0$，其特征方程为 $\mathrm{d}T=0$。由热力学第一定律，得

$$\mathrm{d}Q = \mathrm{d}A = p\mathrm{d}V$$

这表明在等温膨胀过程中，气体吸收的热量全部用于对外作功。设气体在等温膨胀过程中体积由 V_1 变为 V_2，气体所作的功为

$$A = \int_{V_1}^{V_2} p\mathrm{d}V = \int_{V_1}^{V_2} \frac{m}{M}RT\frac{\mathrm{d}V}{V}$$

$$A = \frac{m}{M}RT\ln\frac{V_2}{V_1} \tag{5-10a}$$

因为 $p_1V_1=p_2V_2$，故上式也可表示为

$$A = \frac{m}{M}RT\ln\frac{p_1}{p_2} \tag{5-10b}$$

对于质量为 m 的理想气体，在等温过程中，气体吸收的热量为

$$Q = A = \frac{m}{M}RT\ln\frac{V_2}{V_1} = \frac{m}{M}RT\ln\frac{p_1}{p_2} \tag{5-11}$$

理想气体在等温膨胀时，系统吸收热量并对外作功，等温压缩时，外界对系统作功并放出热量。

四、绝热过程

（一）绝热过程及热力学特征

在气体状态发生变化的过程中，如果它与外界之间没有热量传递，这种过程称作**绝热过程**（adiabatic process）。实际上绝对的绝热过程是没有的，但在过程中，如果系统与外界之间交换的热量很小，以至可以忽略不计；或者过程进行得很快，系统与周围环境之间只有很少的热量交换（例如气缸中气体的膨胀，声波在空气中的膨胀与压缩），这些过程都可看作绝热过程。

绝热过程的热力学特征是 $dQ=0$，由热力学第一定律，有

$$A = -(E_2 - E_1) \tag{5-12a}$$

（二）绝热方程

根据热力学第一定律，在绝热过程中有

$$dE + pdV = 0$$

理想气体的内能仅是温度的函数，得

$$\frac{m}{M}C_V dT + pdV = 0$$

对理想气体状态方程微分，得

$$pdV + Vdp = \frac{m}{M}RdT$$

由以上两式联立消去 dT，得：

$$C_V(pdV + Vdp) = -RpdV$$

将 $C_p=C_V+R$ 以及 $\gamma=\frac{C_p}{C_V}$ 代入上式得

$$\gamma\frac{dV}{V} + \frac{dp}{p} = 0$$

积分得

$$\gamma\ln V + \ln p = \text{恒量}$$

整理得

$$pV^{\gamma} = \text{恒量} \tag{5-12b}$$

由上式与理想气体状态方程消去 p 或 V 得

$$V^{\gamma-1}T = \text{恒量} \tag{5-12c}$$

$$p^{\gamma-1}T^{-\gamma} = \text{恒量} \tag{5-12d}$$

以上三式都称为理想气体的绝热过程方程，方程中的恒量各不相同。

（三）绝热线与等温线

当气体做绝热变化时，在 $p-V$ 图上，pV^{γ}所对应的一条曲线称为绝热线（adiabatic line）。如图 5-3 所示，虚线 AC 表示同一系统的等温线，它是一条双曲线，而实线 AB 为绝热线，它比等温线要陡些。A 点是两条曲线的交点。绝热线在点 A 的斜率为

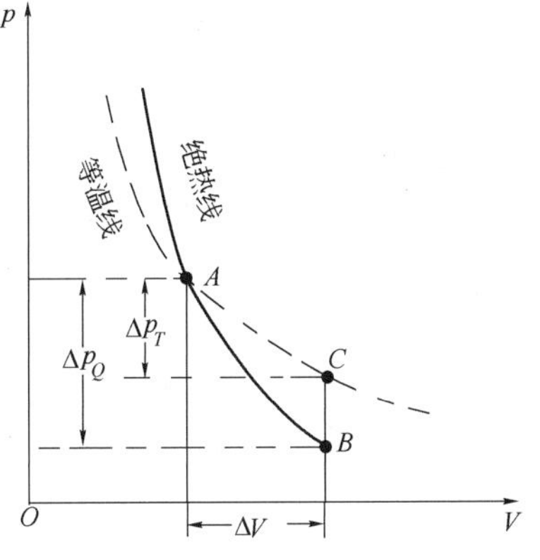

图 5-3　绝热线与等温线的比较

$$\left(\frac{\mathrm{d}p}{\mathrm{d}V}\right)_Q = -\gamma\frac{p_A}{V_A}$$

而等温线在点 A 的斜率为

$$\left(\frac{\mathrm{d}p}{\mathrm{d}V}\right)_T = -\frac{p_A}{V_A}$$

由于 $\gamma>1$，即绝热线在 A 点斜率的绝对值大于等温线在 A 点斜率的绝对值，所以绝热线要比等温线陡一些。这表明处于某一状态的气体，经过等温过程或绝热过程膨胀相同的体积时，在绝热过程中降低的压强 Δp_Q 比等温过程中降低的压强 Δp_T 多，这是因为在等温过程中压强的降低仅由气体密度的减小而引起；而在绝热过程中压强的降低，是由于气体密度减小和温度降低这两个因素导致的。

例 5-1　将 20g 的氦气分别按下面的过程，从 17℃升至 27℃，试分别求出在这些过程中气体系统内能的变化、吸收的热量和外界对系统作的功。（设氦气可看作理想气体，且 $C_V=\frac{3}{2}R$）

（1）体积不变；

（2）压强不变；

（3）不与外界交换热量。

解：（1）当系统体积不变时，外界对系统不作功，$A=0$

系统内能的变化为

$$\begin{aligned}\Delta E &= \frac{m}{M}C_V\Delta T\\ &= \frac{2.0\times10^{-2}}{4.0\times10^{-3}}\times\frac{3}{2}\times8.31\times[(273+27)-(273+17)]\\ &= 6.23\times10^{2}(\mathrm{J})\end{aligned}$$

吸收的热量为

$$Q_V = \Delta E = 6.23\times10^{2}\mathrm{J}$$

由上面的计算可知，在系统体积不变的情况下，外界对系统不作功，系统从外界获得的热量全部用于内能的增加。

（2）当系统压强不变时，系统吸收的热量为

$$\begin{aligned}Q_P &= \frac{m}{M}C_p\Delta T = \frac{m}{M}(C_V+R)\Delta T\\ &= 1.04\times10^{3}\mathrm{J}\end{aligned}$$

系统内能的变化为

$$\Delta E = \frac{m}{M}C_V\Delta T = 6.23\times10^{2}\mathrm{J}$$

系统对外界作功为

$$A = Q_p - \Delta E = 4.16 \times 10^2 \text{J}$$

这表示，在系统保持压强不变的情况下，系统从外界获得的热量，一部分用于增加系统的内能，另一部分用于系统对外界作功。

外界对系统作功为-4.16×10^2J。

（3）不与外界交换热量，即绝热过程，系统吸收的热量为 $Q=0$

系统内能的变化

$$\Delta E = \frac{m}{M} C_V \Delta T = 6.23 \times 10^2 \text{J}$$

由 $Q=\Delta E+A=0$，得系统对外界作功为

$$A = -\Delta E = -6.23 \times 10^2 \text{J}$$

所以外界对系统作功为 6.23×10^2J。

在绝热条件下，系统与外界无热量交换，外界对系统所作的功全部用于内能的增加。

例 5-2 将温度为 300K，压强为 10^5Pa 的氮气绝热压缩，使其容积变为原来的 1/5。试求压缩后的压强和温度，并与等温压缩时的压强比较。

解：（1）由绝热过程方程及 $\gamma=\dfrac{C_p}{C_V}=1.4$ 得

$$p_2 = p_1\left(\frac{V_1}{V_2}\right)^{\gamma} = 10^5 \times (5)^{1.4} = 9.5 \times 10^5 (\text{Pa})$$

$$T_2 = T_1\left(\frac{V_1}{V_2}\right)^{\gamma-1} = 300 \times (5)^{0.4} = 571 (\text{K})$$

（2）等温压缩

$$p_2 = p_1 \frac{V_1}{V_2} = 10^5 \times 5 = 5 \times 10^5 (\text{Pa})$$

$$T_2 = 300\text{K}$$

由上可知，绝热压缩后，温度显著升高，压强超过等温压缩时压强接近一倍。

第三节　热力学循环与热机效率

一、循环过程

热力学系统经过一系列状态变化过程后，最后又回到初始状态，这样周而复始的变化过程称为热力学**循环过程**（cyclic process），简称**循环**（cycle）。在生产实际中需要将热与功之间的转换持续进行下去，这就需要利用循环过程。在研究循环过程的问题时，一般将热力学系统中参与循环的物质称为工作物质。工作物质经历一个准静态的循环过程，在 $p-V$ 图上对应一条闭合曲线 $abcda$。若闭合曲线是顺时针走向的，相应的循环过程称为**正循环**（direct cycle）；逆时针走向的称为**逆循环**。如图 5-4 所示，设气体吸收热量推动气缸的活塞而膨胀，经准静态过程从状态 a 到状态 c，气体作功 A_{abc}，若使气体从状态 c 沿初始的路径压缩到状态 a，

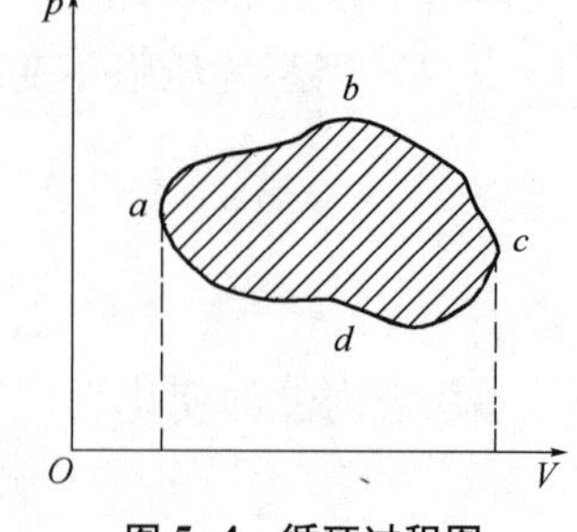

图 5-4　循环过程图

则气体作功 $A_{cba}=-A_{abc}$，从状态 a 出发回到状态 a 这样一个循环过程中系统所作的净功为零，即 $A_{cba}+A_{abc}=0$。

如果气体在压缩时所经历的过程并不完全沿着与原来的路径相反方向进行，那么气体经过一个循环过程后就要作净功

$$A = A_{abc} + A_{cda}$$

在图示循环过程中，$A_{abc}>0$，$A_{cda}<0$。并且气体对外膨胀所作的功大于外界压缩气体时所作的功，即循环过程中气体所作的净功 $A>0$，在数值上就等于 $p-V$ 图中循环过程曲线所围的面积。

系统的内能是系统状态的单值函数，系统经历了一个循环过程后回到初始状态，内能没有改变，即循环过程的热力学特征为 $\Delta E=0$。根据热力学第一定律，在一个正循环过程中，系统从高温热源吸收的热量 Q_1，部分用来对环境作净功 A，并向低温热源放出部分热量 Q_2，可表示为

$$A = Q_1 - Q_2$$

式中的 Q_1 和 Q_2 本身都是正值。

在生产实践中，往往要求利用工作物质连续不断地把热量转换为功。我们把这种装置称为**热机**（heat engine）。要连续不断地把热量转换为功，可以利用热机的正循环过程来实现。我们用热机的工作物质从环境吸收的热量有多少转换为有用功来衡量热机的工作性能，并把循环过程中工作物质对环境所作的净功，与它从环境中所吸收的热量之比称为**热机效率**（heat engine efficency），以 η 表示。用公式表示为

$$\boxed{\eta = \frac{A}{Q_1} = \frac{Q_1 - Q_2}{Q_1} = 1 - \frac{Q_2}{Q_1}} \tag{5-13}$$

不同的热机其循环过程不同，因而有不同的热机效率。

二、卡诺循环及热机效率

卡诺（N·L·S Carnot，1796—1832 年），是一位法国工程师，1824 年卡诺提出了一个理想循环过程，即**卡诺循环**（Carnot cycle），它经历一个准静态的循环过程，由两个等温过程和两个绝热过程构成，为提高热机的效率提供了理论指导。假设热机以理想气体为工作物质，它只与两个不同温度的恒温热源交换能量，即没有散热、漏气等因素存在，这种热机称为**卡诺热机**（Carnot heat engine）。图 5-5 给出了理想气体卡诺循环的 $p-V$ 图，其中由状态 a 到状态 b 为等温膨胀，气体从高温热源 T_1 吸收热量 Q_1，系统对外作功 A_1

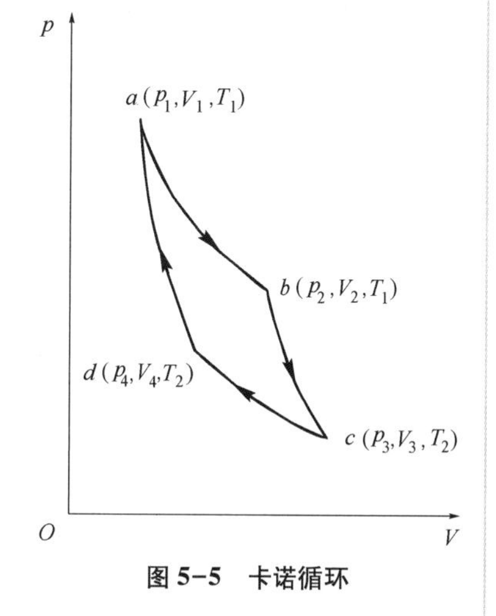

图 5-5　卡诺循环

$$A_1 = Q_1 = \frac{m}{M}RT_1\ln\frac{V_2}{V_1} \tag{5-14a}$$

由状态 b 到状态 c 为绝热膨胀，气体减少内能对外作功 A_2

$$A_2 = -\Delta E = \frac{m}{M}C_V(T_1 - T_2)$$

由状态 c 到状态 d 为等温压缩，外界压缩气体对系统作功 A_3，气体向低温热源 T_2 释放热量 Q_2

$$A_3 = Q_2 = \frac{m}{M}RT_2\ln\frac{V_3}{V_4} \tag{5-14b}$$

由状态 d 到状态 a 为绝热压缩，外界压缩气体对系统作功 A_4，气体内能增加

$$A_4 = -\Delta E = \frac{m}{M}C_V(T_1 - T_2)$$

理想气体在经历了一个卡诺循环后所作的净功

$$A = A_1 + A_2 - A_3 - A_4 = Q_1 - Q_2$$

将式 5-14a 和式 5-14b 代入式 5-13，得卡诺热机的效率为

$$\eta = \frac{Q_1 - Q_2}{Q_1} = \frac{T_1\ln\frac{V_2}{V_1} - T_2\ln\frac{V_3}{V_4}}{T_1\ln\frac{V_2}{V_1}} \tag{5-14c}$$

根据循环的两个绝热过程方程

$$T_1V_2^{\gamma-1} = T_2V_3^{\gamma-1} \qquad T_1V_1^{\gamma-1} = T_2V_4^{\gamma-1}$$

上两式相除，整理后得

$$\frac{V_2}{V_1} = \frac{V_3}{V_4}$$

将上式代入式 5-14c，得卡诺热机的效率为

$$\boxed{\eta = 1 - \frac{T_2}{T_1}} \tag{5-15}$$

公式 5-15 表明，卡诺热机的效率只决定于两个热源的温度，高温热源的温度越高，低温热源的温度越低，卡诺热机的效率越高。由于 T_1 不可能为无穷大，T_2 不可能为零，并且总有 $T_1 > T_2$，所以卡诺热机的效率总小于 1。

例 5-3 1mol 氦气（理想气体）经历如图 5-6 所示的循环过程。图中 ab 为等温线，bc 为等压线，ca 等容线。$V_a = 4\text{m}^3$，$V_b = 8\text{m}^3$，求循环效率。

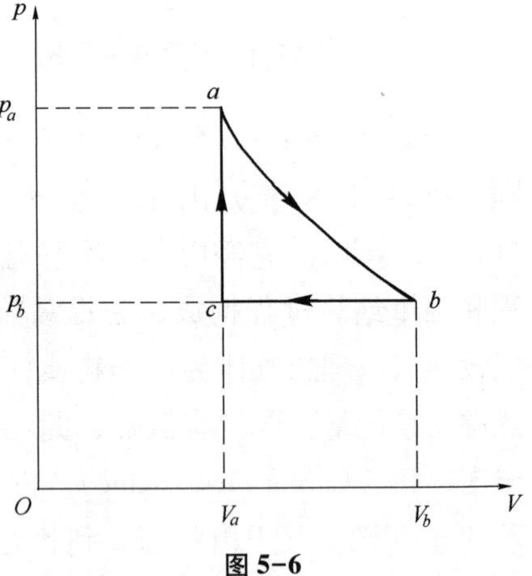

图 5-6

解：（1）由于 $a \to b$ 为等温膨胀过程，所以系统吸收的热量为

$$Q_{ab} = RT_a\ln\frac{V_b}{V_a} = RT_a\ln 2$$

（2）由于 $b \to c$ 为等压压缩过程，所以系统向外界放出的热量为

$$|Q_{bc}| = C_p(T_b - T_c)$$

（3）由于 $c \to a$ 为等容升压过程，所以系统吸收的热量为

$$Q_{ca} = C_V(T_a - T_c)$$

由于 $a \to b$ 为等温过程，则有 $T_a = T_b$

由于 $b \to c$ 为等压过程，则有 $\frac{V_c}{T_c} = \frac{V_b}{T_b}$，求得 $T_c = \frac{1}{2}T_b = \frac{1}{2}T_a$

$$\eta = \frac{Q_{ab} + Q_{ca} - |Q_{bc}|}{Q_{ab} + Q_{ca}}$$

$$= \frac{RT_a\ln 2 + C_V(T_a - T_c) - C_P(T_b - T_c)}{RT_a\ln 2 + C_V(T_a - T_c)}$$

将 $T_b = T_a$ 和 $T_c = \frac{1}{2}T_a$ 及 $C_V = \frac{3}{2}R$ 代入上式得

$$\eta = 13.4\%$$

第四节　热力学第二定律

前面我们研究了一个理想热机的情况，随着技术水平的提高，蒸汽机的效率也逐渐提高，提高蒸汽机的效率有没有限制？能否从单一热源吸取热能将其全部用来对外作功而不产生其他影响？能否无需外界对系统作功使热量从低温物体传到高温物体而不产生其他影响？上述这些过程虽然并不违背热力学第一定律，但是在自然界中并非所有符合热力学第一定律的过程都能实现。

自然界中自发进行的过程具有方向性，热量会自动地从高温物体传到低温物体，但是相反的过程不会自动完成。热机在完成一次循环后，不可能将从单一热源吸收热量全部转化为机械能，制冷机也不可能通过制冷循环将热量从低温物体传到高温物体而不产生其他影响。自然过程的这种方向性蕴含着内在的规律。在总结上述大量实践经验的基础上，确立了热力学第二定律，热力学第二定律有许多表述方式，下面给出两种著名的表述方式。

一、热力学第二定律的两种表述

开尔文（Kelvin）表述：**不可能从单一热源吸取热量并将它完全转变为功而不产生其他影响。**

克劳修斯（Clausius）表述：**不可能将热量从低温物体传到高温物体而不产生其他影响。**

可以证明，开尔文说法与克劳修斯说法尽管表述不同，但是它们是等效的。

热力学第二定律是大量实验和经验的客观总结，表明了自然界中过程进行的方向性。热力学第二定律蕴含了系统内在的微观统计规律。

在历史上，不断有人曾幻想制造一种循环工作的热机，它只从单一热源吸收热量全部用来对外作功，这种热机称为第二类永动机。第二类永动机并不违背能量守恒定律，但是热力学第二定律及所有的实验和经验都表明，第二类永动机是不可能实现的。

二、可逆过程与不可逆过程

在自然界中，如果系统逆过程能重复正过程的每一状态，而且不引起其他变化，则此过程称为**可逆过程**（reversible process）；反之如果用任何方法都不可能使系统和外界环境完全复原，则此过程称为**不可逆过程**（irreversible process）。

实际上只有当系统的状态变化过程是无限缓慢进行的准静态过程，而且在过程进行之中没有能量的耗散，这时系统经历的过程才是可逆过程。

当汽缸活塞无限缓慢地运动，汽缸中理想气体状态变化的过程可视为准静态过程。如果略去汽缸与活塞壁间的摩擦力、气体的黏滞力所引起的能量耗散，则“逆过程”可以重复“正过程”的每一个状态而不会引起其他变化，因此无摩擦的准静态过程是可逆过程。

热力学第二定律的开尔文表述指出功热转换的不可逆性，克劳修斯热力学第二定律表述指出热传导过程的不可逆性。

当活塞与汽缸间的摩擦不能忽略时，摩擦力作功的结果向外界放出热量，从而使外界的状态发生了变化。而根据热力学第二定律，热量又无法全部转化为功而对外界不产生其他影响，所以

在逆过程中，系统不可能重复正过程的每一个状态而不引起其他变化，因此如果气体状态变化过程中有摩擦力等耗散能量，这类过程是不可逆过程。除了热力学第二定律指出的功热转化、热传导是不可逆过程以外，气体的扩散、水的汽化、固体的升华、生命的生长与衰老、气体在真空中的自由膨胀等都是不可逆过程。

三、卡诺定理

根据热力学第二定律，可以得到一个理论上和实践上都有实际意义的定理——卡诺定理（Carnot principle）。它表述为：在温度分别为 T_1 和 T_2 的热源之间工作的热机具有

（1）**在相同的高温热源和低温热源间工作的任意工作物质的可逆热机其效率相等，为 $\eta=1-\frac{T_2}{T_1}$。**

（2）**在相同的高温热源和低温热源之间的一切不可逆热机的效率都不可能大于可逆热机的效率。**

卡诺定理具有重要的理论和实际意义，它为热力学温标的确立提供了理论依据，指出了提高实际热机效率的途径。

例 5-4 设一卡诺热机工作于热源与冷源之间，其工作物质为某种理想气体，在一个循环中工作物质从热源吸收 1000J 热量。求卡诺热机向冷源放出的热量、所作的功及卡诺热机的效率。

解： 卡诺热机的效率为

$$\eta = 1 - \frac{T_2}{T_1} = 1 - \frac{273}{373} = 26.8\%$$

卡诺热机所作的功为

$$A = \eta Q_1 = 0.268 \times 1000 = 268(\mathrm{J})$$

卡诺热机向冷源放出的热量为

$$Q_2 = Q_1 - A = 1000 - 268 = 732(\mathrm{J})$$

例 5-5 工作物质为 1mol 理想气体的热机，其循环如图 5-7 所示，AB 为绝热过程。试证明其效率为

$$\eta = 1 - \gamma\frac{\left(\frac{V_1}{V_2}\right) - 1}{\left(\frac{p_1}{p_2}\right) - 1}$$

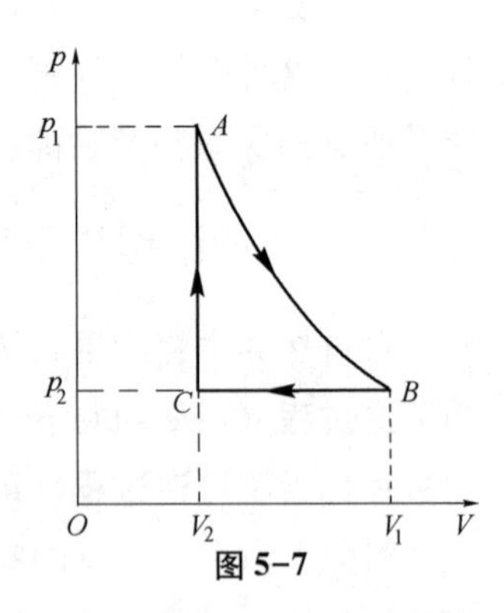

图 5-7

证明： CA 为等容过程，系统吸收热量 Q_1 为

$$Q_1 = C_V(T_A - T_C)$$

并且

$$\frac{T_A}{T_C} = \frac{p_1}{p_2}$$

BC 为等压过程，系统释放热量 Q_2 为

$$Q_2 = C_p(T_B - T_C)$$

并且

$$\frac{T_B}{T_C} = \frac{V_1}{V_2}$$

AB 为绝热过程，系统与外界无热量交换。

所以该热机的效率为 $\eta=1-\dfrac{Q_2}{Q_1}=1-\dfrac{C_p\ (T_B-T_C)}{C_V\ (T_A-T_C)}=1-\gamma\dfrac{\left(\dfrac{V_1}{V_2}\right)-1}{\left(\dfrac{p_1}{p_2}\right)-1}$　　证毕。

第五节　熵与焓

热力学第二定律有多种表达形式，虽然这些表述方式是等价的，但应用它们来判断任意一个过程能否自动进行是很不方便的，因为不同的自发过程有各自不同的判断标准。为了用一个共同的标准来判断不同的自发过程进行的方向，引入了熵的概念。

一、熵的概念

根据卡诺定理，一切可逆热机的效率为

$$\eta=1-\frac{Q_2}{Q_1}=1-\frac{T_2}{T_1}$$

整理得

$$\frac{Q_1}{T_1}=\frac{Q_2}{T_2} \tag{5-16}$$

上式中 Q_1 是工作物质从温度为 T_1 的高温热源吸收的热量，Q_2 是工作物质向温度为 T_2 的低温热源放出的热量，且取绝对值。根据热力学第一定律对热量符号的规定，当系统吸热为正，放出热量为负，则 Q_2 应以 $-Q_2$ 代替，于是式 5-16 成为

$$\frac{Q_1}{T_1}+\frac{Q_2}{T_2}=0 \tag{5-17}$$

式中 Q/T 称为**热温比**（heat-to-temperature ratio），是在温度为 T 的可逆等温过程中系统所吸收或放出的热量与温度之比。式 5-17 表明，在可逆卡诺循环过程中热温比的代数和等于零，这是在一次可逆卡诺循环中必须遵从的规律。

如图 5-8 所示，对任意的可逆循环，可看成由大量微小的可逆卡诺循环组成，而对于其中的每一个小卡诺循环，我们都可以列出相应于式 5-17 的关系式，将所有这样的关系式求和，得

$$\sum_{i=1}^{n}\frac{Q_i}{T_i}=0$$

当 $n\to\infty$ 时，上式写为

$$\boxed{\oint\frac{\mathrm{d}Q}{T}=0} \tag{5-18}$$

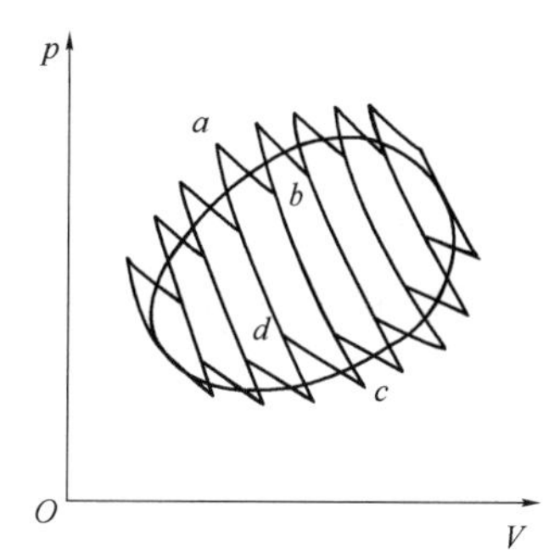

图 5-8　大量微小的可逆卡诺循环

此式称为**克劳修斯**（Clausius）等式。对于任意可逆循环都成立。

在图 5-9 中，我们取两个状态 a 和 b，整个循环由两个分过程 a（1）b 和 b（2）a 组成。根据式 5-18，应有

$$\int_{a(1)b}\frac{\mathrm{d}Q}{T}+\int_{b(2)a}\frac{\mathrm{d}Q}{T}=0$$

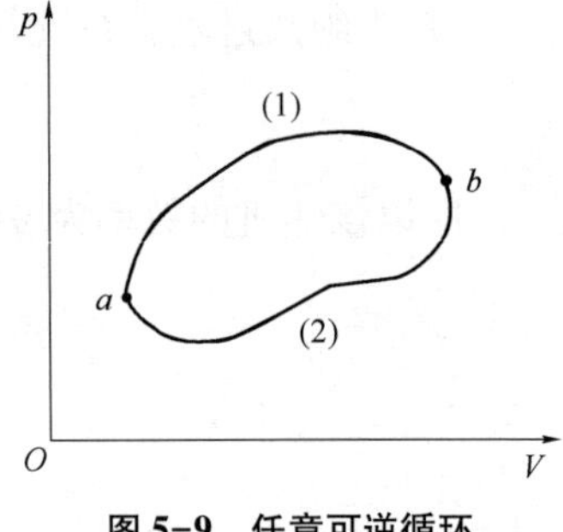

图 5-9　任意可逆循环

上式还可写为

$$\int_{a(1)b}\frac{\mathrm{d}Q}{T}=\int_{a(2)b}\frac{\mathrm{d}Q}{T} \tag{5-19}$$

式 5-19 表示，沿不同路径从初态 a 到末态 b，Q/T 的积分值都相等，或者说 Q/T 的积分值只决定于初、末状态而与过程无关。可见，Q/T 的积分值必定是一个态函数，这个态函数就称为**熵**（entropy），常用 S 表示。从初态 a 到末态 b，熵的变化可以表示为

$$\boxed{\Delta S=S_b-S_a=\int_a^b\frac{\mathrm{d}Q}{T}} \tag{5-20}$$

对于无限小的过程可以写为

$$\boxed{\mathrm{d}S=\frac{\mathrm{d}Q}{T}} \tag{5-21}$$

上式给出了在无限小可逆过程中，系统的熵变 $\mathrm{d}S$ 与对应温度 T 和系统在该过程中吸收的热量 $\mathrm{d}Q$ 的关系。熵的单位是焦耳/开（J/K）。

二、熵变的计算

态函数熵完全由状态所决定，从初态 a 到末态 b 熵的变化完全由 a、b 两个状态所决定，而与从初态到末态经历怎样的过程无关。但是要计算熵变 ΔS，却必须沿一条可逆过程从 a 到 b 对 Q/T 积分，也就是说，在由式 5-20 计算熵变时，积分路径代表从初态到终态的任一可逆过程。

1. 理想气体的熵变　将热力学第一定律 $\mathrm{d}Q=\mathrm{d}E+p\mathrm{d}V$ 代入式 5-21 得

$$\mathrm{d}S=\frac{\mathrm{d}E}{T}+\frac{p\mathrm{d}V}{T}$$

设有 m/M 摩尔的理想气体，并将 $\mathrm{d}E=\frac{m}{M}C_V\mathrm{d}T$ 和理想气体状态方程代入上式，得

$$\mathrm{d}S=\frac{m}{M}C_V\frac{\mathrm{d}T}{T}+\frac{m}{M}R\frac{\mathrm{d}V}{V}$$

设初态为 a（p_0，V_0，T_0），末态为 b（p，V，T），在温度变化范围不大的情况下，定容摩尔热容 C_V 可看为常量，对上式两边积分得

$$\boxed{\Delta S=\frac{m}{M}C_V\ln\frac{T}{T_0}+\frac{m}{M}R\ln\frac{V}{V_0}} \tag{5-22}$$

2. 物体相变时的熵变　设质量为 m 的物体在温度为 T 时发生相变过程，则熵变为

$$\boxed{\Delta S=\int\frac{\mathrm{d}Q}{T}=\frac{m\lambda}{T}} \tag{5-23}$$

式中 λ 为相变热。

例 5-6　有 1kg 温度为 0℃的冰吸热后融化成 0℃的水，然后变为 10℃的水。求其熵变。[设冰的熔解热为 3.35×10^5J/kg，水的定压比热 $c_p=4.1865\times10^3$J/（kg·K）]

解： 0℃的冰吸热后融化成 0℃的水时，温度保持不变，即 $T=273$K，因此

$$\Delta S_1=\frac{\Delta Q_1}{T}=\frac{3.35\times10^5\mathrm{J}}{273\mathrm{K}}=1.23\times10^3(\mathrm{J/K})$$

ΔQ_1 是 0℃的冰融化成 0℃的水时吸收的热量。0℃的水变为 10℃的水时的熵变为

$$\Delta S_2 = \int_{273}^{283} mc_p \frac{dT}{T} = mc_p \ln \frac{283}{273}$$

$$= 1000 \times 4.1865 \times 0.036 = 150.71(\mathrm{J/K})$$

总的熵变为

$$\Delta S = \Delta S_1 + \Delta S_2 = 1.23 \times 10^3 + 0.15 \times 10^3$$

$$= 1.38 \times 10^3(\mathrm{J/K})$$

从上例可知，冰融化成水和水的温度上升都是熵增加的过程。

三、熵增加原理

上面我们从可逆过程得出了熵的概念。对于不可逆热机，根据卡诺定理，其效率都不会超过可逆热机，即

$$\eta' \leqslant 1 - \frac{T_2}{T_1}$$

也就是

$$\eta' = 1 - \frac{Q_2}{Q_1} \leqslant 1 - \frac{T_2}{T_1}$$

于是，对于不可逆过程，克劳修斯不等式为

$$\oint \frac{dQ}{T} \leqslant 0 \tag{5-24}$$

其中 dQ 表示工作物质从温度为 T 的热源吸收的热量。熵的变化则可表示为

$$\Delta S \geqslant \int_a^b \frac{dQ}{T} \tag{5-25}$$

或写为

$$\boxed{dS \geqslant \frac{dQ}{T}} \tag{5-26}$$

式 5-25 或式 5-26 可以作为热力学第二定律的普遍表达式，它们反映了热力学第二定律对过程的限制，违背此不等式的过程是不可能实现的。因此我们可以根据此表达式研究在各种约束条件下系统的可能变化。

对于一个孤立系统或绝热系统，因为它与外界不进行热量交换，所以无论发生什么过程，总有 $Q=0$，根据式 5-25 或式 5-26，必定有

$$\Delta S \geqslant 0 \tag{5-27}$$

$$\boxed{dS \geqslant 0} \tag{5-28}$$

上式表明，**对于一个孤立系统或绝热系统的熵永远不会减小：对于可逆过程，熵保持不变；对于不可逆过程，熵总是增加的。这就是熵增加原理。**

热力学第二定律指出了一切与热现象有关的宏观过程的不可逆性，若发生这种过程的系统是孤立系统或绝热系统，那么根据熵增加原理，这个系统的熵必定是增加的。若不是孤立系统，则借助外界的作用，系统的熵减少或不变都是可能的。

计算孤立系统的熵的变化，如果熵增加，说明该过程能够进行，如果熵减小，说明该过程不能发生。若系统不是孤立的，在某过程中与外界发生热量交换，这时我们可以将系统和与之发生热交换的外界一起作为孤立系统来应用熵增加原理。

四、焓

许多热力学系统都处在大气压中，而维持这些系统的热力学过程大多数是在等压条件下进行的。故在热力学中引入一个状态函数**焓**（enthalpy），用 H 表示。它表示热力学反应过程在等压条件下的状态变化。其定义式为

$$H=E+pV \tag{5-29}$$

式（5-29）中 E 表示热力学系统的内能，pV 是系统的压力所产生的势能，则焓可以理解为气体内能与其压力所产生的势能之和。

对于一个等压热力学过程，**通常可以用焓的变化量（即焓变 ΔH）来度量系统的能量特征。**焓变 ΔH 与相应的内能变化 ΔE 及体积变化 ΔH 的关系如下：

$$\Delta H = H_{末} - H_{初} = \Delta E + p\Delta V \tag{5-30}$$

由热力学第一定律 $dQ=dE+pdV$ 可知，在等压过程中，有

$$Q_p=\Delta H \tag{5-31}$$

这就是说，**在定压过程中，系统所吸收的热量等于系统状态函数焓的增加。**这是状态函数焓的重要特性。如果系统的 ΔH 为正，表示系统从外界吸收热量；系统的 ΔH 为负，表示系统对外放出热量。

上面引入的状态函数焓比内能的应用更广，在热化学、热力工程学和低温致冷等领域中得到广泛的应用。对于大多数热力学系统中的物质，在不同温度和压强下的焓值数据已制成图表可供查阅，其中所给出的焓值是指与“参考状态”焓值的差，例如在编制水蒸气焓值图表时，常取0℃时饱和水为“参考状态”，其焓值为零。

例 5-7 在 100℃、1atm 时，水与饱和水蒸气的单位质量的焓值分别为 419.06×10^3J/kg 和 2676.3×10^3J/kg，试求在这条件下水的汽化热。

解：在定压过程中系统所吸收的热量等于状态函数焓的增加。所以在 100℃、1atm 下，水在汽化为水蒸气的过程中所吸收的热量为

$$\begin{aligned} Q_p &= H_{水蒸气}-H_{水} \\ &=2676.3\times10^3-419.06\times10^3 \\ &=2257.2\times10^3 \text{ (J/kg)} \end{aligned}$$

例 5-8 设已知下列气体在 $p\rightarrow0$，$t=25$℃时的焓值（各种气体的焓值参考态是同一参考态）：

氢气 $h_{H_2}=8.468\times10^3$J/mol

氧气 $h_{O_2}=8.661\times10^3$J/mol

水蒸气 $h_{H_2O}=-2.2903\times10^5$J/mol

符号 h 表示每摩尔物质的焓值。试求在定压情况下，下列化学反应的反应热（设反应前后各物质均是气体）：

$$H_2+\frac{1}{2}O_2\rightarrow H_2O$$

解：已知题中所给焓值是气体压强趋于零时的极限值，即理想气体的焓值。因此，这些气体可看作理想气体，在25℃定压过程中进行上述化学反应后，求系统所吸收的热量。由（5-30）知

$$Q_p=h_{H_2O}-\left(h_{H_2}+\frac{1}{2}h_{O_2}\right)=-2.4183\times10^5\text{J/mol}$$

负号表示当氢与氧化合为水蒸气时要放出热量。

知识链接 5

开尔文（Lord Kelvin，1824—1907 年），19 世纪英国卓越的物理学家。原名 W. 汤姆孙（William Thomson），1824 年 6 月 26 日生于爱尔兰的贝尔法斯特，开尔文担任教授 53 年之久，1904 年他出任格拉斯哥大学校长，直到逝世。他对物理学的主要贡献在电磁学和热力学方面。他在 1848 年提出、在 1854 年修改的绝对热力学温标，是现在科学上的标准温标。开尔文是热力学第二定律的两个主要奠基人之一。开尔文从热力学第二定律断言，能量耗散是普遍的趋势。另外开尔文和 J. P. 焦耳合作的多孔塞实验，研究气体通过多孔塞后温度改变的现象，在理论上是为了研究实际气体与理想气体的差别，在实用上后来成为工业制造液态空气的重要方法。

小　结

1. 基本概念

（1）平衡过程　非平衡过程　可逆过程　不可逆过程　绝热过程　循环过程

（2）功　热量　内能　熵　焓

（3）热机效率

2. 基本定律

（1）热力学第一定律

①表述：系统从外界所获得的热量，一部分用来增加系统的内能，另一部分用来对外界作功。

②数学表达式

$$Q = \Delta E + A$$

$$\mathrm{d}Q = \mathrm{d}E + p\mathrm{d}V$$

③热力学第一定律对理想气体的应用

表 5-2　热力学第一定律对理想气体的应用

名称	特征	ΔE	A	Q	摩尔热容
等温过程	T=恒量	0	$\frac{m}{M}RT\ln\frac{V_2}{V_1}$	A	$C_T=\infty$
等容过程	V=恒量	$\frac{m}{M}C_V\ (T_2-T_1)$	0	ΔE	$C_V=\frac{i}{2}R$
等压过程	p=恒量	$\frac{m}{M}C_V\ (T_2-T_1)$	$p\ (V_2-V_1)$	$\frac{m}{M}C_p\ (T_2-T_1)$	$C_p=C_V+R$
绝热过程	$Q=0$	$\frac{m}{M}C_V\ (T_2-T_1)$	$-\Delta E$	0	$C_Q=0$

（2）热力学第二定律

①表述

开尔文表述：不可能从单一热源吸取热量并将它完全转变为功而不产生其他影响。

克劳修斯表述：不可能将热量从低温物体传到高温物体而不产生其他影响。

②数学表达式——熵增加原理

绝热可逆过程 $dS=0$

绝热不可逆过程 $dS>0$

（3）焓　在定压过程中，系统所吸收的热量等于系统状态函数焓的增加。即

$$Q_P=\Delta H$$

习题五

5-1　系统的状态改变了，其内能值如何变化？

5-2　热机效率是如何定义的？

5-3　理想气体可逆等温膨胀，则该过程的 dE、dS 如何变化？

5-4　理想气体向真空膨胀，体积由 V_1 变到 V_2，其 dE、dS 如何变化？

5-5　1mol 理想气体经恒温可逆膨胀、恒容加热、恒压压缩回到始态，其 dE、A 如何变化？

5-6　把标准状态下的 14g 氮气压缩至原来体积的一半，试分别求出在下列过程中气体内能的变化、传递的热量和外界对系统作的功。

（1）等温过程；

（2）绝热过程。

5-7　在标准状态下的 16g 氧气经过一绝热过程对外界作功 80 J。求系统末态的压强、体积和温度。

5-8　今有 8.0g 氧气，初始的温度为 27℃，体积为 0.41dm^3，若经过绝热膨胀，体积增至 4.1dm^3。试计算气体在该绝热膨胀过程中对外界所作的功。

5-9　证明一条绝热线与一条等温线不能有两个交点。

5-10　压强为 $1.013\times10^5\text{Pa}$，体积为 $8.2\times10^{-3}\text{m}^3$ 的氮气，从 27℃加热到 127℃，如加热时体积不变或压强不变，各需热量多少？哪一过程需要的热量大？为什么？

5-11　质量为 100g 的理想气体氧气，温度从 10℃升到 60℃，如果变化过程是：

（1）体积不变；

（2）压强不变；

（3）绝热压缩。

问系统的内能变化如何？三个过程的终态是否是同一状态？

5-12　当气体的体积从 V_1 膨胀到 V_2，该气体的压强与体积之间的关系为

$$\left(p+\frac{a}{V^2}\right)(V-b)=K$$

其中 a、b 和 K 均为常数，计算气体所作的功。

5-13　一定量的氮气，温度为 300K，压强为 $1.013\times10^5\text{Pa}$，将它绝热压缩，使其体积成为原来体积的 1/5，求绝热压缩后的压强和温度各为多少？

5-14　一卡诺热机低温热源的温度 7.0℃，效率为 40%。现要将该热机的效率提高到 50%。

（1）若低温热源的温度不变，高温热源的温度要提高多少？

（2）若高温热源的温度不变，低温热源的温度要降低多少？

5-15　一卡诺热机当热源温度为 100℃，冷却器温度为 0℃时，所作净功为 800 J。现要维持冷却器的温度不变，并提高热源的温度使净功增为 1.60×10^3 J，求：

（1）热源的温度是多少？

（2）效率增大到多少？（设两个循环均工作于相同的两绝热线之间）

5-16　现有 1.20kg 温度为 0℃的冰，融化并变为 10℃的水，求熵变，并对结果做简要讨论。已知冰的熔解热为 3.35×10^5J/kg。

5-17　现有 10.6mol 理想气体在等温过程中，体积膨胀到原来的两倍，求熵变。

第六章

静电场

扫一扫，查阅本章数字资源，含PPT、音视频、图片等

【教学要求】

1. 掌握静电场的电场强度和电势的概念以及场的叠加原理，能计算简单问题中的电场强度和电势。
2. 理解场强和电势的微分关系和利用此关系求场强的方法。
3. 掌握高斯定理及其应用，理解用高斯定律计算电场强度的条件和方法。
4. 了解导体静电平衡条件、电介质的极化现象。
5. 了解静电场的能量及计算。

静电是人类对电的最早认识，静电场的研究和应用使我们更进一步地认识了世界，并且改造了世界。静电场是指相对于观察者静止的电荷在其周围空间所产生的电场，它是电磁场的一种特殊情形，不随时间变化。场源电荷是我们能看得见的实物，电场则是看不见、摸不到的一种客观存在的物质，电荷之间的相互作用是通过电场来实现的，可见，它们两者之间既有区别又有联系。

本章将从静电场的基本性质出发，提出两个描述电场性质的基本概念——电场强度和电势，说明反映静电场基本性质的场强叠加原理、高斯定理和场强环流定理等基本规律，分析电场强度和电势之间的关系，从微观角度讨论静电场中的电介质，最后学习静电场的能量。

第一节　电场与电场强度

一、电场

任何带电体周围空间都存在着一种特殊物质，电荷之间的相互作用是通过这种特殊物质来实现的，这种物质称为**电场**（electric field）。电场有两个最基本的特性：一是对放入其中的电荷有电场力的作用；二是电荷在电场中运动时，电场力要作功，这表明电场具有能量。从电场对电荷有电场力作用特性的角度来描述电场，我们引入了电场强度的概念；从能量的特性角度来描述电场，引入了电势的概念。

二、电场强度

电场的基本性质是对于处在其中的任何电荷都有作用力，这个力称为电场力。为了定量地描述静电场力的性质，可引入一个线度、电量都很小的试验电荷。实验证实，将试验电荷 q_0 放在电场中的不同位置时，q_0 所受电场力 $\boldsymbol{F}$ 的大小和方向一般不同。在静电场中的某点，电场力 $\boldsymbol{F}$

的大小与 q_0 成正比，而 $\boldsymbol{F}/q_0$ 的比值大小，则与试验电荷无关，它只反映电场本身在该点的性质。我们把这一比值称为**电场强度**（electric field intensity），简称**场强**。用符号 $\boldsymbol{E}$ 表示，即

$$\boldsymbol{E}=\frac{\boldsymbol{F}}{q_0} \tag{6-1}$$

当 q_0 为单位正电荷时，$\boldsymbol{E}$ 与 $\boldsymbol{F}$ 数值相等，方向相同。所以**电场中某点的电场强度在数值上等于单位正电荷在该点所受电场力的大小，场强的方向为正电荷在该点所受电场力的方向。**

电场强度是矢量，它是从电场力角度出发描述电场性质的物理量。场强的单位为牛顿/库仑（N/C）或伏特/米（V/m）。

需要说明：试验电荷 q_0 的几何线度必须足够小，才能把它看成是点电荷，此时测定某点的场强才有确定的意义；同时，q_0 的电量也要足够小，使 q_0 置于电场中时不会引起场源电荷的重新分布，否则测出来的将不是原来电场的场强。

（一）点电荷电场中的场强

设在真空中的电场源为点电荷 q，在距离 q 为 r 的 P 点处放入试验电荷 q_0，根据库仑定律，q_0 所受的电场力为 $\boldsymbol{F}$

$$\boldsymbol{F}=k\frac{qq_0}{r^2}\boldsymbol{r}_0=\frac{1}{4\pi\varepsilon_0}\frac{qq_0}{r^2}\boldsymbol{r}_0$$

$\boldsymbol{r}_0$ 为场源电荷 q 到场点 P 点的单位矢量，ε_0 为真空电容率（又称真空介电常数），其大小为

$$\varepsilon_0=\frac{1}{4\pi k}=8.8542\times10^{-12}\mathrm{C^2/(N\cdot m^2)}$$

由式 6-1 可得 P 点的场强为

$$\boldsymbol{E}=\frac{1}{4\pi\varepsilon_0}\frac{q}{r^2}\boldsymbol{r}_0 \tag{6-2}$$

由式 6-2 可知，点电荷 q 在距其为 r 的任意一点 P 处的电场强度 $\boldsymbol{E}$ 的大小与 q 成正比，与 r^2 成反比。如果 q 为正电荷，$\boldsymbol{E}$ 的方向与 $\boldsymbol{r}_0$ 的方向一致；q 为负电荷，$\boldsymbol{E}$ 的方向与 $\boldsymbol{r}_0$ 的方向相反，如图 6-1。

图 6-1　电场强度的方向

（二）点电荷系电场中的场强、场强叠加原理

假设静止电荷系由 q_1、q_2、…、q_n 等多个点电荷组成，将检验电荷 q_0 放入电场中的任意一点 P，由于每一个场源电荷都在 P 点产生一个电场强度，由力的叠加原理可知，检验电荷 q_0 在 P 点所受的电场力为

$$\boldsymbol{F}=\boldsymbol{F}_1+\boldsymbol{F}_2+\cdots+\boldsymbol{F}_n$$

该点的电场强度为

$$\boldsymbol{E}=\frac{\boldsymbol{F}}{q_0}=\frac{\boldsymbol{F}_1}{q_0}+\frac{\boldsymbol{F}_2}{q_0}+\cdots+\frac{\boldsymbol{F}_n}{q_0}=\boldsymbol{E}_1+\boldsymbol{E}_2+\cdots+\boldsymbol{E}_n$$

因此点电荷系电场中的场强可表示为

$$\boldsymbol{E}=\sum_{i=1}^{n}\boldsymbol{E}_i=\sum_{i=1}^{n}\frac{1}{4\pi\varepsilon_0}\frac{q_i}{r_i^2}\boldsymbol{r}_{i0} \tag{6-3}$$

式中 $\boldsymbol{r}_{i0}$ 是第 i 个点电荷到 P 点方向上的单位矢量。因此，静止电荷系在某点产生的场强等于各点电荷单独存在时，在该点所产生的场强的矢量和，这就是**场强叠加原理**。场强叠加原理不仅适用于点电荷系的电场，对任何带电系统所产生的电场都成立。

（三）任意带电体电场中的场强

假如电场是由电荷连续分布的任意带电体 q 所产生，可将其分割为许多个无限小的电荷元 $\mathrm{d}q$，每一个电荷元都可作为一个点电荷来处理。电荷元 $\mathrm{d}q$ 在场中 P 点处产生的场强为

$$\mathrm{d}\boldsymbol{E}=\frac{1}{4\pi\varepsilon_0}\frac{\mathrm{d}q}{r^2}\boldsymbol{r}_0$$

根据场强叠加原理式 6-3，进行积分求和，得到带电体 q 在 P 点产生的总场强为

$$\boxed{\boldsymbol{E}=\int\mathrm{d}\boldsymbol{E}=\frac{1}{4\pi\varepsilon_0}\int\frac{\mathrm{d}q}{r^2}\boldsymbol{r}_0} \tag{6-4}$$

上式中若电荷元为线元，则 $\mathrm{d}q=\lambda\mathrm{d}l$，电荷线密度 $\lambda=\mathrm{d}q/\mathrm{d}l$，积分为线积分；若电荷元为面积元，则 $\mathrm{d}q=\sigma\mathrm{d}S$，电荷面密度 $\sigma=\mathrm{d}q/\mathrm{d}S$，积分为面积分；若电荷元为体积元，则 $\mathrm{d}q=\rho\mathrm{d}V$，电荷体密度 $\rho=\mathrm{d}q/\mathrm{d}V$，积分为体积分。式 6-4 中的 r 为带电体内各体积元 $\mathrm{d}V$，或面积元 $\mathrm{d}S$，或线元 $\mathrm{d}l$ 到电场中某点距离，$\boldsymbol{r}_0$ 为它们到某点方向的单位矢量。式 6-4 是矢量积分，在实际运算时必须先根据题意和计算的方便，选取坐标系，求出 $\mathrm{d}\boldsymbol{E}$ 在该坐标系中沿各个坐标轴方向的分量，然后将各分量进行积分求和，最后利用矢量合成法则求出合场强矢量 $\boldsymbol{E}$。

两个相距极近、等量异号的点电荷组成的系统称为**电偶极子**。连接两电荷的直线称为电偶极子的轴线。设有两个等量异号点电荷 $+q$ 和 $-q$，它们之间的距离为 l。取由 $-q$ 到 $+q$ 的矢径 $\boldsymbol{l}$ 的方向为轴线的正方向，通常把电荷电量 q 与矢径 $\boldsymbol{l}$ 的乘积，称为**电偶极矩**（简称**电矩**），电偶极矩是矢量，其方向沿两电荷的连线由负电荷指向正电荷。用 $\boldsymbol{p}$ 表示电偶极矩，有

$$\boxed{\boldsymbol{p}=q\boldsymbol{l}} \tag{6-5}$$

例 6-1 求电偶极子轴线的延长线上和轴线的中垂线上任意一点的电场强度。

解：（1）电偶极子轴线延长线上任意点的场强

设 M 为电偶极子轴线延长线上任意一点，如图 6-2（a）所示。它到电偶极子中心 O 的距离为 r，$+q$ 和 $-q$ 在 M 点所产生的场强大小分别为

$$E_+=\frac{1}{4\pi\varepsilon_0}\frac{q}{\left(r-\frac{l}{2}\right)^2}\qquad E_-=\frac{1}{4\pi\varepsilon_0}\frac{q}{\left(r+\frac{l}{2}\right)^2}$$

$\boldsymbol{E}_+$ 的方向与轴线正方向相同，$\boldsymbol{E}_-$ 的方向与之相反，因此，电偶极子在 M 点的总场强

$$E_M=E_+-E_-=\frac{q}{4\pi\varepsilon_0}\left[\frac{1}{\left(r-\frac{l}{2}\right)^2}-\frac{1}{\left(r+\frac{l}{2}\right)^2}\right]$$

$$=\frac{q}{4\pi\varepsilon_0}\frac{2rl}{\left(r^2-\frac{l^2}{4}\right)^2}$$

若 $r\gg l$，则上式中 $\frac{l^2}{4}$ 与 r^2 相比可忽略不计，即

$$E_M=\frac{q}{4\pi\varepsilon_0}\frac{2l}{r^3}=\frac{1}{4\pi\varepsilon_0}\frac{2p}{r^3}$$

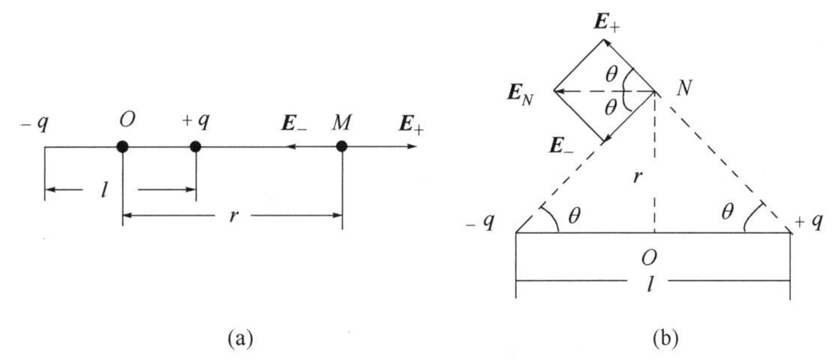

图 6-2　电偶极子电场的场强

$\boldsymbol{E}_{\mathrm{M}}$ 方向与 $\boldsymbol{p}$ 的方向相同。

(2) 电偶极子中垂线上任意一点的场强

设 N 为中垂线上的任意一点，见图 6-2（b）。$+q$ 和$-q$ 在 N 点所产生的场强大小相等，即

$$E_{+}=E_{-}=\frac{1}{4\pi\varepsilon_0}\frac{q}{r^2+\dfrac{l^2}{4}}$$

二者方向不同，由矢量合成法则可知 N 点的总场强

$$E_N=E_{+}\cos\theta+E_{-}\cos\theta=2E_{+}\cos\theta$$

θ 为$-q$ 或$+q$ 到 N 点的连线与电偶极子轴线间的夹角，由图可知 $\cos\theta=\dfrac{l/2}{\sqrt{r^2+\dfrac{l^2}{4}}}$，代入上式得

$$E_N=\frac{2}{4\pi\varepsilon_0}\frac{q}{r^2+\dfrac{l^2}{4}}\frac{\dfrac{l}{2}}{\sqrt{r^2+\dfrac{l^2}{4}}}=\frac{1}{4\pi\varepsilon_0}\frac{ql}{\left(r^2+\dfrac{l^2}{4}\right)^{\frac{3}{2}}}$$

因为 $r\gg l$，$\dfrac{l^2}{4}$项忽略不计，得

$$E_N=\frac{1}{4\pi\varepsilon_0}\frac{ql}{r^3}=\frac{1}{4\pi\varepsilon_0}\frac{p}{r^3}$$

$\boldsymbol{E}_N$ 方向与 $\boldsymbol{p}$ 的方向相反。

由上面的计算结果可知，$\boldsymbol{E}_M$ 与 $\boldsymbol{E}_N$ 的大小都与 $\boldsymbol{p}$ 有关，说明电矩 $\boldsymbol{p}$ 是反映电偶极子特征的物理量。

例 6-2　均匀带正电的圆环，半径为 a，电荷线密度为 λ，求其轴线上距环心为 x 的 P 点处的场强。

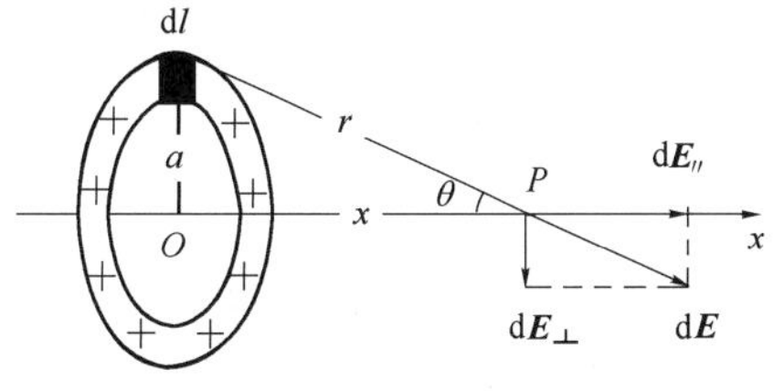

图 6-3　均匀带正电圆环轴线上任意一点的场强

解：如图 6-3 所示取 x 坐标，在环上取一段线元 $\mathrm{d}l$，$\mathrm{d}l$ 上的电量为 $\mathrm{d}q=\lambda\mathrm{d}l$，电荷元 $\mathrm{d}q$ 在 P 点所产生的场强大小为

$$\mathrm{d}E=\frac{1}{4\pi\varepsilon_0}\frac{\lambda\mathrm{d}l}{x^2+a^2}$$

方向如图所示，式中的 x 为环心 O 到 P 点的距离。显然，圆环可以分割成许多个这样的电荷元，各电荷元在点 P 产生的 $\mathrm{d}\boldsymbol{E}$ 方向各不相同，根据对称性，各电荷元在垂直于 x 轴方向上所产生的场强分矢量 $\mathrm{d}\boldsymbol{E}_{\perp}$ 相互抵消，因此 P 点场强 $\boldsymbol{E}$ 是平行于 x 轴的分矢量 $\mathrm{d}\boldsymbol{E}_{//}$之和，其大小为

$$E=\int \mathrm{d}E_{/\!/}=\int \mathrm{d}E\cos\theta=\frac{1}{4\pi\varepsilon_0}\int\frac{\lambda \mathrm{d}l}{x^2+a^2}\frac{x}{\sqrt{x^2+a^2}}$$

$$E=\frac{1}{4\pi\varepsilon_0}\frac{\lambda x}{(x^2+a^2)^{\frac{3}{2}}}\int_0^{2\pi a}\mathrm{d}l=\frac{2\pi a\lambda x}{4\pi\varepsilon_0(x^2+a^2)^{\frac{3}{2}}}=\frac{a\lambda x}{2\varepsilon_0(x^2+a^2)^{\frac{3}{2}}}$$

或 $$E=\frac{1}{4\pi\varepsilon_0}\frac{qx}{(x^2+a^2)^{\frac{3}{2}}}$$

式中 $q=2\pi a\lambda$，为圆环上所带的总电量。$\boldsymbol{E}$ 的方向与 x 轴的正方向相同。

上式当 $x=0$ 时，则 $E=0$，即圆环中心处场强为零；当 $x\gg a$ 时，$(x^2+a^2)^{\frac{3}{2}}\approx x^3$，则有

$$E=\frac{1}{4\pi\varepsilon_0}\frac{q}{x^2}$$

表明离圆环很远的地方，圆环上所有电荷就如同全部集中在环心上的点电荷一样，其结果与点电荷的场强公式相同。

例 6-3 已知均匀带正电的圆盘面密度为 σ、半径为 a，求其轴线上任意一点 P 处的场强。

解： 如图 6-4，设 P 点与盘心 O 相距为 x，可把圆盘分割成许多同心的细圆环。任取其中的半径为 r，宽度为 $\mathrm{d}r$ 的细圆环，则它所带的电量 $\mathrm{d}q=\sigma 2\pi r\mathrm{d}r$，由例 6-2 结果可知，该圆环在 P 点所产生的场强

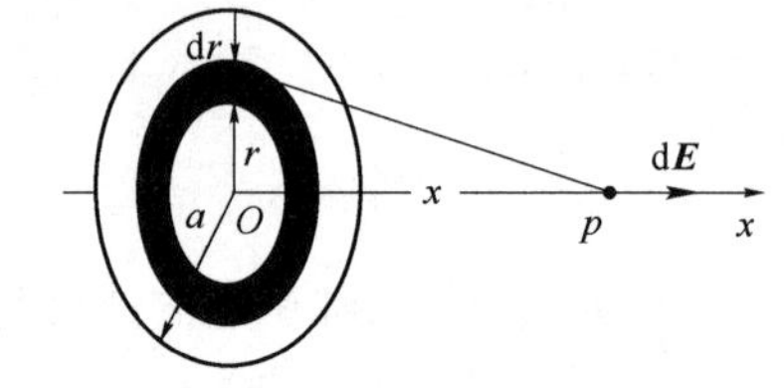

图 6-4 均匀带电圆盘轴线上任意一点 *P* 的场强

$$\mathrm{d}E=\frac{1}{4\pi\varepsilon_0}\frac{x\mathrm{d}q}{(x^2+r^2)^{\frac{3}{2}}}$$

$$\mathrm{d}E=\frac{1}{4\pi\varepsilon_0}\frac{x\sigma 2\pi r\mathrm{d}r}{(x^2+r^2)^{\frac{3}{2}}}$$

方向与 x 轴正方向相同。由于每个细圆环在 P 点产生的场强方向均指向 x 轴的正向，所以所有细圆环产生的场强由矢量积分变为标量积分，即

$$E=\int \mathrm{d}E=\frac{2\pi x\sigma}{4\pi\varepsilon_0}\int_0^a\frac{r\mathrm{d}r}{(x^2+r^2)^{\frac{3}{2}}}=\frac{x\sigma}{2\varepsilon_0}\left(\frac{1}{x}-\frac{1}{\sqrt{x^2+a^2}}\right)$$

$$E=\frac{\sigma}{2\varepsilon_0}\left(1-\frac{x}{\sqrt{x^2+a^2}}\right)$$

场强 $\boldsymbol{E}$ 的方向沿 x 轴的正方向。

当 $a\gg x$，即相对于点 P 而言，均匀带电圆盘为“无限大”时，P 点的场强为

$$\boxed{E=\frac{\sigma}{2\varepsilon_0}} \tag{6-6}$$

这时场强与 P 的位置无关，表明场源为“无限大”均匀带电平面时，各点场强大小相等，方向与该平面垂直，并且由所带电荷的正、负决定。即形成了场强在空间各点大小和方向都相同的电场，称为**匀强电场或均匀电场**。

“无限大”带电平面在实际中并不存在。当观察点到带电平面的距离远远小于带电平面本身的线度时，可以近似地认为带电平面是“无限大”的，这样做的好处在于能使问题简化。

例 6-4 在真空中，有两个“无限大”均匀带电平行板 A、B，它们的面密度分别为 $+\sigma$、$-\sigma$。试计算两板间的场强。

解：因为板的线度比两板间距离大得多，如图 6-5 所示，根据场强叠加原理，任意一点的场强 $\boldsymbol{E}$ 是两平行板各自产生的场强 $\boldsymbol{E}_A$ 和 $\boldsymbol{E}_B$ 的矢量和，即

$$\boldsymbol{E}=\boldsymbol{E}_A+\boldsymbol{E}_B$$

因为两板是平行的，具有对称性，除两板边缘附近外，$\boldsymbol{E}_A$ 和 $\boldsymbol{E}_B$ 分别为“无限大”均匀带电平面产生的场强，根据例 6-3 的结论，其大小为$\dfrac{\sigma}{2\varepsilon_0}$。

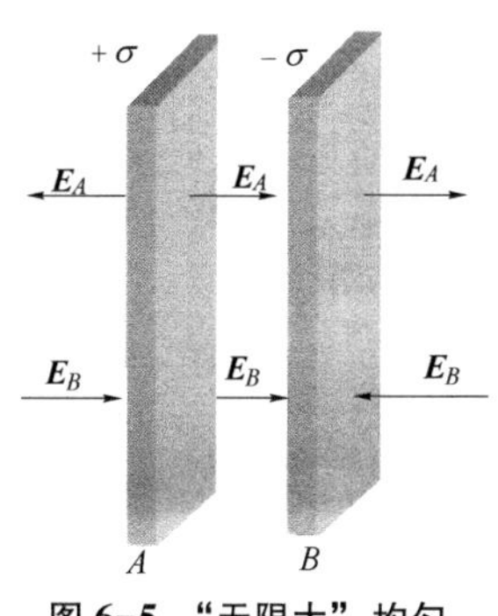

图 6-5 “无限大”均匀带电平行板电场

在两板之间 $\boldsymbol{E}_A$ 和 $\boldsymbol{E}_B$ 的方向都是从 A 板指向 B 板，所以合场强的大小为

$$\boxed{E=E_A+E_B=\frac{\sigma}{2\varepsilon_0}+\frac{\sigma}{2\varepsilon_0}=\frac{\sigma}{\varepsilon_0}} \tag{6-7}$$

在两板的外侧，$\boldsymbol{E}_A$ 和 $\boldsymbol{E}_B$ 的大小相等，方向相反，合场强的大小 $E=0$。

由此可见，两平行板分别均匀带有等量异号电荷时，如果板面的线度远大于两板之间的距离，除边缘附近外，电场几乎全部集中在两板之间，形成匀强电场。

第二节　静电场的高斯定理

高斯定理（Gauss theorem）是描述静电场的基本定理之一，它将库仑定律推广到连续分布的电荷所产生的电场。利用高斯定理可以计算对称分布电场的场强。同时高斯定理也是描述电磁现象的一个基本定理。本节将首先学习电通量的概念，在此基础上引入定理的具体内容。

一、电力线、电通量

在电场中做一系列有方向的曲线，曲线上的每一点的切线方向都和该点的场强方向一致，这些曲线称为**电力线**（line of electric field）。电场的分布和性质可用电力线直观、形象地加以描述。匀强电场的电力线为一系列等间距的平行直线；在一般情况下，非匀强电场中各点的场强大小和方向不同，电力线常为曲线。为使电力线不仅能够表示出场强的方向，还能表示出场强的大小，对电力线密度做如下规定：在电场中的任一点处，做一个与该点场强 $\boldsymbol{E}$ 垂直的小面积 ΔS，并通过这个小面积做 $\Delta\Phi$ 条电力线，使之满足下列关系

$$\boxed{E=\frac{\Delta\Phi}{\Delta S}} \tag{6-8}$$

即通过电场中某点垂直于场强 $\boldsymbol{E}$ 的单位面积的电力线条数，等于该点处场强 $\boldsymbol{E}$ 的大小。通过这种规定可使场强较大的地方电力线密一些，场强较小的地方电力线稀一些，利用电力线的疏密程度来表示电场中场强大小的分布情况。

我们把通过电场中任意一个给定面积的电力线总条数，称为通过该面积的**电通量**（electric flux），并用 Φ 表示。显然，在匀强电场中，通过跟场强 $\boldsymbol{E}$ 垂直的平面面积 S 的电通量为

$$\boxed{\Phi=ES} \tag{6-9a}$$

如果场强 $\boldsymbol{E}$ 和平面 S 不垂直，$\boldsymbol{E}$ 的方向与该面法线 $\boldsymbol{n}$ 的正方向成 θ 角，如图 6-6（a），则通过该平面 S 的电通量为

$$\boxed{\Phi = ES\cos\theta} \tag{6-9b}$$

可见通过给定面积 S 的电通量可正可负，由 θ 角的大小决定。

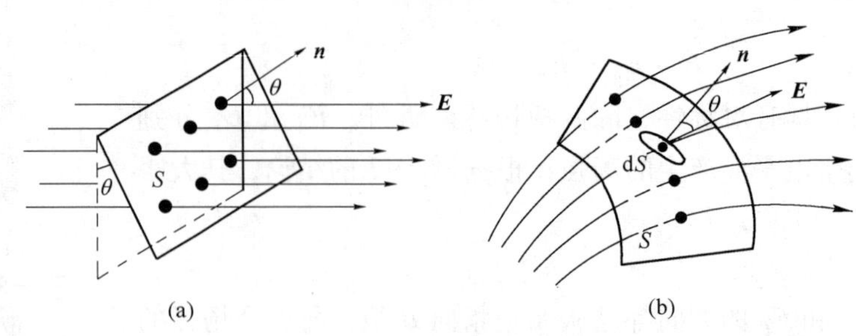

图 6-6　电通量的计算

计算非匀强电场中通过任意曲面的电通量时，可把曲面分割为若干个小面积元 dS，使场强在每个面积元上是均匀的。假设 dS 的法线 $\boldsymbol{n}$ 与该处场强 $\boldsymbol{E}$ 成 θ 角，见图 6-6（b）。则通过面积元 dS 的电通量为

$$\mathrm{d}\Phi = E\cos\theta\mathrm{d}S$$

通过面积为 S 的任意曲面的电通量为

$$\boxed{\Phi = \iint_S E\cos\theta\mathrm{d}S = \iint_S \boldsymbol{E}\cdot d\boldsymbol{S}} \tag{6-9c}$$

若 S 为闭合曲面，则有

$$\boxed{\Phi = \oint_S \boldsymbol{E}\cdot \mathrm{d}\boldsymbol{S}} \tag{6-9d}$$

通常情况下，曲面的法线正方向可任意选取，但对闭合曲面来说，数学上规定法线正方向取垂直于曲面向外。对于闭合曲面，当电力线从曲面内向外穿出时，θ 为锐角，$\cos\theta>0$，$\Phi>0$；电力线从外部进入曲面内时，θ 为钝角，$\cos\theta<0$，$\Phi<0$，即穿出闭合面的电力线的条数为正，穿入闭合面的电力线的条数为负，通过闭合曲面的电力线的条数为其代数和。

电通量的单位是牛顿·米^2/库仑（N·m^2/C）。

二、高斯定理

以下将从讨论闭合曲面的电通量出发，利用库仑定律和场强叠加原理导出高斯定理。

首先讨论通过一个包围正点电荷 q 的球面的电通量。设 q 在球半径为 r 的球心，如图 6-7 所示。由于点电荷 q 产生的电场具有球对称性，球面上任一点的场强 $\boldsymbol{E}$ 的大小均为

$$E = \frac{1}{4\pi\varepsilon_0}\frac{q}{r^2}$$

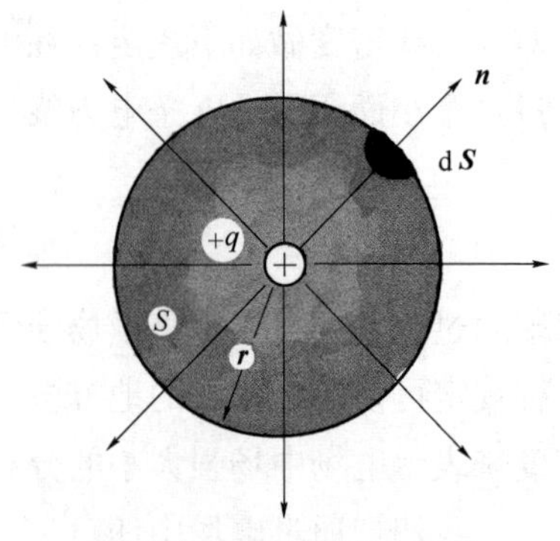

图 6-7　通过球面的电通量

球面上各点的场强方向都与该点法线 $\boldsymbol{n}$ 的方向一致。通过球面上任一面积 dS 的电通量为

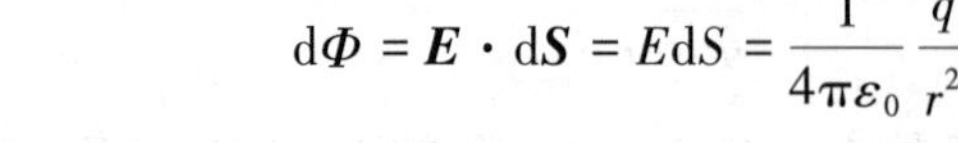

$$\mathrm{d}\Phi = \boldsymbol{E}\cdot\mathrm{d}\boldsymbol{S} = E\mathrm{d}S = \frac{1}{4\pi\varepsilon_0}\frac{q}{r^2}\mathrm{d}S$$

通过整个球面的电通量由积分求和得

$$\Phi=\oint_S\frac{1}{4\pi\varepsilon_0}\frac{q}{r^2}\mathrm{d}S=\frac{1}{4\pi\varepsilon_0}\frac{q}{r^2}\oint_S\mathrm{d}S=\frac{1}{4\pi\varepsilon_0}\frac{q}{r^2}4\pi r^2$$

故有

$$\Phi=\frac{q}{\varepsilon_0} \tag{6-10}$$

由结果可知电通量为正。若球内包围的是一个负的点电荷，球面上各点场强方向与该处法线 $\boldsymbol{n}$ 方向相反，电通量为负值。式 6-10 表明，通过整个球面的电通量与半径无关，只与闭合球面内的电荷所带电量 q 和 ε_0 的比值有关。

如果包围点电荷是任意形状的闭合曲面，例如带有凹陷的闭合曲面 S_1，如图 6-8（a）所示的情况，仍能证明通过该曲面的电通量等于$\frac{q}{\varepsilon_0}$。在 S_1 外做一个以 q 为中心的球面 S_2，S_1 与 S_2 之间没有其他电荷，电力线不可能中断。从图中可以看出，通过 S_1 面的电力线总数和通过闭合球面 S_2 的电力线总数是相等的，因此式 6-10 仍然成立。对于包围点电荷 q 的任意形状的闭合曲面上述结论不会改变。

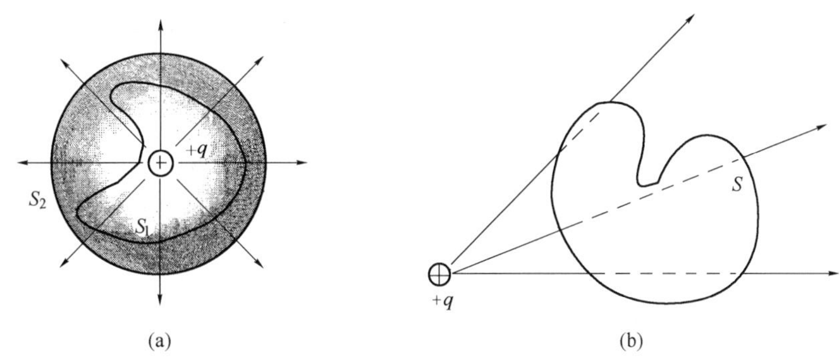

图 6-8 通过任意闭合曲面的电通量

如果点电荷不在闭合曲面内，见图 6-8（b），则进入这个闭合曲面的电力线条数等于穿出来的电力线条数，结果通过该闭合曲面的总电通量为零，仍能满足通过闭合曲面的电通量等于$\frac{q}{\varepsilon_0}$的结论。

若有 n 个点电荷 q_1、q_2、…、q_n 在闭合曲面内，而且电荷有正有负，那么每一个点电荷都能产生$\frac{q}{\varepsilon_0}$条电力线，根据场的叠加原理和上面的推论可知，穿过闭合曲面的总电通量为

$$\Phi=\frac{q_1}{\varepsilon_0}+\frac{q_2}{\varepsilon_0}+\cdots+\frac{q_n}{\varepsilon_0}=\frac{1}{\varepsilon_0}\sum_{i=1}^{n}q_i$$

或写为

$$\boxed{\Phi=\oint_S\boldsymbol{E}\cdot\mathrm{d}\boldsymbol{S}=\frac{1}{\varepsilon_0}\sum_{i=1}^{n}q_i} \tag{6-11}$$

式中 q_i 可根据电荷本身的正、负取正值或负值。式 6-11 就是高斯定理的数学表达式。它表明：**通过电场内任意闭合曲面的电通量，等于该闭合曲面内包围的所有电荷电量的代数和除以 ε_0，与闭合面外的电荷无关**。这个结论称为**高斯定理**（Gauss theorem）。此任意闭合曲面称为**高斯面**。必须说明的是，公式中的 $\boldsymbol{E}$ 是高斯面内、外所有电荷产生的总场强，$\sum q_i$ 是对高斯面内的电荷电量求代数和，高斯面外的电荷与通过高斯面的电通量无关，但还是场源电荷的一部分。高斯定理不仅适用于点电荷或点电荷系，也适用于连续分布的带电体。对于连续分布的体电荷产生的电

场，高斯定理可写成积分形式

$$\oint\!\!\!\oint_S \boldsymbol{E} \cdot \mathrm{d}\boldsymbol{S} = \frac{1}{\varepsilon_0} \iiint_V \rho \mathrm{d}V$$

ρ 为电荷体密度，V 是闭合曲面所包围的体积。

高斯定理告诉我们，静电场是有源场的重要特征，它比库仑定律更深刻地揭示了场的物理实质。利用高斯定理求具有一定的对称性的电场的场强，非常简捷实用。在以下的几个例题中，我们将首先进行电场分布的对称性分析，然后应用高斯定理求出场强。在这里请特别注意解题步骤。

例 6-5 已知一个半径为 R、带电量为 q 的均匀带电球体，求球体内、外的电场强度分布。

解：因为均匀带电球体的电荷分布具有球对称性，所以场强分布也一定是球对称的，即和带电球体同心的同一球面上各点的场强大小相等，场强的方向总是沿着球的半径方向。依据这种场强分布的对称性，利用高斯定理可分别计算出球体内、球体外的场强。

（1）球体外的场强：如图 6-9 所示，在球体外任取一点 A，以球心 O 到 A 的距离 r_2 为半径，做球体的同心球面为高斯面，该高斯面内所包围的电量为 q。由于高斯面上各点的场强大小相等，而且任意一点的场强方向与该点的法线方向相同，即 $\cos\theta=1$，所以通过高斯面的电通量为

$$\Phi = \oint\!\!\!\oint_S \boldsymbol{E}_A \cdot \mathrm{d}\boldsymbol{S} = \oint\!\!\!\oint_S E_A \mathrm{d}S = E_A 4\pi r_2^2$$

根据高斯定理，可得

$$E_A 4\pi r_2^2 = \frac{q}{\varepsilon_0}$$

$$E_A = \frac{1}{4\pi\varepsilon_0} \frac{q}{r_2^2}$$

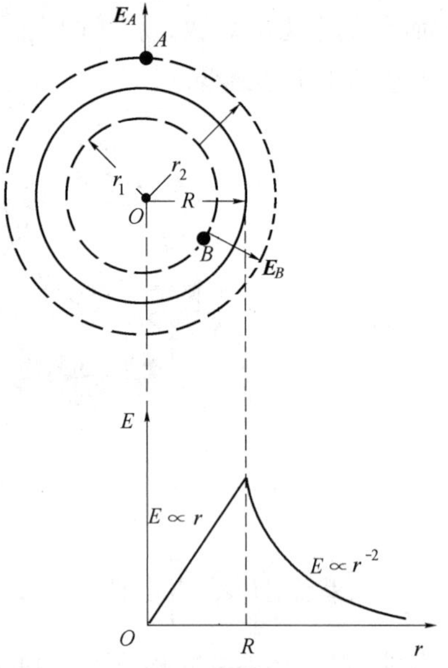

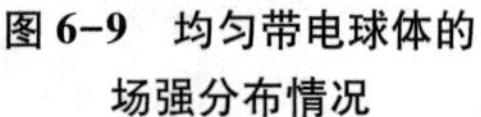
图 6-9 均匀带电球体的场强分布情况

场强方向沿着半径方向。推导结果与点电荷的场强公式一样。所以在计算均匀带电球体或球壳外一点的场强时，可以把带电体所带的电量看成集中在球心上的点电荷一样。

（2）球内场强分布：如图 6-9 所示，在球内任取一点 B，以 B 到球心 O 的距离 r_1 为半径，做一与球体同心的球形高斯面。该高斯面所包围的电量为 $\frac{4}{3}\pi r_1^3\rho$，其中

$$\rho = \frac{q}{\frac{4}{3}\pi R^3}$$

同理可得通过高斯面的电通量为

$$\Phi = \oint\!\!\!\oint_S \boldsymbol{E}_B \cdot \mathrm{d}\boldsymbol{S} = E_B \oint\!\!\!\oint_S \mathrm{d}S = E_B 4\pi r_1^2$$

根据高斯定理，可得

$$E_B 4\pi r_1^2 = \frac{q}{\varepsilon_0} = \frac{\frac{4}{3}\pi r_1^3 \rho}{\varepsilon_0} = \frac{1}{\varepsilon_0} \frac{\frac{4}{3}\pi r_1^3 q}{\frac{4}{3}\pi R^3}$$

所以

$$E_B = \frac{1}{4\pi\varepsilon_0}\frac{q}{R^3}r_1$$

场强的方向沿半径方向。由计算结果可知，均匀带电球体内任一点场强与该点到球心的距离成正比。均匀带电球体的场强分布情况如图 6-9 的 E-r 曲线所示。

例 6-6　求距无限长均匀带正电金属圆筒轴线为 r 处的场强。金属圆筒的半径为 R，电荷面密度为 σ。

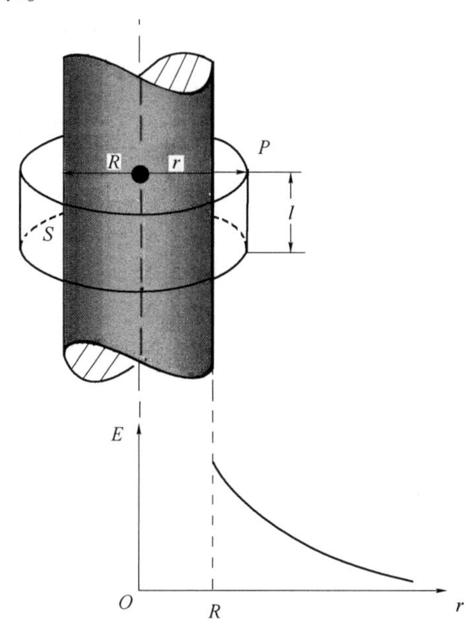

图 6-10　无限长均匀带正电金属圆筒的场强分布

解：因为电荷分布是轴对称的，所以电场的分布也具有轴对称性。场强的方向由圆筒轴向外辐射，到圆筒轴线距离相等的各点场强大小相等。

任取一点 P，P 点到圆筒面轴线的距离为 r，如图 6-10 做一封闭圆柱面 S 为高斯面，S 与无限长圆筒共轴，半径为 r（即通过 P 点），高度 l 是任意的。

由于高斯面 S 的上、下底面的法线与场强方向垂直，即 $\cos\theta=0$，所以通过高斯面两底面的电通量为零；高斯面的侧面各点法线方向与该点场强方向相同，即 $\cos\theta=1$，且场强大小相等，通过侧面的电通量为

$$\Phi = \oint\!\!\oint_{S_{侧}} E\cos\theta \mathrm{d}s = ES\cos\theta = 2\pi rlE$$

这也是通过整个高斯面的电通量。

（1）$r<R$ 时，即圆筒内的情况　高斯面所包围的电量为零，根据高斯定理得

$$\Phi = 2\pi rlE = \frac{1}{\varepsilon_0}\sum_{i=1}^{n} q = 0$$

所以　$E=0$

（2）$r>R$ 时，即圆筒外的情况　高斯面所包围的电量 q 为 $\sigma 2\pi Rl$，根据高斯定理

$$\Phi = \frac{q}{\varepsilon_0}$$

$$\Phi = 2\pi rlE = \frac{\sigma 2\pi Rl}{\varepsilon_0}$$

所以

$$E = \frac{\sigma R}{r\varepsilon_0}$$

如果用 λ 表示圆筒每单位长度上的电量，则

$$\lambda = \frac{q}{l} = \frac{2\pi Rl\sigma}{l} = 2\pi R\sigma$$

则上式可写为

$$E = \frac{1}{2\pi\varepsilon_0}\frac{\lambda}{r}$$

由此可见，无限长均匀带电圆筒内的场强等于零；对圆筒外各点，就像其所带电荷全部集中在其轴线上的均匀分布线电荷一样。场强的大小随各点到带电圆筒轴线的距离 r 的变化关系见图 6-10。

对于电荷分布具有一定的对称性，如球对称、轴对称、面对称等，利用高斯定理来求场强是十分简便的。

第三节 电 势

我们已从电场对电荷有力的作用特性，引入了描述电场性质的物理量——电场强度矢量；在电场中移动电荷电场力要对电荷作功，这说明电场具有能量。本节将从电场力作功出发，从能量的特性来定量地描述电场，引入电势的概念。

一、电场力所作的功

假设静止点电荷 q 位于真空中的 O 点，如图6-11所示。将试验电荷 q_0 放在 q 产生电场中，q_0 由 m 点沿任意路径到达 n 点。在此过程中 q_0 受到变化的电场力作用，是变力作功。求这段路径中电场力所作的功，可将整个路径分割成许多位移元，在每一段位移元上电场力可认为是恒力，先计算各位移元上电场力所作的元功，然后对整个路径进行积分求和，求出总功。设在路径上任一点 P 附近取一位移元 $\mathrm{d}\boldsymbol{l}$，由 O 到 P 点的矢径为 $\boldsymbol{r}$，P 点处的场强为 $\boldsymbol{E}$，位移元 $\mathrm{d}\boldsymbol{l}$ 两端到 O 点的距离分别为 r 和 r'，则在 $\mathrm{d}\boldsymbol{l}$ 这段位移中电场力所作的功

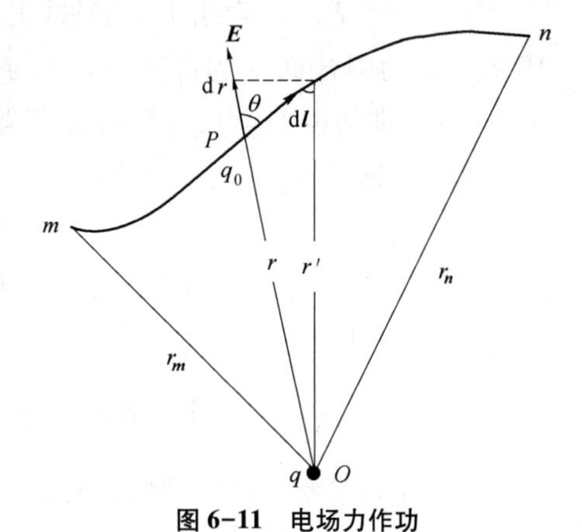

图 6-11 电场力作功

$$\mathrm{d}A = \boldsymbol{F}\cdot\mathrm{d}\boldsymbol{l} = q_0\boldsymbol{E}\cdot\mathrm{d}\boldsymbol{l} = q_0E\cos\theta\mathrm{d}l$$

式中 θ 为 $\boldsymbol{E}$ 与 $\mathrm{d}\boldsymbol{l}$ 方向之间的夹角。由于

$$\mathrm{d}r = r' - r = \mathrm{d}l\cos\theta$$

$$E = \frac{1}{4\pi\varepsilon_0}\frac{q}{r^2}$$

所以

$$\mathrm{d}A = q_0E\mathrm{d}r = \frac{1}{4\pi\varepsilon_0}\frac{qq_0}{r^2}\mathrm{d}r$$

试验电荷 q_0 从 m 点移到 n 点时，电场力所作的功为

$$A_{mn} = \int_m^n \mathrm{d}A = \int_{r_m}^{r_n}\frac{1}{4\pi\varepsilon_0}\frac{qq_0}{r^2}\mathrm{d}r$$

$$\boxed{A_{mn} = \frac{qq_0}{4\pi\varepsilon_0}\left(\frac{1}{r_m} - \frac{1}{r_n}\right)} \tag{6-12}$$

式中 r_m 和 r_n 分别为 O 点到路径起点 m 和终点 n 的距离。从式 6-12 可以看出，在点电荷产生的电场中，电场力所作的功与起点和终点的位置及试验电荷 q_0 的电量有关，与路径无关。

若静电场由点电荷系产生，根据场强叠加原理，空间各点场强等于每个点电荷单独存在时产生场强的矢量和。因此，合电场对试验电荷 q_0 作的总功等于各个点电荷单独产生的电场对 q_0 所作功的代数和。即

$$A = A_1 + A_2 + \cdots + A_n = \sum_{i=1}^{n}\frac{q_0q_i}{4\pi\varepsilon_0}\left(\frac{1}{r_{im}} - \frac{1}{r_{in}}\right)$$

式中 r_{im} 和 r_{in} 分别表示场源点电荷 q_i 到路径起点 m 和终点 n 的距离。上式中，等号右边的每一项都与 q_0 所经过的路径无关，但与 q_0 有关。根据式 6-12 不难判断，每个点电荷电场对 q_0 产生的电场力所作的功都与 q_0 所经过的路径无关，这些电场力所作的总功也与路径无关。

同理可证，在任何带电体产生的电场中，电场力所作的功与路径无关。由此得出结论：**试验电荷在任何静电场中移动时，电场力所作的功仅与试验电荷的电量的大小以及所移动路径的起点和终点位置有关，而与试验电荷所经历的路径无关。这说明静电场力是保守力，静电场是保守力场。**

根据式 6-12 可知，如果试验电荷在静电场中沿任一闭合路径绕行一周，即路径的起点和终点位置重合，电场力所作的功一定为零。即

$$A = q_0\oint_L \boldsymbol{E} \cdot \mathrm{d}\boldsymbol{l} = q \oint_L E\cos\theta \mathrm{d}l = 0$$

因试验电荷的电量 $q_0 \neq 0$，所以有

$$\boxed{\oint_L \boldsymbol{E} \cdot \mathrm{d}\boldsymbol{l} = 0} \tag{6-13}$$

上式左端是场强 $\boldsymbol{E}$ 沿闭合路径的线积分，称为场强 $\boldsymbol{E}$ 的环流。**静电场中场强 $\boldsymbol{E}$ 的环流等于零。**该式称为**静电场场强环流定理**。它说明静电场是无旋场，电力线是不闭合的。

二、电势与电势差

和重力场一样，静电场是保守力场，可引入电势能概念。电势能是电荷之间的相互作用能，可以认为电荷在静电场中任一位置上都具有一定的电势能，以符号 W 表示。电场力作功就是电势能改变的量度，电场力作了多少功，电势能就改变了多少。设 W_m 和 W_n 分别表示试验电荷 q_0 位于起点 m 和终点 n 的电势能，q_0 在电场中从 m 点移到 n 点时，电势能的改变量为

$$W_m - W_n = A_{mn} = q_0\int_m^n \boldsymbol{E} \cdot \mathrm{d}\boldsymbol{l} = q_0\int_m^n E\cos\theta \mathrm{d}l$$

当点电荷是场源电荷时，上式可写为

$$\boxed{W_m - W_n = \frac{qq_0}{4\pi\varepsilon_0}\left(\frac{1}{r_m} - \frac{1}{r_n}\right)} \tag{6-14}$$

电势能和重力势能一样，是一个相对量。首先必须选定电势能为零的参考点，才能确定电荷在电场中某点电势能的大小。电势能为零的点可任意选取，一般以解决问题的方便而定。在场源电荷分布于有限区域内的情况下，通常选取无穷远处的电势能为零，即 $W_\infty = 0$；而在实际问题中常常选取大地的电势能为零。试验电荷 q_0 在电场中任意点 m 的电势能表示为

$$W_m = A_{m\infty} = q_0\int_m^\infty \boldsymbol{E} \cdot \mathrm{d}\boldsymbol{l} = q_0\int_m^\infty E\cos\theta \mathrm{d}l$$

即电荷 q_0 在电场中任意点 m 的电势能 W_m 在数值上等于将 q_0 从 m 点移到无穷远处电场力所作的功。电场力所作的功有正有负，因此，电势能也有正负。电场力作正功时，电势能减少；外力克服电场力作功（即电场力作负功）时，电势能增加。当点电荷是场源时，则有

$$\boxed{W_m = \frac{qq_0}{4\pi\varepsilon_0 r_m}} \tag{6-15}$$

在国际单位制中，电势能的单位是焦耳（J）。

由式 6-15 可知，电场中某点电势能的大小，不仅与电场本身的性质有关，还与试验电荷 q_0

有关，但$\frac{W_m}{q_0}$只与电场本身在 m 点的性质有关，而与 q_0 无关。因此，可用这一比值来描述电场中给定点的性质，我们将这个比值定义为**电势**（electric potential），用符号 V 表示，这样电场中任意点 m 的电势为

$$V_m = \frac{W_m}{q_0} = \int_m^{\infty} \boldsymbol{E} \cdot \mathrm{d}\boldsymbol{l} = \int_m^{\infty} E\cos\theta \mathrm{d}l \tag{6-16}$$

根据式 6-16 可知，静电场中某点的电势在数值上等于单位正电荷在该点所具有的电势能，或等于将单位正电荷从该点移到无穷远处的过程中电场力所作的功，与试验电荷是否存在无关。它具有从能量角度描述电场性质的物理意义。

电势是标量，在国际单位制中，电势的单位为伏特（V），1V = 1J/C。电势和电势能一样具有相对性，电势为零的位置选取方法与电势能相同。

电场中任意两点电势之差称为电势差，又称**电压**（voltage）。由式 6-16 可得电场中任意两点 m、n 间的电势差

$$V_{mn} = V_m - V_n = \frac{W_m - W_n}{q_0} = \frac{A_{mn}}{q_0}$$

$$V_{mn} = V_m - V_n = \int_m^n \boldsymbol{E} \cdot \mathrm{d}\boldsymbol{l} \tag{6-17}$$

即电场中任意两点 m、n 的电势差，等于单位正电荷在 m、n 两点所具有的电势能的差值，或者等于将单位正电荷从 m 点移到 n 点时电场力所作的功。

当任一电荷 q_0 从电场中的 m 点移到 n 点时，电场力所作的功可以用电势差来表示

$$A_{mn} = q_0 V_{mn} = q_0(V_m - V_n) \tag{6-18}$$

在国际单位制中，电势和电势差的单位都是伏特（V）。

关于电势的计算，将从以下三个方面进行讨论。

1. 点电荷电场中的电势 在场源是点电荷 q 的真空电场中，选取无穷远处电势为零，任一点 m 到场源的距离为 r_m，由式 6-15 和式 6-16 可得 m 点的电势

$$V_m = \frac{W_m}{q_0} = \frac{q}{4\pi\varepsilon_0 r_m} \tag{6-19}$$

由上式可知，点电荷带正电，各点的电势均为正值，距场源电荷愈远电势愈低，反之则愈高；点电荷带负电，各点的电势均为负值，距场源电荷愈远电势愈高，反之则愈低。

2. 点电荷系电场中的电势 如果是由 n 个点电荷产生的真空电场，根据场强叠加原理，可以证明电场中某点的电势，等于各点电荷单独存在时在该点产生的电势的代数和。这一结论称为**电势叠加原理**，其数学表达式为

$$V_m = \frac{1}{4\pi\varepsilon_0} \sum_{i=1}^{n} \frac{q_i}{r_{im}} \tag{6-20}$$

式中 q_i 代表场源点电荷系中某个电荷的电量，可根据点电荷的正、负取电量的正负号，r_{im} 为 q_i 到给定的任意点 m 的距离。

3. 带电体电场中的电势 对于场源是带电体的真空电场，即连续分布的电荷产生的电场，可把带电体分割成许多个电荷元 $\mathrm{d}q$，每一个电荷元在电场中任意点 m 产生的电势为

$$dV_m = \frac{dq}{4\pi\varepsilon_0 r_m}$$

根据电势叠加原理，对上式每个电荷元的电势进行积分求和，可得该点的电势

$$\boxed{V_m = \frac{1}{4\pi\varepsilon_0}\int\frac{dq}{r}} \tag{6-21}$$

式中 r 为 m 点到 dq 的距离。上式中如果电荷元为线元，则 $dq=\lambda dl$，积分为线积分；若电荷元为面积元，则 $dq=\sigma dS$ 积分为面积分；若电荷元为体积元，则 $dq=\rho dV$，积分为体积分。

因为计算场强是矢量积分，计算电势为标量积分，所以静电场中电势的计算往往比场强的计算简便。

例 6-7　求电偶极子电场中任意一点 P 的电势。

解：电偶极子的 $+q$ 和 $-q$ 到 P 点的距离分别为 r_+ 和 r_-，如图 6-12。由式 6-20 可知 P 点的电势

$$V_p = \frac{q}{4\pi\varepsilon_0 r_+} + \frac{-q}{4\pi\varepsilon_0 r_-} = \frac{q}{4\pi\varepsilon_0}\left(\frac{1}{r_+} - \frac{1}{r_-}\right)$$

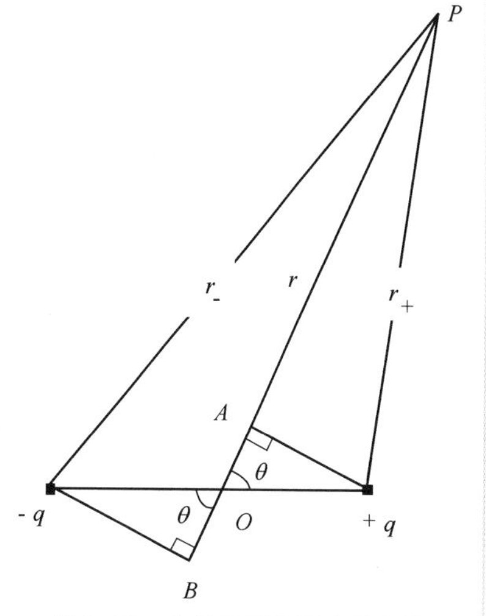

图 6-12　电偶极子电场中的电势

设电偶极子中心点 O 到 P 点的距离为 r，r 与电偶极子轴线的夹角为 θ。以 P 为圆心作两圆弧分别通过 $+q$ 和 $-q$，弧与 PO 及其延长线分别交于 A、B，则

$$PB = r_- \qquad PA = r_+$$

若 $r \gg l$，弧线都可近似地看成是 PO 的垂线，则

$$AO = BO \approx \frac{l}{2}\cos\theta$$

所以　　$r_+ = r - \frac{l}{2}\cos\theta \qquad r_- = r + \frac{l}{2}\cos\theta$

代入 V_p 公式得

$$V_p = \frac{q}{4\pi\varepsilon_0}\left(\frac{1}{r - \frac{l}{2}\cos\theta} - \frac{1}{r + \frac{l}{2}\cos\theta}\right) = \frac{q}{4\pi\varepsilon_0}\frac{l\cos\theta}{r^2 - \left(\frac{l}{2}\cos\theta\right)^2}$$

因为 $r \gg l$，l 的平方项 $\left(\frac{l}{2}\cos\theta\right)^2$ 忽略，得

$$V_p = \frac{1}{4\pi\varepsilon_0}\frac{ql\cos\theta}{r^2}$$

或

$$V_p = \frac{1}{4\pi\varepsilon_0}\frac{p\cos\theta}{r^2}$$

例 6-8　求例 6-2 中 P 点的电势。

解：均匀带电圆环上的各个电荷元 dq 到 P 点的距离都是 $r=\sqrt{x^2+a^2}$，所以 P 点的电势为

$$V_p = \frac{1}{4\pi\varepsilon_0}\int_0^q \frac{dq}{r} = \frac{1}{4\pi\varepsilon_0 r}\int_0^q dq = \frac{1}{4\pi\varepsilon_0}\frac{q}{\sqrt{x^2 + a^2}}$$

当 $x \gg a$ 时，$\sqrt{x^2+a^2} \approx x$，则

$$V_p = \frac{1}{4\pi\varepsilon_0}\frac{q}{x}$$

由结果可以得出结论，在距圆环很远处，可以把整个带电圆环看成是一个电量集中在环心上的点电荷。

三、场强与电势的关系

场强与电势都是用来描述电场性质的物理量，它们之间必然存在着一定关系，它们之间的积分关系由式 6-16 给出

$$V_m = \frac{W_m}{q_0} = \int_m^\infty \boldsymbol{E} \cdot \mathrm{d}\boldsymbol{l} = \int_m^\infty E\cos\theta \mathrm{d}l$$

下面要通过研究二者之间的微分关系，加深对电场性质的认识。

为直观形象地描述电场中电势的分布情况，引入了等势面的概念。电势相等的点所构成的曲面称为**等势面**（equipotential surface）。不同电荷分布的电场，具有不同的等势面。如点电荷 q 产生的电场中 $V=\frac{q}{4\pi\varepsilon_0 r}$，只与距离 r 有关，即和 q 距离相等的各点电势相等。显然，电势相等的点处在以 q 为中心的球面上。在点电荷 q 产生的电场中，等势面就是这样的一族球面。

在静电场中取两个邻近的等势面 1 和 2，其电势分别为 V 和 $V+\mathrm{d}V$，且 $\mathrm{d}V>0$，如图 6-13 所示。a 为等势面 1 上的一点，过 a 点作等势面 1 的法线 $\boldsymbol{n}$，并规定法线 $\boldsymbol{n}$ 正方向指向电势升高的方向。以 $\boldsymbol{n}_0$ 表示法线方向的单位矢量，$\mathrm{d}n$ 表示 1 和 2 两等势面之间的法向距离 ab。由于两等势面相距非常近，所以在 $\mathrm{d}n$ 这一小范围内，场强 $\boldsymbol{E}$ 的大小和方向都可看成不变。若将一试验电荷 q_0 从等势面 1 上的 a 点沿任意位移方向 $\mathrm{d}\boldsymbol{l}$ 移到等势面 2 上的 c 点，则电场力所作的功为

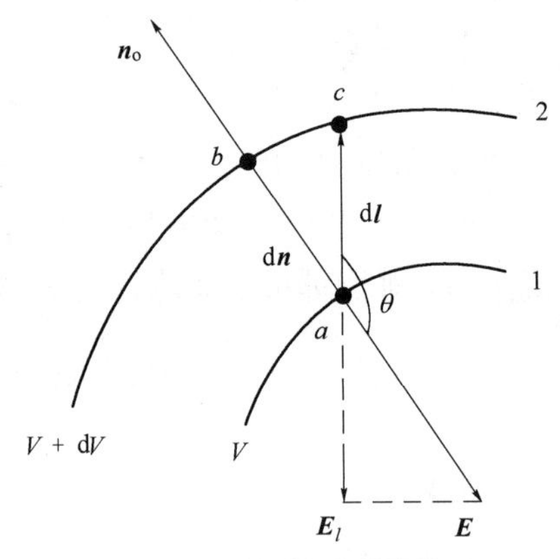

图 6-13 场强与电势的关系

$$\mathrm{d}A = q_0 E\cos\theta \mathrm{d}l$$

这个功也可用 a、b 两点间的电势差来表示，即

$$\mathrm{d}A = q_0[V-(V+\mathrm{d}V)] = -q_0\mathrm{d}V$$

由上面二式得

$$q_0 E\cos\theta \mathrm{d}l = -q_0\mathrm{d}V$$

$$E\cos\theta = E_l = -\frac{\mathrm{d}V}{\mathrm{d}l}$$

式中 E_l 表示场强 $\boldsymbol{E}$ 在 $\mathrm{d}\boldsymbol{l}$ 方向上的分量。上式结果说明电场中给定点的场强沿某一方向上的分量等于电势在此点沿此方向的变化率的负值。变化率 $\mathrm{d}V/\mathrm{d}l$ 又称为电势 V 沿 $\mathrm{d}\boldsymbol{l}$ 方向的方向导数。显然，$\mathrm{d}V/\mathrm{d}l$ 的值随 $\mathrm{d}\boldsymbol{l}$ 方向不同而变化。如果 $\mathrm{d}\boldsymbol{l}$ 沿等势面的法线方向，由图 6-13 可知，从等势面 1 上的 a 点到等势面 2 上的任一点 c 的距离 $\mathrm{d}l$ 恒大于 $\mathrm{d}n$，电势沿等势面法线方向上的变化率，比沿任何其他方向都大，这个变化率称为**电势梯度**（electric potential gradient），其数值为 $\mathrm{d}V/\mathrm{d}n$，即电势 V 沿法线方向的方向导数。电势梯度是一个矢量，方向为法线 $\boldsymbol{n}$ 的方向。由等势面处处与电力线正交的性质可知，场强 $\boldsymbol{E}$ 垂直于等势面，所以 $\mathrm{d}V/\mathrm{d}n$ 就是场强 $\boldsymbol{E}$ 的大小，但 $\boldsymbol{E}$ 的方向与 $\boldsymbol{n}_0$ 相反，即有

$$\boxed{\boldsymbol{E} = -\frac{\mathrm{d}V}{\mathrm{d}n}\boldsymbol{n}_0} \tag{6-22}$$

上式是电场中场强与电势之间的微分关系。它表明：**电场中任意给定点的场强在数值上等于**

电势沿该处等势面法线方向的变化率，方向与法线方向相反。或者说，**电场中任意给定点的场强等于该点电势梯度的负值，负号表示场强指向电势降落的方向**。假如电荷分布均匀，且具有一定对称性，即电场中某点的场强方向可以预先判知，只需计算出该点电势梯度就可以了。但一般情况下，首先需要选取适当的坐标系，然后求出电势梯度在各坐标轴上的分量，最后求合矢量。对直角坐标系，由式 6-22 可得

$$\boxed{E_x = -\frac{\partial V}{\partial x} \qquad E_y = -\frac{\partial V}{\partial y} \qquad E_z = -\frac{\partial V}{\partial z}} \tag{6-23}$$

在实际应用中场强和电势之间的关系非常重要。一般计算场强时的步骤是：先计算电势，然后根据式 6-23 求出场强的各个分量，最后由矢量合成求得总场强大小和方向。这样可避免复杂的矢量运算。在这里必须强调说明的是：场强与电势的微分关系说明某点场强与该点的电势变化率有关，而与该点电势本身无关。也就是说，已知某一点电势，是无法确定该点的场强。例如，电势为零的点，其场强可以不为零；如果在某点的邻近区域内电势为一常数，那么，该点的场强一定为零。

例 6-9 应用场强和电势的关系，求例 6-2 中 P 点的场强。

解：在例 6-8 中已经得出例 6-2 中 P 点的电势的计算结果

$$V_p = \frac{1}{4\pi\varepsilon_0}\int_0^q \frac{\mathrm{d}q}{r} = \frac{1}{4\pi\varepsilon_0}\frac{q}{\sqrt{x^2 + a^2}}$$

根据对称性可知，场强方向 $\boldsymbol{E}$ 与 x 轴的正方向相同，从上式也可以看出轴线上电势 V 只是关于 x 的函数，$E_y=0$，$E_z=0$，所以有

$$E = E_x = -\frac{\partial V}{\partial x} = -\frac{\partial\left(\dfrac{1}{4\pi\varepsilon_0}\dfrac{q}{\sqrt{x^2 + a^2}}\right)}{\partial x}$$

$$= \frac{1}{4\pi\varepsilon_0}\frac{qx}{(x^2 + a^2)^{3/2}}$$

这个结果与例 6-2 所求结果完全相同。

第四节 静电场中的导体和电介质

将导体放入静电场中，其内部的自由电荷会在电场的作用下重新分布。电介质是非导体，把电介质放在静电场中，其内部会出现极化电荷。这些电荷也将产生电场，并改变原来的电场分布。以下我们将讨论导体和电介质在真空静电场的具体情况。

一、静电场中的导体

导体中有大量可移动的自由电荷，金属中可移动的电荷是自由电子。金属原子的最外层的电子跟原子核联系很弱，较容易脱离原子的束缚成为自由电子在整块金属中“游荡”，失去了电子的原子成为带正电的离子，在其平衡位置附近做热振动。金属导体在不带电、没有外电场作用的情况下呈电中性。

（一）导体的静电平衡

将金属导体置于外电场中，其内部的自由电子将在电场力的作用下定向移动，引起导体中的

电荷重新分布，这种现象称为**静电感应**（electrostatic induction）。如图 6-14 所示，把金属导体放入场强为 $\boldsymbol{E}$ 的匀强电场中，在电场力作用下，自由电子向电场的反方向运动，使导体两侧出现等量异号的感应电荷。

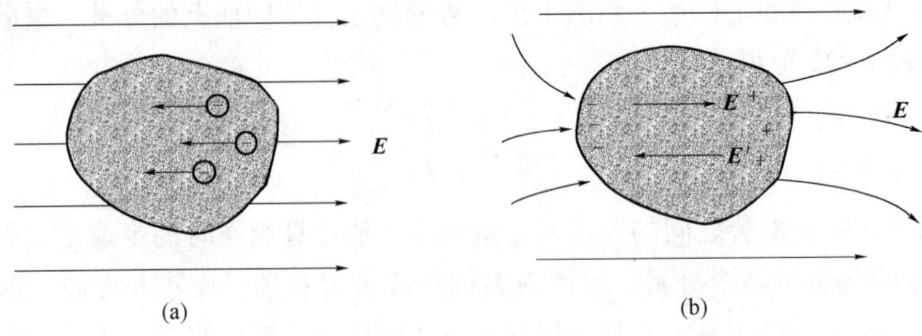

图 6-14 静电场中的导体

在上述情况下，感应电荷在导体内形成一个附加电场 $\boldsymbol{E}'$，与外电场 $\boldsymbol{E}$ 方向相反。两个电场叠加的结果使导体内部的电场减小，只要导体内部场强不为零，自由电子就会继续移动，使两端正负感应电荷继续增加，直到导体内部场强为零，即 $\boldsymbol{E}'$把 $\boldsymbol{E}$ 完全抵消。此时，自由电荷定向移动停止，电场分布不随时间改变，金属导体内的合场强为零，这种状态称为静电平衡状态。处于静电平衡状态的金属导体，必须满足以下两个条件：

（1）导体内部的场强处处为零。

（2）导体表面任意一点的场强方向与该点的表面垂直。

如果在处于静电平衡状态下的导体内部任取两点 A 和 B，两点间的电势差为

$$U_{AB} = V_A - V_B = \int_A^B \boldsymbol{E}_{合} \cdot \mathrm{d}\boldsymbol{l} = 0$$

所以有

$$V_A = V_B$$

即在静电平衡状态下，导体是一个等势体，导体表面是等势面。

（二）导体表面的电荷分布

导体在静电平衡状态下，内部场强为零，导体内部没有净余电荷，电荷只能分布在导体的表面上，应用高斯定理可很容易地证明这一点。理论和实验的研究表明，孤立导体表面的电荷分布与导体的形状有关，表面曲率大的地方，电荷面密度大；曲率小的地方，电荷面密度小；曲率相同的地方如球形导体，电荷分布是均匀的。利用高斯定理还可以证明，导体表面任一处的场强 $\boldsymbol{E}$ 的大小与该处表面的电荷面密度 σ 之间有

$$E = \frac{\sigma}{\varepsilon_0}$$

即 E 与 σ 成正比，场强方向垂直于该处导体表面。根据上式可以得出结论，导体上表面曲率大的地方场强较大，反之则场强小。因此导体上尖端附近场强大，如果场强大于空气的击穿场强时，将使其附近的空气电离，其中与尖端上电荷符号相反的离子被吸引到尖端，与尖端上的电荷中和；与尖端上电荷同号的离子受到排斥而飞离尖端，形成尖端放电。避雷针就是利用尖端放电原理制成的。

（三）静电屏蔽

导体处于静电平衡状态时，内部的场强处处为零，技术上可用它来屏蔽外电场。如图 6-15（a）所示，将一空腔导体放在静电场中，静电平衡时导体内和空腔中的场强处处为零。空

腔内部放入物体不会受到外部电场的影响，从而实现屏蔽作用。

如果将一带电体放在金属空腔内，由于静电感应，在空腔内、外表面上分别出现等量异号电荷，如图6-15（b）所示，外表面的电荷所产生电场会对外界产生影响。为防止腔内带电体对腔外物体有影响，可将外表面接地，从大地移来的负电荷与外表面上的感应电荷中和，腔外的电场消失。这种屏蔽既能使腔内不受外电场影响，还能使腔内带电体不影响到腔外，称为全屏蔽，如图6-15（c）所示。利用金属腔隔离静电场影响的措施称为**静电屏蔽**（electrostatic shielding）。静电屏蔽被广泛应用于仪器、电表等设备。在实际使用中，用于屏蔽的外壳不一定要严格封闭，用金属网做外罩也能起到静电屏蔽的作用。

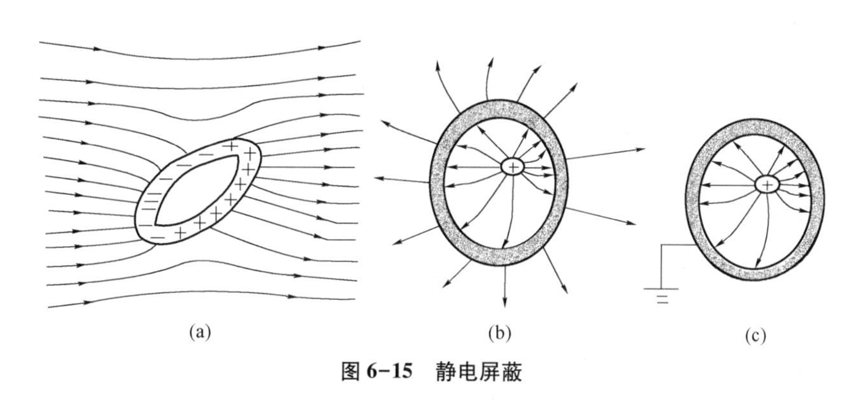

图6-15　静电屏蔽

二、静电场中的电介质

电介质即绝缘介质，如玻璃、琥珀、云母、塑料、橡胶、陶瓷等。其分子在电结构方面的特征是电子和原子核间的引力相当大，两者结合得很紧密，电子处于束缚状态。电介质中几乎没有自由电子，即使将其置于外电场中，也只能在分子范围内正、负电荷发生相对位移，或稍微改变它们之间连接线的方向。因此，在静电平衡时，处于静电场中的电介质内部仍有电场存在，这和导体有着根本的区别。

（一）电介质的极化　电极化强度

1. 电介质的极化　分子都是由原子组成的，原子又是由带负电的电子与带正电的原子核组成。一般来说，正、负电荷在分子中都不是集中于一点的。但在离开分子的距离比分子本身线度大得多的地方，从效果上讲，分子中的全部负电荷可以看成是集中在一点，这一点称为这个分子的负电荷“重心”。同样，每个分子的正电荷也有一个正电荷“重心”。根据正、负电荷“重心”的分布，电介质可分为两类：一类电介质，如H_2、N_2、O_2、CH_4等，它们的分子在无外电场作用时，每个分子的正、负电荷“重心”重合，因而分子的电矩等于零，对外不产生电场，如图6-16（a）所示，这类分子称为**无极分子**（non-polar molecule）；另一类电介质，如SO_2、H_2S、NH_3、H_2O、脂类及有机酸等，在无外电场作用时，每个分子的正、负电荷“重心”不重合，分子的电矩不等于零，这类分子称为**有极分子**（polar molecule）。

如图6-16（b）所示，无极分子在外电场的作用下，正、负电荷“重心”将发生相对位移，这种现象称为分子的极化。这时分子变成电偶极子，电矩为$\boldsymbol{p}=q\boldsymbol{l}$，其方向沿着外电场方向取向，如图6-16（c）所示。均匀电介质内部不产生净电荷，但就整个电介质而言，会在垂直于电场方向的两端表面上分别出现正电荷和负电荷，这种电荷称为极化电荷。极化电荷不能在电介质内自由移动，因为在外电场的作用下，分子中的正负电荷只能在分子范围内做微小的移动，不能离开

电介质，所以又称为**束缚电荷**（bound charge）。**在外电场作用下，电介质出现束缚电荷的现象，称为电介质的极化**。由于电子的质量比原子核小得多，所以在外电场作用下主要是电子位移，因此，无极分子的极化常称**电子位移极化**，简称为**位移极化**（displacement polarization）。

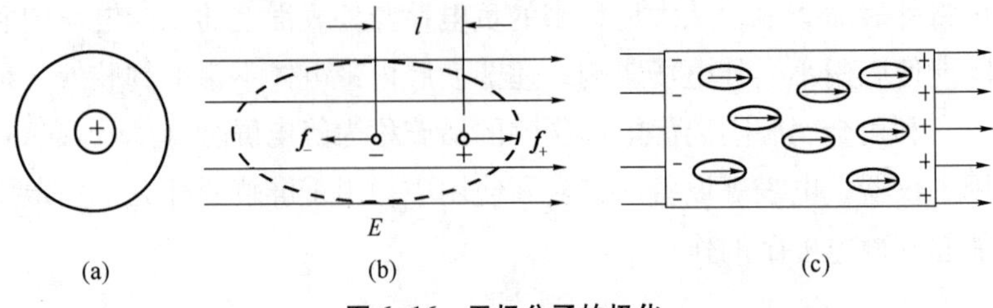

图 6-16　无极分子的极化

在无外电场作用时，有极分子所组成的电介质由于分子的热运动，各个分子的电矩矢量杂乱无章地排列着，见图 6-17（a）。因此，整个电介质对外不显电性。有外电场作用时，每个分子都要受到力矩的作用，使分子电矩转向外电场方向，见图 6-17（b）。但由于分子热运动的缘故，这种转向并不能完全使所有分子的电矩都很整齐地沿外电场方向排列起来。分子电矩的排列与外电场的强弱有关，外电场越强，排列就越趋于整齐。于是，在垂直电场方向的两端表面上便出现了极化电荷，见图 6-17（c）。这就是有极分子的极化现象，称为**取向极化**（orientational polarization）。需要指出的是，有极分子在取向极化的同时，也存在着位移极化，但主要是取向极化。

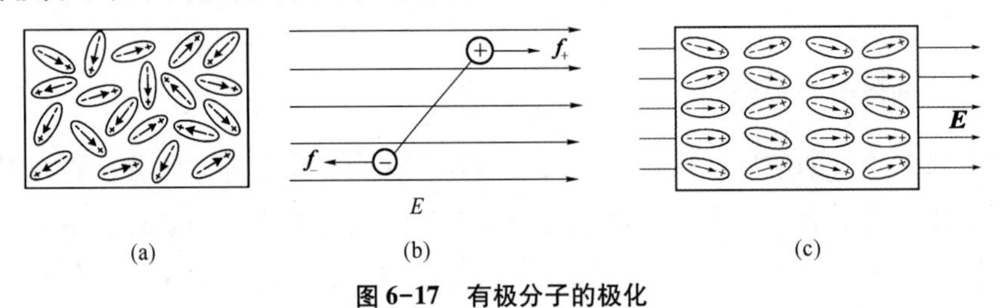

图 6-17　有极分子的极化

上面从微观的分子现象角度，分析了由无极分子组成的电介质和由有极分子组成的电介质产生极化的原因，二者极化的微观过程虽然不同，但就宏观效果而言却是相同的，都有极化电荷在电介质两端表面上出现的现象。外电场越强，极化程度就越大，产生的极化电荷就越多。撤去外电场时，它们又恢复到原来状态。所以，从宏观角度研究电介质的极化问题时，就不需要去区分是哪一种电介质了。

上面讨论的是均匀电介质的极化。如果将不均匀的电介质放在外电场中，除了出现面极化电荷外，还会出现体极化电荷。

2. 电极化强度　在电介质中，任取一个从宏观角度来看足够小的体积元 ΔV，可认为其内部的极化程度是均匀的；当然，从微观角度来看，ΔV 很大，足够包含大量的分子。当无外电场存在时，ΔV 中所有分子电矩的矢量和 $\sum \boldsymbol{p}$ 等于零；当有外电场时，电介质被极化，ΔV 中分子电矩的矢量和 $\sum \boldsymbol{p}$ 不再为零。外电场越强，被极化程度越大，$\sum \boldsymbol{p}$ 的值也就愈大。为了定量地描述电介质的极化程度，我们需要引入一个新的物理量。从上面的分析可知，单位体积内分子电矩的矢量和可以用来量度电介质极化程度，我们把它称为**电极化强度**（electric polarization），它是矢量，用 $\boldsymbol{P}$ 来表示，即

$$\boldsymbol{P} = \frac{\sum \boldsymbol{p}}{\Delta V} \tag{6-24}$$

电极化强度的单位是库仑/米^2（C/m^2），与电荷面密度的单位相同。

电极化强度 $\boldsymbol{P}$ 除了与外电场有关外，还和极化电荷所产生的电场有关。实验证明，大多数常见的各向同性电介质，$\boldsymbol{P}$ 与电介质内的合场强 $\boldsymbol{E}$ 成正比，且方向相同，这个关系可写为

$$\boxed{\boldsymbol{P}=\chi\varepsilon_0\boldsymbol{E}} \tag{6-25}$$

式中比例系数χ 称为电介质的电极化率（electric polarizability），在同样电场的作用下，不同的电介质χ 值不同，表明不同电介质的极化程度不同，它反映了电介质材料属性，χ 是没有单位的纯数。对于真空，$\chi=0$，表示真空中无极化现象。

电介质的极化程度不同，产生的极化电荷的多少也不同，因此，电介质的电极化强度和极化电荷之间存在一定关系。下面来讨论这个关系。

设在各向同性均匀电介质中切出长为 l，两底面积均为 ΔS 的小圆柱体 V，使它的轴线与电极化强度 $\boldsymbol{P}$ 的方向平行，如图 6-18 所示。假设两底面上出现的极化电荷面密度分别为$+\sigma'$和$-\sigma'$，则整个圆柱体相当于一个电偶极子，其电矩为

$$p=ql=\sigma'\Delta Sl$$

它应等于 V 体积内所有分子电矩的矢量和，即

$$\sum\boldsymbol{p}=\sigma'\Delta S\boldsymbol{l}$$

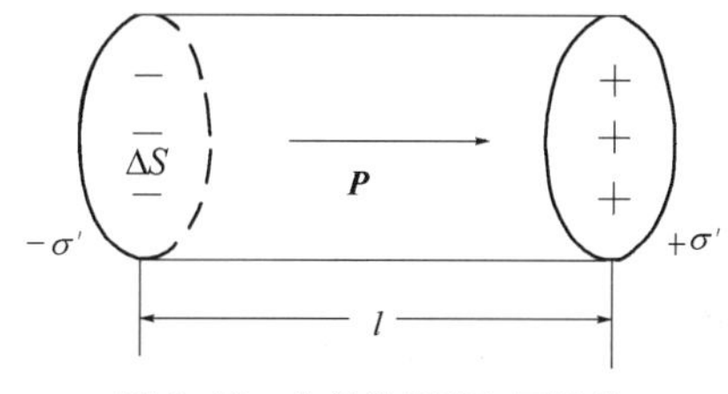

图 6-18　电极化强度和面极化电荷之间的关系

由于电极化强度　$\boldsymbol{P}=\dfrac{\sum\boldsymbol{p}}{\Delta V}$

则有　$\sum\boldsymbol{p}=\sigma'\Delta S\boldsymbol{l}=\boldsymbol{P}\Delta V$

其中 $\boldsymbol{l}$ 和 $\boldsymbol{P}$ 方向相同，上式可写为标量式

$$\sigma'\Delta Sl=P\Delta V$$

因为　$\Delta Sl=\Delta V$

所以　$$\boxed{\sigma'=P} \tag{6-26}$$

上式表明，**各向同性均匀电介质极化时，垂直于外电场的两端表面上所产生的极化电荷面密度，在数值上等于该处的电极化强度的大小。**

（二）电介质的电场、相对介电常数

当均匀电介质在外电场 $\boldsymbol{E}_0$ 中被极化后，在垂直于 $\boldsymbol{E}_0$ 方向的两个端面将分别出现均匀分布的正、负束缚电荷层，它们在电介质的内部产生一个附加电场 $\boldsymbol{E}'$。根据场强叠加原理，电介质中各点的总场强 $\boldsymbol{E}$ 应为该点的 $\boldsymbol{E}_0$ 与 $\boldsymbol{E}'$的矢量和，即

$$\boldsymbol{E}=\boldsymbol{E}_0+\boldsymbol{E}'$$

为了定量地描述电介质内部电场的情况，下面对无限大平行板电容器电场中，充满各向同性均匀电介质的情况进行讨论。

设电容器两极板上的电荷面密度分别为$+\sigma$ 和$-\sigma$，产生的场强为 $\boldsymbol{E}_0$。由于外电场的作用，电介质被极化，产生极化电荷，其电荷面密度为$+\sigma'$和$-\sigma'$，产生的场强为$\boldsymbol{E}'$。$\boldsymbol{E}'$与 $\boldsymbol{E}_0$ 的方向相反，如图6-19所示。因为 $E'=\dfrac{\sigma'}{\varepsilon_0}$，所以电介质内的总场强大小为

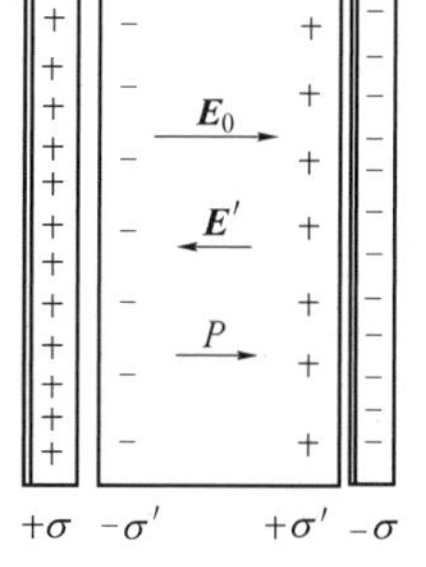

图 6-19　电介质中的场强

$$E=E_0-E'=E_0-\frac{\sigma'}{\varepsilon_0}$$

又因 $\sigma'=P=\chi\varepsilon_0E$，代入上式得

$$E = E_0 - \frac{\chi \varepsilon_0 E}{\varepsilon_0} = E_0 - \chi E$$

于是

$$\boxed{E = \frac{E_0}{1+\chi} = \frac{E_0}{\varepsilon_r}} \tag{6-27}$$

式中 $\varepsilon_r = 1+\chi$，称为**电介质的相对介电常量**，又称**相对电容率**（relative permittivity），其值由电介质的性质决定，是表征电介质在外电场中的极化性质的物理量。其值越大，极化越强，对原电场的削弱越厉害。相对介电常量是一个没有单位的纯数。

表 6-1 列出了一些常见电介质的相对介电常数，真空中的 $\varepsilon_r = 1$，对于其他任何电介质 $\varepsilon_r > 1$。$\varepsilon = \varepsilon_0 \varepsilon_r$，$\varepsilon$ 称为**电介质的介电常数（电容率）**，它的单位与 ε_0 相同，反映了电介质的极化性能和对电场的影响。因而上式表明，在各向同性均匀电介质充满整个电场的情况下，电介质中的场强减弱为在真空中产生的场强的 $\frac{1}{\varepsilon_r}$ 倍，即 $E < E_0$。该结果是电介质极化后对原电场产生影响所造成的。

表 6-1　常见电介质相对介电常数

物质	相对介电常数	物质	相对介电常数
空气（1atm）	1.00059	石蜡	2.0～2.3
纯水	81.5	橡胶	2.5～2.8
酒精（0℃）	28.4	脂肪	5～6
苯（180℃）	2.3	骨	6～10
玻璃	5～10	皮肤	40～50
变压器油	2.2～2.5	肌肉	80～85
云母	6～8	神经、脑	90～100
硫磺	3.03	血液	50～60

第五节　电容器与静电场的能量

一、电容器的电容

常见的电容器（condenser）是由两个彼此绝缘又靠近的导体组成的系统，在电路中用于储藏电能，是电工及电子线路中必不可少的重要元件。常见的电容器是由电介质相隔的两组金属电极片组成的。

电容（capacitance）是表征电容器储存电荷能力大小的物理量，用符号 C 来表示。当电容器两极板 A、B 分别带有等量异号电荷 $+Q$ 和 $-Q$ 时，若用 Q 表示电容器所带电量（即一个极板的电量的绝对值），用 $V_A - V_B$ 表示两极之间的电势差，电容定义有

$$C = \frac{Q}{V_A - V_B}$$

电容的大小与导体的形状、大小、极板的相对位置和极板间的电介质种类有关。与两极板是否带电，带电的多少无关。

在国际单位制中，电容的单位是法拉（F）。如果电容器所带电量为1C、两极间的电势差为1V时，则电容器的电容为1F。法拉单位太大，微法（μF）和皮法（pF）较为常用，$1F=10^6\mu F=10^{12}pF$。

按照极板的形状分类，电容器可分为平行板电容器、球形电容器、柱形电容器等；按极板间电介质种类进行分类，可分为空气电容器、云母电容器、纸质电容器、电解电容器、陶瓷电容器等；按容量是否可变分类，可分为可变电容器、半可变电容器、微变电容器、固定电容器等。

对于平行板电容器而言，如果两极板之间充满介电常数为 ε 的均匀电介质，极板面积为 S，两极间距离为 d，其电容为

$$\boxed{C=\frac{\varepsilon S}{d}} \tag{6-28}$$

二、电容器的能量

任何一个物体在带电过程中，外力都必须克服电场力作功。外力作功作了多少功，就有多少其他形式的能量转换为电能；反之，当带电物体的电荷减少时，电能又转换为其他形式的能量。电容器充电过程可设想为外力不断将正电荷从负极板移送到正极板，使两极板上分别带有等量的异号电荷。在这个过程中，外力克服电场力作功将所消耗的能量转换成电容器的电能。设在充电过程中某一时刻极板上所带的电量为 q，用 C 表示电容，这时两极板间的电势差 $u=\dfrac{q}{C}$，如果再把微小电量 $+\mathrm{d}q$ 从负极板移到正极板，则外力作的元功为

$$\mathrm{d}A=u\mathrm{d}q=\frac{q}{C}\mathrm{d}q$$

从电容器充电开始时电量为0到充电过程完毕时带电量为 Q 的过程中，外力所作的总功为

$$A=\int \mathrm{d}A=\int_0^Q \frac{q}{C}\mathrm{d}q=\frac{1}{2}\frac{Q^2}{C}$$

充电过程中能量损失不计的情况下，这个功等于带电电容器储存的电能 W，即

$$W=\frac{1}{2}\frac{Q^2}{C}$$

当电容器不带电时，两极板间没有电场；电容器带电时，两极板间建立了电场。由此可认为带电电容器的电能就是极板间电场的能量。因为 $Q=CU$，所以上式也可写成

$$\boxed{W=\frac{1}{2}\frac{Q^2}{C}=\frac{1}{2}CU^2=\frac{1}{2}QU} \tag{6-29}$$

这一结果适用于任何结构的电容器。

三、静电场的能量

经过上面的讨论我们知道，带电体或电容器的带电过程，实际上也就是带电体或带电系统的电场建立的过程。从电场的观点来看，带电体或带电系统的电能也就是电场的能量，而且是分布在整个电场中。

现以平行板电容器为例具体说明电场的分布情况。真空中平行板电容器的电容$C=\frac{\varepsilon_0 S}{d}$，式中$S$为极板的面积，$d$为两极板间的距离，$\varepsilon_0$为真空电容率。因此，当电容器充电至两极板的电势差为U时，此电容器总的电场能为

$$W=\frac{1}{2}CU^2=\frac{1}{2}\frac{\varepsilon_0 S}{\mathrm{d}}d^2E^2=\frac{1}{2}\varepsilon_0 VE^2 \tag{6-30}$$

式中$V=Sd$是板间的容积，也就是电场所占据的空间。上式表明，将电容器的电场视为均匀电场，且W与V成正比，电场能贮藏于整个电场中。电场中单位体积的能量

$$w=\frac{W}{V}=\frac{1}{2}\varepsilon_0 E^2 \tag{6-31a}$$

称为**电场能量的体密度**，简称**场能密度**，用w表示，场能密度的单位是焦耳/米^3（$\mathrm{J/m^3}$）。

当平行板电容器充满某种电介质时，电场的能量为

$$W=\frac{1}{2}\varepsilon VE^2$$

场能密度为

$$w=\frac{1}{2}\varepsilon E^2 \tag{6-31b}$$

ε为电介质的介电常数。

上述结果是以平行板电容器这一特例推导出来的，可以证明，它是一个普遍适用的公式，对任何电场都成立。在非匀强电场中，各点场强$\boldsymbol{E}$的大小不同，所以场能密度w是逐点变化的，如果知道电场的分布状况，利用式6-31b，就可以通过积分求出整个电场的能量，即

$$W=\iiint_V w\mathrm{d}V=\frac{\varepsilon}{2}\iiint_V E^2\mathrm{d}V \tag{6-32}$$

式中积分区域遍及电场分布的所有空间。

式6-29表明，能量的存在是由于电荷的存在，电荷是能量的携带者。但从式6-31和式6-32表明电能是储存在电场中的，电场是能量的携带者。在静电场中，无法用实验来证明电能究竟是以哪种方式储存的，因为静电场和电荷是不可分割地联系在一起的。有静电场必有电荷，有电荷必有静电场。但是在交变电磁场的实验中，已经证明变化的场可以脱离电荷独立存在，而且场的能量能够以电磁波的形式来传播，从而证明了能量储存在场中的观点。这个结论对于了解电磁场的性质具有重要的意义。能量是物质的固有属性之一，所以能量与物质这两个概念是不可分割的。电场是一种物质，电场具有能量正是电场物质性的一种表现。

第六节　压电效应及其应用

一、压电效应

一些离子型非对称晶体的电介质（如石英、电气石、酒石酸钾钠、钛酸钡等）在机械力（拉力或者压力）作用下发生形变，产生极化的现象称为**压电效应**（piezoelectric effect）。具有压电效应的材料称为**压电材料**（piezoelectric），常见的压电材料有压电晶体、压电陶瓷和高分子压

电材料。石英俗称水晶，有天然和人工之分，由于其压电效应较为显著得以被广泛的使用，下面将以石英晶体为例加以讲述。天然结构的石英晶体呈现六角形晶柱，如图6-20（a）所示。将其按着一定的方向切割成石英晶片，如分别取 x、y 和 z 轴，如图 6-20（b）所示。

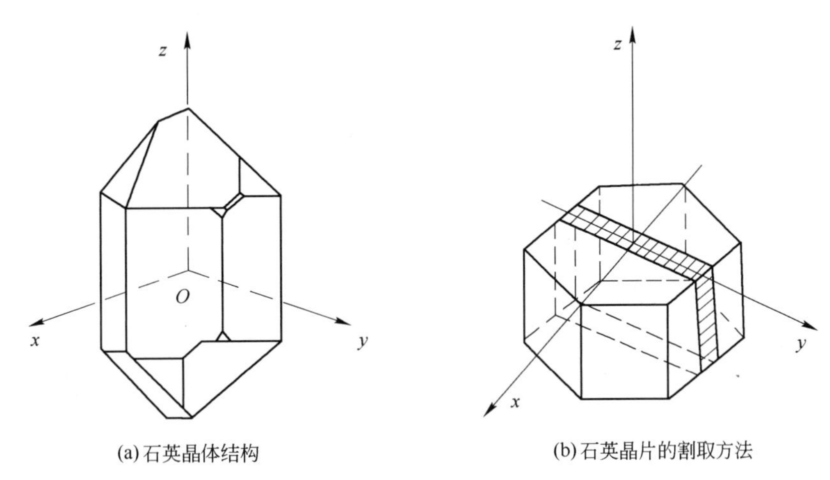

图 6-20 石英晶体的压电效应机理

x 轴为电轴（electric axis）。当沿着电轴 x 方向施加一定的压力或张力时，石英在此方向上发生形变，在垂直于 x 轴表面分别产生等量异号电荷，该压电效应称为纵向压电效应（vertical piezoelectric effect）。

若沿电轴方向施加压力为 F_x，在垂直于电轴的平面上产生的电荷量为

$$\boxed{Q=kF_x} \tag{6-33}$$

式 6-33 中，k 称为压电模量。石英的压电模量为 $k=2.1\times10^{-12}$ C/N。

y 轴称为**机械轴**（mechanic axis），当沿机械轴 y 方向施加机械力使石英晶片产生形变，在垂直于 x 轴表面上也会产生等量异号电荷，这种压电效应称为**横向压电效应**（horizontal piezoelectric effect）。

z 轴称为**光轴**（light axis），在该方向施加机械力使石英晶片产生形变时，却不产生压电效应。

压电效应产生的原因是：将压电材料（电介质）放入电场中，其分子会在外加电场作用下产生和外加电场方向相同取向的电偶极子，或者使原有的电偶极子按照外加电场方向发生转向，这样使得电介质中的原子核和核外电子之间发生相对位移，进而改变了它们处于原有平衡时所在位置，因此使电介质整体形变。机械力作用在固体的电介质上会使其产生形变，但是对于无极分子组成的电介质而言，机械力不能使其分子的正负电荷中心发生相对位移，即不能使其极化；对于有极分子组成的电介质（如石英等晶体），机械力会使它们的分子电矩发生变化，结果产生极化现象。

二、压电效应的应用

某些电介质在沿一定方向上受到外力的作用产生变形时，内部会产生极化现象，同时在其表面产生电荷。当外力去掉后，又重新回到不带电状态，这种现象称为正压电效应（piezoelectric effect）。由于压电效应产生的电量或电势差和晶体表面所受压力成正比，所以可以利用这一关系测量压力。压电式传感器大多是利用正压电效应制成的。实验表明，电量与作用力成正比，电量

越大，相对应的两个表面电压越大。这种结论已被广泛地应用到生产、生活、军事、科技等诸多领域，其实质就是实现“力-电”转换等功能。例如用压电陶瓷将外力转换成电能的正压电效应，可以生产出煤气灶打火开关、炮弹触发引信、不用火石的压电打火机等。压电陶瓷还可以作为敏感材料，应用在电声器件（如话筒、电唱头等）；用于对人类不能感知的细微振动进行监测的压电地震仪，以精确测出震源方位和强度，预测地震，减少损失。利用压电效应制作的压电驱动器具有精确控制的功能，是精密机械、微电子和生物工程等领域的重要器件。

与上述情况相反，在电介质的极化方向上施加交变电场，它会产生机械变形，当去掉外加电场，电介质变形随之消失，这种现象称为**逆压电效应**（inverse piezoelectric effect）或称为**电致伸缩效应**（electrostriction）。如果电极施加给晶面的电荷与它受压力时产生的电荷同号，晶体发生伸张，如果电极施加给晶面的电荷与它受压力时产生的电荷异号，晶体收缩。显然，如果想让晶体交替伸缩（即发生振动），则对压电晶体加上交变电压即可。

综上所述，正压电效应具有把机械能转化为电能的功能，而逆压电效应是使电能转化为机械能。利用逆压电效应可制成超声波发生器、压电扬声器、频率高度稳定的晶体振荡器，如昼夜误差为 2×10^{-5}s 的石英钟或石英表等。

利用石英晶体做超声波发生器时，超声波的频率与石英晶体的切割方式、大小、形状有关，最常采用的是图 6-20（b）割取方法，假设频率为 ν，石英片厚度为 d（单位为米），两者之间的关系为

$$\nu=\frac{2.87\times10^{3}}{d}\text{Hz} \tag{6-34}$$

由于压电转化元件具有自发电和可逆两种重要性能，加之其体积小、重量轻、结构简单、工作可靠、固有频率高、灵敏度和信噪比高等特点，因此其应用获得了迅速推广。非常有意义的是，根据生物学的研究结果，可知生物也具有压电效应。如人的各种感觉器官实际上是生物压电传感器，临床上可利用正压电效应治疗骨折，以加速痊愈；利用逆压电效应，对骨头加上电压具有校正畸形骨的作用。

第七节 静电在医药学中的应用

一、离子透入法

带电粒子在电场作用下将发生迁移，利用这一原理可以通过直流电把离子性药物经皮肤透入机体，这种方法称为直流电离子透入法。由于离子透入法具有直流电和药物的双重功能，目前被临床上广泛应用。例如用两电极在机体中形成电场，在阳极可把带正电的链霉素离子、黄连素离子、奴弗卡因离子等透入人体内；在阴极则可把带负电的溴离子、碘离子和青霉素离子等透入人体内。离子透入法可以直接把所需的离子药物作用于浅部病灶，对某些疾病有较好的疗效。表6-2列出了几种离子透入药物的极性、适应证等。

离子透入疗法与一般口服药物及针剂注射等方法相比较，具有疗效高，能充分发挥药理作用，在体内作用时间长，不刺激胃肠道，易于被病人接受，具有直流电和药物的综合治疗作用等优点。

表 6-2 几种离子透入药物种类、极性、作用及适应证

作用物质	药液名称	浓度（%）	极性	主要作用	适应证
黄连素	黄连素液	0.5～1	+	对细菌有抑制和杀菌作用	化脓性感染、菌痢、前列腺炎、乳腺炎
五味子	五味子液	15～50	-	兴奋中枢神经系统，调节心血管功能，抑制杆菌	神经衰弱、嗜睡、盗汗、咳嗽、遗精、皮肤感染
川芎	川芎1号碱	0.8～3	+	使血管扩张	高血压病、冠心病
延胡索	延胡索液或其注射液	10 每次1～2mL	+	有镇静作用	各种疼痛（神经痛、痛经、腰痛、头痛等）
虎杖	虎杖液	30	-	对杆、球菌有抑制作用	皮肤、黏膜及浅层组织感染、前列腺炎等
洋金花	洋金花总生物碱	0.5	+	扩张支气管平滑肌	支气管哮喘
氯霉素	氯霉素	0.25	+	抑菌作用	眼结膜炎、角膜炎、浅组织炎症
链霉素	硫酸链霉素	0.1g	+	抗菌、杀菌作用	结核性疾病

二、利用电场进行临床检验和药物提纯

电解质溶液中的带电微粒，在外加电场的作用下会产生迁移现象。人体内的组织液中除了有正负离子外，还有带电或不带电的胶体粒子。如果置在电场中，这些带电粒子都要产生迁移。这些悬浮或溶解在体液中的微粒可以是细胞、病毒、球蛋白分子或合成的粒子。由于不同粒子的分子量、体积、带电量不同，因此在电场作用下的迁移速度也各异。定量地研究它们在电场作用下的迁移速度，或者利用它们的迁移速度不同来把样本中的不同成分分开，已经成为生物化学研究、制药以及临床检验的常用手段。例如在临床检验中常用此法分清血清蛋白中所含白蛋白，α、β、γ球蛋白的成分。

利用电场将药物分子和杂质分子分离开来，对制药来说，是提高药物纯度很重要的手段之一。在地面上提纯药物，关键是带电分子受到的电场力与液体的黏滞力的平衡作用，液体微小的运动就会扰乱上述两种力的平衡。而液体各部分的温度无法达到绝对均匀，冷的液体下沉，较热的液体将上浮，形成对流，使各种分子混杂起来。在重力几乎为零的太空实验中，密度较高而且冷的液体不会沉到容器底部；同样，密度低的较热液体也不会上浮，所有液体分子都处在一定位置上，因而能利用电场不受干扰地分离不同种类的分子。美国早在1969年就开始研究在空间利用电场分离的方法，以后分别成功地在阿波罗-14号和16号飞船上分离了药物分子。四年后在太空实验室-4号上用电场将活细胞成功分离。时隔二年后，又在太空中从肾细胞中提取了治疗血栓和心力衰竭等症的良药——尿激酶，这种药物在地面上分离难度很大，费用昂贵，在太空分离可使成本下降十几倍。干扰素具有较强的抗癌作用和广泛的抗病毒作用，在地面上制造干扰素很难。大约从45000L的人血中只能提取0.4g干扰素，因而成为一种贵重的药物。据报道，1979年世界干扰素总产量仅1g，其难度在于制取纯干扰素需要将由细菌活细胞产生的数百种混合物分离，而地球上的重力影响了对这些混合物的分离。到太空空间进行分离，既可以提高纯度，又可以增加产量，在太空中一个月的产量，相当于在地面生产40年。在空间利用电场分离技术高效率地生产贵重药物有着广阔的前景。早在20世纪90年代，太空实验室已有批量药物生产出来。

知识链接 6

查利·奥古斯丁·库仑（Charlse-Augustin de Coulomb，1736—1806年），法国工程师、物理学家。库仑在1773年发表有关材料强度的论文，他提出的计算物体上应力和应变分布情况的方法是结构工程的理论基础，沿用至今。1777年开始研究静电和磁力问题。当时的法国科学院悬赏征求改良航海指南针中的磁针问题，库仑提出用细头发丝或丝线悬挂磁针。研究过程发现线扭转时的扭力和针转过的角度成比例关系，利用这种装置测出静电力和磁力的大小，最终发明扭秤。库伦根据丝线或金属细丝扭转时扭力和指针转过的角度成正比，确立了弹性扭转定律。1779年通过对摩擦力进行分析提出有关润滑剂的理论。1781年发现了摩擦力与压力的关系，表述出摩擦定律、滚动定律和滑动定律。1785～1789年，使用扭秤测量静电力和磁力，提出了著名的库仑定律。

小　结

1. 电场强度

（1）电场强度的定义　$\boldsymbol{E}=\dfrac{\boldsymbol{F}}{q_0}$

（2）点电荷产生的电场　$\boldsymbol{E}=\dfrac{1}{4\pi\varepsilon_0}\dfrac{q}{r^2}\boldsymbol{r}_0$

（3）点电荷系产生的电场　假设静止电荷系由 q_1、q_2、…、q_n 等多个点电荷组成，则

$$\boldsymbol{E}=\sum_{i=1}^{n}\frac{1}{4\pi\varepsilon_0}\frac{q_i}{r_i^2}\boldsymbol{r}_{i0}$$

（4）连续带电体产生的场强　$\boldsymbol{E}=\int \mathrm{d}\boldsymbol{E}=\dfrac{1}{4\pi\varepsilon_0}\int\dfrac{\mathrm{d}q}{r^2}\boldsymbol{r}_0$

（5）电偶极矩　$\boldsymbol{p}=q\boldsymbol{l}$

2. 高斯定理

（1）通过面积为 S 的任意曲面的电通量为　$\Phi=\iint_S E\cos\theta\mathrm{d}S=\iint_S \boldsymbol{E}\cdot\mathrm{d}\boldsymbol{S}$

（2）高斯定理　$\Phi=\oiint_S \boldsymbol{E}\cdot\mathrm{d}\boldsymbol{S}=\dfrac{1}{\varepsilon_0}\sum_{i=1}^{n}q_i$

3. 电势和电势差

（1）电场力所作的功　$A_{mn}=\dfrac{qq_0}{4\pi\varepsilon_0}\left(\dfrac{1}{r_m}-\dfrac{1}{r_n}\right)$

（2）静电场场强环流定理　$\oint_L \boldsymbol{E}\cdot\mathrm{d}\boldsymbol{l}=0$

（3）电场中任意一点 m 的电势　$V_m=\dfrac{W_m}{q_0}=\int_m^{\infty}\boldsymbol{E}\cdot\mathrm{d}\boldsymbol{l}=\int_m^{\infty}E\cos\theta\mathrm{d}l$

（4）电场中任意两点 m、n 间的电势差　$U_{mn}=V_m-V_n=\int_m^n \boldsymbol{E}\cdot\mathrm{d}\boldsymbol{l}$

(5) 当任一电荷 q_0 从电场中的 m 点移 n 点时，电场力所作的功可以用电势差来表示

$$A_{mn} = qU_{mn} = q(V_m - V_n)$$

(6) 点电荷电场中的电势　$V_m = \frac{W_m}{q_0} = \frac{q}{4\pi\varepsilon_0 r_m}$

(7) 点电荷系电场中的电势　$V_m = \frac{1}{4\pi\varepsilon_0}\sum_{i=1}^{n}\frac{q_i}{r_{im}}$

(8) 带电体电场中的电势　$V_m = \frac{1}{4\pi\varepsilon_0}\int_0^q \frac{\mathrm{d}q}{r}$

(9) 电场中场强与电势之间的微分关系　$\boldsymbol{E} = -\frac{\mathrm{d}V}{\mathrm{d}n}\boldsymbol{n}_0$

4. 静电场中的导体和电介质

导体的静电平衡条件：

(1) 导体内部的场强处处为零。

(2) 导体表面任意一点的场强方向与该点的表面垂直。

电极化强度

$$\boldsymbol{P} = \frac{\sum \boldsymbol{p}}{\Delta V} \qquad \boldsymbol{P} = \chi\varepsilon_0\boldsymbol{E}$$

各向同性均匀电介质极化时，垂直于外电场的两端表面上所产生的极化电荷面密度，在数值上等于该处的电极化强度的大小。

$$\sigma' = P$$

在各向同性均匀电介质充满整个电场的情况下，电介质中的场强减弱为在真空中产生的场强的$\frac{1}{\varepsilon_r}$倍，$E = \frac{E_0}{1+\chi} = \frac{E_0}{\varepsilon_r}$

5. 静电场的能量

(1) 电容器的电容　$C = \frac{Q}{V_A - V_B}$

(2) 平行电容器的电容　$C = \frac{\varepsilon S}{d}$

(3) 带电电容器储存的电能　$W = \frac{1}{2}\frac{Q^2}{C} = \frac{1}{2}CU^2 = \frac{1}{2}QU$

(4) 场能密度　$w = \frac{1}{2}\varepsilon E^2$

(5) 静电场中的能量　$W = \iiint_V w\mathrm{d}V = \frac{\varepsilon}{2}\iiint_V E^2\mathrm{d}V$

6. 压电效应　对压电材料沿电轴方向施加压力 F_x，则在垂直于电轴的平面上产生的电荷量为

$$Q = KF_x$$

习题六

6-1　请根据场强与电势梯度的关系，回答问题：

(1) 在电势不变的空间内，电场强度是否为零？

(2) 在电势为零处，场强是否一定为零？

(3) 场强为零处，电势是否一定为零？

6-2 在匀强电场中，各点的电势梯度是否相等？各点的电势是否相等？

6-3 如果在闭合曲面上的场强 E 处处为零，能否肯定此封闭面内一定没有净电荷？

6-4 如图 6-21 所示，在直角三角形 ABC 的 A 点上有电荷 $q'=1.8\times10^{-9}\text{C}$，$B$ 点上有电荷 $q''=-4.8\times10^{-9}\text{C}$，且 $BC=0.040\text{m}$，$AC=0.030\text{m}$，试求 C 点场强的大小和方向。

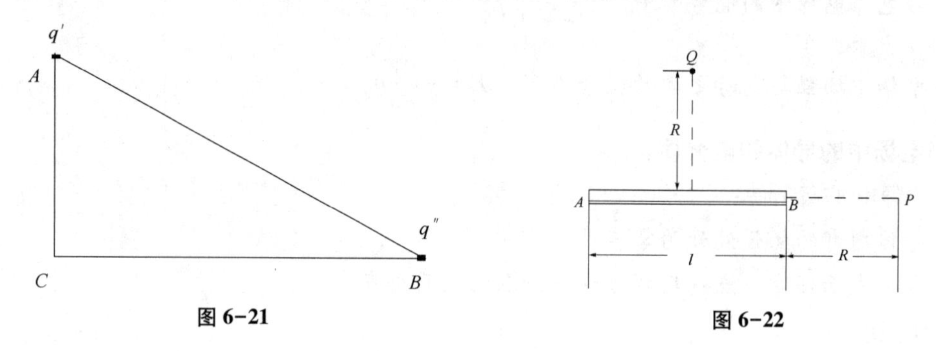

图 6-21　　图 6-22

6-5 有一均匀分布线密度为 $\lambda=5.0\times10^{-9}\text{C/m}$ 的正电荷直导线 AB，其长度为 $l=15\text{cm}$，如图 6-22 所示。求：

(1) 导线的延长线上与导线一端 B 相距 $R=5.0\text{cm}$ 处 P 点的场强；

(2) 在导线的垂直平分线上与导线中点相距 $R=5.0\text{cm}$ 处 Q 点的场强。

6-6 电量 $q=1.0\times10^{-11}\text{C}$，质量 $m=1.0\times10^{-6}\text{kg}$ 的小球，悬于一细线下端，见图 6-23。细线与一块很大的带电平面板成 30°角，求带电平板的电荷面密度 σ。

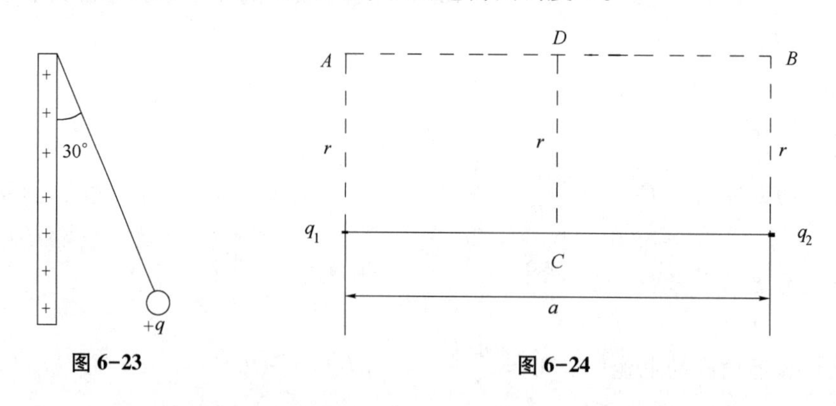

图 6-23　　图 6-24

6-7 已知 $r=8.0\text{cm}$，$a=12\text{cm}$，$q_1=q_2=\dfrac{1}{3}\times10^{-8}\text{C}$，电荷 $q_0=1.0\times10^{-9}\text{C}$，见图 6-24。求：

(1) q_0 从 A 移到 B 时电场力所作的功；

(2) q_0 从 C 移到 D 时电场力所作的功。

6-8 无限长直的薄壁金属圆管半径为 R，表面上均匀带电，且单位长度带有电荷为 λ，求离管轴为 r 处的场强，并画出 E-r 曲线。

6-9 已知电荷面密度为 σ，半径为 R 的均匀带电球面，试求球面内、外电场强度和电势的分布规律。

6-10 电荷体密度为 ρ，半径为 R 的"无限长"直圆柱，若取圆柱轴为电势零点时，试求场强与电势分布，并画出 E-r、V-r 曲线。

6-11 将平行板电容器两极板接上电源，以维持其两端电压不变。用相对电容率为 ε_r 的均匀电介质填满极板空间，问极板上的电量变为原来的几倍？场强为原来的几倍？如果充电后切断电源，然后再填满该电介质时，情况又如何？

6-12　电容为 100pF 的平行板电容器，极板间充满相对电容率为 6.4 的电介质云母，极板的面积为 $100cm^2$，当极板上的电势差为 50V 时，求：

（1）云母中的场强 E；

（2）电容器极板上的自由电荷；

（3）云母电介质面上的极化电荷。

6-13　分别充电使两个相同的空气电容器两端电压 $V=900V$，然后将其与电源断开。若空气电容器的电容 $C=8.0\mu F$，将其中一个电容浸入相对电容率为 2.0 的火油中，然后将它与另一个电容器并联起来，求在该过程中电场减少的能量。

6-14　什么是压电效应？以石英晶体为例说明压电效应是如何产生的？

立德树人 4　报效祖国的“人民科学家”南仁东

南仁东（1945—2017 年），吉林辽源人，天文学家、中国科学院国家天文台研究员，2019 年 9 月 17 日，国家主席习近平签署主席令，授予南仁东“人民科学家”国家荣誉称号。曾担任 500m 口径球面射电望远镜（Five-hundred-meter Aperture Spherical radio Telescope，FAST）工程首席科学家兼总工程师，主要研究领域为射电天体物理和射电天文技术与方法，负责国家重大科技基础设施 500m 口径球面射电望远镜（FAST）的科学技术工作。2017 年 5 月，获得全国创新争先奖。

2016 年 9 月 25 日，位于贵州黔南州平塘县大窝凼，借助天然圆形熔岩坑建造的世界最大单口径射电望远镜——500m 口径球面射电望远镜（FAST）宣告落成启用，开始探索宇宙深处的奥秘。从预研到建成的 22 年时间里，南仁东带领老中青三代科技工作者克服了不可想象的困难，实现了由跟踪模仿到集成创新的跨越。

2017 年 9 月 15 日晚，南仁东因病逝世，享年 72 岁。2018 年 12 月 18 日，党中央、国务院授予南仁东同志改革先锋称号，颁授改革先锋奖章，并获评“中国天眼”的主要发起者和奠基人。

第七章

恒定电流与电路

扫一扫，查阅本章数字资源，含PPT、音视频、图片等

【教学要求】

1. 理解电流密度的概念及定义。
2. 理解电流连续性方程及电流的恒定条件。
3. 理解电动势的概念并掌握一段含源电路的欧姆定律。
4. 掌握基尔霍夫定律并熟练解决复杂电路的计算问题。
5. 了解电容充放电的过程。

上一章我们讨论了静电场的基本性质，在静电平衡的条件下，由于导体内部的场强为零，导体内虽然存在着大量的自由电荷，却没有宏观的定向运动。但若在导体内建立起一个电场，则导体中的自由电荷将在电场力的作用下做定向运动，那么电荷的定向运动必然形成电流。当电流的大小及方向都不随时间变化时，我们称其为恒定电流。本章将讨论恒定电流的基本概念、基本规律以及处理复杂电路的基本方法。

第一节　电流密度　电流的恒定条件

一、电流强度

当电荷做定向运动时便形成了电流。即产生电流必须具备两个条件：①存在可以自由移动的电荷。②存在电场。例如金属导体中自由电子的运动及电解质溶液中离子的运动，这种当电子或离子在导体中做有规律的运动时所形成的电流称为**传导电流**（conduction current）。习惯上把正电荷流动的方向规定为电流的方向。

电流的强弱用电流强度来描述，若在导体上任意取一横截面，如果在 Δt 时间内，通过这一横截面的电荷为 Δq，我们定义通过这一横截面的电流强度（简称电流）I 为

$$I=\frac{\Delta q}{\Delta t} \tag{7-1}$$

即电流强度等于**单位时间内通过导体任一横截面的电量**。当电流强度 I 的大小及方向不随时间发生改变时，我们称这种电流为**恒定电流**或**稳恒电流**（steady current）。在SI制中，电流的单位为**安培**（A）。

上式定义的是在 Δt 时间内的平均电流强度，如果电流的量值随时间发生改变，我们就用瞬

时电流强度来表示瞬间电流的大小，即

$$I=\lim_{\Delta t\to 0}\frac{\Delta q}{\Delta t}=\frac{\mathrm{d}q}{\mathrm{d}t} \tag{7-2}$$

电流强度是一个标量，因为电流强度只决定于单位时间内通过某一横截面的电量的总和。电流强度的加减服从代数（标量）的加减法则，不服从矢量的平行四边形法则。

二、电流密度 *J*

在通常的电路问题中，我们遇到的都是电流沿着一根均匀的导线恒定流动，在这种情况下，我们引入电流强度的概念就足够了。但是，当电流在大块导体或粗细不均匀的导体中流动时，电流的分布就不均匀了，如图 7-1 所示。这时就必须引入描述电流分布的一个物理量即**电流密度 *J***（current density）。

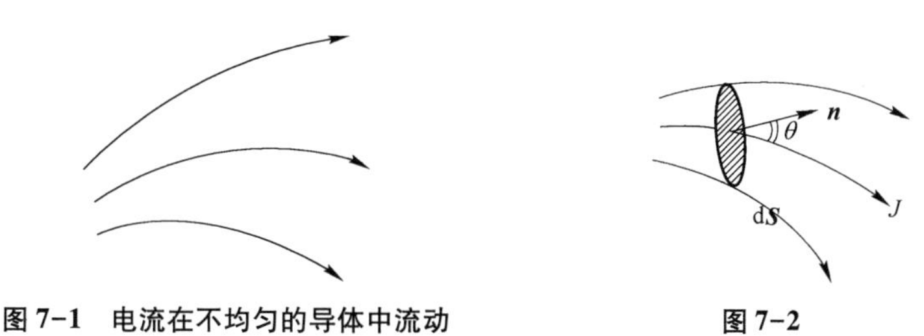

图 7-1　电流在不均匀的导体中流动　　　**图 7-2**

电流密度 $\boldsymbol{J}$ 是一个矢量，它的数值等于该点单位横截面上的电流强度的大小，它的方向为该点的正电荷受力方向，即该点场强 $\boldsymbol{E}$ 的方向。即

$$J=\frac{\mathrm{d}I}{\mathrm{d}S_{\perp}}$$

上式中，$\mathrm{d}S_{\perp}$ 是在导体中某一点取一个与电流密度方向垂直的面元的面积，若任意面元 $\mathrm{d}\boldsymbol{S}$ 的法线方向与电流密度方向之间的夹角为 θ，如图 7-2 所示，则有

$$J=\frac{\mathrm{d}I}{\mathrm{d}S\cos\theta}$$

上式也可写成矢量形式

$$\mathrm{d}I=\boldsymbol{J}\cdot\mathrm{d}\boldsymbol{S} \tag{7-3}$$

那么通过导体中任意截面 S 的电流强度可写成

$$\boxed{I=\iint_S \boldsymbol{J}\cdot\mathrm{d}\boldsymbol{S}=\iint_S J\cos\theta\mathrm{d}S} \tag{7-4}$$

由上式可知，电流强度 I 实际上是电流密度 $\boldsymbol{J}$ 的通量，电流密度的单位是**安培/米²**（$\mathrm{A/m^2}$）。

三、电流的恒定条件

设想在导体内任取一闭合曲面 S，取闭合曲面 S 的外法线方向为正，根据电荷守恒原理，即在单位时间内通过 S 面向外流出的电量 $\oint\!\!\oint_S \boldsymbol{J}\cdot\mathrm{d}\boldsymbol{S}$ 应等于在单位时间内 S 面内包含的电量的减少 $\left(-\frac{\mathrm{d}q}{\mathrm{d}t}\right)$，即有

$$\boxed{\oint\!\!\oint_S \boldsymbol{J}\cdot\mathrm{d}\boldsymbol{S}=-\frac{\mathrm{d}q}{\mathrm{d}t}} \tag{7-5}$$

上式称为**电流连续性方程**。

产生恒定电流的条件是：电场 $\boldsymbol{E}$ 在空间的分布是不随时间而变化，由于 $\boldsymbol{E}$ 在空间的分布与电荷在空间的分布情况有关，如果场强 $\boldsymbol{E}$ 不随时间变化，则电荷在空间的分布亦不随时间而变化，即任意闭合曲面内的电量应为常量，或 $\frac{\mathrm{d}q}{\mathrm{d}t}=0$，因而有

$$\oiint_S \boldsymbol{J}\cdot \mathrm{d}\boldsymbol{S}=0 \tag{7-6}$$

上式称为**电流的恒定条件**。它表明在单位时间内通过 S 面流入的电量等于从 S 面流出的电量，也就是电流连续地穿过任一闭合曲面。所以，在恒定电流的情况下，导体内通过任一横截面的电流强度不随时间发生改变。

四、电流密度与载流子平均漂移速度的关系

如果取一垂直于场强方向的截面积 $\mathrm{d}S_{\perp}$，设载流子以平均漂移速度 $\bar{v}$ 在导体中沿垂直于 $\mathrm{d}S_{\perp}$ 的方向运动；单位体积内载流子的数目即载流子的数密度为 n；载流子的价数为 Z，则每个载流子所带的电量为 Ze，则在 $\mathrm{d}t$ 时间内，载流子通过的距离为

$$\mathrm{d}l=\bar{v}\,\mathrm{d}t$$

在 $\mathrm{d}t$ 时间内，通过 $\mathrm{d}S_{\perp}$ 的电量为

$$\mathrm{d}q=nZe\mathrm{d}S_{\perp}\,\mathrm{d}l=nZe\mathrm{d}S_{\perp}\,\bar{v}\,\mathrm{d}t$$

通过截面积 $\mathrm{d}S_{\perp}$ 的电流强度 $\mathrm{d}I$ 为

$$\mathrm{d}I=\frac{\mathrm{d}q}{\mathrm{d}t}=nZe\bar{v}\,\mathrm{d}S_{\perp}$$

则电流密度的数值为

$$J=\frac{\mathrm{d}I}{\mathrm{d}S_{\perp}}=nZe\bar{v} \tag{7-7}$$

上式表明：电流密度在数值上等于导体中的载流子的数密度 n、所带电量 Ze 和平均漂移速度 $\bar{v}$ 三者的乘积。

例 7-1 一根铜导线直径为 0.2cm，通过的电流强度为 2A，铜导线每立方米中有 8.5×10^{28} 个自由电子，求自由电子的平均漂移速度。

解：$\because\ J=ne\bar{v}=\frac{I}{S}=\frac{I}{\pi r^2}$

$$\therefore\ \bar{v}=\frac{I}{ne\pi r^2}$$

$$\bar{v}=\frac{2}{8.5\times10^{28}\times1.6\times10^{-19}\times3.14\times\left(\frac{0.2\times10^{-2}}{2}\right)^2}=4.7\times10^{-5}(\mathrm{m/s})$$

从上题可见，电子定向运动的平均漂移速度远远小于电流在导体中的传播速度（即光速），电流在导体中的传播速度就是电场在导体中的传播速度。实际上电路两端加上电势差的一瞬间，电场在整个电路中就建立起来了，几乎同时，在电场力的作用下导体中的自由电子开始定向运动，形成了电流。

第二节　含源电路的欧姆定律

一、电动势

前面我们已经讲过，在一段均匀的导体中，若要产生恒定的电流，就必须在导体内维持一恒定不变的电场，那么怎样才能维持这一恒定不变的电场呢？也就是说怎么样才能在导体的两端维持一恒定不变的电势差呢？

我们以带电的电容器放电时产生的电流为例，当把充过电的电容器的正负极用导线连接以后，正电荷就在静电力的作用下通过导线从正极板流向负极板，从而形成电流，但这种电流是一种暂时的电流，因为两极板上的正负电荷逐渐中和而减少，也就是两极板间的电势差逐渐减小而趋于零，最终导线中的电流逐渐减小直到停止。所以仅靠静电力的作用是无法形成恒定电流的。也就是说这种随时间而减少的电荷分布不能产生恒定的电场，因而就不能维持恒定的电流。

要想形成恒定电流，就必须有一种本质上完全不同于静电性的力，即**非静电力**（non-electrostatic force），以抵消静电力的作用，这种非静电力能够不断地分离正负电荷用来补充两极板上减少的电荷，这样才能使两极板间保持恒定的电势差，从而才能在导线中维持恒定的电流。能提供这种非静电力的装置称为**电源**（power source）。如蓄电池、干电池等一类的电源，是通过电源内部的化学作用来提供非静电力。显然，要维持恒定电流时，电源中的非静电力将不断地作功，从而把已经流到低电势处的正电荷通过非静电力送到高电势处，所以在电源内部，非静电力方向与静电力方向是相反的。每一电池都有两个极，即正极和负极，正电荷由正极流出，经外电路流入负极，然后在电源内部非静电力的作用下，从负极流向正极，电源内部的电路称为内电路。若用 $\boldsymbol{E}_K$ 表示作用在单位正电荷上的非静电力，我们把一个电源的**电动势**（electromotive force）ε 定义为把单位正电荷从负极通过电源内部移到正极时，非静电力所作的功，即

$$\varepsilon = \int_{(电源内)} \boldsymbol{E}_K \cdot \mathrm{d}\boldsymbol{l} \tag{7-8}$$

电动势的单位与电势的单位相同，即为**伏特**（V）。但是电动势与电势是两个性质不同的物理量，电动势是和非静电力作功相联系，而电势是和静电力作功相联系。电动势完全取决于电源本身的性质，而与外电路无关。

当单位正电荷在含有电源的闭合电路内绕行一周时，电源中的非静电力对单位正电荷所作的功即电动势 ε 可写成

$$\varepsilon = \oint \boldsymbol{E}_K \cdot \mathrm{d}\boldsymbol{l} \tag{7-9}$$

电动势是标量，为方便起见，我们规定**电动势的方向是从负极经电源内部到达正极的方向。**

二、一段含源电路的欧姆定律

在电路的计算中，我们经常会遇到整个电路中求一段含源电路的端电压的计算问题，例如图7-3所示的一段含源电路，若要计算 A 与 E 两点的电势差，我们用电势变化的观点来处理是比较方便的，我们讨论的都是稳恒直流电路，故电路两端的电势差 U_{AE} 应等于所有各相邻两点电势差的代数和，即

$$U_{AE} = V_A - V_E = U_{AB} + U_{BC} + U_{CD} + U_{DE}$$

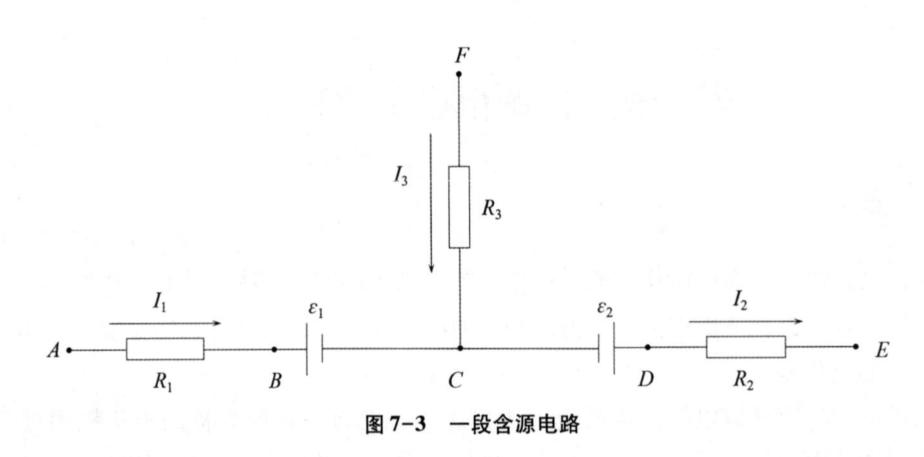

图 7-3　一段含源电路

那么如何计算相邻两点的电势差呢？我们以求 U_{AB} 为例，求 U_{AB} 时，因为电流的方向由 A 经 R_1 到 B，说明 A 点的电势比 B 点的电势高，也就是由 $A \to B$ 的方向，电势降低了，即 $U_A > U_B$，且 A 点比 B 点的电势高 I_1R_1，即

$$U_{AB} = I_1R_1 = U_A - U_B > 0$$

也就是说，沿着选定的方向（以后我们把选定的方向称为**绕行方向**）如 $A \to B$ 的方向，若电势降低了，则电势降落的数值前取正号，例如刚才我们所求的 $U_{AB} = I_1R_1 > 0$。反之，若沿着绕行方向，电势升高了，则电势升高的数值前取负号。按照上述方法，我们可计算出：

$$U_{BC} = \varepsilon_1, \qquad U_{CD} = -\varepsilon_2 \qquad U_{DE} = I_2R_2$$

所以

$$U_{AE} = U_{AB} + U_{BC} + U_{CD} + U_{DE} = I_1R_1 + \varepsilon_1 - \varepsilon_2 + I_2R_2$$

我们把上述所讲的内容归纳一下，当计算含源电路中任意两点的电势差时，首先选定绕行方向，若求 U_{AB}，就把从 A 到 B 的方向称为绕行方向，并做如下约定：

（1）沿着绕行方向遇到电阻时，若电流方向与绕行方向一致，则 IR 前取正号；反之，若电流方向与绕行方向相反，则 IR 前取负号。

（2）沿着绕行方向遇到电动势时，若电动势是从正极到负极，则 ε 前取正号；反之，若沿着绕行方向电动势是从负极到正极，则 ε 前取负号。所以任意两点的电势差例如 U_{AE} 可写成

$$\boxed{U_{AE} = \sum I_iR_i + \sum \varepsilon_i} \qquad (7-10)$$

上式表明：**在一段含源电路中任意两点的电势差等于这两点间所有电阻的电势降落的代数和 $\sum I_iR_i$，加上所有电源电势降落的代数和 $\sum \varepsilon_i$**，这就是一段含源电路的欧姆定律。

例 7-2　如图 7-4 所示的电路，已知 $\varepsilon_1 = 16\text{V}$，$\varepsilon_2 = 8\text{V}$，$r_1 = r_2 = 1\Omega$，$R_1 = R_2 = R_3 = 2\Omega$，试求 a、b 两点之间的电势差。

图 7-4

解：因 $\varepsilon_1 > \varepsilon_2$，所以电流方向为如图所示的方向。

$$I = \frac{\varepsilon_1 - \varepsilon_2}{r_1 + r_2 + R_1 + R_2 + R_3} = 1\text{A}$$

选绕行方向为从 a 点经 ε_1、R_2 到达 b 点，则

$$U_{ab} = -\varepsilon_1 + Ir_1 + IR_2 = -16 + 1 + 2 = -13(\text{V})$$

第三节　基尔霍夫定律

解决复杂电路计算问题的基本公式是**基尔霍夫**（Gustar Robert Kirchhoff）方程组，本节将介

绍基尔霍夫定律。

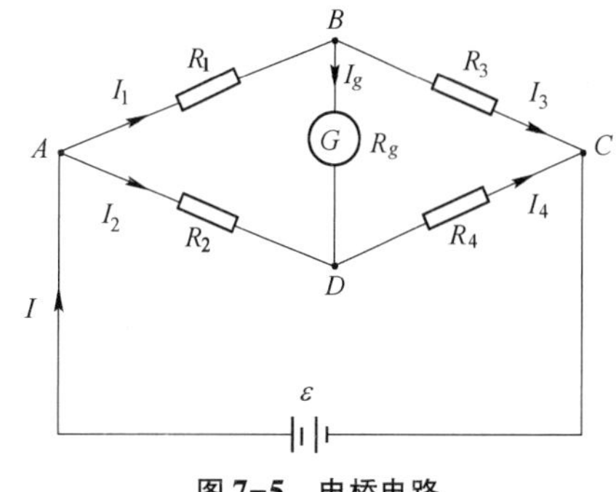

图 7-5　电桥电路

一个复杂的直流电路通常是由多个电源和多个电阻的复杂连接，我们把电源与电阻等元件彼此串联所形成的无分支的通路称为**支路**（branch circuit）。在同一支路中，由于电源或电阻等元件彼此之间是串联的关系，故通过每一元件的电流强度均相等。另外我们把三条或三条以上支路的汇合点称为**节点**（nodal point）。电流的闭合通路称为**回路**（closed circuit）。在复杂电路中，通常由多个节点和多条支路所组成。如图 7-5 所示的电桥电路中，共有四个节点、六条支路，另外还有三个独立回路。解决这样复杂电路问题要用到基尔霍夫定律，基尔霍夫定律由基尔霍夫第一定律和基尔霍夫第二定律组成。

一、基尔霍夫第一定律

基尔霍夫第一定律又称**节点定律**，它的理论根据是电流的恒定条件。基尔霍夫第一定律的内容是：**流入节点的电流之和等于流出节点的电流之和**。例如在图 7-5 所示的电路中，对于 A、B、C、D 四个节点可列出下面四个方程，即

$$I = I_1 + I_2$$
$$I_1 = I_3 + I_g$$
$$I = I_3 + I_4$$
$$I_4 = I_2 + I_g$$

上面的方程是根据基尔霍夫第一定律列出的方程，我们称为**节点方程**。显然对于有 4 个节点的情况中，上面列出了 4 个方程，这 4 个方程中，有 3 个方程彼此是独立的，第 4 个方程可由上面的 3 个方程解出，可以证明：如果电路中有 n 个节点，就可列出$n-1$个独立的节点方程。这$n-1$个独立的节点方程被称为基尔霍夫第一方程组，我们通常将基尔霍夫第一定律记作

$$\boxed{\sum I_i = 0} \qquad (7-11)$$

上式表示汇于节点的电流强度的代数和等于零。一般将流向节点的电流取为负值，从节点流出的电流取为正值，若做出相反的规定也可以。

二、基尔霍夫第二定律

基尔霍夫第二定律的内容是：**沿闭合回路环绕一周，回路中电势降落的代数和等于零**。即可表示为

$$\boxed{\sum I_i R_i + \sum \varepsilon_i = 0} \qquad (7-12)$$

根据基尔霍夫第二定律列出的方程称为**回路方程**，它的理论基础是稳恒电场的环路定理，即沿回路绕行一周又回到出发点，电位的数值不变。回路的绕行方向可任意选定，电源电动势和电阻电势降落前的正负号与一段含源电路的欧姆定律中所规定的相同，即电势降落取正，电势升高取负。可以证明：当复杂电路中有 p 条支路，n 个节点的情况时，则可列出 m 个独立回路方程，这 m 个独立的回路方程被称为基尔霍夫第二方程组。$m=p-(n-1)$，即 $p=m+n-1$，若电路中有 p 个未知数，则根据基尔霍夫第一定律和基尔霍夫第二定律可列出 $n-1+m$ 个即 p 个独立方程，由此看出，未知数的数目正好与独立方程的个数相等。所以，基尔霍夫定律原则上可以解决任何直

流电路的计算问题。选择独立回路的原则是：**至少有一条支路是在已选过的回路中所未曾出现过的**。例如，在图 7-5 所示的电桥电路中，可列出下面三个独立回路方程，即

ABDA 回路：　　$I_1R_1 + I_gR_g - I_2R_2 = 0$

BCDB 回路：　　$I_3R_3 - I_4R_4 - I_gR_g = 0$

ADCA 回路：　　$I_2R_2 + I_4R_4 - \varepsilon = 0$

由上面的分析可以看出，电桥电路中共有六个独立方程，所以可以解出六个未知数。若已知 ε 值和 R_1、R_2、R_3、R_4 四个电阻中的任意三个，我们可以得出，当 $I_g=0$ 时，即电桥处于平衡时，根据上述方程可得出

$$R_1R_4 = R_2R_3$$

上式就是电桥平衡时必须满足的条件，利用三个已知电阻值，可求出一个待测电阻值。这就是用惠斯登电桥测电阻的原理。如果这个待测电阻值和其他物理量（例如温度、形变等）有关，则惠斯登电桥实际上也可用来测量这些物理量。

例 7-3　如图 7-6 所示，已知 $\varepsilon_1 = 20\text{V}$，$\varepsilon_2 = 12\text{V}$，$R_1 = R_2 = R_3 = 2\Omega$，求各支路电流强度。

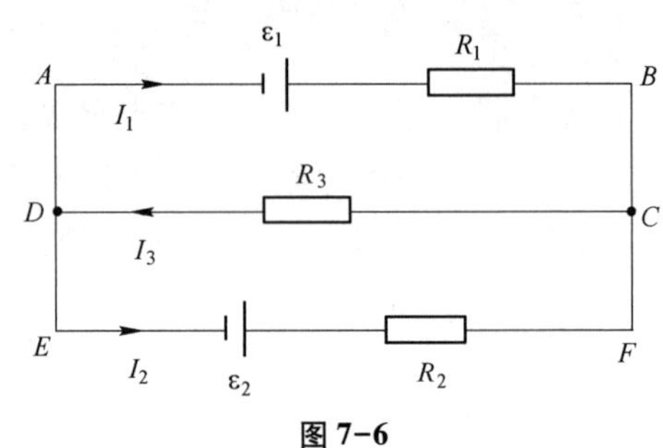

图 7-6

解：设各支路的电流分别为 I_1、I_2、I_3，方向如图所示。因电路中有两个节点，故根据基尔霍夫第一定律可列出一个独立的节点方程，即

$$I_3 = I_1 + I_2 \qquad (1)$$

对于回路 *ABCDA* 和 *DEFCD*，根据基尔霍夫第二定律可列出回路方程如下：

$$-\varepsilon_1 + I_1R_1 + I_3R_3 = 0 \qquad (2)$$

$$-\varepsilon_2 + I_2R_2 + I_3R_3 = 0 \qquad (3)$$

将 (1)、(2)、(3) 组成方程组，将已知的数值代入，可解出

$$I_1 = \frac{14}{3}\text{A}$$

$$I_2 = \frac{2}{3}\text{A}$$

$$I_3 = \frac{16}{3}\text{A}$$

于是我们得出了各支路的电流的大小。

另外，需要指出的是，当我们不知道复杂电路中各支路的电流方向时，我们可以先假定各支路的电流方向，根据假设的方向列出节点方程和回路方程，然后解方程组，把各支路的电流求出来。当求出的电流值为正值时，说明假定的方向与实际电流流动的方向一致；当求出的电流值为负值时，说明假定的方向与实际电流流动的方向相反。

第四节　电容器充放电与电泳

前面学习了只含有电源和电阻的电路，本节将在电路中加入电容元件，讨论电容充电和放电的规律，并简略介绍电泳现象。

一、电容器的充电过程

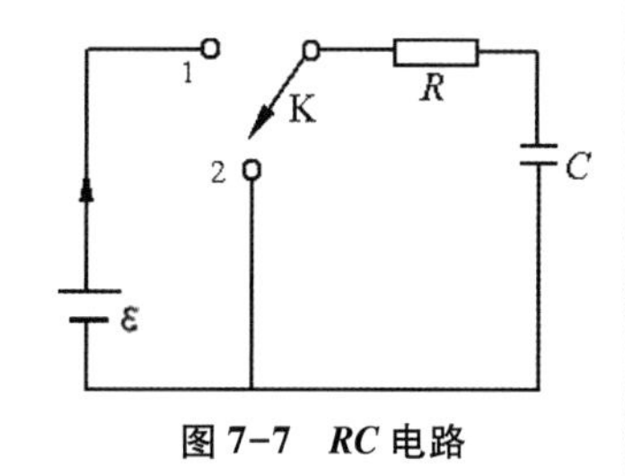

图 7-7　RC 电路

图 7-7 所示，是一电容器的充、放电电路。当开关 K 扳向 1 端时，电动势为 ε 的电源通过电阻 R 向电容 C 充电，设充电电流为 i_c，充电电压为 u_c。由基尔霍夫定律可知

$$\varepsilon=i_cR+u_c \tag{7-13}$$

根据电流定义，$i_c=\frac{\mathrm{d}q}{\mathrm{d}t}=C\frac{\mathrm{d}u_c}{\mathrm{d}t}$，代入式 7-13 得

$$\varepsilon=RC\frac{\mathrm{d}u_c}{\mathrm{d}t}+u_c \tag{7-14}$$

式 7-14 为 RC 电路在充电过程中电容器两端电压所满足的微分方程式，这个方程式的解为

$$u_c=\varepsilon+Ae^{-\frac{t}{RC}} \tag{7-15}$$

式 7-15 中，常数 A 由初始条件确定，即 $t=0$，$u_c=0$ 时，代入上式得 $A=-\varepsilon$，所以

$$u_c=\varepsilon\left(1-e^{-\frac{t}{RC}}\right) \tag{7-16}$$

式 7-16 说明，在 RC 电路的充电过程中电容器 C 两端的电压 u_c 随时间 t 按指数规律上升。

将式 7-16 代入式 7-13 可得充电电流为

$$i_c=\frac{\varepsilon-u_c}{R}=\frac{\varepsilon}{R}\mathrm{e}^{-\frac{t}{RC}} \tag{7-17}$$

式 7-17 说明，RC 电路的充电电流 i_c 随时间 t 按指数规律下降。

图 7-8 和图 7-9 给出了 RC 电路的 u_c-t 曲线和 i_c-t 曲线。由图可见，$t=0$ 时电路中的电流最大，随着充电时间的延续，电容器上积累的电荷逐渐增加，电容器两端的电压 u_c 也逐渐增大，而这时的充电电流 i_c 则随 u_c 的增大而减小，而当 $u_c=\varepsilon$ 时，$i_c=0$，充电过程结束。

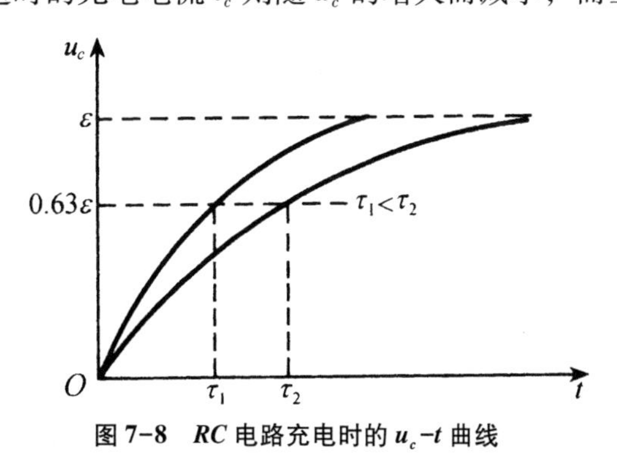

图 7-8　RC 电路充电时的 u_c-t 曲线

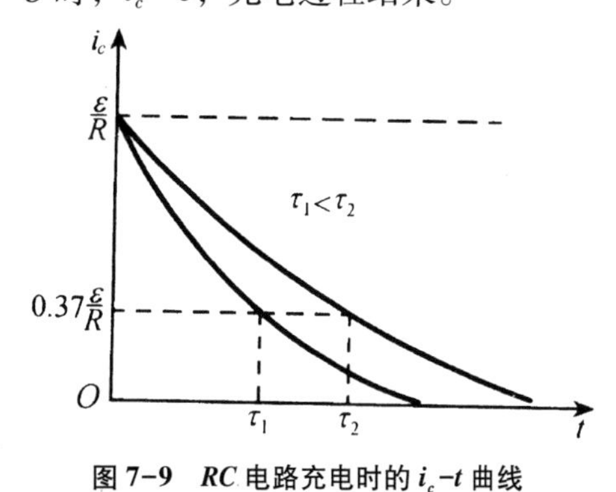

图 7-9　RC 电路充电时的 i_c-t 曲线

由上面的分析可知，电容器充电快慢由电路参数 R 和 C 决定，我们把 R 和 C 的乘积称为电路的时间常数（time constant），用 τ 来表示，$\tau=RC$。R 单位为欧姆（Ω），C 的单位为法拉（F），τ 的单位为秒（s）。τ 越大，充电越慢；反之，充电越快。当 $t=\tau$ 时，有

$$u_c=\varepsilon\left(1-e^{-1}\right)=0.63\varepsilon \tag{7-18}$$

$$i=\frac{\varepsilon}{R}e^{-1}=0.37\frac{\varepsilon}{R} \tag{7-19}$$

由式 7-18 和式 7-19 可知，τ 是 RC 电路充电时电容器上的电压从零上升到 ε 的 63%所经历的时间，或充电电流下降到最大值的 37%时所经历的时间。

根据式 7-16 可知，$t=\infty$ 时，$u_c=\varepsilon$，表明只有充电时间足够长时，电容器两端电压 u_c 才能与

电源电动势 ε 相等。但实际上，$t=3\tau$ 时，$u_c=0.95\varepsilon$，当 $t=5\tau$ 时，$u_c=0.99\varepsilon$，这时 u_c 与 ε 已基本接近了，因此，一般经过 $3\tau \sim 5\tau$ 的时间，充电过程就已基本结束了；此时充电电流 $i_c=0$，相当于开路，我们通常所说的电容有“隔直”的作用就是指这种状态。

二、电容器的放电过程

在图 7-7 所示的电路中，如果把开关 K 接通 2 端时，电容 C 将通过电阻 R 放电。刚开始的瞬间，电容器极板上的电荷将随时间的增加而逐渐减少，根据基尔霍夫定律可得

$$u_c=i_cR \tag{7-20}$$

由于电容器放电过程电荷逐渐减少，故电荷变化率为负，因此 $i_c=-\frac{dq}{dt}=-C\frac{du_c}{dt}$，将其代入上式得

$$\frac{du_c}{dt}+\frac{u_c}{RC}=0$$

这个一阶微分方程的解为

$$u_c=Ae^{-\frac{t}{RC}}$$

将初始条件 $t=0$，$u_c=\varepsilon$ 代入上式，可得 $A=\varepsilon$，则上式变为

$$u_c=\varepsilon e^{-\frac{t}{RC}} \tag{7-21}$$

利用放电过程中电压与电流的关系，将式 7-21 代入式 7-20，得放电电流 i_c 为

$$i_c=\frac{u_c}{R}=\frac{\varepsilon}{R}e^{-\frac{t}{RC}} \tag{7-22}$$

由式 7-21 和式 7-22 可知，在 RC 电路的放电过程中，u_c 和 i_c 均随时间 t 按指数规律衰减。衰减的快慢取决于时间常数 $\tau=RC$，τ 越大衰减越慢，如图 7-10 所示。当 $t=\tau$ 时，$u_c=0.37\varepsilon$，按理论分析，只有 $t=\infty$ 时，$u_c=0$ 放电才结束。但实际中，当放电时间经过 $3\tau \sim 5\tau$ 时，放电就基本结束了。

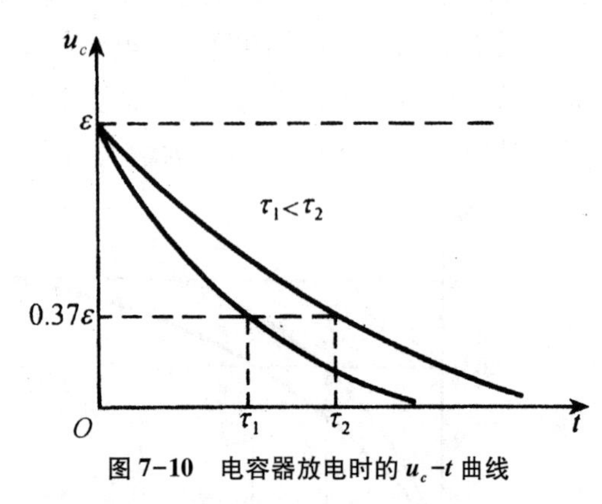

图 7-10 电容器放电时的 u_c-t 曲线

从上面分析可知，不论是在充电或放电过程中，电容器上的电压都不能突变，只能逐渐变化。这就是 RC 电路暂态过程的特性，这一特性在医学工程中有着广泛的应用。人体中的电传导常常被模拟为 RC 电路，例如，细胞膜的电特性以及神经传导等。

三、电泳

人体中的细胞外液（组织液和血浆）中除了有正、负离子外，还有带电或不带电的悬浮胶粒，带电胶粒有细胞、病毒、蛋白质分子或合成粒子等。在外加电场的作用下，带电微粒将发生迁移，这种带电微粒在电场作用下发生迁移的现象称为**电泳**（electrophoresis）。由于不同微粒的分子量、体积以及所带电量的不同，在外加电场作用下它们的迁移速度一般是不相同的，因此，可以用电泳的方法将标本中的不同成分分开，这种方法已成为生物化学研究、制药及临床检验的常用手段。例如血浆中包含很多种蛋白质，有血清蛋白、球蛋白、纤维蛋白原等，在外加电场作用下对血液进行电泳就可以把这一混合物的成分分开。较精细的电泳技术还可以把人体血浆中多

达40种的蛋白分开。电泳技术有不用支持介质的自由电泳技术和用支持介质以水平和垂直方向进行分离的区带电泳等。下面以区带电泳为例进行介绍。

图7-11是一种简单的电泳装置示意图，两个电极分别放在盛有缓冲液的两个容器内，把滤纸条的两端分别浸在缓冲液中，待滤纸全部被缓冲液润湿后将少量待测标本滴在滤纸上，然后将两电极与直流电源接通。在外加电场的作用下，标本中的带电微粒开始泳动，由于不同微粒的迁移速度不同，经过一段时间后，它们的距离就逐渐拉开。最后把滤纸烘干，进行染色。根据颜色的深浅来求得各种微粒成分的浓度和所占的比例。例如，血清蛋白中含有清蛋白，α_1、α_2、β、γ球蛋白等各种蛋白质，利用电泳技术就可以把这几种蛋白质分开。如图7-12和图7-13所示，是正常血清电泳图谱和光密度扫描后电泳图谱。电泳技术还与同位素技术、免疫学技术、酶学技术相结合，形成各种各样的分支。电泳技术还可以与计算机技术、激光技术相结合，形成自动化程度高、灵敏度高、速度快的自动化激光外差电泳术。

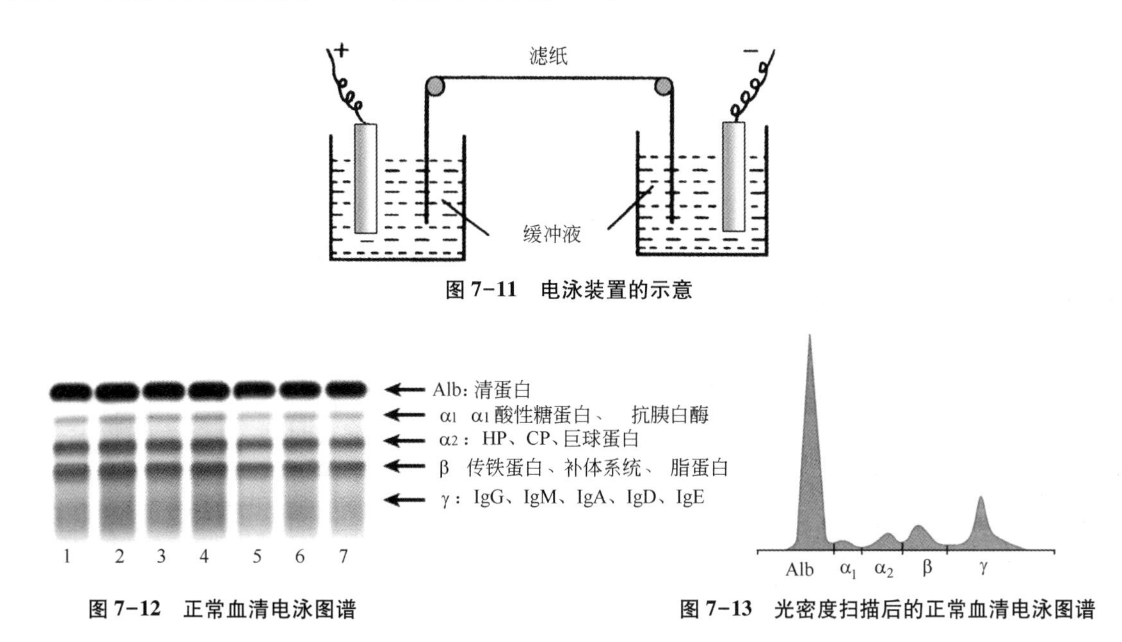

图7-11　电泳装置的示意

图7-12　正常血清电泳图谱

图7-13　光密度扫描后的正常血清电泳图谱

第五节　接触电势差与温差电现象

一、电子逸出功

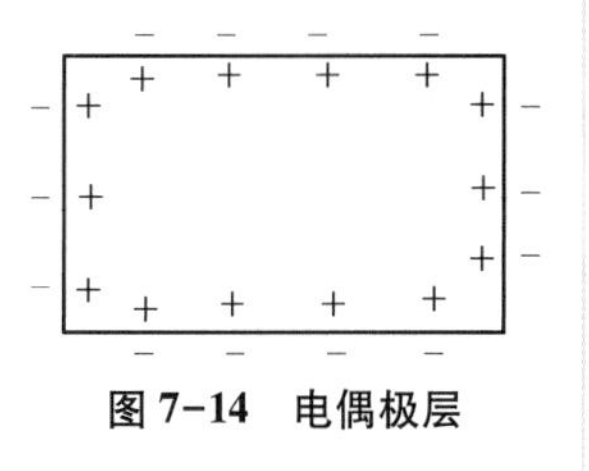

图7-14　电偶极层

在常温下，虽然金属中的自由电子做无规则的热运动，但是自由电子几乎并不能从金属表面挣脱出来，这说明自由电子受到了某种阻碍它们逸出金属表面的阻力。这个现象我们可以用经典电子论来说明，由于电子做无规则的热运动，那么总有一些电子具有足够的动能而逸出金属表面，但是电子在逸出金属表面时，一方面由于金属缺少了电子，另一方面又由于逸出的电子对金属的感应作用，使得金属中的电荷重新分布，从而在表面层出现了与电子等量的正电荷，如图7-14所示。这时逸出的电子受到这种正电荷的吸引作用，使之动能减少，从而使大多数电子都不能远离金属表面，只能停留在贴近金属表面的地方，对于一块金属，宏观上看来是中性的，但金属表面实际上被一层电子气所包围，这层电子气与金属表面上的正电荷层形成电偶极层，如图7-14所示。电偶极层的厚度约为10^{-10}m，

它所产生的电场的方向指向金属外面，因此阻碍金属中的其他电子的逸出，如果金属中自由电子想从金属内部逸出时，就必须克服这种电场力而作功，这个功就称为**逸出功**（escape work）。

若令电偶极层的外层电势为零，内层电势为 U，则电子逸出金属表面所需作的功等于 eU，e 为电子的电量，U 称为**逸出电势**（escape potential）。

根据上面的讨论，若想使自由电子完全脱离表面，必须使电子具有大于 eU 的动能，才能使电子逸出金属表面，飞向空间。我们可以用各种各样的方法来增加电子的功能，使其逸出金属表面。例如升高温度使金属发射出来的电子称为**热电子**（thermal electron）。这一现象称为**热电子发射**（thermoelectron emission）。我们也可用光照射的方法使金属发射出来电子，这种电子称为**光电子**（photoelectron），这一现象称为**光电效应**（photoelectric effect）。我们还可用入射电子束的方法，使金属表面的电子被激发出来，这一现象称为**次级电子发射**（secondary electron emission）。

各种金属的逸出电势数值各有不同，大多数纯金属的逸出电势在 3～4.5V 之间。个别金属例如铂的逸出电势超过 5V。

二、接触电势差

1797 年意大利物理学家**伏打**（A. Volta）发现，当两种不同的金属相互接触时，两种金属的接触面处出现了等量异号电荷，因而在接触的表面处产生了电势差，这种由于不同金属接触时形成的电势差称为**接触电势差**（contact potential difference）。接触电势差的大小随接触的金属性质不同而异，从十分之几伏特到几个伏特。伏打还发现，所有的金属导体可以排成一个序列，序列中，任何一种金属与后面的一种金属相接触时，前者带正电，后者带负电，其排列顺序如下：

铝、锌、锡、镉、铅、锑、铋、汞、铁、铜、银、金、铂、钯。

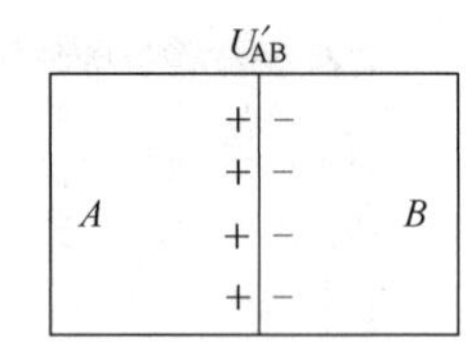

图 7-15 接触电势差

按经典电子论，形成接触电势差有以下两个原因：第一是由于两种不同的金属各有不同的逸出功，所以从金属表面逸出的自由电子数目也不同，假设 A 金属与 B 金属相接触时，A 金属的逸出功小于 B 金属的逸出功，如图 7-15 所示。那么电子从 A 金属中逸出要比从 B 金属中逸出容易一些，因此单位体积内从金属 B 转移到金属 A 的电子数目比金属 A 转移到金属 B 的电子数目少，这样，在接触处，金属 B 带负电，金属 A 带正电，形成了一个电场，这个电场将阻碍电子继续从 A 转移到 B，最后将达到一个动态平衡的过程，即从金属 B 转移到 A 的电子数目与从金属 A 转移到 B 的电子数目一样，这样就在 A、B 金属的接触面处建立了一个恒定的电势差 U'_{AB}。可以证明，U'_{AB}就等于两种金属的逸出电势之差。第二个原因是由于两种金属内自由电子数密度不同，将引起扩散，就像气体中密度不均匀引起扩散一样，假设 A、B 金属中的电子数密度分别为 n_A 和 n_B，且 $n_A>n_B$，由于自由电子的扩散，则从金属 B 向金属 A 扩散的电子数目比从金属 A 向金属 B 扩散的电子数目少，结果在 A、B 金属的接触处也产生了电场，这个电场将阻碍电子继续从 A 转移到 B，最后电子的转移达到了动态平衡过程，接触面处形成了一个恒定的电势差 U''_{AB}，可以证明

$$U''_{AB}=\frac{kT}{e}\ln\frac{n_A}{n_B}$$

其中 k 为玻尔兹曼常数，T 为绝对温度，e 为电子的电量的绝对值。

综上所述，金属 A、B 相接触时，会产生一定的电势差 U_{AB}，U_{AB}一般为

$$U_{AB}=U'_{AB}+U''_{AB}$$

三、温差电现象

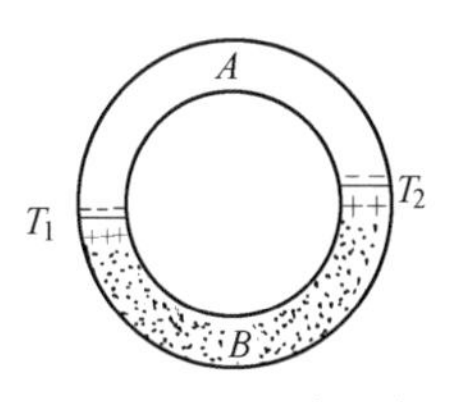

图 7-16　温差电现象

上面我们已经讨论过了接触电势差，即将两种不同的金属相接触时，在接触面处会产生接触电势差。当把两种金属 A、B 组成一个闭合回路时，由于回路中接触电势差的代数和为零，所以回路中没有电流产生。但是，如果使 A、B 两种金属的两个接触面处具有不同的温度 T_1 和 T_2 时，假如 $T_1>T_2$，如图 7-16 所示，则闭合回路中将有电流产生，也就是说回路中产生了电动势，这种电动势是由于两个接触面处的温度不一样而引起的，因此称它为**温差电动势**（thermal electromotive force），这种现象称为温差电现象。

产生温差电动势的原因是由于不同温度下金属的逸出电势和金属中自由电子的数密度不同而引起的，也就是不同温度下两个接触面处的接触电势差不一样。温差电动势的大小与金属的性质及两接触面处的温度差有关。由上面的讨论，我们可以得出回路中温差电动势 ε 的大小

$$\varepsilon=\frac{k(T_1-T_2)}{e}\ln\frac{n_A}{n_B} \tag{7-23}$$

一般温差电动势的数值都很小，一般只有几毫伏到几十毫伏。

产生温差电动势的装置称为**温差电偶**（thermoelectric couple），用温差电偶作电源时，由于它的电动势很小，一般可以把许多温差电偶串联起来使用，这种装置称为**温差电堆**（thermopile）。

知识链接 7

古斯塔夫·罗伯特·基尔霍夫（德语：Gustav Robert Kirchhoff，1822—1887 年），德国物理学家。在电路、光谱学的基本原理（两个领域中各有根据其名字命名的基尔霍夫定律）有重要贡献，1862 年创造了“黑体”一词。1847 年发表的两个电路定律发展了欧姆定律，对电路理论有重大作用。1859 年制成分光仪，并与化学家罗伯特·威廉·本生一同创立光谱化学分析法，从而发现了铯和铷两种元素。同年还提出热辐射中的基尔霍夫辐射定律，这是辐射理论的重要基础。

小　结

1. 电流强度　单位时间内通过导体任意横截面的电量称为电流强度，即

$$I=\frac{dq}{dt}\text{ 或 }I=\frac{\Delta q}{\Delta t}$$

电流强度是标量，电流方向是指正电荷流动的方向。

2. 电流密度　电流密度是一个矢量，其数值等于通过该点单位垂直截面的电流强度。即

$$J=\frac{dI}{dS_\perp}$$

其方向为该点的电场强度的方向。

3. 电流的恒定条件　导体中各点 $\boldsymbol{J}$ 的大小和方向都不随时间发生变化，这样的电流称为恒定电流。由于产生恒定电流的电场 $\boldsymbol{E}$ 在空间的分布是不随时间而变化，所以电荷在空间的分布亦不随时间而变化，即任意闭合曲面内的电量应为常量，或$\frac{dq}{dt}=0$，因而有

$$\oint_S \boldsymbol{J} \cdot \mathrm{d}\boldsymbol{S} = 0$$

4. 电动势　单位正电荷从负极通过电源内部移到正极时，非静电力所作的功称为这个电源的电动势。若用 $\boldsymbol{E}_K$ 表示作用在单位正电荷上的非静电力，则电动势 ε 的大小为

$$\varepsilon = \int_{(\text{电源内})} \boldsymbol{E}_K \cdot \mathrm{d}\boldsymbol{l}$$

当单位正电荷在含有电源的闭合电路内绕行一周时，电源中的非静电力对单位正电荷所作的功即电动势 ε 可写成

$$\varepsilon = \oint \boldsymbol{E}_K \cdot \mathrm{d}\boldsymbol{l}$$

电动势是标量，为方便起见，我们规定电动势的方向是从负极经电源内部到达正极的方向。

5. 一段含源电路的欧姆定律　在复杂含源电路中任意两点的电势差（例 U_{AB}）等于这两点间所有电阻的电势降落的代数和 $\sum I_iR_i$，加上所有电源电动势降落的代数和 $\sum \varepsilon_i$，这就是一段含源电路的欧姆定律。即

$$U_{AB} = \sum I_iR_i + \sum \varepsilon_i$$

若求 U_{AB}，就把从 A 到 B 的方向称为绕行方向，我们把各量的符号归纳如下：①沿着绕行方向遇到电阻时，若电流方向与绕行方向一致，则 IR 前取正号；反之，若电流方向与绕行方向相反，则 IR 前取负号。②沿着绕行方向遇到电动势时，若电动势是从正极到负极，则 ε 前取正号；反之，若沿着绕行方向电动势是从负极到正极，则 ε 前取负号。

6. 基尔霍夫第一定律　基尔霍夫第一定律又称节点定律，通常记作 $\sum I_i=0$，若复杂电路中有 n 个节点，则可列出 $n-1$ 个独立的节点方程。

7. 基尔霍夫第二定律　沿任意闭合回路环绕一周，回路中电势降落的代数和等于零，即 $\sum I_iR_i + \sum \varepsilon_i = 0$，回路的绕行方向可任意选定，电动势和电阻降落的正负号的规定与一段含源电路的欧姆定律中规定的一样，即沿着绕行方向电势降落取正，电势升高取负。若复杂电路中有 p 条支路，n 个节点，则可列出 m 个独立的回路方程，$m=p-(n-1)$。

8. 电容充放电

（1）在 RC 电路的充电过程中，电容器的电压 u_c 和电流 i_c 为

$$u_c=\varepsilon\left(1-e^{-\frac{t}{RC}}\right);\ i_c=\frac{\varepsilon}{R}e^{-\frac{t}{RC}}$$

（2）在 RC 电路的放电过程中，电容器的电压 u_c 和电流 i_c 为

$$u_c=\varepsilon e^{-\frac{t}{RC}};\ i_c=\frac{\varepsilon}{R}e^{-\frac{t}{RC}}$$

9. 温差电动势　A、B 两种金属的两个接触面处具有不同的温度 T_1 和 T_2 时，则回路中将产生温差电动势，其大小等于

$$\varepsilon = \frac{k(T_1 - T_2)}{e}\ln\frac{n_A}{n_B}$$

习题七

7-1　截面相同的钨丝和铝丝串联接在一电源上，问：

（1）通过钨丝和铝丝内的电流强度是否相同?

（2）通过钨丝和铝丝内的电流密度是否相同?

（3）通过钨丝和铝丝内的电场强度是否相同?

7-2　两根截面不同但材料相同的导线串联起来，两端加上一定的电势差，问：

（1）通过细导线和粗导线内的电流强度是否相同?

（2）通过细导线和粗导线内的电流密度是否相同?

（3）通过细导线和粗导线内的电场强度是否相同?

7-3　电流的恒定条件是什么?

7-4　基尔霍夫第一定律和基尔霍夫第二定律的理论根据分别是什么?

7-5　电势与电动势的单位都是伏特，但它们有何本质上的区别?

7-6　电源的电动势和端电压有何区别? 两者在什么情况下才相等?

7-7　温差电动势是如何产生的?

7-8　在一个横截面积为 $2.4\times10^{-6}\text{m}^2$ 的铜导线中，通有 4.5A 的电流，设铜导线中的自由电子数密度为 $8.5\times10^{28}\text{m}^{-3}$，求电子的平均漂移速度。

7-9　在图 7-17 中，$\varepsilon_1=24\text{V}$，$r_1=2\Omega$，$\varepsilon_2=6\text{V}$，$r_2=1\Omega$，$R_1=2\Omega$，$R_2=1\Omega$，$R_3=3\Omega$，求：

（1）a、b、c、d 各点的电位。

（2）两个电池的端电压。

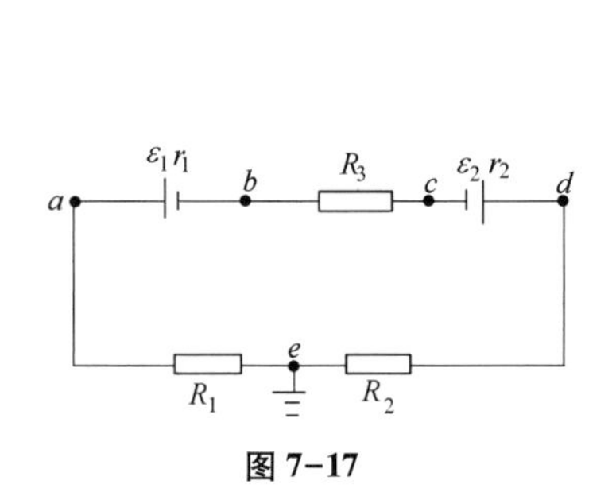

图 7-17

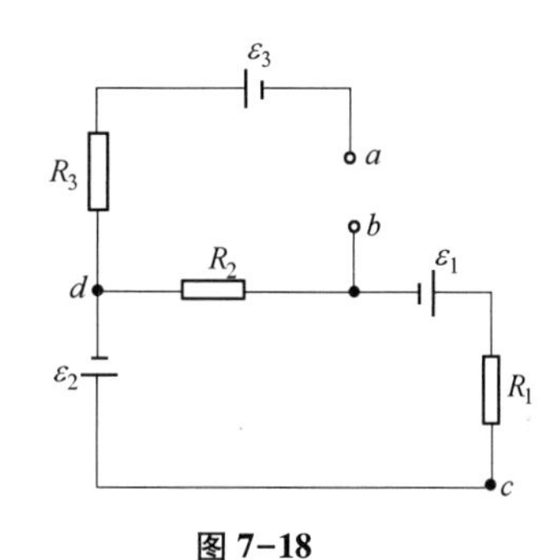

图 7-18

7-10　在图 7-18 中，$\varepsilon_1=12\text{V}$，$\varepsilon_2=\varepsilon_3=6\text{V}$，$R_1=R_2=R_3=3\Omega$，电源的内阻不计，求 U_{ab}、U_{ac}、U_{bc}、U_{ad}。

7-11　如图 7-19 所示，$\varepsilon_1=12\text{V}$，$\varepsilon_2=10\text{V}$，$\varepsilon_3=8\text{V}$，$r_1=r_2=r_3=1\Omega$，$R_1=R_2=R_3=R_4=R_5=2\Omega$，求 U_{ab}、U_{ac}、U_{bc}。

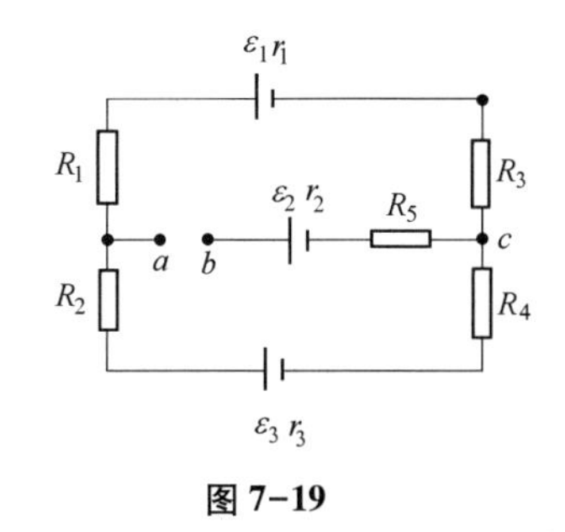

图 7-19

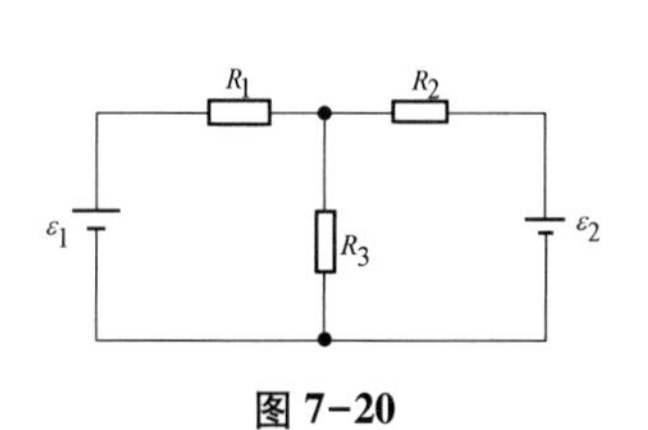

图 7-20

7-12　如图 7-20 所示，$\varepsilon_1=1.5\text{V}$，$\varepsilon_2=1\text{V}$，$R_1=5\Omega$，$R_2=80\Omega$，$R_3=10\Omega$，电源内阻不计，求 R_3 上的电流大小。

7-13　在图 7-21 中，已知 $\varepsilon_1=10\text{V}$，$\varepsilon_2=8\text{V}$，$\varepsilon_3=6\text{V}$，$R_1=R_2=R_3=2\Omega$，求：

（1）各支路电流；

（2）A、B 两点的电势差。

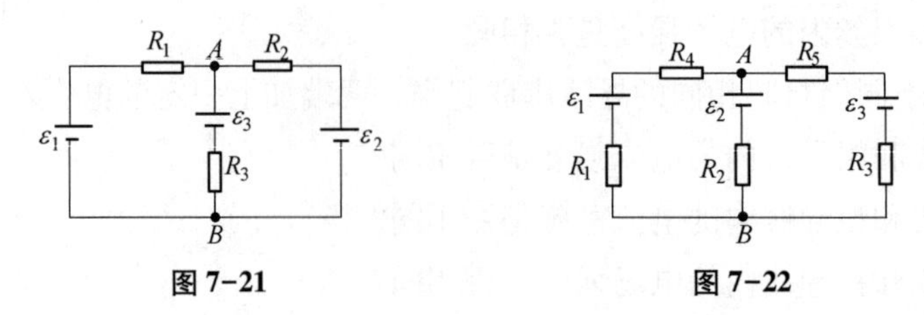

图 7-21　　图 7-22

7-14　在图 7-22 中，已知 $\varepsilon_1=2\text{V}$，$\varepsilon_2=\varepsilon_3=4\text{V}$，$R_1=R_3=1\Omega$，$R_2=2\Omega$，$R_4=R_5=3\Omega$，求：

（1）各支路电流；

（2）A、B 两点的电势差。

7-15　如图 7-23 所示，$\varepsilon_1=12\text{V}$，$\varepsilon_2=6\text{V}$，$r_1=r_2=R_1=R_2=1\Omega$，通过 R_3 的电流 $I_3=3\text{A}$，方向如图所示。求：

（1）通过 R_1、R_2 上的电流大小；

（2）R_3 的大小。

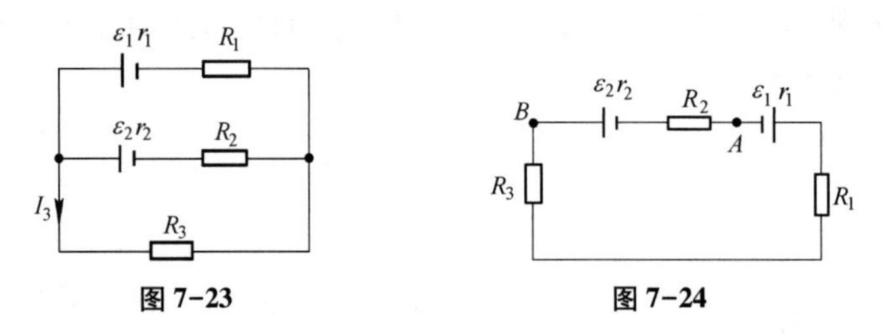

图 7-23　　图 7-24

7-16　如图 7-24 所示，$\varepsilon_1=6\text{V}$，$\varepsilon_2=4\text{V}$，$R_1=1\Omega$，$R_2=2\Omega$，$R_3=3\Omega$，$r_1=r_2=1\Omega$，求：

（1）电路中的电流；

（2）A、B 两点的电势差。

7-17　如图 7-25 所示，已知 $\varepsilon_2=12\text{V}$，$\varepsilon_3=4\text{V}$，$R_1=2\Omega$，$R_2=4\Omega$，$R_3=6\Omega$，通过 R_1 上的电流 $I_1=0.5\text{A}$，求：

（1）I_2 及 I_3 各为多少；

（2）ε_1 为多少？

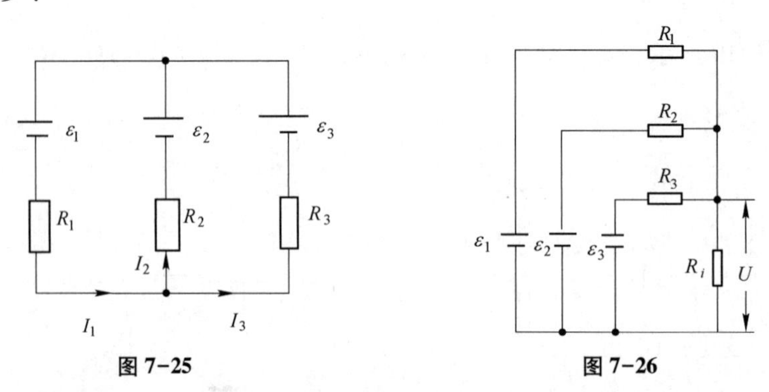

图 7-25　　图 7-26

7-18　如图 7-26 所示，试证明当 $R_1=R_2=R_3=R_i$ 时，R_i 两端的电势差 $U=\frac{1}{4}(\varepsilon_1+\varepsilon_2+\varepsilon_3)$

7-19　在一个 RC 充电电路中，直流电源的电动势 $\varepsilon=10\text{V}$，$R=1000\Omega$，$C=500\mu\text{F}$，求电路的时间常数 τ 和充电时间为 $t=4\tau$ 时，电容器极板间的电压。

7-20　将电容量为 $C=300\mu\text{F}$，极板间电压为 20V 的电容器接到 $R=1000\Omega$ 的电路上放电，经过一段时间，当电容器上的电压为 0.3V 时，求放电时间。

第八章
恒定磁场

扫一扫，查阅本章数字资源，含PPT、音视频、图片等

【教学要求】

1. 掌握磁感应强度的基本概念。
2. 理解毕奥-萨伐尔定律，能计算一些简单问题中的磁感应强度。
3. 理解磁场的高斯定理和安培环路定理；了解运用安培环路定理计算磁场的方法。
4. 掌握安培定律及其应用。
5. 掌握洛仑兹力公式及其应用。

运动的电荷，在它周围空间中不仅存在电场，也存在磁场。两运动电荷间的相互作用不仅有电场力还有磁场力，而磁场力是通过磁场传递的。从基本性质和遵从的规律来说，磁场不同于电场，磁场力也不同于电力。运动电荷或电流是产生磁场的源。本章将讨论不随时间变化的所谓恒定磁场的性质和规律，主要研究由**稳恒电流**（steady current）产生的**恒定磁场**（steady magnetic field）。首先引入描述磁场的物理量——磁感应强度，然后介绍磁场的高斯定理、毕奥—萨伐尔定律和安培环路定理，以及磁场对运动电荷和载流导线的作用。

第一节　磁场与磁感应强度

一、磁场

人们对磁现象的研究起源很早，最初人们发现磁现象是从天然磁石（磁铁矿）能够吸引铁屑的现象开始的。我国古代人民为此做出了巨大的贡献，早在春秋战国时期，《吕氏春秋·精通》中就有关于“磁石召铁”的描述。东汉著名的唯物主义思想家王允在《论衡》中描述的“司南勺”被公认为是最早的磁性指南工具。至11世纪北宋科学家沈括在《梦溪笔谈》中第一次详细记录了指南针的制作和使用方法，并发现了地磁偏角，比欧洲的发现早了400年。12世纪初，我国已有关于指南针用于航海的记载。

在很长一段时间内，电学和磁学的研究都是彼此独立的，直到1820年丹麦物理学家奥斯特，在实验中发现，通有电流的导线（也称为载流导线）附近的磁针会发生偏转，随后，安培发现了磁铁附近的载流导线受到力的作用，两个通有电流的直导线间也有相互作用，运动的带电粒子会在磁铁附近发生偏转等。这些现象表明电流对磁铁有作用力，磁铁对电流也有作用力。磁现象是与电流或电荷的运动密不可分的。研究表明，磁体与磁体之间的力，电流与磁体之间的力，以及电流与电流

之间的力，本质都是相同的，统称为**磁力**（magnetic force）。任何运动电荷或电流的周围空间，除与静止的电荷一样存在着电场外，同时还存在一种特殊的物质，这种物质称为**磁场**（magnetic field）。

为了说明物质的磁性，1822 年安培提出了有关物质磁性的本性假说，他认为一切磁现象的根源是电流，即电荷的运动。任何物体的分子中都存在着回路电流，称为**分子电流**。分子电流相当于基元磁体，由此产生磁效应。如果这些分子电流毫无规则地取向各个方向，对外界引起的磁效应就会相互抵消，整个物质就不显磁性。如果这些分子电流取向成规则排列，就会对外界产生磁效应，这时物质显示出磁化状态。研究证实，安培分子环流假说与现代物质的结构理论相符，分子中的电子除了绕着原子核运动外，电子本身还有自旋运动，分子中电子的这些运动相当于回路电流，即分子电流。

二、磁感应强度

假定已有运动电荷（或传导电流和永久磁铁）在空间产生了磁场，那么，如何对已存在的磁场作定量的描述呢？对于静电场我们曾以作用在试验电荷上的静电力定义了电场强度$\boldsymbol{E}=\boldsymbol{F}/q_0$。仿此方法，可以研究磁场作用在运动电荷上的磁力来引入描写磁场的物理量 $\boldsymbol{B}$，并称为**磁感应强度**（magnetic induction）。

通常利用一个能在空间自由转动的小磁针来探测磁场。如果将小磁针置于磁场中某**场点**（field point）上，小磁针总会转到一个确定的方位而静止下来，使它的 N 极指向一确定方向。先规定小磁针的 N 极在某场点上的指向表示该点磁感应强度 $\boldsymbol{B}$ 的方向，再设想将一个电量为 q 的点电荷以不同速度$\boldsymbol{v}$通过场点 P，并测量电荷 q 在该点受到的磁力 $\boldsymbol{F}$。通过这一实验，原则上得到以下一些结果：

（1）若电荷 q 静止在 P 点，则 q 不受力作用，这说明磁力只作用在运动电荷上。

（2）当 q 以同一速率v沿不同方向通过场点 P 时，所受磁力的大小不同，但其方向总与 $\boldsymbol{v}$ 和 $\boldsymbol{B}$ 所构成的平面垂直。如图 8-1 所示。

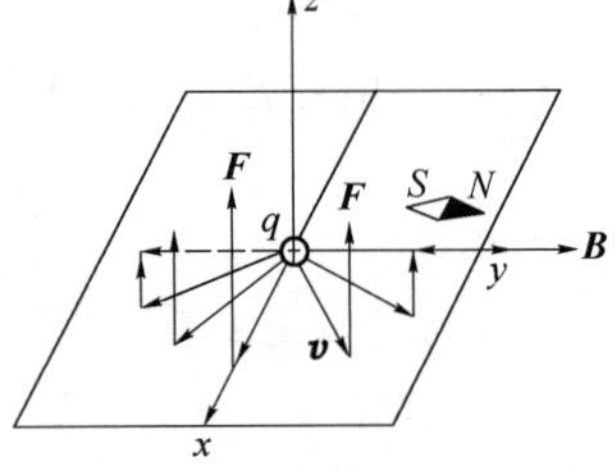

图 8-1 运动电荷磁场中所受的磁力

（3）当在 P 点的速度 $\boldsymbol{v}$ 与 $\boldsymbol{B}$ 的夹角为 θ 时，如图 8-2（a）所示，作用于 q 的磁力 $\boldsymbol{F}$ 的大小与 $qv\sin\theta$ 成正比，而且比值$\dfrac{F}{qv\sin\theta}$对于确定的场点 P 有唯一的量值。当 $\theta=90°$时，作用于 q 的磁力 $\boldsymbol{F}$ 为最大，记为$\boldsymbol{F}_m$。

由此可见，比值$\dfrac{F_m}{qv}$代表了在该场点处磁场的强弱。因此，规定 $\boldsymbol{B}$ 的大小

$$B=\frac{F_m}{qv}$$

$\boldsymbol{B}$ 的方向由**右手螺旋法则**（right-handed screw rule）确定。如图 8-2（b）所示。即右手四指顺着 $\boldsymbol{F}_m$ 的方向往小于180°角转向正电荷运动速度 $\boldsymbol{v}$ 的方向，伸直的大拇指所指的方向就是 $\boldsymbol{B}$ 方向。

而磁场作用于运动电荷 q 的磁力大小

$$F=qvB\sin\theta$$

又因 $\boldsymbol{F}$ 总垂直于$\boldsymbol{v}$和 $\boldsymbol{B}$，故可写成矢量式：

$$\boldsymbol{F}=q\boldsymbol{v}\times\boldsymbol{B} \tag{8-1}$$

$\boldsymbol{F}$ 方向也由右手螺旋法则确定。即右手四指顺着正电荷运动速度$\boldsymbol{v}$的方向往小于 180°角转向

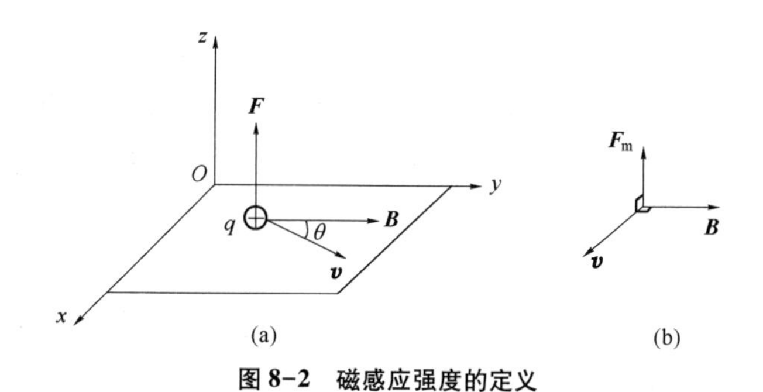

图 8-2　磁感应强度的定义

B 方向，大拇指所指的方向就是 **F** 方向。

磁感应强度 **B** 是描述磁场在各点的强弱和方向的物理量。它与电场强度 **E** 的地位相当，通常 **B** 是场点位置的函数。产生磁场的源可以是运动电荷、传导电流或永久磁体，磁场源不同，**B**（x，y，z）的形式（磁场的分布）也不同。若场中各点的磁感应强度 **B** 都相同，则称为匀强磁场。而空间各点磁感应强度 **B** 都不随时间改变的磁场称为**恒定磁场**。

磁感应强度单位，国际单位（SI）制中，称**特斯拉**（T）。实际工作中还用较小的单位**高斯**（G），它们的关系为：

$$1\text{T} = 10^4\text{G}$$

表 8-1 列出了一些典型磁场的 B 值。

表 8-1　一些典型磁场的 B 值

磁场源	**B**（T）
室内电线周围	约 10^{-4}
地球磁场	约 0.5×10^{-4}
小磁针	约 10^{-2}
实验室磁场	$10^{-2}\sim10^{4}$
太阳黑子	约 0.3
人体心脏	约 3×10^{-10}

三、磁感应线

对于磁场，也可仿照电力线引入**磁感应线**（也称**磁力线**）（magnetic line of force）。磁感应线是一些有向曲线，曲线上任一点的切向代表该点的磁感应强度 **B** 的方向，而通过垂直于 **B** 的单位面积上的线数等于该处 **B** 的大小。

磁感应线的方向与电流的方向有关，可用右手螺旋法则加以判定。对于长直载流导线，右手拇指顺着电流方向，四指握住导线，弯曲四指的指向就是磁感应线的方向；对长直通电螺旋管或圆形电流线圈，用右手四指顺着电流方向，握住螺旋管或圆形电流线圈，伸直拇指的指向就是螺旋管或圆形电流线圈中心处磁感应线的方向。

四、磁场的高斯定理

通过一给定曲面的磁感应线的总数，称为通过该曲面的**磁通量**（magnetic flux），用 Φ 表示。在均匀磁场中，有一面积为 **S** 的平面，其法线 **n** 与磁感应强度 **B** 的夹角为 θ，如图 8-3 所示，则通过该面积的磁通量为

$$\Phi = BS\cos\theta \tag{8-2}$$

磁通量的国际单位是韦伯（Weber），用符号 Wb 表示。$1\text{Wb}=1\text{T}\cdot\text{m}^2$。

如果磁场不均匀，在计算通过任意曲面上的磁通量时，可在曲面上取面积元 d$\boldsymbol{S}$，且认为该面元上的磁通量是均匀的。若 d$\boldsymbol{S}$ 的法线方向与该点处磁感应强度 $\boldsymbol{B}$ 之间的夹角为 θ，如图8-4 所示。通过面元 d$\boldsymbol{S}$ 的磁通量为

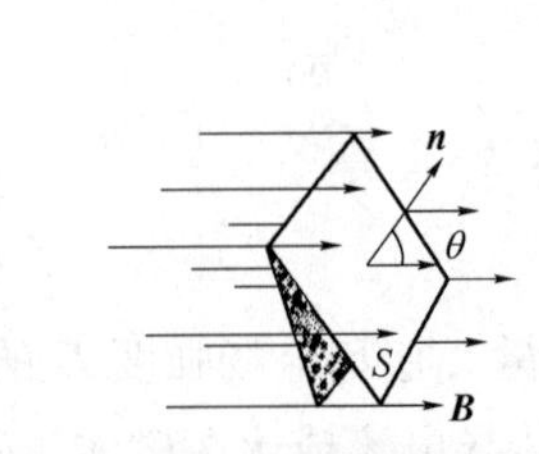

图 8-3　均匀磁场的磁通量

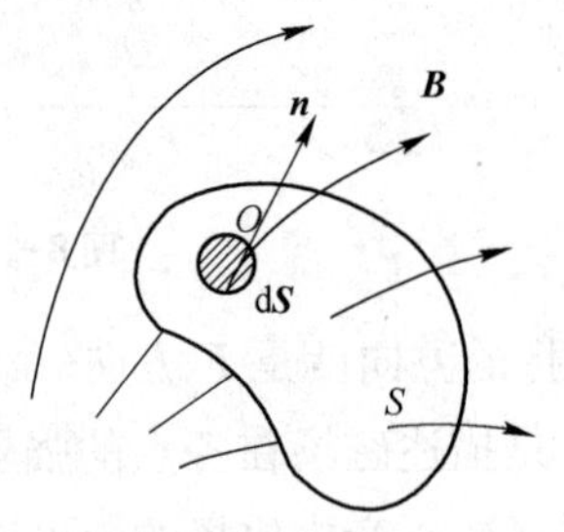

图 8-4　磁通量

$$\mathrm{d}\Phi = B\cos\theta\mathrm{d}S \tag{8-3}$$

通过有限曲面的磁通量为

$$\Phi = \iint_S B\cos\theta\mathrm{d}S$$

矢量式为

$$\boxed{\Phi = \iint_S \boldsymbol{B}\cdot\mathrm{d}\boldsymbol{S}} \tag{8-4}$$

对于一闭合曲面来说，取垂直于曲面向外的指向为法线的正方向。因此，当磁感应线从曲面内穿出时，磁通量为正，穿入曲面时为负，如图 8-5 所示。由于磁感应线是闭合曲线，因此，对任意一封闭曲面来说，穿出和穿入的磁感应线的数目应该相等，磁通量正负抵消。即穿过磁场中任一闭合曲面的磁通量恒为零。

$$\oiint_S \boldsymbol{B}\cdot\mathrm{d}\boldsymbol{S} = 0 \tag{8-5}$$

图 8-5　通过闭合曲面的磁通量

这一规律称为**磁场高斯定理**（Gauss's law in magnetic field）。

电场高斯定理 $\oiint_S \boldsymbol{E}\cdot\mathrm{d}\boldsymbol{S} = \sum q_i/\varepsilon_0$ 说明电力线有头有尾，起于正电荷，终于负电荷，电场是一种有源场。磁场高斯定理 $\oiint_S \boldsymbol{B}\cdot\mathrm{d}\boldsymbol{S} = 0$，则说明磁感应线无头无尾。磁场是一种无源场。磁场高斯定理揭示了磁场的这一特性。

第二节　电流的磁场

一、毕奥-萨伐尔定律

在恒定电流的磁场中，计算磁感应强度的方法是先寻找一小段电流的磁场公式，再把场源电流分割成许多的小段电流，由这些小段电流磁场的叠加，求出任意载流系统的磁场。

在细长载流导线上截取的一小段电流，称为**电流元**（current element），用其电流 I 和长度 d$\boldsymbol{l}$ 表示为 Id$\boldsymbol{l}$，Id$\boldsymbol{l}$ 的方向为电流元所在处电流密度的方向。电流元中包含有大量的载流子运动电

荷，电流元所激发的磁场，就是这些运动电荷激发磁场的矢量和。

设电流元的截面积为 S，导体中载流子数密度为 n，电量为正 q 的每个载流子都以漂移速度 $\boldsymbol{v}$ 在运动，形成电流强度为 I 的电流。由于电流元范围内有 $\mathrm{d}N=n\mathrm{d}V=nS\mathrm{d}l$ 个载流子，每个载流子运动电荷产生的磁场为

$$\boldsymbol{B}=\frac{\mu_0}{4\pi}\cdot\frac{q\boldsymbol{v}\times\boldsymbol{r}_0}{r^2} \tag{8-6}$$

故电流元的磁场

$$\mathrm{d}\boldsymbol{B}=\mathrm{d}N\cdot\boldsymbol{B}=\frac{\mu_0}{4\pi}\cdot\frac{qnS\mathrm{d}l\boldsymbol{v}\times\boldsymbol{r}_0}{r^2} \tag{8-7}$$

因为 $qnS\mathrm{d}l\boldsymbol{v}=I\mathrm{d}\boldsymbol{l}$

将其代入 $\mathrm{d}\boldsymbol{B}$ 的表达式，即得电流元的磁场公式

$$\mathrm{d}\boldsymbol{B}=\frac{\mu_0}{4\pi}\cdot\frac{I\mathrm{d}\boldsymbol{l}\times\boldsymbol{r}_0}{r^2} \tag{8-8}$$

$$\mathrm{d}B=\frac{\mu_0}{4\pi}\cdot\frac{I\mathrm{d}l\sin\theta}{r^2} \tag{8-9}$$

式中 μ_0 为真空中的磁导率；r 是场点 P 到电流元 $I\mathrm{d}\boldsymbol{l}$ 的距离，$\boldsymbol{r}_0$ 是从电流元到场点 P 矢径 $\boldsymbol{r}$ 方向的单位矢量，θ 是 $I\mathrm{d}\boldsymbol{l}$ 与 $\boldsymbol{r}_0$ 的夹角，如图 8-6 所示。

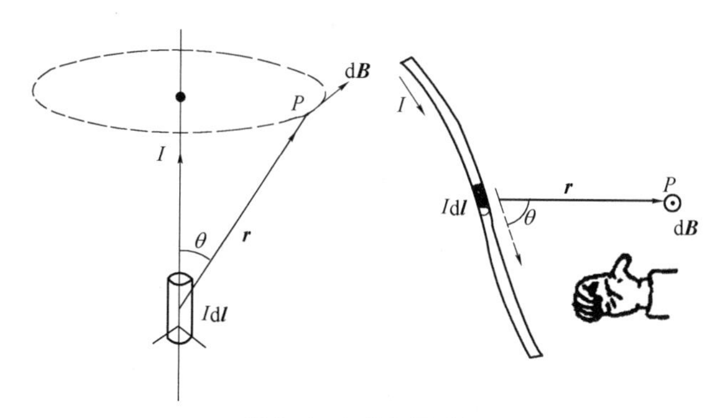

图 8-6　电流元的磁场

式 8-8 所表达的公式，称为**毕奥-萨伐尔定律**（Biot-Savart law）。图 8-6 是根据毕奥-萨伐尔定律所描绘的电流元磁场的磁感应线，磁感应线的走向与 $I\mathrm{d}\boldsymbol{l}$ 成右手螺旋关系。

由毕奥-萨伐尔定律可得由电流元磁场叠加的任意载流系统的磁场公式

$$\boxed{\boldsymbol{B}=\frac{\mu_0}{4\pi}\int\frac{I\mathrm{d}\boldsymbol{l}\times\boldsymbol{r}_0}{r^2}} \tag{8-10}$$

上式是毕奥-萨伐尔定律与磁场叠加原理相结合的计算任意载流系统磁场的基本公式。该式是一个矢量积分公式，实际计算时多采用分量解析法。即适当选择坐标系，对每一个 $\mathrm{d}\boldsymbol{B}$ 沿坐标方向进行分解，分别对各分量进行积分，然后再进行合成。

由于运动电荷和电流元磁场的磁感应线都是一些闭合的曲线，对其场中的任何一个闭合曲面，磁通量都应该为零。任意载流系统的磁场，都由电流元和运动电荷的磁场叠加，其磁通量为所有电流元和运动电荷磁场磁通量的代数和。因而，对于任意磁场中的任何闭合曲面，都有 $\oiint_S \boldsymbol{B}\cdot\mathrm{d}\boldsymbol{S}=0$。这就对磁场高斯定理给予了理论上的说明。

二、毕奥-萨伐尔定律应用举例

（一）载流直导线的磁场

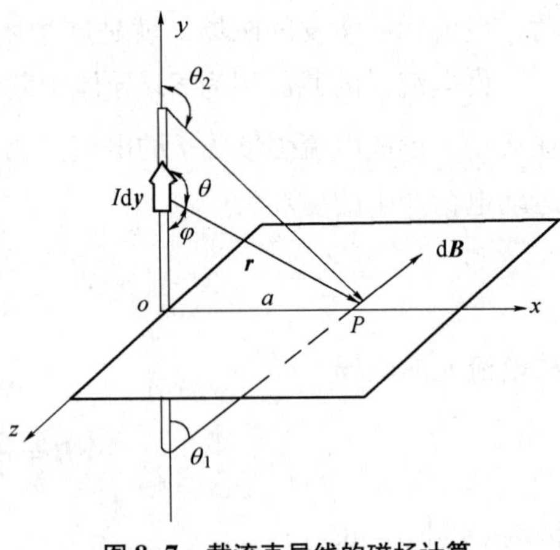

图 8-7 载流直导线的磁场计算

设直导线长为 L，流过的电流为 I，任意场点 P 到直导线的距离为 a，如图 8-7 所示。建立图示的坐标系，以直导线为 y 轴，使 P 点在 x 轴上。在 y 轴上距原点为 y 处取长为 $\mathrm{d}y$ 的电流元 $I\mathrm{d}\boldsymbol{l}=I\mathrm{d}\boldsymbol{y}$，由毕奥-萨伐尔定律，它在 P 点的磁场 $\mathrm{d}\boldsymbol{B}$ 沿 z 轴的负方向，大小为

$$\mathrm{d}B=\frac{\mu_0}{4\pi}\cdot\frac{I\mathrm{d}y\sin\theta}{r^2}$$

由于直导线上所有电流元在 P 点的磁场都沿 z 轴负方向，其合磁场 $\boldsymbol{B}$ 也沿 y 轴负方向，故

$$B=\int dB=\int\frac{\mu_0}{4\pi}\cdot\frac{I\mathrm{d}y\sin\theta}{r^2}$$

式中 r 和 y 都是随电流元位置变化的变量。为了能够计算这个积分，应当把它们统一为一个变量。取径矢 $\boldsymbol{r}$ 与 y 轴的夹角 θ 为自变量，由图 8-7 可知

$$r=\frac{a}{\sin\varphi}=\frac{a}{\sin\theta}$$

$$y=a\mathrm{ctg}\varphi=-a\mathrm{ctg}\theta$$

取 y 的微分，得

$$\mathrm{d}y=\frac{a\mathrm{d}\theta}{\sin^2\theta}$$

将 r 和 $\mathrm{d}y$ 代入上面 B 的积分式中，并分别用 θ_1 和 θ_2 表示直导线的起点、终点和 P 点连线与 y 轴的夹角，可得

$$B=\frac{\mu_0}{4\pi}\int_{\theta_1}^{\theta_2}\frac{I}{a}\sin\theta\mathrm{d}\theta$$

积分后得

$$\boxed{B=\frac{\mu_0 I}{4\pi a}(\cos\theta_1-\cos\theta_2)}\qquad(8-11)$$

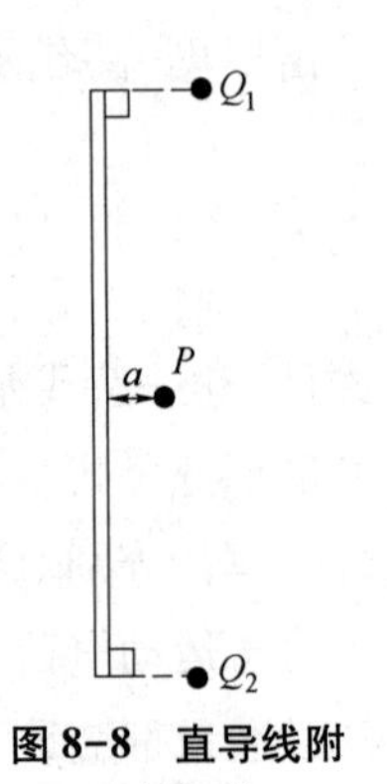

图 8-8 直导线附近的场点

当直导线的长度 $L\gg a$，且 P 点在直导线的中段附近（图 8-8）时，因 $\theta_1\to 0$，$\theta_2\to\pi$，可将直导线视为“无限长”。于是，便得无限长载流直导线的磁场公式

$$\boxed{B=\frac{\mu_0 I}{2\pi a}}\qquad(8-12)$$

对于图 8-8 中直导线端点近旁 $a\ll L$ 的 Q_1、Q_2 点，因 $\theta_1\to 0$，$\theta_2\to\pi/2$ 或 $\theta_1\to\pi/2$，$\theta_2\to 0$，可将直导线视为“半无限长”。于是，便有半无限长载流直导线的磁场公式

$$\boxed{B=\frac{\mu_0 I}{4\pi a}}\qquad(8-13)$$

（二）圆电流轴线上的磁场

设圆电流的半径为 R，电流为 I，P 为其轴线上与圆心相距为 x 的一点，如图 8-9 所示。在圆电流上任取的电流元 $Id\boldsymbol{l}$，都与它到 P 点的径矢 $\boldsymbol{r}$ 垂直，由毕奥-萨伐尔定律，可得它在 P 点的磁场

$$\mathrm{d}B = \frac{\mu_0}{4\pi} \cdot \frac{I\mathrm{d}l}{r^2}$$

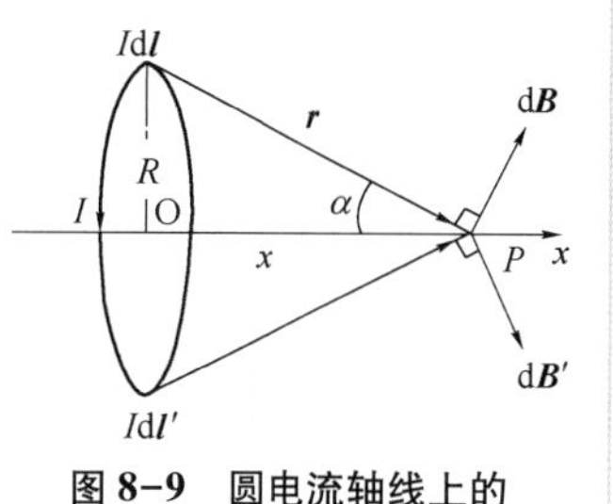

图 8-9　圆电流轴线上的磁场计算

方向如图 8-9 所示，垂直于 $Id\boldsymbol{l}$ 与 $\boldsymbol{r}$ 所在的平面。根据电流分布的轴对称性，圆电流上必有大小相同的电流元 $Id\boldsymbol{l}'$在 P 点的磁场 $\mathrm{d}\boldsymbol{B}'$，$\mathrm{d}\boldsymbol{B}$ 和 $\mathrm{d}\boldsymbol{B}'$关于 x 轴对称，因而使得总的合磁场 $\boldsymbol{B}$ 将垂直圆电流平面，指向 x 轴方向，并与圆电流成右手螺旋关系。因此

$$B = B_x = \int \mathrm{d}B\sin\alpha = \int_0^{2\pi R} \frac{\mu_0 I\mathrm{d}l}{4\pi r^2}\sin\alpha$$

因

$$r = \sqrt{R^2 + x^2} \qquad \sin\alpha = \frac{R}{r} = \frac{R}{\sqrt{R^2 + x^2}}$$

均为常量，故

$$B = \frac{\mu_0 I}{4\pi r^2} \cdot \frac{R}{r} \cdot 2\pi R = \frac{\mu_0 IR^2}{2r^3} = \frac{\mu_0 IR^2}{2(R^2 + x^2)^{3/2}} \tag{8-14}$$

若 $x=0$，$r=R$，可得圆电流中心处磁感应强度

$$\boxed{B = \frac{\mu_0 I}{2R}} \tag{8-15}$$

（三）圆截面载流直螺线管轴线上的磁场

圆截面的直螺线管，是用导线在直圆柱面上绕成的多匝螺旋形线圈。如果导线很细，且密绕，在通电后，每一匝就相当于一个圆电流，螺线管产生的磁场，就是这些半径相同的同轴圆电流磁场的叠加。

设螺线管单位长度上的匝数为 n，通电流 I 后，在轴向长为 $\mathrm{d}x$ 的一小段上，共有 $n\mathrm{d}x$ 匝，相应的圆电流元应为 $\mathrm{d}I' = In\mathrm{d}x$。以螺线管轴线上所求场点 P 为 x 轴的原点，如图 8-10 所示，则对位于轴线上 x 处的圆电流元 $\mathrm{d}I' = In\mathrm{d}x$，由圆电流轴线上的磁场公式 8-14，可得 P 点的磁场

图 8-10　载流直螺线管

$$\mathrm{d}B = \frac{\mu_0 R^2 \mathrm{d}I'}{2(R^2 + x^2)^{3/2}} = \frac{\mu_0 R^2 In\mathrm{d}x}{2(R^2 + x^2)^{3/2}}$$

为了便于通过定积分计算出 P 点的磁感应强度，可以改用 P 点到圆电流元边缘的连线与 x 轴的夹角 θ，代替 x 作为积分变量。为此，以

$$x = R\mathrm{ctg}\theta$$

$$\mathrm{d}x = -R\csc^2\mathrm{d}\theta$$

和

$$R^2 + x^2 = R^2(1 + \mathrm{ctg}^2\theta) = R^2\csc^2\theta$$

代入 $\mathrm{d}B$ 的表达式，得

$$\mathrm{d}B = -\frac{1}{2}\mu_0 nI\sin\theta\mathrm{d}\theta$$

由于各圆电流元在 P 点的磁场 $\mathrm{d}\boldsymbol{B}$ 方向相同，都沿 x 轴正向，故 P 点的磁场 $\boldsymbol{B}$ 沿 x 轴正向，与螺线管电流成右手螺旋关系，且

$$B = \int \mathrm{d}B = \int_{\theta_1}^{\theta_2} -\frac{1}{2}\mu_0 nI\sin\theta\mathrm{d}\theta$$

θ_1 和 θ_2 分别为 P 点到螺线管两端边缘连线与 x 轴的夹角。作定积分计算，得

$$\boxed{B = \frac{1}{2}\mu_0 nI\ (\cos\theta_2 - \cos\theta_1)} \tag{8-16}$$

当螺线管的半径 R 远小于管长，且 P 点在管内远离管端时，因 $\theta_1 \to \pi$，$\theta_2 \to 0$，可将螺线管视为“无限长”，由此可得无限长直螺线管轴线上的磁场公式

$$\boxed{B = \mu_0 nI} \tag{8-17}$$

对于长直螺线管两端轴线上的场点，由 $\theta_1 \to \pi/2$，$\theta_2 \to 0$ 或 $\theta_1 \to \pi$，$\theta_2 \to \pi/2$。可得

$$\boxed{B = \frac{1}{2}\mu_0 nI} \tag{8-18}$$

它为管内远离两端的轴线上各点磁感应强度的一半。管内轴线上各点磁场大小的分布，如图8-11所示。

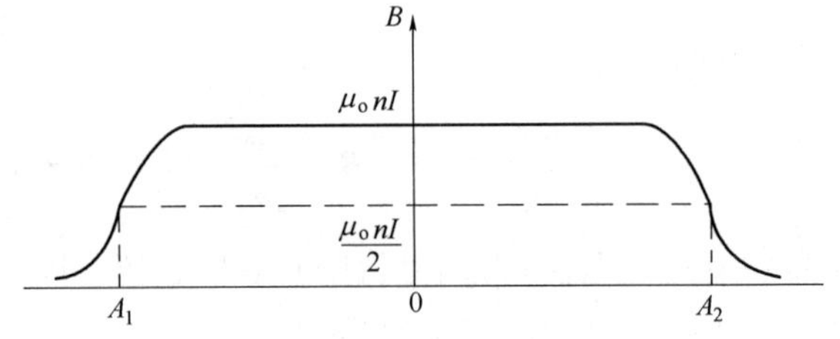

图 8-11 载流直螺线管轴线上磁场分布

三、安培环路定理

静电场的一个重要特征，是场强 $\boldsymbol{E}$ 沿闭合回路（环路）的环流 $\oint_L \boldsymbol{E} \cdot \mathrm{d}\boldsymbol{l} = 0$，那么恒定磁场中磁感应强度场的环流 $\oint_L \boldsymbol{B} \cdot \mathrm{d}\boldsymbol{l}$，又将如何呢?

设闭合环路 L 处于与无限长载流直导线 I 垂直的平面内，且包围电流 I，其绕行方向与电流方向成右手螺旋关系，如图 8-12（a）所示。

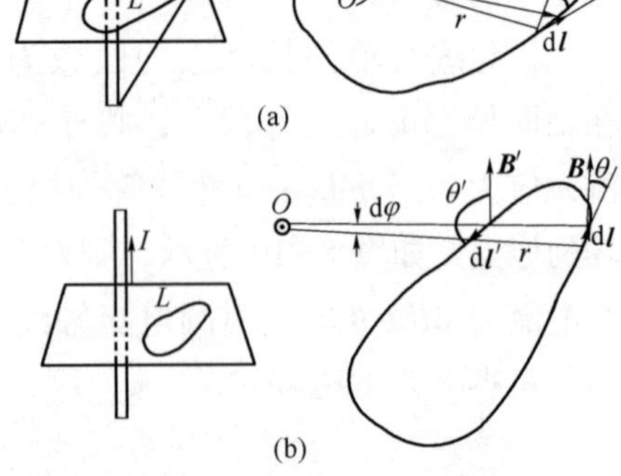

图 8-12 安培环路定律推导

若用 r 表示环路上的场点 P 到直导线的距离，由长直电流的磁场公式 8-12，可得

$$B = \frac{\mu_0 I}{2\pi r}$$

磁感应线是一些以直导线为轴，与电流成右手螺旋关系的同心圆。由此可得

$$\boldsymbol{B} \cdot \mathrm{d}\boldsymbol{l} = B\mathrm{d}l\cos\theta = Br\mathrm{d}\varphi = \frac{\mu_0}{2\pi}I\mathrm{d}\varphi$$

当 $\mathrm{d}l$ 绕环路 L 一周时，图中的 $\mathrm{d}\varphi$ 累计变化 2π，故 $\boldsymbol{B}$ 的环流

$$\oint_L \boldsymbol{B} \cdot \mathrm{d}\boldsymbol{l} = \int_0^{2\pi} \frac{\mu_0 I}{2\pi}\mathrm{d}\varphi = \mu_0 I$$

如果改变环路的绕行方向，由于 $\boldsymbol{B}$ 与 $\mathrm{d}\boldsymbol{l}$ 的夹角由 θ 变为 $\pi-\theta$。处处都有 $\cos(\pi-\theta)=-\cos\theta$。所以积分结果只改变符号，为

$$\oint_L \boldsymbol{B}\cdot \mathrm{d}\boldsymbol{l}=-\mu_0 I$$

为了方便起见，可以把电流 I 当作是包含了正负的代数量，规定电流方向与有向环路的方向成右手螺旋关系时，I 为正，电流方向与有向环路的方向与右手螺旋关系相反时，I 为负。这样上述磁场的环流就可以统一表示为

$$\oint_L \boldsymbol{B}\cdot \mathrm{d}\boldsymbol{l}=\mu_0 I$$

如果电流 I 在环路 L 之外，如图 8-12（b）所示，在整个环路积分过程中，$\mathrm{d}\varphi$ 所对应的 $\boldsymbol{B}\cdot\mathrm{d}\boldsymbol{l}$ 将成对地正负相消，故

$$\oint_L \boldsymbol{B}\cdot \mathrm{d}\boldsymbol{l}=0$$

当所取的环路 L 不在与电流垂直的平面内时，也可证明 $\oint_L \boldsymbol{B}\cdot \mathrm{d}\boldsymbol{l}=\mu_0 I$ 成立。如果环路 L 中包含有 n 个电流 I，那么推广上面的结果可得

$$\boxed{\oint_L \boldsymbol{B}\cdot \mathrm{d}\boldsymbol{l}=\mu_0 \sum I_{\mathrm{k}}} \tag{8-19}$$

由此可见，**在磁场中沿任何闭合回路，磁感应强度的环流等于这回路所包围的电流强度代数和的 μ_0 倍**，这就是**安培环路定律**（Ampere's circuital law）。

上述结果虽然是从无限长直电流的磁场这一特殊情形导出的，但是对稳恒电流所产生磁场而言，可以证明对任何形状电路的电流，任何形状的积分环路，以及任何形式的电流分布，式8-19总是成立的。因此它不仅对线电流有效，对连续分布的电流也是有效的。

由安培环路定律可知，磁场的性质与静电场不同，磁场 $\boldsymbol{B}$ 的环流不等于零，因此，磁场不是保守力场。图 8-13 表示线电流穿过环路的几种情形。

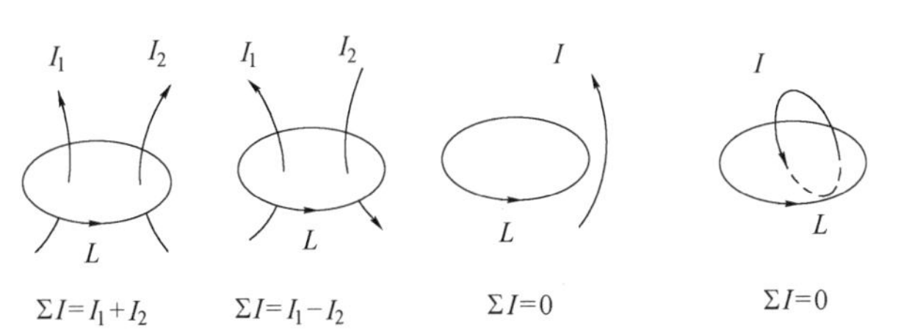

图 8-13　线电流穿过环路的几种情形

利用安培环路定律，还可以很容易地求得某些具有一定对称性的简单电路的磁场。

例 8-1　求：载有均匀电流的无限长圆柱体内外的磁场分布。

解：设电流 I 沿着半径为 R 的圆柱状导体流动，电流均匀地分布于导体的截面上。由于假定导体是无限长，所以磁场必以圆柱体的轴线为对称轴，且处处与轴线垂直。

1. 考虑圆柱体外一点，设该点离轴线的距离为 r，即 $r>R$，通过该点作一与轴线垂直的平面，以平面与轴的交点为圆心，以 r 为半径作一圆，如图 8-14（a）所示，取这圆为闭合回路，按右手螺旋方向求磁感应强度的环流。在这回路上任一点的磁感应强度的数值都相等，方向与圆相切，因此根据式 8-19

$$\oint_L \boldsymbol{B}\cdot \mathrm{d}\boldsymbol{l}=\mu_0 \sum I_k$$

而

$$\oint_L \boldsymbol{B} \cdot \mathrm{d}\boldsymbol{l} = \oint B\mathrm{d}l = 2\pi rB$$

比较两式得

$$B = \frac{\mu_0 I}{2\pi r}$$

这结果与无限长直电流相同。

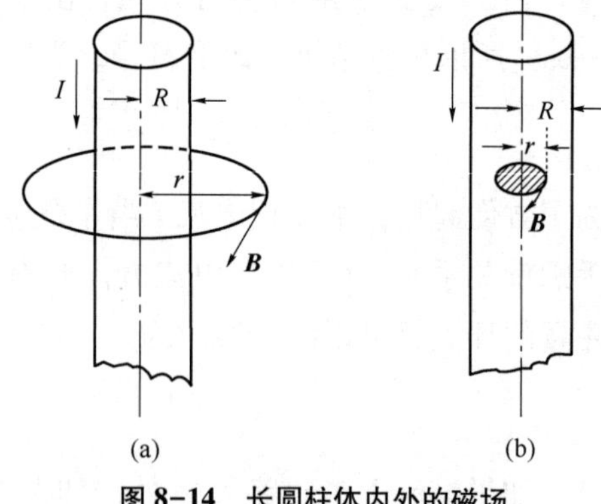

图 8-14 长圆柱体内外的磁场

2. 考虑圆柱体内的一点，如图 8-14（b）所示，这时 $r<R$。同样，用 r 为半径作一圆形闭合回路，闭合回路所包围的电流为

$$\mu_0 \sum I_k = \frac{\mu_0 I}{\pi R^2} \cdot \pi r^2 = \frac{\mu_0 I r^2}{R^2}$$

因此

$$\oint_L \boldsymbol{B} \cdot \mathrm{d}\boldsymbol{l} = 2\pi rB = \frac{\mu_0 I r^2}{R^2}$$

即

$$B = \frac{\mu_0 rI}{2\pi R^2}$$

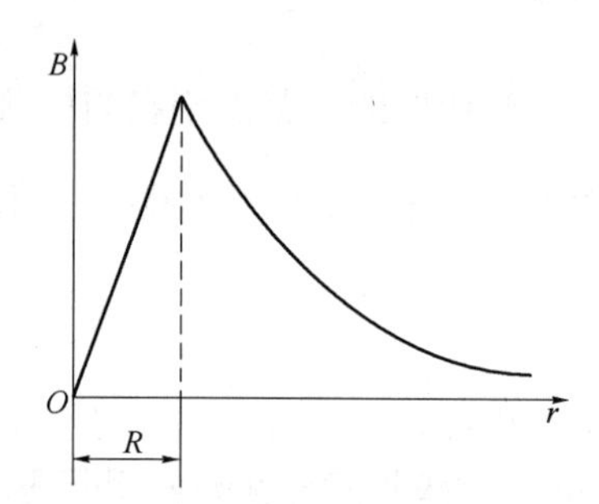

图 8-15 长圆柱体内外的磁场分布

由上式可知，在圆柱体内部，磁感应强度和离开轴线的距离 r 成正比，图 8-15 表示磁感应强度 B 与至圆柱体轴线的距离 r 的关系。

第三节 磁场对运动电荷的作用

一、洛仑兹力

磁场对运动电荷的作用力，称为**洛仑兹力**（Lorentz force）。由式 8-1

$$\boldsymbol{F} = q\boldsymbol{v} \times \boldsymbol{B}$$

可知：洛仑兹力 $\boldsymbol{F}$ 垂直于速度 $\boldsymbol{v}$ 和磁感应强度 $\boldsymbol{B}$ 所在的平面，随电荷 q 的正负不同而反向，如图 8-16 所示。洛仑兹力的大小

$$F = |q| vB\sin\theta \tag{8-20}$$

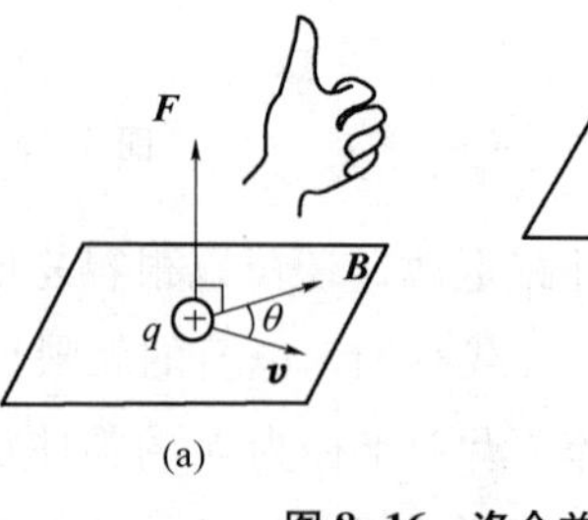

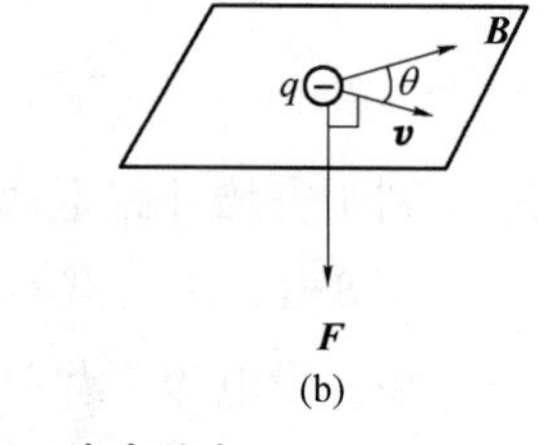

图 8-16 洛仑兹力

由 q 和 $\boldsymbol{v}$、$\boldsymbol{B}$ 的大小共同决定，还和 $\boldsymbol{v}$ 与 $\boldsymbol{B}$ 的夹角 θ 有关，$\boldsymbol{v}$、$\boldsymbol{B}$ 平行时为零，$\boldsymbol{v}$、$\boldsymbol{B}$ 垂直时最大。正电荷的洛仑兹力的方向由右手螺旋法则决定，负电荷的受力方向与正电荷受力方向相反。

电荷在恒定磁场中运动可分三种情况进行分析。

（一）$\boldsymbol{v}$ 与 $\boldsymbol{B}$ 平行或反平行

由于 $F=|q|vB\sin\theta=0$，故电荷不受力，运动不受磁场影响。

（二）$\boldsymbol{v}$与 $\boldsymbol{B}$ 垂直

这时洛仑兹力 $\boldsymbol{F}$ 垂直于$\boldsymbol{v}$与 $\boldsymbol{B}$ 所在的平面，大小为 $F=qvB$，电荷速度 $\boldsymbol{v}$的方向随着时间变化，其大小保持不变，电荷做匀速圆周运动。如图 8-17 所示，由

$$qvB=\frac{mv^2}{R}$$

可得圆轨道半径

$$R=\frac{mv}{qB} \tag{8-21}$$

图 8-17

周期为

$$T=\frac{2\pi R}{v}=\frac{2\pi m}{qB} \tag{8-22}$$

（三）$\boldsymbol{v}$与 $\boldsymbol{B}$ 成 $\boldsymbol{\theta}$ 角

如图 8-18 所示，将初速度$\boldsymbol{v}_0$ 分解为平行 $\boldsymbol{B}$ 的分量$v_{/\!/}=v_0\cos\theta$ 和垂直 $\boldsymbol{B}$ 的分量$v_{\perp}=v_0\sin\theta$。显然，带电粒子做螺旋运动。**螺旋线的半径**（radius of gyration）、**回旋周期**（gyrate period）、**回旋频率**（gyrate frequency）和**螺距**（screw-pitch）分别为

$$R=\frac{mv_{\perp}}{qB}=\frac{mv_0\sin\theta}{qB} \tag{8-23}$$

$$T=\frac{2\pi R}{v_{\perp}}=\frac{2\pi m}{qB} \tag{8-24}$$

$$\nu=\frac{1}{T}=\frac{qB}{2\pi m} \tag{8-25}$$

$$h=v_{/\!/}T=\frac{2\pi mv_0\cos\theta}{qB} \tag{8-26}$$

可见，该螺旋运动的特点是，圆周运动半径 R 与$v_{/\!/}$无关，螺距 h 与$v_{\perp}$无关。而回旋周期 T 和回旋频率 ν 与运动速率无关。回旋方向随电荷 q 的正负而异。这些结论是质谱仪、回旋加速器和磁聚焦技术的基本原理。

如果在均匀磁场中某点 A 处，如图 8-19 所示，引入一发散角不太大的带电粒子束，其中粒子的速率又大致相同。则这些粒子沿磁场方向的分速度大小就几乎一样，因而其轨迹有几乎相同的螺距，这样经过一个回旋周期后，这些粒子将重新汇聚穿过另一点 A'。这种发散粒子束汇聚到一点的现象称**磁聚焦**（magnetic focusing）。它广泛地应用于电真空器件中，特别是电子显微镜中。

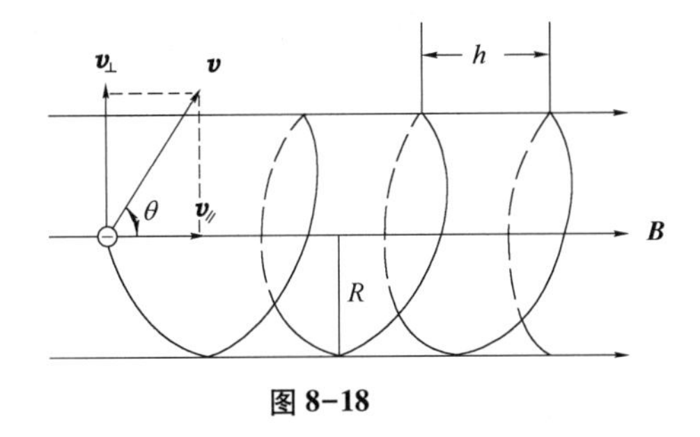

图 8-18

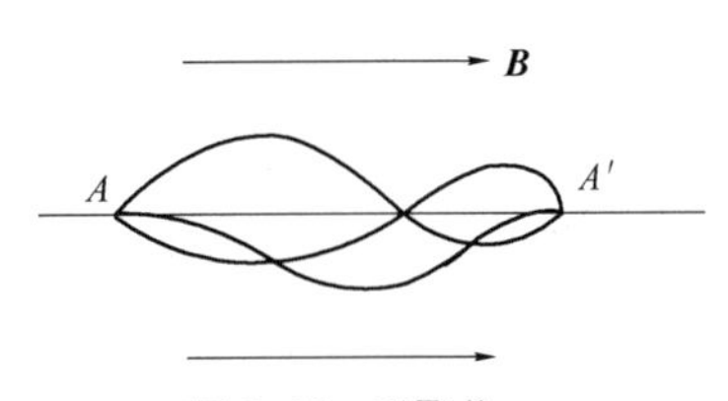

图 8-19　磁聚焦

二、质谱仪

质谱仪（mass-spectrometer）是分析同位素的重要仪器，用它可以测量出电量相同而具有不同质量的同位素的粒子数分布——质谱。质谱仪的原理如图 8-20 所示。从离子源产生的带电粒子，经狭缝 S_1 和 S_2 之间的电场加速后，先通过速率选择器 P、N，再进入均匀磁场区。在速率选择器中，存在着与粒子速度 $\boldsymbol{v}$ 垂直，而且相互间也彼此垂直的均匀电场 $\boldsymbol{E}$ 和均匀磁场 $\boldsymbol{B}$，带电粒子进入速率选择器后，将同时受方向相反而大小各为 $F_e = qE$ 和 $F_B = qvB$ 的电场力和磁场力作用，只有满足 $qE = qvB$，即速率为 $v = E/B$ 的带电粒子，才能做直线运动，顺利通过速率选择器进入单一的均匀磁场区。设该磁场区的磁感应强度仍为 $\boldsymbol{B}$，由 $v = E/B$ 和半圆轨道的直径 $d = 2mv/qB$，可得粒子出、入磁场区 C、A 两点之间的距离

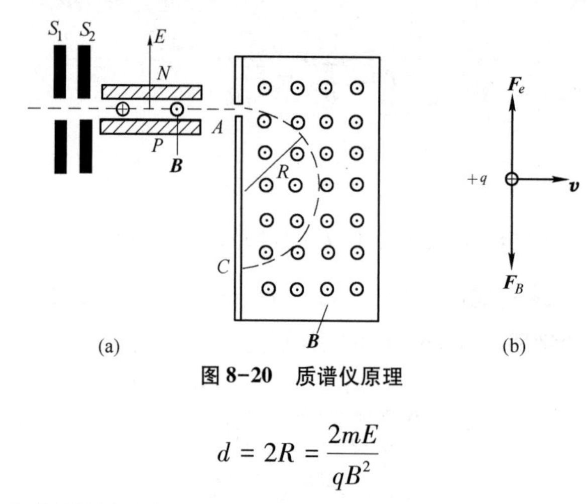

图 8-20 质谱仪原理

$$d = 2R = \frac{2mE}{qB^2}$$

它与带电粒子的 q/m（称**荷质比**）（chang-to-mass ratio）成反比，对于电荷 q 相同而质量不同的同位素粒子，则与其质量 m 成正比。将探测器放在不同轨道直径的 C 点位置，并测出粒子数强度，即可由

$$m = \frac{qdB^2}{2E}$$

得到不同质量的同位素粒子数分布。

三、霍耳效应

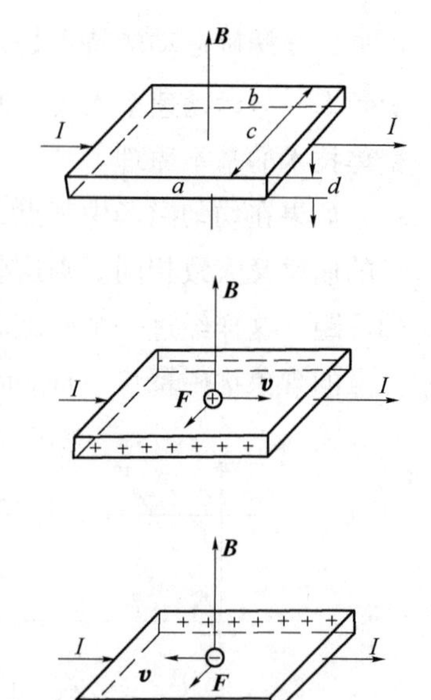

图 8-21 霍耳效应

1897 年霍耳（E. H. Hall）发现了这一现象：在一个通有电流 I 的导体板上，若垂直于板面施加一磁场，则在导体板的两侧 a 和 b 会出现微弱电势差（如图 8-21 所示），这种现象称为**霍耳效应**（Hall effect）。电势差 U_{ab} 称为**霍耳电势差**（Hall electric potential difference）。实验证明，霍耳电势差与通过导体板的电流强度 I 和外磁场的磁感应强度 B 成正比，与板的厚度 d 成反比，即

$$\boxed{U_{ab} = R_H \frac{IB}{d}} \quad (8-27)$$

式中 R_H 称为**霍耳系数**（coefficient of Hall）。

霍耳效应可用导体中载流子受到磁场作用的洛仑兹力来说明。设导体载流子带电量为 q，载流子密度为 n，载流子平均漂移速度为

$\boldsymbol{v}$，它们在磁场的洛仑兹力 qvB 作用下向板的一侧聚集，使在 a、b 两侧出现异号电荷，并在板内形成不断增大的横向电场 E（称霍耳电场），从而使载流子又受到一个与洛仑兹力反向的电场力 qE，直到霍耳电场力与洛仑兹力相等时，后续的载流子才不再继续做侧向运动。故在达到平衡时，有

$$qvB = qE$$

若板的侧向宽度为 c，霍耳电势差

$$U_{ab} = Ec = Bvc$$

从 $I=nqvcd$ 得到 $v=I/nqcd$，并代入上式，可得

$$U_{ab} = \frac{1}{nq} \cdot \frac{IB}{d} \tag{8-28}$$

比较式 8-27 和式 8-28 即得霍耳系数

$$R_{\mathrm{H}} = \frac{1}{nq} \tag{8-29}$$

霍耳系数，由导体材料的物理性质决定，载流子带正电时为正，载流子带负电时为负。

霍耳效应有以下一些常见的用途：

（1）*测量磁感应强度*：在给定电流 I 的情况下，通过测量霍耳电势差，即由 $B=\frac{U_{ab}d}{IR_{\mathrm{H}}}$，可求出磁感应强度。在许多情况下，磁场是由电流产生的，通过磁感应强度 B，还可以间接测出场源电流的电流强度。

（2）*确定载流子的电性*：在图 8-21 中，载流子带正电，受洛仑兹力向前，导体片前端为正极。如果维持电流方向不变，但载流子是带负电，由于载流子的定向漂移方向也同时相反，洛仑兹力仍向前，不过，负载流子向前聚集的结果，却是导体片的前端为负极。可见，测量霍耳电压的极性，即可判断载流子的电性。

（3）*测定载流子的漂移速度和载流子浓度*：根据式 8-27 和 $U_{ab}=Bvc$，在特定的已知实验条件下，即可通过测量霍耳电势差，分别由 $v=\frac{U_{ab}}{Bc}$，计算载流子的漂移速度，由 $n=\frac{IB}{qdU_{ab}}$，计算载流子浓度。

应该指出，对于 K、Na 等单价金属，霍耳系数的理论值，是与实验值相当符合的，但对于单价的非金属，铁磁性物质以及半导体材料，理论值与实验值却相差很大。而且，对于某些金属来说，霍耳电势差的极性也与预期的结果相反，好像电子是带正电似的。这是一种反常的霍耳效应。上述的各种与理论不符的情况，只有用量子理论才能给出圆满的解释。

第四节　磁场对载流导线的作用

一、安培力

电流由电荷定向运动形成。载流导体处在磁场中时，每一个载流子都将受到洛仑兹力，并通过导体内部的相互作用表现为载流导体所受的宏观磁力。这个由于运动电荷在导体中运动而受到的宏观磁力，称为**安培力**（Ampere force）。

在处于磁场 $\boldsymbol{B}$ 中的静止导体上，取一线元 $\mathrm{d}\boldsymbol{l}$，其横截面积为 $\boldsymbol{S}$ 的电流元 $I\mathrm{d}\boldsymbol{l}$，如图 8-22 所

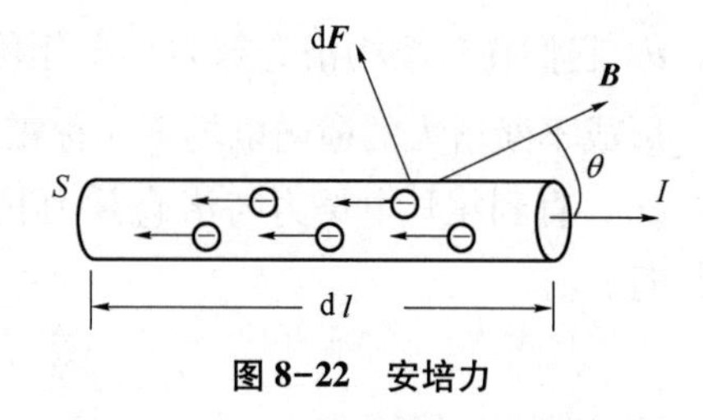

图 8-22 安培力

示。设导体中的载流子浓度为 n，每个载流子的电量为 q，以平均漂移速度 $\boldsymbol{v}$ 在导体中运动，因每个载流子受到的洛仑兹力是 $\boldsymbol{f}=q\boldsymbol{v}\times\boldsymbol{B}$，电流元范围内的载流子数为 $\mathrm{d}N=nS\mathrm{d}l$，故电流元受到的宏观磁力

$$\mathrm{d}\boldsymbol{F}=\mathrm{d}N\cdot\boldsymbol{f}=\mathrm{n}Sq\mathrm{d}l\boldsymbol{v}\times\boldsymbol{B}$$

由 $nSq\mathrm{d}l\boldsymbol{v}=I\mathrm{d}\boldsymbol{l}$，可得电流元 $I\mathrm{d}\boldsymbol{l}$ 受到的安培力

$$\boxed{\mathrm{d}\boldsymbol{F}=I\mathrm{d}\boldsymbol{l}\times\boldsymbol{B}} \tag{8-30}$$

上式称为**安培力公式**（Ampere formula）。

对于任意形状载流导线在外磁场中受到的安培力，应等于它的各个电流元所受安培力的矢量和，通常可用积分式表示为

$$\boxed{\boldsymbol{F}=\int_l \mathrm{d}\boldsymbol{F}=\int I\mathrm{d}\boldsymbol{l}\times\boldsymbol{B}} \tag{8-31}$$

显然，长为 l 的直线电流在匀强磁场 $\boldsymbol{B}$ 中所受安培力的大小

$$F=IBl\sin\theta \tag{8-32}$$

式中 θ 为电流元 $I\mathrm{d}\boldsymbol{l}$ 与 $\boldsymbol{B}$ 之间的夹角。方向由右手螺旋法则确定。即右手四指由 $I\mathrm{d}\boldsymbol{l}$ 方向经小于 180°角转向 $\boldsymbol{B}$，大拇指的指向为安培力的方向。

特别地当 $\theta=\pi/2$ 时载流导体所受安培力最大，其值为 F_m，即

$$F_m=IBl$$

而当 $\theta=0$ 或 $\theta=\pi$ 时，$F=0$。

例 8-2 半径为 R 的半圆形导线放在均匀磁场 $\boldsymbol{B}$ 中，导线所在平面与 $\boldsymbol{B}$ 垂直，导线中通以电流 I，电流的方向如图 8-23 所示，求导线所受的磁场力。

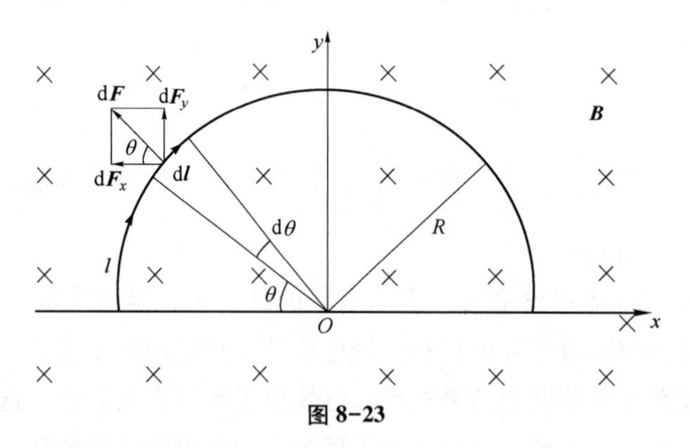

图 8-23

解：取坐标系 xoy，并将 $\mathrm{d}\boldsymbol{F}$ 分解为 x 方向和 y 方向的分力 $\mathrm{d}\boldsymbol{F}_x$ 和 $\mathrm{d}\boldsymbol{F}_y$，由于对称性，$x$ 方向分力的总和为零，所以 y 方向分力之和即为总的合力 F

$$F=F_y=\int\mathrm{d}F_y=\int\mathrm{d}F\sin\theta=BI\mathrm{d}l\sin\theta$$

因

$$\mathrm{d}l=R\mathrm{d}\theta$$

所以合力

$$F=\int_0^{\pi}BIR\sin\theta\mathrm{d}\theta=BIR\int_0^{\pi}\sin\theta\mathrm{d}\theta=2BIR$$

合力 $\boldsymbol{F}$ 的方向沿 y 轴的正方向。

由上面的结果可以看出，作用在半圆形载流导线上总的安培力与连接半圆两端的直径通以相同电流时受到的安培力相同，可以证明，这一结论对任意形状的载流导线仍然成立。即任意形状

的载流导线在均匀磁场中所受的安培力等于连接导线两端的直导线通以相同电流时受到的安培力。

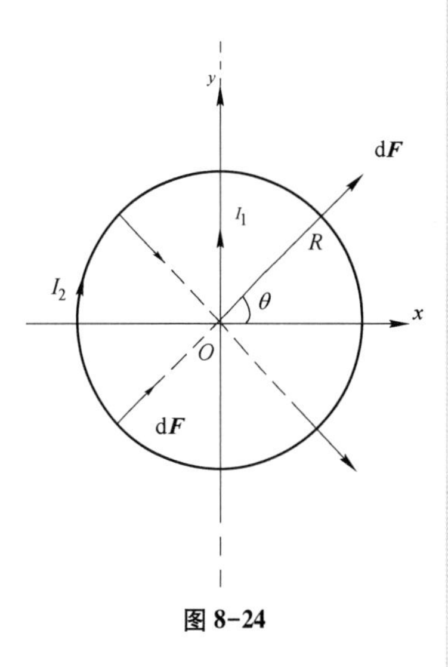

图 8-24

例 8-3　在无限长载流 I_1 的直导线上，静置一载流 I_2 的圆形回路，圆的直径与直导线重合，两导线互相绝缘，如图8-24 所示。求圆形回路所受的磁力。

解：圆形回路处在长直载流导线的磁场中，磁感应强度 $\boldsymbol{B}$ 的大小为 $B=\dfrac{\mu_0 I_1}{2\pi r}$；$r$ 为场点到直导线的距离，B 的方向在导线左侧垂直图面向外，在导线右侧垂直图面向里。对于圆形回路上的任一电流元 $I_2\mathrm{d}\boldsymbol{l}$，由 $\mathrm{d}\boldsymbol{F}=I_2\mathrm{d}\boldsymbol{l}\times\boldsymbol{B}$ 可知，所受的安培力都沿圆的半径方向，导线左边的指向圆心，导线右边的背离圆心，力的大小则为

$$\mathrm{d}F=I_2\mathrm{d}lB=\frac{\mu_0 I_1 I_2}{2\pi r}\mathrm{d}l=\frac{\mu_0 I_1 I_2}{2\pi R\cos\theta}\cdot R\mathrm{d}\theta=\frac{\mu_0 I_1 I_2}{2\pi\cos\theta}\cdot\mathrm{d}\theta$$

θ 为图示坐标系中表示电流元位置的方位角。由 $\mathrm{d}F$ 分布的对称性，可知合磁力沿 x 轴方向，$F=F_x$，故

$$F=\int\mathrm{d}F_x=\int\mathrm{d}F\cos\theta=\int_0^{2\pi}\frac{\mu_0 I_1 I_2}{2\pi}\mathrm{d}\theta=\mu_0 I_1 I_2$$

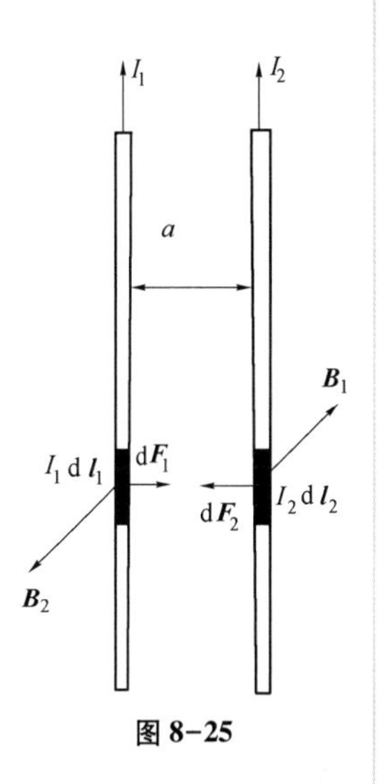

图 8-25

例 8-4　求：两根无限长直载流导线平行放置时，它们之间相互作用力。

解：设两导线相距为 a，电流强度分别为 I_1 和 I_2，如图 8-25 所示。按安培力公式，电流元 $I_2\mathrm{d}\boldsymbol{l}_2$ 所受安培力 $\mathrm{d}\boldsymbol{F}_2$ 的大小

$$\mathrm{d}F_2=B_1 I_2\mathrm{d}l_2$$

式中 B_1 是 I_1 在 $I_2\mathrm{d}\boldsymbol{l}_2$ 所在处产生的磁感应强度值。导线 2 每单位长度所受安培力

$$\frac{\mathrm{d}F_2}{\mathrm{d}l_2}=B_1 I_2$$

由于 $B_1=\dfrac{\mu_0 I_1}{2\pi a}$，所以

$$\frac{\mathrm{d}F_2}{\mathrm{d}l_2}=\frac{\mu_0 I_1 I_2}{2\pi a}$$

同理可得导线 1 每单位长度所受安培力

$$\frac{\mathrm{d}F_1}{\mathrm{d}l_1}=\frac{\mu_0 I_1 I_2}{2\pi a}$$

由图 8-25 可知，两个同向电流间的安培力是引力；不难推出，两个反向电流间的安培力是斥力。

二、磁场对载流线圈的作用

设在磁感应强度为 $\boldsymbol{B}$ 的匀强磁场中，有一刚性的矩形平面载流线圈，边长分别为 l_1 和 l_2，电流强度为 I，如图 8-26 所示。当线圈平面与 $\boldsymbol{B}$ 的方向成 θ 角时，与 $\boldsymbol{B}$ 垂直的导线 ab、cd 受到的安培力大小

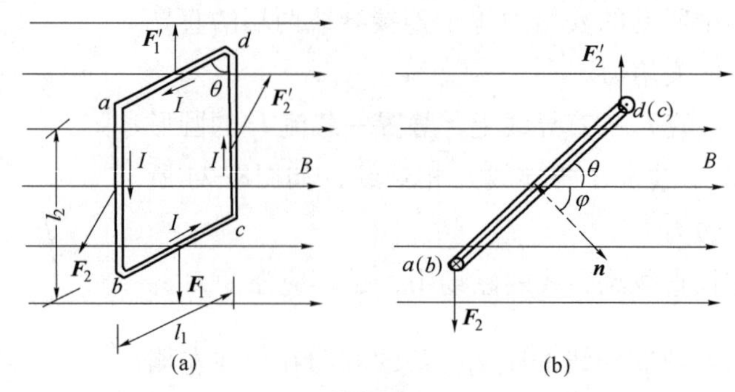

图 8-26

$$F_2 = F_2' = BIl_2,$$

而导线 bc 和 da 受到的安培力大小

$$F_1 = F_1' = BIl_1\sin\theta。$$

由图 8-26 可见，F_1 与 F'_1 方向相反，并在同一直线上，其作用是使线圈受到张力，对于刚性线圈可不考虑其作用。而 F_2 与 F'_2 方向相反，但不在同一直线上，形成力偶，力臂为 $l_1\cos\theta$。所以，安培力在线圈上产生的力矩（称为**磁力矩**）（moment of magnetic force）的大小

$$M = F_2 l_1\cos\theta = BIl_1 l_2\cos\theta = BIS\cos\theta = BIS\sin\varphi$$

式中，$S=l_1l_2$ 为线圈的面积。

如果线圈有 N 匝，则线圈所受磁力矩的大小

$$M = NBIS\sin\varphi = mB\sin\varphi \qquad (8-33)$$

式中 $m=NIS$，$\boldsymbol{m}$ 称为**磁矩**（magnetic moment），磁矩是矢量，它的方向为线圈平面正法线 $\boldsymbol{n}$ 的方向。

写成矢量式

$$\boxed{\boldsymbol{M}=\boldsymbol{m}\times\boldsymbol{B}} \qquad (8-34)$$

由上式可知，当 $\varphi=\pi/2$，亦即线圈平面与 $\boldsymbol{B}$ 平行时，线圈受到磁力矩最大，这力矩有使 φ 减小的趋势；当 $\varphi=0$，亦即线圈平面与 $\boldsymbol{B}$ 垂直，线圈磁矩 $\boldsymbol{m}$ 与 $\boldsymbol{B}$ 的方向相同时，线圈所受磁力矩为零，所以 $\varphi=0$ 是线圈稳定平衡的位置，当 $\varphi=\pi$ 时，$\boldsymbol{m}$ 与 $\boldsymbol{B}$ 方向相反，虽然线圈受到的磁力矩也为零，但这个平衡位置是不稳定的。

式 8-34 不仅对矩形线圈成立，在均匀磁场中，任意形状的平面线圈也同样适用。

综上所述，在匀强磁场中的平面线圈所受安培力的合力为零，仅受到磁力矩的作用。故刚性线圈只发生转动，不发生平移。磁场对载流线圈作用磁力矩的规律是制造电动机、动圈式电磁仪表等的基本理论依据。

例 8-5 求在均匀磁场中，线圈从角度 φ_1 转到 φ_2 磁力矩所作的功。如图 8-27 所示。

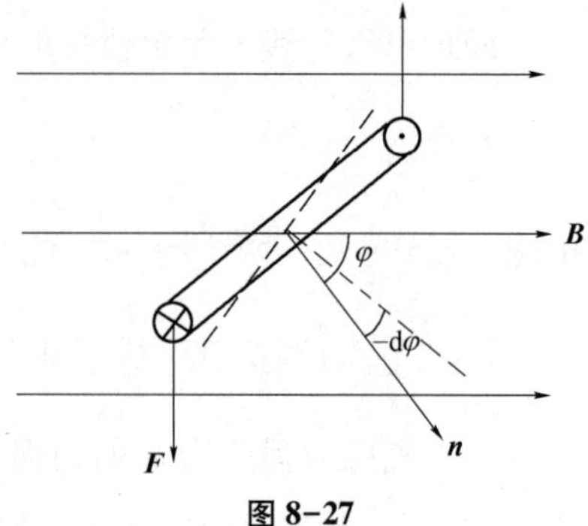

图 8-27

解：设线圈在匀强磁场中受到磁力矩为

$$\boldsymbol{M}=\boldsymbol{m}\times\boldsymbol{B}$$

大小为 $$M = mB\sin\varphi$$

当线圈转动 $-\mathrm{d}\varphi$ 角度时，磁力矩作功

$$\mathrm{d}A = -M\mathrm{d}\varphi$$

式中负号是考虑到在 $\mathrm{d}\varphi>0$ 时，M 作负功。故

$$\begin{aligned} dA &= BISd(\cos\varphi) \\ &= Id(BS\cos\varphi) \\ &= Id\Phi_m \end{aligned}$$

当线圈从角度 φ_1 转到 φ_2 过程中，磁力矩作功为

$$A = -\int_{\varphi_1}^{\varphi_2} BIS\sin\varphi d\varphi = \int_{\Phi_{m1}}^{\Phi_{m2}} Id\Phi_m$$

式中 Φ_{m_1} 和 Φ_{m_2} 是对应角度 φ_1 和 φ_2 时通过线圈的磁通量。

若对于稳恒电流 I，I 为常数，则磁力矩作功为

$$A = I\Delta\Phi_m$$

第五节　磁性药物治疗剂的临床应用

磁性药物治疗剂是近年来国外竞相发展的一种新型药物制剂。药物与磁性物质一起包于载体中，应用于人体后，在体外用磁场加以引导，使药物在体内定向移动和定向集中，从而减少一些药物的毒副作用，提高药物疗效。目前，磁性药物治疗剂正在许多方面进行研究和应用。

1. 磁性高分子　这是一种全新的治疗食道癌的方法。研究人员将铁粉与高分子化合物混合，制成直径为 0.8mm 的颗粒，当这些颗粒通过食道癌区时，附着在局部食道壁，当又有新的高分子化合物附着在食道壁时，磁性颗粒可逐渐移动和扩展，使癌病灶周围都积聚着抗癌高分子，并使局部达到永久磁性，这种磁性药物对人体其他脏器不产生任何不良影响。

2. 磁性微球　这是一种供注射用的磁性药物制剂。1979 年，美国制成了含超微磁粒子的盐酸阿霉素白蛋白微球针剂。在体外磁场的引导下，这种磁性小球高度集中于肿瘤组织，定时定量释放出抗癌药物，对周围正常组织无伤害。当药物释放完以后，磁性小球便可定时安全地排出体外。

3. 磁性片剂和磁性胶囊　这是供口服的两种磁性药物制剂，内含治疗药物和铁磁性物质，在体外磁场引导下固定于病变部位，常用于治疗消化道溃疡和肿瘤等疾病。

4. 磁力手术　局部注射含铁磁性物质的硅酮微球后，在体外采用强大的超导电磁铁引导微球固定于肿瘤部位，使血管阻塞，从而导致肿瘤坏死。目前，主要用于治疗脑动脉瘤及血液供应特别丰富的脑瘤。

5. 磁性造影剂　磁性造影剂克服了目前临床采用的水溶性有机碘类造影剂的一些缺点。铁磁性物质可以阻挡 X 射线进入体内，使其集中于特定部位，供 X 射线造影，给局部定位带来了极大的方便。

6. 免疫磁性载体磁性药物制剂　免疫磁性载体磁性药物制剂是一种靶向给药制剂，它将药物和铁磁性物质共包于或分散于载体中，应用于人体后，利用体外磁场的效应使药物在体内定向移动和定位集中。免疫磁性微球是将单抗偶联在磁性微球的表面，使其靶向性和专一性更强，从而制成高效、速效、低毒的新型药物制剂。

知识链接 8

高斯（Johann Carl Friedrich Gauss，1777—1855 年），德国数学家、物理学家、天文学家。获海尔姆施塔特大学博士学位，曾在格廷根大学进行科学研究。早期研究数学，超几何级数、复变函数、统计数学、椭圆函数论等有重大贡献。建立了最小二乘法，发展了势论。在物理学上，与韦伯合作研究

地磁强度，在电磁学的领域共同工作，建立电磁学中的绝对单位制，并首次提出用绝对单位量度磁量和电量。奠定了平衡状态下的液体理论基础。在天文学上，高斯用自己的行星轨道计算法和他建立的最小二乘法，计算出天体的运行轨迹。并用这种方法，发现了谷神星的运行轨迹。著有《算术》、《地磁强度的绝对量值》、《天体运动论》。

小　结

1. **磁感应强度 $\boldsymbol{B}$ 定义**　$B=\dfrac{F_{\mathrm{m}}}{qv}$，$\boldsymbol{B}$ 的方向由右手螺旋法则确定。

磁感应强度单位，SI 制，为**特斯拉**，符号为 T；较小的单位为**高斯**，符号为 G，$1\mathrm{T}=10^4\mathrm{G}$。

磁感应线是一些有向曲线，线上任一点的切向代表该点的磁感应强度 $\boldsymbol{B}$ 的方向，其密度可表示 $\boldsymbol{B}$ 的大小。

磁通量 Φ：通过一给定曲面的磁感应线的总数。

通过有限曲面的磁通量为　$\Phi=\iint_S \boldsymbol{B}\cdot \mathrm{d}\boldsymbol{S}$

2. 磁场高斯定理　$\oint_S \boldsymbol{B}\cdot \mathrm{d}\boldsymbol{S}=0$，说明磁感应线无头无尾。磁场是一种无源场。

3. 毕奥-萨伐尔定律　$\boldsymbol{B}=\dfrac{\mu_0}{4\pi}\int \dfrac{I\mathrm{d}\boldsymbol{l}\times \boldsymbol{r}_0}{r^2}$

4. 安培环路定律　$\oint_L \boldsymbol{B}\cdot \mathrm{d}\boldsymbol{l}=\mu_0\sum I_k$

利用它可以很容易地求得某些具有一定对称性电路的磁场。

5. 几种特殊电流分布的磁场

无限长载流直导线的磁场公式　$B=\dfrac{\mu_0 I}{2\pi r}$

半无限长载流直导线的磁场公式　$B=\dfrac{\mu_0 I}{4\pi r}$

无限长圆柱体外的磁场　$B=\dfrac{\mu_0 I}{2\pi r}$

无限长圆柱体内的磁场　$B=\dfrac{\mu_0 rI}{2\pi R^2}$

圆电流中心处磁场公式　$B=\dfrac{\mu_0 I}{2R}$

无限长直螺线管轴线上的磁场公式　$B=\mu_0 nI$

6. 洛仑兹力　磁场对运动电荷的作用力 $\boldsymbol{F}=q\boldsymbol{v}\times \boldsymbol{B}$

磁场对运动电荷的作用：

螺旋线的半径　$R=\dfrac{mv_{\perp}}{qB}=\dfrac{mv_0\sin\theta}{qB}$

回旋周期　$T=\dfrac{2\pi R}{v_{\perp}}=\dfrac{2\pi m}{qB}$

回旋频率　$v=\dfrac{1}{T}=\dfrac{qB}{2\pi m}$

螺距　　$h = v_{/\!/} T = \dfrac{2\pi m v_0 \cos\theta}{qB}$

7. 安培力　载流子在导体中运动而受到的宏观磁力。

电流元 $I\mathrm{d}\boldsymbol{l}$ 受到的安培力　　$\mathrm{d}\boldsymbol{F} = I\mathrm{d}\boldsymbol{l} \times \boldsymbol{B}$

载流导线在外磁场中受到的安培力　　$F = \int_L \mathrm{d}\boldsymbol{F} = \int_L I\mathrm{d}\boldsymbol{l} \times \boldsymbol{B}$

8. 磁力矩　　$\boldsymbol{M} = \boldsymbol{m} \times \boldsymbol{B}$

线圈的磁矩　　$\boldsymbol{m} = NI\boldsymbol{S}$

9. 霍耳效应　霍耳电势差　$U_{ab} = R_{\mathrm{H}} \dfrac{IB}{d}$

霍耳系数　$R_{\mathrm{H}} = \dfrac{1}{nq}$

10. 磁力矩作功　$A = \int_{\Phi_{m1}}^{\Phi_{m2}} I\mathrm{d}\Phi_m$

稳恒电流，磁力矩作功　$A = I\Delta\Phi_m$

习题八

8-1　求如图 8-28 所示的图中 P 点的磁感应强度 $\boldsymbol{B}$ 的大小及方向。

图 8-28　　图 8-29

8-2　电流分布如图 8-29 所示，求 P 点的磁感应强度 $\boldsymbol{B}$ 的大小及方向。

8-3　一无限长载流导线中部弯成 1/4 圆周，圆心为 O，半径为 R，求圆心处 $\boldsymbol{B}_0$ 的大小。

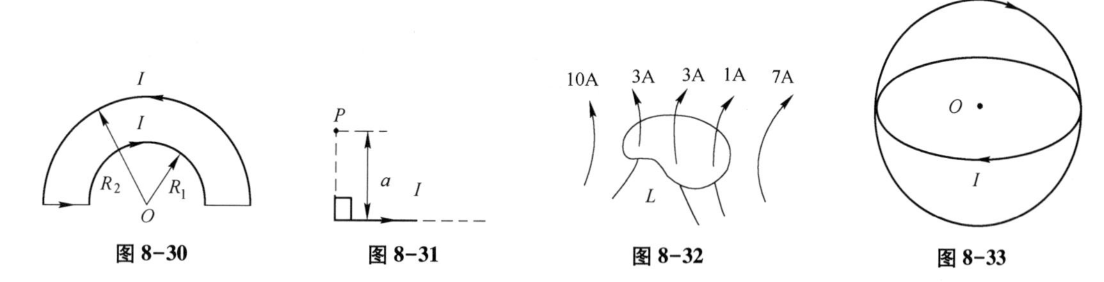

图 8-30　　图 8-31　　图 8-32　　图 8-33

8-4　在图 8-30 所示电流分布中，求 O 点磁感应强度 $\boldsymbol{B}$ 的大小及方向。

8-5　P 点到无限长直载流为 I 的导线一端距离为 a，如图 8-31 所示。求 P 点的磁感应强度 $\boldsymbol{B}_P$ 的大小及方向。

8-6　对图 8-32 所示的环路 L，$\oint \boldsymbol{B} \cdot \mathrm{d}\boldsymbol{l} =$ ____________。

8-7　在垂直和水平的两个金属圆中通以相等的电流，如图 8-33 所示，问圆心 O 点处的磁

感应强度 $\boldsymbol{B}$ 大小及方向如何？

8-8 长直螺旋管中从管口进去的磁力线数目是否等于管中部磁力线的数目？为什么管中部的磁感应强度比管口处大？

8-9 电荷在磁场中运动时，磁力是否对它作功？为什么？

8-10 在均匀磁场中，怎样放置一个正方形的载流线圈才能使其各边所受到的磁力大小相等？

8-11 在一通有电流为 I 的长直载流导线旁有一边长为 a 的正方形，与导线相距为 b，如图 8-34 所示，求通过该正方形面的磁通量。

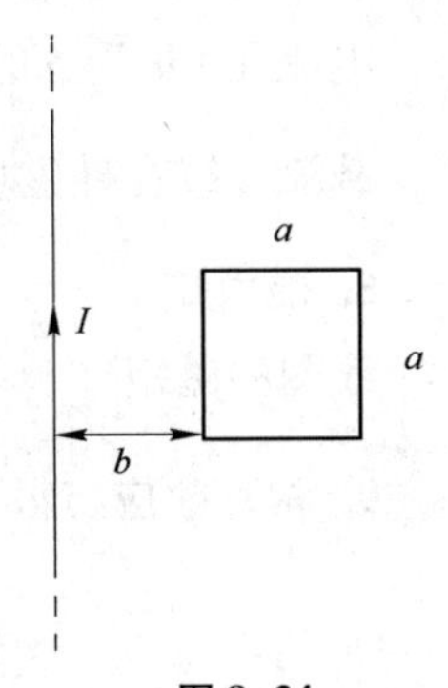

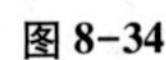
图 8-34

8-12 电流沿一长直金属薄管壁流动，求该管内、管外的磁场分布。

8-13 直长载流 I 的导线半径为 R，电流密度 $j=\frac{k}{r}$ 沿轴线方向。求：(1) 常数 k；(2) 磁场 $\boldsymbol{B}$ 的分布。

8-14 长 $a=0.1\text{m}$ 的均匀带电 $q=1.0\times10^{-10}\text{C}$ 的细杆以 $v=1.0\text{m/s}$ 沿 x 轴正向平动，当杆与 y 轴重合时，下端距原点 $l=0.1\text{m}$，如图 8-35 所示。求此时杆在原点 O 处所产生的磁场强度 $\boldsymbol{B}$。

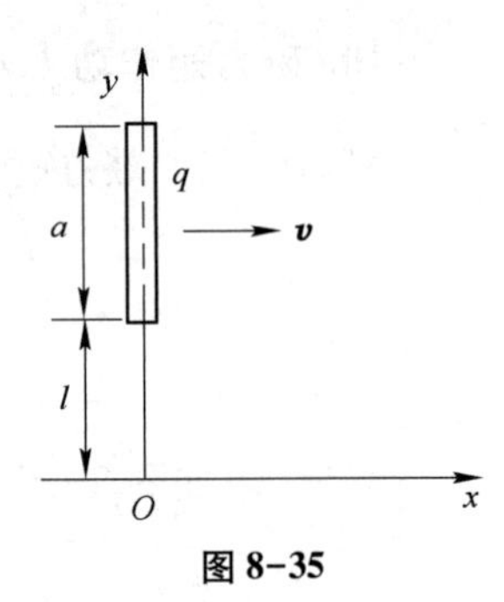

图 8-35

8-15 在一通有电流为 $I_1=20\text{A}$ 的长直载流导线旁有一矩形线圈，载有电流 $I_2=10\text{A}$，ad 边与导线相距为 1.0cm。如图 8-36 所示。求：

(1) 矩形线圈各边所受力的大小及方向；

(2) 作用于线圈的合力大小和方向。

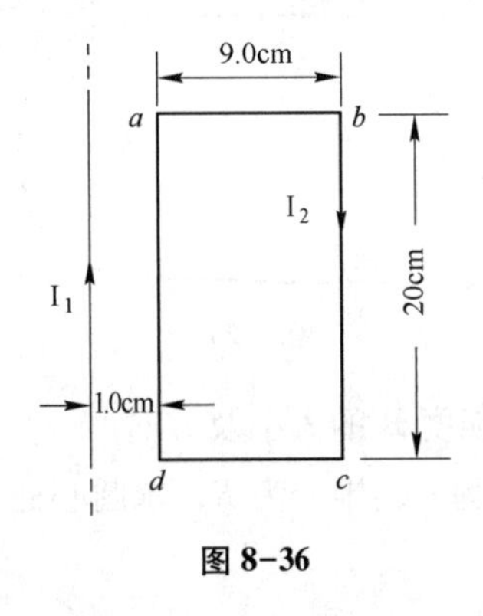

图 8-36

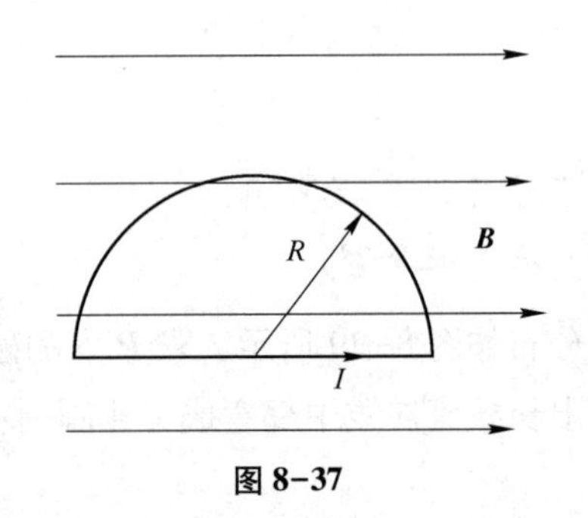

图 8-37

8-16 $R=0.1\text{m}$ 的半圆形闭合线圈，通 $I=10\text{A}$ 的电流，放在与线圈平面平行的匀强磁场 $\boldsymbol{B}$ 中，如图 8-37 所示。已知 $B=5.0\times10^{-1}\text{T}$，求线圈所受磁力矩 $\boldsymbol{M}$。

第九章

电磁感应

扫一扫，查阅本章数字资源，含PPT、音视频、图片等

【教学要求】

1. 掌握法拉第电磁感应定律和楞次定律。
2. 理解电磁感应现象的本质。
3. 了解自感、 互感现象和磁场中的能量。
4. 了解位移电流及其物理性质。
5. 了解麦克斯韦电磁场理论及其方程组。

自从 1820 年奥斯特发现了电流的磁效应后，人们一直设法寻找其逆效应，即由磁产生电流的现象。直到 1831 年，法拉第终于首先发现了电磁感应现象。电磁感应现象的发现进一步揭示了自然界电现象和磁现象之间的关系，促进了电磁理论的发展，为麦克斯韦电磁场理论的建立奠定了坚实的基础。

第一节　电磁感应定律

一、电磁感应现象

法拉第（M. Faraday）指出：**当通过闭合回路所包围的面积内的磁通量发生变化时，在该回路中就产生电流**。这个现象称为**电磁感应现象**。该电流称为**感应电流**（induced current）。

1833 年楞次在总结了大量实验结果之后，得出了一条判断感应电流方向的规律：**闭合回路中感应电流的方向，总是使感应电流所产生的通过回路面积的磁通量，去阻碍引起感应电流的磁通量的变化**。这就是**楞次定律**。根据这一定律，可以确定当线圈中的磁通量增加时，其感应电流的方向是使它所产生的磁场与原磁场反向；当线圈中的磁通量减少时，其感应电流的方向是使它所产生的磁场与原磁场同向。

二、法拉第电磁感应定律

回路中出现感应电流，说明回路中存在电动势。这种由电磁感应产生的电动势，称为**感应电动势**（induction electromotive force）。法拉第从实验中总结了感应电动势与磁通量变化之间的关系，称为**法拉第电磁感应定律**，即闭合回路中感应电动势的大小与穿过该闭合回路的磁通量对时间的变化率成正比。其数学表达式为

$$\varepsilon_i = -k\frac{\mathrm{d}\Phi}{\mathrm{d}t}$$

式中负号表明了感应电动势的方向，是楞次（H. F. E. Lenz）定律的数学表示。k 为比例系数，在国际单位制中，ε_i 的单位为伏特，Φ 的单位为韦伯，t 的单位为秒，则 $k=1$。于是，上式可写成

$$\boxed{\varepsilon_i = -\frac{\mathrm{d}\Phi}{\mathrm{d}t}} \tag{9-1}$$

为了进一步说明式中负号与感应电动势的方向关系，规定感应电动势的正方向与磁通量的正方向符合右手螺旋法则。有了上述规定，如图 9-1（a）所示，当磁铁插入线圈时，穿过线圈的磁通量增加，故磁通量随时间的变化率$\frac{\mathrm{d}\Phi}{\mathrm{d}t}>0$，由式 9-1 知 $\varepsilon_i<0$，即表示线圈中感应电流 I_i 所激发的磁场 $\boldsymbol{B}_i$ 与原磁场 $\boldsymbol{B}$ 的方向相反，它阻碍磁铁向线圈运动。反之，如图 9-1（b）所示，当磁铁从线圈中抽出时，穿过线圈的磁通量减少，故磁通量随时间的变化率$\frac{\mathrm{d}\Phi}{\mathrm{d}t}<0$，由式9-1 知 $\varepsilon_i>0$，即表示线圈中感应电流 I_i 所激发的磁场 $\boldsymbol{B}_i$ 与原磁场 $\boldsymbol{B}$ 的方向相同，它阻碍磁铁远离线圈运动。

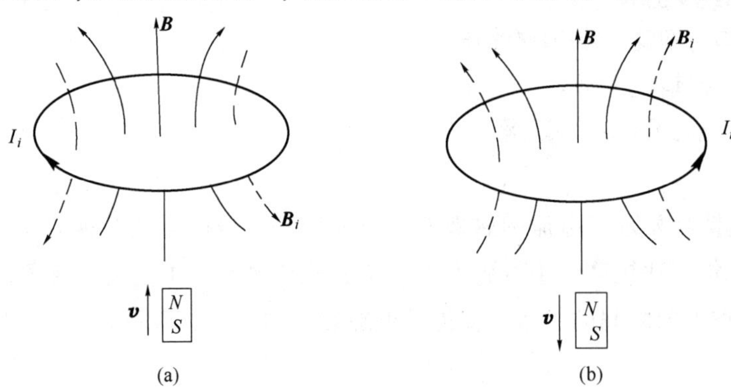

图 9-1　磁通量的变化与感应电动势方向间的关系

例 9-1　一矩形闭合导线回路放在均匀磁场 $\boldsymbol{B}$ 中，磁场方向与回路平面垂直，如图 9-2 所示，回路的一条边 cd 可以在另外的两条边上滑动。若 $cd=L$，滑动速度为v，求回路中的感应电动势。

解： 任一时刻穿过回路的磁通量为

$$\Phi = BLx$$

$x=\overline{ad}+vt$,当 cd 向右滑动时，磁通量是增加，则$\frac{\mathrm{d}\Phi}{\mathrm{d}t}=BL\frac{\mathrm{d}x}{\mathrm{d}t}=BLv>0$。

图 9-2　线框边滑动产生的感应电动势

由法拉第电磁感应定律，有

$$\varepsilon_i = -\frac{\mathrm{d}\Phi}{\mathrm{d}t} = -BLv$$

负号表示感应电动势的方向是阻碍磁通量增加，也即感应电流的磁场方向与原磁场方向相反，垂直纸面向外，感应电流的方向由 d 到 c。

第二节　电磁感应的本质

法拉第定律表明，只要闭合回路中的磁通量发生变化就有感应电动势产生，但没有回答产生

感应电动势的原因。我们知道，电动势起源于一种非静电力的作用。现在回路中存在感应电动势，表示回路中存在某种非静电的作用，这种作用的来源，有进一步讨论的必要。

综合磁通量变化的各种不同情况，归纳起来不外乎两种：一是磁场本身恒定不变，但导体回路或回路上的一部分导体在磁场中运动，引起磁通量的变化，产生感应电动势，称为**动生电动势**（motional electromotive force）；另一种是导体回路本身固定不动，但磁场发生变化，从而引起磁通量的变化，产生感应电动势，称为**感生电动势**（induced electromotive force）。下面就按照这两种情况讨论产生感应电动势的原因。

一、动生电动势

如例 9-1 所述情况，磁场不变，仅仅是金属杆 cd 向右滑动引起回路中磁通量的变化而在杆 cd 中产生感应电动势，即为动生电动势。因为磁场对运动电荷有力的作用，所以当导体 cd 以速度$\boldsymbol{v}$向右运动时，导体 cd 中每一个自由电子都要受到洛仑兹力$\boldsymbol{f}=-e$（$\boldsymbol{v}\times\boldsymbol{B}$），在此作用下，自由电子向 d 端聚集，结果使 d 端带负电，而 c 端带正电。这一过程一直进行到分布在导体杆上的电荷在杆内产生的电场对电子的作用力与磁场的洛伦兹力相平衡。若把运动的这一段导体看成电源，则 d 端为负极，c 端为正极，如图 9-3。在电源中的非静电力就是作用在单位正电荷上的洛仑兹力。

图 9-3　电磁感应的电子理论

$$\boldsymbol{E}_k=\frac{\boldsymbol{f}}{-e}=\boldsymbol{v}\times\boldsymbol{B}$$

于是回路中的动生电动势为

$$\varepsilon_i=\int_-^+\boldsymbol{E}_k\cdot\mathrm{d}\boldsymbol{l}=\int_d^c(\boldsymbol{v}\times\boldsymbol{B})\cdot\mathrm{d}\boldsymbol{l} \qquad (9-2)$$

式中 $\mathrm{d}\boldsymbol{l}$ 表示将正电荷由 d 移到 c 过程中的一小段位移。在图 9-3 中，由于$\boldsymbol{v}\perp\boldsymbol{B}$，而且单位正电荷受力的方向，即（$\boldsymbol{v}\times\boldsymbol{B}$）的方向与 $\mathrm{d}\boldsymbol{l}$ 的方向一致，所以上面的积分等于

$$\varepsilon_i=\int_d^c(\boldsymbol{v}\times\boldsymbol{B})\cdot\mathrm{d}\boldsymbol{l}=\int_d^c vB\mathrm{d}l=BvL$$

此结果与例 9-1 通过磁通量的变化率计算出的结果相同。

以上讨论的是直导线、均匀磁场，且导线垂直于磁场运动的特殊情况，对于任意形状导线在任意磁场中运动时，也要产生动生电动势。这时可将导线 L 分成许多无限小的线元 $\mathrm{d}\boldsymbol{l}$，任一线元 $\mathrm{d}\boldsymbol{l}$ 所产生的动生电动势为

$$\mathrm{d}\varepsilon_i=(\boldsymbol{v}\times\boldsymbol{B})\cdot\mathrm{d}\boldsymbol{l}$$

式中$\boldsymbol{v}$表示线元 $\mathrm{d}\boldsymbol{l}$ 的运动速度，$\boldsymbol{B}$ 为 $\mathrm{d}\boldsymbol{l}$ 所在处的磁感应强度。则整个导线中产生的动生电动势为

$$\boxed{\varepsilon_i=\int_L\mathrm{d}\varepsilon_i=\int_L(\boldsymbol{v}\times\boldsymbol{B})\cdot\mathrm{d}\boldsymbol{l}} \qquad (9-3)$$

式 9-3 提供了另外一种计算感应电动势的方法。有时导线非闭合，法拉第定律不能直接使用，但上式仍然成立。

以上讨论表明，动生电动势只存在于磁场中运动部分的导体上，而在磁场中不运动部分的导体上没有电动势。并且由于动生电动势起因于磁场对运动电荷的洛仑兹力，导线是否构成闭合回

路就不是一个本质问题了。如果回路是闭合的，那么动生电动势将在回路中引起电流；如果回路不闭合，当然不会引起电流，但运动导体中动生电动势依然存在。

例 9-2 在均匀磁场 $\boldsymbol{B}$ 中有一铜棒 ab，长为 L。铜棒在垂直于磁场平面内绕 a 点以角速度 ω 旋转，如图 9-4（a）所示，求这根铜棒两端的电势差。

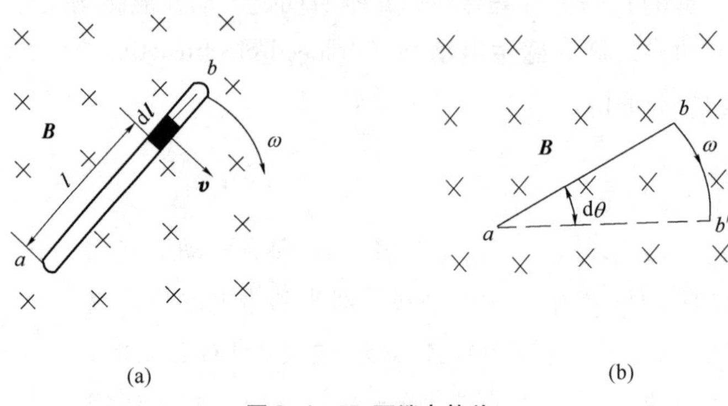

图 9-4 U_{ab} 两端电势差

解：（1）用 $\varepsilon_i = \int_L (\boldsymbol{v}\times\boldsymbol{B}) \cdot \mathrm{d}\boldsymbol{l}$ 求解。

在铜棒上任取一线元 $\mathrm{d}\boldsymbol{l}$，设与 a 点的距离为 l，则它相对于磁场的速度大小为 $v=\omega l$，方向如图 9-4（a）所示，由于 $\boldsymbol{v}\perp\boldsymbol{B}$，且（$\boldsymbol{v}\times\boldsymbol{B}$）的方向与 $\mathrm{d}\boldsymbol{l}$ 方向相同，故这一线元上产生的电动势为

$$\mathrm{d}\varepsilon_i = (\boldsymbol{v}\times\boldsymbol{B}) \cdot \mathrm{d}\boldsymbol{l} = vB\mathrm{d}l = \omega Bl\mathrm{d}l$$

所以整个铜棒产生的电动势是

$$\varepsilon_{ab} = \int_a^b \omega Bl\mathrm{d}l = \omega B\int_0^L l\mathrm{d}l = \frac{1}{2}\omega BL^2$$

由感应电动势的右手螺旋法则知，电动势的方向由 a 指向 b。这时棒 ab 相当于一个处于开路状态的电源，b 为正极，a 为负极，所以棒 ab 两端电势差为

$$U_{ab} = -\varepsilon_{ab} = -\frac{1}{2}\omega BL^2$$

负号表示 b 点电势高于 a 点电势。

（2）用法拉第电磁感应定律求解。

设 ab 在 $\mathrm{d}t$ 时间内转了 $\mathrm{d}\theta$ 角，则它扫过的面积为 $\frac{1}{2}L^2\mathrm{d}\theta$，如图 9-4（b）所示，此面积的磁通量为

$$\mathrm{d}\Phi = \frac{1}{2}BL^2\mathrm{d}\theta$$

根据法拉第电磁感应定律得

$$\varepsilon_i = \left|\frac{\mathrm{d}\Phi}{\mathrm{d}t}\right| = \frac{1}{2}BL^2\frac{\mathrm{d}\theta}{\mathrm{d}t} = \frac{1}{2}\omega BL^2$$

与第一种方法求解的结果相同。

二、感生电动势

尽管磁场变化的原因有多种，但磁场的变化在固定不动的导线回路中产生的感应电动势是不能用洛仑兹力来说明的，因为磁场对静止电荷是没有作用力的。作用于电荷的力无非是电力和磁

力两类，今磁力不存在，那么唯一的可能是导线中存在着电场。为了解释这一类电磁感应现象，麦克斯韦（J. C. Maxwell）假设：除了电荷产生电场外，变化的磁场也产生电场。磁场变化在固定不动的导线回路中产生的感应电流，就是由变化的磁场产生的电场引起的。大量实验证明了麦克斯韦假设的正确性。

变化的磁场产生的电场称为**感生电场**（induced electric field）或**涡旋电场**（rotational electric field），由感生电场引起的电动势称为感生电动势。涡旋电场与静电场有一个共同的性质，即它们对电荷有作用力。但也有区别，一方面涡旋电场不是由电荷激发的，而是由变化的磁场所激发；另一方面，由于自然界中不存在磁荷，故磁场是无源场，磁感应线是闭合的。在只有感生电场分布的空间亦无电荷存在，因而感生电场也是无源场，感生电场的电力线也是闭合的。所以将单位正电荷在涡旋电场中沿闭合路径移动一周时，电场力所作的功不为零。

$$\oint_L \boldsymbol{E}_{\text{旋}} \cdot \mathrm{d}\boldsymbol{l} \neq 0$$

因此涡旋电场不是保守场。在 $\boldsymbol{E}_{\text{旋}}$ 的作用下，单位正电荷沿任意闭合回路移动一周，涡旋电场所作的功等于该回路中的感生电动势

$$\varepsilon_i = \oint_L \boldsymbol{E}_{\text{旋}} \cdot \mathrm{d}\boldsymbol{l}$$

根据法拉第电磁感应定律，可写成

$$\oint_L \boldsymbol{E}_{\text{旋}} \cdot \mathrm{d}\boldsymbol{l} = -\frac{\mathrm{d}\Phi}{\mathrm{d}t} = -\frac{\mathrm{d}}{\mathrm{d}t}\iint_S \boldsymbol{B} \cdot \mathrm{d}\boldsymbol{S}$$

当环路不变动时，可将对时间的微商和对曲面的积分两个运算的顺序颠倒，则得

$$\boxed{\oint_L \boldsymbol{E}_{\text{旋}} \cdot \mathrm{d}\boldsymbol{l} = -\iint_S \frac{\partial \boldsymbol{B}}{\partial t} \cdot \mathrm{d}\boldsymbol{S}} \tag{9-4}$$

必须指出，法拉第电磁感应定律的原始形式，只适用于导体构成的闭合回路，而麦克斯韦的假设不管有无导体，不管在介质或真空中都适用。

以上讨论表明，导体在恒定磁场中运动所产生的电磁感应现象和变化的磁场在固定不动的回路中所产生的电磁感应现象是两种物理性质不同的现象，引起感应电动势的非静电起源的作用是完全不同的，前者起源于洛仑兹力，后者则起源于变化的磁场产生的电场，但两种现象却都服从统一的法拉第电磁感应定律。

第三节　自感与互感

一、自感现象与自感系数

载流回路中的电流产生的磁场对回路本身所包围的面积也有磁感通量，当回路中的电流随时间变化时，磁感通量也发生变化，因而亦要在回路中产生感应电动势和感应电流，这种现象称为**自感现象**，所产生的电动势称为**自感电动势**（self-induced electromotive force）。许多实验可以演示自感现象。

在图 9-5 所示的电路中，S_1 和 S_2 是两个完全相同的灯泡，S_1 与一电阻器串联，S_2 与一具有铁芯的线圈串联，然后并联在电源上，电阻器阻值的选择是保证电路接通并达到稳定后，通过两个灯泡的电流相等。实验结果表明，在接通此电路的瞬间，S_1 在瞬息间即达到最大亮度，S_2 则

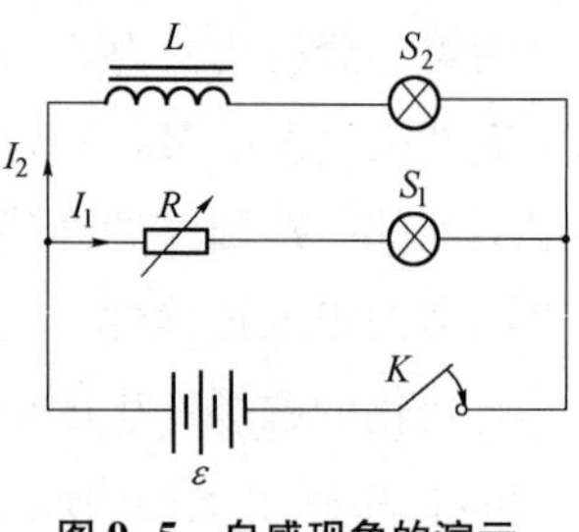

图 9-5 自感现象的演示

要稍晚一段时间才达到最大亮度。也就是说，通过 S_2 的电流比通过 S_1 的电流增长得慢些。

我们知道，接通电路后，回路中的电流由零增长到稳定值。在 S_2 支路中，线圈中的电流产生一较强的磁场，磁场对线圈的磁感能量在电流增长的过程中增大，因而线圈中产生较大的自感电动势，其作用是阻碍电流增大，因而电流增长较慢。但在 S_1 支路中，由于没有线圈，几乎没有自感电动势出现。

以上的实验表明，当线圈中通过变化的电流时，在线圈中将产生自感电动势。设回路中的电流强度为 I，则它在空间某点产生的磁感应强度 B 是和回路中的电流强度 I 成正比的。因而穿过回路所包围的面积的磁通量 Φ，也和电流强度 I 成正比。即

$$\Phi = LI$$

式中 L 称为回路的**自感系数**（coefficient of self-induction），也称**自感**或**电感**。它的数值由回路的几何形状和周围磁介质的磁导率决定。在 SI 单位制中，自感系数的单位是亨利（H），1H=1Wb/A。

根据法拉第电磁感应定律，该回路中的自感电动势为

$$\varepsilon_L = -\frac{\mathrm{d}\Phi}{\mathrm{d}t} = -\frac{\mathrm{d}}{\mathrm{d}t}(LI) = -\left(L\frac{\mathrm{d}I}{\mathrm{d}t} + I\frac{\mathrm{d}L}{\mathrm{d}t}\right)$$

若回路形状、大小和周围的磁介质的磁导率不变，则 L=恒量，$\frac{\mathrm{d}L}{\mathrm{d}t}=0$，上式写为

$$\boxed{\varepsilon_L = -L\frac{\mathrm{d}I}{\mathrm{d}t}} \tag{9-5}$$

可以看出，对于相同的电流变化率，线圈回路的自感系数越大回路中的自感电动势也越大，因自感电动势有阻碍回路中电流变化的作用，故这种阻碍电流变化的作用也越大。阻碍电流变化相当于保持电流不变，因此回路的自感系数的大小反映了一个回路保持其中电流不变本领的大小，犹如力学中物体的惯性。

如果回路的线圈有 N 匝，则通过每匝线圈的磁通量均为 Φ_1，上式写为

$$\varepsilon_L = -\frac{\mathrm{d}(N\Phi_1)}{\mathrm{d}t} = -L\frac{\mathrm{d}I}{\mathrm{d}t}$$

这时磁通量与自感系数的关系为

$$\boxed{N\Phi_1 = LI} \tag{9-6}$$

一般我们把 $N\Phi_1$ 称为线圈的**磁通链数**。

例 9-3 设一长直螺线管长为 l，绕有 N 匝导线，横截面积为 S。计算此螺线管的自感系数。

解：从前面知道，若此螺线管内是空心时，设螺线管通有电流 I，则管内磁感应强度为

$$B_0 = \frac{\mu_0 NI}{l}$$

通过每一匝线圈的磁通量 $\Phi_1 = B_0 S$，则通过 N 匝线圈总的磁通量为

$$\Phi = N\Phi_1 = \mu_0\frac{IN^2S}{l}$$

自感系数

$$L = \frac{\Phi}{I} = \mu_0\frac{N^2S}{l} = \mu_0 n^2 V$$

式中 $n=\frac{N}{l}$ 为螺线管上单位长度的匝数，$V=Sl$ 为螺线管的体积。

若管内充满某种均匀磁介质，其相对磁导率为 μ_r，令 $\mu=\mu_r\mu_0$，μ 称为磁导率，则由于磁介质的磁化，管内磁感应强度为

$$B=\mu_r B_0=\frac{\mu NI}{l}$$

$$L=\mu\frac{N^2 S}{l}=\mu n^2 V$$

二、互感现象与互感系数

除了自感以外，互感现象也是电磁感应中的一种重要现象。如两个任意形状的载流回路 C_1 和 C_2，回路中的电流分别为 I_1 和 I_2，如图9-6 所示。回路 C_1 中的电流 I_1 产生的磁场 $\boldsymbol{B}_1$ 对电路 C_2 有一定的磁感通量；同样，回路 C_2 中的电流 I_2 产生的磁场 $\boldsymbol{B}_2$ 对电路 C_1 也有一定的磁感通量。当 C_1 中的电流随时间变化时，$\boldsymbol{B}_1$ 亦变化，因而在 C_2 中引起感应电动势和感应电流；同样，当 C_2 中的电流随时间变化时，$\boldsymbol{B}_2$ 亦变化，因而在 C_1 中亦引起感应电动势和感应电流。这种现象称为**互感现象**。

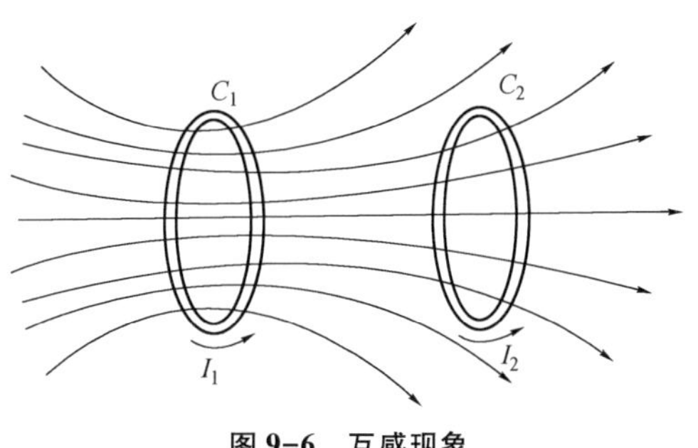

图 9-6　互感现象

则穿过回路 C_2 的磁通量为：$\Phi_{21}=M_{21}I_1$

则穿过回路 C_1 的磁通量为：$\Phi_{12}=M_{12}I_2$

式中比例系数 M_{21} 称为回路 C_2 对回路 C_1 的互感系数；比例系数 M_{12} 称为回路 C_1 对回路 C_2 的互感系数。若回路周围的磁介质是非铁磁性的，则互感系数与电流无关。两回路的互感系数的大小，决定于两回路的形状、大小、它们的相对位置以及周围介质的磁导率等因素。可以证明，$M_{12}=M_{21}=M$，M 称为两个回路间的**互感系数**（coefficient of mutual induction），简称**互感**。它的单位与自感系数相同，也是亨利（H）。

根据法拉第电磁感应定律，在回路 C_2 中产生的互感电动势与回路 C_1 中的电流 I_1 对时间的变化率成正比，即

$$\varepsilon_{21}=-M_{21}\frac{\mathrm{d}I_1}{\mathrm{d}t}=-M\frac{\mathrm{d}I_1}{\mathrm{d}t} \tag{9-7}$$

同样，在回路 C_1 中产生的互感电动势与回路 C_2 中的电流 I_2 对时间的变化率成正比，即

$$\varepsilon_{12}=-M_{12}\frac{\mathrm{d}I_2}{\mathrm{d}t}=-M\frac{\mathrm{d}I_2}{\mathrm{d}t} \tag{9-8}$$

在电工技术和无线电工程中，变压器以及某些测量仪器就是利用互感现象制成的。

例 9-4　设有两个线圈，自感系数分别为 L_1 和 L_2，它们被如图 9-7（a）所示串联放置，使两个线圈产生的磁场彼此加强。计算这两个串联线圈的自感系数。

解：可以通过计算磁通量来计算串联线圈的自感系数。通过线圈 1 的磁通量来自两方面：线圈 1 的磁场对本身的磁通量 Φ_{11} 和线圈 2 的磁场对线圈 1 的磁通量 Φ_{12}，因为磁场的方向是彼此加强，所以这两种磁通量相加，则通过线圈 1 的磁通量为

$$\Phi_1=\Phi_{11}+\Phi_{12}=L_1I_1+MI_2$$

同理，通过线圈 2 的磁通量为

$$\Phi_2 = \Phi_{22} + \Phi_{21} = L_2 I_2 + M I_1$$

注意到 $I_1 = I_2 = I$，当把两个串联线圈看作一个线圈时，磁场对串联线圈的总的磁通量为

$$\Phi = \Phi_1 + \Phi_2 = L_1 I + MI + L_2 I + MI = LI$$

由此得

$$L = L_1 + L_2 + 2M$$

可见，两个线圈串联后的自感并不等于每个线圈自感之和。

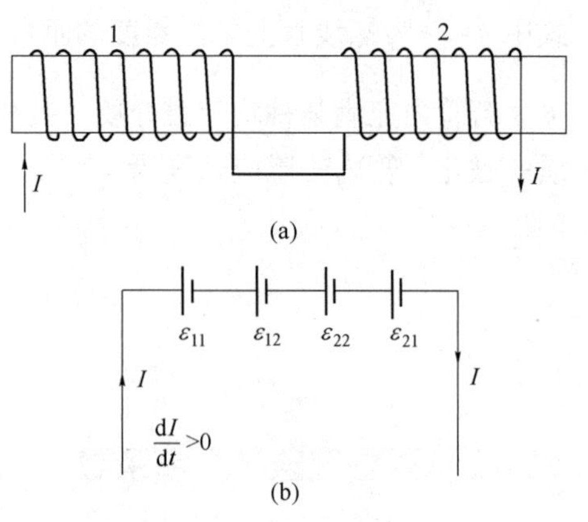

图 9-7　两个串联线圈的自感系数

上述结果也可通过计算感应电动势求得。这时，每个线圈中不仅有自感电动势，还有互感电动势，两个线圈中总的感应电动势由这四个电动势串联而成，如图 9-7（b）所示。若上述两个线圈的相对位置保持不变，但连接线圈的方式使两个线圈的磁场彼此减弱，这时线圈的总自感仍可用上式表示，只要认为互感系数 $M<0$。

三、*LR* 电路中的暂态过程

对于一个由电感和电阻组成的电路，在接通电路或切断电路的瞬间，由于自感的作用，电路中的电流并不立即达到稳定值或立即消失，而要经历一定的时间，这就是暂态过程。在图 9-8 中，当电键 K 打向 a 点时，电路接通，电路中出现电流 i，由基尔霍夫第二定律可得，在任何时刻电路的方程式为

$$iR = \varepsilon_L + \varepsilon$$

这里已假定自感线圈的电阻为零，电源的内阻亦为零。若自感线圈的电感为 L，则

$$iR = -L\frac{di}{dt} + \varepsilon$$

这是一个微分方程，其解为

$$i = \frac{\varepsilon}{R} + k_1 e^{-\frac{R}{L}t}$$

k_1 为积分常数。注意到 $t=0$ 时，$i=0$，就可定出常数 k_1，因而有

$$\boxed{i=\frac{\varepsilon}{R}\left(1-e^{-\frac{R}{L}t}\right)} \tag{9-9}$$

即接通电路后，电流随时间而增长，其最大值 ε/R 就是达到稳定时的值。图 9-9 给出了 i 随 t 的变化曲线（实线）。

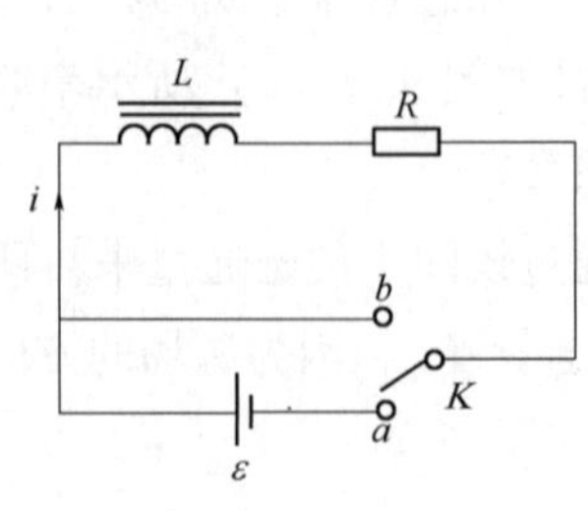

图 9-8　*LR* 电路

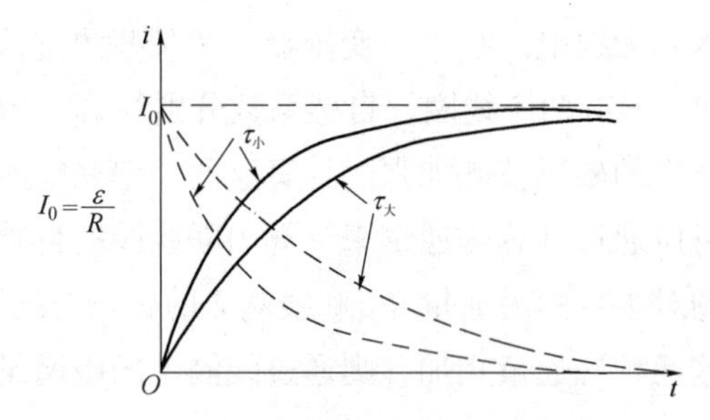

图 9-9　*LR* 电路暂态电流与时间的关系

从数学上看，接通电路后，要经历无限长的时间，电流才达到其稳定值。但实际上，当时间为

$$t=\frac{L}{R}=\tau \tag{9-10}$$

电流为

$$i=\frac{\varepsilon}{R}(1-e^{-1})=0.63\frac{\varepsilon}{R}=0.63I_0$$

即经历 τ 时间，电流已达到其稳定值 I_0 的 63%；当 $t=5\tau$ 时，$i=0.994\ I_0$。所以只要 $t\gg\tau$，电流实际上已达到稳定值。通常用 $\tau=L/R$ 作为 LR 电路中暂态过程持续时间长短的标志，称为 LR 电路的时间常数。L 越大，R 越小，时间常数越大，电流增长得越慢，暂态过程持续越久。

当 LR 电路中的电流已达到稳定后，若把电源拆除，并让电路形成闭合回路，即在图 9-8 中将电键从 a 打向 b，这时，电路中虽无外接电源，但由于电流消失时自感线圈中产生自感电动势，回路中电流将持续一定时间后才达到零值。在这过程中，电路方程式为

$$iR=\varepsilon_L=-L\frac{\mathrm{d}i}{\mathrm{d}t}$$

注意到初始条件 $t=0$ 时，$i=I_0=\varepsilon/R$，得

$$i=\frac{\varepsilon}{R}e^{-\frac{R}{L}t} \tag{9-11}$$

即拆除外电源后，LR 电路中的电流并不立即为零，而是按指数递减，递减快慢的程度也可以用时间常数 τ 表示。电流的递减过程如图 9-9 中虚线所示。一个自感很大的电路，当断开电源时，由于电源突然降为零，回路中将产生很大的自感电动势，它常使开关两端产生火花，甚至产生电弧。自感作用也有可以利用的一面，如日光灯镇流器就是利用它的自感作用获得高压，来点燃日光灯。

第四节　磁场的能量与电磁场理论基础

一、磁场能量

从前面知道，电场具有能量，储藏在电容器中的能量，可以通过在电容器充电过程中，外力所作的功来计算。同样，磁场也具有能量，储藏在线圈中的能量可以通过在建立电流的过程中，外力反抗自感电动势所作的功来计算。

现在仍以图 9-8 所示的电路为例，当电键 K 与电源接通后，由于自感电动势，电路中的电流由零逐渐增大到稳定值。在这段时间内，电流 i 不断增加，于是在线圈中产生与电流方向相反的自感电动势，回路方程为

$$\varepsilon+\varepsilon_L=iR$$

$$\varepsilon=L\frac{\mathrm{d}i}{\mathrm{d}t}+iR$$

把两边同时乘以 $i\mathrm{d}t$

$$\varepsilon i\mathrm{d}t=Li\mathrm{d}i+i^2R\mathrm{d}t$$

若在时间 0 到 t_0 内，电路中的电流由零增加到 I_0，对上式积分，得

$$\int_0^{t_0} \varepsilon i \mathrm{d}t = \frac{1}{2}LI_0^2 + \int_0^{t_0} i^2 R \mathrm{d}t$$

上式中 $\int_0^{t_0} \varepsilon i \mathrm{d}t$ 表示在 0 到 t_0 这段时间内电源所作的功，即电源所供给的能量；$\int_0^{t_0} i^2 R \mathrm{d}t$ 是这段时间内，电流在电阻上所放出的焦耳热；$\frac{1}{2}LI_0^2$ 则为电源反抗自感电动势所作的功。而我们知道，当电路中的电流从零增长到 I_0 时，在电路周围的空间逐渐建立起一个稳定的磁场，并没有其他变化，所以电源因反抗自感电动势作功所消耗的能量，就是在建立磁场的过程中转换为磁场的能量 W_m，即

$$\boxed{W_m = \frac{1}{2}LI_0^2} \tag{9-12}$$

W_m 的单位为焦耳（J）。

在图 9-8 中，考虑当切断电源时，线圈中磁场消失的过程，此时磁场的能量转化为电阻 R 上的焦耳热，也可以得出与上式相同的结论。

与电场的能量体密度相对应，同样可引进磁场能量体密度。为简单起见，考虑长直螺线管内的磁场。长直螺线管的自感系数由前面例 9-3 知，为 $L=\mu n^2 V$，当通以电流 I_0 时，螺线管内的磁感应强度 $B=\mu n I_0$，此时磁场能量 W_m 为

$$W_m = \frac{1}{2}LI_0^2 = \frac{1}{2}\mu n^2 V I_0^2 = \frac{1}{2\mu}B^2 V \tag{9-13}$$

式中 n 为导线单位长度上的匝数，V 为螺线管的体积。因为螺线管外的磁感应强度为零，所以它是磁场空间的体积。磁场能量分布在磁场的整个空间，单位体积内的磁场能量即**磁场能量体密度**

$$w_m = \frac{W_m}{V} = \frac{1}{2\mu}B^2 \tag{9-14}$$

9-14 式虽是在特殊情况下求得的，但可以证明，此结果是普遍的，并不限于螺线管内的磁场，也不限于均匀磁场。在一般情况下，磁场的能量体密度是空间位置的函数。也就是说，在任何磁场中，某一点的磁场能量体密度只与该点的磁感应强度和介质的磁导率有关。

二、电磁场理论基础

到 19 世纪 50 年代，在电磁学范围已建立了许多定律、定理和公式，人们迫切地企盼能像经典力学归纳出牛顿运动定律和万有引力定律那样，也能对众多的电磁学定律进行总结，找出电磁学的基本方程。正是在这种情况下，麦克斯韦总结并发展了前人的成就，针对变化磁场能激发电场以及变化电场能激发磁场的现象，提出了有旋电场和位移电流的概念，于 1864 年底归纳出电磁场的基本方程，即麦克斯韦电磁场的基本方程。

（一）**位移电流**（displacement current）

我们把导体中电荷定向运动形成的电流称为传导电流。在一个有传导电流的回路中，若电流是稳恒的，则根据基尔霍夫定律，流入回路任一处的电流应等于流出该处的电流，这就是稳恒电流的连续性。但如果回路中含有正在充电或放电的电容器，情况就不同了。此时，虽然电容器的一个极板有传导电流流入，但没有流出；而另一个极板只有传导电流流出，却没有流入。对整个电路来说，传导电流是不连续的。为此，麦克斯韦提出把电流的定义推广，引进位移电流的概

念，认为流入极板的电流等于流出极板的电流，使电流的连续性原理仍成立。

在图 9-10 的电容器放电电路中，设某一时刻 A 板上有电荷 $+q$，其电荷面密度为 $+\sigma$；B 板上有电荷 $-q$，其电荷面密度为 $-\sigma$。当电容器放电时，在 $\mathrm{d}t$ 时间内通过电路中任一截面的电荷为 $\mathrm{d}q$，而这个 $\mathrm{d}q$ 也就是电容器极板上失去的电荷。所以，极板上电荷对时间的变化率 $\mathrm{d}q/\mathrm{d}t$ 也即是电路中的传导电流。若极板面积为 S，则通过回路中导体上的传导电流 I_c 和传导电流密度 J_c 分别为

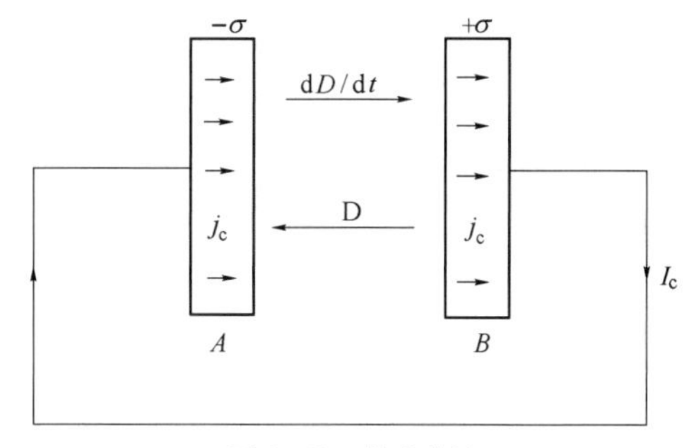

图 9-10　位移电流

$$I_c = \frac{\mathrm{d}q}{\mathrm{d}t} = \frac{\mathrm{d}(S\sigma)}{\mathrm{d}t} = S\frac{\mathrm{d}\sigma}{\mathrm{d}t}$$

$$J_c = \frac{\mathrm{d}\sigma}{\mathrm{d}t}$$

现在介绍电位移矢量 $\boldsymbol{D}$，$\boldsymbol{D}=\varepsilon_0\varepsilon_r\boldsymbol{E}=\varepsilon\boldsymbol{E}$。从前面章节知道，两板间的电场强度大小为 $E=\sigma/\varepsilon$，则两板间电场中电位移矢量的大小 $D=\sigma$，电位移通量 $\Phi_D=DS$。电容器放电时，极板上的电荷面密度 σ 及 D 和 Φ_D 都随时间变化，其随时间的变化率分别为

$$\frac{\mathrm{d}D}{\mathrm{d}t} = \frac{\mathrm{d}\sigma}{\mathrm{d}t}, \qquad \frac{\mathrm{d}\Phi_D}{\mathrm{d}t} = S\frac{\mathrm{d}\sigma}{\mathrm{d}t}$$

从上述结果可以明显看出：板间电位移矢量随时间的变化率$\frac{\mathrm{d}\boldsymbol{D}}{\mathrm{d}t}$，在数值上等于电路中的传导电流密度；板间电位移通量随时间的变化率$\frac{\mathrm{d}\Phi_D}{\mathrm{d}t}$，在数值上等于电路中的传导电流。并且当电容器放电时，由于板上电荷面密度 σ 减小，两板间的电场减弱，所以$\frac{\mathrm{d}\boldsymbol{D}}{\mathrm{d}t}$的方向与 $\boldsymbol{D}$ 的方向相反，恰与电路中的传导电流密度方向相同。因此，以$\frac{\mathrm{d}\boldsymbol{D}}{\mathrm{d}t}$表示某种电流密度，来代替在两板间中断了的传导电流密度，从而保持了电流的连续性。

于是，麦克斯韦引进**位移电流**的概念，并定义：**电场中某一点位移电流密度 $\boldsymbol{J}_d$ 等于该点电位移矢量对时间的变化率；通过电场中某一截面位移电流 I_d 等于通过该截面电位移通量 Φ_D 对时间的变化率**。即

$$\boldsymbol{J}_d = \frac{\partial \boldsymbol{D}}{\partial t}, \qquad I_d = \frac{\mathrm{d}\Phi_D}{\mathrm{d}t} \tag{9-15}$$

并假设位移电流和传导电流一样，也会在其周围空间激发磁场。这样，在有电容器的电路中，在电容器极板表面中断了的传导电流 I_c，可由位移电流 I_d 继续下去，两者一起构成电流的连续性。

在一般情况下，电路中可同时存在传导电流 I_c 和位移电流 I_d，它们的和称为全电流 I_t

$$I_t = I_c + I_d$$

这样就推广了电流的概念。值得注意的是，传导电流和位移电流是有区别的两个物理概念。虽然两者在产生磁场方面是等效的，但两者有本质上的区别。传导电流意味着有电荷的实际流动，通过导体时要放出焦耳热；而位移电流意味着电场的变化，在真空或电介质中不放出焦耳热，即位移电流不产生热效应。

（二）麦克斯韦方程组

麦克斯韦关于有旋电场的假设指出，变化磁场要激发有旋电场；关于位移电流的假设则指出变化电场要激发有旋磁场。总之，这两个假设揭示了电场与磁场之间的内在联系。存在变化电场的空间必存在变化磁场，同样，存在变化磁场的空间也必存在变化电场。变化电场和变化磁场是密切地联系在一起的，它们构成一个统一的电磁场整体。这就是麦克斯韦关于电磁场的基本概念。

引入上述两个假设后。一般电磁场的基本方程修改为

1. 电场的高斯定理　由 $\oint\!\!\!\oint_S \boldsymbol{E}\cdot \mathrm{d}\boldsymbol{S}=\frac{1}{\varepsilon}\sum_{i=1}^{n} q_i$

可写成：

$$\oint\!\!\!\oint_S \boldsymbol{D}\cdot \mathrm{d}\boldsymbol{S}=\sum_{i=1}^{n} q_i \tag{9-16}$$

2. 电场的环路定理　由空间的总电场 $\boldsymbol{E}$ 是静电场 $\boldsymbol{E}_{位}$ 和有旋电场 $\boldsymbol{E}_{旋}$ 的叠加，即

$$\oint_L \boldsymbol{E}\cdot \mathrm{d}\boldsymbol{l}=\oint_L (\boldsymbol{E}_{位}+\boldsymbol{E}_{旋})\cdot \mathrm{d}\boldsymbol{l}$$

其中 $\oint_L \boldsymbol{E}_{位}\cdot \mathrm{d}\boldsymbol{l}=0$，所以

$$\oint_L \boldsymbol{E}\cdot \mathrm{d}\boldsymbol{l}=-\frac{\mathrm{d}\Phi}{\mathrm{d}t}=-\iint_S \frac{\partial \boldsymbol{B}}{\partial t}\cdot \mathrm{d}\boldsymbol{S} \tag{9-17}$$

3. 磁场的高斯定理

$$\oint\!\!\!\oint_S \boldsymbol{B}\cdot \mathrm{d}\boldsymbol{S}=0 \tag{9-18}$$

4. 磁场的安培环路定理　先介绍磁场强度 $\boldsymbol{H}$，它是描述磁场的一个辅助量。有

$$\boldsymbol{B}=\mu_0\mu_r\boldsymbol{H}=\mu\boldsymbol{H}$$

所以

$$\oint_L \boldsymbol{B}\cdot \mathrm{d}\boldsymbol{l}=\mu(I_c+I_d)=\mu\iint_S \left(\boldsymbol{J}_c+\frac{\partial \boldsymbol{D}}{\partial t}\right)\cdot \mathrm{d}\boldsymbol{S}$$

可写成

$$\oint_L H\cdot \mathrm{d}\boldsymbol{l}=(I_c+I_d)=\iint_S \left(\boldsymbol{J}_c+\frac{\partial \boldsymbol{D}}{\partial t}\right)\cdot \mathrm{d}\boldsymbol{S} \tag{9-19}$$

式 9-16 到式 9-19 这四个方程就是麦克斯韦方程组的积分形式。对应还有四个微分形式的方程，这里不作介绍。麦克斯韦电磁理论的建立是 19 世纪物理学发展史上又一个重要的里程碑。

第五节　磁效应及其应用

一、磁效应材料

早在 3000 多年前磁性材料就被人们所认识。公元前 4 世纪，我国就有了关于磁石吸铁的文字记载。作为我国古代四大发明之一的指南针，就是历史上对磁体最早的技术应用。随着对物质磁性研究的深入和工艺技术水平的提高，磁性材料得到了广泛的应用。特别是新材料领域中的稀土磁效应材料具有极为广泛的用途。

（一）稀土永磁材料

最早起过重要作用的永磁材料有碳钢、钨钢、钴钢、铁镍铝材料。1966 年，诞生出第一代

稀土永磁材料。到1983年，第三代钕铁硼永磁材料诞生，稀土永磁材料有了三次大飞跃。

钕铁硼永磁材料是国家重点鼓励发展的高科技产业，高性能钕铁硼烧结磁体主要应用于微波通信、计算机、航天、汽车、仪器仪表、医疗及生物等领域，具有十分广阔的市场前景。目前，全世界烧结钕铁硼永磁体的年平均增长率为25%，我国的钕铁硼企业发展势头强劲，年平均增长率为40%以上。

（二）稀土超磁致伸缩材料

材料在磁场作用下发生长度或体积的变化，这种现象称磁致伸缩。稀土超磁致伸缩材料是国外20世纪80年代末新开发的新型功能材料，其磁致伸缩系数比一般磁致伸缩材料高100～1000倍，目前已广泛应用于制动器、石油、高能微型功率源、换能器、卫星定位系统、智能电喷阀、微型助听器、超声洗衣机、医疗器械等，是军民两用高附加值的稀土功能材料，具有广阔的市场前景。

（三）稀土磁致冷材料

磁致冷材料是用于磁致冷系统的具有磁热效应的物质。磁致冷首先是给材料加磁场，使磁矩按磁场方向整齐排列、磁熵变小，然后再撤去磁场，使磁矩的方向变得杂乱、磁熵变大，这时材料从周围吸收热量，通过热交换使周围环境的温度降低，达到致冷的目的。磁致冷材料是磁致冷机的核心部分，即一般称谓的制冷剂或制冷工质。

用磁致冷材料，不仅可以消除由于生产和使用氟里昂类致冷剂所造成的环境污染和大气臭氧层的破坏，还可以节约电能，且致冷材料可以重复使用，因而具有显著的环境和社会效益。现在已开发的一种新型磁致冷材料，其磁热效应大，且使用温度可以从30K左右调整到290K。

（四）稀土巨磁电阻材料

巨磁电阻GMR材料是指在外磁场的作用下电阻可显著降低的一类功能性材料。1995年，发现钙钛矿型锰氧化物Nd-Sr-Mn-O在77K、外场8T时，GMR值达到创记录的106%。稀土巨磁电阻材料作磁性“读写头”，可望将计算机的硬盘容量扩大20倍，每平方英寸达100亿个数据点。稀土巨磁电阻材料应用于巨磁电阻传感器速度、加速度、角度、转速传感器，高密度和超高密度磁记录读磁头，随机存储器MRAM，具有高密度和高保密特性的IC卡等。

（五）稀土磁光存储材料

稀土磁光存储材料是通过光加热和施加反磁场在稀土非晶合金的垂直磁化膜上产生磁畴，利用该磁畴进行信息的写入，另一个方面利用克尔（Kerr）效应等将磁光效应读出。

由磁光存储材料制得的磁光盘是对磁带、磁盘的发展。磁盘的问题是存储密度小，存储时与磁头的距离应尽量小；光盘的缺点是不能进行改写等，而磁光盘可以弥补这些缺点又兼备两者的长处。其特点是可以进行非接触存储，可随机读写信息，容量极大，可达2.6GB，读写速度快。磁光存储材料在信息时代发挥着重要作用。

二、磁效应在制药工艺中的应用

国际上先进的制药工艺两大尖端技术：中药分子磁化缓释技术和微量元素控释技术

（一）中药分子磁化缓释技术

通过高科技使中药分子本身带磁，这样就使得原本平常的药物分子产生巨大的生物磁效应。它强大的磁力犹如一根无形的“针”，可以对深达 17cm 内的病灶直接进行作用，真正实现无创伤治疗；而且磁化后的药物分子在吸收分布水平上，能显示极大的生物活性，其功效远远优于口服药剂或用传统工艺制成的膏贴剂。

中药分子磁化缓释技术最大的优越性在于：它能有效降低药物起效的剂量，并能长时间保持血药浓度的理想峰值（药力通过透皮缓慢释放，在长时间之内保持血液内有效药物浓度，减少血药的峰谷现象）。

如将自然药物和磁体（钕铁硼永磁材料）结合，实现磁场效应与药效的内外有机结合，有其独特的抗癌作用：

1. 对早期肿瘤，能有效控制瘤体增长。在磁效应作用下，药物有效隔绝肿瘤赖以生存的环境，并对瘤体进行围裹，促使癌细胞在磁效应下趋向聚集，利于药物集中杀灭，达到使瘤体不断缩小、软化和消退的目的。

2. 有防复发、抗转移作用。通过磁效应诱导对因放化疗造成流窜的癌细胞进行磁效应诱捕杀灭，同时通过内服药物快速诱导产生多种小分子量肽段，主动识别并快速定位于肿瘤血管底膜上，从而有效抑制肿瘤细胞的糖酵解，使肿瘤细胞缺少必要的能量来源，造成肿瘤细胞代谢障碍，增殖受阻，并通过清除体内高凝状态，切断肿瘤生长、转移、侵袭和扩散的途径。

（二）微量元素控释技术

传统的口服微量元素（例如锌剂）对人体胃肠、肝、肾等脏器均有明显损害，容易造成食欲不振、恶心呕吐等不良反应。而微量元素经高科技低分子和磁化处理后，结合中医针灸学中的经络穴位效应和靶效应，使微量元素能快速准确地渗入生殖系统中的相关腺体、组织和精液中，快速起效，从内避免了口服药剂带给人体的各种毒副作用。

知识链接 9

迈克尔·法拉第（Michael Faraday，1791—1867 年）英国物理学家、化学家，也是著名的自学成才的科学家。出生于萨里郡纽因顿一个贫苦铁匠家庭。仅上过小学。1831 年，他作出了关于力场的关键性突破，法拉第发现第一块磁铁穿过一个闭合线路时，线路内就会有电流产生，这个效应称为电磁感应。一般认为法拉第的电磁感应定律是他的一项最伟大的贡献，永远改变了人类文明。1815 年 5 月回到皇家研究所在戴维指导下进行化学研究。1824 年 1 月当选皇家学会会员，1825 年 2 月任皇家研究所实验室主任，1833～1862 年任皇家研究所化学教授。1846 年荣获伦福德奖章和皇家勋章。

小　结

本章指出了变化的磁场要激发有旋电场，而变化的电场要激发有旋电场，从而揭示了电场与磁场之间的内在联系。存在变化电场的空间必存在变化磁场，同样，存在变化磁场的空间也必存

在变化电场。主要内容有：

1. 法拉第电磁感应定律

$$\varepsilon_i = -\frac{\mathrm{d}\Phi}{\mathrm{d}t}$$

2. 动生电动势

$$\varepsilon_i = \int_L (\boldsymbol{v} \times \boldsymbol{B}) \cdot \mathrm{d}\boldsymbol{l}$$

3. 感生电动势

$$\oint_L \boldsymbol{E}_{旋} \cdot \mathrm{d}\boldsymbol{l} = -\iint_S \frac{\partial \boldsymbol{B}}{\partial t} \cdot \mathrm{d}\boldsymbol{S}$$

4. 自感系数、自感电动势

自感系数：$L=\dfrac{\Phi}{I}$；　　自感电动势：$\varepsilon_L = -L\dfrac{\mathrm{d}I}{\mathrm{d}t}$

5. 互感系数、互感电动势

互感系数：$M=\dfrac{\Phi_{21}}{I_1}=\dfrac{\Phi_{12}}{I_2}$；　　互感电动势：$\varepsilon_{21} = -M\dfrac{\mathrm{d}I_1}{\mathrm{d}t}$

6. 磁场的能量

$$W_m = \frac{1}{2}LI_0^2 = \frac{1}{2\mu}B^2V$$

7. 麦克斯韦方程组

电场的高斯定理　$\oiint_S \boldsymbol{D} \cdot \mathrm{d}\boldsymbol{S} = \sum_{i=1}^{n} q_i$

电场的环路定理　$\oint_L \boldsymbol{E} \cdot \mathrm{d}\boldsymbol{l} = -\iint_S \dfrac{\partial \boldsymbol{B}}{\partial t} \cdot \mathrm{d}\boldsymbol{S}$

磁场的高斯定理　$\oiint_S \boldsymbol{B} \cdot \mathrm{d}\boldsymbol{S} = 0$

安培环路定理　$\oint_L \boldsymbol{H} \cdot \mathrm{d}\boldsymbol{l} = \iint_S \left(\boldsymbol{J}_c + \dfrac{\partial \boldsymbol{D}}{\partial t}\right) \cdot \mathrm{d}\boldsymbol{S}$

习题九

9-1　在法拉第电磁感应定律 $\varepsilon_i = -\dfrac{\mathrm{d}\Phi}{\mathrm{d}t}$ 中，负号的意义是什么？你是如何根据负号来确定感应电动势方向的？

9-2　当我们把条形磁铁沿铜质圆环的轴线插入铜环中时，铜环中有感应电流和感应电场吗？如用塑料圆环替代铜质圆环，环中仍有感应电流和感应电场吗？

9-3　互感电动势与哪些因素有关？要在两个线圈间获得较大的互感，应该用什么办法？

9-4　两个相距不太远的平面圆线圈，怎样放置可使其互感系数近似为零（设其中一线圈的轴线恰通过另一线圈的圆心）？

9-5　什么是位移电流？什么是全电流？位移电流与传导电流有什么异同？

9-6　变化电场所产生的磁场，是否也一定随时间发生变化？变化磁场所产生的电场，是否也一定随时间发生变化？

9-7　如图 9-11 所示，用一根硬导线弯成半径为 r 的一个半圆。使这根半圆形导线在磁感强度为 $\boldsymbol{B}$ 的匀强磁场中以频率 ν 绕轴线 ab 旋转，整个电路的电阻为 R，求感应电流的表达式和最大值。

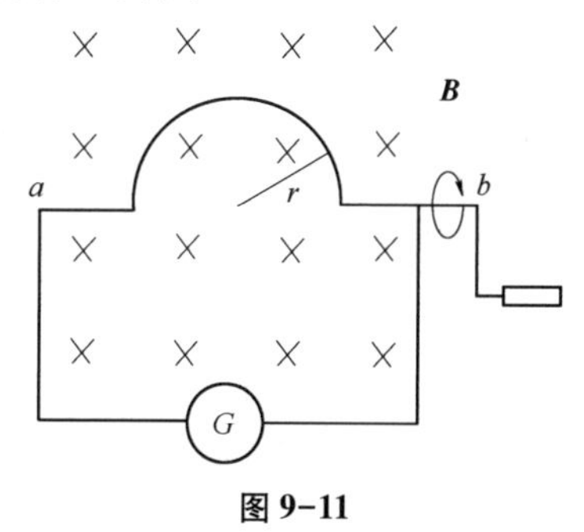

图 9-11

9-8　有两根相距为 d 的无限长平行直导线，它们通以大小

相等流向相反的电流，且电流均以$\frac{\mathrm{d}I}{\mathrm{d}t}$的变化率增长。若有一边长为 d 的正方形线圈与两导线处于同一平面内，如图 9-12 所示，求线圈中的感应电动势。

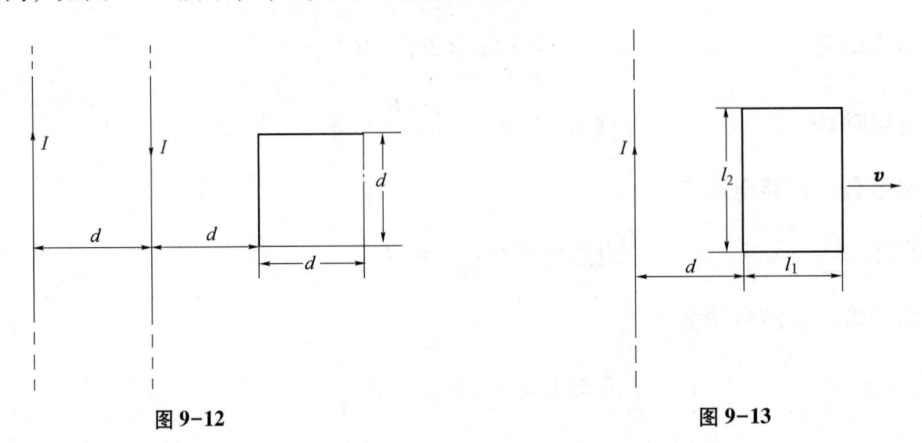

图 9-12　　图 9-13

9-9　如图 9-13 所示，在一“无限长”直载流导线的近旁放置一个矩形导体线框。该线框在垂直于导线方向上以匀速率 v 向右移动。求在图示位置处线框中的感应电动势的大小和方向。

9-10　在半径为 R 的圆柱形体内，充满磁感应强度为 $\boldsymbol{B}$ 的均匀磁场。有一长为 L 的金属棒放在磁场中，如图 9-14 所示，设磁场在增强，并且$\frac{\mathrm{d}B}{\mathrm{d}t}$为已知常量，求棒中的感生电动势，并指出哪端电势高。

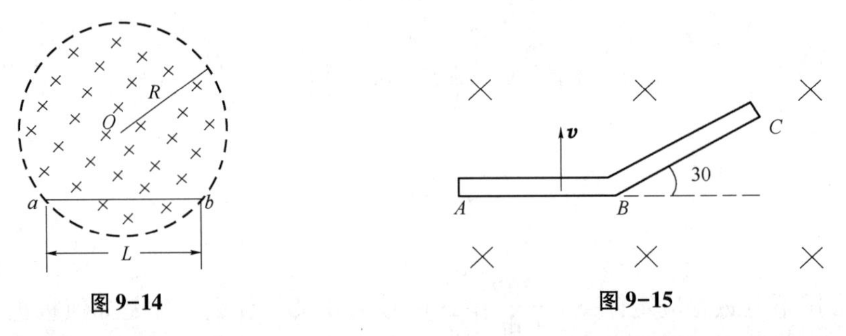

图 9-14　　图 9-15

9-11　AB 和 BC 两段导线，其长均为 10cm，在 B 处相接成 30°角。若使导线在均匀磁场中以速度v=1.5m/s 运动，方向如图 9-15 所示，磁场方向垂直于纸面向内，磁感应强度 B=2.5×10^{-2}T，问 A、C 两端之间的电势差为多少？哪一端电势高？

9-12　一金属细棒 OA 长为 l=0.4m，与竖直轴 OZ 的夹角为 30°角，放在磁感应强度 B=0.1T 的匀强磁场中，磁场方向如图9-16 所示。细棒以每秒 50 转的角速度绕 OZ 轴转动（与 OZ 轴的夹角不变），试求 O、A 两端间的电势差。

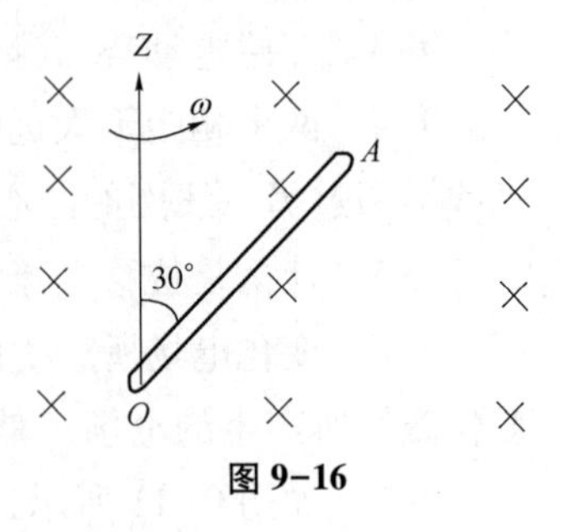

图 9-16

9-13　一个电阻为 R，自感系数为 L 的线圈，将它接在一个电动势为 ε（t）的交变电源上，线圈的自感电动势 $\varepsilon_L=-L\frac{\mathrm{d}I}{\mathrm{d}t}$，求流过线圈的电流。

9-14　半径为 2cm 的螺线管，长 30cm，上面均匀密绕 1200 匝线圈，线圈内为空气。求：

（1）这螺线管中自感系数；

（2）若在螺线管中电流以 3×10^2A/s 的速率改变，在线圈中产生的自感电动势多大？

9-15　一圆环形线圈 a 由 50 匝细线绕成，截面积为 4cm^2，放在另一个匝数等于 100 匝，半径为 20cm 的圆环形线圈 b 的中心，两线圈同轴。求：

（1）两线圈的互感系数；

（2）当线圈 a 中的电流以 50A/s 的变化率减少时，线圈 b 内磁通量的变化率；

（3）线圈 b 的感生电动势。

9-16　真空中两只长直螺线管 1 和 2 长度相等，均属单层密绕，且匝数相同，两管直径之比 $\frac{D_1}{D_2}=\frac{1}{4}$。当两者都通过相同电流时，求所贮存的磁能比 $\frac{W_{m_1}}{W_{m_2}}$。

9-17　把一个 $L=3\text{H}$ 的线圈和一个电阻 $R=10\Omega$ 的电阻器串联后，突然接到电动势 $\varepsilon=3.0\text{V}$ 的电池两端，组成 RL 电路，电池内阻不计。在电路接通时间为 1 个时间常数 $\left(\frac{L}{R}=0.30\text{s}\right)$ 时，求：

（1）电池供给能量的功率为多少？

（2）电阻器上产生焦耳热的功率为多少？

（3）当电流达到稳定值后，磁场中储藏的能量是多少？

第十章
振动和波

扫一扫，查阅本章数字资源，含PPT、音视频、图片等

【教学要求】

1. 掌握简谐振动的运动方程、 特征量和同频率、 同方向简谐振动的合成规律。
2. 理解旋转矢量法， 并能用以分析有关的简单问题。
3. 理解波动方程的物理意义， 并会计算有关问题。
4. 理解波的叠加原理和波的干涉。
5. 了解声学的基本概念， 理解声强、 声强级的物理意义和多普勒效应， 了解超声波的特性和在医学中的应用。

振动和波是自然界中很普遍的运动形式。物体在平衡位置附近的往复运动，称为**机械振动**（mechanical vibration），简称**振动**（vibration）。例如钟摆的来回摆动；机器开动时微小的颤动；阵风吹过，池塘里漂浮物的上下浮动；声带和鼓膜的运动，心脏的跳动等都是振动。自然界中还有许多与机械振动相似的运动，如交变电流和交变电磁场等，它们虽和机械振动不同，但变化规律和研究方法基本相同，我们也称之为振动。

振动在介质中的传播过程就是**波动**（wave motion）。激发波动的振动系统称为**波源**（wave source）。人们交谈是通过在空气中形成的声波来交流思想感情的；电台播送的声音信号和电视台播放的图像信号与伴音信号是通过发射天线发送的无线电波来传递的；超声诊断仪荧光屏上显示的人体内部的信息是通过发射到人体组织的超声波回波信号获取的。波动可分为三大类：第一类是如水波、声波和超声波等机械振动在弹性介质中的传播，称为**机械波**（mechanical wave）；第二类是无线电波、光波等变化的电场和变化的磁场在空间的传播，称为**电磁波**（electromagnetic wave）；第三类是微观粒子表现出来的波动性，称为**物质波**（matter wave）。三类波虽然本质不同，但都有共同特征，如都有一定的传播速度，并伴有能量的传播，都能产生波的反射、折射、干涉和衍射现象。波是物质运动的一种形式，波既传递能量，也传递信息。

第一节　简谐振动

一般的振动系统都是很复杂的，形式也多种多样，但它们遵循共同的基本规律，即它们都是由最基本最简单的简谐振动所合成的。下面先讨论简谐振动的基本规律。

一、简谐振动方程

物体作机械振动时，最简单的振动是**简谐振动**（simple harmonic vibration）。如图 10-1 所示，

将一个轻弹簧一端固定，另一端系一个质量为 m 的物体，这个振动系统称为**弹簧振子**（spring oscillator）。使物体 m 在水平方向上运动，忽略摩擦力和阻力。物体在位置 O 时弹簧保持原长，作用于弹簧上的力为零，这就是物体的平衡位置。当弹簧被拉长或压缩时，物体对平衡位置 O 有一位移 x，同时物体受到弹性恢复力 F 的作用，力的方向指向平衡位置。由胡克定律

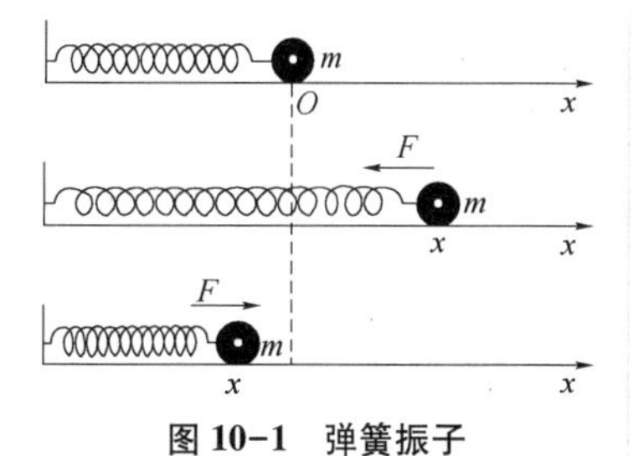

图 10-1　弹簧振子

$$F=-kx$$

负号表示力和位移方向相反，k 为弹簧的倔强系数。

当弹簧被拉长后再放开，由于弹性恢复力的作用，物体得到和力成正比的加速度，使物体加速运动。根据牛顿第二定律可求出物体的运动方程

$$m\frac{d^2x}{dt^2}=-kx$$

即

$$\boxed{a=\frac{d^2x}{dt^2}=-\frac{k}{m}x} \tag{10-1}$$

上式表明物体在振动时，加速度的大小和位移的大小成正比而方向相反，具有此特征的振动称为简谐振动。

令 $k/m=\omega^2$，则式 10-1 可写成

$$\boxed{\frac{d^2x}{dt^2}+\omega^2x=0} \tag{10-2}$$

式 10-2 是简谐运动的微分方程，它是二阶常系数线性齐次微分方程，解为

$$x=A\cos(\omega t+\varphi) \tag{10-3}$$

或写为

$$x=A\sin\left(\omega t+\varphi+\frac{\pi}{2}\right) \tag{10-4}$$

式 10-3 和式 10-4 称为简谐振动的运动方程，由此二式可知：作简谐振动的物体的位移 x 是时间 t 的正弦或余弦函数，正弦或余弦函数都是周期性的函数，所以，简谐振动是一种周期性的运动。

二、简谐振动的特征量

1. 振幅　由式 10-3 可知，A 是振动物体离开平衡位置的最大位移，称为**振幅**（amplitude）。

2. 周期与频率　振动物体完成一次完全振动（来回一次）所需的时间，称为**周期**（period），用 T 表示，单位为秒（s）。单位时间内物体振动的次数称为**频率**（frequency），用 ν 表示，单位为**赫兹**（Hz）。周期与频率互为倒数。物体在 2π 秒内完成的振动次数称为圆频率（或角频率），用 ω 表示，单位为弧度/秒（rad/s），三者之间的关系为

$$\boxed{\omega=2\pi\nu=2\pi/T} \tag{10-5}$$

以弹簧振子为例，

$$\omega=\sqrt{\frac{k}{m}}$$

$$\nu=\frac{\omega}{2\pi}=\frac{1}{2\pi}\sqrt{\frac{k}{m}}$$

$$T=\frac{2\pi}{\omega}=2\pi\sqrt{\frac{m}{k}}$$

由此可见，简谐振动的圆频率、频率与周期只与振动系统本身的性质有关，称为系统的固有圆频率、固有频率和固有周期。

3. 相位 式 10-3 中的（$\omega t+\varphi$）称为**相位**（phase），其中 φ 称为**初相位**（initial phase），单位为弧度（rad）。相位的意义是，当振幅已知时，由它来确定 t 时刻物体所处的振动状态，如位移、速度等；初相位确定了振动开始时物体所处的振动状态。

三、简谐振动的矢量图示法

简谐振动的位移和时间关系，可以用旋转矢量图法来表示。如图 10-2 所示，在 x 轴取一点 O 作原点，从 O 点起作一矢量 $\boldsymbol{A}$，使其长度等于振动的振幅 A，矢量 $\boldsymbol{A}$ 称为旋转矢量，$t=0$ 时刻它和 x 轴的夹角 φ 就是简谐振动的初相位。$\boldsymbol{A}$ 以匀角速度 ω 逆时针方向转动，也就是角速度与圆频率等值，这就是圆频率又称为作角频率的原因。经过时间 t，$\boldsymbol{A}$ 和 x 轴的夹角（$\omega t+\varphi$）就是 t 时刻的相位。$\boldsymbol{A}$ 在 x 轴上的投影就是 t 时刻的位移 $x=A\cos(\omega t+\varphi)$，由此可见，矢量图示法形象地表示了简谐振动的振动状态，这种方法还可以用于振动的合成，波的干涉以及交流电等问题的讨论中。

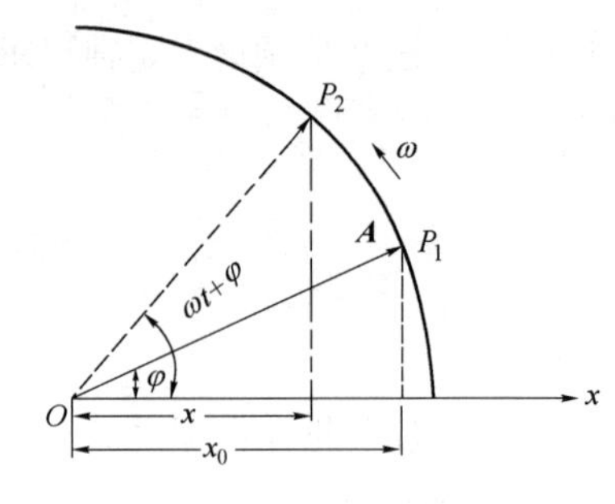

图 10-2 旋转矢量图

例 10-1 一个沿 x 轴作简谐振动的弹簧振子，振幅为 A，周期为 T，其振动表达式用余弦函数表示。当初始状态分别为以下四种情况时用旋转矢量法确定其初相，并写出振动表达式。

（1）$x_0=-A$；

（2）过平衡位置向 x 轴正方向运动；

（3）过 $x=\frac{A}{2}$ 处向 x 轴负方向运动；

（4）过 $x=-\frac{A}{\sqrt{2}}$ 处向 x 轴正方向运动。

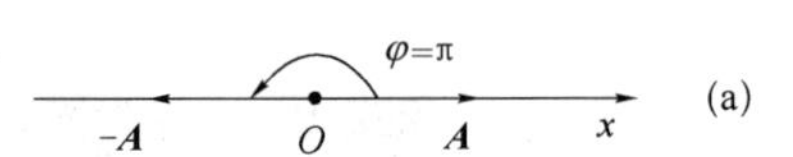

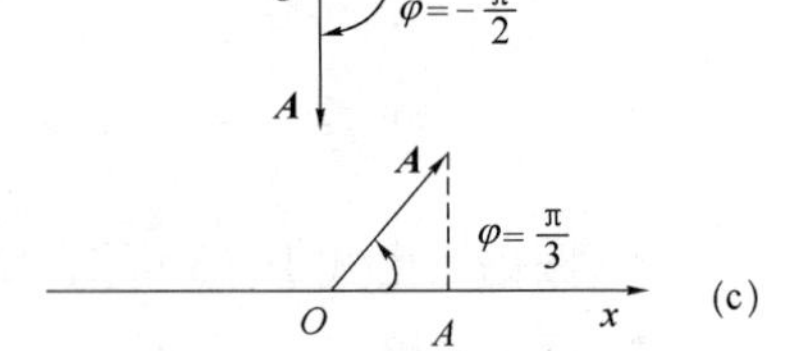

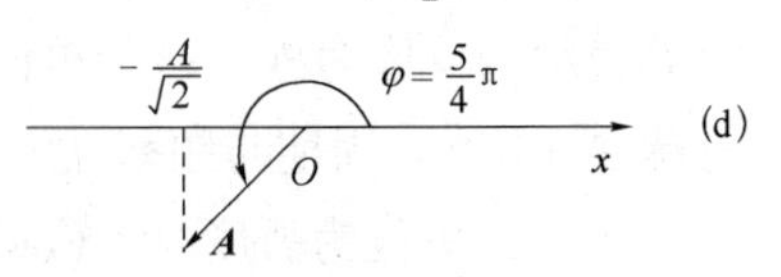

图 10-3

解：假设弹簧振子的余弦表达式为 $x=A\cos\left(\frac{2\pi t}{T}+\varphi\right)$。

（1）由图 10-3（a）可知，初相位 $\varphi=\pi$，谐振子的运动方程为 $x=A\cos\left(\frac{2\pi t}{T}+\pi\right)$。

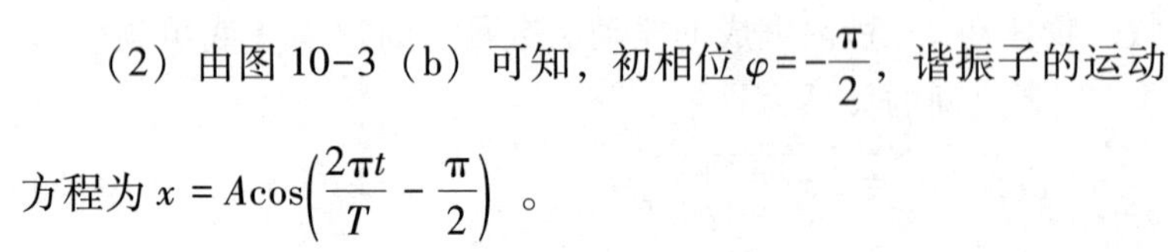

（2）由图 10-3（b）可知，初相位 $\varphi=-\frac{\pi}{2}$，谐振子的运动方程为 $x=A\cos\left(\frac{2\pi t}{T}-\frac{\pi}{2}\right)$。

（3）由图 10-3（c）可知，初相位 $\varphi=\frac{\pi}{3}$，谐振子的运动方程为 $x=A\cos\left(\frac{2\pi t}{T}+\frac{\pi}{3}\right)$。

（4）由图 10-3（d）可知，初相位 $\varphi=\frac{5\pi}{4}$，谐振子的运动方程为 $x=A\cos\left(\frac{2\pi t}{T}+\frac{5\pi}{4}\right)$。

四、简谐振动的速度和加速度

将式 10-3 对时间求一阶导数，得到简谐振动的速度为

$$v=\frac{\mathrm{d}x}{\mathrm{d}t}=-\omega A\sin(\omega t+\varphi)=v_{\mathrm{m}}\cos\left(\omega t+\varphi+\frac{\pi}{2}\right) \tag{10-6}$$

上式中$v_{\mathrm{m}}=\omega A$ 是速度的最大值，称为速度幅值。由式 10-6 可知速度相位比位移相位多 π/2，说明速度相位比位移相位超前 π/2。

将式 10-3 对时间求二阶导数，得到简谐振动的加速度为

$$a=\frac{\mathrm{d}^2x}{\mathrm{d}t^2}=-\omega^2A\cos(\omega t+\varphi)=\omega^2A\cos(\omega t+\varphi\pm\pi)=a_{\mathrm{m}}\cos(\omega t+\varphi\pm\pi) \tag{10-7}$$

上式中 $a_{\mathrm{m}}=\omega^2A$ 是加速度的幅值，加速度相位比位移相位超前或落后 π。

五、简谐振动的能量

下面以弹簧振子为例来讨论简谐振动中能量的转换和守恒问题。设物体质量为 m，弹簧的倔强系数为 k，弹簧振子的位移和速度由式 10-3 和式 10-6 给出，则系统的动能为

$$E_K=\frac{1}{2}mv^2=\frac{1}{2}m\omega^2A^2\sin^2(\omega t+\varphi) \tag{10-8}$$

势能为

$$E_P=\frac{1}{2}kx^2=\frac{1}{2}kA^2\cos^2(\omega t+\varphi) \tag{10-9}$$

考虑到 $k=m\omega^2$，总能量为：

$$\boxed{E=E_K+E_P=\frac{1}{2}m\omega^2A^2=\frac{1}{2}kA^2} \tag{10-10}$$

由上面的讨论可知，弹簧振子的动能和势能都随时间做周期性的变化。位移达到最大时，势能达到最大，动能为零；物体在平衡位置时，动能最大而势能为零。在整个运动过程中，系统不受外力作用，只有弹性力作用，不消耗能量。所以在运动过程中尽管动能和势能随时互相转换，但总能量守恒，即振动系统的总机械能在振动过程中守恒，这一结论对任一简谐振动系统都是正确的。

从式 10-10 可知，作简谐振动的系统，振动的总能量与振幅的平方成正比，又和频率的平方成正比。这个规律对其他形式的振动及波动都适用。

六、简谐振动的合成

在实际问题中，有些物体的振动是由几个简谐振动同时参与的。例如两个声波在空间某点相遇，该点空气质点的振动就是两个振动合成的结果。由此可见，处理几个波传播的情况，就要用振动合成的方法。下面讨论几种情况。

（一）同方向同频率简谐振动的合成

设质点参与两个同方向同频率的简谐振动，在任一时刻 t 的位移分别为

$$x_1=A_1\cos(\omega t+\varphi_1)$$

$$x_2=A_2\cos(\omega t+\varphi_2)$$

式中 A_1、A_2 和 φ_1、φ_2 分别为两个振动的振幅和初相位，则质点的合位移 x 应等于上述两个分振动位移 x_1 和 x_2 的代数和。即

$$\begin{aligned}x &= x_1 + x_2\\ &= A_1\cos(\omega t + \varphi_1) + A_2\cos(\omega t + \varphi_2)\\ &= (A_1\cos\varphi_1 + A_2\cos\varphi_2)\cos\omega t - (A_1\sin\varphi_1 + A_2\sin\varphi_2)\sin\omega t\end{aligned}$$

如果令

$$\begin{aligned}A\cos\varphi &= A_1\cos\varphi_1 + A_2\cos\varphi_2\\ A\sin\varphi &= A_1\sin\varphi_1 + A_2\sin\varphi_2\end{aligned} \quad (10\text{-}11)$$

则得合振动方程

$$x = A\cos(\omega t + \varphi) \quad (10\text{-}12)$$

上式中 A 和 φ 分别为合振动的振幅和初相位，由式 10-11 可以求出

$$\boxed{A = \sqrt{A_1^2 + A_2^2 + 2A_1A_2\cos(\varphi_2 - \varphi_1)}} \quad (10\text{-}13)$$

$$\boxed{\mathrm{tg}\varphi = \frac{A_1\sin\varphi_1 + A_2\sin\varphi_2}{A_1\cos\varphi_1 + A_2\cos\varphi_2}} \quad (10\text{-}14)$$

这些结果表明，同方向同频率的两个简谐振动合成后仍是一个简谐振动。它的频率和原分振动的频率相同，而振幅和初相位由原分振动的振幅和初相位来决定，如图 10-4所示。

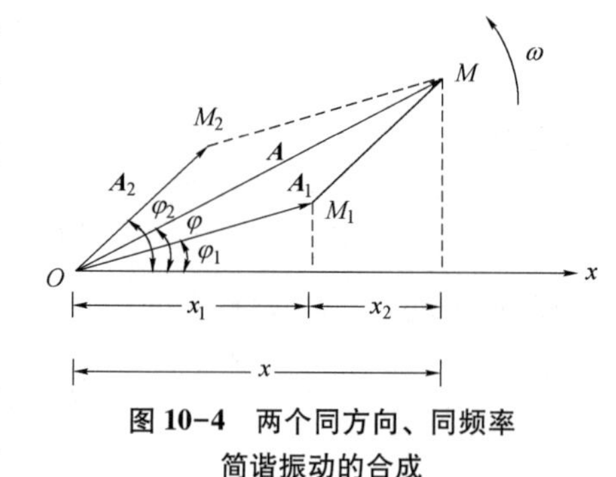

图 10-4　两个同方向、同频率简谐振动的合成

（二）相互垂直同频率简谐振动的合成*

当一个物体同时参与两个相互垂直同频率的简谐振动时，它的合位移是两个分位移的矢量和。一般情况下，物体不是在一条直线上运动而是在一个平面上运动。

设两个频率相同的简谐振动在相互垂直的 x 轴和 y 轴上进行，振动方程为：

$$x = A_1\cos(\omega t + \varphi_1) \quad (10\text{-}15)$$

$$y = A_2\cos(\omega t + \varphi_2) \quad (10\text{-}16)$$

上面两式就是用参数 t 表示的物体运动轨迹的参数方程，如果消去 t 就可得到轨迹的直角坐标方程：

$$\frac{x^2}{A_1^2} + \frac{y^2}{A_2^2} - \frac{2xy}{A_1A_2}\cos(\varphi_2 - \varphi_1) = \sin^2(\varphi_2 - \varphi_1) \quad (10\text{-}17)$$

一般来说，式 10-17 是一个椭圆方程。椭圆的形状由相位差（$\varphi_2 - \varphi_1$）来确定。图 10-5 表示相位差为一些特殊值时合振动的轨迹。

如果两个振动的相位相差不大，相位差随时间缓慢变化，合振动的轨迹将按图 10-5 的顺序在图上矩形范围内由直线逐渐变成椭圆，又由椭圆逐渐变成直线，并不断重复下去。如果两个振动相位差很大，但成整数比时，可以得到稳定的封闭式合成运动的轨迹。图 10-6 所示的是两个互相垂直、具有不同周期比的简谐振动合成的轨迹。这些曲线称为李萨如图形。如果作出振动合成的图形，已知其中一个振动的周期，则可对照图形求出另一个振动的周期。李萨如图形是一种测量频率比较方便的方法。

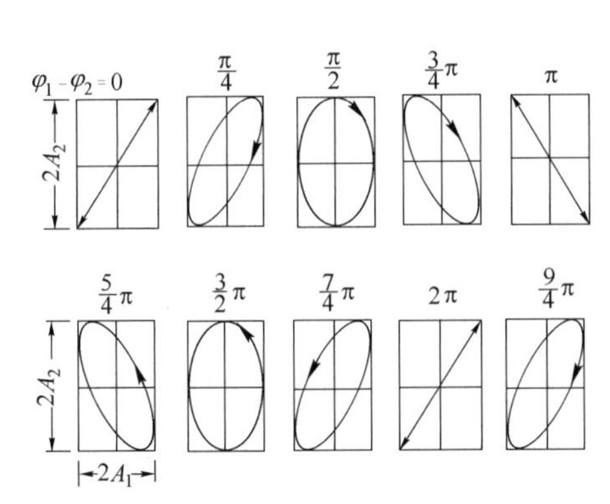

图 10-5　两个同频率互相垂直不同振幅不同相位差简谐振动的合成

图 10-6　李萨如图形

（三）同方向、不同频率简谐振动的合成*

如果两个同方向不同频率的简谐振动合成，合振动不再是简谐振动，但仍然是周期性振动，合振动的频率与分振动中的最低频率相等。合振动的形式由分振动的频率、振幅以及初相位差决定。两个以上的简谐振动合成时，如果它们的频率都是最低频率的整数倍，上面的结论仍然成立。其中最低的频率称为基频，其他分振动的频率称为倍频。

（四）振动谱*

任一圆频率为 ω 的复杂周期性振动 $x(t)$ 都能被分解成不同频率、不同振幅的一系列简谐振动，这些振动的圆频率分别为 ω（基频）和 ω 的整数倍（倍频 2ω、$3\omega\cdots$），用傅里叶级数表示

$$x(t)=A_0+A_1\cos\omega t+A_2\cos2\omega t+\cdots+B_1\sin\omega t+B_2\sin2\omega t+\cdots \tag{10-18}$$

其中系数 A_1、$A_2\cdots$及 B_1、$B_2\cdots$，就是各简谐振动的振幅，A_0 为 $x(t)$ 在一周期内的平均值。这种将一个复杂的周期性振动分解为一系列简谐振动的方法，称为**频谱分析**（frequency spectrum analysis）。在进行频谱分析时，所取级数的项数越多，其结果越精确。

可以用图来表示一周期性振动展开为傅里叶级数的结果：以圆频率为横坐标，相应的振幅为纵坐标，作出的图称为频谱图。如图 10-7 所示的是方波的频谱图，每一条线称为谱线，长度代表相应频率的分振动的振幅值。频率越高的简谐振动的振幅就越小，对合振动的贡献也越小，在实际应用中，可以根据要求精度取有限项数。

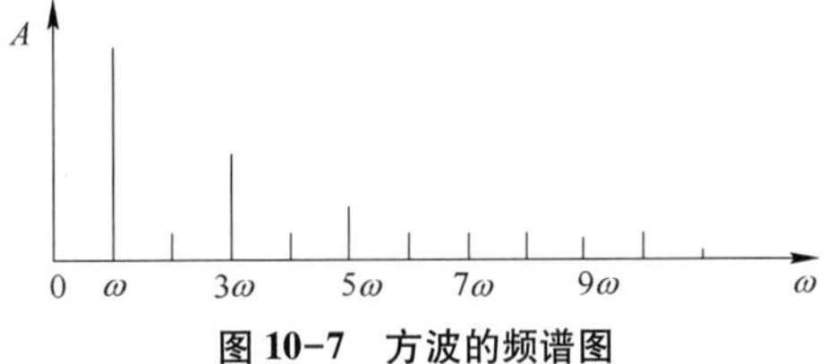

图 10-7　方波的频谱图

频谱分析在理论研究和实际应用中都有着重要意义，例如，在医学中，对发声、听觉、脑电图和心电图等进行定量分析，绘出频谱图，可以为诊断各种疾病提供依据。

第二节　波动学基础

一、机械波

（一）机械波的产生

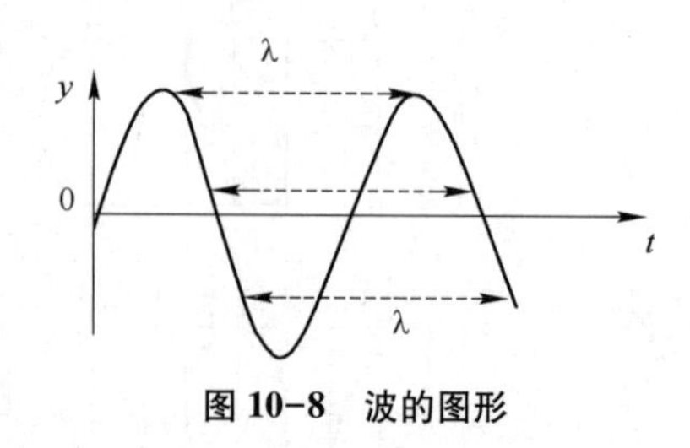

图 10-8　波的图形

由弹性力联系着的微粒组成的介质称为**弹性介质**（elastic medium）。振动物体即波源在弹性介质中振动时，它带动周围的介质也随之振动。由于介质各质点之间都有弹性力互相作用，于是此振动质点又带动它临近介质的质点振动，如此依次向外通过介质把振动传播出去。这种机械振动在弹性介质中的传播过程称为**机械波**（mechanical wave）。由此可见，机械波的产生，首先要有机械振动的物体作为波源，其次要有能够传播这种机械振动的弹性介质。由于介质中质点振动是复杂的，所以产生的波动也是复杂的。当波源作简谐振动，使周围的介质的质点也做同频率的简谐振动而传播开来，这样的波动称为**简谐波**（simple harmonic wave），它可以用余弦曲线或正弦曲线表示，如图 10-8 所示。

波动是振动状态的传播，介质中各质点在其平衡位置附近往复运动，并没有在波动传播方向上流动，而且质点的振动方向和波动的传播方向也并不一定相同。质点振动方向与波的传播方向垂直的波称为**横波**（transverse wave）。质点振动方向与波的传播方向平行的波称为**纵波**（longitudinal wave）。例如电磁波是横波，声波、超声波都是纵波。

（二）波长、周期、频率和波速

在波的传播方向上，两个相邻的相位差为 2π 的质点之间的距离，称为一个**波长**（wavelength），用 λ 表示。对于横波，波长 λ 等于两相邻波峰或波谷之间的距离；对于纵波，波长 λ 等于两相邻疏部或密部之间的距离。在波动传播方向上，每隔一个波长，振动状态就重复出现一次，因此，波长描述了波在空间上的周期性。

一个完整的波通过传播方向上某点所需要的时间称为波的**周期**，用 T 表示。波的周期和质点的振动周期是相同的。每隔一个周期 T，振动质点的相位就重复出现一次，因此，周期 T 描述了波在时间上的周期性。波的周期的倒数称为**频率**，用 ν 表示。

波以一定的振动相位在空间传播的速度称为**波速**（wave velocity）或**相速**（phase velocity），用 c 表示。波速和介质的弹性及密度有关。

波速、波长和周期（频率）之间有如下关系：

$$\boxed{c=\frac{\lambda}{T}=\lambda\nu} \qquad (10\text{-}19)$$

（三）波动过程的几何描述、惠更斯原理

实际问题中，绝大多数波源四周为介质所包围，它的振动状态是通过介质向空间各个方向传播的，在波传播过程的任意时刻，振动相位相同的点所构成的面称为波阵面或**波面**（wave surface）。最前面的波阵面称为**波前**（wave front）。点波源所产生的波阵面是一系列同心球面，称为**球面波**（spherical wave），波阵面为平面的波，称为**平面波**（plane wave）。表示波传播方向的

射线称为**波线**（wave line）。图 10-9 表示了它们之间的关系。

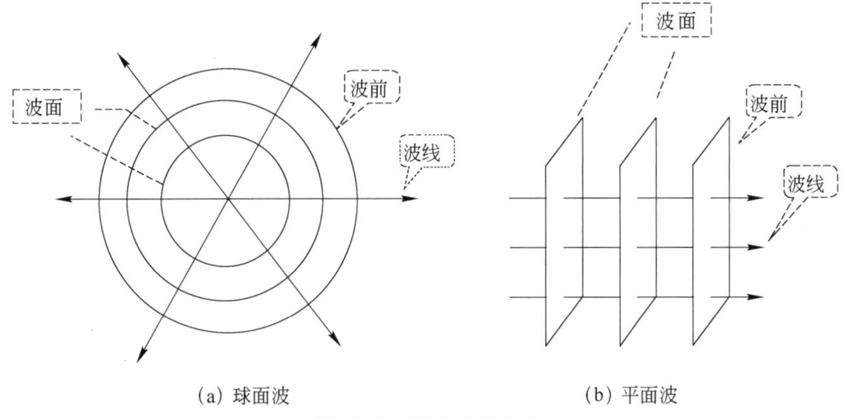

(a) 球面波　　(b) 平面波

图 10-9　波阵面和波线

在对波动过程的几何描述中，惠更斯（Huygens）指出：**在波的传播过程中，波阵面上的每一点都可以看作发射次级子波的波源，在其后的任一时刻，这些子波的包迹就成为新的波阵面，**这就是**惠更斯原理**（Huygens principle）。这一原理适用于一切形式的波动，只要知道某一时刻的波阵面，就可以用几何的方法求出下一时刻的波阵面，如图 10-10 所示。

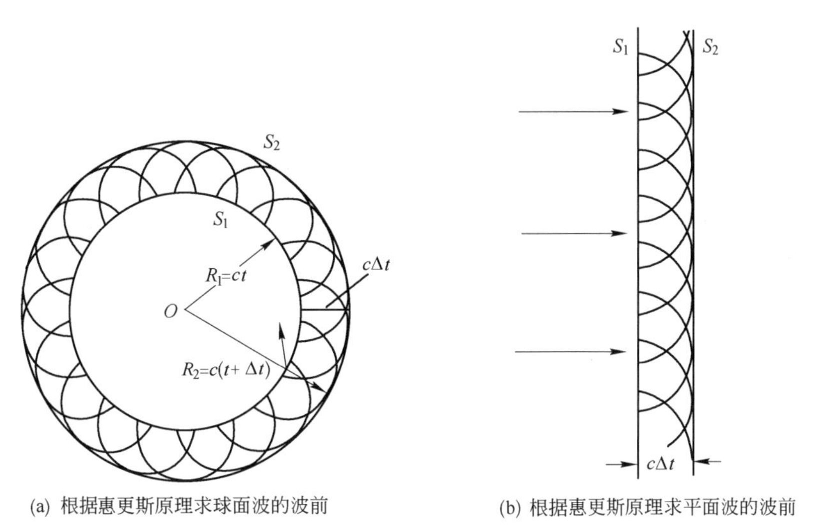

(a) 根据惠更斯原理求球面波的波前　　(b) 根据惠更斯原理求平面波的波前

图 10-10　根据惠更斯原理求新的波阵面

二、波动方程

简谐波是最基本的波，任何复杂的波都可以看作是由若干个简谐波叠加而成。**波动方程**（wave equation）是介质中波线上的各个质点的位移随时间的变化规律的函数表达式。

如图 10-11 所示，在无限大均匀无吸收的介质中，以 O 为坐标原点，沿 Ox 轴正方向传播速度为 c 的简谐波。用 x 表示各个质点在波线上的位置，用 y 表示质点对它的平衡位置的振动位移。设在原点 O 的位置上，质点在 t 时刻的位移为

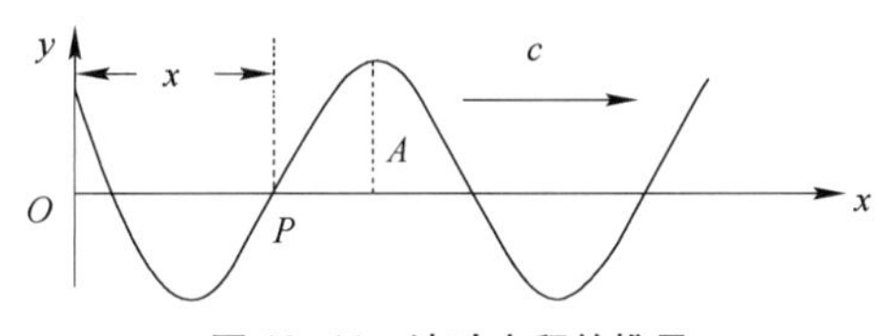

图 10-11　波动方程的推导

$$y = A\cos\omega t$$

其中 ω 为圆频率，A 为振幅。如果为横波，则位移 y 的方向和 Ox 轴垂直，如果为纵波，则位

移 y 的方向沿着 Ox 轴方向。设 P 为波线上某一任意点，它与原点 O 相距 x。现求 P 点的质点在时刻 t 的位移。由于波动是从 O 点传到 P 点的，所以 P 点振动的圆频率不变。P 点处质点的振动落后于 O 点处质点的振动。波动从 O 点传到 P 点所需要的时间为 x/c，当 O 点质点振动时间为 t 时，P 点振动时间为 $t-x/c$，由于传播过程中振幅 A 不变，所以 P 点振动方程应为

$$y = A\cos\omega\left(t - \frac{x}{c}\right) \tag{10-20}$$

式 10-20 就是沿 Ox 轴正方向传播的简谐波的波动方程式。它表示了波线上任意处质点在 t 时刻的振动状态。

因为 $\omega=2\pi/T$，$c=\lambda/T$，式 10-20 可以写为

$$\boxed{y = A\cos2\pi\left(\frac{t}{T} - \frac{x}{\lambda}\right) = A\cos2\pi\left(\nu t - \frac{x}{\lambda}\right)} \tag{10-21}$$

现求波动方程的微分形式，将式 10-20 分别对 x 及 t 求二阶偏导数，得到

$$\frac{\partial^2 y}{\partial t^2} = -A\omega^2\cos\omega\left(t - \frac{x}{c}\right)$$

$$\frac{\partial^2 y}{\partial x^2} = -A\frac{\omega^2}{c^2}\cos\omega\left(t - \frac{x}{c}\right)$$

比较两式，得到

$$\frac{\partial^2 y}{\partial t^2} = c^2\frac{\partial^2 y}{\partial x^2} \tag{10-22}$$

这就是平面波波动方程的微分形式。

对于三维空间传播的波，在无吸收各向同性的均匀介质中质点位移为$\zeta=\zeta\,(x,\ y,\ z)$，波动方程为

$$\frac{\partial^2 \zeta}{\partial t^2} = c^2\left(\frac{\partial^2 \zeta}{\partial x^2} + \frac{\partial^2 \zeta}{\partial y^2} + \frac{\partial^2 \zeta}{\partial z^2}\right) \tag{10-23}$$

例 10-2 一波源以 $y=0.04\cos2.5\pi t$（m）的形式作简谐振动，该波以 100m/s 的速度在某种介质中传播。试求：

（1）波动方程；

（2）在波源起振后 1.0s，距波源 20m 处质点的位移及速度。

解：（1）根据题意，波动方程为

$$y = 0.04\cos2.5\pi\left(t - \frac{x}{100}\right)\ (\mathrm{m})$$

（2）在 $x=20$m 处质点的振动为

$$y = 0.04\cos2.5\pi(t - 0.2)\ (\mathrm{m})$$

在波源起振后 1.0s，该处质点的位移为

$$y = 0.04\cos2.0\pi = 4 \times 10^{-2}\ (\mathrm{m})$$

该处质点的速度为

$$v=\frac{\mathrm{d}y}{\mathrm{d}t} = -\omega A\sin2.5\pi(t - 0.2)$$

$$= -2.5\pi \times 0.04\sin2.0\pi(\mathrm{m/s}) = 0$$

由此可见，质点的振动速度与波的传播速度是两个完全不同的概念。

三、波的能量

（一）波的能量、能量密度

波动在介质中传播时，介质中各个质点具有动能，同时，介质发生形变而具有势能。波传播的过程同时也是能量传递的过程。

设一波速为 c 的平面波在密度为 ρ 的介质中传播。在介质中取一体积元 dV，其质量为 $dm=\rho dV$，当波动传到此体积元时，使这个体积元获得动能 dE_k 和弹性势能 dE_p。其中振动动能为

$$dE_K=\frac{1}{2}dm\,v^2=\frac{1}{2}\rho v^2 dV$$

平面简谐波在该点的振动速度为

$$v=\frac{dy}{dt}=-A\omega\sin\omega\left(t-\frac{x}{c}\right)$$

式中 x 为该体积元与波源的距离，代入 E_K 表达式中

$$dE_K=\frac{1}{2}\rho dVA^2\omega^2\sin^2\omega\left(t-\frac{x}{c}\right)$$

体积元因发生弹性形变而具有弹性势能，经过计算（在此从略）

$$dE_P=\frac{1}{2}\rho dVA^2\omega^2\sin^2\omega\left(t-\frac{x}{c}\right)$$

体积元的总能量为

$$dE=E_P+E_K=\rho dVA^2\omega^2\sin^2\omega\left(t-\frac{x}{c}\right) \qquad (10-24)$$

上式说明在波动传播的介质中，任何一个体积元的动能和势能都是随时间改变的，总能量也是随时间作周期性变化的；波是在不断地吸收与辐射能量，波是能量传递的一种形式。

用体积元 dV 去除能量 dE，则得单位体积内的波动能量，称为**能量密度**（energy density），用 w 表示

$$w=\frac{dE}{dV}=\rho A^2\omega^2\sin^2\omega\left(t-\frac{x}{c}\right)$$

因为能量密度随时间而变化，通常求在一个周期 T 内的能量密度的平均值，即平均能量密度 $\bar{w}$。它的大小为

$$\bar{w}=\frac{\rho A^2\omega^2}{T}\int_0^T\sin^2\omega\left(t-\frac{x}{c}\right)dt=\frac{1}{2}\rho A^2\omega^2 \qquad (10-25)$$

上式说明，波的平均能量密度和振幅平方、圆频率的平方及介质的密度成正比。

（二）能流、能流密度

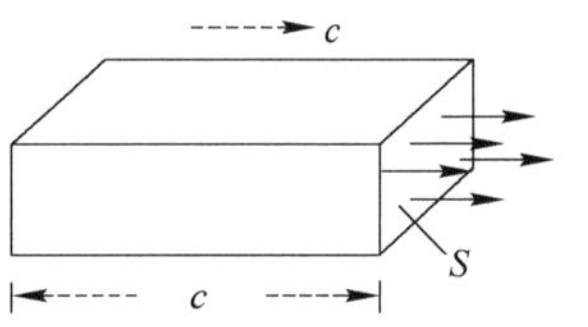

图 10-12　体积 cS 中的能量单位时间内通过 S 面

单位时间内通过介质中某面积的能量称为通过该面积的**能流**（energy flux）。如图 10-12 所示，在介质中垂直波速 c 方向取截面积 S，单位时间内通过 S 的能量等于体积 cS 中的能量。这个能量是周期性变化的，其平均能流 $\bar{P}$ 为

$$\overline{P}=\overline{w}cS \tag{10-26}$$

再以 S 除 $\overline{P}$，就得到单位时间内通过垂直于波动传播方向的单位面积的平均能量，称为**能流密度**（energy flux density）或波的强度，用 I 表示

$$\boxed{I=\overline{w}c=\frac{1}{2}c\rho A^2\omega^2} \tag{10-27}$$

四、波的叠加原理、波的干涉

在有几个人同时说话时，我们能够把他们的声音分辨开，听乐队演奏时，能够辨别出每种乐器发出的音色。这些例子说明，一个波的振幅、波长、频率、振动方向、传播方向等不因存在别的波而改变。即波是独立传播的。当几个波同时在介质中传播时，在某点相遇，该点的振动位移是各个波在该点所引起位移的矢量和，这称为波的**叠加原理**（superposition principle of wave）。几个波相遇之后，仍以原先的波的特征独立地传播出去。

当介质中同时传播两个频率相同、振动方向相同、同相位或相位差恒定的波源发出的波时，根据波的叠加原理，两个波在空间叠加，使空间某些点的振动始终加强而另一些点的振动始终减弱或完全抵消。这种现象称为**波的干涉**（interference of wave）。产生干涉现象的波称为**相干波**（coherent wave），它们的波源称为**相干波源**（coherent sources）。下面我们应用波的叠加原理来讨论波干涉时加强与减弱的条件。如图 10-13 所示，两个相干波源的振动，可以表示为

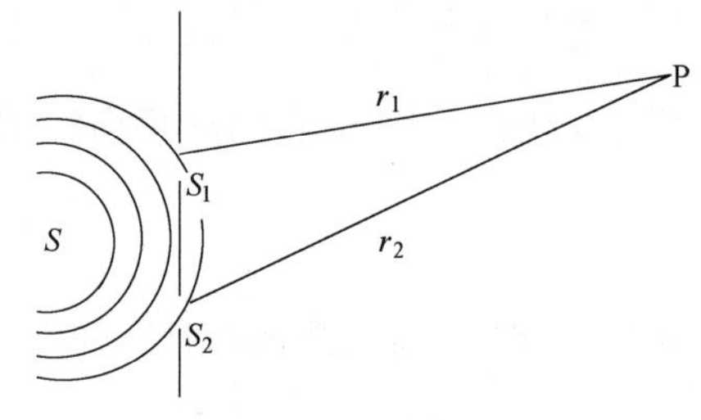

图 10-13 波的干涉

$$y_1=A_1\cos(\omega t+\varphi_1)$$
$$y_2=A_2\cos(\omega t+\varphi_2)$$

从这两个波源发出的波，在距波源的距离分别为 r_1 和 r_2 处的空间任意点 P 相遇时，在 P 点的振动分别为

$$y_1=A_1\cos\left(\omega t+\varphi_1-\frac{2\pi r_1}{\lambda}\right)$$

$$y_2=A_2\cos\left(\omega t+\varphi_2-\frac{2\pi r_2}{\lambda}\right)$$

合振动位移为

$$y=A\cos(\omega t+\varphi)$$

其中合振幅

$$A=\sqrt{A_1^2+A_2^2+2A_1A_2\cos\left(\varphi_2-\varphi_1-2\pi\frac{r_2-r_1}{\lambda}\right)}$$

合振动的相位 φ 为

$$\mathrm{tg}\varphi=\frac{A_1\sin\left(\varphi_1-\frac{2\pi r_1}{\lambda}\right)+A_2\sin\left(\varphi_2-\frac{2\pi r_2}{\lambda}\right)}{A_1\cos\left(\varphi_1-\frac{2\pi r_1}{\lambda}\right)+A_2\cos\left(\varphi_2-\frac{2\pi r_2}{\lambda}\right)}$$

由于两个相干波源在空间任一点所引起的两个振动的相位差为

$$\Delta\varphi=\varphi_2-\varphi_1-2\pi\frac{r_2-r_1}{\lambda}$$

是一个常量，所以，合振动的振幅也是一个常量。因此，波的干涉结果使空间各点的振幅始终不变，在空间某些点振动始终加强；在某些点振动始终减弱。当

$$\Delta\varphi=\varphi_2-\varphi_1-2\pi\frac{r_2-r_1}{\lambda}=2k\pi \qquad (k=0,\ \pm1,\ \pm2,\ \cdots)$$

时，空间各点，合振幅最大，其值为 $A=A_1+A_2$。当

$$\Delta\varphi=\varphi_2-\varphi_1-2\pi\frac{r_2-r_1}{\lambda}=(2k+1)\pi \qquad (k=0,\ \pm1,\ \pm2,\ \cdots)$$

时，空间各点，合振幅最小，其值为 $A=|A_1-A_2|$。

如果 $\varphi_1=\varphi_2$，并令 $\delta=r_1-r_2$ 表示两个相干波同时从波源 S_1 和 S_2 出发而到 P 点时所经过路程之差，称为**波程差**。则上述两式可简化为如下。当

$$\boxed{\delta=r_1-r_2=2k\frac{\lambda}{2} \qquad (k=0,\ \pm1,\ \pm2,\ \cdots)}$$

时，即波程差等于零或为半波长的偶数倍的空间各点，合振动的振幅最大；当

$$\boxed{\delta=r_1-r_2=(2k+1)\frac{\lambda}{2} \qquad (k=0,\ \pm1,\ \pm2,\ \cdots)}$$

时，即波程差等于半波长的奇数倍的空间各点，合振动的振幅最小。

第三节　声学基础

一、声波

频率在 20～2×10^4Hz 的机械波传到人的耳朵，使耳膜做受迫振动而刺激人的听觉神经，引起人的听觉，称为**声波**（sound wave）。频率低于 20Hz 的机械波称为次声波，次声波的频段范围为 1×10^{-4}～20Hz。频率高于 2×10^4Hz 的机械波称为超声波，超声波的频段范围为 2×10^4～5×10^8Hz，频率上推到 10^{12}Hz 就成为特超声频段，它与分子的热振动频率（10^{12}～10^{14}Hz）连接上了。次声波、声波、超声波仅频率不同，无本质上的不同。

二、描述声波的物理量

（一）声压

声波是纵波，在介质中传播时，介质的密度作周期性变化，稠密时压强大，稀疏时压强小。在某一时刻，介质中某一点的压强与无声波通过时的压强之差，称为该点的瞬时**声压**（sound pressure），用 p 表示，单位为 N/m^2。声压是空间和时间的函数。

设声波的波动方程由式 10-20 确定

$$y=A\cos\omega\left(t-\frac{x}{c}\right)$$

则介质中某点的声压为（证明略）

$$p = \rho c\omega A\cos\left[\omega\left(t - \frac{x}{c}\right) + \frac{\pi}{2}\right] \tag{10-28}$$

上式称为声压方程。令

$$p_m = \rho c\omega A$$

p_m 称为声压振幅值，简称声幅。

（二）声阻抗

我们把声压振幅与速度振幅之比称为**声阻抗**（acoustic impedance），用 Z 表示，单位为kg/(m^2·s)。

$$Z = \frac{p_m}{v_m} = \frac{\rho cA\omega}{A\omega} = \rho c \tag{10-29}$$

声阻是表示介质声学特性的一个重要物理量。表 10-1 列出了几种介质的声速、密度和声阻抗的值。

表 10-1　几种介质的声速、密度和声阻抗

介质	密度 ρ（kg/m^3）	声速 c（m/s）	声阻抗 Z［kg/（m^2·s）］
空气	1.29	3.32×10^2（0℃）	4.28×10^2
	1.21	3.44×10^2（20℃）	4.16×10^2
水	988.2	1.48×10^3（20℃）	1.48×10^6
脂肪	970	1.40×10^3	1.36×10^6
脑	1020	1.53×10^3	1.56×10^6
肌肉	1040	1.57×10^3	1.63×10^6
骨	1700	3.60×10^3	6.12×10^6
钢	7800	5.05×10^3	3.94×10^7

（三）声强　声强级

单位时间内通过垂直于声波传播方向的单位面积的声波能量，称为**声强**（sound intensity），用 I 表示，根据式 10-27 和式 10-29

$$I = \frac{1}{2}\rho c\omega^2 A^2 = \frac{1}{2}Z v_m^2 = \frac{p_m^2}{2Z} \tag{10-30}$$

在声学中通常采用对数标度来量度声强，称为**声强级**（sound intensity level），用 L 表示，单位为**贝尔**（Bel，B）或**分贝**（decibel，dB）

$$L = \lg\frac{I}{I_0}(\text{Bel}) = 10\lg\frac{I}{I_0}(\text{dB}) \tag{10-31}$$

其中 $I_0 = 10^{-12}\,\text{W/m}^2$ 是 1000Hz 声音的听阈值，称为标准参考声强，听觉范围如图 10-14所示。

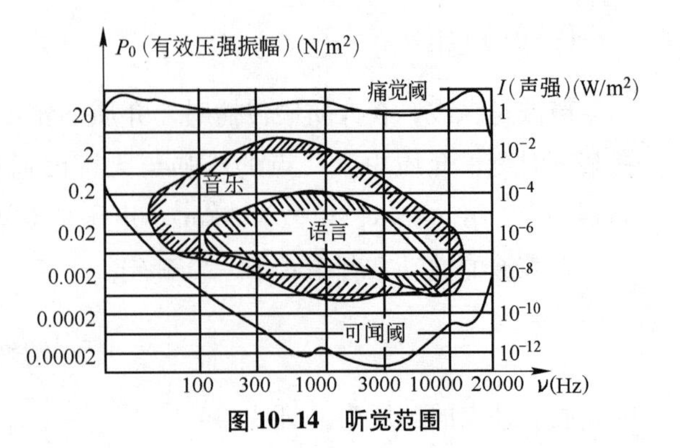

图 10-14　听觉范围

（四）响度级与等响曲线

消防车的鸣笛声听起来很响，而人们在交谈时的谈话声就不太响，这种主观上感觉到的响与不响，不仅与声波的强度有关，而且还与声波的频率有关。对于相同频率的声波，如果声强不同，则听起来响的程度也不同。例如，同样频率的声音，人耳感觉到的 30dB 的声音比 10dB 的声音响。对于相同声强的声波，如果频率不同则听起来响度也不同。例如声强相同，频率为 1000Hz 的声音听起来比频率为 400Hz 的要响。所以响度与声波的声强及频率都有关。为了确定某一声音响的程度，就把该声音与一标准声音相比较（通常以 1000Hz 的纯音作为标准），调节 1000Hz 纯音的声强级，使它听起来和所要研究的声音一样响时，就把 1000Hz 纯音的声强级定义为该声音的响度级。响度级的单位为“昉”（phon）。例如，100Hz、50dB 的声音听起来与 1000Hz、20dB 的声音一样响，于是我们把 100Hz、50dB 的声音的响度级定义为 20 昉。

由响度级的定义我们可知，对于 1000Hz 的声音，它的声强级（以分贝为单位）数值与响度级的数值是一样的。对于非 1000Hz 的声音，它的声强级与响度级的数值是不相同的。我们把不同频率的声音但响度级相同的各点连成曲线，如图 10-15 所示，这些曲线就称为等响曲线。

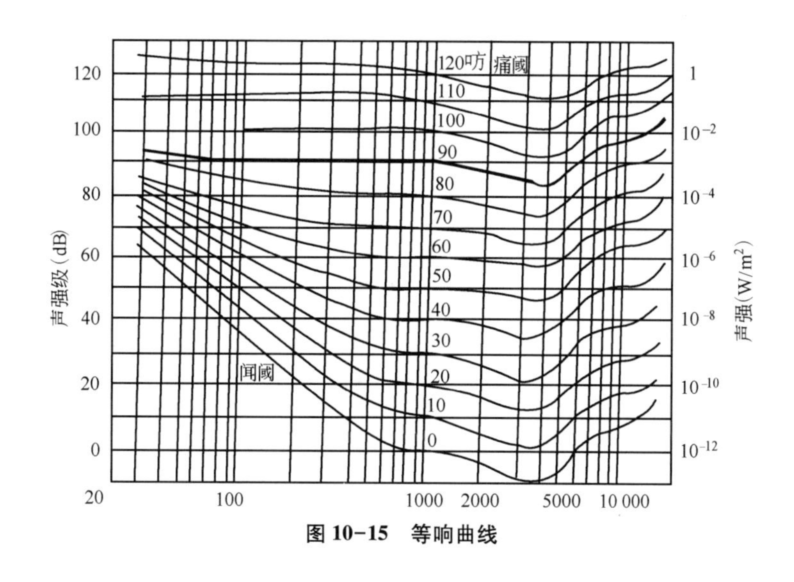

图 10-15　等响曲线

三、超声波

超声波与可闻声波的本质相同，遵守共同的机械波运动规律，传播速度的大小、声强的计算、反射、折射以及衰减规律等都相同。超声波的频率在 20kHz 以上，目前可以产生频率高达 10^{11}Hz 以上的超声波，由于超声波的频率高，波长短，不但不能引起人耳的听觉，还有一系列的特性。自从石英晶体超声波发生器研制成功以来，产生了超声技术，现已广泛应用于工业、农业、科技、军事以及医学等领域。

第四节　多普勒效应

当列车鸣笛从我们身边疾驶而过，汽笛的音调由高变低。由于波源或观测者相对于介质运动，造成观测频率和波源频率不同的现象，称为**多普勒效应**（Doppler effect）。

假设波源 S 与观测者 O 在同一直线上运动，波源和观测者相对于介质的速度分别为v_s和v_0，波的传播速度为 c，波源频率为 ν，观测频率为 ν'。下面分三种情况讨论。

一、波源静止观测者相对于介质运动

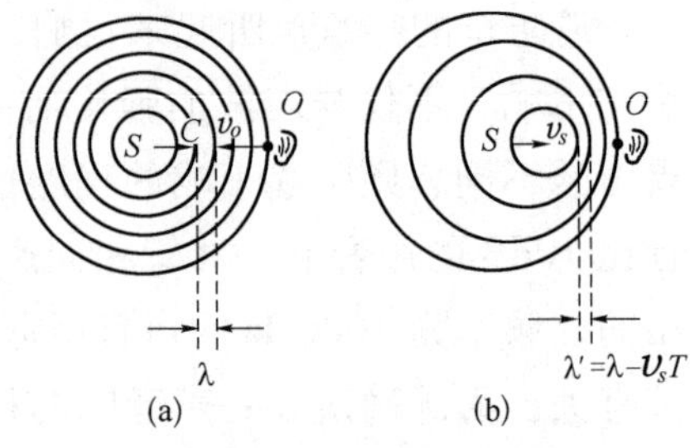

图 10-16 多普勒效应

$v_s=0$，$v_0\neq 0$。如图 10-16（a）所示，若观测者向着波源运动，相当于波以速度 $c'=c+v_0$ 通过观测者。单位时间内通过观测者的完整波数，即观测到的频率为

$$\nu'=\frac{c'}{\lambda}=\frac{c+v_0}{cT}=\frac{c+v_0}{c}\nu \qquad (10-32)$$

当观测者离开波源运动时，

$$\nu'=\frac{c'}{\lambda}=\frac{c-v_0}{cT}=\frac{c-v_0}{c}\nu \qquad (10-33)$$

由此可见，在观测者运动的情况下，观测频率的改变是由于观测者观测到的波数的增加或减少造成的。

二、观测者静止波源相对于介质运动

$v_0=0$，$v_s\neq 0$。如图 10-16（b）所示，当波源以速度v_s向观测者运动时，由于一个周期 T 内波源已逼近观测者v_sT的距离，所以，观测者看来，波长缩短为

$$\lambda'=\lambda-v_sT=(c-v_s)T$$

波在介质中传播的速度不变，观测频率为

$$\nu'=\frac{c}{\lambda'}=\frac{c}{c-v_s}\nu$$

当波源远离观测者时

$$\nu'=\frac{c}{\lambda'}=\frac{c}{c+v_s}\nu$$

由此可见，在波源运动情况下，观测频率的改变是由于波长的缩短或伸长所致。

三、波源和观测者同时相对于介质运动

综合上面两种结果，可得观测频率为

$$\nu'=\frac{c'}{\lambda'}=\frac{c+v_0}{c-v_s}\nu$$

当观测者向着波源运动时，v_0取正值，离开时取负值；波源向着观测者运动时，v_s取正值，离开时取负值。

知识链接 10

奥地利物理学家、数学家和天文学家多普勒·克里斯琴·约翰（Doppler, Christian Johann）1803 年 11 月 29 日出生于奥地利的萨尔茨堡（Salzburg）。1842 年，他在文章“On the Colored Light of Double Stars”中提出“多普勒效应”（Doppler Effect），因而闻名于世。1853 年 3 月 17 日，多普勒与世长辞。多普勒的研究范围还包括光学、电磁学和天文学，他设计和改良了很多实验仪器，例如光学仪器。多普勒才华横

溢，创意无限，脑里充满各种新奇的点子。

小　结

1. 简谐振动

（1）简谐振动的微分方程、运动方程

简谐振动的微分方程　$\frac{d^2x}{dt^2}+\omega^2x=0$

简谐振动的运动方程　$x = A\cos(\omega t + \varphi)$

（2）简谐振动的特征量　振幅、周期（频率）、相位。

（3）简谐振动的矢量图示法

（4）简谐振动的速度和加速度

$$v=\frac{dx}{dt}=-\omega A\sin(\omega t+\varphi)=v_m\cos(\omega t+\varphi+\frac{\pi}{2})$$

$$a=\frac{d^2x}{dt^2}=-\omega^2A\cos(\omega t+\varphi)=\omega^2A\cos(\omega t+\varphi\pm\pi)=a_m\cos(\omega t+\varphi\pm\pi)$$

（5）简谐振动的能量

$$E=E_K+E_P=\frac{1}{2}m\omega^2A^2=\frac{1}{2}kA^2$$

（6）简谐振动的合成　同方向同频率的两个简谐振动合成后仍是一个简谐振动。它的频率和原分振动的频率相同，而振幅和初相位由原分振动的振幅和初相位来决定

$$x=A\cos(\omega t+\varphi)$$

$$A=\sqrt{A_1^2+A_2^2+2A_1A_2\cos(\varphi_2-\varphi_1)}$$

$$\text{tg}\varphi=\frac{A_1\sin\varphi_1+A_2\sin\varphi_2}{A_1\cos\varphi_1+A_2\cos\varphi_2}$$

2. 波动

（1）简谐波的波动方程式

$$y=A\cos\omega\left(t-\frac{x}{c}\right)$$

或
$$y=A\cos2\pi\left(\frac{t}{T}-\frac{x}{\lambda}\right)=A\cos2\pi\left(\nu t-\frac{x}{\lambda}\right)=A\cos\omega\left(t-\frac{x}{c}\right)$$

（2）描写波动的特征量　波速、波长和周期（频率）之间有如下关系：

$$c=\frac{\lambda}{T}=\lambda\nu$$

（3）波的能量

$$E=E_P+E_K=\rho dVA^2\omega^2\sin^2\omega\left(t-\frac{x}{c}\right)$$

（4）波的强度

$$I=\overline{w}c=\frac{1}{2}c\rho A^2\omega^2$$

3. 声学

（1）描述声波的物理量

声压方程 $p=\rho\, c\omega A\cos\left[\omega\left(t-\dfrac{x}{c}\right)+\dfrac{\pi}{2}\right]$

声阻 $Z=\dfrac{p_{\mathrm{m}}}{v_{\mathrm{m}}}=\dfrac{\rho cA\omega}{A\omega}=\rho c$

声强 $I=\dfrac{1}{2}\rho c\omega^2A^2=\dfrac{p_{\mathrm{m}}^2}{2Z}$

声强级 $L=10\lg\dfrac{I}{I_0}(\mathrm{dB})$

（2）超声波

4. 多普勒效应

一般规律 $\nu'=\dfrac{c+v_0}{c-v_s}\nu$

习题十

10-1 一个作简谐振动的物体，其振幅为 A，质量为 m，振动的全部能量为 E，振动的初相位为 φ，求此物体的简谐振动方程。

10-2 有一弹簧在其下端悬挂质量为 m 的物体，弹簧伸长 x_0，如果再加力使物体往下又移动距离 A，然后放手。

（1）证明物体将上下作简谐振动；

（2）求振动周期和频率。

10-3 弦上传播一横波，其波动方程为 $y=2\cos\pi(0.05x-200t)$，式中 x，y 的单位为米（m）。求：

（1）振幅、波长、频率、周期和传播速度；

（2）画出 $t=0$s 时的波形。

10-4 满足微分方程 $\dfrac{\partial^2\zeta}{\partial t^2}+\mu^2\dfrac{\partial^4\zeta}{\partial x^4}=0$（$\mu$ 为常数）的余弦波，求和波长成反比的波速。

10-5 一沿 x 轴作简谐振动的物体，振幅为 5.0×10^{-2}m，频率为 2Hz。

（1）在时间 $t=0$ 时，振动物体经平衡位置处向 x 轴正方向运动，求振动方程；

（2）如果该物体在时间 $t=0$ 时，经平衡位置处向 x 轴负方向运动，求振动方程。

10-6 一个运动物体的位移与时间的关系为 $y=0.10\cos\left(2.5\pi t+\dfrac{\pi}{3}\right)$（m），试求：

（1）周期、角频率、频率、振幅和初相位；

（2）$t=2$s 时物体的位移、速度和加速度。

10-7 两个同方向、同频率的简谐振动方程为 $x_1=4\cos\left(3\pi t+\dfrac{\pi}{3}\right)$（m），$x_2=3\cos\left(3\pi t-\dfrac{\pi}{6}\right)$（m），试求它们的合振动方程。

10-8　机械波通过不同介质时，它的波长、频率和速度中哪些量会发生变化？哪些量不变？

10-9　振动和波动有何区别和联系？

10-10　已知波动方程为 $y = A\cos(at - bx)$，试求波的振幅、波速、频率和波长。

10-11　有一列平面简谐波，坐标原点按 $y = A\cos(\omega t + \phi)$ 的规律振动。已知，$A=0.10\text{m}$，$T=0.50\text{s}$，$\lambda=10\text{m}$。试求：

（1）波动方程；

（2）波线上相距 2.5m 的两点的相位差；

（3）如果 $t=0$ 时处于坐标原点的质点的振动位移为 $y_0=+0.050\text{m}$，且向平衡位置运动，求初相位并写出波动方程。

10-12　A 和 B 是两个同方向、同频率、同相位、同振幅简谐波的波源所在处，它们在介质中产生的波的波长为 λ，AB 之间的距离为 1.5λ。C 是 AB 连线上 B 点外侧的任意一点。试求：

（1）A、B 两点发出的波到达 C 点时的相位差；

（2）C 点的振幅。

10-13　沿绳子进行的横波波动方程为 $y = 0.10\cos(0.01\pi x - 2\pi t)\text{m}$。试求：

（1）波的振幅、频率、传播速度和波长；

（2）绳上某质点的最大横向振动速度。

10-14　设 y 为球面波各质点振动的位移，r 为离开波源的距离，A_0 为距离波源单位距离处波的振幅。试利用波的强度的概念求出球面波的波动方程。

10-15　人耳对 1000Hz 的声波产生听觉的最小声强约为 10^{-12}W/m^2，试求空气分子的相应的振幅。

10-16　两种声音的声强级相差 1dB，试求它们的强度之比。

10-17　利用多普勒效应测量心血管中血液流速时，用 5MHz 的超声波直射血管壁，入射角为 0°，测出接受与发射的波频率差为 500Hz。已知声波在软组织中的传播速度为 1500m/s，求此时血液流速为多少？

第十一章
波动光学

扫一扫，查阅本章数字资源，含PPT、音视频、图片等

【教学要求】

1. 了解光的相干性，掌握双缝干涉、洛埃镜实验和薄膜干涉现象的产生条件和计算方法。
2. 理解惠更斯-菲涅耳原理，掌握单缝衍射、光栅衍射和X射线衍射现象产生的条件和计算方法。
3. 了解光的偏振和物质的旋光现象，掌握马吕斯定律的应用和物质旋光度的测量方法。

光学是物理学中发展较早的学科，也是近代物理学中发展较快和具有广泛应用前景的学科。我国春秋战国时（公元前400多年）墨翟所著的《墨经》中，对光的直线传播、光的反射及平面镜、凹球面镜和凸球面镜的成像规律就有了较详细的说明。南宋的沈括（1031—1095年）在他的著作《梦溪笔谈》中，对针孔成像、球面镜的成像、虹的成因等方面也都有详细的阐述。比西方最早的欧几里德的《光学》要早一百多年，《墨经》和《梦溪笔谈》在光学的发展史上都占有一定的地位。在生产和生活需要的推动下，光学应用逐步有所发展，到17世纪，欧洲发明了望远镜和显微镜，扩大了人类的视野，促进了天文学、生物学和医学的发展。在光学理论方面，关于光的本性问题，当时有两种观点，一是以牛顿为代表的微粒说，一是惠更斯提出的波动说。牛顿认为光是从发光体向外发出的做匀速运动的微粒，以此观点解释了光的直线传播、反射和折射定律，并得出光在水中的传播速度大于光在空气中的传播速度。由于牛顿在物理学界的威望，当时大多数人都同意他的微粒说。然而，同时惠更斯提出光的波动说，认为光是在介质中传播的一种波动。用波动说也可以解释光的反射和折射定律，但得出光在水中的速度小于光在空气中的速度。当时还不能准确地测定光速，以此来判断两种学说的正确性。一直到19世纪初，人们成功地进行了光的干涉、衍射等实验，又测定了水中的光速，得到的结果是小于空气中的光速，为光的波动说提供了可靠的论据。19世纪60年代，麦克斯韦建立了电磁场理论，从理论上推出电磁场可以光速向空间传播，形成电磁波。赫兹（Heinrich Hertz）从实验上作了验证，他用电磁振荡的方法产生了电磁波，并发现电磁波的反射、折射、干涉、衍射等现象与光波相同，传播速度也与光速相同，由此证明光也是电磁波。光的电磁理论是物理学的重大成就之一，它较完善地说明了光的本性。光和机械波不同，光是电磁波，它不需要弹性介质的存在，就能在空间传播。光的电磁理论也再一次证明了自然界各种现象之间的相互联系和制约的基本规律。接着人们又发现一系列新的光学现象，如光电效应、康普顿（Compton）效应等，必须假定光是由光子所组成的粒子流才能说明。如何认识光的本性，如何将光的波动性和粒子性统一起来，对这些问题的探索，不仅使人们加深了对光的认识，而且也促进了人们对物

质本质的认识。

本章讨论光的波动性及在现代科技中的应用，主要内容有光的干涉、衍射、偏振等。当电磁场向空间传播时形成电磁波，电磁波包括的范围很广，按照波长和频率的不同，依次排列成的图谱，称为**电磁波谱**（electromagnetic spectrum），如图 11-1 所示。由于各种电磁波的波长和频率相差很大，因此图中的波长和频率是以对数比例尺来表示的，图中标明了各个波段的电磁波名称。从中可看到整个电磁波谱中只有很小的一个波段，波长在 400～760nm 之间的电磁波能使人眼产生光的视觉，这一波段称为**可见光**（visible light），对应的频率范围是 7.5×10^{14}～3.9×10^{14}Hz。对人眼起作用的是电场强度，所以当讨论光波中的振动矢量时，是指电场强度 E。波长范围在 5～400nm 之间的电磁波称为**紫外线**（ultraviolet radiation）；在 0.76～20μm 之间的电磁波称**红外线**（infrared ray）。紫外线和红外线都不能引起人眼的视觉，但在药物分析中却常用到。在光学中常用埃（Å）的单位来表示波长，1Å（埃）= 10^{-10}m，1nm（纳米）= 10^{-9}m，则可见光的波段为 4000～7600Å。

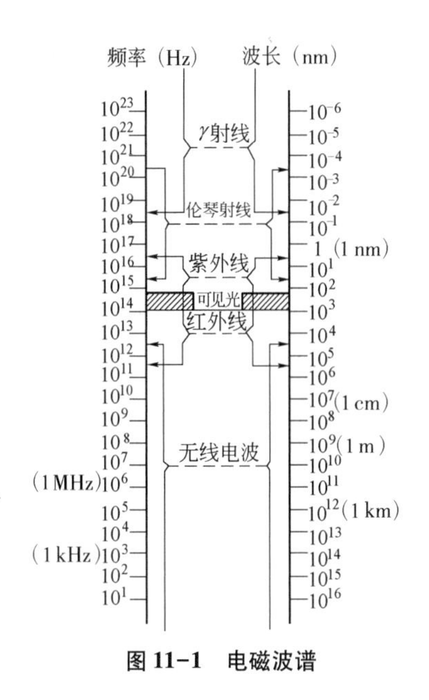

图 11-1 电磁波谱

第一节 光的干涉

一、光的相干性

光的干涉现象是光的波动特性的表现。要观察到波的干涉现象，两列波的波源必须是相干波源，即两波源的振动方向、频率、相位相同或有固定的相位差。光是电磁波，也应产生干涉现象，但当取两个独立的、相同的单色光源，使它们发出的光在空间相遇，经观察并没有发现干涉现象，在相遇处的光的总强度总是加强，它等于各光束强度的总和，没有发现光的强度交替相互加强和削弱的情形。这一现象并不是由于光不是波的原因，而是由于普通光源发光过程不同于机械振动的波源。机械振动的波源能连续不断地发出一列波。而光波则是由光源中大量分子或原子的状态发生变化时发射出来的，分子或原子的发光过程是间歇的，各个原子或分子，或同一原子和分子在不同时刻所发光的振动方向、频率、相位是各不相同的。从相位来看，每一列光波的相位都是不相同的，是变化的。这样，当两列光波在空间相遇时，它们的相位差不仅和波程有关，而且和两列波的初相差有关。随着两列光波初相的变化，相遇处的两列光波就没有固定的相位差，叠加的情况（相长或相消）也将随着变化。人眼不能观察到这一随时间迅速变化着的干涉现象，而只能看到一个平均强度。从波的能量讨论中知道，波的强度正比于振幅的平方，光波的强度也正比于光振动振幅 A 的平方。在某一段时间 τ 内，两光波相遇处光的强度的平均值为

$$\bar{I} \propto \overline{A^2} = \frac{1}{\tau}\int_0^{\tau} A^2 \mathrm{d}t = \frac{1}{\tau}\int_0^{\tau}[A_1^2 + A_2^2 + 2A_1A_2\cos\Delta\phi]\,\mathrm{d}t$$

$$\overline{A^2} = \overline{A_1^2} + \overline{A_2^2} + 2\bar{A}_1\bar{A}_2\,\frac{1}{\tau}\int_0^{\tau}\cos\Delta\phi\,\mathrm{d}t$$

上式中 A_1、A_2 分别为两光波的振幅。由于从两个独立光源发出的光，在叠加时相位差 $\Delta\phi$ 不能保持恒定，在所观察的一段时间 τ 内，$\Delta\phi$ 的数值无规律地变化着，从 0 到 2π 之间的一切数值

都有可能，则 $\Delta\phi$ 的余弦值将在-1 到+1 之间变化。

故可得

$$\frac{1}{\tau}\int_0^\tau \cos\Delta\phi \mathrm{d}t = 0$$

则

$$\overline{A^2} = \overline{A_1^2} + \overline{A_2^2}$$

可见合振动振幅平方的平均值等于两分振动振幅平方平均值之和，即总光强度等于相遇的两光波强度之和。

如果两光波的相位差 $\Delta\phi$ 保持不变，与时间 t 无关，则

$$\frac{1}{\tau}\int_0^\tau \cos\Delta\phi \mathrm{d}t = \cos\Delta\phi$$

叠加时，光的平均强度为

$$\bar{I} \propto \overline{A^2} = \overline{A_1^2} + \overline{A_2^2} + 2\overline{A_1}\,\overline{A_2}\cos\Delta\phi$$

可见，光的平均强度将不随时间而变化，从而得到稳定的干涉现象。如 $\Delta\phi=0$ 时，则

$$\overline{A^2} = \overline{A_1^2} + \overline{A_2^2} + 2\overline{A_1}\,\overline{A_2}$$

当 $A_1=A_2$ 时，可得

$$\overline{A^2} = 2\overline{A_1^2} + 2\overline{A_1^2} = 4\overline{A_1^2}$$

或

$$\overline{A^2} = 2\overline{A_2^2} + 2\overline{A_2^2} = 4\overline{A_2^2}$$

可见叠加产生相长干涉时，光的总强度不等于两光波分强度之和，而可能是加强了一倍。

从上面的讨论可知，当两光波的相位差随时间无规则地变化时，不能得到稳定的叠加现象，总的光强度等于两个分光强度之和，通常称这两个光波是不相干光波。只有当两光波的相位差固定不变，叠加时才能得到稳定的干涉现象，总的光强可以大于，也可以小于两分光强度之和。可见当把从同一光源同一点发出的光分成两束，使它们沿着两个不同的路经传播后相遇，就能实现**光的干涉**（interference of light）。这时称这两个光波是**相干光波**（coherent light wave），简称为**相干光**（coherent light），这样的光源称为**相干光源**（coherent light source）。

二、杨氏双缝实验

英国科学家杨氏（Thomas Young）于 1800 年首先成功地实现了光的干涉实验。这一实验的成功是对光的波动说的有力支持。为了获得相干光，杨氏实验中将从同一光源发出的光分成两束，使它们沿着两个路径传播，然后再相遇，因为两束光发自同一光源，初相虽然随着发光的断续而变化，但同一光源的初相始终相同，因此两束光在相遇处的相位差只决定于波程差，当波程差一定时，光就能产生稳定的干涉现象。

杨氏实验装置如图 11-2（a）所示。由单色光源发出的光通过狭缝 S 照在刻有两条靠得很近的狭缝 S_1 和 S_2 的屏上，这样就将单色光源发出的光分成了两束，通过 S_1 和 S_2 向右继续传播。S_1 和 S_2 的缝宽约 0.1mm，双缝 S_1、S_2 间的距离小于 1mm，屏幕和双缝屏之间的距离 D 大于 1m，在屏幕上可以得到亮暗交替的干涉条纹，如图 11-2（b）所示。如用单色光源，则干涉条纹是以屏上与 S_1、S_2 等距的 P_0 点为中心对称排列的明、暗相间的条纹。P_0 处是一亮条纹，称为**中央亮条纹**（central bright streak）。如用白光作光源，则在屏幕上除中央亮条纹是白色外，在两侧形成由紫到红的各级彩色条纹。

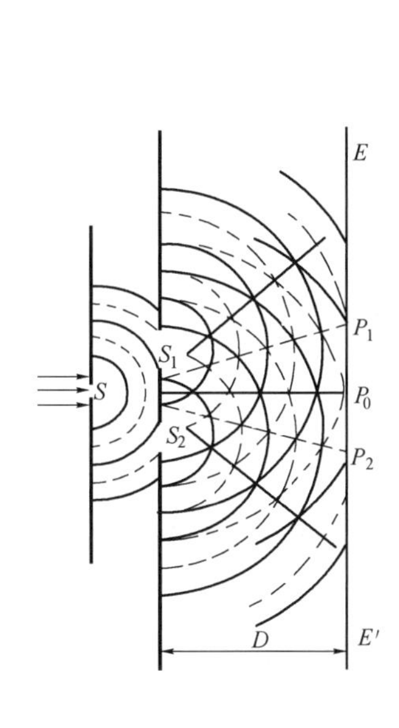

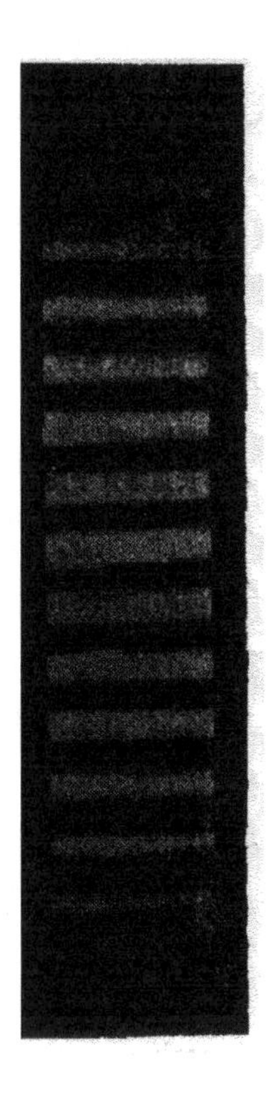

(a) 双缝干涉　　(b) 双缝干涉条纹

图 11-2　杨氏双缝干涉实验

三、双缝干涉产生亮暗条纹的条件

光源通过狭缝 S 时发出的光波波阵面，在同一时刻到达狭缝 S_1 和 S_2。S_1 和 S_2 的位置是关于 S 对称，在 S_1 和 S_2 的波阵面上将同时发出子波。由于 S 到 S_1 和 S_2 的距离相等，所以从 S_1 和 S_2 发出的光波具有相同的振动方向和相同的初相。

现在讨论由 S_1、S_2 发出的光波到达屏幕上 P_1 点时叠加的情况。设 P_1 点和 S_1、S_2 的距离分别为 r_1、r_2，P_0 点为 S_1S_2 的中垂线与屏幕的交点，如图 11-3 中所示。则 P_1 点到 S_1 和 S_2 的波程差 $\Delta r=r_2-r_1$。由于屏幕到双缝屏的距离 D$\gg d$（双缝间距），所以可以近似地认为 $\Delta r=d\sin\theta$，因 θ 角很小，故有 $\sin\theta\approx\dfrac{x}{D}$，则波程差 $\Delta r=d\dfrac{x}{D}$。当波程差 $\Delta r=\pm k\lambda$（$k=0$，1，2，…）时，P_1 点处是亮条纹，亮条纹的位置由式 11-1 计算。

$$\boxed{x=\pm k\frac{D\lambda}{d}} \tag{11-1}$$

当 $k=0$ 时，称为**零级亮条纹**（zeroth bright strealz），也称**中央亮条纹**；$k=1$，2，…则相应地称为第一级、第二级、…、第 n 级亮条纹，正、负号表示对称分布于中央亮条纹的两侧。当波程差 $\Delta r=\pm(2k-1)\dfrac{\lambda}{2}$时，$P_1$ 点处是暗条纹，暗条纹的位置由式 11-2 计算。

$$\boxed{x=\pm(2k-1)\frac{D\lambda}{2d}} \tag{11-2}$$

则对应于 $k=1$，2，…称为第一级、第二级、…、第 n 级暗条纹。由 11-1 或 11-2 两式，可得两

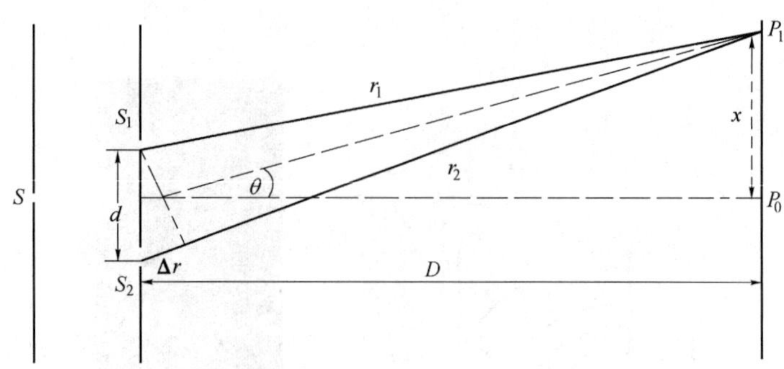

图 11-3 双缝干涉条纹的计算

相邻亮条纹或暗条纹间的距离，由式 11-3 计算。

$$\boxed{\Delta x = \frac{D\lambda}{d}} \tag{11-3}$$

实验中测量出双缝间距 d、双缝屏到屏幕的距离 D，以及条纹间距 Δx，就可由式 11-3 算出产生干涉图样的单色光的波长。

由式 11-3 可以看出，当所采用光的波长 λ 较长时，条纹间距 Δx 也较大。如用白光作光源时，得到干涉条纹的中央亮条纹是白色的，而两旁的条纹都是彩色的。在同级亮条纹中，紫色总是靠近中央的一边，而红色在条纹的另一边。随着级数的增大，紫色和红色间距拉开，不同级数的亮条纹相互重叠，使条纹愈来愈模糊，如图 11-2（b）所示。

四、洛埃镜实验

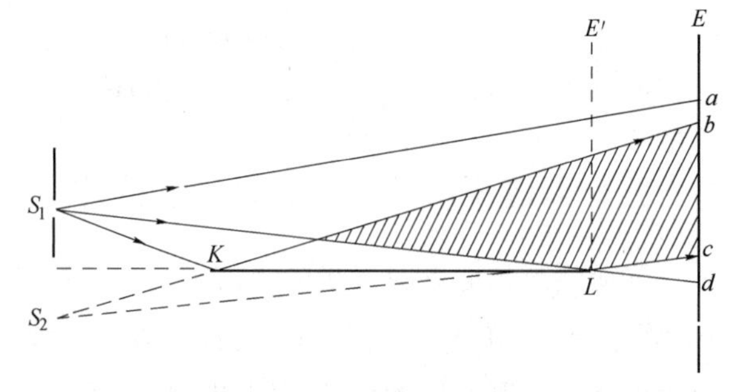

图 11-4 洛埃镜实验示意图

洛埃（Lloyd）镜是一种更简单的观察干涉现象的装置，如图 11-4 所示。被单色光源照射的狭缝 S_1（缝的长边垂直于书面）作为线状光源，由 S_1 射出的光线以接近 90°的入射角照射到一玻璃反射镜 KL 上，KL 称为**洛埃镜**（Lloyd mirror）。入射光被镜面反射后照射到屏幕 E 上，反射光就好像由 S_1 的虚像 S_2 发出的光一样，它和由 S_1 直接射到屏上的光相遇，由于光源 S_1 和它的虚像 S_2 可看作是两相干光源，于是在两光波相遇的区域，屏上 bc 部分产生了干涉条纹。

在洛埃镜实验中，若将屏移到与平板玻璃一端紧靠着的位置 $E'L$ 处，从两光束到达 L 的波程来看，$S_1L=S_2L$，则 L 处应该是亮条纹，但实验中观察到的却是暗条纹，即屏与镜面接触处出现暗条纹，这表示直接由 S_1 射到屏上的光和从镜面反射出来的光，两者之一必有相位变化 π。因为由 S_1 直接射到屏上的光不可能有这个相位变化，所以肯定是从玻璃镜面上反射的光发生数值为 π 的相位突变。洛埃镜的实验表明当光从光疏介质（该实验是空气）射到光密的介质表面（该实验是玻璃）时，反射光的相位发生了 π 的变化，相当于反射光在反射过程中损失了半个波长，称这种现象为**半波损失**（half-wave loss）。

除了屏与镜面相接触处是暗条纹外，屏上其他的干涉条纹，按前面所讨论的干涉条件，当某处到 S_1 和 S_2 的波程差为波长的整数倍时应为亮条纹，但实际观察到的都是暗条纹；当某处到 S_1 和 S_2 的波程差为半波长的奇数时应为暗条纹，但实际上观察到的都是亮条纹，这一变化也是由于反射光产生半波损失的原因。洛埃镜实验的干涉图样，除了 L 处是暗条纹这一特点外，还与杨氏双缝干涉

图样在零级条纹两侧的亮暗条纹成对称分布的情形不同，它只有在 L 的一侧有干涉条纹的分布。

五、薄膜干涉

（一）薄膜干涉现象与光程

日常所见的肥皂液膜或浮在水面上的薄油层在白光照射下呈现出彩色，都是光的干涉现象，它是由于光波在薄膜的两个表面反射后相叠加的结果，这一现象称为**薄膜干涉**（film interference）。

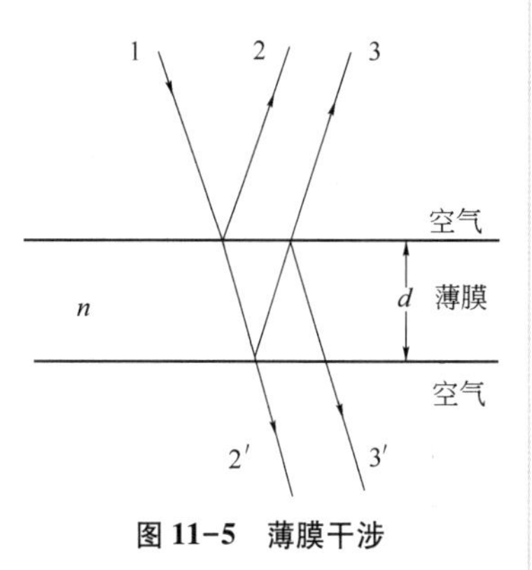

图 11-5　薄膜干涉

在图 11-5 中，入射光线 1 在薄膜的表面被反射，它的反射光线 2 在空气中传播时，和折射进入介质中的光线在薄膜的第二表面被反射后又透射出第一表面的光线 3 相遇，从而产生干涉现象。为了便于讨论反射光线 2 和经过薄膜介质而透出的光线 3，这两束经过不同介质光线的干涉情况，我们引入光程的概念。当光波在折射率为 n 的介质中传播的路程为 r 时，由于光波每经过一个波长 λ 的距离，相位改变 2π，则在介质中传播的光波相位变化为 $\Delta\phi=2\pi\dfrac{r}{\lambda}$，式中 λ 是光波在介质中传播时的波长。当光波从真空或空气中进入介质传播时，光的频率是不变的，而由折射率 $n=c/\upsilon>1$ 可以得到，光在介质中的传播速度 υ 小于光在真空中的传播速度 c。则光的频率 $\nu=c/\lambda_0=\upsilon/\lambda$，$\lambda_0$ 为光在真空中传播时的波长，所以有

$$\lambda=\frac{\upsilon}{c}\lambda_0=\frac{\lambda_0}{n} \tag{11-4}$$

即在介质中传播时光的波长 λ 是真空中光波波长 λ_0 的 n 分之一。当光在折射率为 n 的介质中通过的几何路程为 r 时，则光波相位的变化可表示为

$$\Delta\phi=2\pi\frac{r}{\lambda}=2\pi\frac{nr}{\lambda_0} \tag{11-5}$$

从此式可以看出，光在折射率为 n 的介质中通过 r 的几何路程所产生的相位变化，和光在真空中通过的路程为 nr 时产生的相位变化，两者相同。我们定义**光在介质中经过的几何路程 r 与介质的折射率 n 的乘积** nr 称为**光程**（optical path）。有了光程的概念后，当我们在讨论两相干光经过不同的介质产生干涉的情况时，可以将两光波各自经过的几何路程乘上各自的折射率，即先换算成光程，再和光在真空中的波长比较。也就是说，两光波干涉的相位条件可以用光程差和光在真空中的波长来表示，当两光源的初相位相同时，两光波的相位差为

$$\boxed{\Delta\phi=2\pi\frac{(n_2r_2-n_1r_1)}{\lambda_0}} \tag{11-6}$$

式中 r_1、r_2 是两光源到空间某点的距离，如果 $n_2r_2=n_1r_1$，则 $\Delta\phi=0$。也就是说，当两光波虽然经过的几何路程 r_1、r_2 不等，但由于各自经过不同折射率 n_1 和 n_2 的介质，所经过的光程 nr 相等时，也不会产生相位差，这样的光程称为等光程。

从光传播经过的时间来看，当光在介质中经过几何路程 r 时，所需的时间 $t=r/\upsilon=\dfrac{r}{c/n}=\dfrac{nr}{c}$，和光在真空中通过 nr 的光程所需的时间相同，即采用了光程 nr 的概念后，相当于把光在不同介

质中的传播都折算成光在真空中的传播。

当两光波沿着不同的介质传播，产生干涉现象时，如在重叠处两光波通过的路程不相等，而光程相等，则两光波叠加时相位差为零，产生相长干涉。即当两光波沿着相同的光程传播时，两光波是以相同的时间传播到等光程的点，从而产生相长干涉，出现亮点。

从波动光学的观点来看，透镜成像也是一种干涉现象。可以认为通过透镜而得到的光源 S 的像 S' 的各个光线是满足等光程条件的。如果会聚成像 S' 的各个光线不是等光程的，则沿着不同光程传播的光将产生一相位差，在 S' 处相遇时将可能相互削弱。实验事实是光像 S' 有很强的强度，说明到达 S' 点的各光线相位相同或无相位差，可看作是沿等光程传播的结果。如入射光波是平行光，则光波中任一平面波阵面上各点到达凸透镜的焦点都是等光程的，即光波会聚于焦点，产生相长干涉。由于透镜成像的等光程性，在观察干涉或其他光学现象时，用透镜会聚来得到干涉图像将不会引入附加的光程差。

（二）薄膜干涉条件

现在讨论入射光垂直照射到一折射率为 n、厚度为 d 的薄膜上的干涉现象，如图 11 - 5 所示。考虑由第一表面反射的光线 2 和第二表面反射的光线 3，它们的光程差为 $2nd$，因为光线 3 在薄膜中来回传播的光程是 $2nd$。但光束在第一表面反射时，是由光密介质表面反射回光疏介质，要发生半波损失，所以总的光程差为 $2nd-\frac{\lambda}{2}$。

产生相长干涉的条件是 $2nd-\frac{\lambda}{2}=k\lambda$

则

$$\boxed{2nd=(2k+1)\frac{\lambda}{2}} \tag{11-7}$$

相消干涉的条件是 $2nd-\frac{\lambda}{2}=(2k-1)\frac{\lambda}{2}$

则

$$\boxed{2nd=k\lambda} \tag{11-8}$$

式 11-7 和 11-8 中，$k=0$，1，2，…

当我们观察透射光线 2′和 3′的干涉时，由于不需要考虑半波损失，光程差就是 $2nd$。则产生相长干涉的条件是

$$2nd=k\lambda \tag{11-9}$$

产生相消干涉的条件是

$$2nd=(2k+1)\frac{\lambda}{2} \tag{11-10}$$

以上两式中，$k=0$，1，2，…

将透射光和反射光的干涉条件比较，在满足反射光是相长干涉的条件下，透射光则是相消干涉。由此可见，在相消干涉中“消失”的光能在相长干涉中出现，即干涉也可看作是光能的重新分布。

（三）薄膜干涉应用

薄膜干涉的应用较广，尤其是在医药光学仪器和光学测量仪器中的应用更为广泛，下面介绍

两个具有代表性的例子。

1. 增透膜　为了减少光学仪器中的透镜、棱镜等玻璃表面上光的反射，可以在玻璃表面上镀一层薄膜，使反射光产生相消干涉、透射光产生相长干涉，以减少反射光，增强透射光，如图11-6所示，这一薄膜就称为**增透膜**（antireflection film）。薄膜的材料常用折射率为 1.38 的氟化镁。由于光在空气和薄膜的界面反射时，和在薄膜及玻璃的界面反射时，都产生半波损失，所以当两反射光的光程差为 $2nd=(2k+1)\lambda/2$ 时即产生相消干涉。光波的波长常选取可见光谱中黄绿光谱段，因为人眼对黄绿光最敏感。其他波长的光在增透膜上仍将产生一定的反射，其反射光呈紫色，所以透镜表面上的增透膜呈现紫色。

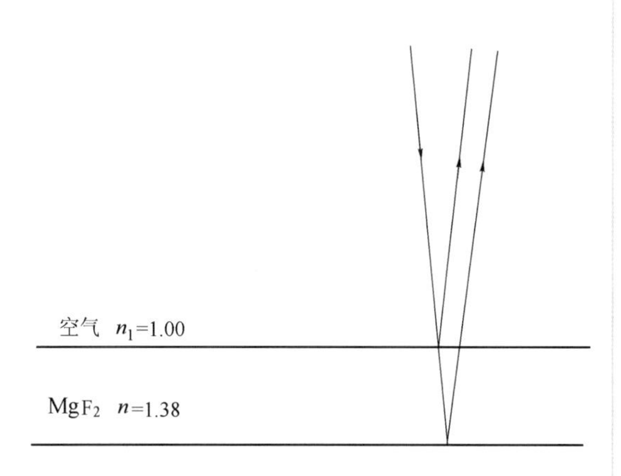

图 11-6　增透膜

2. 劈尖　如果薄膜的厚度各处不一样，形成劈尖形，如图 11-7 所示，则反射光在薄膜某些厚度相同处形成相长干涉，在另外一些厚度相同处形成相消干涉，仍由两反射光的总光程差决定相长或相消的条件。所以形成的干涉条纹是一系列平行于劈尖棱边的亮暗相间的直条纹。相邻两亮条纹间薄膜的厚度差 $\Delta d=\lambda/2n$；相邻亮暗条纹间薄膜的厚度差 $\Delta d=\lambda/4n$，n 是形成劈尖材料的折射率。在劈尖棱边处的干涉条纹，如无半波损失，则为亮条纹；如有半波损失，则为暗条纹。

例如，实验室中观察劈尖干涉条纹的装置如图 11-7（a）所示，将两块平板玻璃片一端互相重叠，另一端夹一薄纸片，图中纸片厚度是放大的，那么在两玻璃片间有一空气薄膜形成空气劈尖。在图 11-7（a）中，M 为玻璃板，T 为读数显微镜。两玻璃片重叠处的交线称为棱边，即图 11-7（c）中 MM'。当光波垂直入射时，在空气劈尖形薄膜的上、下两表面所引起的反射光线叠加时将产生干涉现象。如图 11-7（b）所示，设劈尖在某处的厚度为 d，在空气劈尖上、下表面反射光的光程差是 $2d-\frac{\lambda}{2}$，这是由于光线在空气劈尖的下表面反射时产生半波损失，而在空气劈尖的上表面反射时无半波损失的原因。当光程差 $2d-\frac{\lambda}{2}=k\lambda$ 时为亮条纹，而当 $2d-\frac{\lambda}{2}=(2k-1)\frac{\lambda}{2}$ 时为暗条纹。式中 $k=0, 1, 2, \cdots$ 等整数。每一亮、暗条纹都与一定的 k 值相当，也与劈尖的一定空气薄膜厚度相当，平行于棱边的亮、暗干涉条纹的空气薄膜厚相等，所以这些平行于棱边 MM' 的亮、暗干涉条纹称为**等厚条纹**（equal thick fringes）。在棱边 MM' 处，劈尖的厚度为零，光程差等于 $\frac{\lambda}{2}$，应该是暗条纹，这和实验观察的结果相符，这也是“半波损失”的又一证明。如图 11-7（c）中所示，任意两相邻的亮条纹或暗条纹间的距离 l，由下式决定

$$l\sin\theta=\Delta d=d_{k+1}-d_k=\frac{\lambda}{2} \tag{11-11}$$

式中 θ 是劈尖的夹角。从式 11-11 可知，相邻干涉条纹间劈尖薄膜的厚度差 Δd 是一定的，都等于 $\frac{\lambda}{2}$，如不是空气而是其他介质，则应等于 $\lambda/2n$。从此式还可得到，当 θ 愈小时，l 愈大，

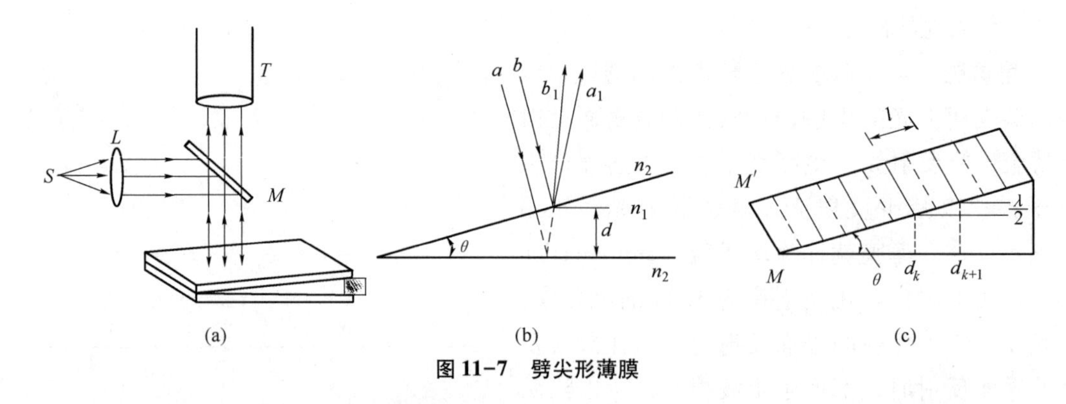

图 11-7 劈尖形薄膜

即干涉条纹之间的距离愈大，干涉条纹愈稀疏；反之，当 θ 愈大，则干涉条纹之间距离 l 愈小，条纹愈密集，如果 θ 过大，则干涉条纹会密集在一起，甚至不能辨别。所以，这也是干涉条纹只能在很尖（即夹角很小）的劈尖上观察到的缘故。

由式 11-11 可得，如测出 θ 角及条纹间距 l，就能求出所用单色光的波长；如光波波长已知，就可由测量 l 值，求出微小角度 θ。利用这一原理，技术上常用来测定细丝的直径或薄片的厚度。又如在上述的讨论中，认为空气劈尖的上、下表面都是光学平面，则可以观察到一系列平行等距的干涉条纹。在生产中，常利用这一干涉现象来检查工作面的平整程度，这一检查方法非常精密，能检查出不超过 $\lambda/4$ 数量级的凹凸缺陷，精密度可达 0.1μm 左右。

例 11-1 已知薄膜介质的折射率为 1.300，透镜玻璃的折射率为 1.600（都是对绿光 $\lambda=$ 550nm 的折射率），求无反射透镜表面上介质薄膜的最小厚度。

解：设光线垂直透过表面入射，在空气、薄膜介质表面及薄膜介质、玻璃之间的表面上，光线反射时都有半波损失发生，所以当两反射光线的光程差为 $2nd=(2k+1)\dfrac{\lambda}{2}$ 时，产生相消干涉。

当 $k=0$ 时，$d=\dfrac{\lambda}{4n}=\dfrac{550}{4\times1.300}=105.8(\text{nm})$

例 11-2 在半导体元件生产中，为了测定硅（Si）片上 SiO_2 薄膜的厚度，常将膜的一端削成劈尖形状，如图 11-8（a）所示。已知 SiO_2 的折射率 $n=1.46$，用波长 $\lambda=546.1$nm 的绿光照射，观察到 SiO_2 劈尖薄膜上出现七条暗条纹，如图 11-8（b）中实线表示暗条纹，虚线表示亮条纹，且第七条在劈尖的最高处，即图中 M 点处。求 SiO_2 薄膜厚度。（已知 Si 的折射率为 3.42）。

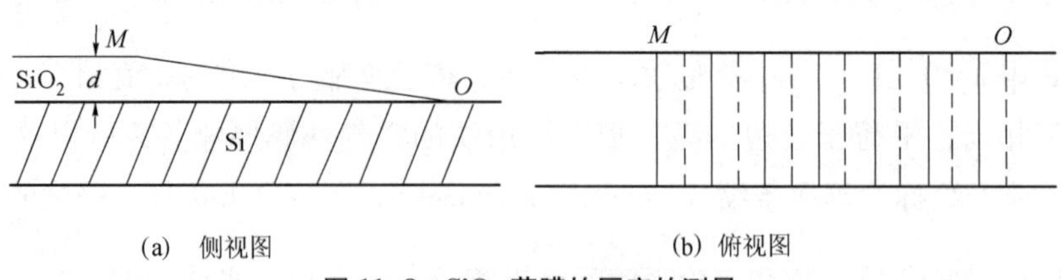

(a) 侧视图　　(b) 俯视图

图 11-8 SiO_2 薄膜的厚度的测量

解：由于在 SiO_2 薄膜上、下表面上的反射光都有半波损失，因此互相抵消，在计算光程差时，可以不必计算。

当光程差 $2nd=(2k+1)\dfrac{\lambda}{2}$ 时为暗条纹，由于在劈尖边缘处（图 11-8 中 O 点）是亮条纹，则第一条暗条纹处薄膜的厚度 $d=\lambda/4n$，相当于 $k=0$；则第七条暗条纹相当于 $k=6$，可得

$$d = \frac{(2 \times 6 + 1)\lambda}{4n} = \frac{13 \times 546.1}{4 \times 1.46} = 1.22 \times 10^3 (\text{nm})$$

第二节　光的衍射

一、光的衍射现象、惠更斯–菲涅耳原理

（一）光的衍射现象

衍射现象也是波动所具有的特征之一。声波在传播中能绕过障碍物继续向前传播，无线电波也能绕过楼房、高山的障碍，使人们仍能收听到电台的广播，这种波在传播过程中绕过障碍物，而偏离直线方向传播的现象，称为**波的衍射**（diffraction of wave）。光是电磁波，也应该有衍射现象。但由于光的波长很短，一般的障碍物相对它就比较大，这样就不容易观察到光的衍射现象。只有当障碍物的线度与光的波长比较接近时，才能观察到较为明显的光的衍射现象。

例如用单色线光源 S 照射一个狭缝，当狭缝的宽度减小到 0.1mm 左右时，则在屏幕上可以看到亮暗相间的光带，而不是狭缝的几何大小。除去比狭缝还要宽的中央亮带外，在两旁还对称地排列着一些次亮带，这显然是光的直线传播定律所不能解释的，而只能说明当光通过狭缝时，也能绕过缝孔边缘向前传播，这种光绕过障碍物而偏离直线传播，并且出现光强度分布不均匀的现象称为**光的衍射**（diffraction of light）。光的单缝衍射现象所观察到的亮暗相间的条纹称为**衍射图样**（diffraction pattern），如图 11–9 所示。

如果在单色光源和屏幕之间放着一些细长的障碍物，如细线、针等，这时在屏幕上也能观察到由亮暗条纹组成的衍射图样，而不是细长物体的影子，如图 11–10 所示。

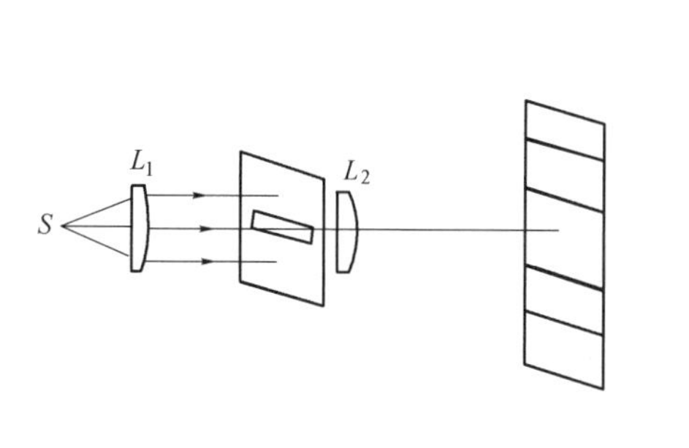

(a) 单缝衍射装置示意图

(b) 单缝衍射图样

图 11–9　狭缝衍射装置及图样

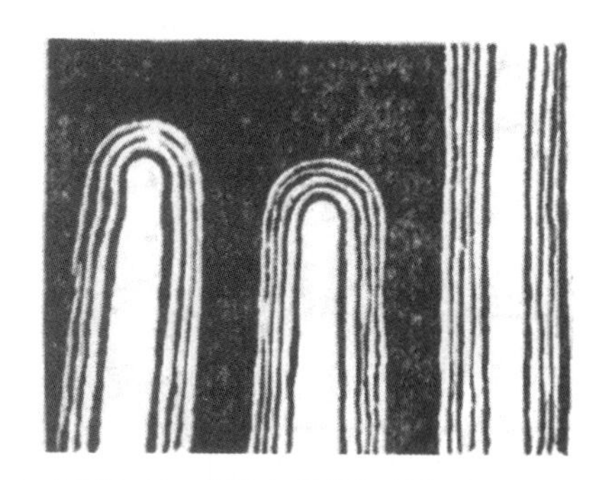

图 11–10　针和细线的衍射条纹

（二）惠更斯–菲涅耳原理

惠更斯原理只能定性地说明波的衍射现象，而不能说明光的衍射图样中亮、暗条纹的出现。菲涅耳（A. J. Fresnel）做了进一步的补充，认为从同一波面上各点发出的子波，在传播到空间某点时，各个子波也可以互相叠加，而产生干涉现象，叠加时必须考虑各子波的振幅和相位的不同。这称为**惠更斯–菲涅耳原理**（Huygens-Fresnel principle）。他用这一原理成功地解释了光的衍射现象，使光的波动学说更加完善。

在图 11–11 中，当光波传到一个不透明的障碍物 R 上时，当 R 上有一个小孔 S，则在屏幕 P

上可以观察到衍射图像。根据惠更斯-菲涅耳原理可把到达小孔 S 上的波面分成很多的小面积元 dS，每一面积元都可看作是一个子波波源，计算所发出的各个子波在屏上 O 点的光振动的叠加，就能求出 O 点处的光强。这是一个求积分的问题，由于每一个面积元 dS 在 O 点引起的光振动，与 dS 到 O 的距离 r，以及 r 和 dS 法向的夹角 θ 有关。这个积分的计算是比较复杂的，所以在下面的讨论中，我们应用菲涅耳所提出的波带法来解释衍射现象，而不用积分的计算。

光的衍射现象从光源、障碍物、屏幕之间距离的大小来分，有两种情况：一是它们之间的距离不很远，由光源 S 射到障碍物的光线不是平行光线，波面也就不是平面，称为**菲涅耳衍射**（Fresnel diffraction），如图 11-12 所示，这种非平行光的衍射讨论起来比较复杂；另一种情况是三者之间的距离很大，可近似看作无限远，入射光线近似平行光，波面也是平面，这称为**夫琅和费衍射**（J. V. Fraunhofer diffraction），如图 11-13（a）所示，这种平行光的衍射讨论起来就比较方便。在实验室中，可用透镜使入射光成为平行光，通过障碍物后再用透镜将光线会聚于屏幕上，使衍射图像成于有限远的屏幕上，如图 11-13（b）所示，本书主要讨论夫琅和费衍射现象。

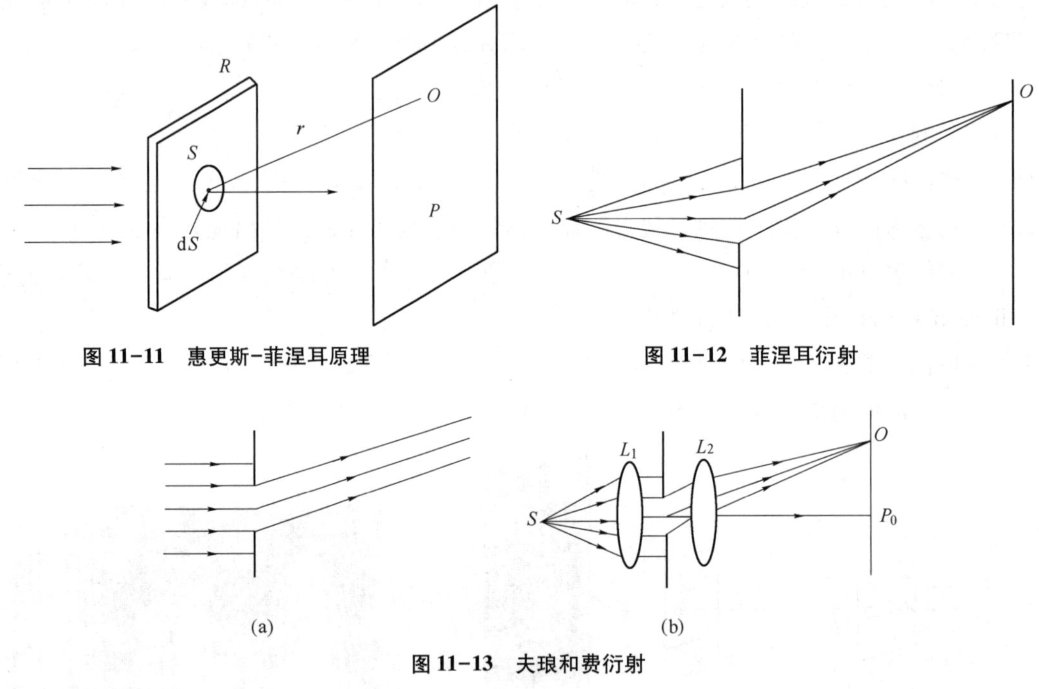

图 11-11　惠更斯-菲涅耳原理

图 11-12　菲涅耳衍射

图 11-13　夫琅和费衍射

二、单缝衍射

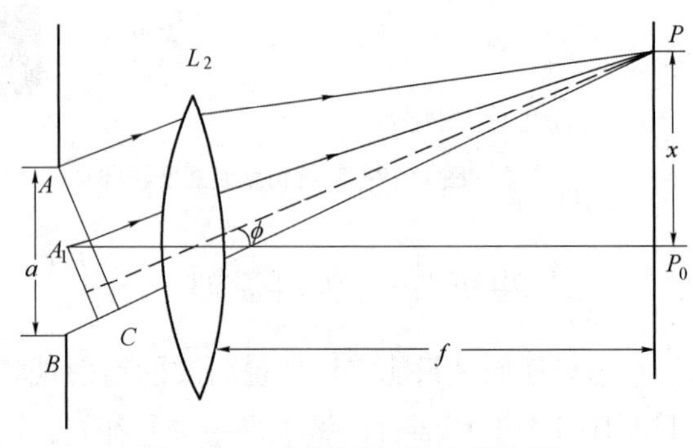

图 11-14　单缝衍射（2 个半波带）

一单色线光源发出波长为 λ 的光，通过透镜 L_1 成为平行光，垂直射在缝屏上，如图 11-9 所示，通过狭缝的光被透镜 L_2 会聚于屏幕上，形成亮暗相间的衍射图像。根据惠更斯-菲涅耳原理到达缝孔平面上的各点，作为新的波源发出子波，这些子波传到屏幕上某点时就叠加起来产生干涉，从而得到亮暗相间的衍射图像。下面根据图 11-14来分别讨论产生亮、暗条纹的条件。首先，讨论沿入射方向传播的各子波的情况，它们组成沿入射方向传播的平行光，经过透镜 L_2 后，会聚于焦平面 P_0 点处。由于到达狭缝的光波面是平面波，从它发出的各子波相位相同，又因为透镜成像满足等光程，所以各子波经过透镜聚焦后

相位仍然相同，因此各子波叠加产生相长干涉，相互加强，在正对狭缝中心 P_0 处出现平行于单缝的亮条纹，称为**中央亮条纹**（Central bright streak）。其次，讨论沿与入射光线成 ϕ 角方向传播的各子波组成的光波，ϕ 角称为**衍射角**（diffraction angle）。该光波经过透镜后会聚于屏幕上 P 点，在 P 点各子波干涉的亮暗情况由各子波的相位情况来确定，也就是由它们的光程差来确定。从 A 点作 AC 线垂直于 BC，则 AC 面是向 ϕ 角方向传播的平行光的波阵面，AC 面上各点经过透镜到屏幕上 P 点应该满足等光程，所以由 AB 面上各点所发各子波到达屏上 P 点的光程差，就等于由 AB 到达 AC 面的光程差。由图 11 - 14 可见，沿 ϕ 角方向传播的这束光波的最旁边的两条光线之间的光程差 BC 最大。设单缝的宽度为 a，则 $BC=a\sin\phi$，在 P 点各子波叠加的亮暗情况就决定于这一最大光程差。缝宽 a 是恒定的，则 BC 长短决定于衍射角 ϕ 的大小。

设对于某一衍射角 ϕ 的光线，缝边缘 A、B 两点发出的子波的光程差 BC 恰好为一个光波长，则可将到达缝 AB 的波面分为两个相等部分，如图中 AA_1 和 A_1B 两部分，则 AA_1 上各点发出的子波和 A_1B 上对应的各点发出的子波，到达屏上 P 点的光程差必为 BC 的一半，即等于半个波长，所以对应的各子波的相位相反，光强一一抵消，在 P 点就得到暗条纹。将波阵面 AB 分割成小的波阵面称为**波带**（wave band），而每个波带上各点发出的子波和邻近波带上对应点发出的子波，两者的光程差恒为半个波长，这种波带就称为**半波带**（half-wave band）。在这里要注意的是将波阵面 AB 分成 2 个半波带，并不是说波带的宽度是半波长，而是说两个邻近波带上对应的各点发出子波的光程差恰为半个波长。

若有另一衍射角为 ϕ 方向的光线，BC 恰为半波长的三倍，即 $BC=3\dfrac{\lambda}{2}$，则可将波阵面 AB 分割成 3 个半波带，如图 11-15（a）所示，其中相邻两个半波带的各对应点发出的子波会聚到屏上 P 点时的光程差恰为$\dfrac{\lambda}{2}$，因而相互抵消，但剩下的一个半波带上发出的子波到达屏上 P 点时就没有其他半波带的子波与它抵消，这样在屏上 P 点就出现亮条纹，这个亮条纹是由波阵面 AB 上的三分之一部分所发出的子波叠加而成的，因此它的明亮程度要比中央亮条纹弱得多。

若将衍射角 ϕ 增大，使 BC 为半波长的四倍时，即 $BC=4\dfrac{\lambda}{2}$，这时可将波阵面 AB 分割成 4 个半波带，如图 11-15（b）所示，则两对相邻的半波带 AA_1 与 A_1A_2、A_2A_3 与 A_3B 上各对应点发出的子波会聚于屏上 P 点时，光程差恰好为半个波长，两两互相抵消，得到的是暗条纹。

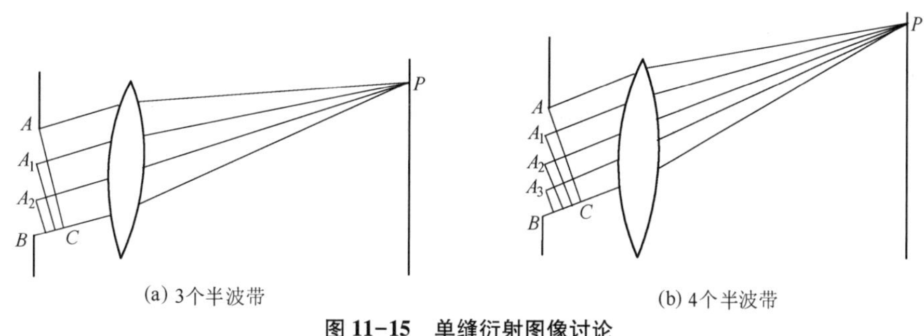

图 11-15　单缝衍射图像讨论

从以上几种情况的讨论结果可知，当对于某一衍射角 ϕ 方向上波阵面 AB 可以分成偶数个半波带时，则向此方向传播的光波会聚后得到暗条纹。对另一些衍射方向上波阵面 AB 可以分成奇数个半波带时，则向这些方向传播的光波会聚后得到亮条纹。但由于只有一个半波带的子波没有被抵消，所以亮条纹的强度减弱。而也有可能对于某些方向，波阵面 AB 不能分成整数个半波

带，则光线会聚后得到的光强介于亮条纹和暗条纹之间。

由于最大光程差 $BC = a\sin\phi$，当衍射角 ϕ 满足条件

$$a\sin\phi = \pm 2k\frac{\lambda}{2} \tag{11-12}$$

时为暗条纹；当衍射角 ϕ 满足条件

$$a\sin\phi = \pm(2k+1)\frac{\lambda}{2} \tag{11-13}$$

时为亮条纹，式中 $k=1, 2, 3\cdots$，正、负号表示亮暗条纹对称地分布于中央亮条纹的两侧。对应于 $k=1, 2, 3\cdots$ 的亮、暗条纹，分别称为第一级、第二级、第三级…亮、暗条纹。由此可见，单缝衍射条纹的分布是在中央亮条纹的两侧对称地分布着各级亮、暗条纹。在衍射亮条纹中光强的分布是不均匀的，如图 11-16 所示，中央亮条纹最强，同时也最宽，中央亮条纹的边缘光强迅速减小，直至第一个暗条纹；其后，光强又逐渐增大，而成为第一级亮条纹，依此类推。各级亮条纹的光强随着级数的增大而减小，这是由于衍射角 ϕ 愈大，分成的半波带数愈多，未被抵消的半波带面积愈小，所以光强减弱。由于亮条纹的强度随级数 k 的增加而下降，使亮暗条纹之间的分界越来越不明显，所以一般只能看到中央亮条纹附近若干条亮、暗条纹。单缝衍射条纹亮度分布曲线如图 11-16 所示，其图样如图 11-9 所示。

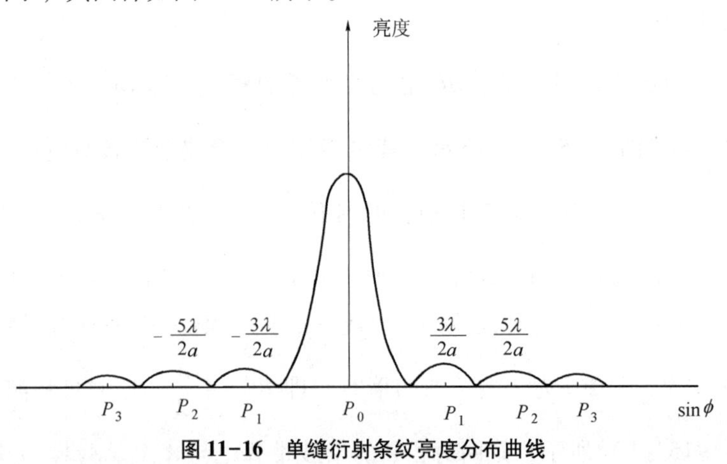

图 11-16　单缝衍射条纹亮度分布曲线

当 $a\sin\phi = 0$ 时，则衍射角 $\phi = 0$，得出中央亮条纹中心的位置。中央亮条纹的宽度通常看作是在两旁对称的第一条暗条纹之间的宽度。即两侧第一级暗条纹之间形成了中央亮条纹。所以中央亮条纹的宽度是两旁其他次级亮条纹宽度的两倍。从图 11 - 14 中可知，因屏幕位于会聚透镜的焦平面上，在衍射角 ϕ 很小时，ϕ 和透镜焦距 f、衍射条纹离屏中心 O 的距离 x 之间的关系为

$$x = \phi \cdot f \tag{11-14}$$

实验中，一般 $f \gg x$，由第一级暗条纹的公式 11 - 13 可得 $a\sin\phi_1 \approx a\phi_1 = \lambda$，则 $\phi_1 = \lambda / a$，代入式 11-14 得第一级暗条纹在屏上的位置

$$x_1 = \frac{\lambda}{a}f \tag{11-15}$$

所以中央亮条纹的宽度为 $2x_1 = 2\frac{\lambda}{a}f$。而其他次亮条纹的宽度为同一侧两相邻暗条纹间的距离，即为

$$x_{k+1} - x_k = \phi_{k+1}f - \phi_k f = \frac{\lambda}{a}f \tag{11-16}$$

由此可见，中央亮条纹的宽度为其他亮条纹宽度的两倍。在实验中测出各条纹之间的距离及单缝宽度 a、透镜焦距 f，由公式 11-16 就可求出所用单色光的波长。由式 11-16 中还可看出，当缝宽 a 变大时，亮条纹宽度就狭窄而密集在一起；当单缝很宽时，$a \gg \lambda$，只能观察到一条亮条纹，此时光可看作直线传播。这表明，只有当缝宽很小时，才能观察到光的衍射现象。当缝宽 a 不变时，入射光的波长 λ 愈大，产生的各级亮条纹所对应的衍射角 ϕ 也愈大。如以白光照射单缝，由于所有波长的光对于屏上 P_0 点都有 $\phi=0$，即为亮线，所以 P_0 处仍是一条白色的亮带，其边缘形成彩带。两侧将出现一系列彩色条纹，靠近 P_0 一侧的是紫光，外边是红光，呈现从内到外、由紫到红的排列。

例 11-3　设有一单色平行光垂直照射于一单缝，若其第三级亮条纹位置正好和 600nm 的单色光的第二级亮条纹位置相同，求单色平行光的波长。

解：根据单缝衍射亮条纹的条件

$$a\sin\phi = \pm(2k+1)\frac{\lambda}{2} \qquad k=1,\ 2,\ 3,\ \cdots$$

设所求单色平行光的波长为 λ'，而已知的单色光波波长 $\lambda=600\text{nm}$，由题意得

$$\pm(2\times2+1)\frac{1}{2}\times600 = \pm(2\times3+1)\frac{\lambda'}{2}$$

解方程得 $\lambda'=428.6\text{nm}$。

三、光栅衍射

（一）光栅常数

光栅（grating）是由许多平行排列的等间距、等宽的狭缝所组成。它是一种重要的光学器件，可应用于光谱的研究，测定光波谱线的波长及强度。如用单缝衍射来测量光波波长，要提高测量的准确度，就必须使衍射条纹之间的距离拉大些，这可减小缝宽来获得，但当缝宽变小时，通过的光能就减少，使条纹光强减弱，因而也不易观察。如用光栅就可得到分得较开，且强度较大的亮条纹，从而可以提高测量的准确度。

设光栅上各狭缝的缝宽为 a，缝与缝之间不透光部分的宽度为 b，则将 $a+b$ 称为**光栅常数**（grating constant）。光栅常数一般在 $10^{-5}\sim10^{-6}$m 之间，即光栅在 1cm 宽度内可有上万条平行等距的狭缝。

（二）光栅衍射条纹

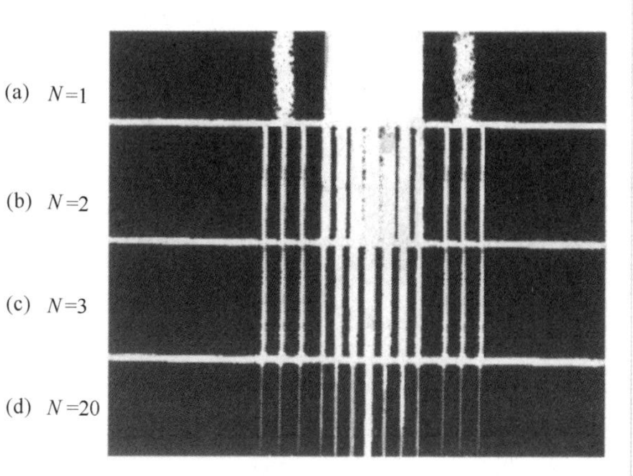

图 11-17　不同狭缝数光栅的衍射图像

当一束平行的单色光垂直照射到光栅上时，通过每一狭缝的光都要产生衍射，而透过各狭缝的光彼此之间又要发生干涉。当透过光栅的光波被透镜会聚到屏幕上，就呈现出由衍射和干涉所形成的光栅衍射条纹，如图 11-17 所示，图中是由不同狭缝数的光栅所形成的衍射条纹，从中可见光栅衍射条纹也是由一系列亮、暗相间的条纹所组成。在某些地方光波相互加强形

成亮条纹。比较图 11-17 中的各光栅衍射条纹，可见亮条纹的光强随着狭缝数增多而增强，且逐渐变细，亮条纹之间的暗条纹也逐渐变宽，实际上在暗条纹处也有十分微弱的光强，而形成一片暗区。图 11-17 中（a）实际上就是单缝衍射的图像，（b）是双缝干涉的图像，在原来单缝衍射中央亮条纹的位置上，由于干涉作用变成若干条窄的条纹，原单缝衍射的第一级亮条纹也变成多条较窄的亮条纹，但它们的光强比中央区域的亮条纹要弱些，这是因为原单缝衍射图像中旁边的亮条纹光强要比中央亮条纹弱得多。这一现象说明在光栅衍射条纹中由于干涉作用而形成的亮条纹强度也要受到衍射作用的限制。

透过光栅上各狭缝的光所形成的衍射图像是相同的，而且在屏上的位置也是重合的。在单缝衍射实验中，当狭缝中心位于会聚透镜的主光轴上，衍射图像的中央亮带中心也在主光轴上。当狭缝的位置不在主光轴上时，如图 11-18 所示，透过狭缝平行于主光轴相位相同的各子波，经过透镜后仍会聚于主光轴上，形成中央亮带。所以透过光栅各狭缝形成的中央亮带中心的位置都重合在透镜的主焦点上。

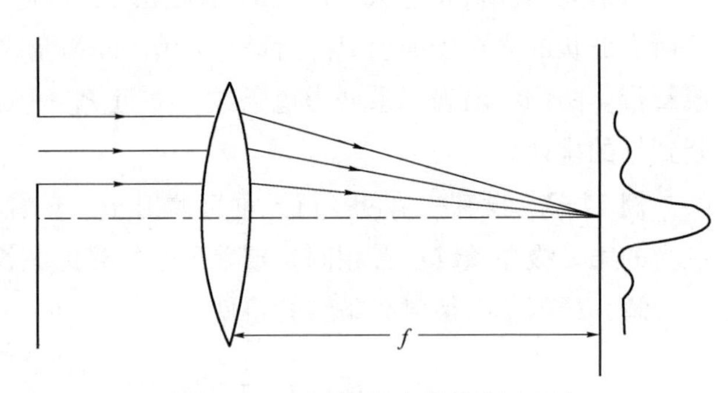

图 11-18　衍射图像与缝的位置无关

另一方面透过光栅上各狭缝的衍射光都来自同一光源，所以是相干光，重叠时相互之间又会产生干涉作用，在相互加强处形成亮条纹。所以各狭缝间衍射光的干涉作用是建立在每条狭缝的衍射作用的基础上，因而干涉条纹强度的分布受到衍射作用的制约，所以**光栅衍射条纹是衍射和干涉的总效应**。

（三）光栅公式

光栅衍射条纹中各亮条纹是由透过各狭缝的光相互干涉形成的，只有从各狭缝向某衍射方向传播的光线到达屏上的光程差是波长的整数倍时，才可以得到相互加强。显然，在屏中央、透镜的主焦点处，透过各狭缝的光到达这点时的光程差为零，得到中央亮条纹。而在其他衍射方向上，透过光栅各狭缝的光到达屏上 P 点，相邻光线之间的光程差都等于（$a+b$）$\sin\phi$，如图 11-19 所示。当相邻光线之间的光程差等于光波波长的整数倍时，则各光波之间相互加强，形成亮条纹。即亮条纹的衍射角满足公式

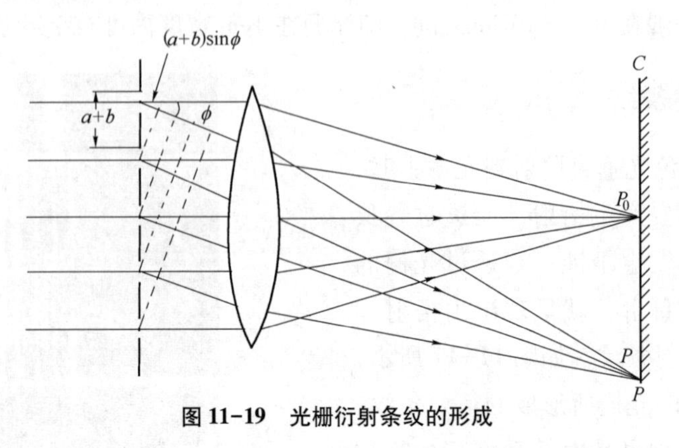

图 11-19　光栅衍射条纹的形成

$$\boxed{(a+b)\sin\phi = \pm k\lambda} \tag{11-17}$$

此式称为**光栅公式**（grating formula）。式中 $k=0$ 时，即为中央亮条纹；$k=1$，为第一级亮条纹；$k=2$，为第二级亮条纹…… 正、负号表示位于中央亮条纹的两侧。级数 k 的数目也受到光栅公式的限制。由于 $\sin\phi$ 不能大于1，由光栅公式，则 $k<(a+b)/\lambda$，才能使 $\sin\phi$ 小于1。例如，当 $a+b=4\lambda$ 时，则 $k\leqslant 4$，即在中央亮条纹的一侧，亮条纹最多只能有3条。由于干涉条纹的强度还受到单缝衍射的影响，光栅衍射条纹中各级亮条纹也是不相同的，中央亮条纹（$k=0$ 最强），两侧亮条纹的强度就较小，距中央愈远的亮条纹强度就更小。

满足光栅公式是亮条纹的必要条件，有的衍射角 ϕ 虽然满足光栅公式亮条纹的条件，但同时又满足单缝衍射暗条纹的条件，即

$$a\sin\phi = \pm k'\lambda \quad k'=1,\ 2,\ 3,\ \cdots \tag{11-18}$$

那么，重叠的结果肯定是暗条纹。按照光栅公式应该出现的亮条纹，因满足单缝衍射暗条纹的条件，而没有出现亮条纹的现象称为**缺级现象**（missing order phenomena）。将式 11-1 和11-18 联立求解，得

$$k=\frac{a+b}{a}k' \quad k'=1,\ 2,\ 3,\ \cdots$$

若 $\frac{a+b}{a}$ 是整数，将发生缺级现象。如当 $a+b=3a$，则第三级、第六级、…亮条纹不出现，其亮度分布曲线和缺级现象如图 11-20 所示。

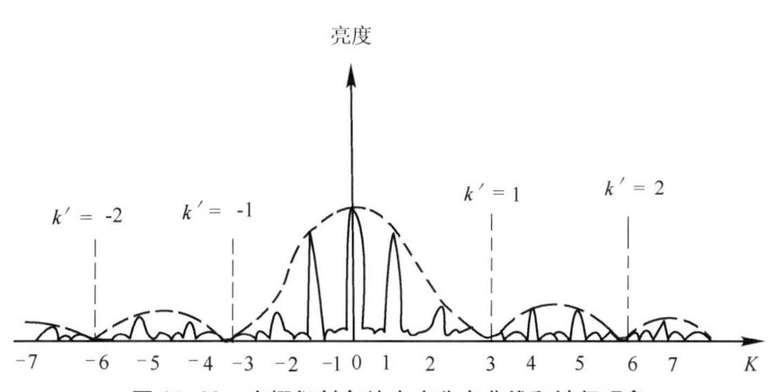

图 11-20　光栅衍射条纹亮度分布曲线和缺级现象

由光栅公式 11-17 可知，入射光的波长一定时，光栅常数 $a+b$ 愈小，相邻亮纹之间的角距离 $\Delta\phi$ 愈大，因而各级亮条纹就分得愈开。另一方面，增大光栅的刻痕数目，就可以使每一亮条纹的亮度增加，这就克服了单缝衍射的不足，满足了光学测量的要求。

（四）衍射光谱

1. 光栅衍射光谱　从光栅公式可知，当光栅常数 $a+b$ 一定时，衍射角 ϕ 的大小和光波波长有关。当衍射角 ϕ 较小时，可看作 ϕ 正比于波长 λ，当入射光波长较长时衍射角也较大，波长较短时衍射角较小。所以在同一级亮条纹中，紫光的衍射角将小于红光的衍射角。如用白光照射时，形成的衍射条纹中，除中央亮条纹仍为各色混合的白色外，其他各级的亮条纹都形成彩色的光谱带，这些光谱带就称为**衍射光谱**（diffraction spectrum）。在每一级彩色光谱中，紫光靠近中央亮条纹的一侧，而红光则在远离中央亮条纹一侧，所以光栅也能起分光的作用，如图 11-21 所示。从图中还可以看到各级光谱的范围随着级数的加大而扩大，图中第二级光谱和第三级光谱就有部分重叠，这样就难以分辨清楚。

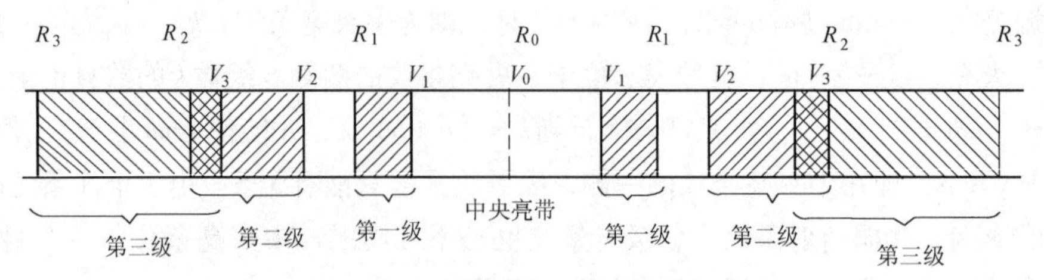

图 11-21 衍射光谱（*R*-红光、*V*-紫光）

2. 光栅衍射光谱与棱镜色散光谱的比较 棱镜对白光有分光的色散作用，所形成的彩色光谱带称为**色散光谱**（dispersion spectrum）。这是由于玻璃折射率的大小和光的波长有关，而光通过棱镜后的偏向角与折射率之间也不是成简单的比例关系。棱镜使红光的偏向最小，紫光的偏向最大，如图 11-22 所示，而且光谱在紫端附近比在红端附近展开得大些。而光栅的衍射光谱与棱镜的色散光谱不同，有以下主要区别：①在衍射角不很大的低级次衍射光谱中，不同波长光的衍射角与波长成正比，在光屏上的光谱中各色光谱线到中央的距离也与波长成正比，所以衍射光谱是匀排光谱。而在棱镜的色散光谱中，波长愈短，偏向愈大，色散愈显著，故紫光附近的光谱比红光附近的光谱展开得大些，因此色散光谱是非匀排光谱。②在衍射光谱中，各谱线的排列次序是由紫到红，而在棱镜的色散光谱中是由红到紫，正好相反。

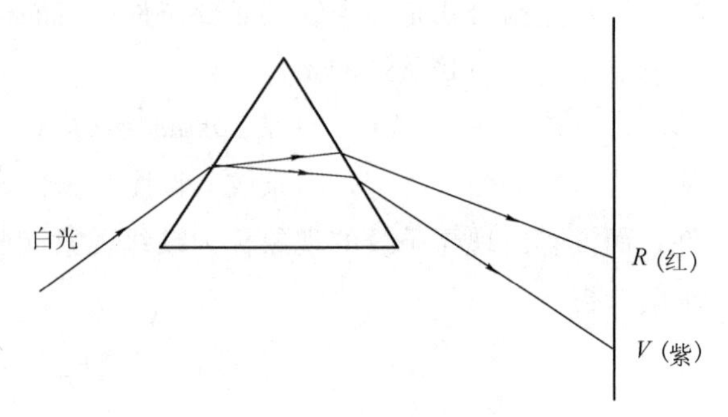

图 11-22 棱镜的色散光谱

3. 光谱分析 各种类型光源发出的光，经过光栅后形成的光谱是各不相同的。炽热的物体发射的光，在整个光谱区内形成连续的光谱，称为**连续光谱**（continuous spectrum），它包括可见光中所有波长的光谱线。在火焰中加热或通过放电管中通电激发形成的原子发光，只发出某几种波长的光，它们的谱线由一些对应的明线组成，称为**明线光谱**（bright line spectrum）。每一种元素有它特定的谱线，说明原子所发的是特征光谱，它与原子内部结构存在着一定的关系。让炽热物体所发出连续光谱的光，通过一定的物质后，再经过光栅，则在形成的光谱中出现一系列暗线，这种光谱称为**吸收光谱**（absorption spectrum）。一定的物质具有特定的吸收光谱，这说明吸收光谱也和物质的结构有关。利用某种物质的明线光谱或吸收光谱的谱线情况，可以定性地分析出该物质所含的元素或化合物。由谱线的强度可以定量地分析出所含元素的多少，这种分析方法称为**光谱分析**（spectrum analysis），在药物研究中被广泛地应用。

（五）闪耀光栅

用光栅观察光谱虽然优于棱镜，但它存在一个主要缺点，就是它将光能不均匀地分散到各级光谱上，特别是没有像色散的中央亮带那样占据了大部分的能量，这种能量的分布情况对光栅的应用十分不利。因为在观察光谱时，主要是利用光栅的第一级或第二级光谱。因此，就产生这样的想法，能否人为地改变光栅光谱能量的分布情况，而将能量较多地集中到我们所应用的那一级光谱带上去。人们已经制成刻槽有一定形状的反射光栅，可将衍射光的能量集中在某一级光谱上，从而改变各级光谱相对强度的一般性分布规律，这种有一定刻痕形状的光栅，称为**闪耀光栅**（blared grating），也称为定向光栅。其刻痕形状如图 11-23 所示。这种光栅所产生的衍射条纹的位置，原

则上仍可由光栅公式确定，但在反射光的方向上光谱变强。图中刻槽表面（反光面）与光栅表面所成的角为 θ，在反射光的方向（与刻槽表面的法线也成 θ 角）上的光谱得到最大的相对光强。由于光栅常数可以做到和反射面的宽度 a（相当于透射光栅中的缝宽）接近相等，这时可以把入射光能量的80%集中到符合反射定律的反射方向上去，从而可以提高所要观察光谱的强度。

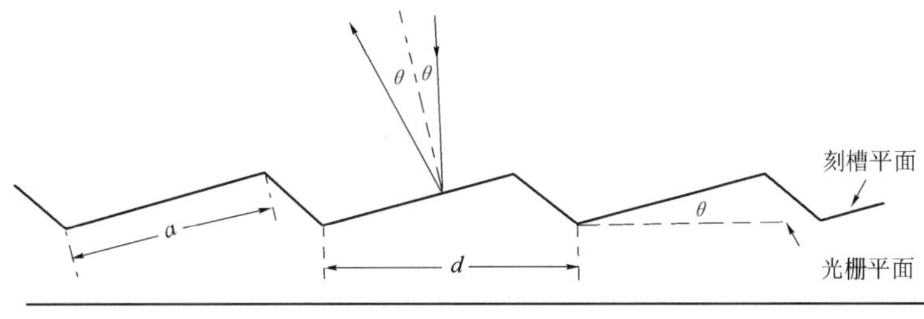

图 11-23　闪耀光栅

（六）光栅光谱仪

用光栅作色散元件的单色仪、分光计和摄谱仪等统称为**光栅光谱仪**（grating spectrometer）。常用的光栅光谱仪，又有凹面光栅和平面光栅两种。凹面光栅除有色散作用可以产生光谱线外，还兼有准光和聚焦的作用，因而不需要附加其他的光学元件如透镜等，就可以产生光栅光谱，这是凹面光栅的优点。但由于凹面光栅在制造上较平面光栅困难得多，并且得到的光谱像质量不够理想，所以现在的光栅光谱仪大多用平面反射光栅。如图 11-24 所示，为一埃伯特（Ebert）光栅单色仪的示意图，其中 M 为凹面镜，起准光和聚焦的作用，S 为入射狭缝，S'为从整个光谱中分离出单色光的出射狭缝，S 和 S'共轭，所谓共轭即 S 通过 M 在 S'处成像，S'通过 M 也可在 S 处成像，并且对球面镜的光轴 NG 对称，这样的仪器称为**埃伯特光栅单色仪**（Ebert's grating monochrometer）。由于它所占空间较小，且能给出清晰的谱线，所以大多数近代光栅单色仪都是这种类型。若将出射狭缝 S'取去换成照相底板，就可以进行摄谱，从而成为**光栅摄谱仪**（grating spectrograph）。

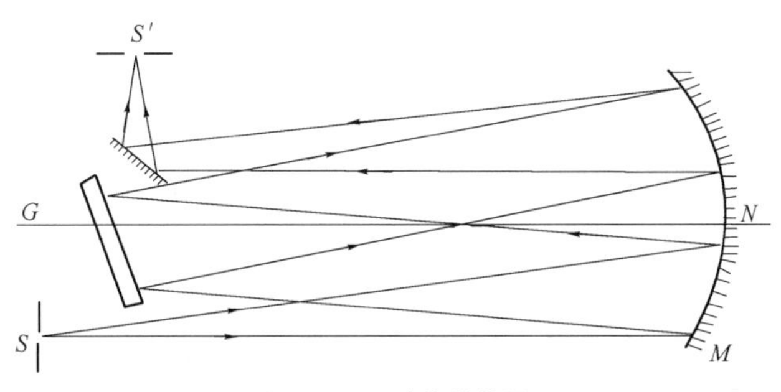

图 11-24　埃伯特装置

例 11-4　当红光垂直照射到每厘米有 4000 条刻线的透射光栅上，观察到第二级光谱线的衍射角 36°，求照射红光的波长。

解：由于光栅每厘米有 4000 条狭缝，则光栅常数 d（$d=a+b$）

$$d=\frac{1}{4000}\text{cm}=2.500\times10^{-6}(\text{m})$$

当 $k=2$，$\phi=36°$时，由光栅公式得

$$\lambda=\frac{d\sin\phi}{k}=\frac{2.500\times10^{-6}\times\sin36°}{2}=735.0(\text{nm})$$

该照射红光的波长为735.0nm。

例11-5 一光栅每毫米长有600条刻线，用波长为589nm的黄色光垂直照射，求各级光谱线的衍射角。

解：由于光栅每毫米有600条刻线，则光栅常数 d（$d=a+b$）

$$d=\frac{1}{600\times10^{3}}\text{m}$$

已知光波波长 $\lambda=5.89\times10^{-7}\text{m}$

由光栅公式得 $\sin\phi=\frac{k\lambda}{d}$

对第一级光谱线，$k=1$，则

$$\sin\phi_1=\frac{\lambda}{d}=5.89\times10^{-7}\times600\times10^{3}=0.353$$

$$\phi_1=20.7°$$

对第二级光谱线，$k=2$，则

$$\sin\phi_2=2\frac{\lambda}{d}=2\times5.89\times10^{-7}\times600\times10^{3}=0.706$$

$$\phi_2\approx45°$$

当 $k=3$ 时，由于 $\sin\phi_3=3\frac{\lambda}{d}=5.89\times10^{-7}\times600\times10^{3}=1.059>1$，而 $\sin\phi$ 的值不能大于1，所以，用此光栅不能得到波长为589nm的第三级光谱线，只能得到二级光谱线。

例11-6 设计一个平面透射光栅，使得该光栅能将光波波长范围为430nm～680nm的光波的第一级衍射光谱展开为20.0°的角度范围。

解：根据题意，$\lambda_1=430\text{nm}$，$\lambda_2=680\text{nm}$，由光栅公式得

$$(a+b)\sin\phi_1=\lambda_1$$

$$(a+b)\sin(\phi_1+20.0°)=\lambda_2$$

联立求解得 $(a+b)=913\text{nm}$

这需要每厘米大约 10^4 条刻痕。另外，考虑到光栅狭缝总数 N 与光栅光谱的谱线亮度有关，N 越大谱线越细也越亮，分辨谱线的能力也就越强，所以设计时 N 宜大一些。

四、圆孔衍射

前面我们讨论了光的单缝衍射现象，如果将单缝换成小圆孔，光通过小圆孔时也会产生衍射现象。如图11-25（a）所示，用单色平行光垂直照射小圆孔时，则在透镜 L 焦平面处的屏幕 P 上将显示亮、暗交替的环纹，中央是一个亮的光斑，被几个强度逐渐变弱的次级光环所围绕，如图11-25（b）所示，中央较亮的光斑称为**艾里斑**（Airy disk）。如图11-25（c）所示，设艾里斑的直径为 d，透镜的焦距为 f，对于直径为 D 的圆孔，当单色光的波长为 λ 时，衍射图样中第一级暗环的衍射角 ϕ，由理论计算可得

$$\phi=\frac{d/2}{f}=1.22\frac{\lambda}{D} \tag{11-19}$$

将上式11-19与式11-12单缝衍射暗条纹的条件比较，直径 D 代替缝宽 a，另外多了一个1.22的因子。由于 ϕ 角很小，由式11-19可得中央亮圆斑对透镜中心所张的角为

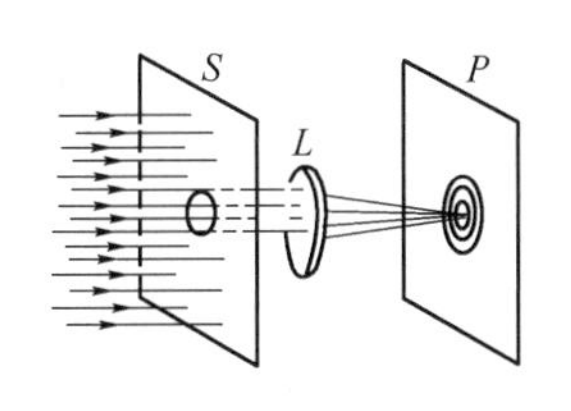

(a) 圆孔衍射装置

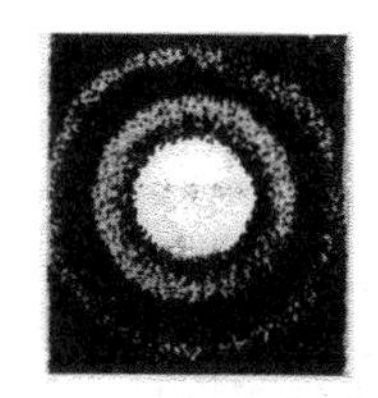
(b) 圆孔衍射图像

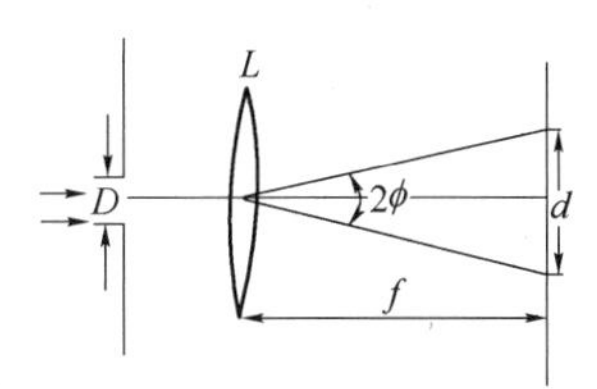

(c) 圆孔衍射各变量关系

图 11-25　圆孔衍射

$$2\phi=\frac{d}{f}=2.44\frac{\lambda}{D} \tag{11-20}$$

当物体发出的光通过光学仪器成像时，每一个物点应该有一个对应的像点。但由于光的衍射，所成的像点就不是一个几何点，而是有一定大小的亮斑，相当于圆孔衍射图样中的中央亮斑，当物体上两个物点的距离太小，以致所形成的两个亮斑相互重叠，这样就不能清楚地分辨出是两个像点，因此，光的衍射现象限制了光学仪器的分辨能力。

五、X 射线的衍射

1895 年，伦琴发现了一种穿透能力很强的 X 射线，又称**伦琴射线**（W. K. Rontgen ray）。当伦琴射线经过电场或磁场时传播方向并不改变，仍然沿原方向前进，因而认为它是电磁波。既然是电磁波，也应有干涉、衍射现象，但在实验中没有观察到。现在知道这是由于伦琴射线的波长很短，一般在 0.01～10nm 之间。而普通光学光栅常数的数量级为 $10^{-6}\sim10^{-5}$m，比伦琴射线的波长大得多，所以得到的衍射图像无法分辨清楚。只有当光栅常数的数量级和伦琴射线的波长相接近时，才有可能观察到伦琴射线的衍射现象。

1912 年，劳厄（Laue）根据晶体中的原子作周期性排列，原子之间的距离约为 10^{-10}m 的数量级，将它作为 X 射线的光栅，成功地进行了 X 射线的衍射实验。如图 11-26 所示，当一束 X 射线穿过铅板 PP' 上的小孔，透过一单晶片 C 时，在照相底片上形成很多按一定规律分布的斑点，称为**劳厄斑点**（Laue spot），这就是 X 射线通过晶体时发生的衍射现象。

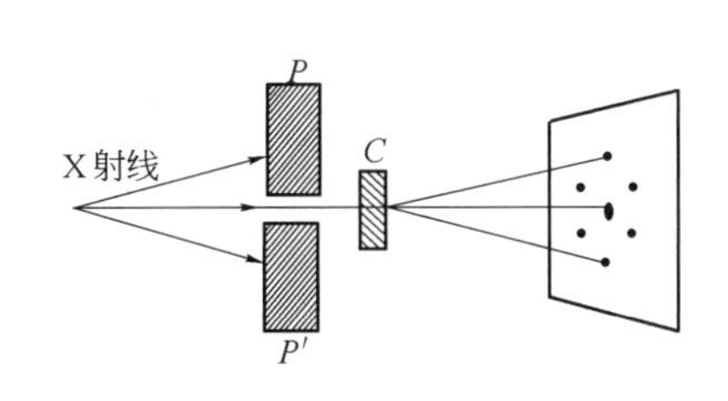

(a) X 射线衍射实验

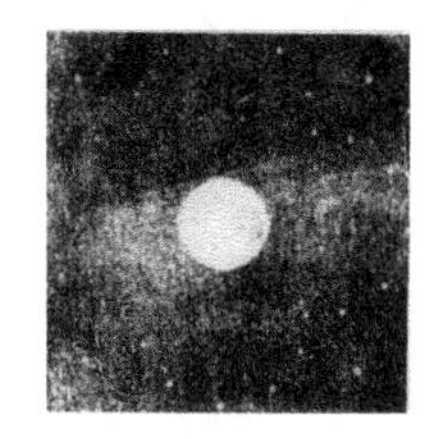
(b) 劳厄斑点

图 11-26　X 射线衍射

1913 年，布喇格（Bragg）父子将晶体作为反射光栅，研究了晶体表面反射时的衍射现象。把晶体看作是一系列等距离的周期性排列的原子层所组成，如图 11-27 中 11、22、33 等平面。各晶面之间的距离为 d，称为**晶面间距**（interplanar spacing），也是在此方向的**晶格常数**（crystal lattice constant）。当一束平行的单色 X 射线以掠射角 ϕ 照射到晶面上时，晶体原子内的电子由于产生受迫振动而成为子波源，向各个方向发出 X 线的散射波。当散射波在晶体表面按反射定律确定的反射方向上时，这些散射波叠加的强度最大。部分 X 射线能透入晶体内部被内部的晶面所散射，相邻两晶面沿反射方向所散射出来的 X 射线之间的光程差为 $EP+PF=2d\sin\phi$，产生相长干涉

的条件为

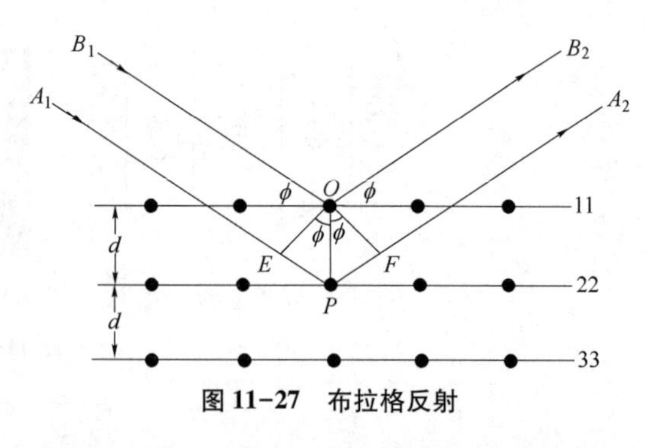

图 11-27 布拉格反射

$$\boxed{2d\sin\phi = k\lambda} \tag{11-21}$$

式中 $k=1, 2, \cdots$，这一公式称为**布喇格方程**（Bragg equation）。X 射线在晶面上的衍射和光栅的衍射不同，它只是在符合反射定律的反射方向上，且光程差符合布喇格公式的各衍射子波才有可能加强。因此，为获得 X 射线光谱将晶体方位固定，再用连续 X 射线入射，这样其中总有一种波长能符合布喇格公式产生加强的反射。而当用单色 X 射线照射时，需要转动晶体，或用粉末晶体，在粉末压制成的固体中，总有数目一定的小晶体，它的取向满足布喇格方程中的掠射角 ϕ，这样可以产生加强的反射。从布喇格公式可知，当已知晶格常数 d 时，就可以用来测定 X 射线的波长，这方面的工作称为 **X 射线光谱分析**（X-ray spectrum analysis）。如果已知 X 射线的波长就可测出晶体的晶格常数，这方面的工作称为 **X 射线晶体结构分析**（X-ray crystal structural analysis），这在晶体结构的研究中是常用的测定手段。利用上述原理可制成将不同波长的 X 射线分开的装置，称为**伦琴射线摄谱仪**（X-ray spectrograph）。

如图 11-28 所示为伦琴射线摄谱仪的结构示意图，伦琴射线经过厚铅屏组成的细缝 SS' 后成一细束，进入金属圆盒，而投射到可以转动的晶体 C 上，盒的内壁上贴有圆弧形的感光底片 F。假如入射到晶体 C 上的伦琴射线含有不同波长（λ_1，λ_2，$\lambda_3\cdots$）的射线，则当掠射角 ϕ 对于某波长 λ_i 满足布喇格方程时，晶体表面即发生最强的反射，在感光底片相应的位置上产生强度最大的感光。继续转动晶体 C 时，可依次得到不同波长（λ_1，λ_2，$\lambda_3\cdots$）的加强反射线。当细缝很窄，且平行于晶体的反射面时，则感光片上显影后，变黑的地方呈线形，与一般光栅所得的光谱线相似。底片 O 处，则会被穿过晶体的伦琴射线所感光。

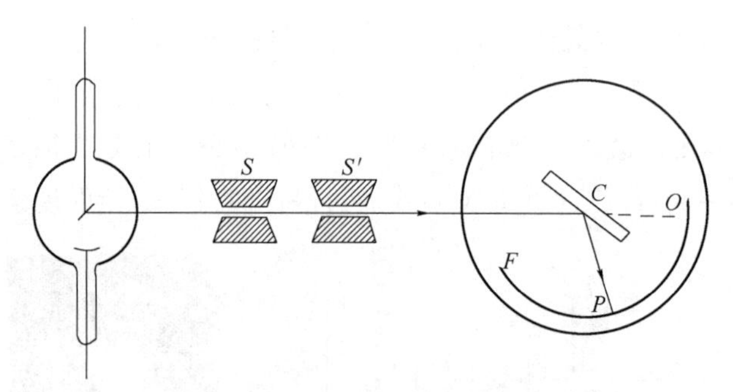

图 11-28 伦琴射线摄谱仪

第三节 光的偏振

一、光的偏振性

（一）自然光

纵波和横波都可以产生波干涉和衍射现象。所以，根据光的干涉和衍射现象只能说明光是具有波动性，而不能区别它是纵波，还是横波。先讨论机械波的情形，如图 11-29 所示，在一根绳子上传播一个上下振动的横波，在波的传播方向上放一个狭缝，当缝长的方向与横波的振动方向

平行时，则波可以通过狭缝；当缝长的方向与横波的振动方向垂直时，则波要受到狭缝的阻碍不能通过。而对于纵波，例如空气中传播的声波，不管缝的取向如何，纵波总能通过狭缝。**由波的传播方向和波的振动方向所确定的平面**称为**波的振动面**（plane of vibration of wave）。绳子上传播的横波，它的振动都限制在同一振动面内，这一特性称为**偏振性**（polarization）。纵波的振动方向和波的传播方向一致，在一切包含传播方向的各个平面内振动情况相同。由此可见，只有横波才具有偏振性，而纵波不具有偏振性，利用横波的偏振性可以区别纵波和横波。

光是电磁波，由电磁场理论知道，作周期性变化的电场强度与作周期性变化的磁场强度是相互垂直的，而且都和电磁波传播的方向垂直。由于只有电场强度 E 的振动能引起人眼的感光作用，所以一般把电场强度 E 的振动称为**光振动**（light vibration）。由于光振动和光的传播方向垂直，光波也就是横波，它也具有横波特有的偏振性。然而，一般光源所发射的光波，并不具有偏振性。这是因为光源由大量的原子或分子组成，各个原子或分子的发光过程是自发的、独立的和间断的。它们所发的光的振动在各个方向上都有可能，平均地讲没有哪一个方面的振动比其他方向占优势。也就是说在所有可能的振动方向上，光振动的振幅 E 都相等，在一切包含光的传播方向的各个平面内的光振动的强度相同，并不显示出偏振性，这种光称为**自然光**（natural light），如图 11-30（a）所示。我们可以把每一个方向的光振动矢量分解成在两个相互垂直方向的分振动，然后把所有的分振动加起来，就成为两个互相垂直的振动矢量，如图 11-30（b）所示。由于光振动在各个方向的振动强度相同，这样两个合成的互相垂直振动的强度也相等。为了表示自然光的传播，用点表示垂直于纸面方向的光振动，用短线箭头表示在纸面内平行于短线方向的光振动，对自然光就用点和短线箭头一个间隔一个作等距分布来表示，并象征着这两个方向的振动强度相同，如图 11-30（c）所示。

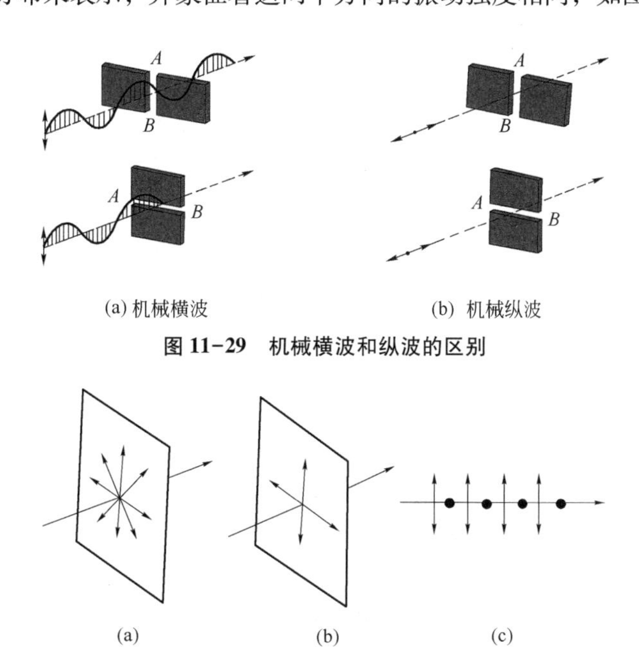

(a) 机械横波　　(b) 机械纵波

图 11-29　机械横波和纵波的区别

(a)　(b)　(c)

图 11-30　自然光

一个光波只有某一方向的振动，如只有垂直于纸平面方向的振动，或只有平行于纸平面方向的振动，这种**只有某一确定方向振动的光**称为**线偏振光，**简称为**偏振光**（polarized light）。若**某一方向的光振动比与之相垂直方向上的光振动占优势，**那么这种光称为**部分偏振光**（partial polarized light）。用短线箭头表示平行于纸平面振动的偏振光，用点表示垂直于纸平面振动的偏振光，偏振光的图示法如图 11-31（a）、（b）所示，部分偏振光的图示法如图 11-31（c）、（d）所示。

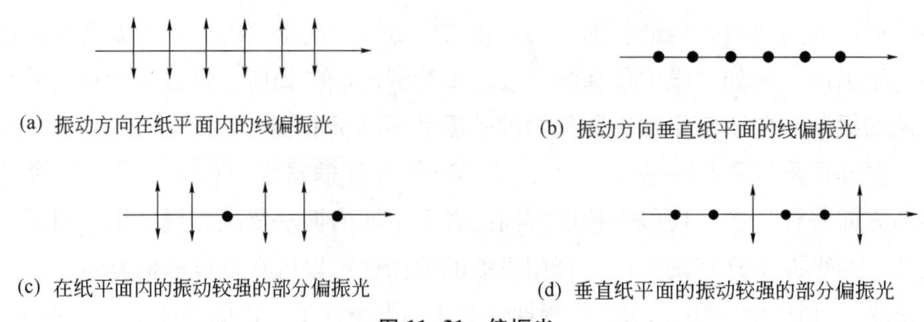

(a) 振动方向在纸平面内的线偏振光　　(b) 振动方向垂直纸平面的线偏振光

(c) 在纸平面内的振动较强的部分偏振光　　(d) 垂直纸平面的振动较强的部分偏振光

图 11-31　偏振光

（二）偏振光

一般光源所发射的光都是自然光，显示不出光的偏振性，所以就要设法将自然光转化成偏振光，这一过程称为**起偏**（get polarized light）。同时要设法判断某一光束是否是偏振光，这一过程称为**检偏**（detection polarized light）。

怎样将自然光转化成偏振光，我们发现某些晶体对振动方向不同的光呈现选择性吸收，即能吸收某一方向的光振动，而与这一方向垂直的光振动则很少被吸收，这一现象称为**二向色性**（dichroism）。将具有强烈二向色性的物质，如硫酸碘奎宁等有机晶体，沉淀在透明的薄膜上，把膜沿一定方向拉伸，二向色性的许多晶体就会沿拉伸方向整齐地排列起来，把薄膜再用两片透明的塑料片或玻璃片夹起来，所制成的光学元件被称为**偏振片**（polaroid）。我们常在图示的偏振片上用短线箭头表示可以通过的光振动方向，这一方向称为**偏振化方向**（polarized direction）。当自然光通过偏振片后，在垂直于偏振化方向的光振动被强烈吸收，只有平行于偏振化方向的光振动才能通过，因此透过的光成为偏振光，这时的偏振片就起到了起偏的作用。凡是能使自然光变成偏振光的装置称为**起偏器**（polarizer），在这里偏振片就是一个偏振器。如图 11-32（a）所示，当自然光通过偏振片的起偏器后，得到沿偏振化方向振动的偏振光。如果改变偏振片的方向，则偏振光的振动方向随之改变，如使它旋转 90°则得到与原来方向垂直振动的偏振光，如图 11-32（b）所示。通过的光束是否为偏振光，可用如图 11-32（c）所示的方法来检验，使经过第一个偏振片 A 的自然光再通过一个偏振片 B，当偏振片 A 和偏振片 B 的偏振化方向相互平行时，则通过 A 形成的偏振光也能通过 B。当偏振片 B 以光传播的方向为轴旋转 90°，则透过 A 的偏振光不能通过 B。由此可见，我们可以将偏振片以光的传播方向为轴转动，可使入射光能从第二个偏振片透过变为不透过，或从不透过变为透过，来判断入射光是否为偏振光。在这里第二个偏振片 B 起了检偏作用，一般称为**检偏器**（polarization detector）。这是因为当入射光是自然光时，总有沿偏振化方向振动的光通过，透过光的强度没有明显的变化；而当入射光是偏振光时，只有当光振动方向与检偏器的偏振化方向平行时，光才可以通过，而光振动方向与检偏器的偏振化方向垂直时，光就不能通过，透射光的强度为零。因此，当旋转检偏器时，透射光的强度发生明显的变化时，就可以鉴定它是偏振光。

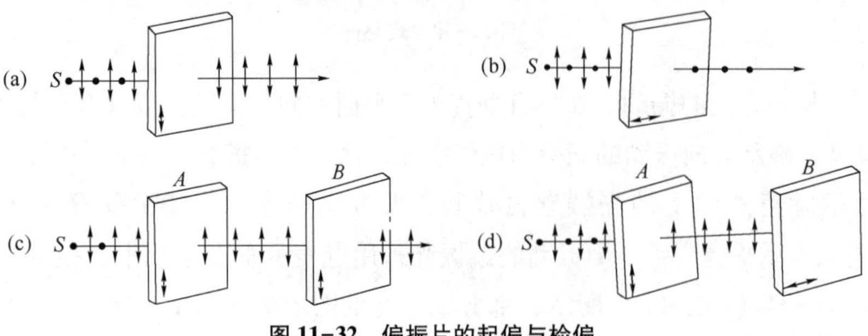

图 11-32　偏振片的起偏与检偏

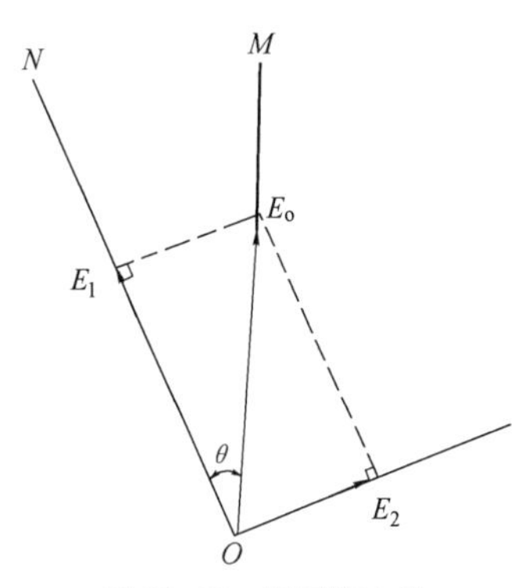

图 11-33 马吕斯定律

二、马吕斯定律

当用偏振片作为检偏器来鉴定一偏振光时，如果偏振片的偏振化方向与入射偏振光的振动方向的夹角是成任意角 θ 时，透射光的强度将随 θ 角的变化而变化。如图 11-33 所示，设起偏器的偏振化方向为 MO，检偏器的偏振化方向为 NO，入射的偏振光强度为 I_0，当入射光为自然光时，由于光强的一半被起偏器所吸收，I_0 为入射自然光的光强度的一半。设光振动的振幅为 E_0，沿 MO 方向振动，它在 NO 方向的分量为 $E_1=E_0\cos\theta$，在垂直于 NO 方向的分量 E_2 的分振动被吸收掉，只有 E_1 的分振动通过，由于透射光的强度 I 与振幅 E_1 的平方成正比，与入射的偏振光强度 I_0 比较，可以得到

$$\frac{I}{I_0}=\frac{E_1^2}{E_0^2}=\frac{E_0^2\cos^2\theta}{E_0^2}=\cos^2\theta$$

即

$$\boxed{I=I_0\cos^2\theta} \tag{11-22}$$

式 11-22 表示强度为 I_0 的偏振光透过检偏器后，透射光的强度 I 变为 $I_0\cos^2\theta$，这一关系式称为**马吕斯定律**（Malus' law）。若 $\theta=0$ 或 180°，则 $I=I_0$，表示当光振动方向和检偏器的偏振化方向平行时，偏振光可以通过；若 $\theta=90°$或 270°时，$I=0$，则表示当光振动方向和检偏器的偏振化方向相互垂直时，偏振光完全不能通过。和前面的讨论结果一致，这就进一步说明了可以利用检偏器来鉴别偏振光，并可确定偏振光振动面的取向。

例 11-7 设自然光强度为 I_0，通过偏振化方向成 20°夹角的两偏振片，问透过第二个偏振片的光强多大？

解：强度为 I_0 的自然光通过第一个偏振片后成为偏振光，强度变为 $I_0/2$，此偏振光再通过第二个偏振片后的光强为

$$I=\frac{I_0}{2}\cos^2 20°=0.44I_0$$

例 11-8 以强度为 I_0 的偏振光入射一检偏器，若要求透射光的强度为原光强的三分之一，求起偏器和检偏器的两个偏振片的偏振化方向之间的夹角为多少？

解：由马吕斯定律可得

$$\frac{I_0}{3}=I_0\cos^2\theta$$

则

$$\theta=\arccos\left(\pm\frac{\sqrt{3}}{3}\right)=\pm 54.7° \text{ 或 } 125.3° \text{ 或 } 234.7°$$

三、光的双折射现象

（一）双折射现象

当一束光射到如玻璃、水等各向同性介质的表面上时，一部分光将按照折射定律所确定的方向折射入介质，这就是一般的折射现象。但当光射到各向异性介质，如方解石（即碳酸钙

$CaCO_3$）的天然晶体中，折射光将分裂成为两束光线，这种现象称为**双折射**（birefringence）**现象**，如图11-34（a）所示。当折射光从晶体透射出来时，由于方解石相对的两个表面互相平行，两束光的传播方向和入射光的方向相同，也相互平行。如入射光束较细，同时晶体足够厚，则透射出来的两束光可以完全分开，这样通过方解石观察物体时，将看到双重的像，如图11-34（b）所示。双折射现象不仅产生在某些各向异性的晶体中，而且也产生在其他种类的光学各向异性介质中。

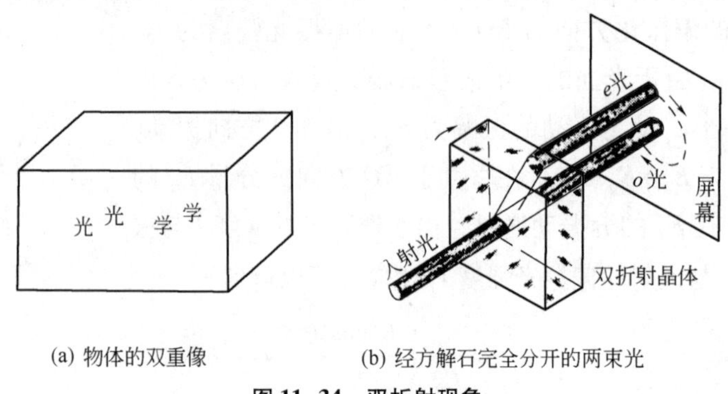

(a) 物体的双重像　　(b) 经方解石完全分开的两束光

图11-34　双折射现象

人们发现，双折射中两束折射光中之一遵守折射定律，这束光称为**寻常光**（ordinary light），或简称 O 光。O 光在入射面内，且入射角 i 的正弦与折射角 r_0 的正弦之比 n_O 为一定值，n_O 称为 O 光折射率。另一折射光不遵守通常的折射定律，这一折射光称为**非常光**（extraordinary light），简称 e 光。e 光不一定在入射面内，入射角 i 的正弦与折射角 r_e 的正弦的比值也不是一恒量，随入射角 i 的不同而具有不同的值。

实验还发现在晶体内存在一些特殊的方向，沿着这一方向传播的光并不发生双折射现象，说明沿着这个方向传播的 O 光和 e 光的折射率相等，也就是沿此方向的 O 光和 e 光的传播速度相同，这一方向称为**晶体的光轴**（optical axis of crystal）。光轴仅表示一定的方向，并不只限于某一条特殊的直线，在晶体内任一条与光轴方向平行的直线都可以表示光轴。晶体中仅有一个光轴方向的晶体称为**单轴晶体**（uniaxial crystal），例如方解石、石英等。有些晶体具有两个光轴方向称为**双轴晶体**（biaxial crystal），例如云母、硫磺等。下面我们讨论的内容只限于单轴晶体，如图11-35所示，表示方解石晶体的光轴，方解石晶体的外形为平行六面体，每一个表面都是平行四边形，两个钝角各102°，两个锐角各为78°，六面体共有八个顶角，其中相交于 A、D 两点的棱边之间的夹角，各为102°的钝角。实验表明，它的光轴方向平行于 A、D 两个顶角的等分角线。

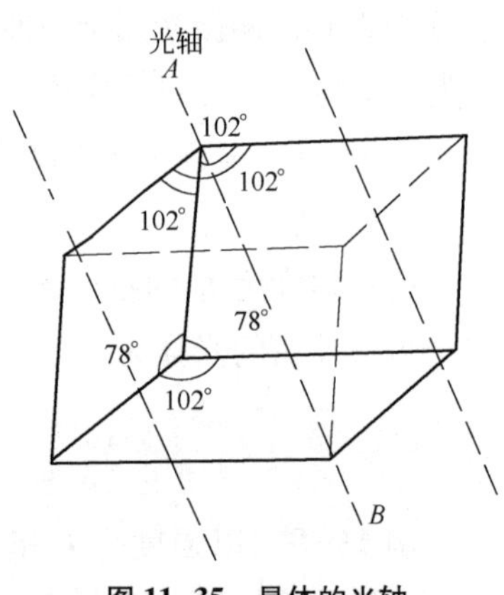

图11-35　晶体的光轴

在晶体中，由光轴和晶体表面的法线所组成的平面，称为**晶体的主截面**。某光线的传播方向和光轴所组成的平面，称为该光线的**主平面**（principal plane）。一条光线只有一个主平面，所以，在晶体中 O 光和 e 光都有各自的主平面。当自然光垂直入射到方解石表面上时，如图11－36所示，图中纸面即为主截面。根据折射定律，O 光方向不变；但 e 光不沿原方向前进，不服从折射定律，在晶体的光轴方向上，O 光与 e 光的折射率相等，在其他方向上 O 光与 e 光的折射率不相等。实验还发现，在垂直于晶体光轴的方向上，e 光的折射率 n_e 和O光的折射率 n_O 的差最大，这一方向上 e 光的折射率 n_e 称为 e 光的**主折射率**（principal refractive index）。例如方解石的 $n_O=1.658$，$n_e=1.486$。晶体其他方向的 e 光折射率介于 n_O 值与主折射率 n_e 值之间。由于折射率的

大小等于光在真空中传播的速度和光在介质中传播速度的比值。上述现象表明，在晶体中 O 光沿各个方向传播时都具有相同的速度，因此其折射率 n_O 不随方向改变，而为一定值。e 光的折射率 n_e 随入射角而变化，表明 e 光在晶体中传播时，沿不同的方向具有不同的传播速度。用检偏器来分别观察 O 光和 e 光时，发现它们都是偏振光，但它们光矢量的振动方向不同，O 光的振动方向垂直于主截面。一般来说，对应于一给定的入射光束，寻常光和非寻常光的主截面并不重合，仅当光轴位于入射面内时，这两个主截面才严格地互相重合，如图 11-36 所示的就是这种情况。在大多数情况下，这两个主截面虽不重合，但它们之间的夹角很小，因而寻常光和非寻常光的振动方向接近互相垂直。

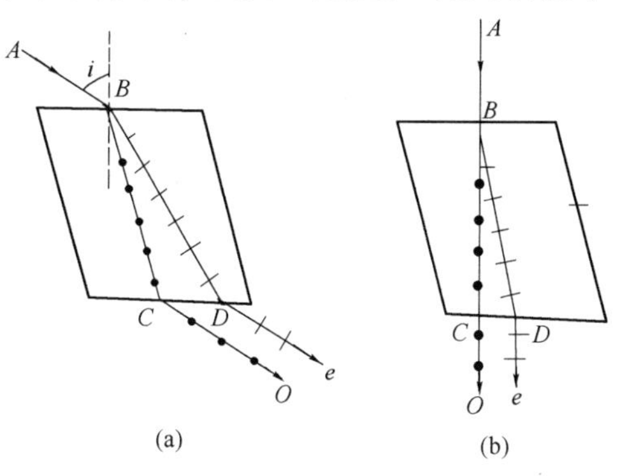

图 11-36　寻常光与非常光

（二）尼科耳棱镜

对于透明的单轴晶体来说，可以把入射的自然光分成寻常光与非常光，这是两个振动方向相互垂直的偏振光，利用这一特性，可以制成各种起偏器和检偏器。这里介绍一种被广泛应用的**尼科耳棱镜**（Nicol prism），简称**尼科耳**（Nicol），就是一种用单轴晶体制成的偏振棱镜。尼科耳棱镜的结构如图 11-37 所示，它是把方解石按长与宽的比为 3，磨制成图示的形状，按图示情况沿 *AFNG* 面剖为两半，再用加拿大树胶黏合起来，就制成了一个尼科耳棱镜。图 11-37（b）所示的主截面 *ACNM* 也是主平面。

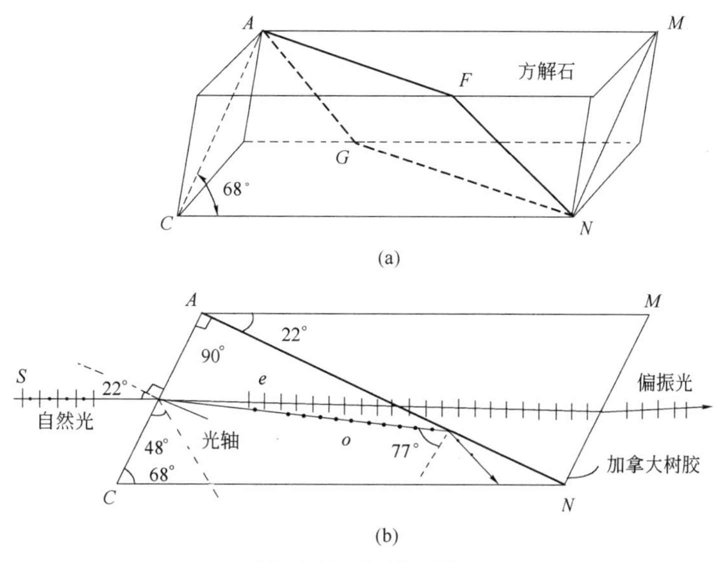

图 11-37　尼科耳棱镜

当自然光入射到尼科耳棱镜后，在其内部被分解为 O 光和 e 光。方解石对 O 光的折射率 n_O = 1.658，它大于加拿大树胶的折射率（n = 1.550），而 e 光在此方向的折射率 n_e = 1.516，小于树胶的折射率 n。当两光线透过晶体射到晶体与加拿大树胶的界面上时，由于对 e 光来说加拿大树胶是光密介质，e 光可进入树胶，透过它继续向前传播；但对 O 光来说树胶是光疏介质，且 O 光射到晶体和树胶界面上的入射角大于临界角，于是发生全反射而偏折到晶体的侧面，被涂黑了的侧面所吸收。这样，自然光通过尼科耳棱镜后，只有振动方向平行于尼科耳主截面的 e 光透射出

来，这就是尼科耳棱镜的起偏作用。也可以说，尼科耳棱镜只能让振动方向平行于它的主截面的偏振光透过，因此它也具有检偏的作用，如图 11-38 所示。

必须注意，所谓 O 光与 e 光是对光在其中传播的晶体来说的，例如在图 11-38 中的尼科耳棱镜 A 是起偏器，尼科耳棱镜 B 是检偏器，在图 11-38（a）中，当两尼科耳棱镜主截面平行时，透过 A 的振动方向平行于主截面的光，也能透过 B。而在图 11-38（b）中，当两尼科耳棱镜主截面垂直时，由于 A 和 B 的主截面相互垂直，则无光透过 B。这是由于从 A 透出的在空气中传播的光，只是具有一定振动方向的偏振光，无所谓是 e 光，还是 O 光。当它进入尼科耳棱镜 B 中时，由于光的振动方向与晶体 B 的主截面垂直，故对 B 来讲是 O 光，因被全部反射掉，而不能透过 B。当入射的偏振光的振幅为 E_0，光强为 I_0，它的振动方向与尼科耳主截面之间成 θ 角时，则晶体内 e 光的振幅为 $E_0\cos\theta$，O 光的振幅为 $E_0\cos\theta$，e 光透出尼科耳棱镜后的强度为 $I=I_0\cos^2\theta$，这也就是前面所讲述的马吕斯定律。

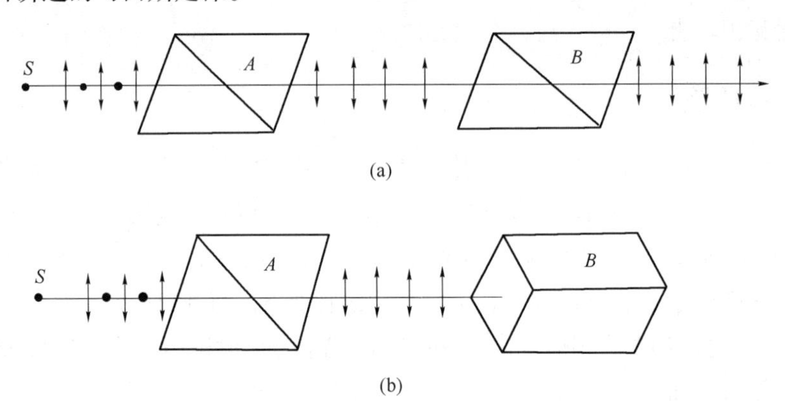

图 11-38 尼科耳棱镜的起偏与检偏

四、物质的旋光性

（一）旋光现象

某些物质，如石英晶体、有机物质的溶液（如糖溶液）等，当偏振光透过时，光的振动面会以光的传播方向为轴旋转一定角度，这种现象称为**旋光现象**（rotatory phenomenon）。能产生旋光现象的物质称为**旋光物质**（rotatory substance）。

如图 11-39 所示，一束自然光透过起偏器后成为偏振光，当检偏器与起偏器的偏振化方向相互垂直时，无光透过检偏器，用眼观察到的是暗视场。这时在起偏器和检偏器之间放入某旋光物质，如放晶体或葡萄糖溶液，若是晶体要使光轴与晶面垂直以避免出现双折射现象，这时可发现视场中有了一定的亮光。说明偏振光通过旋光物质后振动面以传播方向为轴发生了一定角度 ϕ 的旋转，通过旋光物质后的偏振光，它的振动方向这时和原位置的检偏器的偏振化方向不再垂直了，因而有一部分光透过检偏器，在视场中就有了一定的光强。如果我们旋转检偏器使之以相同方向旋转 ϕ 角，则检偏器偏振化方向又和透过的偏振光振动方向相垂直，在视场中又恢复黑暗。测出检偏器不能让偏振光通过的前、后两位置间的角度 ϕ，就可以知道偏振光通过旋光物质后振动面旋转的角度 ϕ 的大小。利用这一原理可制造出测量物质旋光性和旋光率的仪器，这种仪器称为**旋光仪**（optical rotator），又称**偏振计**（polarization meter）。

利用旋光计可以研究各种物质的旋光现象，现已发现旋光物质有右旋和左旋两种。如果面对入射方向观察，使偏振光的振动面沿顺时针方向旋转的物质，称为**右旋物质**（right-rotatory

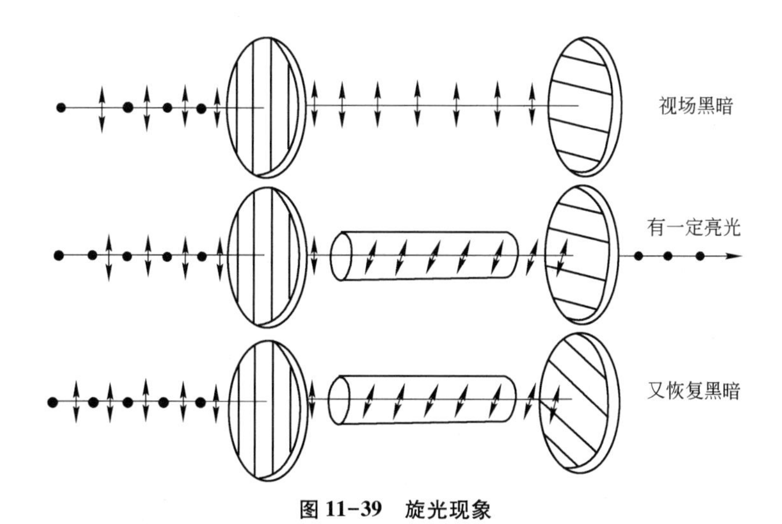

图 11-39　旋光现象

substance)；反之，称为**左旋物质**（levorotatory substance）。值得注意的是有些药物，由于分子结构不同，具有左旋和右旋两种类型，而这两种类型的同类药物，疗效却可完全不同，临床用药上必须加以区别。同一旋光物质对不同波长的光，振动面的旋转角度是不同的，这种现象称为**旋光色散**（rotatory dispersion）。对波长比较短的光，旋转角度要大些。例如，1mm 厚的石英片能使红光的振动面旋转 15°，使黄光的振动面旋转 21.7°，使紫光的振动面旋转 51°，因此，当旋转检偏器来观察通过旋光物质的白色偏振光时，就会发现视场中看到光的颜色是变化的。

对于一定波长的单色偏振光通过旋光物质后，振动面旋转的角度 ϕ 与物质的厚度 d 成正比，用公式表示

$$\phi = \alpha d \tag{11-23}$$

式中 α 称为物质的**旋光率**（rotatory power），也称为**比旋度**（specific rotation），表示光通过单位长度的物质时振动面旋转的角度。不同的旋光物质具有不同的旋光率，旋光率还与光波波长有关。

对于一定物质的溶液，振动面旋转的角度除与通过溶液的厚度 d 成正比外，还与溶液的浓度 C 成正比，用公式表示

$$\boxed{\phi = [\alpha]_D^t Cd} \tag{11-24}$$

式中 $[\alpha]_D^t$ 是在 t 温度下，采用 D 光时，该溶质的**旋光率**。即 $[\alpha]_D^t$ 表示光通过单位浓度、单位厚度的溶液时振动面旋转的角度。由于旋光率与入射光的波长有关，在测定时常用波长为 589.3nm 的钠光，此时旋光率用 $[\alpha]_D^t$ 表示，t 表示温度，D 表示采用钠光，并在数字前以“+”表示右旋，以“-”表示左旋。一般 ϕ 的单位用度表示，浓度 C 的单位用 g/cm^3 表示，厚度的单位用 dm 表示。在药物分析中，常用旋光计测出溶液的旋转角度，由药典查出所用溶质的旋光率，某些药物的旋光率（如表 11-1 所示），即可用公式 11-24 求出溶液的浓度。比如，常用旋光计来测定糖溶液的浓度，故旋光计也称量糖计。

表 11-1　某些药物的旋光率

药物名称	$[\alpha]_D^t$	药物名称	$[\alpha]_D^t$
乳糖	+52.2°～+52.5°	蓖麻油	>+50°
葡萄糖	+52.5°～+53°	薄荷油	-49°～-50°
蔗糖	+65.9°	樟脑（醇溶液）	+14°～+43°
桂皮油	+1°～±1°	薄荷脑（醇溶液）	-49°～-50°
维生素 C	+21°～±22°	山道年（醇溶液）	+170°～-175°

（二）旋光计

前面讲述的旋光计基本原理，是在偏振化方向相互垂直的起偏器和检偏器之间放入旋光物质后，会使通过检偏器的光强度发生变化，当将检偏器旋转某个角度，使视场中光的强度恢复原状，则检偏器旋转的角度就是偏振光振动面通过旋光物质时所旋转的角度。但用人眼观察来判断视场的光强是否复原是比较困难的。为了克服这一困难，常使用半荫板式旋光计。它的构造如图11-40所示，光依次射入滤光片1、透镜2、起偏器3、半荫板4、玻璃管5、检偏器6和目镜7，8为刻度盘。即在起偏器后放一块半荫板，半荫板是一个半圆形的玻璃片与半圆形的石英片胶合成的透光片。当偏振光通过半荫板时，透过玻璃的光，振动方向保持不变。

而透过石英的光，由于石英的旋光作用使光的振动方向旋转了某个角度β，如图11-41所示。如图11-40所示，这时如在玻璃管5中没有放入旋光物质，当调节检偏器的位置，使检偏器的偏振化方向与起偏器的偏振化方向相互垂直时，则左半边由玻璃透出的光完全不能透过检偏器，而右半边由石英透出的光部分能透过检偏器，则视场中出现左半部黑暗，右半部稍亮。当转动检偏器使它的偏振化方向和右半边由石英透出光的振动方向垂直时，则右半边光完全不能透过，而左半边光部分通过，视场中出现右半部黑暗，左半部稍亮。如图11-41所示，当使检偏器的偏振化方向NN'垂直于β角的平分线MM'时，左、右两边光振动的振幅在NN'方向上的分量相同，则通过检偏器的光强度左右相同，视场中左右两半部明亮程度相同，而使左右分界线消失。同理，当使检偏器的偏振化方向垂直于NN'时，左、右两边光振动的振幅在MM'方向上的分量也相同，通过检偏器的光强度左右也相同，视场中左右两半部明亮程度也相同，而使左右分界线也消失。所不同的是，后者是在较亮的情况下，分界线消失；而前者是在光强较弱的情况下，分界线消失。从理论上讲，这两种情况都可以作为判断标准，但实际上人眼对第一种情况比较容易判断，因此，旋光

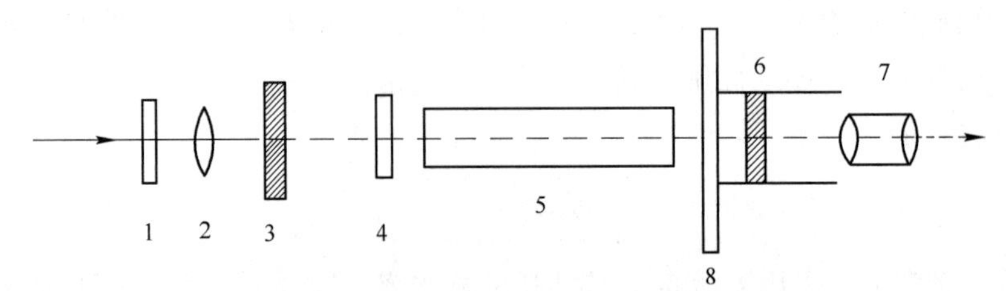

图11-40 半荫板式旋光计结构示意图

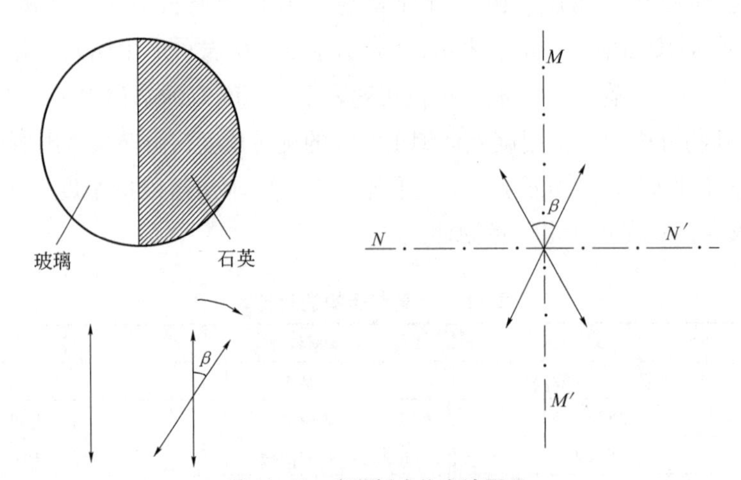

图11-41 半荫板式旋光计原理

计中将第一种情况作为仪器读数的“0”点。当我们旋转检偏器找到这一视场较昏暗时的分界线消失的位置，并记下刻度盘上的读数，如果仪器校准好，这一读数应是 0 度。然后在玻璃管中放入待测旋光物质的溶液，这时视场左右两半圆光强将出现差异，分界线又明显起来，再转动检偏器，使左右两半圆达到同样的昏暗度，分界线再次消失，记下分度盘上的读数，两次读数之差，即为偏振光通过玻璃管长度的旋光物质后，光振动面旋转的角度。

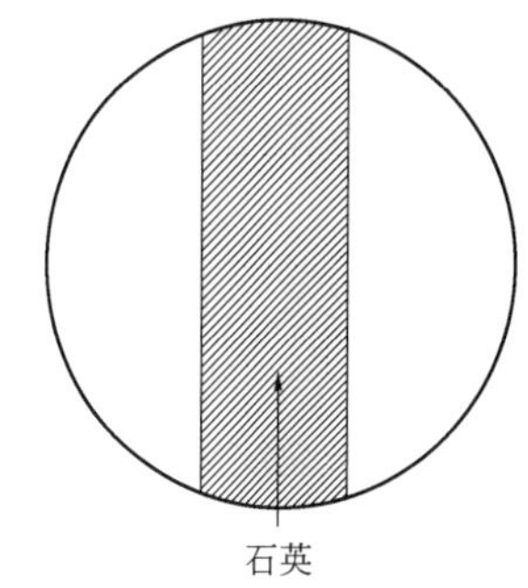

图 11-42　三荫板

有的旋光计中是采用所谓三荫板，即把石英片做成条形，位于三荫板中间部分，如图 11-42 所示。其原理与半荫式完全相同，不过所比较的是中间条状部分与左右两部分之间界线消失的情况。另外，利用旋光计还可以判断物质的旋光性，即判断物质是左旋还是右旋，或是没有旋光性。如实验室常用的 WXG-4 型旋光仪，就可用来判断物质的旋光性。值得注意的是用WXG-4型旋光仪判别物质的旋光性时，溶液的浓度不能太大，溶液对光的旋转角度不能大于左旋或右旋 90°，否则可能会得出错误的结果。事实上，当被测溶液对光的旋转角度为±5°时，视野中的亮度差异就很明显。

知识链接 11

托马斯·杨（Thomas Young，1773—1829 年），简称杨氏，英国物理学家（Physicist，England）。他天资聪颖，14 岁就通晓拉丁、希腊、法、意等多种语言，一生在物理、化学、医学、考古等广泛的领域作了大量的工作。1793 年他写了第一篇关于视觉的论文，发表了眼睛中晶状体的聚焦作用，1801 年发现眼睛散光的原因，由此进入了光学的研究领域。1801 年他让光通过两个靠近的针孔投射到屏上，发现两束光被散开并重叠，出现了明暗相间的条纹。这就是物理学上著名的杨氏实验，后来又把针孔改成缝，后称杨氏双缝实验。

小　结

本章从研究光的波动性出发，建立了相干光源、光程、光程差等概念，又以光的干涉、衍射和偏振等现象，阐明了光具有波的基本性质，并介绍了 X 线的衍射、光的双折射现象、物质的旋光性和旋光率的测量方法等。主要公式有：

1. 杨氏公式

亮纹　$$x = \pm k\frac{D\lambda}{d};\quad k = 0,\ 1,\ 2,\ \cdots$$

暗纹　$$x = \pm(2k-1)\frac{D\lambda}{2d};\quad k = 1,\ 2,\ \cdots$$

条纹宽度　$$\Delta x = \frac{D\lambda}{d}$$

2. 薄膜干涉

反射光相长干涉　$$2nd = (2k+1)\frac{\lambda}{2};\quad k = 0,\ 1,\ 2,\ \cdots$$

反射光相消干涉　$$2nd = k\lambda;\quad k = 0,\ 1,\ 2,\ \cdots$$

3. 单缝公式

中央亮纹 $-\lambda < a\sin\phi < \lambda$

其他亮纹 $a\sin\phi = \pm(2k+1)\dfrac{\lambda}{2}$； $k=1, 2, \cdots$

暗纹 $a\sin\phi = \pm 2k\dfrac{\lambda}{2}$； $k=1, 2, \cdots$

中央亮纹宽度 $\Delta x = 2\dfrac{f\lambda}{a}$

其他亮纹宽度 $\Delta x' = \dfrac{f\lambda}{a}$

其他暗纹宽度 $x_{k+1} - x_k = \phi_{k+1}f - \phi_k f = \dfrac{f\lambda}{a}$

4. 光栅公式 $(a+b)\sin\phi = \pm k\lambda$； $k=0, 1, 2, \cdots$

5. 布喇格方程 $2d\sin\phi = k\lambda$； $k=1, 2, \cdots$

6. 马吕斯定律 $I = I_0\cos^2\theta$

7. 旋光度公式

固体 $\phi = \alpha d$

溶液 $\phi = [\alpha]_D^t Cd$

习题十一

11-1 能发生干涉的两束光波必须具备哪些条件？

11-2 为什么在通常情况下，观察不到光的干涉现象？

11-3 在杨氏双缝实验中，如果光源 S 到两缝 S_1 和 S_2 的距离不等，对实验结果有何影响？

11-4 什么是光的衍射？它分为哪两类？有何区别？

11-5 简述单缝衍射图像和双缝干涉图像亮暗条纹的形成。

11-6 什么是偏振光、物质的旋光性？振动面在旋光物质中的左旋和右旋是怎样规定的？

11-7 有一光源垂直照射到两相距 0.60mm 的狭缝上，在 2.5m 远处的屏幕上出现干涉条纹。测得相邻两亮条纹中心的距离为 2.27mm，试求入射光的波长。

11-8 用白光垂直照射厚度为 3.8×10^{-7}m 的肥皂薄膜上，肥皂薄膜的折射率为 $n_2=1.33$，且 $n_1>n_2>n_3$。问反射光中那一波长的可见光得到加强（参阅图 11-5）？

11-9 在棱镜（$n_1=1.52$）表面上涂一层增透膜（$n_2=1.30$），为使此增透膜适用于 550nm 波长的光，问增透膜的厚度至少应取多少？

11-10 有一劈尖的折射率为 1.4，尖角为 1×10^{-4}rad，长为 3.5cm。在某一单色光的照射下，可测得两相邻亮条纹之间的距离为 0.25cm。试求：

（1）入射光在空气中的波长；

（2）总共可出现的亮条纹数。

11-11 用波长 589.3nm 的钠黄光，垂直入射于劈尖形透明薄片上，观察到相邻暗条纹间距离为 5.0×10^{-7}m，已知薄片放在空气中且介质的折射率为 1.52。求薄片两表面间夹角为多大？

11-12 当一单色平行光束垂直照射在宽为 1.0mm 的单缝上，在缝后放一焦距为2.0m的会聚透镜。已知位于透镜焦平面处屏幕上的中央亮条纹宽度为2.5mm，求入射光的波长。

11-13　今以钠黄光（$\lambda=589.3$nm）照射一狭缝，在距离80cm的光屏上，所呈现的中央亮带宽度为2mm，求狭缝的宽度为多大？

11-14　一狭缝宽度为0.02cm，如入射光为波长500nm的绿光，试确定衍射角为10°时，在光屏上所得到的条纹是亮的？还是暗的？

11-15　已知单缝宽度$a=1.0\times10^{-4}$m，透镜焦距为0.5m，用$\lambda_1=400$nm和$\lambda_2=760$nm的单色平行光分别垂直照射单缝。试求：

（1）这两种光的第一级亮纹离中央明纹中心的距离是多少？

（2）这两条亮纹间的距离是多少？

11-16　衍射光栅所产生的某光谱线的第三级光谱与谱线$\lambda=486.1$nm的第四级光谱相重合，求该谱线的波长？

11-17　垂直照射每厘米具有5000条刻线的透射光栅，观察某光波的谱线第二级光谱线的衍射角为30°。试求：

（1）该光波波长。

（2）该光波的第三级光谱线的衍射角。

11-18　用波长为589nm的单色光垂直照射一衍射光栅，其光谱的中央最大值和第二十级主最大值之间的衍射角为15°10′，求该光栅1cm内的缝数是多少？

11-19　用波长为632.8nm的红光来测量光栅的光栅常数，当垂直照射某一光栅时，第一级明纹在38.0°的方向上。试求：

（1）该光栅每厘米有多少条刻痕数？

（2）共可观察到第几级亮纹？

11-20　如入射的X射线束不是单色的，而是含有由0.140～0.950nm这一波段中的各种波长，所用晶体的晶格常数为0.275nm，当掠射角为30°时，问在此波段中哪些波长的X射线能产生强反射？

11-21　有一波长为0.296nm的X光投射到一晶体上，所产生的第一级衍射线偏离原射线方向为31.7°，求相应于此衍射线的晶体的晶格常数。

11-22　使自然光通过两个相交60°的偏振片，求透射光与入射光的强度之比？若考虑每个偏振片能使光的强度减弱10%，求透射光与入射光的强度之比。

11-23　透过两个偏振化方向相交成30°角的偏振片观察某一光源，透过相交60°的两偏振片观察另一光源，当两光源观察的强度相同，试求两光源的强度之比。

11-24　两主截面相交为30°的尼科耳棱镜，若使主截面相交成45°角，问透射光强度将如何变化？

11-25　使自然光通过两偏振化方向相交60°的偏振片，透射光的光强度为I_1，求用I_1表示的自然光强度。当在这两个偏振片之间再插入另一个偏振片，它的偏振化方向与前两个偏振片均成30°角，则透射光强度为多少？

11-26　当一起偏器和一检偏器的偏振化方向的取向使透射光的光强为最大，当检偏器分别旋转30°、45°和60°时，透射光的强度为最大值的几分之几？

11-27　某蔗糖溶液，在20℃时对钠光的旋光率是6.64°cm^2/g，现将其装满在长20cm的玻璃管中，用旋光计测得旋光角为8.3°，求此溶液的浓度。

11-28　现用含杂质的糖配制浓度为20%（g/cm^3）的糖溶液，然后将此溶液装入长20cm的

玻璃管中，用旋光计测得光的振动面旋转了 23.75°。已知这种纯糖的旋光率是 6.59°cm^2/g，且糖中的杂质没有旋光性，试求这种糖的纯度（即含有纯糖的百分比）。

勇攀高峰 3　北斗三号全球卫星导航系统建成

2020 年 7 月 31 日上午，北斗三号全球卫星导航系统建成暨开通。从 1994 年北斗一号工程立项开始，一代又一代航天人一路披荆斩棘、不懈奋斗，始终秉承航天报国、科技强国的使命情怀，以“祖国利益高于一切、党的事业大于一切、忠诚使命重于一切”的责任担当，克服了各种难以想象的艰难险阻，在陌生领域从无到有进行全新探索，在高端技术空白地带白手起家，用信念之火点燃了北斗之光，推动北斗全球卫星导航系统闪耀浩瀚星空、服务全世界。

北斗三号系统一共有 35 颗卫星。北斗卫星导航系统空间段由 5 颗静止轨道卫星和 30 颗非静止轨道卫星组成。35 颗卫星在离地面 2 万多千米的高空上，以固定的周期环绕地球运行，使得在任意时刻、在地面上的任意一点都可以同时观测到 4 颗以上的卫星。

北斗全球卫星导航系统是中国迄今为止规模最大、覆盖范围最广、服务性能最高、与人民生活关联最紧密的巨型复杂航天系统。这是中国航天人在建设科技强国征程上立起的又一座精神丰碑，是与“两弹一星”精神、载人航天精神既血脉赓续、又具有鲜明时代特质的宝贵精神财富，激励着广大科研工作者继续勇攀科技高峰，激扬起亿万人民同心共筑中国梦的磅礴力量。

第十二章
光学基本知识与药用光学仪器

扫一扫，查阅本章数字资源，含PPT、音视频、图片等

【教学要求】

1. 了解光见度函数、光通量、发光强度、照度等有关光度学的基本概念。
2. 掌握瑞利分辨条件；理解显微镜、光谱仪等仪器的分辨本领的计算公式。
3. 理解光的色散现象及规律，掌握正常色散与反常色散的特征。
4. 了解光散射的概念及规律，了解超显微镜的结构及工作原理。
5. 了解荧光与磷光的概念、荧光光谱曲线，了解荧光光谱仪的构造及原理。
6. 掌握光的吸收规律，了解光电比色计、分光光度计的结构及工作原理。

药物有表征自身特性的光学性质，利用药物的这些光学性质，可以对药物进行成分鉴定和含量测定，如测定物质的折射率来检定某些化合物或求溶液的浓度；测定物质的旋光率来测量含量及鉴定化合物的纯度；用比色法测定溶液的吸收度来快速测出溶液的浓度；用分光光度法测绘出药物的吸收光谱或荧光光谱来对药物进行定性、定量分析等。随着科学的发展，研究药物的光学性质在药物分析中占有越来越重要的位置，光学仪器在医药研究中的应用将得到进一步的发展。

第一节　光度学的基本知识

对各种电磁辐射能量的计量研究称为**辐射量度学**（radiometry），其中对可见光能量的计量研究称为**光度学**（photometry）。

一、光见度函数与光通量

光源向周围空间辐射能量的总辐射功率称为光源的**辐射通量**（radiant flux），以 P 表示，单位为瓦特（W）。但这个量并不能衡量人眼所感觉到的光源的强度。原因是：

（1）不是所有的辐射能量都在可见光范围内，例如对红外线、紫外线，即使辐射能量很大，也不能引起人眼的视觉。

（2）在可见光范围内，人眼对不同波长的辐射敏感程度不同；就是对同一波长的光，周围环境亮度不同也使人眼的敏感程度不同。例如在白天，辐射黄光的光源看起来要比辐射同样能量的蓝光光源亮，而在月光下，蓝光光源又比辐射同样能量的黄光光源亮。

为了反映不同波长光对人眼引起的相对敏感程度，引入光见度函数，用 Φ（λ）表示。图12-1是光见度函数曲线，它是测试大量正常人眼所得的平均结果。其中实线是在光照充分的条件

下得到的人眼光见度函数曲线，称为**明亮光光见度曲线**（photopic curve），其峰值所对的即对人眼最敏感的波长约是555nm。虚线是在光照较弱的条件下得到的光见度函数曲线，称为**暗弱光光见度曲线**（scotopic curve），其峰值所对应的波长约为500nm，即较明亮光光见度曲线的峰值向短波方向移动了50多纳米。我们把对人眼视觉最敏感的波长的光见度函数 Φ（λ）定为1，其他波长的 Φ（λ）均小于1。由图12-1可以看出，能引起人眼视觉的波长段为400～760nm，其他波段的光见度函数均为零。在可见光范围内，各波长所对应的光见度函数的平均值见表12-1。

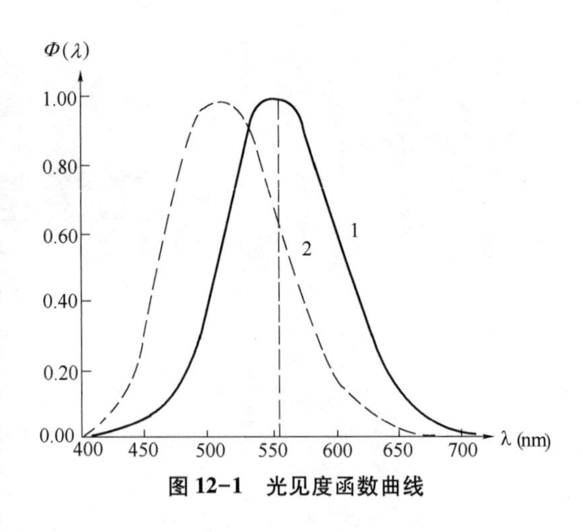

图12-1　光见度函数曲线

表12-1　光见度函数的平均值

λ（nm）	Φ（λ）	λ（nm）	Φ（λ）	λ（nm）	Φ（λ）	λ（nm）	Φ（λ）
400	0.0004	500	0.323	580	0.870	680	0.017
420	0.0040	520	0.710	600	0.631	700	0.0041
440	0.023	540	0.954	620	0.381	720	0.00105
460	0.060	555	1.000	640	0.175	740	0.00025
480	0.139	560	0.995	660	0.061	760	0.00006

为了表示光源的辐射通量对人眼引起的视觉程度，引入**光通量**（luminous flux），以 F 表示，它等于辐射通量与光见度函数的乘积。设光源在波长 $\lambda \sim \lambda+\mathrm{d}\lambda$ 的间隔内辐射通量为 $\mathrm{d}P_\lambda$，在这波长间隔内的光通量 $\mathrm{d}F$ 定义为

$$\boxed{\mathrm{d}F = \Phi(\lambda)\,\mathrm{d}P_\lambda} \tag{12-1}$$

光源的总光通量为

$$F = \int_{\lambda=0}^{\lambda=\infty} \Phi(\lambda)\,\mathrm{d}P_\lambda \tag{12-2}$$

光通量的单位是流明（lm）。功率为1W、波长为555nm的单色辐射具有683lm的光通量。因此，对555nm的单色辐射，1lm = 0.00146W。根据规定，$1/60\mathrm{cm}^2$ 表面积的纯铂在它的凝固点（1769℃）时，单位立体角内所辐射的光通量为1lm。一只40W的炽热灯和日光灯发出的总光通量分别为500lm和2300lm。

二、发光强度与照度

一般说来，光源在不同方向上辐射的光通量是不一样的，即发光具有方向性。点光源在某一方向上单位立体角内辐射的光通量称为该点光源在这一方向上的**发光强度**（luminous intensity），以 I 表示

$$\boxed{I = \frac{\mathrm{d}F}{\mathrm{d}\Omega}} \tag{12-3}$$

发光强度的单位是坎德拉（cd）。对各向同性的点光源，由式12-3式得其总光通量

$$F = \int_{\Omega} I\mathrm{d}\Omega = I\Omega = 4\pi I \tag{12-4}$$

式中 Ω 为包围点光源的封闭曲面对光源所张的立体角，其大小为 4π 球面度（sr）。由此可知，一个点光源在某个方向上的发光强度不随距离的增大而减小。

当光通量到达物体表面时，表面即被照亮，照亮的程度用照度来描述。照射在单位受照面积上的光通量称为**照度**（illumination），以 E 表示，即

$$\boxed{E = \frac{\mathrm{d}F}{\mathrm{d}S}} \tag{12-5}$$

照度的单位是勒克司（lx），$1\mathrm{lx} = 1\mathrm{lm/m^2}$。

假设点光源 O 至面元 $\mathrm{d}S$ 的距离为 r，点光源发出的光束的光轴与面元的法线 $\boldsymbol{n}$ 之间的夹角为 θ，面元对发光点所张的立体角为 $\mathrm{d}\Omega$，如图 12-2 所示。由立体角定义可知 $\mathrm{d}\Omega = \frac{\mathrm{d}S\cos\theta}{r^2}$，在此立体角内，点光源发出的光通量 $\mathrm{d}F = I\mathrm{d}\Omega$，而此光通量全部投射到面元 $\mathrm{d}S$ 上，所以面元 $\mathrm{d}S$ 上的照度为

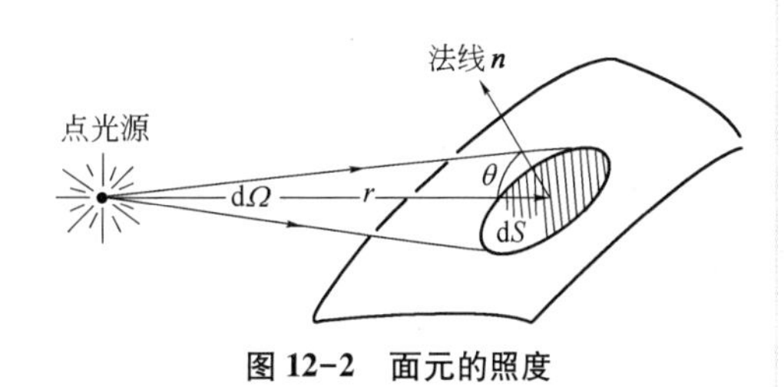

图 12-2 面元的照度

$$\boxed{E = \frac{\mathrm{d}F}{\mathrm{d}S} = \frac{I\mathrm{d}\Omega}{\mathrm{d}S} = \frac{I}{r^2}\cos\theta} \tag{12-6}$$

即物体表面的照度与光源的发光强度成正比，与光源至面元的距离的平方成反比，与入射角的余弦成正比。这称为**照度定律**。

当光线与物体表面垂直时，上式变为

$$\boxed{E = \frac{I}{r^2}} \tag{12-7}$$

上式称为**照度的平方反比定律**。

当一个表面同时受到几个光源的照射时，它的照度是每一个光源在此表面上所产生的照度的代数和。

在我们工作和学习的地方，保持适当的照度，对于提高工作和学习效率有很大的好处，也是一个值得注意的卫生学问题。按照照明标准，教室、实验室、阅览室等场所的照度应有 750lx，制图室、缝纫工厂等场所的照度应有 1500lx。

例 12-1 一个 100W 的灯泡，其总光通量为 $1.2\times10^2\mathrm{lm}$，均匀地分布在一半球面上。求距光源 1.00m 和 5.00m 处垂直入射到物体表面时，光源的发光强度和物体表面的照度。

解：半径为 1m 的半球面积为

$$S_1 = 2\pi \times 1^2 = 6.28(\mathrm{m^2})$$

距光源 1m 处的光照度为

$$E_1 = \frac{F}{S_1} = \frac{120}{6.28} = 19.1(\mathrm{lm/m^2}) = 19.1(\mathrm{lx})$$

同理半径为 5m 的半球面积为

$$S_2 = 2\pi \times 5^2 = 157(\mathrm{m^2})$$

距光源 5m 处的光照度为

$$E_2=\frac{F}{S_2}=\frac{120}{157}=0.764(\mathrm{lx})$$

结果表明点光源的光照度遵守照度平方反比定律，E_2 仅为 E_1 的 $1/5^2$。

半球所张的立体角为 2π sr，发光强度为

$$I=\frac{F}{\Omega}=\frac{120}{2\pi}=19.1(\mathrm{lm/sr})$$

结果表明光强度与距离无关。

第二节　光学仪器的分辨本领

光学仪器的放大率与透镜的焦距有关。一般认为，只要适当地选择透镜的焦距，并注意消除透镜成像的各种缺陷，如像差等，就可能获得所需要的放大率，把任何微小的物体放大到清晰可见的程度。但是，由于光的衍射现象的影响，即使所成的像很大，但清晰度却不增加。如显微镜，由圆孔衍射可知，物镜对点光源所成的像不是一个点，而是一个圆斑。物镜对距离很近的两个点光源所成的两个圆斑可能互相接触，以至重叠，两个点光源相距越近，重叠部分越多，当重叠到一定程度后，就无法区分两个圆斑像，这时，再用目镜放大也不能将它们分开。在这种情况下，放大率再大也不能提高清晰度。

一、瑞利分辨条件

如果有两个相距很近的点光源 S_1、S_2 经透镜成像于屏幕上，它们衍射图像可能有如图 12-3（a）、（b）、（c）所示三种情况。瑞利（Lord Rayleigh）提出两点光源所成的像恰能分辨的条件是：**一个点光源所成衍射图像的中央亮斑的中心与另一点光源所成衍射图像的第一暗环相重合**，这一条件称为**瑞利分辨判据**（Rayleigh criterion for resolution），如图 12-3（b）所示。

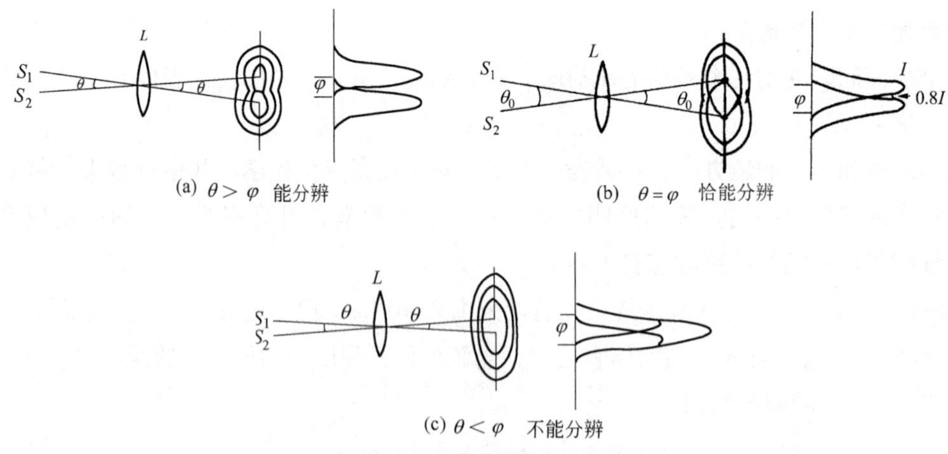

图 12-3　光学仪器的分辨本领

图 12-3（a）中，S_1 与 S_2 的距离较大，所成衍射图像只有小部分重叠，从光强分布曲线上看，中间的光强与亮斑中心处的光强相比较小，光强分布曲线在中间处下凹较厉害，人眼可以区分出这两个光点。在图 12-3（c）中，S_1 与 S_2 相距很近，使所成的衍射图像大部分重叠，中间处的光强比各点光源的亮斑中心还强，光强分布曲线无下凹，人眼就不能区分这两个光点。在图 12-3（b）中，S_1 的衍射图像的第一暗环恰与 S_2 的衍射图像的中央亮斑中心重合，重叠部分中

间处的光强是两个中央亮斑最大强度的 80%，恰能区分这两个光点，也就是能分辨的极限情况。这时两点光源 S_1 与 S_2 对透镜光心所张的角 θ_0 等于两个点光源各自的衍射图像中第一暗环的衍射角 φ，θ_0 称为**最小分辨角**（angle of minimum resolution）。由圆孔衍射式知 $\sin\varphi=1.22\dfrac{\lambda}{D}$，当 $\varphi\leqslant$ 5°时，$\varphi\approx\sin\varphi$，得

$$\boxed{\theta_0=\varphi=1.22\frac{\lambda}{D}=0.61\frac{\lambda}{r}} \tag{12-8}$$

式中 λ 为入射光波长，D、r 分别为透镜的直径、半径。

最小分辨角越小，说明光学仪器的分辨本领越高，定义最小分辨角的倒数为光学仪器的**分辨本领**（resolving power），以 A 表示。

二、显微镜的分辨本领

由式 12-8 所确定的最小分辨角对**显微镜**（microscope）也是适用的。但对显微镜，人们更习惯于用显微镜能分辨的最小距离——即鉴别距离 x 去表示其分辨本领。可以证明

$$x=\frac{0.61\lambda}{n\sin\alpha} \tag{12-9}$$

式中 n 为物体与物镜间介质的折射率；α 为物点对物镜张角的一半，如图 12-4 所示。式中 $n\sin\alpha$ 称为显微镜的**孔径数**（numerical aperture）。

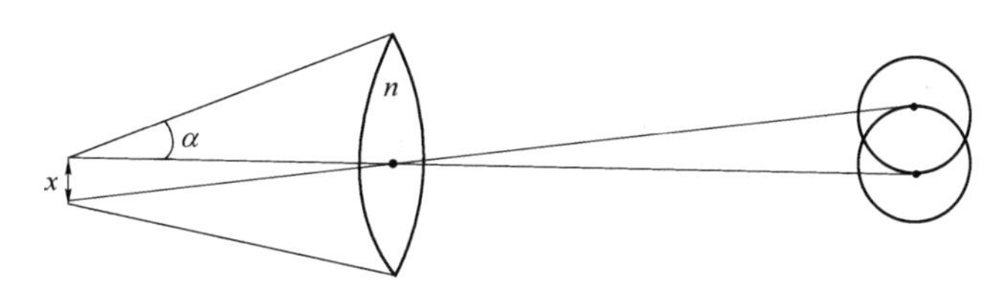

图 12-4　显微镜的分辨本领

鉴别距离的倒数称为显微镜的分辨本领，即

$$\boxed{A=\frac{1}{x}=\frac{n\sin\alpha}{0.61\lambda}} \tag{12-10}$$

此式揭示了提高显微镜分辨本领的有效途径：

（1）用折射率大的物质作物体与物镜之间的介质，如镜头与载玻片之间滴显微镜油。

（2）用波长短的光作为光源，如用紫光照射比用红光照射标本，显微镜的分辨本领提高约一倍。量子力学的理论和实验均已证明，实物粒子也具有波动性，在一定的条件下，一束电子流相当于电子波，因电子波的波长可随加速电压而变，可小到 0.01nm 以下，所以用电子波代替可见光波，可大大提高显微镜的分辨本领。这种用电子波代替光波的显微镜称为**电子显微镜**（electron microscope），其鉴别距离已达到 0.25～0.10nm，放大倍数可高达数十万至数百万倍。

三、光谱仪的分辨本领

光谱仪是能将复色光按波长顺序展成光谱的光学仪器。它由准光镜系统、色散系统、摄谱系统或望远镜系统组合而成。用棱镜作色散系统的光谱仪称为**棱镜光谱仪**（prismatic spectrograph），用光栅作色散系统的光谱仪称为**光栅光谱仪**（grating spectrograph）。

衍射现象使光谱仪分辨相距极近的两光谱线的本领也受到一定的限制。分辨两光谱线的**瑞利分辨条件为：设相近的两光谱线的波长分别为 λ_1、λ_2，波长为 λ_1 的谱线的衍射图像的中央亮纹中心恰好落在 λ_2 的谱线的衍射图像的第一级暗纹上，则这两条谱线称为恰能分辨。**

定义光谱仪的分辨本领为

$$A=\frac{\lambda}{\mathrm{d}\lambda} \tag{12-11}$$

式中 $\mathrm{d}\lambda$ 为恰能分辨的两光谱线的波长之差，λ 为两谱线的波长平均值。

1. 棱镜光谱仪及其分辨本领 图 12-5 为棱镜光谱仪的光路原理图。准光系统包含准光物镜 L_1 和在它焦平面上的狭缝 S。准光物镜使自狭缝 S 发出的光成为平行光，棱镜 P 具有折射率随波长而变的性质，它将同一方向射来的复色光经二次折射后，分成沿不同方向传播的单色光；摄谱物镜 L_2 将这些分布在不同方向上的平行光分别会聚于 L_2 的焦平面上，从而获得按波长顺序排列的光谱。

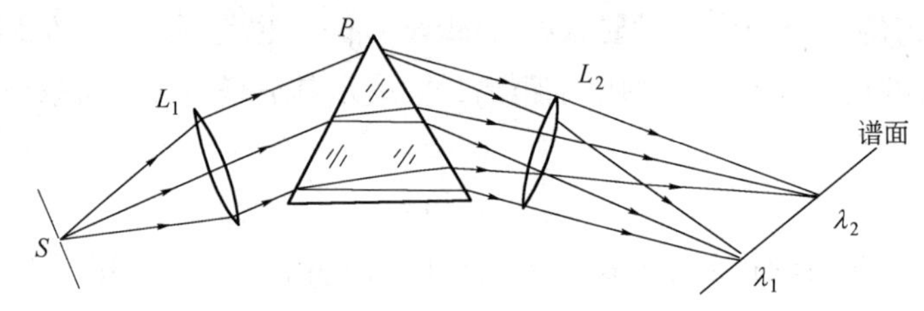

图 12-5 棱镜光谱仪

理论可推得棱镜光谱仪的分辨本领为

$$\boxed{A=\frac{\lambda}{\mathrm{d}\lambda}=b\frac{\mathrm{d}n}{\mathrm{d}\lambda}} \tag{12-12a}$$

式中 b 为棱镜底边的宽度，$\mathrm{d}n/\mathrm{d}\lambda$ 为**色散率**（dispersive power）。

由上式可知，棱镜光谱仪的分辨本领在数值上等于棱镜底边宽度 b 和色散率 $\mathrm{d}n/\mathrm{d}\lambda$ 的乘积。需要指出的是，上式只有当光照亮整个棱镜时才适用，而在一般情况下要比上式结果小一些。上式指出了提高棱镜光谱仪的分辨本领的途径：

（1）选用色散率高的材料制作棱镜。

（2）加大棱镜的几何尺寸，使底边宽度 b 加大。但棱镜的大小受实际仪器的限制，且制作大棱镜也较困难，因此一般采用第一种方法来提高其分辨本领。

2. 光栅光谱仪的分辨本领 若将图 12-5 中的棱镜换成光栅，就成了光栅光谱仪。理论可推得光栅光谱仪的分辨本领为

$$\boxed{A=\frac{\lambda}{\mathrm{d}\lambda}=kN} \tag{12-12b}$$

即光栅光谱仪的分辨本领在数值上等于光栅狭缝的总数 N 乘以光栅光谱的级数 k。应当指出，当光栅未被全部照亮时，N 就不是光栅狭缝的总数，而是被照亮部分狭缝的数目。

例 12-2 每毫米有 1200 条刻痕的光栅其宽度为 3.0cm 且全被照亮，问此光栅的第几级光谱能分辨波长分别为 600.00nm 和 600.01nm 的两谱线？若用色散率为 $120\mathrm{mm}^{-1}$的棱镜，分辨这两谱线，问棱镜的底边至少要多宽？

解：波长取平均值 $\lambda=(600.00+600.01)\div 2=600.005\ (\mathrm{nm})$，由式 12-12b 得

$$k=\frac{\lambda}{N\mathrm{d}\lambda}=\frac{600.005}{1200\times 30\times(600.01-600.00)}=1.7>1$$

可见至少在第二级衍射光谱中才能分辨这两谱线。

对于棱镜，由式 12-12a 得

$$b=\frac{\lambda/\mathrm{d}\lambda}{\mathrm{d}n/\mathrm{d}\lambda}=\frac{600.005}{120\times0.01}=5\times10^{2}(\mathrm{mm})=0.5(\mathrm{m})$$

可见棱镜底边宽度至少要半米，是光栅宽度的 17 倍。因此在需要高分辨本领的仪器中，常用光栅作色散元件，因为在同样的分辨本领下它比棱镜容易制作。

第三节　光的色散

一束白光经棱镜后能分解成彩色的光带，这说明介质对不同波长的光的折射率不同。这种光在介质中传播时折射率随入射光波长而变的现象称为**光的色散**（dispersion of light）。例如，重火石玻璃的折射率对 656.3nm 的红光是 1.7473，对 546.1nm 的黄光是 1.7617，对 486.1nm 的蓝光是 1.7748，对 435.8nm 的紫光是 1.7914。光的波长愈短，媒质对它的折射率愈大，这种现象称为**正常色散**（normal dispersion），反之称为**反常色散**（anomalous dispersion）。

折射率随波长变化的曲线称为**色散曲线**（dispersion curve），如图 12-6 所示。任何物质的整个色散曲线都有正常色散和反常色散两类规律不同的区域。图 12-6（a）表示几种常见玻璃的正常色散曲线。从图中可以看出，不同物质在正常色散区内的色散曲线有三个共同的特征：

（1）折射率随波长的增加而单调下降。

（2）折射率随波长的变化率 $\mathrm{d}n/\mathrm{d}\lambda$（即色散率）也随波长的增加而减小。色散率在短波处要比在长波处大，色散率越大，光谱展得越宽。所以在白光经棱镜色散形成的连续光谱中，紫、蓝、青等波长较短的光谱段所占长度比红、橙、黄等波长较长的光谱段所占长度要长一些，是非匀排光谱。

（3）对于不同的介质，正常色散曲线相似，可用一个普遍的公式表示出来，即

$$\boxed{n=A+\frac{B}{\lambda^{2}}+\frac{C}{\lambda^{4}}}\tag{12-13}$$

此式称为**柯西**（Cauchy）**公式**。式中 A、B、C 均是与物质有关的常数，其数值可利用三种不同波长的光分别照射同一物质，由实验测出介质所对应的三个折射率，再分别代入上式解三元一次方程组得到。

利用上式求 n 对 λ 的导数，得色散公式

$$\frac{\mathrm{d}n}{\mathrm{d}\lambda}=-\frac{2B}{\lambda^{3}}-\frac{4C}{\lambda^{5}}\tag{12-14}$$

在精度要求不高时，略去高次项得

$$\frac{\mathrm{d}n}{\mathrm{d}\lambda}=-\frac{2B}{\lambda^{3}}\tag{12-15}$$

即色散率与波长的三次方成反比。

实验发现，当辐射能量透过介质时，该介质对某一定波长范围内的辐射吸收特别强烈，我们称这一波长范围为该介质的**吸收带**（absorption band）。实验还发现，在吸收带附近色散曲线明显违背柯西公式，折射率随波长的增加不是减小而是急剧增加。图 12-6（b）表示某介质在 λ_1、λ_2 附近是吸收带，我们称这个区域为反常色散区。过了这个区域又是正常色散区，但在不同的正常色散区，柯西公式中的 A、B、C 三个常数具有不同的数值。

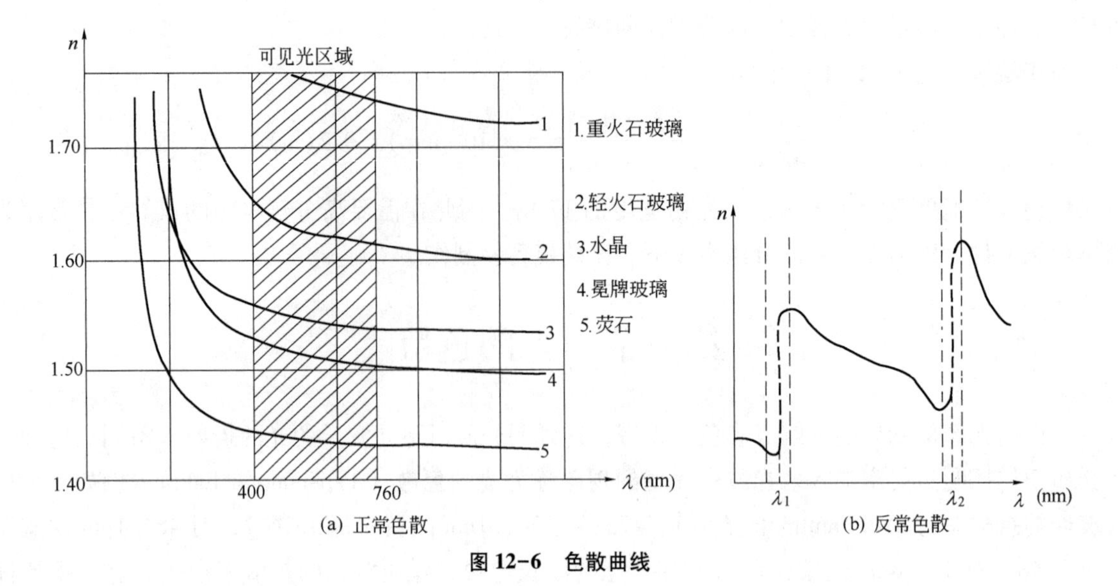

(a) 正常色散　(b) 反常色散

图 12-6　色散曲线

在选择光学仪器元件的材料时，色散曲线是很重要的。透镜应使用在材料的正常色散区，以减小色差。相反，棱镜应使用在材料的反常色散区附近，以增大色散率。

棱镜是光学仪器中重要的分光元件之一，其原理就是利用了介质对光的色散。

设一棱镜的折射率为 n，顶角为 α，置于空气中。一光线 AB 以入射角 i 入射到棱镜 EF 上，经棱镜二次折射后从 CD 射出，偏向角（入射光线与出射光线的夹角）为 δ。理论和实践均可证明，当光线对称地通过棱镜时的偏向角最小，该角称为**最小偏向角**（angle of minimum deviation），如图 12-7 所示。在这种情况下，可推得

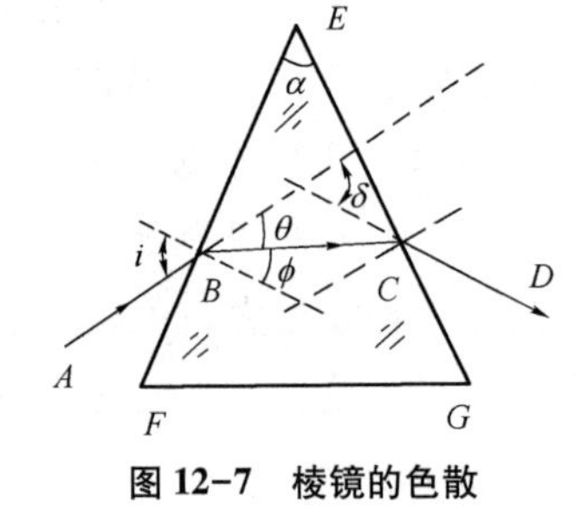

图 12-7　棱镜的色散

$$n = \frac{\sin\frac{\alpha+\delta}{2}}{\sin\frac{\alpha}{2}} \tag{12-16}$$

当 α 已知，δ 用实验测出时，即可求出 n 来。

第四节　光的散射　超显微镜

一、光的散射

在均匀媒质中或在两种不同的均匀媒质的界面上，光线所发生的直射或反射、折射其光强均限于给定的一些方向上，而在其余方向上光强几乎为零。但在不均匀的介质中，如有雾的天气或混浊的液体中，人们却可以从侧向看到光，说明光强在空间的分布有了改变。实验发现除光强分布改变外，偏振状况或光波频率也会发生改变，这种光在传播时因与物质中分子或原子作用而改变光强的空间分布、偏振状态或频率的过程称为**光的散射**（scattering of light）。

光通过介质时，不仅吸收会使透射光强减弱，散射也会使透射光强减弱，因此，光在介质中传播时，透射光强 I 与入射光强 I_0 之间的关系为

$$\boxed{I = I_0 e^{-(\alpha+\sigma)l}} \tag{12-17}$$

式中 l 为光通过介质的厚度，α 为介质的吸收系数，σ 为介质的散射系数。

散射现象按散射微粒来分有两类：

（1）悬浮微粒的散射　如胶体、乳状液、悬浮液及含有烟、雾的大气等系统的散射，这种散射称为丁达尔（Tyndall）散射。

（2）分子散射　分子（原子）产生的散射或物质中存在细微的折射率分布不均匀所发生的散射，或由分子热运动引起密度起伏导致的散射，这些散射统称为分子散射。晴朗的天空中的散射，分子散射占主导地位。

散射现象按散射光频率改变情况来分也可分为两类：

（1）瑞利散射（Rayleigh scattering）　若物质中存在着远小于入射光波长的微粒而引起光的散射，且散射光的频率（波长）与入射光的频率（波长）相同，这种散射称为**瑞利散射**。瑞利散射有如下规律：

①散射光强与入射光频率的四次方成正比，或与入射光波长的四次方成反比：即

$$I_{散} \propto \nu^4 \propto \frac{1}{\lambda^4} \tag{12-18}$$

这一定律称为瑞利定律。根据瑞利定律可知，波长较短的光被散射得厉害，而波长较长的光散射得少些，即散射光中短波占优势，透射光中长波占优势，这就是为什么晴朗的天空是蔚蓝色，而早晚所看到的太阳呈红黄色的原因。

②散射光强与方向有关：如果入射光是自然光，散射微粒是各向同性的，则散射光强 I_φ 与散射角（入射方向与散射方向之间的夹角）φ 的关系为

$$I_\varphi = I_{\frac{\pi}{2}}(1 + \cos^2\varphi) \tag{12-19}$$

式中 $I_{\frac{\pi}{2}}$是在 $\varphi=\pi/2$ 方向上的散射光强。此式表明在 $\varphi=\pi/2$ 方向上的散射光强最小。

③散射光是偏振光：如果入射光是自然光，则散射光一般是部分偏振光，但 $\varphi=\pi/2$ 方向上的散射光是完全偏振光。如果入射光是线偏振光，则各方向上都是线偏振光，但在入射振动方向上的散射光强为零。

（2）喇曼散射（Raman scattering）　当强单色光入射到物质中时，除有频率不变的瑞利散射外，还出现频率改变的散射，这种散射光频率与入射光的频率不同的散射称为**喇曼散射**，又称联合散射或合并散射。这是由于入射光与分子交换能量的结果。喇曼散射是在原入射光频率 ν_0 的两侧，还有 $\nu_0 \pm \nu_1$，$\nu \pm \nu_2$，…等频率的散射光，其中 ν_1，ν_2，…是散射物质分子中原子振动的频率。因此，利用喇曼散射光谱可以进行分子结构和物质成分的分析，还可以与红外光谱配合研究分子与光的相互作用。

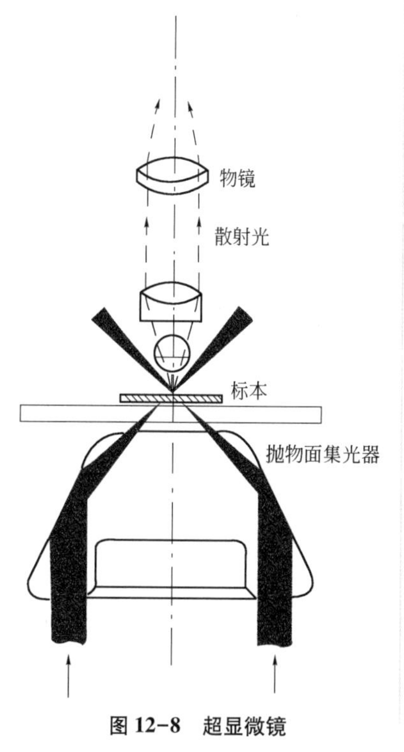

图 12-8　超显微镜

二、超显微镜

根据微粒对光的散射来观察微粒存在的显微镜称为超显微镜。

一般显微镜是让光线透过标本直接进入物镜，视场是明亮的，而超显微镜观察的是微粒的散射光。为提高散射光对人眼视觉程度，一般附有暗视野照明器，如图 12-8。在普通显微镜的镜台下装配一个特别的暗视野照明器，从下面射来的光被抛

物面集光器表面所反射，形成从侧面聚射于物体的强烈光束，可照亮观察标本，但不直接进入显微镜，因此视场是暗的。若标本中有微粒存在，则微粒对光发生散射，一部分散射光进入物镜，便在暗背景上看到亮点，这亮点指示了微粒的存在及其位置，观察亮点的运动也就知道了微粒的运动，目前对直径大于0.3μm的微粒用超显微镜观察，既可以确定它的位置和运动情况，还可以确定其形状和大小，但对更小的微粒，就只能确定其存在和位置，而无法判断其形状和大小。

利用超显微镜，可以检查针剂中是否有杂质存在，检查乳剂的分散度等。

第五节 荧光 磷光 荧光光度计

一、荧光、磷光

某些物质在吸收外界激发能量（例如加热、光照、化学反应、生物代谢、射线照射等）后能发出可见光。如果发光物体所受的激发是来自另外光源（包括紫外线）的照射，这种发光称为**光致发光**（photoluminescence）。这种发光过程的一个重要特征是光照停止后，发光还可以延续一定时间。按照延续时间的长短，可将光致发光分为两类：

（1）某些物质在光照下，在极短的时间内会发射出能量较低、波长较长的某种颜色和强度的可见光，而一旦光照停止，这些光几乎也随之消失，其延续时间一般在10^{-8}～10^{-9}s，这种发光称为**荧光**（fluorescence），这种物质称为荧光物质。

（2）某些物质在光照停止后继续发光较长的一段时间，其延续时间有的可达数秒，这种发光称为**磷光**（phosphorescence）。

光致发光中外来激发光的波长可在相当宽的范围内变动，但发光物质的光谱却由物质本身的结构所决定。

斯托克斯对光致发光研究发现：物质发光的频率在多数情况下要小于激发光的频率，其原因是物质吸收了外来的能量后，一部分转变为其他形式的能量（如热能），增加物质的内能等，另一部分用于发光，故此光的能量要比原来激发光的能量小一些。

二、荧光光谱

荧光物质在光照下，发出荧光，经光栅分光后形成**荧光光谱**（fluorescence spectrum）。表征物质特性的荧光光谱有两类：

（1）改变入射光的波长，记录下每一波长的荧光强度 I_f，作 $\lg I_f$-λ 光谱曲线，称为**荧光激发光谱**，如图12-9（a）所示。图中 $\lambda_{\max}$ 是指在这个波长照射下，物质能产生最强的荧光。

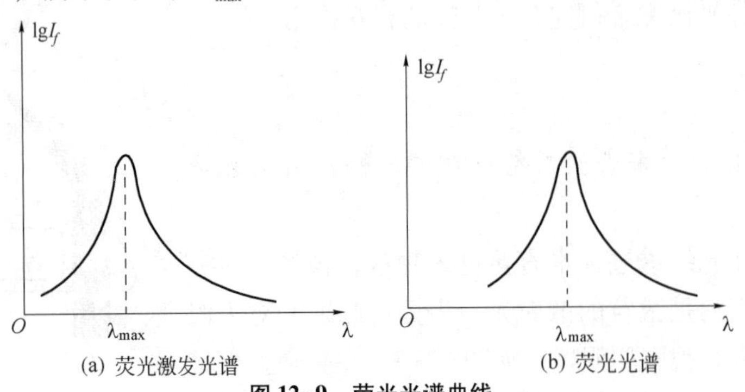

(a) 荧光激发光谱 (b) 荧光光谱

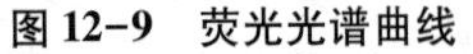
图12-9 荧光光谱曲线

（2）入射光波长一定，记录下所产生荧光的波长及所对应的强度 I_f，作 $\lg I_f-\lambda$ 光谱曲线，称为**荧光光谱**，如图 12-9（b）所示。图中 λ_{max} 是指强度最大的荧光所对应的波长，它反映了物质的特性。从图 12-9 中可以看出，同一物质发出强度最大的荧光的波长［即图 12-9（b）中的 λ_{max}］总是大于能产生最大强度的激发光波长［即图 12-9（a）中的 λ_{max}］。

三、荧光光度计

利用荧光光谱曲线的形状和峰值所对应的波长，对物质进行定性和定量的分析，这种方法称为荧光分析，用来测定荧光光谱的仪器称为荧光光谱仪。常见的有荧光计和荧光分光光度计。

荧光分光光度计是一种新型的荧光分析仪器，它采用石英棱镜或光栅作色散元件（也称为单色器）。图 12-10 是双光栅自动记录荧光分光光度计的原理图，光源 S 所发出的光经石英片 Q 反射到作为参比的光电倍增管 P_1 上，P_1 所产生的光电流经参比电路放大器放大后，输到记录器。大部分光射到闪耀光栅 G_1，再射到样品 C 上，样品 C 发出的荧光射至闪耀光栅 G_2，经 G_2 分光后再照射到光电倍增管 P_2 上，产生的光电流经试样电路放大后输至记录器，于是记录器就在 y 轴上记录下 P_1、P_2 所产生的光电流的相对强度。由电动机通过离合器分别控制光栅 G_1、G_2 的转动，当 G_1 固定，G_2 转动时，可测绘出如图 12-9（b）所示的荧光光谱曲线。同理，当 G_2 固定，G_1 转动时，可测绘出如图12-9（a）所示的荧光光谱曲线。

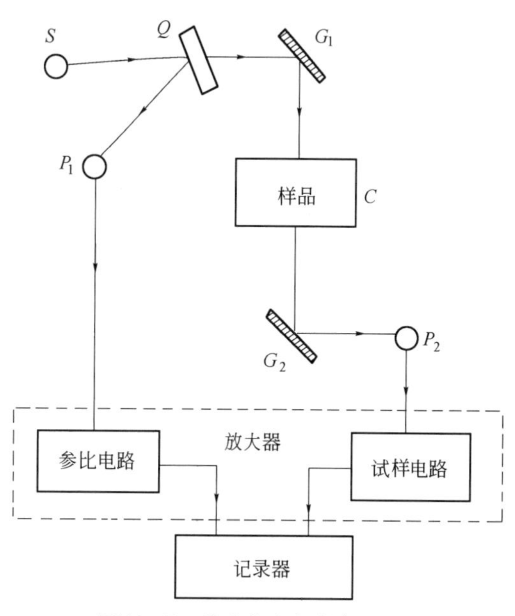

图 12-10　荧光分光光度计原理图

荧光光谱分析对于物质吸收与发光现象的研究、生物体内能量转移等问题的研究可提供许多有用的信息，因此它对临床化验、卫生检验、药物分析、医学基础和分子生物学等领域的研究具有一定的意义。例如，在药物检定中，让紫外线通过浸在蚁醛中的一片纤维，如果其中含有维生素 A_1 时，则有绿色荧光，如含有维生素 A_2，则呈现红色。又如，在紫外灯下观察大黄新鲜断面，可见棕红色荧光，观察黄连饮片可见金黄色荧光，观察浙贝母粉末可见绿色荧光。用荧光分光光度计，对有效成分具有荧光特点的中药材可进行定量分析，如对不同品种的秦皮的有效成分秦皮甲素和秦皮乙素含量的荧光强度测定等。

第六节　光的吸收　光电比色计　分光光度计

一、光的吸收、朗伯-比尔定律

当光通过媒质时，光的强度要减弱，这是由于媒质对光的吸收和散射所引起的。光在物质中传播时，光能为物质所吸收的现象称为**光的吸收**（absorption of light）。电磁理论认为：当光通过物质时，要引起物质中粒子作受迫振动，同时要克服物质粒子的阻碍作用而消耗一部分光能，使透射光的强度减弱，表现出光的吸收现象。

令一束强度为 I_0 的单色光垂直通过厚度为 l 的均匀媒质，透射光强为 I。当光通过媒质中一

薄层 dl 时，光的强度变化了 $-dI_l$，负号表示强度减弱，这减少量与光到达该薄层时的强度 I_l 及该薄层的厚度 dl 成正比，即

$$-dI_l=\alpha I_l dl \tag{12-20}$$

式中比例系数 α 由媒质的特性和入射光的波长决定，称为物质的**吸收系数**（absorption coefficient），单位是米$^{-1}$（m^{-1}）。经分离变量、积分可得

$$I=I_0e^{-\alpha l} \tag{12-21}$$

此式称为**朗伯**（Lambert）**定律**。

当单色光通过溶液，且溶液浓度不大时，则溶液的吸收系数 α 与溶液的浓度 C 成正比，即 $\alpha=\chi C$，式中 χ 为与该溶液特性有关的常数。将其代入上式得

$$\boxed{I=I_0e^{-\chi Cl}} \tag{12-22a}$$

此式称为**朗伯-比尔**（Lambert-Beer）**定律**。对此式两边取常用对数，且令 $T=I/I_0$，$A=-\lg T$，$E=\chi\lg e$，其中 T 称为透射率，A 称为吸收度或光密度，E 称为溶液的消光系数，则上式可改写成

$$\boxed{A=ECl} \tag{12-22b}$$

此式表示，对同一溶液，吸收度的大小与光通过溶液的厚度和溶液浓度的乘积成正比。吸收度 A 可以定量地表示物质对光的吸收程度，吸收度 A 越大，表示物质对光的吸收越强。消光系数 E 的数值等于吸光物质在单位浓度、单位厚度时的吸收度，其单位是米^2/摩尔（m^2/mol），它是与物质的特性有关的常数。

例 12-3 已知某溶液对于波长为 525nm 的光，其消光系数 $E=2200L/(mol\cdot cm)$，比色皿厚度为 2cm，为使测得的透光率介于 20%～60%之间。溶液的浓度范围应是多少？

解：根据朗伯-比尔定律 $C=\dfrac{A}{El}=\dfrac{-\lg T}{El}$

当 $T=20\%$ 时 $C_1=\dfrac{-\lg 20\%}{2200\times 2}=1.59\times 10^{-4}(mol/L)$

当 $T=60\%$ 时 $C_2=\dfrac{-\lg 60\%}{2200\times 2}=5.04\times 10^{-5}(mol/L)$

由此可见，在其他条件相同的情况下溶液的浓度越高透光率越低。

在药物分析中，常用同一强度的单色光分别通过已知浓度为 C_0 和同类物质、同样厚度、未知浓度为 C_x 的有色溶液，分别测出两溶液对光的吸收度 A_0 和 A_x，由上式可得

$$C_x=\frac{A_x}{A_0}C_0 \tag{12-23}$$

从而求出未知溶液的浓度。这种分析方法称为比色分析法，常用仪器是光电比色计。

二、光电比色计

物质对光的吸收程度常与入射光的波长有关，它们总是对某些波长或某些波长范围内的光吸收特别强烈，而对其他波长的光却很少吸收，这种现象称为选择性吸收。在可见光照射下，根据物质的吸收情况可分为三类：

（1）一些物质对所有的可见光都强烈吸收，该类物质称为不透明物质。

（2）另一些物质对所有的可见光都很少吸收，该类物质称为光的无色透明物质。

（3）还有一些物质对某些波长的光强烈吸收，表现出选择性吸收，这类物质在白光照射下显

出的颜色是很少被吸收的光的颜色。如绿色玻璃对紫光强烈吸收，而对绿光却很少吸收。

若两种色光按照适当比例混合后能成为白光，则这两种色光称为互补色光，简称**互补色**（complementary colours）。在图 12-11 中对顶角所对的就是四对互补色光。具有选择性吸收的这类物质要强烈吸收与自身颜色互补的色光，而很少吸收与自身颜色相同的色光。

进行比色分析的溶液都是有色溶液。为提高测量的准确性，常在光源前面放置一片滤色片，它的颜色与溶液的颜色互补，这样透出的色光就与溶液的颜色互补，溶液的选择性吸收就强烈，可使浓度的微小变化引起吸收度较大的变化。

光电比色计就是根据有色溶液对光的选择性吸收这一原理设计而成的。581-G 型光电比色计的结构原理如图 12-12 所示。当电源接通时，光源 D 发光，照亮滤光片 E，得到所需的单色光，此色光通过装有溶液的比色杯 F 时被强烈吸收，强度减弱的透射光照射到光电池 P 上，溶液的浓度不同，吸收程度就不同，透射光强也不同，光电流强度随之不同，从而可根据光电流的大小测出待测溶液的浓度 。

需要指出的是：从 581-G 型光电比色计的滤光片透出的光不是纯的单色光，使比色分析的准确性受到一定的限制。72 型分光光电比色计用棱镜作色散元件，用狭缝选取所需的单色光，使单色性大大提高，克服了 581-G 型光电比色计的缺点，从而得到广泛的应用。

图 12-11　互补色光

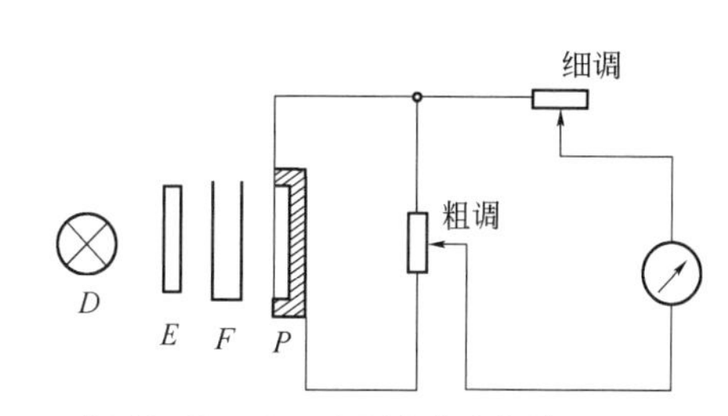

图 12-12　581-G 型光电比色计原理图

三、分光光度计

分光光度法是测量物质吸收光谱的一种方法，目前已发展成为分析化学中的一种精密的分析手段。它是利用物质对于不同波长的光具有不同程度的吸收这一性质来分析样品的方法。通常把分光光度法的范围按光波波长分成可见、紫外吸收分光光度法和红外吸收分光光度法两类。用可见、紫外分光光度法测得的是物质可见、紫外光谱，其波长在 10～760nm 之间，这类光谱表征了元素或物质的特性，一般适用于对含有发色团的分子的研究。用红外分光光度法测得的是红外吸收光谱，其波长在 0.76～1000μm 之间。根据目前红外探测的方法，又分成三个区域：

（1）0.76～2μm 的近红外；

（2）2～25μm 的中红外；

（3）25～1000μm 的远红外。

目前用得最多的是中红外区域。分子的红外光谱反映了分子的结构，因此红外分光光度法已成为研究分子结构、化合物的功能基及成分分析的有力工具，但对一些大分子，因吸收光谱太复杂，谱带太多，相互重叠而不易分辨，使测量的准确性受到一定的限制。

早期使用的分光光度计是用棱镜作色散元件的，其分辨率低，且对环境要求高，给用户使用带来不便。后来采用光栅作色散元件，弥补了棱镜作色散元件的不足。现在有的已采用干涉分光装置、电脑控制、自动记录的分光光度计，具有极高的分辨本领。

分光光度计种类很多，在此介绍其中一种——751 型可见、紫外分光光度计，其光路原理图如图 12-13 所示。S 和 S' 分别表示两个光源，其中 S 是氢灯，发出的光在紫外范围，波长在 200～360nm；S' 是钨灯，发光大部分在可见光范围，波长在 320～1000nm。首先讨论 S，一束发散光从 S 射出，照射到凹面镜 MM 上，经反射后照到平面镜 M_2 上，再由 M_2 反射，反射光穿过入光狭缝 S_1 射到凹面镜 M_3 上，S_1 位于 M_3 的焦平面上，故从 M_3 反射出来的光成为一束平行光。这束平行光投射到利特罗棱镜 P 上发生色散，经铝面反射后再度色散而射出棱镜，成为各种单色平行光束，再射回 M_3 后经 M_3 反射从出光狭缝 S_2 射出，经石英制成的凸透镜 L 会聚照射到样品 C 上，经样品吸收后照射到光电管 E 上，产生光电流。电流强度用电势计进行补偿法测定。转动棱镜 P 可选择单色光的波长，读出波长及对应的光电流强度，绘制出紫外吸收光谱曲线。

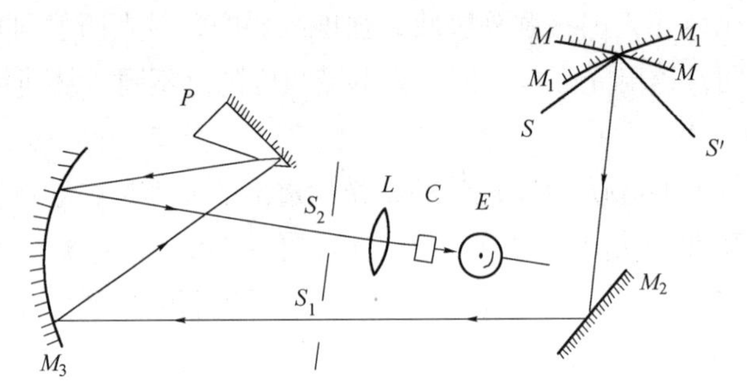

图 12-13 751 型分光光度计光路图

钨灯 S' 置于和 S 相对称的位置，所以只要转动 MM 至图中 M_1M_1 的位置，使其反射面向着 S'，其后的情况，与上述相似。

知识链接 12

瑞利原名约翰·威廉·斯特拉特（John William Strutt），尊称瑞利男爵三世（Third Baron Rayleigh），1842 年 11 月 12 日出生于英国埃塞克斯郡莫尔登（Malden）的朗弗德林园，1860 年以优异成绩考入剑桥大学，1865 年大学毕业。1919 年 6 月 30 日，瑞利逝世于英国埃塞克斯郡的威瑟姆。他的父亲是第二世男爵约翰·詹姆斯·斯特拉特，母亲叫克拉腊·伊丽莎白·拉图哲，是理查德·维卡斯海军上校的小女儿。瑞利以严谨、广博、精深著称，并善于用简单的设备做实验而能获得十分精确的数据。他是在 19 世纪末达到经典物理学巅峰的少数学者之一，在众多学科中都有成果，其中尤以光学中的瑞利散射和瑞利判据，以及气体密度的测量等方面影响最为深远。1904 年因研究气体密度并发现了氩元素，而荣获第四届诺贝尔物理学奖。

小 结

1. 本章介绍了光见度函数、发光强度、光通量、照度等有关光度学的基本概念。

2. 光学仪器的分辨本领。一个点光源所成的衍射图像的中央亮斑的中心恰与另一点光源所成的衍射图像的第一暗环相重合是瑞利分辨条件。最小分辨角的倒数是光学仪器的分辨本领。

显微镜的分辨本领为 $A=\dfrac{1}{x}=\dfrac{n\sin\alpha}{0.61\lambda}$

光栅光谱仪的分辨本领为 $A=kN$

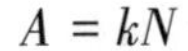

棱镜光谱仪的分辨本领为 $$A=\frac{\lambda}{\mathrm{d}\lambda}=b\frac{\mathrm{d}n}{\mathrm{d}\lambda}$$

3. 朗伯-比尔定律是反映光吸收的重要定律，其形式为

$$I=I_0e^{-\mathrm{XCl}} \text{ 或 } A=ECl$$

4. 光的色散分为正常色散和反常色散，正常色散的折射率和色散率随波长的减小而增大。

5. 光的散射按频率分为瑞利散射和喇曼散射。其规律分别为：散射光的频率（波长）与入射光的频率（波长）相同的是瑞利散射；散射光的频率与入射光的频率不同的是喇曼散射。

6. 常见药用光学仪器

其基本原理和主要应用见表 12-2：

表 12-2 常见药用光学仪器及主要应用

仪器	原理	应用
棱镜光谱仪	光的色散	测绘光谱
光栅光谱仪	光的衍射	测绘光谱
超显微镜	光的散射	检查微粒存在
荧光光谱仪	物质的荧光特性	荧光光谱分析
光电比色计	朗伯-比尔定律	光电比色法
分光光度计	光的吸收	光谱分析法

习题十二

12-1 同一光谱仪在不同波长处恰能分辨的谱线间隔是否相同?

12-2 为什么晴朗的天空是蔚蓝色的?

12-3 朗伯-比尔定律的适用条件是什么?

12-4 一白炽灯向各个方向均匀发光，在离它 5m 处有一平面，设平面法线与由光源到它的连线之夹角为 60°。欲在平面上得到照度 26.5lx，求光源在此方向的发光强度。

12-5 在太阳光直接照射下，一物体表面的照度为 1.0×10^5lx，若一发光强度为 5.0×10^6cd 的各向同性的点光源，在这面上所产生的照度与太阳下的照度相同，问光源距此表面最大距离为多少?

12-6 两各向同性的点光源，发光强度分别为 1.0cd 和 1.0$n$cd，一光屏距这两点光源分别为 rm 和 nrm。求两光源总光通量之比及各自垂直照射光屏时产生的照度之比。

12-7 在直径是 3.0m 的圆桌中心上方 2.0m 处，悬挂一 200cd 的电灯。设发光是各向同性的，求圆桌中心和边缘处的照度。

12-8 相距 1.5m 的两灯光强分别为 35cd 和 95cd，把两面都是白色的光屏置于何处才能使屏的两侧有相同的照度。

12-9 直射的太阳光的光照度约为 10lx。若一闪光灯在某一方向的光强度是 5×10^2cd，试问这闪光灯应放在距这一表面多远的地方，才能使在此表面上产生与太阳光相同的光照度。

12-10 一个可认为是点光源的灯泡悬挂在面积为 25m^2 的正方形房子的中央，若要使房角处的照度最大，试问灯泡距地面的高度应是多少?

12-11 某显微镜恰能分辨出每 2.54cm 中有 1.12×10^5 条的一组线条，光源波长为 450nm。

求这显微镜的孔径数。

12-12 在迎面使来的汽车上，两盏前灯相距120cm。试问汽车离人多远的地方，眼睛恰能分辨这两盏灯？设夜间人眼瞳孔直径为5.0mm，入射光波波长为550nm。

12-13 已知天空中两颗星相对于一望远镜的角距离为4.84×10^{-6}弧度，它们都发出波长为550nm的光。试问望远镜的口径至少为多大才能分辨出这两颗星？

12-14 一油浸显微镜恰可分辨每毫米4000条线的明暗相间的线组，已知照明光的波长为435nm，并假定任意相邻线条都是非相干的，求物镜的数值孔径。

12-15 一光源在波长$\lambda=656.3$nm处发射出波长间隔为$\Delta\lambda=0.18$nm的红双线。今有一光栅光谱仪可在第一级衍射光谱中把这两条谱线分辨出来，试求所需的最少刻痕数。若用色散率为100mm^{-1}的棱镜，分辨这两谱线，问其底边至少多宽？

12-16 光线经过一定厚度的溶液，测得透光率为1/2，若改变溶液浓度，测得透光率为1/8，问溶液的浓度是如何变化的？吸收度如何变化？

12-17 光线经过1.50cm厚的溶液，测得在500nm处的透光率为50.0%，若此光通过3.00cm厚的此溶液，透光率为多少？若此溶液的消光系数为$4.62\text{m}^2/\text{mol}$，求此溶液的浓度。

12-18 有一介质吸收系数$\alpha=0.32\text{cm}^{-1}$，当透射光强分别为入射光强的0.1、0.2、0.5、0.8时，介质的厚度各为多少？

12-19 假定在白光中波长为600nm的橙光与450nm的蓝光具有相同的强度，问在瑞利散射光中两者光强之比是多少？

立德树人5 中国载人航天奠基人钱学森

钱学森（1911—2009年），浙江杭州人，中国载人航天奠基人。1949年，被誉为“在美国处于领导地位的第一位火箭专家”的中国科学家钱学森，当得知中华人民共和国成立的消息后，他想：“我是中国人，我的根在中国。我可以放弃在美国的一切，但不能放弃祖国。我应该早日回到祖国去，为建设新中国贡献自己的全部力量。”

1950年，钱学森准备回国时被美国官员拦住，从此，钱学森受到了美国政府迫害并失去了宝贵的自由。当时的美国海军次长Dan A. Kimball声称：钱学森无论走到哪里，都抵得上5个师的兵力。经过中国政府的不断努力，1955年，钱学森经过辗转周折终于回国。此后，他为中国火箭导弹技术的发展提出了极为重要的实施方案，主持完成了“喷气和火箭技术的建立”规划，参与了近程导弹、中近程导弹和中国第一颗人造卫星的研制，直接领导了中国近程导弹运载原子弹“两弹结合”试验，发展建立了工程控制论和系统学等，被称为“中国导弹之父”和“火箭之王”。1964年10月，钱学森将“受激辐射光放大”的英文缩写LASER首次翻译为“激光”。钱学森的回国效力，使中国导弹、原子弹发射向前推进了至少20年。

在钱学森心里“国为重，家为轻，科学最重，名利最轻。五年归国路，十年两弹成”。钱老是知识的宝藏，是科学的旗帜，是中华民族知识分子的典范，是伟大的人民科学家。

第十三章

量子力学基础

扫一扫，查阅本章数字资源，含PPT、音视频、图片等

【教学要求】

1. 了解热辐射的有关概念和黑体辐射的有关定律。
2. 理解普朗克的量子假设，理解爱因斯坦的光量子理论及其对光电效应的解释。
3. 掌握德布罗意假说的内容和意义。
4. 了解海森伯不确定关系的意义。
5. 了解波函数的概念及其统计解释，了解薛定谔方程及其重要性。

19世纪以来，物理学从宏观领域深入到了微观领域，在对物质结构的认识上取得了巨大的进展，对现代科学技术进步产生了深远的影响，同时也大大开阔了人们对物理基本规律的认识，使物理学出现了崭新的面貌。微观领域中的物理规律，既有与宏观领域相同的情况，也有许多不同的特点，概括地说，就是它们的量子性的特点。本章主要介绍量子力学产生的背景、量子物理的基本规律和薛定谔方程。

第一节 黑体辐射 普朗克量子假设

一、热辐射

温度在绝对零度以上的任何物体都要向外发出射线称为**热辐射**（thermal radiation）。热辐射与光的辐射一样，都是电磁波。

热辐射向周围空间辐射（含所有波长的电磁波）的能量称为**辐射能**（radiation energy），单位为焦耳（J）。单位时间内物体的辐射能称为**辐射功率**（radiation power），单位为瓦特，简称为瓦（W）。单位时间内从物体表面单位面积上发射出的辐射能称为**辐射出射度**，简称**辐出度**（radiant emittance），用 $M(T)$ 表示，单位为瓦/米^2（W/m^2）。物体的辐出度与温度有关，温度越高辐出度越大。研究表明，固体和液体的热辐射的波谱是连续谱，包括了各种波长的电磁波。对于给定的物体，在一定温度下，单位时间内从单位表面积上辐射出波长在 $\lambda \sim \lambda+d\lambda$ 范围内的辐射能与波长有关。为了描述在一定温度下和在一定波长范围内的辐射能的分布，引入**单色辐出度**（monochromatic radiant emittance），用 $M(\lambda, T)$ 表示，定义为

$$M(\lambda, T)=\frac{dM_\lambda}{d\lambda} \tag{13-1}$$

单色辐出度在数值上等于单位波长间隔内辐射体的辐出度，反映了在一定温度下辐射能按照波长分布的性质。其单位是瓦/米^3（W/m^3）。

由式 13-1 可知，单色辐出度对波长的积分就得到了辐出度，即

$$M(T)=\int_0^{\infty}M(\lambda,\ T)\mathrm{d}\lambda \tag{13-2}$$

任何物体在向外界辐射能量的同时，还不断地从周围吸收能量。当这两种能量相等时，辐射达到动态平衡状态，此时，物体的温度将保持不变。外界辐射到物体表面的能量，一部分被物体吸收，另一部分被表面反射。此外，对于透明物体，还有一部分能量透射掉了。物体吸收的能量与入射能量之比称为该物体的**吸收比**（absorptance）。物体反射的能量与入射能量之比称为该物体的**反射比**（reflectance）。物体的吸收比和反射比与其温度和辐射波长有关，分别用 a（λ，T）和 γ（λ，T）表示物体在温度 T 时，对于波长在 λ 到 $\lambda+\mathrm{d}\lambda$ 范围内的辐射能的**单色吸收比**（monochromatic absorptance）和**单色反射比**（monochromatic reflectance）。

必须指出，对于不同的物体以及同种物体而具有不同的表面状况，辐出度和单色辐出度的数值都是不同的。同样，其单色吸收比和单色反射比也是不同的，这种现象称为选择性吸收和选择性反射。如果物体能把从外界辐射来的所有波长的辐射能全部吸收，这种物体称为**黑体**（black body），又称全辐射体。显然，黑体的单色吸收比 a（λ，T）= 1，而单色反射比 γ（λ，T）= 0。黑体只是一个理想模型，在自然界中并不存在，即使漆黑的煤烟对太阳光的吸收比最大也只有 0.99。在实验中，常把耐高温不透明的任意形状的空腔开一个小针孔，且内部涂以黑色，这样来制造一个黑体模型。如图13-1 所示，辐射从小孔进入空腔后，将在内壁上被多次反射和吸收，由于针孔面积比空腔表面积小得多，因此几乎没有光线再从小孔射出，能量最后在腔内被全部吸收。这个小孔就可看作黑体表面。

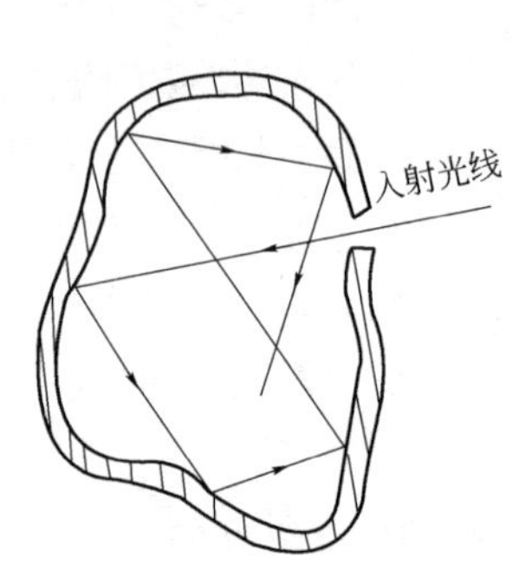

图 13-1 黑体模型

二、黑体辐射定律

将黑体模型保持在一定温度下，黑体表面（小孔）发出各种波长的电磁波，实验可以测得单色辐出度与各相应波长的关系，如图 13-2 所示。从实验曲线可以得到有关黑体辐射的两条定律。

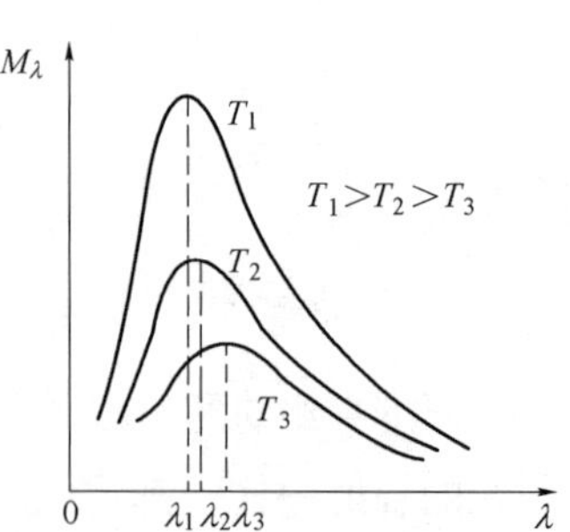

图 13-2 单色辐出度与各相应波长的关系

（一）斯忒藩-玻尔兹曼定律

如图 13-2 所示，每一条曲线对应于一种特定的温度，曲线与代表波长的横轴之间的面积等于该温度下的辐出度 M（T），M（T）随温度 T 的升高而迅速增加。斯忒藩指出，在热平衡状态下，黑体的辐出度 M（T）与温度 T 存在如下关系

$$\boxed{M(T)=\sigma T^4} \tag{13-3}$$

其中，$\sigma=5.67\times10^{-8}$W/（m^2·K^4），称为斯忒藩常数。后来，玻尔兹曼根据热力学理论又推导出这一结论，因此式 13-3 又称为**斯忒藩-玻尔兹曼定律**（Stefan-Boltzmann's law）。

（二）维恩位移定律

在如图 13-2 所示的辐射光谱中，任一曲线都有一个最大的单色辐出度，与之对应有一个波长 λ_m，随着温度的升高这一波长向短波方向移动。温度 T 与波长 λ_m 之间有如下关系

$$\boxed{\lambda_m = b/T} \tag{13-4}$$

其中，常数 $b=2.897\times10^{-3}$m · K。这个关系称为**维恩位移定律**（Wein's displacement law）。

黑体辐射的规律在现代科学技术和日常生活中有着广泛的应用，比如红外线遥感、红外线追踪、辐射测温等。

三、普朗克的量子假设

到 19 世纪末，经典物理学已发展到相当完善的程度。当时，许多科学家试图用经典物理学理论导出如图 13-2 所示的黑体单色辐出度与波长的关系，但是，都未获成功。直到 1900 年，普朗克经过大量的研究和分析提出了革命性的假说——能量量子化假说，才使问题得到解决。普朗克量子化假说的内容包括：

1. 物体是由许多带电的线性谐振子所组成。谐振子振动时可以与周围的电磁场交换能量，各谐振子有不同的振动频率，每个谐振子只能发出（或吸收）单色辐射（即单一波长的电磁波），所有谐振子则发出（或吸收）连续波长的辐射。

2. 每个线性谐振子只能处在某些能量分立的状态。在这些状态中，谐振子的能量只能取最小能量的整数倍，如果设最小能量为 ε，那么谐振子的能量只可能取

$$\varepsilon、2\varepsilon、3\varepsilon、4\varepsilon、\cdots、n\varepsilon \tag{13-5}$$

其中，ε 称为能量量子，简称量子（quantum）；n 称为量子数（quantum number），相邻两状态的能量差为 ε。

3. 频率为 ν 的谐振子与其最小能量 ε 之间的关系为

$$\varepsilon = h\nu \tag{13-6}$$

ε 与相应的辐射波长 λ 的关系为

$$\varepsilon = \frac{hc}{\lambda} \tag{13-7}$$

其中，h 称为普朗克常数，$h=6.63\times10^{-34}$J · s。

普朗克进一步分析了实验曲线，得到了关于 $M(T, \lambda)$ 的很好的经验公式

$$\boxed{M(\lambda, T) = \frac{2\pi ch^2\lambda^{-5}}{e^{-\frac{hc}{k\lambda T}}-1}} \tag{13-8}$$

式 13-8 就是著名的**普朗克公式**（Planck's formula），其中，c 为光速，$c=3.0\times10^8$m/s，k 为玻尔兹曼常数，$k=1.38\times10^{-23}$J/K。根据该公式，还能推导出其他热辐射或黑体辐射公式，有关这方面的内容，读者可参阅相关参考书。普朗克提出这个公式后，许多实验物理学家立即用它去分析了当时最精确的实验数据，发现理论与实验符合得非常好。他们认为，这种吻合绝非偶然的巧合，在这个公式中一定蕴藏着非常重要而又尚未被揭示出的科学原理。

第二节 光电效应与爱因斯坦的光量子论

一、光电效应的实验规律

用光照射某些金属表面时，电子会从金属中逸出，这种现象称为**光电效应**（photoelectric effect），逸出的电子称为**光电子**（photo-electron）。

如图 13-3 所示，为光电效应的实验装置图。在真空的玻璃容器 S 中，装有阳极 A 和阴极 K，其中阴极 K 是金属板。这两个电极分别与电流计 G、伏特计 V 和电阻互相连接，E 为电源。当光（特别是紫外光）照射到金属板 K 上时，立刻有光电子逸出金属板。当双刀双掷开关合于上部时，A、K 加上正向电压，逸出的光电子在电场的作用下加速飞向阳极形成电流，称为**光电流**（photoelectric current）。如果调节可变电阻器，使两极间所加的电压足够大，可使单位时间内产生的所有光电子都到达了阳极，此时的光电流达到饱和，该电流称为**饱和电流**（saturation current），电流的大小由检流计 G 读出。通过分析实验结果，得出如下特点和规律：

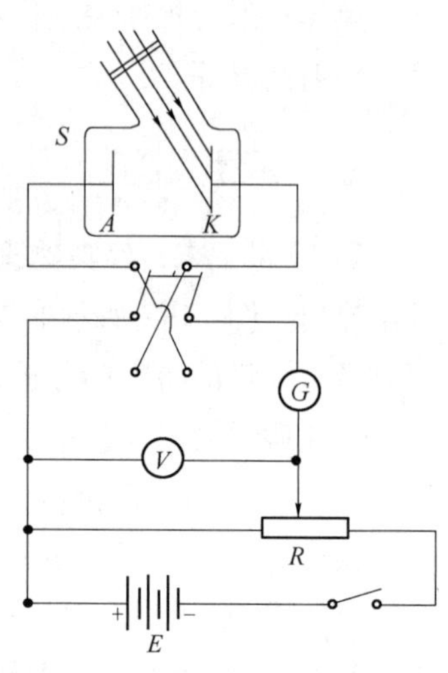

图 13-3 光电效应实验装置

（1）饱和电流：饱和电流的大小与入射光的强度成正比，即单位时间内的光电子数目与入射光强度成正比。

（2）遏止电位：当双刀双掷开关合于下部时，在 A、K 之间加上反向电压，存在一个使光电子无法从 K 到达 A 的最小的电压，称为**遏止电位**（stopping voltage），且该电位与光电子运动的初动能成正比，或与引起光电效应的入射光的频率成正比，但与光强无关。

（3）临界频率：实验发现，对某一种金属只有当入射光的频率大于某一特定值 ν_0 才能产生光电效应，频率 ν_0 称为**临界频率**，（critical frequency），又称为红限频率。当 $\nu>\nu_0$ 时，才能产生光电效应，否则就没有光电效应发生。

（4）弛豫时间：当 ν 大于某种金属的临界频率 ν_0 时，只要一有光照，不管入射光强度有多微弱，几乎立刻（约在 10^{-9}s 内）就能观察到光电子，所需时间（即弛豫时间）很短。

光电效应实验规律中（3）和（4）不能用光的电磁波理论来解释。按照经典电磁波理论，在光的照射下，由于电磁场的作用，金属的电子吸收了能量而作受迫振动，其振幅正比于光波的振幅，也就是说，光强越大电子吸收的能量就越多，振幅也越大，因而使电子从金属表面逸出。显然，光电子的初动能应该与光强有关，而与频率无关。对于任何频率的光波，只要光强足够强，或者照射时间足够长，电子总能获得足够大的能量，从金属表面逸出而产生光电效应。然而这样的理论结果是与实验事实相矛盾的。由此可见，对于光电效应的解释，经典电磁波理论无能为力。

二、爱因斯坦的光量子论

1905 年，爱因斯坦应用普朗克的量子假设去解决光电效应所遇到的问题，进一步提出了光量子的概念。爱因斯坦认为：光是由一束高速运动的光量子组成，这个光量子称为光子（photon），每一个光子的能量 E 与光的频率 ν 的关系为

$$\boxed{E=h\nu} \tag{13-9}$$

每一个光子的动量 p 与光的波长 λ 有下列关系

$$\boxed{p=\frac{h}{\lambda}} \tag{13-10}$$

这就是**爱因斯坦的光量子论**（Einstein's quantum theory of light）。显然，爱因斯坦的光量子论揭示了光的粒子性的一面，同时建立了光的粒子性与光的波动性之间的联系。

三、爱因斯坦光电效应方程

引入了光子概念之后，光电效应所遇到的问题立即得到解释。当频率足够大的光照射到金属表面上时，它可能立即被一个电子吸收。吸收了一个光子的电子克服金属表面对它的束缚逸出金属表面而产生光电效应。逸出表面的电子的动能为

$$\boxed{\frac{1}{2}mv^2=h\nu-A} \tag{13-11}$$

其中，A 为脱出功，ν 为入射光的频率，v 为光电子的速率。这就是著名的**爱因斯坦光电方程**（Einstein's photoelectric equation）。由式 13-11 可知，存在临界频率 $\nu_0=A/h$；当 $\nu<\nu_0$ 时，电子无法克服金属表面对其束缚而不能从金属中逸出，所以没有光电子发出；只有当 $\nu>\nu_0$ 时，电子才能克服金属表面对其束缚而从金属中逸出。表 13-1 列出了几种金属的临界频率和脱出功。

表 13-1　几种金属的临界频率和脱出功

金属	红限频率 ν_0（10^{14}Hz）	红限波长 λ_0（nm）	脱出功（eV）
铯 Cs	4.6	652	1.9
铍 Be	9.4	319	3.9
钛 Ti	9.9	303	4.1
汞 Hg	10.9	275	4.5
金 Au	11.6	258	4.8
钯 Pd	12.1	248	5.0

1923 年，光子概念在康普顿散射实验中得到了直接的证实。光子也同实物粒子（比如电子）一样，不仅有能量，而且也有质量和动量。光与电子的相互作用过程可以看作为电子与光子的弹性碰撞，应用碰撞理论求出碰撞前、后光子的动量和能量的变化，再根据爱因斯坦的光量子论求出碰撞前、后光的波长的变化量 $\Delta\lambda$，$\Delta\lambda$ 的理论结果与其散射实验的测量结果完全一致！有关详细内容，请参阅有关文献。至此，光的本质已经完全被揭示出来：光既是粒子（光量子）又是波（电磁波），光具有波粒二象性，前者突出光与物质相互作用的一面，后者描述光运动传播性质的一面。

例 13-1　设光电管的阴极由金属铯制成，波长为 632.8nm 的红光照射在它的表面，试计算逸出的光电子的最大初速率。

解：根据爱因斯坦的光电效应方程

$$\frac{1}{2}mv^2=h\nu-A$$

得到

$$v=\sqrt{\frac{2}{m}(h\nu-A)}$$

其中，$\nu=c/\lambda$，$A=h\nu_0$，ν_0 为铯的红限，m 为电子质量，h 为普朗克常数，c 为光速，利用这些关系并将已知量代入上式得到

$$v=\sqrt{\frac{2}{m}(h\frac{c}{\lambda}-h\nu_0)}=\sqrt{\frac{2}{m}h(\frac{c}{\lambda}-\nu_0)}$$

$$=\sqrt{\frac{2}{9.1\times10^{-31}}\times6.63\times10^{-34}\left(\frac{3.0\times10^{8}}{632.8\times10^{-9}}-4.54\times10^{14}\right)}=1.71\times10^{5}(\mathrm{m/s})$$

第三节　微观粒子的波粒二象性

1924 年，德布罗意在光的波粒二象性的启示下，提出了微观粒子也具有波粒二象性的假说。他认为 19 世纪在光的研究上，人们过分重视了光的波动性而忽略了光的粒子性；但在对实体的研究上，则可能发生了相反的情况，即过分重视实体的粒子性而忽略了实体的波动性。因此，德布罗意提出了微观粒子也具有波粒二象性的假说，把粒子和波通过下面的关系联系起来：粒子的能量 E、动量 p 与波的频率 ν、波长 λ 之间的关系，正如光子和光波的关系一样，可表达为

$$\boxed{E=h\nu} \tag{13-12}$$

$$\boxed{p=\frac{h}{\lambda}} \tag{13-13}$$

以上两式称为**德布罗意关系**（de Broglie relation）。这里动量 p 的方向为波传播的方向。

自由粒子的能量和动量都是常量，由德布罗意关系可知：与自由粒子对应的频率 ν、波长 λ 和传播方向都不变，因此与自由粒子对应的波一定是平面波。

频率 ν，波长 λ，沿 x 方向传播的平面波可表示为

$$\Psi=A\cos\left[2\pi(\nu t-\frac{x}{\lambda})\right] \tag{13-14}$$

这种波称为**德布罗意平面波**（de Broglie plane wave）。关于德布罗意平面波的物理意义将在本章第五节中介绍。

设粒子的速度远小于光速，自由粒子的动能为 $E_K=\frac{p^2}{2m}$，其德布罗意波长为

$$\lambda=\frac{h}{p}=\frac{h}{\sqrt{2mE_K}} \tag{13-15}$$

在电子散射实验中，电子是通过电场加速而获得能量的。若加速电子的电压为 U 伏特，则 $E_k=eU$ 电子伏特，e 是电子电量。将 h、m、e 的数值代入后得

$$\boxed{\lambda=\frac{h}{\sqrt{2meU}}\approx\frac{1.225}{\sqrt{U}}\quad(\mathrm{nm})} \tag{13-16}$$

由此可知，用 150V 的电压加速电子，其德布罗意波长约为 0.1nm，而用 10000V 的电压加速电子时，其德布罗意波长约为 0.0122nm。可见，加速的电子的德布罗意波长在数量级上相当于（或略小于）晶体中的原子间距，比宏观线度要短得多，这也是电子的波动性长期未被发现的原因。

1927 年，戴维逊和革末（Clinton J. Davisson and Lester Germer）所做的电子衍射实验证实了德布罗意假说的正确性。戴维逊和革末把电子束正入射到镍单晶表面，观察散射电子束的强度和散射角之间的关系。所得到的图案如图 13-4 所示。戴维逊和革末发现，散射电子束的强度随散射角 θ 而改变，当 θ 为某些确定值时，强度有最大值。这种现象与 X 射线的衍射现象相同，这充分说明电子的运动也具有波动性。根据衍射理论，最大衍射强度的 θ 值决定于公式

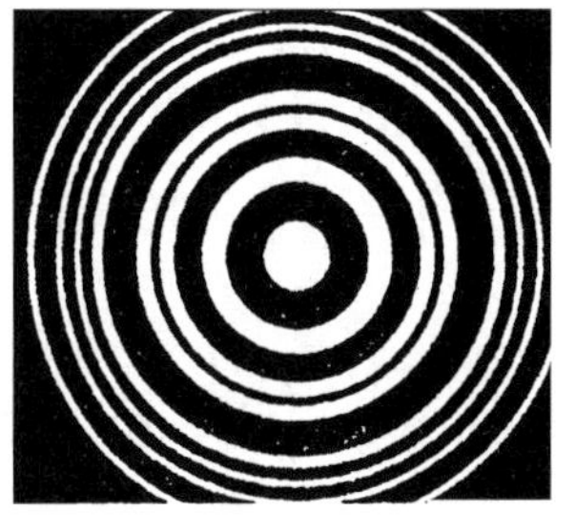

图 13-4　电子衍射图案

$$d\sin\theta = k\lambda \quad (k=1, 2, \cdots) \qquad (13-17)$$

其中，k 是衍射极大的序数，λ 是衍射波的波长，d 是晶体的晶格常数，它表示相邻两原子之间的距离，与光栅常数（$a+b$）相对应。根据电子衍射图样，戴维逊和革末用上式计算出电子的德布罗意波长，得到了与理论公式 13-16 一致的结果。此后，又观察到原子、分子和中子等微观粒子的衍射现象。对实验数据的分析都肯定了衍射波波长和粒子动量间存在着德布罗意关系。

例 13-2　质量为 10.0g 的子弹，速度为 1000m/s，求该子弹的德布罗意波长。

解：根据德布罗意关系式

$$p = \frac{h}{\lambda}$$

得到

$$\lambda = \frac{h}{p} = \frac{h}{m_0 v} = \frac{6.63 \times 10^{-34}}{10.0 \times 10^{-3} \times 1000} = 6.63 \times 10^{-35}(\mathrm{m})$$

可见，子弹质量大，相应的德布罗意波长很短，实际上这么短的波长也是现有仪器无法测出的。因此，宏观粒子仅表现出粒子性的一面，其波动性的一面被“掩盖”而无法表现出来。但是，对于微观粒子，其质量很小，德布罗意波长就不是微不足道的了，除了要考虑其粒子性，还要考虑其波动性，前面所讲的电子衍射实验就是例证。

第四节　不确定关系

在经典力学中，宏观粒子的运动状态是用矢径 $\boldsymbol{r}$ 和动量 $\boldsymbol{p}$ 来描写的。在任一时刻，粒子的位置、动量、能量都能同时被准确地确定下来，粒子只能沿某确定的轨道运动。但是，对于微观粒子来说，由于它具有波粒二象性，因而它在空间何处出现具有不确定性。

如图 13-5 所示，为电子单缝衍射实验示意图。一个高速电子束沿 y 轴方向射向宽度为 d 的狭缝，在屏上产生衍射图像，衍射强度 I 随衍射角 θ 分布规律如图 13-5所示。电子的物质波波长 λ 与缝宽 d 和衍射角 θ 之间的衍射极小条件满足方程

$$d\sin\theta = k\lambda \quad (k=1, 2, 3, \cdots) \qquad (13-18)$$

对于第一级极小（暗条纹），$k=1$，即

$$d\sin\theta = \lambda \qquad (13-19)$$

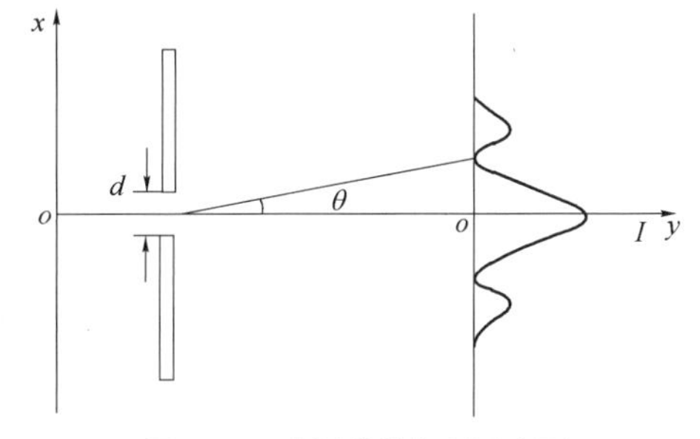

图 13-5　电子单缝衍射示意图

狭缝对电子的运动产生了两方面的影响：一是将电子的 x 坐标限制在缝宽的范围内；二是使电子的动量在 x 方向上的分量限制在一定的变化范围 Δp_x。这样，对于每一个在狭缝处的电子，由于其波动性，便不能确定其 x 和 p_x 的取值，只能确定电子的 x 坐标不确定量 Δx，动量分量 p_x

不确定量 Δp_x。显然

$$\Delta x = d$$

对于第一级极小（暗条纹）

$$\Delta p_x = p\sin\theta$$

再由 $\sin\theta=\frac{\lambda}{d}$和德布罗意关系式 $p=\frac{h}{\lambda}$得

$$\Delta p_x = \frac{h}{\Delta x}$$

如果考虑其他高次衍射条纹的出现，Δp_x 还要大些，所以

$$\Delta x \cdot \Delta p_x \geqslant h \tag{13-20}$$

把上式推广到所有坐标和相应的动量分量，于是得到

$$\boxed{\Delta x \cdot \Delta p_x \geqslant h, \quad \Delta y \cdot \Delta p_y \geqslant h, \quad \Delta z \cdot \Delta p_z \geqslant h} \tag{13-21}$$

式 13-21 称为**海森伯不确定关系**（Heisenherg uncertainty relation），它表明：粒子的坐标不确定量与其动量在该坐标上的分量的不确定量的乘积必定不小于普朗克恒量。

不确定关系说明，当沿用经典的“坐标”“动量”等概念描述具有波粒二象性的微观粒子时，永远不可能得到它确切的状态，因为不可能同时推测它在某一坐标上的确切位置和准确的动量的分量值。当尽量减小狭缝的宽度时，Δx 虽然变小，但粒子动量的不确定范围 Δp_x 就会增大；反之亦然。所以，对于微观粒子来说，“轨道”概念是没有意义的。这是微观粒子的波粒二象性带来的必然结果。

例 13-3 一颗质量为 $m=10.0\times10^{-3}$kg 的子弹，以速度 $v=200$m/s 做直线运动，如果速度的不确定量为其速度的 0.01%，试求该子弹的位置不确定量。

解 设子弹沿垂直 x 轴方向运动，依题意，子弹动量的不确定量

$$\Delta p_x = m \cdot \Delta v_x \times 0.01\%$$

根据不确定关系式 13-21 可得子弹的位置不确定量为

$$\Delta x = \frac{h}{\Delta p_x} = \frac{h}{mv \times 0.01\%} = \frac{6.63 \times 10^{-34}}{10.0 \times 10^{-3} \times 200 \times 0.01\%} = 3.3 \times 10^{-30}(\text{m})$$

如此小的不确定量，是任何仪器都无法区别出来的。所以，对子弹这样的宏观小物体，无须考虑它的波动性，只需考虑它的粒子性（颗粒性），完全可以用经典力学的轨道来描述其运动。

例 13-4 在氢原子中，电子在半径为 $r_0=5.3\times10^{-11}$m 的“轨道”上绕原子核运动，速率为 2.2×10^6m/s。假定电子速率的不确定量 Δv为电子速率的千分之一，即 $\Delta v=2.2\times10^3$m/s，试求电子位置的不确定量。

解 依题意，电子的动量不确定量

$$\Delta p = m \cdot \Delta v$$

由不确定关系式 13-21，并代入电子的质量 m 和速率的不确定量 Δv的值，得到

$$\Delta x = \frac{h}{\Delta p} = \frac{h}{m\Delta v} = \frac{6.63 \times 10^{-34}}{9.1 \times 10^{-31} \times 2.2 \times 10^{3}} = 3.3 \times 10^{-7}(\text{m})$$

可见，电子位置的不确定量约为其半径的 6200 倍！在这里，“轨道”的概念显然已经失去意义。用经典力学中的轨道来描述氢原子中的电子的运动情况是不恰当的，必须用量子力学的方法来描述。

在量子力学中，能量和时间也存在不确定关系。若以 ΔE 表示能量的不确定量，以 Δt 表示时

间的不确定量，则

$$\boxed{\Delta E \cdot \Delta t \geqslant h} \tag{13-22}$$

这一点从实验观察到原子的光谱线不是几何线，而是具有一定宽度的谱线得到了证明。处于激发态的原子是不稳定的，能自发地跃迁到能量较低的状态。在发射可见光的范围内，原子在激发态停留的时间很短，平均约为 10^{-8}s，则根据式 13-22 得到

$$\Delta E \geqslant \frac{h}{\Delta t} = \frac{6.63 \times 10^{-34}}{10^{-8}} = 6.63 \times 10^{-26}(\mathrm{J})$$

所以，能级就有一定的宽度。因而，原子的光谱线也必然有一定的宽度。

最后要强调指出，不确定关系是建立在微观粒子波粒二象性基础上的一条客观的、基本的规律，是微观粒子本身的固有特性的反映，是更真实地揭示了微观世界的运动规律，而不是仪器精度或测量方法的缺陷所造成。应用不确定关系，还可以区分宏观粒子和微观粒子，划分经典力学和量子力学。

第五节　薛定谔方程

在宏观领域，质点的运动状态是用坐标和动量来描述的。尽管质点的运动形式可以多种多样，然而它们总是遵守经典力学中牛顿运动定律的。因此，可用牛顿运动方程 $\boldsymbol{F}=m\boldsymbol{a}$ 对质点的运动进行详细的描述。从理论上讲，只要知道质点初始状态（即 $t=0$ 时刻质点的位置、速度），原则上就可以根据牛顿运动方程确定它在任意时刻的状态（坐标、动量等）。

在微观领域，微观粒子具有波粒二象性，它的坐标与动量之间始终存在不确定关系。因此，微观粒子和宏观物体的运动有着质的差别，不能简单地用经典力学来“确定”其状态。在这里，描述微观粒子的运动状态的物理量是**波函数**（wave function），反映微观粒子状态变化的运动方程是**薛定谔方程**（Schrödinger equation）。

一、波函数

在量子力学中，微观粒子的运动状态是用波函数 $\Psi(\boldsymbol{r}, t)$ 来描写的。那么，$\Psi(\boldsymbol{r}, t)$ 的物理意义是什么呢？

首先，分析光的衍射图样。从波动性看，亮纹表示该处光的强度大，光波的振幅平方值大；暗纹表示该处光的强度小，光波的振幅平方值小。从光的粒子性看，光强度大的地方表示到达该处的光子数量多，该处光子密度大，就是说光子在该处出现的概率大；光强度小的地方则表示该处光子密度小，光子在该处出现的概率小。

其次，分析电子的衍射图样。电子的衍射图样与光的衍射图样一样，有明、暗条纹，强度有大、有小。从统计的观点看，电子到达亮处的概率大于到达暗处的概率。

最后，把两种衍射结合起来就可以得到一个普遍的规律：微观粒子在空间某处出现的概率，与其物质波的波函数在该处的强度（即振幅的平方）成正比。这就是物质波**波函数的统计解释**（statistical interpretation of wave function）。因此，德布罗意波（或物质波）既不是机械波，也不是电磁波，而是一种**概率波**（probability wave）。

描述概率波的波函数一方面应当反映微观粒子的波粒二象性，另一方面应当反映微观粒子状态分布存在时空的周期性。对于自由粒子来说，它的能量和动量都保持恒定，所以，根据德布罗

意关系，其物质波的频率$\nu=\frac{E}{h}$和波长$\lambda=\frac{h}{p}$也将保持不变。从波动的观点来看，自由粒子的物质波是单色平面波。

（一）一维自由粒子波函数

一列频率为ν，波长为λ沿x轴正方向传播的单色平面波表示为

$$\Psi(x,\ t)=A\cos\left[2\pi\left(\nu\ t-\frac{x}{\lambda}\right)\right] \tag{13-23}$$

利用德布罗意关系，用能量E、动量p取代式13-23中的频率ν、波长λ，就得到描述自由粒子的平面波波函数

$$\Psi(x,\ t)=\Psi_0\cos2\pi\left(\frac{E}{h}t-\frac{x}{h/p}\right)=\Psi_0\cos\frac{2\pi}{h}(Et-xp) \tag{13-24}$$

其中，Ψ_0为平面波的振幅。式13-24常表示为复数形式

$$\boxed{\Psi(x,\ t)=\Psi_0\mathrm{e}^{-\mathrm{i}\frac{2\pi}{h}(Et-xp)}} \tag{13-25}$$

式13-25就是一维自由粒子波函数的一般表达式

（二）三维自由粒子波函数

根据空间对称性，从一维自由粒子波函数可以推得自由粒子在三维空间中运动的波函数，

$$\Psi(\boldsymbol{r},\ t)=\Psi_0 e^{-\mathrm{i}\frac{2\pi}{h}(Et-\boldsymbol{p}\cdot\boldsymbol{r})} \tag{13-26}$$

其中，$\boldsymbol{p}$和$\boldsymbol{r}$分别指粒子的动量和矢径。

（三）概率密度

概率必须是正实数。按照波函数的统计解释，微观粒子在空间某微小体积$\mathrm{d}V$内出现的概率$\mathrm{d}P$应当与波函数的振幅的平方成正比，表示为

$$\mathrm{d}P=\Psi_0^2\mathrm{d}V=|\Psi|^2\mathrm{d}V=\Psi\cdot\Psi^*\mathrm{d}V \tag{13-27}$$

于是，粒子在空间单位体积内出现的概率——**概率密度**（density of probability）表示为

$$w=\frac{\mathrm{d}P}{\mathrm{d}V}=\Psi\cdot\Psi^* \tag{13-28}$$

其中，Ψ^*是Ψ的共轭复数（即Ψ^*与Ψ的实部相同，只是虚部的符号相反）。式13-28表明，**波函数的模（或绝对值）的平方与粒子的概率密度成正比**。这就是波函数的统计解释。

（四）波函数的性质

根据以上分析，波函数必须满足以下条件：

（1）归一化条件：由于粒子必须出现在全部空间，因而任一时刻，粒子在全空间出现的概率必须为1，即

$$\boxed{\int_{\infty}\Psi\Psi^*\,\mathrm{d}V=1} \tag{13-29}$$

这一关系称为波函数的**归一化条件**（normalizing condition）。

（2）标准化条件：在任何时刻，在任何地点，粒子出现的概率的值不仅是唯一的，而且是有

限的；在空间不同区域，概率的分布是连续的，不能逐点产生跃变（或突变）。所以波函数 Ψ（$\boldsymbol{r}$，t）应当是一个单值、有限、连续的函数，这些条件称为波函数的**标准化条件**（standard condition）。

综上所述，可以描绘出微观粒子的波粒二象性的物理图像：微观粒子本身是一颗一颗的，具有粒子性；粒子在空间的分布具有波动性，表现出统计性，也就是说粒子不是某时某刻必定在那里，而是可能在那里，这种可能性与 $|\Psi|^2$ 成正比。总之，微观粒子的运动所遵循的是统计性的规律，而不是经典力学的确定性的规律。

二、薛定谔方程

既然微观粒子的状态用波函数描写，那么反映波函数变化的方程又具有怎样的形式呢？

1926 年，奥地利物理学家薛定谔从光的波动方程出发，应用物质波的概念，结合经典力学的能量关系式和德布罗意关系式，建立了波函数所满足的方程，也就是微观粒子所遵守的量子力学的基本方程——**薛定谔方程**。

（一）薛定谔方程的建立

1. 一维自由粒子的薛定谔方程　为简单起见，假设微观粒子被限制在一维空间中（比如 x 轴上）运动。描述一个动量为 p 能量为 E 的自由粒子的运动状态的波函数为

$$\Psi(x,\ t)=\Psi_0 e^{-i\frac{2\pi}{h}(Et-px)}=\Psi_0 e^{i\frac{2\pi}{h}px}e^{-i\frac{2\pi}{h}Et} \tag{13-30}$$

将 Ψ（x，t）对坐标 x 求二阶偏导数，得到

$$\frac{\partial^2\Psi}{\partial x^2}=-\frac{4\pi^2}{h^2}p^2\Psi \tag{13-31}$$

令 $\hbar=\frac{h}{2\pi}$，式 13-31 简化为

$$\frac{\partial^2\Psi}{\partial x^2}=-\frac{1}{\hbar^2}p^2\Psi \tag{13-32}$$

再将 Ψ（x，t）对时间求一阶偏导数，得

$$\frac{\partial\Psi}{\partial t}=-i\frac{2\pi}{h}E\Psi=-\frac{i}{\hbar}E\Psi \tag{13-33}$$

化简并整理式 13-33 得到

$$i\hbar\frac{\partial\Psi}{\partial t}=E\Psi \tag{13-34}$$

在非相对论（粒子运动速度 $v\ll$光速 c）条件下，自由粒子的能量 E 和动量 p 的关系为

$$E=\frac{p^2}{2m} \tag{13-35}$$

综合式 13-32、13-34、13-35 可得

$$\boxed{i\hbar\frac{\partial\Psi}{\partial t}=-\frac{\hbar^2}{2m}\frac{\partial^2\Psi}{\partial x^2}} \tag{13-36}$$

式 13-36 就是一维自由粒子的薛定谔方程，也称为一维自由粒子的波动方程。比较式 13-34 和式 13-36，能量 E 其实就是一维自由粒子的动能。所以，这里的动能用对坐标 x 的二阶微分算符 $-\frac{\hbar^2\partial^2}{2m\partial x^2}$来代替了。算符$-\frac{\hbar^2\partial^2}{2m\partial x^2}$也就是动能算符。

2. 一维非自由粒子薛定谔方程 若粒子并非自由，而是在一个势场中运动，那么薛定谔方程会是什么形式呢？

此时，粒子的总能量应该是其动能与势能之和。设粒子的势能为 E_p（x, t），则粒子的总能量为

$$E=\frac{p^2}{2m}+E_p(x,\ t) \tag{13-37}$$

式 13-37 中右边的第一项动能用算符$-\frac{\hbar^2\partial^2}{2m\partial x^2}$代替。第二项势能可以直接表示成坐标 x 的函数，势能形式仍然保持不变。比较式 13-34 和式 13-37，于是得到

$$\mathrm{i}\hbar\frac{\partial\Psi}{\partial t}=-\frac{\hbar^2}{2m}\frac{\partial^2\Psi}{\partial x^2}+E_p(x,\ t)\Psi \tag{13-38}$$

式 13-38 就是一维非自由粒子的薛定谔方程的一般表达式。

（二）薛定谔方程的一般形式

按照一维薛定谔方程的建立过程，考虑到三维空间的对称性，可以很快得到三维空间中薛定谔方程的一般形式

$$\boxed{\mathrm{i}\hbar\frac{\partial\Psi}{\partial t}=-\frac{\hbar^2}{2m}\nabla^2\Psi+E_p(x,\ y,\ z,\ t)\Psi} \tag{13-39}$$

其中，$\nabla^2=\frac{\partial^2}{\partial x^2}+\frac{\partial^2}{\partial y^2}+\frac{\partial^2}{\partial z^2}$称为**拉普拉斯算符**（Laplace's operator），它是一个对三维坐标的二阶微分算符。这里，动能用算符$-\frac{\hbar^2}{2m}\nabla^2$代替了。式 13-39 就是薛定谔方程的一般表达式。

从式 13-39 可知，只要知道粒子的质量 m 和粒子所在势场中势能函数 E_p（x, y, z, t）的具体形式，就可以具体地写出该粒子的薛定谔方程。薛定谔方程是时间和空间变量的偏微分方程，根据给定的初始条件和边界条件来求解该方程，最后得到描述微观粒子运动状态的波函数，这就是量子力学处理微观粒子运动的一般方法。详细解法请参阅相关的参考书。

三、定态薛定谔方程

当势能与时间无关，仅为坐标的函数时，即 $E_p(x,\ y,\ z,\ t)=E_p(x,\ y,\ z)$，粒子就处于所谓**定态**（stationary state）之中。例如，氢原子中电子的运动就属于这种情况。在定态时，式 13-39 可写成

$$\mathrm{i}\hbar\frac{\partial\Psi}{\partial t}=-\frac{\hbar^2}{2m}\nabla^2\Psi+E_p(x,\ y,\ z)\Psi \tag{13-40}$$

式 13-40 的左边仅是时间的导数，右边仅是坐标的导数，所以，可以将波函数写成空间坐标函数 φ（x, y, z）和时间坐标函数 f（t）的乘积，即

$$\Psi(x,\ y,\ z,\ t)=\varphi(x,\ y,\ z)f(t) \tag{13-41}$$

将式 13-41 代入方程 13-40，解得

$$f(t)=e^{-\frac{\mathrm{i}}{\hbar}Et} \tag{13-42}$$

同时，φ（x, y, z）满足方程

$$-\frac{\hbar^2}{2m}\nabla^2\varphi(x, y, z)+E_p(x, y, z)\varphi(x, y, z)=E\varphi(x, y, z) \tag{13-43}$$

上式可以简写成

$$\boxed{\frac{\hbar^2}{2m}\nabla^2\varphi+(E-E_p)\varphi=0} \tag{13-44}$$

式 13-44 称为**定态薛定谔方程**（Schrödinger equation of stationary state）。所谓定态，是指微观粒子的能量不随时间变化的状态。φ 称为**定态波函数**（wave function of stationary state）。根据定态波函数 φ 所具有的性质和它必须满足的边界条件，可以通过式 13-44 解得 φ。

在定态条件下，微观粒子的完全波函数表示为

$$\boxed{\Psi(x, y, z, t)=\varphi(x, y, z)\ e^{-\frac{i}{\hbar}Et}} \tag{13-45}$$

粒子在空间出现的概率密度为

$$\Psi\Psi^*=|\varphi(x, y, z)|^2 \tag{13-46}$$

式 13-46 表明，在定态下，粒子在空间出现的概率密度不随时间变化，粒子在空间各点出现的机会和分布是稳定不变的。因此，只要势能是稳定的，那么粒子的状态也是稳定的，所有物理性质也是稳定的。

知识链接 13

薛定谔（德文：Erwin Schrdinger；英文通常写作 Erwin Schrodinger），奥地利物理学家，概率波动力学的创始人。1887 年 8 月 12 日生于维也纳，1961 年 1 月 4 日卒于奥地利的阿尔卑巴赫山村。1906 年入维也纳大学物理系学习，1910 年获博士学位。毕业后，在维也纳大学第二物理研究所工作，直到 1920 年以前主要在维也纳大学任教，1921～1927 年在苏黎世大学任教，开头几年，他主要研究有关热学的统计理论问题，写出了有关气体和反应动力学、振动、点阵振动（及其对内能的贡献）的热力学以及统计等方面的论文。他还研究过色觉理论，他对有关红绿色盲和蓝黄色盲频率之间的关系的解释为生理学家们所接受。

小　结

1. 黑体辐射定律、普朗克的量子假设、爱因斯坦的光量子论

2. 微观粒子的运动具有的波粒二象性，两者的物理量满足德布罗意关系

$$E=h\nu$$

$$p=\frac{h\nu}{c}=\frac{h}{\lambda}$$

3. 不确定关系

$$\Delta x\Delta p_x\geqslant h,\quad \Delta y\Delta p_y\geqslant h,\quad \Delta z\Delta p_z\geqslant h;\ \Delta E\Delta t\geqslant h$$

不确定关系表明，微观粒子不像经典粒子那样，具有确定的运动轨迹，任意时刻都具有确定的位置和动量（即确定态），遵从确定性的规律，对于微观粒子的坐标和动量不可能同时具有完全确定的数值，所以宏观的轨道概念完全不适用于微观粒子的运动规律。

4. 波函数 它描述微观粒子的运动状态。微观粒子在 t 时刻、在空间坐标（x，y，z）处出现的概率密度为

$$w=\frac{\mathrm{d}P}{\mathrm{d}V}=|\Psi|^2=\Psi\Psi^*$$

即波函数的模的平方与粒子的概率密度成正比，因此，微观粒子的运动表现出波动的特性，是一种统计行为。物质波是一种概率波，它并不准确地给出什么时刻粒子到达哪一位置，而只给出粒子可能到达各地点的一个统计分布。波函数必须满足归一化条件和标准化条件。

5. 薛定谔方程 它是描述微观粒子在势场中运动的运动方程，其一般形式为

$$\mathrm{i}\hbar\frac{\partial\Psi}{\partial t}=-\frac{\hbar^2}{2m}\nabla^2\Psi+E_p(r,t)\Psi$$

定态薛定谔方程为：$$\frac{\hbar^2}{2m}\nabla^2\varphi+[E-E_p(r)]\varphi=0$$

习题十三

13-1 绝对黑体是不是不发射任何辐射？

13-2 光电效应和康普顿散射都包含有电子与光子的相互作用过程，试分析各个作用过程。

13-3 如用一束光照射某金属不会产生光电效应，现用一只聚光镜将此束光聚焦后，再照射此金属时是否能产生光电效应？为什么？

13-4 对同一金属，如有光电效应产生，则入射光的强度与光电流有何关系？

13-5 如何理解波函数的归一化条件？

13-6 如果将星球看成绝对黑体，并测得它们最大单色辐出度相对应的波长分别是：太阳的 $\lambda_m=0.55\mu m$；北极星的 $\lambda_m=0.35\mu m$；天狼星的 $\lambda_m=0.29\mu m$。如果三个星球表面的温度分别 T_a、T_b、T_c，试按从小到大给 T_a、T_b、T_c 排序。

13-7 一全辐射体在加热过程中，其最大单色辐出度的波长由 0.800μm 变化到0.400μm，求此时的辐出度是原来的几倍。

13-8 已知金属铂的电子脱出功是 6.30eV，求使它产生光电效应的光的最长波长。

13-9 当波长为 250nm 的紫外线，照射到脱出功为 2.50eV 的金属钡的表面时，试求光电子运动的速率。

13-10 试求波长分别为 400nm 的可见光、0.10nm 的伦琴射线和 0.0020nm 的 γ 射线三种光子的质量、动量和能量。

13-11 求动能为 50eV 的电子的德布罗意波长。

13-12 经 400V 的电压加速后，一个带有与电子相同电荷的粒子的德布罗意波长为 2.00×10^{-12}m，求这个粒子的质量。

13-13 一质量为 10.0g 的子弹以 1000m/s 的速率飞行，求：

（1）它的德布罗意波长；

（2）若测量子弹位置的不确定量为 0.1cm，则其速率的不确定量是多少？

13-14 测得一个电子的速率为 200m/s，其不确定量为速率的 0.10%，问此电子位置的不确定量是多少？

第十四章
原子光谱与分子光谱

扫一扫，查阅本章数字资源，含PPT、音视频、图片等

【教学要求】

1. 理解氢原子光谱的实验规律及玻尔的氢原子理论。
2. 了解四个量子数的物理意义及作用。
3. 了解原子光谱和分子光谱的特点及形成。
4. 了解激光产生、 特点及主要应用。

原子和分子是构成宏观物体的基本单元。而物质在各种条件下发射或吸收的光的波长等情况又与物质的结构特性有着固有的联系，而这种关系则可由光谱学来揭示，如今光谱学已成为原子和分子物理学的实验基础。

本章通过介绍氢原子光谱规律的发现，引出**玻尔**（N. Bohr，1885—1962 年）的氢原子理论；介绍四个量子数的物理意义；原子光谱和分子光谱的形成及特点；最后对激光的产生、特点及在医药学方面的应用做简要介绍。

第一节　氢原子光谱与玻尔的氢原子理论

一、氢原子光谱的规律性

实验发现，在一定的情况下，从原子内部会发出一系列特定波长的光，用光谱仪可发现，通常这些原子所发出的光是一条条分立的谱线，即为“线状光谱”。

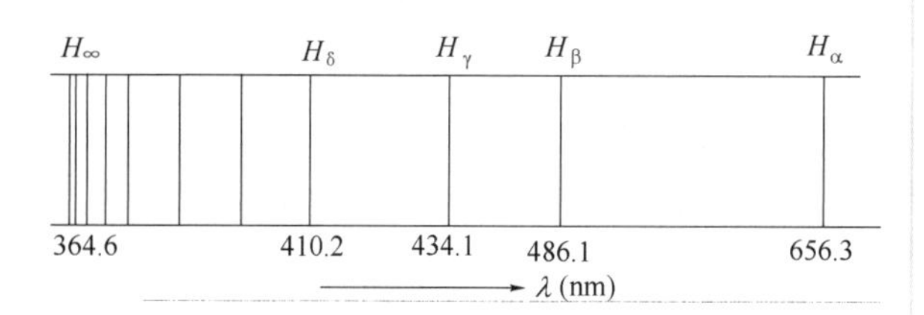

图 14-1　氢原子光谱的巴耳末谱线系

氢气在放电管中放电时发出的光线，用光谱仪观察时，这些谱线的波长有一定的规律，如图 14-1 所示。1885 年瑞士的中学教师**巴耳末**（J. J. Balmer，1825—1898 年）在对氢原子可见光光谱进行分析研究后，首先提出了一个经验公式，并以此计算氢原子在可见光区的谱线的波数（单位长度内所含完整波的数目）为

$$\tilde{\nu} \equiv \frac{1}{\lambda} = \frac{4}{B}\left(\frac{1}{2^2} - \frac{1}{n^2}\right), \qquad n = 3, 4, 5\cdots \qquad (14-1)$$

式中 $B = 364.56\text{nm}$，为经验常数。上式被命名为**巴耳末公式**（Balmer formula），它所表达的一组

谱线称为**巴耳末系**。1890 年，瑞典物理学家**里德伯**（J. R. Rydberg，1854—1919 年）发表了元素光谱的普遍公式，即**里德伯方程**：

$$\tilde{\nu} \equiv \frac{1}{\lambda} = R\left(\frac{1}{k^2} - \frac{1}{n^2}\right) = T(k) - T(n) \tag{14-2}$$

其中 $R=\frac{4}{B}=1.0967758\times10^7 m^{-1}$，称为**里德伯常数**（Rydberg constant），氢的所有谱线都可用这个方程表示，$T(k)$ 为光谱项。式中 $k=1$，2，3…；对每一个 k，有 $n=k+1$，$k+2$，$k+3$…，构成一个谱线系，例如：$k=1$，$n=2$，3，4…，此谱线在紫外区，1914 年由**赖曼**（T. Lyman）发现，称为**赖曼系**。$k=2$，$n=3$，4，5…，在可见光区，称为**巴耳末系**（1885 年发现）。$k=3$，$n=4$，5，6…，在近红外区，1908 年由**帕邢**（F. Paschen）发现，称为**帕邢系**。$k=4$，$n=5$，6，7…，在中红外区，1922 年由**布喇开**（F. Brackett）发现，称为**布喇开系**。$k=5$，$n=6$，7，8…，在中红外区，1924 年由**普芬德**（H. A. Pfund）发现，称为**普芬德系**。如图 14-2 所示。

氢原子的各条谱线的波长都可用式14-2 概括起来，即氢的任一谱线都可以表达为两个光谱项之差，氢光谱是各种光谱项差的综合。这说明公式反映了氢原子内部的某种规律性。但里德伯公式 14-2 完全是凭经验凑出来的，它为什么能与实验事实符合一直是个谜，直到玻尔把量子说引入**卢瑟福**（E. Rutherford）模型才得到揭晓。

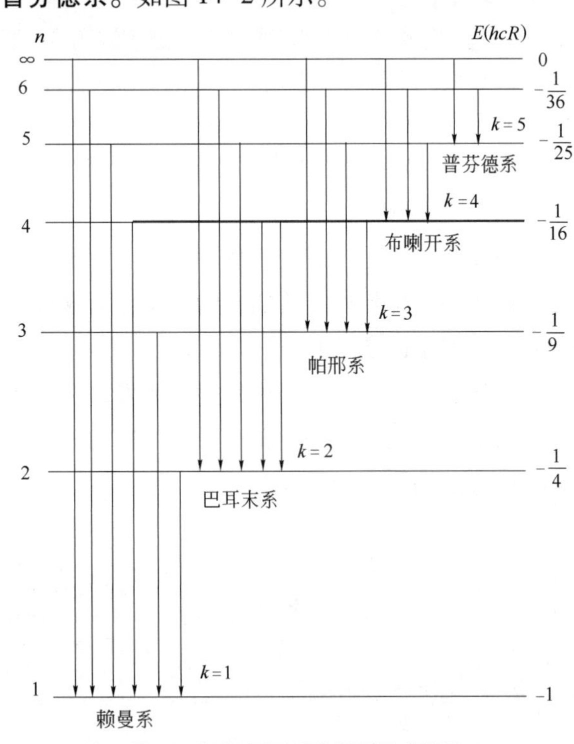

图 14-2 氢原子部分能级及光谱系

二、玻尔的氢原子理论

为了从理论上解释氢原子光谱的规律性，1913 年丹麦物理学家玻尔在卢瑟福的原子核式模型的基础上，把**普朗克**（M. V. Planck，1858—1947 年）和**爱因斯坦**（A. Einstein，1879—1955 年）的量子论和**里德伯**（Rydberg）-**里兹**（W. Ritz，1878—1909 年）的合并原理运用到原子结构的理论中，提出了原子模型的三条基本假设：

1. 定态 电子只能处于一些分立的轨道上，它只能在这些轨道上绕核运动，且不产生电磁辐射。这些状态称为**稳定状态**（stable state），简称**定态**（stationary state）。

2. 频率条件 当电子从一个定态轨道跃迁到另一个定态轨道时，会以电磁波的形式放出（或吸收）能量 $h\nu$，其频率由下式决定

$$\nu = \frac{|E_n - E_k|}{h} \tag{14-3}$$

当 $E_n>E_k$ 时，原子发射光子，当 $E_n<E_k$ 时，原子吸收光子。这个关系称为**玻尔频率条件**（Bohr frequency condition），式中 h 为普朗克常数。

3. 角动量量子化 氢原子中的电子在原子核的库仑场作用下，那些可能存在的状态，应满

足下列条件

$$L = m_e \upsilon r_n = n \cdot \frac{h}{2\pi} = n \cdot \hbar, \qquad n = 1, 2, 3, \cdots \tag{14-4}$$

式中 m_e、υ、r_n 分别为电子的质量、速率、轨道半径；$m_e \upsilon r_n$ 称为电子的**轨道角动量**（orbital angular momentum），也称**轨道动量矩**，常用 L 表示；$\hbar = \frac{h}{2\pi}$ 也称为**约化普朗克常数**。上式表示电子绕核运动的角动量应等于约化普朗克常数 $\hbar$ 的整数倍，即电子轨道运动的角动量是量子化的，n 称为**量子数**（quantum number）。式 14-4 称为**玻尔量子化条件**（Bohr quantization condition）。

按玻尔提出的假说，可以计算氢原子的轨道半径和能级，并在此基础上解释氢原子光谱的规律性。由玻尔的量子化条件 $m_e \upsilon r_n = n \cdot \frac{h}{2\pi}$ 和库仑定律、牛顿定律 $\frac{1}{4\pi\varepsilon_0} \cdot \frac{e^2}{r_n^2} = m_e \frac{\upsilon^2}{r_n}$ 可得出各分立定态的轨道半径 r_n 为

$$r_n = \frac{\varepsilon_0 h^2}{\pi m_e e^2} n^2, \qquad n = 1, 2, 3, \cdots \tag{14-5}$$

当 $n=1$ 时，得出氢原子的最小轨道半径——**玻尔半径**（Bohr radius），通常 a_0 用表示，即：

$$a_0 = \frac{\varepsilon_0 h^2}{\pi m_e e^2} = 5.29 \times 10^{-11}\mathrm{m}$$

不计原子核的运动时，氢原子系统的总能量 E_n 为

$$E_n = E_k + E_p = \frac{1}{2} m_e \upsilon^2 + \frac{-e^2}{4\pi\varepsilon_0 r_n} = -\frac{e^2}{8\pi\varepsilon_0 r_n} = -\frac{m_e e^4}{8\varepsilon_0^2 h^2}\frac{1}{n^2}, \quad n = 1, 2, 3, \cdots \tag{14-6}$$

当 $n=1$ 时，能量最低，是氢原子的**基态**（ground state），为 $E_1 = -1.36\mathrm{eV}$。$n>1$ 的各态，能量比基态高，即外层轨道的能量比基态高，比基态高的各态称为**激发态**（excitation state）。当电子从高能态 E_n 跃迁到低能态 E_k 时，所辐射出的光子的频率为

$$\nu = \frac{E_n - E_k}{h} = \frac{m_e e^4}{8\varepsilon_0^2 h^3}\left(\frac{1}{k^2} - \frac{1}{n^2}\right) \qquad (n > k)$$

又可写成波数表达式

$$\tilde{\nu} = \frac{1}{\lambda} = \frac{\nu}{c} = \frac{m_e e^4}{8c\,\varepsilon_0^2 h^3}\left(\frac{1}{k^2} - \frac{1}{n^2}\right)$$

上式与里德伯公式在形式上完全一致，其中 $R = \frac{m_e e^4}{8c\varepsilon_0^2 h^3} = 1.0973730 \times 10^7/\mathrm{m}$。当考虑到电子与核都在围绕着它们的公共质心而旋转时，里德伯常数的计算值是 $1.096776 \times 10^7/\mathrm{m}$，和光谱学测量值相符，从而为里德伯常数找到了理论依据。将 R 代入式 14-6，可得氢原子的能级公式

$$E_n = -hcR\frac{1}{n^2} \tag{14-7}$$

式中 hcR 称为里德伯能量，$hcR = 2.18 \times 10^{-18}\mathrm{J} = 13.6\mathrm{eV}$。图 14-2 是根据玻尔氢原子理论做出的能级和光谱系图。当电子从外层轨道跃迁到第一轨道时产生赖曼系（$k=1$），跃迁到第二轨道时产生巴耳末系（$k=2$），跃迁到第三轨道时产生帕邢系（$k=3$），依此类推。

第二节 四个量子数

在玻尔的氢原子理论中，人为地用一个量子数来描述氢原子中电子运动的稳定状态。其后，**索末菲**（Arnold Sommerfeld）在推广和发展玻尔理论的过程中，用三个量子数来确定电子的运动状态。量子力学中，这些量子数是在解薛定谔（E. Schrödinger）方程时自然而然地得出的。对于氢原子，由于电子的电势能 $E_p=-\dfrac{e^2}{4\pi\varepsilon_0 r}$，所以薛定谔方程为

$$\frac{\partial^2\Psi}{\partial x^2}+\frac{\partial^2\Psi}{\partial y^2}+\frac{\partial^2\Psi}{\partial z^2}+\frac{8\pi^2 m}{h^2}\left(E+\frac{e^2}{4\pi\varepsilon_0 r}\right)\Psi=0 \qquad (14\text{-}8)$$

式中 r 是电子与处在坐标轴原点的原子核的距离，用直角坐标表示，$r=\sqrt{x^2+y^2+z^2}$。薛定谔方程的解较为复杂，需要较多的数学知识，超出了本课程的范围，我们在此不做介绍。但是应该指出，在解方程的过程中，为了满足波函数的标准化条件，很自然地得出了分立的能级和一系列量子化条件。这些量子化条件分别用主量子数 n、角量子数 l 和磁量子数 m_l 来表征。另外，量子力学的理论和实验指出，电子具有自旋，必须引进自旋磁量子数 m_s 来描述电子的自旋运动。因此在量子力学中，原子中电子的运动状态要由上述四个量子数来决定。

一、能量量子化与主量子数

原子的能量只能是一系列不连续的值，薛定谔方程才有合理的解。这样，可以得出氢原子的能量公式

$$\boxed{E_n=-\frac{me^4}{8\varepsilon_0^2h^2}\frac{1}{n^2}=-\frac{13.6}{n^2}\ (\mathrm{eV}),\qquad n=1,\ 2,\ 3,\ \cdots} \qquad (14\text{-}9)$$

式中 n 称为**主量子数**，这与玻尔理论所推得的公式 14-6 完全一致。

通常把原子中电子的分布分成若干个壳层，主量子数 n 相同的电子属于同一壳层。各个壳层的符号见表 14-1。

表 14-1 壳层的符号

主量子数 n	1	2	3	4	5	6
壳层符号	K	L	M	N	O	P

二、角动量的量子化与角量子数

若以 L 表示电子绕核运动的角动量，则只有当

$$\boxed{L=\sqrt{l(l+1)}\,\frac{h}{2\pi}=\sqrt{l(l+1)}\,\hbar,\qquad l=0,\ 1,\ 2,\ \cdots,\ n-1} \qquad (14\text{-}10)$$

时，薛定谔方程的解才能满足波函数的标准化条件。上式中 l 称为**角量子数**。从上式可以看出，电子绕核运动的角动量只能取一系列分立的、不连续的值：0，$\sqrt{2}\hbar$，$\sqrt{6}\hbar\cdots$。就是说，角动量是量子化的。还可以看出，角动量 L 可能取的值受主量子数 n 的限制。当 n 给定后，L 可以取从 0 到 $n-1$ 共 n 个值。这个结论已为实验所证实。如 $n=2$ 时，可以取 0 和 1 两个值，即 L 可能等于 0，或者是 $\sqrt{2}\hbar$。由此可见，n 相同，即同一壳层中的电子，按角量子数 l 的不同而分成若干个支

壳层，其符号见表 14-2。例如，对于 $n=1$，$l=0$ 的电子用 1s 表示；3d 态则为$n=3$，$l=2$ 的电子等。

表 14-2　支壳层符号

角量子数 l	0	1	2	3	4	5	6
支壳层符号	s	p	d	f	g	h	i

应该指出，在角动量的数值上以及角量子数可以取零值等方面，量子力学的结论与玻尔理论是稍有不同的。实验证明了量子力学的结论更能符合客观事实。这就说明了量子力学的理论更为合理地反映了微观粒子的运动规律。

三、空间量子化与磁量子数

索尔菲发展了玻尔的理论，提出了电子绕核运动的椭圆轨道的假设。他还认为，电子绕核运动的轨道平面在空间的取向是不能任意的，它只能选取一系列特定的方向，称为**空间量子化**。因为电子角动量 $\boldsymbol{L}$ 的方向与轨道平面的法向是一致的，如图 14-3。所以角动量 $\boldsymbol{L}$ 在空间某给定方向的分量也是量子化的。在量子力学里，为了使薛定谔方程有合理的解，必须满足下述条件，角动量 $\boldsymbol{L}$ 的某给定方向（如外场方向，一般取为 z 轴方向）的分量为

$$L_z = m_l\hbar，\ m_l = 0,\quad \pm 1,\quad \pm 2,\ \cdots,\quad \pm l \tag{14-11}$$

式中 m_l 称为**磁量子数**。在 l 给定时，m_l 可以取 $2l+1$ 个可能的值。例如，当 $l=2$ 时，m_l 的可能取值有 0，±1，±2 等 5 个值，就是说角动量 $\boldsymbol{L}$ 在外磁场 z 方向的分量 L_z 有 0，$\pm\hbar$ 和$\pm2\hbar$ 等 5 个可能值。$\boldsymbol{L}$ 的空间取向如图 14-4 所示。

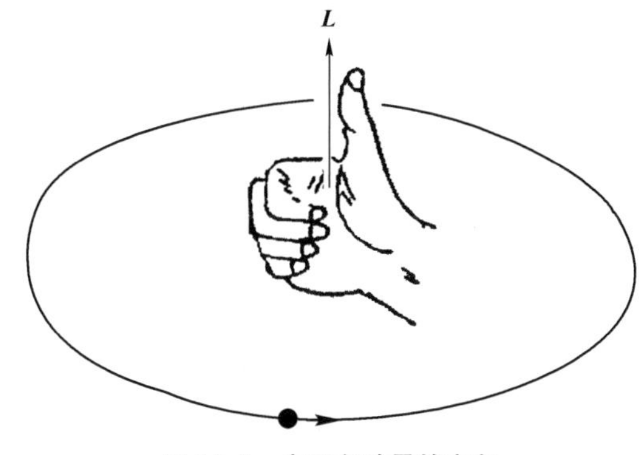

图 14-3　电子角动量的方向

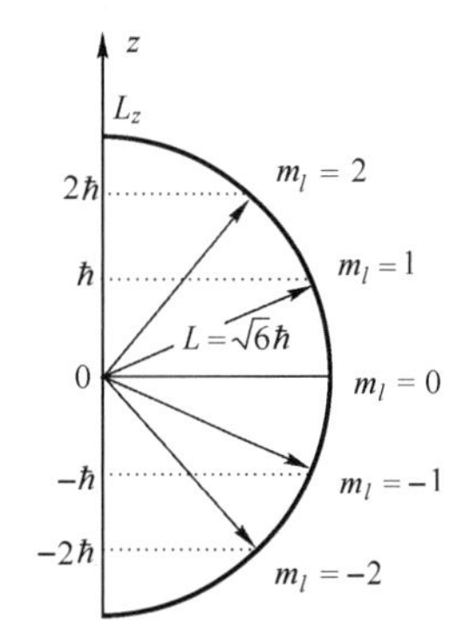

图 14-4　电子角动量的空间取向（$l=2$）

四、电子自旋量子化与自旋磁量子数

上述三个量子数决定了电子绕核运动的状态。但是理论与实验指出，原子中的电子除了绕核运动外，还有绕自身轴线旋转的自旋运动。与电子轨道角动量相似，电子自旋的**角动量 $\boldsymbol{L}_s$** 可以用与式 14-10 相似的形式表示

$$L_s = \sqrt{s(s+1)}\,\hbar，\ s = \frac{1}{2} \tag{14-12}$$

它沿外磁场方向的分量 L_{sz}也与式 14-11 相似

$$L_{sz} = m_s\hbar，\ m_s = \pm\frac{1}{2} \tag{14-13}$$

上两式中，s 称为**自旋量子数**（spin quantum number），m_s 称为**自旋磁量子数**。与轨道运动不同的是，s 的取值只能是$\frac{1}{2}$，就是说，电子自旋角动量 $\boldsymbol{L}_s$ 的大小只能是$\frac{\sqrt{3}}{2}\hbar$。从式 14-13 可以看出，$\boldsymbol{L}_s$ 在外磁场方向的分量只能有两个值：当 $m_s=+\frac{1}{2}$时，$L_{sz}=\frac{1}{2}\hbar$；当 $m_s=-\frac{1}{2}$时，$L_{sz}=-\frac{1}{2}\hbar$。通常把 $\boldsymbol{L}_s$ 的两种取向称为“自旋向上”（$m_s=+\frac{1}{2}$）和“自旋向下”（$m_s=-\frac{1}{2}$），实质上是指 $\boldsymbol{L}_s$ 在 z 方向的分量 L_{sz} 向上和向下，如图 14-5 所示。必须注意自旋角动量 $\boldsymbol{L}_s$ 永远不会指向 z 轴的正方向或负方向。

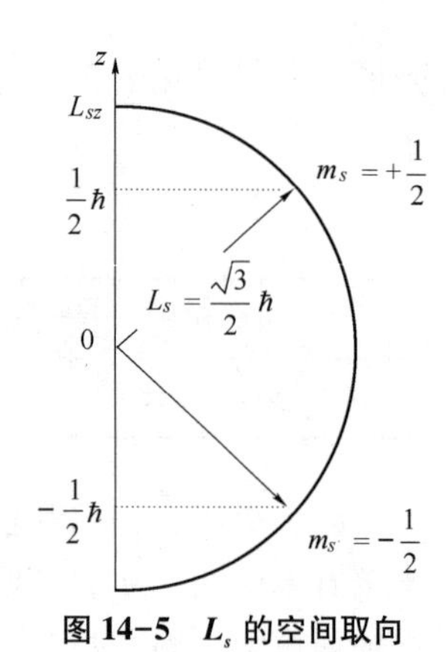

图 14-5 $\boldsymbol{L}_s$ 的空间取向

综上所述，原子中每个电子的运动状态可用量子数 n、l、m_l 和 m_s 来表示。现将这四个量子数的可能取值和作用见表 14-3。

表 14-3 四个量子数

量子数	可能值	作用
主量子数 n	正整数 1、2、3、…	确定原子能量的主要部分
角量子数 l	当 n 给定后，$l=0$，1，2，…，$(n-1)$	确定电子的角动量 L
磁量子数 m_l	当 l 给定后，$m_l=0$，±1，±2，…，$\pm l$	确定角动量 $\boldsymbol{L}$ 沿 Z 方向的分量 L_z
自旋磁量子数 m_s	$\pm\frac{1}{2}$	确定 $\boldsymbol{L}_s$ 沿 Z 方向的分量 L_{sz}

第三节 原子光谱

原子发射光谱中的光子，是一个原子由较高能级跃迁到较低能级时发射的，大量同类原子发射的光子就形成在黑暗背景中的若干条明亮的谱线，成为**原子发射光谱**（atomic emission spectrum），又称为**明线光谱**（bright line spectrum）。原子发射光谱主要是一个价电子受激发到外部空能级后，在外部各个空能级间跃迁或回到原先能级时产生的光谱。价电子由于受到其他电子的屏蔽，它基本上只受到正电荷$+e$ 的作用，所以各个能级与氢原子能级的数量级是相同的，光谱线的波长在可见光或邻近的红外和紫外区域。一价元素的光谱比较简单，但由于角量子数不同的状态具有不同的能量，所以分为若干个谱线系，比氢光谱要复杂些。价电子较多或内壳层未填满的元素，光谱更为复杂。

原子吸收光谱是由于一个价电子吸收一个光子后被激发到高能级时形成的。具有连续光谱的白炽灯光从气体或蒸汽中通过时，在光子被大量吸收的波长处形成一系列暗线，成为**原子吸收光谱**（atomic absorption spectrum），又称**暗线光谱**（dark line spectrum）。太阳光谱中的暗线就是由于从太阳发出连续光谱被太阳外层炽热气体吸收而造成的。同一种元素的暗线光谱的波长与明线光谱相同，因为它们是在同一种原子的两个能级之间的跃迁产生的，但是暗线光谱中的谱线通常远少于明线光谱中的谱线。这是因为原子通常处于基态，所以暗线光谱中通常只有从基态跃迁到激发态的谱线，而没有在各个激发态之间跃迁的谱线。

每种元素都有自己特定的发射光谱和吸收光谱，我们从光谱线的分布情况就可以判定光源或

吸收体中的元素成分，这是光谱分析方法的基本原理。在实际工作中要鉴定某种元素时，并不需要测定它的全部谱线，只要找出几条最明显并且具有代表性的谱线就可以确定这种元素的存在。利用原子吸收光谱也可以鉴定液态样品中的某些金属元素，例如检查人体有无铅中毒时，用受检者的血或尿作为吸收体，它的吸收光谱可以确定其中是否含有铅。医学上应用较多的原子光谱分析方法是把生物样品干燥、灰化、汽化成气态来进行的。光谱分析方法比化学分析方法灵敏得多，可以鉴定 10^{-9}g 的微量元素。

第四节　分子光谱

与原子光谱相比，分子光谱要复杂得多。就波长范围来说，分子光谱可分为：

（1）远红外光谱　波长大于 20μm，直至厘米或毫米的数量级，后者已属微波波谱。

（2）中红外光谱　波长范围为 1.5～20μm。

（3）近红外光谱　波长范围为 0.76～1.5μm。

（4）可见光和紫外光谱　这往往是一个复杂的光谱体系。图 14-6 是分子光谱的示意图。由分开的各光谱线构成光谱带Ⅰ；由若干个光谱带构成光谱带组Ⅱ；由若干个光谱带组构成分子光谱Ⅲ。由于这些光谱线非常密集，以至于用一般的仪器不能分辨出来，而被认为是连续的光谱带。所以常称分子光谱为**带状光谱**（band spectrum），这是与原子光谱在外形上的区别。

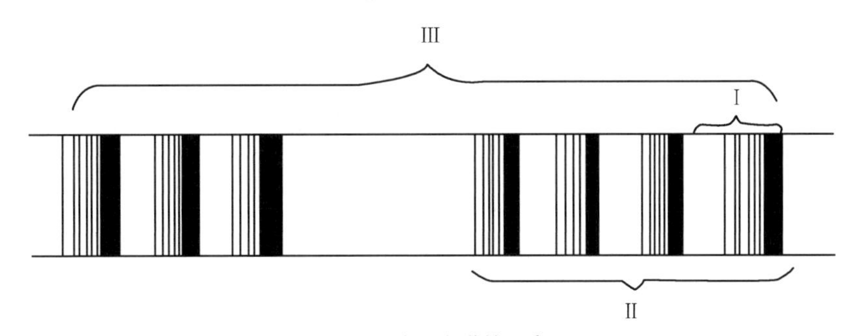

图 14-6　分子光谱的示意图

分子光谱的复杂性是由于分子内部存在着复杂的运动状态。为简单起见，我们的讨论仅限于双原子分子。分子内部的运动可分为三个部分来描述。除了分子绕某一轴线的转动外，还有组成分子的原子间的振动以及电子在各定态能级之间的运动。很明显，这三部分运动的能量组成了分子的总能量 E，即

$$\boxed{E = E_{电} + E_{振} + E_{转}} \tag{14-14}$$

式中 $E_{电}$、$E_{振}$ 和 $E_{转}$ 分别为电子定态的能量、原子振动的能量和分子转动的能量，这些能量都是量子化的。

当分子由高能态 E_2 跃迁到低能态 E_1 时，就发出光子；相反，吸收了光子，分子将从低能态 E_1 跃迁到高能态 E_2。发射或吸收光子的能量由下式决定

$$h\nu = E_2 - E_1 = \Delta E_{电} + \Delta E_{振} + \Delta E_{转} \tag{14-15}$$

$\Delta E_{电}$、$\Delta E_{振}$、$\Delta E_{转}$ 分别代表分子跃迁时，电子能量、振动能量、转动能量的改变量。且由分子光谱的研究表明：$\Delta E_{电}>\Delta E_{振}>\Delta E_{转}$。一般 $\Delta E_{电}$ 在 1～20eV 之间，$\Delta E_{振}$ 在0.05～1eV之间，$\Delta E_{转}$ 往往小于0.05eV。

现我们以双原子分子为例，简要地介绍它们的各个能级。

一、分子的转动能级和转动光谱

设组成分子的原子质量分别是 m_1 和 m_2，彼此相距为 r，它们距质心的距离分别是

$$r_1=\frac{m_2}{m_1+m_2}r,\qquad r_2=\frac{m_1}{m_1+m_2}r$$

当它们绕通过质心并垂直两原子之间的连线的轴转动时，则分子的转动动能 $E_{转}$ 及角动量 $L_{转}$ 分别为

$$E_{转}=\frac{1}{2}(m_1r_1^2+m_2r_2^2)\omega^2=\frac{1}{2}I\omega^2,\qquad L_{转}=m_1r_1^2\omega+m_2r_2^2\omega=I\omega$$

按照量子力学中角动量的量子化条件

$$L_{转}=\sqrt{J(J+1)}\,\hbar,\qquad J=0,1,2,\cdots \tag{14-16}$$

其转动动能只能取下列分立值

$$E_{转}=\frac{L^2}{2I}=\frac{h^2}{8\pi^2I}J(J+1),\qquad J=0,1,2,\cdots \tag{14-17}$$

通常用常数 $B=\dfrac{h}{8\pi^2Ic}$表示，则上式可写为

$$E_{转}=hcBJ(J+1),\qquad J=0,1,2,\cdots \tag{14-18}$$

式中 c 为光速。由此可见，对于给定的双原子分子，转动能级 $E_{转}$ 是随**转动量子数** J（rotational quantum number）而变化的。当 $J=0$，1，2，…时相应的能量值为 0，$2hcB$，$6hcB$，…能级之间的间隔随着 J 的增大而变大。如图 14-7（a）所示。

和原子能级间的跃迁一样，分子在转动能级间发生跃迁时，就发射或吸收一个光子。但这种跃迁必须符合**选择定则**（selection rule）：$\Delta J=\pm1$，即转动能级的跃迁，只能在相邻两能级之间进行。当 $\Delta J=+1$ 时，即从低能级 J 跃迁到相邻的高能级 J'，这是吸收的过程。反之，当 $\Delta J=-1$ 时，表示发射的过程。吸收或发射光子的能量为

$$h\nu=E_{转J'}-E_{转J}=hcB[J'(J'+1)-J(J+1)]=hcB2J' \tag{14-19}$$

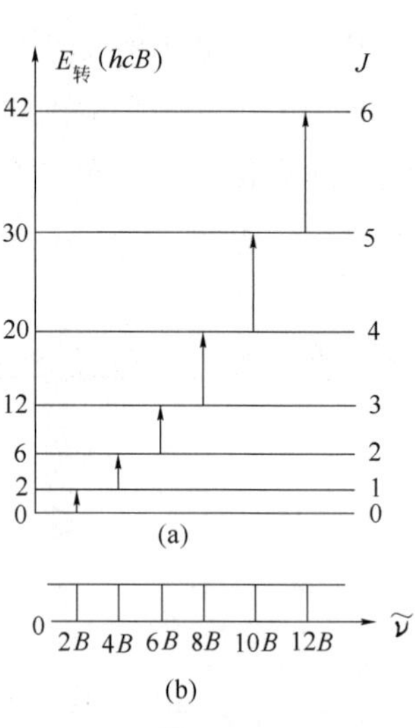

图 14-7

（a）双原子分子的转动能级

（b）转动吸收谱线

如果用波数 $\tilde{\nu}$ 表示谱线，则

$$\tilde{\nu}=\frac{\nu}{c}=2BJ',\qquad J'=1,2,3,\cdots \tag{14-20}$$

式中 J'为高能级的转动量子数，故 $J'\neq0$。这样，可以得出一系列谱线，其波数依次为 $2B$、$4B$、$6B$…，相邻两谱线的波数差为 $2B$。所以双原子分子的转动光谱在波数的标尺上为匀排光谱。如图 14-7（b）。只要测出谱线的间隔，就可算出 B 值，从而求出分子的转动惯量 I。

从公式 14-20 可以看出，转动光谱谱线的波数是与 B 成正比的，而 B 又和分子的转动惯量 I 成反比。一般说来，轻的分子的转动惯量较小，B 值就较大，谱线的波数也较大，波长就较短，它们的转动光谱一般落在远红外区。相反，重分子的 I 较大，转动光谱谱线的波长较长，往往落在微波波段。

二、分子的振动能级和振转光谱

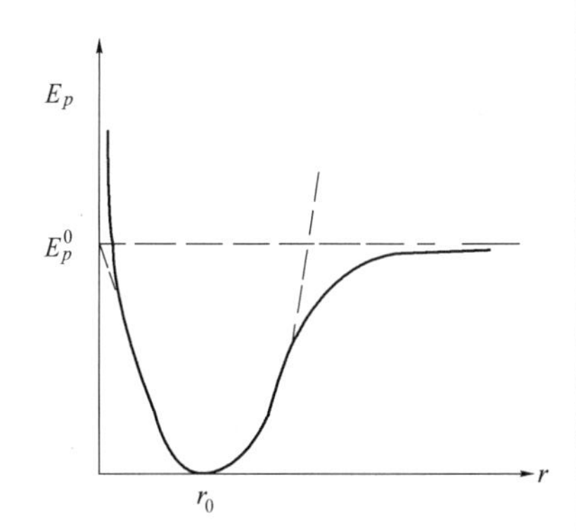

图 14-8　势能 E_p 与 r 的关系

双原子分子中两个原子的振动，是在两原子平衡距离 r_0 附近进行的。若两原子间距大于 r_0 时，引力大于斥力，则随着距离的增大引力趋向于零。若两原子间的距离小于 r_0 时，斥力大于引力，则随着距离的变小斥力急剧上升。系统的势能 E_p 与 r 的关系如图 14-8 所示。在 r_0 附近，势能曲线接近于抛物线，这时原子间的作用力近似于准弹性力 $f=-k(r-r_0)$，其中 k 为原子间相互作用的**力常数**（force constant），m 为双原子分子的**折合质量**（reduced mass）；在此力作用下，在平衡距离附近质量为 m 的谐振子，其固有振动频率为 $\nu_0=\dfrac{1}{2\pi}\sqrt{\dfrac{k}{m}}$。按照量子力学求解定态薛定谔方程，可计算出这种系统振动的能量为

$$E_{振}=\left(v+\frac{1}{2}\right)h\nu_0,\qquad v=0,1,2,3,\cdots \tag{14-21}$$

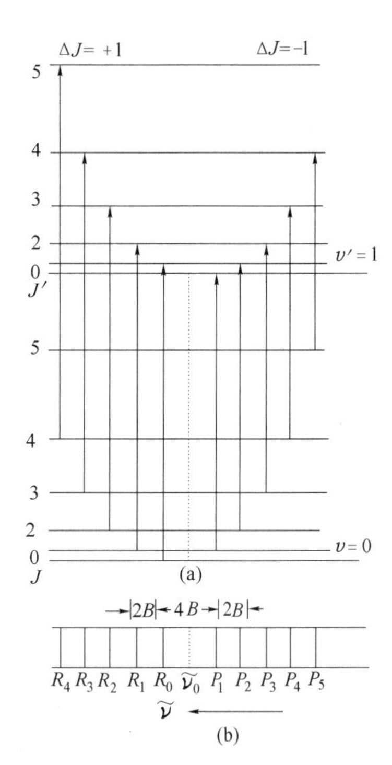

图 14-9

（a）双原子分子振转能级与跃迁；

（b）与跃迁相应的吸收谱线

其中，v 为**振动量子数**（oscillational quantum number）。由此可见，在平衡位置附近做微幅振动时，分子振动能级间的距离相等，都等于 $h\nu_0$；最低振动能级的振动能量不为零而是 $\dfrac{1}{2}h\nu_0$，它表明在任何情况下原子都不可能静止不动，只是其振幅大小有所不同而已。若原子间振幅加大，势能曲线不再是抛物线，能级间隔就要随着 v 的增大而减小。当核间距离很大时，能级水平线趋近于 E_p^0，这是使一个分子离解时的势能值。量子力学还指出，由于原子间作用力不完全是准弹性力，振动能级的跃迁在 $\Delta v=\pm1$、±2、$\pm3\cdots$ 都是允许的。

一般说来，双原子分子的振动状态改变时，总有伴随着转动能级的跃迁。前面已经指出，振动能级间的能量差在 0.05～1eV 之间，而转动能级间的能量差甚小于 0.05eV。这样在每一振动能级上就叠加了一系列转动能级。图 14-9（a）画出了与相邻两个振动能级 v' 和 v 上叠加的转动能级 J' 和 J。在不考虑电子定态的能量时，分子振动和转动的能量将由下式决定

$$E=E_{振}+E_{转}=\left(v+\frac{1}{2}\right)h\nu_0+hcBJ(J+1)$$

当分子吸收了能量为 $h\nu$ 的光子后，从 $E_{振}+E_{转}$ 的状态跃迁到 $E'_{振}+E'_{转}$ 的状态，则光子的能量为

$$h\nu=(E'_{振}-E_{振})+(E'_{转}-E_{转})=(v'-v)h\nu_0+hc[B'J'(J'+1)-BJ(J+1)]$$

应该指出，对于不同振动能级，两原子核的平均间距稍有差异。因此，B 值是不同的，但相差甚微，在近似计算中可以认为 $B'=B$。于是吸收谱线的波数为

$$\tilde{\nu}=\frac{\nu}{c}=(v'-v)\tilde{\nu}_0+B[J'(J'+1)-J(J+1)] \tag{14-22a}$$

式中 $\tilde{\nu}_0=\frac{\nu_0}{c}$，称为**基线波数**（base line wave number），即分子作纯振动跃迁时所得谱线的波数。按照量子力学的选择法则，转动能级的跃迁只限于相邻能级之间进行，即 $\Delta J=\pm1$ 是许可的。我们假定 $\Delta v=v'-v=1$，即振动状态从低能级v跃迁到相邻的高能级v'。与此同时，转动能级的跃迁有下述两种情况：

（1）当 $\Delta J=+1$，即 $J'=J+1$，代入式 14-22a 得出一组谱线，其波数为

$$\tilde{\nu}=\tilde{\nu}_0+2B(J+1),\qquad J=0,1,2,\cdots \tag{14-22b}$$

这组谱线的波数 $\tilde{\nu}>\tilde{\nu}_0$，称 ***R* 支谱线**（R-branch spectral line）。

（2）当 $\Delta J=-1$ 时，即 $J'=J-1$，代入式 14-22a，得出一组谱线，其波数为

$$\tilde{\nu}=\tilde{\nu}_0-2BJ,\qquad J=1,2,3,\cdots \tag{14-22c}$$

这组谱线的波数 $\tilde{\nu}<\tilde{\nu}_0$，称 ***P* 支谱线**（P-branch spectral line）；这里 $J\neq0$，否则 $J'=J-1=-1$，这是不可能的。

综上所述，双原子分子的振转光谱一般可分为 *P* 支和 *R* 支两组谱线，以基线波数 $\tilde{\nu}_0$ 为中心对称地分布着。这是因为根据跃迁的选择规则，ΔJ 只能取±1 两个值，而 $\Delta J=0$ 是禁止发生的。因此，一般说来，在双原子分子的振转吸收光谱中，$\tilde{\nu}_0$ 处的谱线是不会出现的。在图 14-9（b）中留有空位，很易认出。

从图 14-9（b）和公式 14-22 都可以看出，不论 *P* 支还是 *R* 支，相邻两谱线的波数间隔都是 $2B$，而 *P* 和 *R* 两支谱线的波数间隔却为 $4B$。这是近似计算的结果，实际上是稍有差别的。

三、分子的电子振转能级和光谱

分子中电子的运动也和原子中的电子一样，具有一系列分立的能级。这些能级间的能量差在 1～20eV 的范围内，比振动能级间的能量差大很多，比转动能级间的能量差更大。这些能级相互叠加，如图 14-10 所示。分子中电子在其定态能级之间发生跃迁时，振动和转动的状态也随着改变。这就造成了分子光谱的复杂性。当分子在两能级之间发生跃迁时，发射或吸收光子的能量是由式 14-15 决定的，即

$$h\nu=\Delta E_{电}+\Delta E_{振}+\Delta E_{转}$$

这里电子定态能量的改变量 $\Delta E_{电}$ 为最大，它决定了谱带组所在的区域，一般将落在可见光或紫外区。振动能量的改变量 $\Delta E_{振}$ 比 $\Delta E_{电}$ 要小得多，它的变化仅能引起谱带组中各谱带位置的改变。转动能量的改变量 $\Delta E_{转}$ 最小，它决定了谱带的精细结构，即谱带中各谱线的位置。由于 $\Delta E_{转}$ 甚小，形成的谱线非常密集，连成了谱带。由此可见，在分子的电子能级上叠加了振动能级和转动能级，是造成分子光谱比原子光谱更为复杂的根本原因。

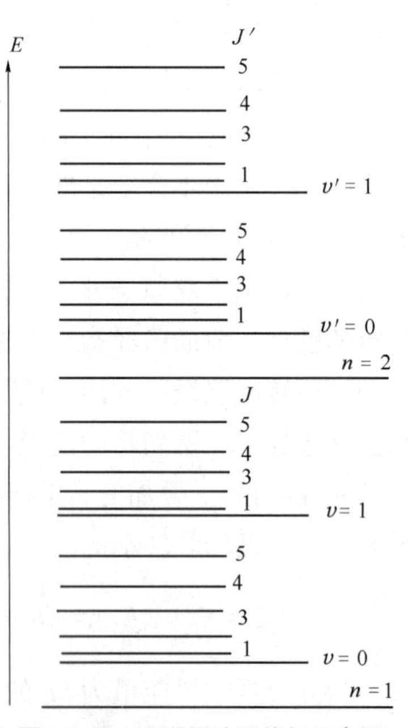

图 14-10　双原子分子能级示意图

在分子光谱分析中，通常是用吸收光谱进行的。因为在加热或放电的激发过程中，许多分子，特别是结构复杂的分子将会发生分解，因而得不到它的发射光谱，而吸收光谱的观测是在常温下进行的。和原子吸收光谱一样，分子吸收光谱的谱带一般要比分子发射光谱少些，这是因为在常温下的分子多数处于基态。

吸收光谱，特别是紫外和红外吸收光谱的分析和研究，在中草药的生产和科研中的应用是非常广泛的。因为各种物质都有自己的特征吸收光谱。这一性质给我们提供了一种鉴别中草药的方法；也可以鉴定中草药的化学成分。应用分光光度法，还可以测定溶液的浓度或物质的含量。特别要指出的是红外吸收光谱的分析和研究，为我们获得很多有关分子结构的信息。例如，通过红外吸收光谱，可以测定分子的键长与键角；根据测得的力常数可以推知化学键的强弱等。分子吸收光谱与化合物的组成有关，就是说，组成分子的基团都具有自己特定的吸收峰，利用这些特征吸收峰，可以证实某些基团的存在。而各种基团的特征吸收峰有标准图谱和表格可供查阅。

第五节　激　光

激光是“受激辐射光放大”的简称，激光又名**镭射**（laser）。它是20世纪60年代发展起来的一种新型的光源。由于激光的特殊优点，激光器发展得非常快，激光在医药方面的应用也日益广泛。本节对激光的原理、激光的特点、激光器及激光在医药方面的应用作简单的介绍。

一、激光产生的原理

（一）受激辐射

粒子（原子、分子或离子）从较高的能级向较低的能级跃迁时，要释放出能量。释放能量的形式有两种：一种是把能量转变为粒子的热运动能量而不产生任何辐射，此过程称为**无辐射跃迁**（radiationless transition）；另一种是以发射电磁波的形式释放出来，称为**辐射跃迁**（radiative transition），所辐射光波的频率为

$$\boxed{\nu=\frac{E_2-E_1}{h}} \tag{14-23}$$

在正常情况下，绝大多数粒子处于基态。为使粒子产生辐射跃迁，首先要以外来能量使粒子处于激发态。将粒子从基态能级不断地激发到高能态上去，这一过程称为**抽运**（pumping）。通常是用其他粒子的碰撞、光照、加热或化学变化等办法来完成抽运工作的。处于能级为 E_1 的粒子，当受到频率符合式14-23的光子作用后该粒子就能吸收该光子的全部能量而从 E_1 激发到 E_2，此过程称为**受激吸收**（stimulated absorption）或**共振吸收**（resonance absorption），如图14-11（a）所示。处于激发态 E_2 的粒子跃迁到较低能级 E_1 而产生辐射时，通常有两种跃迁方式：一种是粒子自发地从激发态向较低能态跃迁，同时放出一个光子，此过程称为**自发辐射**（spontaneous radiation），如图14-11（b）所示。各粒子自发辐射的光波间无固定的相位关系，是非相干的。普通光源发出的光主要是由自发辐射产生的；另一种是处于激发态的粒子受到外来光子的诱导而产生的向低能级的跃迁，称为**受激跃迁**（stimulated transition），受激跃迁而产生的辐射称为**受激辐射**（stimulated radiation），如图14-11（c）所示。**受激辐射产生的光子与外来光子具有完全相同的特性，即相同的频率、相同的相位、相同的传播方向和相同的偏振方向**。于是，受激辐射过程使原来的一个光子变成性质完全相同的两个光子。如果这两个光子在传播过程中分别诱导两个原来处于高能级的粒子，又能引起受激辐射，如此进行下去发射的光子束越来越多，造成了光放大作用。这种由于受激辐射而得到的加强的光就是激光。**受激辐射是产生激光的重要基础**。

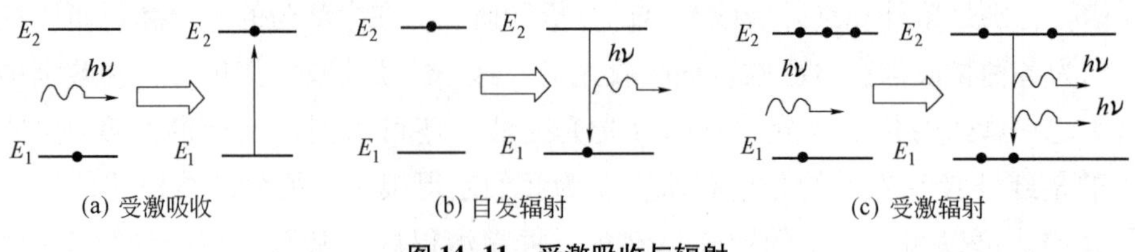

图 14-11　受激吸收与辐射

（二）粒子数反转

受激辐射过程与受激吸收过程是同时存在的。受激辐射可使一个光子变成两个光子，从而实现光放大，而受激吸收则是吸收光子使光变弱。激光器正常工作的首要条件是使受激辐射过程占主导地位。受激辐射和受激吸收究竟哪一种过程占主要地位，取决于工作介质处于高能态的粒子数多，还是处于低能态的粒子数多。以 N_1 表示单位体积中处于低能态的粒子数，N_2 表示单位体积中处于高能态的粒子数。只有当 $N_1<N_2$ 时，受激辐射才占主导地位，从而光得以放大。但是，在正常情况下，物质中处于基态的粒子数最多，处于高能态的粒子数非常少。这是因为基态粒子的能量最低，最为稳定，这种分布称为粒子数目按能级的正常分布。显然，这种正常分布是不利于受激辐射的。为了使受激辐射占主导地位，必须使处在高能级上的粒子数多于处在低能级上的粒子数，这是与粒子数的正常分布相反的，称为**粒子数反转**（population inversion）。**粒子数反转是实现光放大的先决条件。**

能否实现粒子数反转与工作介质的物质结构及其性质有密切关系。粒子停留在高能级的平均时间称为该能级的**平均寿命**（average lifetime），由于粒子内部结构的特殊性，各能级的平均寿命是不同的。高能级的平均寿命一般都很短，是 10^{-8}s 数量级，但也有一些能级的平均寿命很长，可达几毫秒。这些平均寿命长的能级称为**亚稳能级**（metastable energy level）或**亚稳态**（metastable state）。在图 14-12 的能级图中，设 E_2 是亚稳能级，利用外来能量抽运的结果，使粒子激发到高能级 E_3 上，如果 E_3 能级的寿命很短，就很快地跃迁到 E_1 或 E_2 的能级上。只要源源不断地提供用于抽运的外来能量，处于 E_1 能级的粒子就会不断地跃迁到 E_3 能级。由于 E_2 能级的粒子寿命长，处于 E_2 能级的粒子数目就会越来越多。最后超过处于 E_1 能级的粒子数，实现了 E_1 和 E_2 能级间的粒子数反转。这时若受到光子的作用，在 E_2 和 E_1 能级间就产生以受激辐射为主的辐射。由此可见粒子存在亚稳能级又是实现粒子数反转的先决条件。并不是所有的物质都具有亚稳态，因而不是一切物质都可以做激光的工作介质。

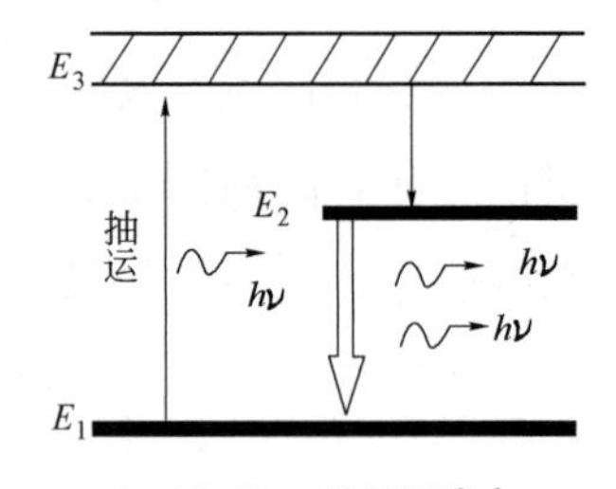

图 14-12　利用亚稳态实现粒子数反转

（三）光学谐振腔

仅有粒子数反转还不能产生激光。引起受激辐射的最初光子来自自发辐射，而自发辐射产生的光子，无论是发射方向还是相位都是无规则的。这些传播方向和相位杂乱无章的光子引起受激辐射后，所产生的强度放大了的光波仍然是向各个方向传播的，而且各有各的相位。为了能产生激光，选择传播方向和频率一定的光信号作最优先的放大，而把其他方向和频率的光信号加以抑制。为达此目的，可在工作介质的两头分别放置两块相互平行并与工作介质的轴线垂直的全反射镜和部分反射镜，这两块反射镜与工作介质一起构成了所谓光学**谐振腔**（resonant cavity）。凡是不沿谐振腔轴线方向运动的光子均很快逸出腔外，与工作介质中的粒子不再有什么接触。但沿轴

线运动的光子可在腔内继续前进，并经两镜的反射不断地往返运行。它们在腔内运行时，不断碰到受激粒子而产生受激辐射。于是沿轴线方向运动的光子不断地增殖，在谐振腔内形成了传播方向均沿轴线且相位完全一致的强光束即激光，并透过部分反射镜输出。所以，光学谐振腔是产生激光的必要条件，它的作用是维持光振荡，实现光放大。

（四）阈值条件

工作介质单位体积内处于高能级的粒子数与处于低能级的粒子数之差称为**反转密度**（inverted density）。反转密度越大，光放大的增益也就越高。在光子增殖的同时，还存在光子减少的相反过程，称为**损耗**（loss），损耗出自多方面的原因，如反射镜的透射和吸收，介质材料的不均匀所引起的散射等。显然，只有当光在谐振腔来回一次所得的增益大于同一过程中的损耗时，才能维持振荡，外界提供的能量越大，反转密度也越大。因而外界所提供能量的大小存在一个维持振荡的阈值，称为**能量阈值**（energy threshold）。只有外界提供的能量超过阈值时，才能维持振荡，从而输出激光。

二、激光的特点

与一般光源相比，激光具有下列特点：

1. 单色性纯　所有单色光源发出的光，其波长并不是单一的，而是有一个波长范围，用谱线宽度来表示。谱线宽度越窄，光的单色性越纯。在激光出现之前，氪灯的单色性最纯，其谱线宽度约为 10^{-4}nm。氦氖激光器发射的激光的谱线宽度只有 10^{-8}nm，为氪灯的万分之一。

2. 方向性好　这是因为在光学谐振腔的作用下，只有沿轴向传播的光才能不断地得到放大，形成一束平行传播的激光输出。一般激光器输出的激光束的发散角的数量级为 mrad。在采用特殊措施后，可使发散角小于 0.1mrad。由于方向性好，激光可用于雷达、定位、导向和通信等。

3. 亮度高、强度大　激光方向性好这一特性，带来了激光的高亮度和被照面的高辐射度。一台 10mW 的医用 He-Ne 激光器发出的弱激光，其辐射亮度比太阳表面的辐射亮度高出四个数量级。对于同一光束，强度与亮度成正比；又由于激光的方向性好而能被聚焦成很小的光斑，故激光的光强度比普通光大得多。在聚焦成微米级的光斑处可产生 10^6℃的高温，10^6atm 的高压。

4. 相干性好　由于激光是一束同频率、同相位和同振动方向的光，因而是相干光。一般光源都是非相干光源。

实际上，这四性本质上可归结为一性，即激光具有很高的**光子简并度**（photon degeneracy）。也就是说激光可以在很大的相干体积内有很高的相干光强。

三、激光器

自 1960 年美国的梅曼博士发明第一台红宝石激光器以来，到目前为止已发现了数万种材料可以用来制造激光器。按工作介质材料的不同，激光器大致可分为固体激光器、液体激光器、气体激光器和半导体激光器四大类。这些不同种类的激光器所发射的波长已达数千种，例如：红宝石激光器属于固体激光器，氦-氖激光器属于气体激光器，染料激光器属于液体激光器，砷化镓（GaAs）激光器属于半导体激光器。

1. 红宝石激光器　这种激光器以红宝石棒为工作介质。红宝石棒是掺有 0.05%铬离子的三氧化二铝晶体。棒的两个端面精密磨光，平行度极高，一端镀银，成为全反射面，另一端镀薄银层，透射率为 1%～10%，构成光学谐振腔。Cr^{3+}在红宝石中的能级见图 14-13。E_1 是基态能级，

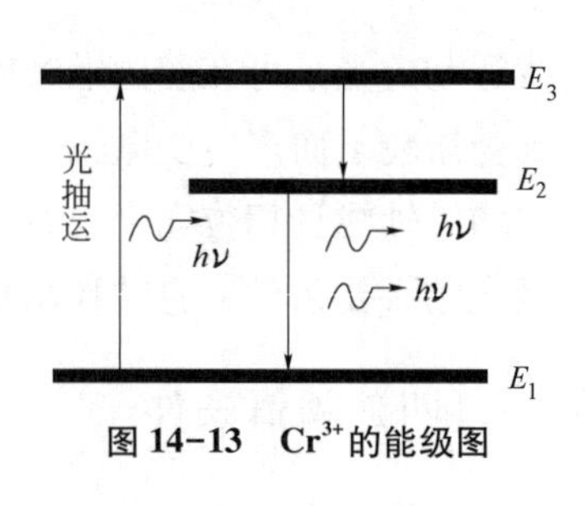

图 14-13 Cr^{3+}的能级图

E_2 是亚稳态能级。红宝石激光器是用氙放电管发出的闪光进行抽运的。每次闪光的时间为数毫秒。在脉冲型的强光照射下，红宝石中处于基态 E_1 的大量铬离子被激发到激发态 E_3。E_3 的平均寿命很短，约为 10^{-9}s。因此，这些铬离子很快就落入亚稳态 E_2，由于 E_2 的平均寿命较长，约为 3ms，是激发态 E_3 的 6 万倍，这样处于亚稳态 E_2 的铬离子数目大大超过处于基态的离子数，形成了粒子数反转。在谐振腔的作用下，轴向传播的光束来回振荡，不断得到放大，形成了激光输出。

2. 氦-氖激光器 氦-氖激光器是气体激光中研究得最为成熟，目前使用最广泛的气体激光器之一。其工作介质是封闭在放电管的氦和氖的混合气体，其中氦的气压约 1mmHg。氦氖气压比为 5∶1～10∶1。图 14-14 是 He-Ne 原子能级的简图。当激光管通电后，放电管的两极间加上了几千伏的高压，处于基态的 He 原子与被电场加速的自由电子碰撞而激发到 2^1S_0 和 2^3S_1 两个亚稳态能级上，并在这两个能级上积累起来；处于亚稳态能级 2^1S_0 和 2^3S_1 上的 He 原子与处于基态的 Ne 原子碰撞，使 Ne 原子激发到 $2s_2$ 和 $3s_2$ 能级上。这种激发过程称为能量共振转移。Ne 原子在高能级 $3s_2$ 能级寿命为 96ns，$2s_2$ 能级寿命为 20ns，而处在 $2p_4$ 和 $3p_4$ 能级上的 Ne 原子是不稳定的，通过自发辐射的方式便跃迁到 $1s$ 能级上，再通过向管内壁扩散和其他原子碰撞回到基态。这样就在 $3s_2$ 和 $2p_4$、$3p_4$ 之间，$2s_2$ 和 $2p_4$ 之间发生粒子数反转，当发生 $3s_2 \rightarrow 2p_4$，$2s_2 \rightarrow 2p_4$ 和 $3s_2 \rightarrow 3p_4$ 等跃迁时则分别产生632.8nm、1152nm 和 3391nm 等波长的激光。可见，氦-氖激光器的激光是由氖原子所产生的，氦原子的作用只是传输能量以造成氖的粒子数反转。在管的两端装有反射镜，其中一块反射镜的反射率为 99.6%，另一块为 97.2%，组成光学谐振腔。氦-氖激光器，如图 14-15 所示。

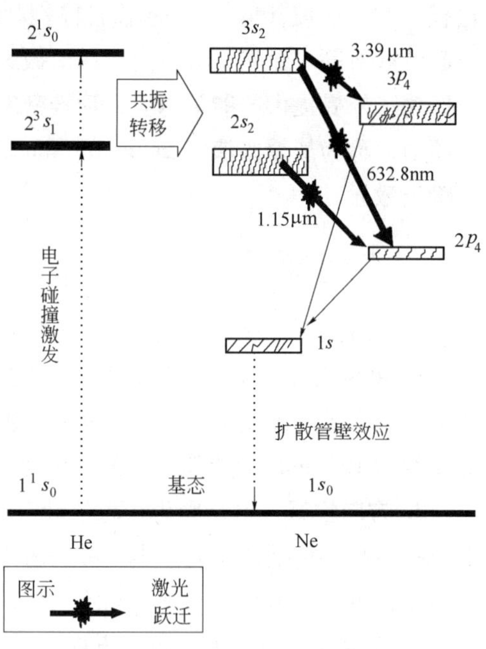

图 14-14 He-Ne 原子能级的简图

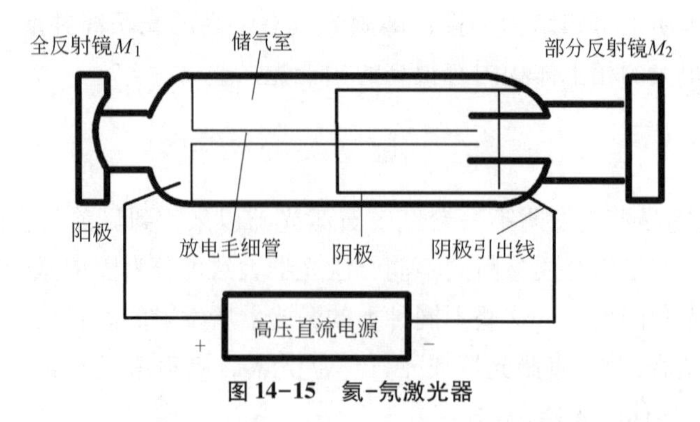

图 14-15 氦-氖激光器

四、激光在医药学上的应用

激光在医药学上的应用很多，主要是利用它的方向性和高强度两大特点。在中草药的分析工作中也应用激光，比如用激光拉曼光谱分析中草药成分，用激光束鉴定中草药的真伪优劣等。

五、激光的安全防护

激光对人体可能造成的危害有两类。一类是直接危害，即超阈值的激光照射将对眼睛、皮肤、神经系统以及内脏造成损伤。另一类是与激光器有关的危害，即电损伤、噪声、软 X 射线以及泵或管的爆裂等。为此在使用过程中应采取相应的安全防护措施。

知识链接 14

尼尔斯·亨利克·大卫·玻尔（Niels Henrik David Bohr，1885—1962年），丹麦物理学家，哥本哈根学派的创始人。玻尔于 1885 年 10 月 7 日出生丹麦哥本哈根一知识分子家庭。于 1913 年综合了马克斯·卡尔·欧内斯特·路德维希·普朗克的量子理论，爱因斯坦的光子理论和 E·卢瑟福的原子模型，提出了新的原子模型，即后来被称玻尔理论。这一理论成功地解释了氢光谱，并排出了新的元素周期表。他热爱祖国，以他的决心和胆识，谢绝各种外来的高薪聘请，在一个人口不到五百万的丹麦国建立起物理学的国际中心，把哥本哈根建成了物理学家“朝拜的圣地”。他的一生就是不断地进取和创造，为后来人树立了光辉的榜样。

小　结

这一章主要讨论了氢原子光谱的规律性、玻尔的氢原子理论、四个量子数、原子光谱、分子光谱和激光。

1. 氢原子光谱的规律性　氢原子光谱是线状光谱，可综合为一个公式表示。即

$$\tilde{\nu} \equiv \frac{1}{\lambda} = R\left(\frac{1}{k^2} - \frac{1}{n^2}\right) = T(k) - T(n) \qquad n = k+1,\ k+2,\ k+3\cdots$$

$k=1$，2，3，4，5 时，表示式分别为赖曼系、巴耳末系、帕邢系、布喇开系、普芬德系。

玻尔的氢原子假说：①原子中的电子只能处在一系列分立的轨道上绕核转动，且不产生电磁辐射。②当电子从一个定态轨道跃迁到另一个定态轨道时，会以电磁波的形式放出（或吸收）能量，其能量由 $h\nu=|E_n-E_k|$ 决定。③氢原子中电子的轨道角动量，应满足条件：$L=m_e v r_n=n\cdot\hbar$，$n=1$，2，3…即电子运动的轨道角动量是量子化的。

2. 四个量子数　量子力学研究表明，原子中电子的运动状态要由四个量子数来决定：

量子数	可能值	作用
主量子数 n	正整数 1，2，3，…	确定原子能量的主要部分
角量子数 l	当 n 给定后，$l=0$，1，2，…，$(n-1)$	确定电子的轨道角动量 L
磁量子数 m_l	当 l 给定后，$m_l=0$，±1，±2，…，$\pm l$	确定轨道角动量 $\boldsymbol{L}$ 沿 Z 方向的分量 L_z
自旋磁量子数 m_s	$\pm\frac{1}{2}$	确定 $\boldsymbol{L}_s$ 沿 Z 方向的分量 L_{sz}

3. 原子光谱与分子光谱　原子光谱的特点是线状光谱，原子由较高能级跃迁到较低能级时发射的光谱是明线光谱，价电子吸收一个光子后被激发到高能级时形成的光谱是暗线光谱。分子

光谱是带状光谱，它比原子光谱要复杂得多。分子的总能量由分子的转动能量、分子的振动能量和电子的某一定态能量所决定，即 $E=E_{电}+E_{振}+E_{转}$。

4. 激光 激光是“受激辐射光放大”的简称，要产生激光必须具备受激辐射、发生粒子数的反转、满足一定条件的光学谐振腔和满足一定的阈值条件。

激光的特点是：①单色性纯；②方向性好；③亮度高、强度大；④相干性好。因此，激光可用于医疗和药物分析研究等方面。

习题十四

14-1 确定电子运动状态的四个量子数是什么？

14-2 根据里德伯方程，试求巴耳末线系的最短和最长的谱线的波长。

14-3 简述玻尔关于氢原子模型的基本假设。

14-4 氢原子中电子从第二轨道跃入第一轨道和从第三轨道跃入第二轨道时，所辐射的能量哪个大？

14-5 电子的自旋量子数 $s=\frac{1}{2}$，则电子自旋角动量是多少？在外磁场中，自旋角动量沿磁场方向的分量是多少？

14-6 在氢光谱的帕邢系中，有波长为 1281.8nm 和 1875.1nm 的两条谱线，试求它们的电子是从量子数为何值的轨道上跃迁而产生的？

14-7 原子光谱和分子光谱各有何特点？

14-8 激光的特点及产生条件是什么？

14-9 设氢原子处于 $n=2$ 的激发态，则其能激发受激辐射的光子的频率是多少，其自发辐射光子的频率是多少？

14-10 设氢分子的两个原子之间的距离为 0.065nm，转轴通过质心并且垂直于两个原子的连线，求此时氢原子的转动惯量和最低的两个转动能级的大小。

立德树人 6 中国物理学研究的“开山祖师”吴有训

吴有训（1897—1977 年），江西高安人，中国物理学研究的“开山祖师”，物理学家、教育家，也是中国近代物理学研究的开拓者和奠基人之一。

1920 年 6 月，毕业于南京高等师范学校数理化部；1925 年获美国芝加哥大学博士学位，师从康普顿教授，毕业后留校从事物理学研究和教学；回国后，1945 年 10 月任中央大学（今南京大学）校长；1948 年当选为中央研究院院士；1950 年 12 月任中国科学院副院长；1955 年被选聘为中国科学院学部委员。

吴有训的贡献主要体现在对 X 射线的研究，特别是对 X 射线的散线和吸收等方面的研究。20 世纪 20 年代，在 X 射线散射研究中，以系统、精湛的实验和精辟的理论分析为康普顿效应的确立和公认做出了贡献。回国后开创了 X 射线散射光谱等方面的实验和理论研究，创造性地发展了多原子气体散射 X 射线的普遍理论。吴有训先后在多所高校任教，钱三强、钱伟长、杨振宁、邓稼先、李政道等学者都曾是他的学生，吴老为中国物理学人才培养做出了突出贡献。

第十五章 原子核物理基础

扫一扫，查阅本章数字资源，含PPT、音视频、图片等

【教学要求】

1. 了解原子核的组成与基本性质。
2. 理解核磁共振与顺磁共振的基本原理， 了解核磁共振的探测方法及其在药学上的应用。
3. 理解原子核的衰变类型， 掌握原子核的衰变规律。
4. 了解放射线的防护和放射性在医药学上的应用。

原子核物理是研究原子核的结构、性质和相互转换的科学。19 世纪末，天然放射性的发现，显示出了原子核是一个复杂的系统，导致人类对物质结构的探讨深入到原子核的内部。核理论与核技术的发展，把人类社会带进原子能时代，核理论与核技术在工业、农业、医药学等各个领域的应用已经成为科技现代化的一个重要标志。

本章着重讨论与医药学关系比较密切的一些基本内容。首先介绍原子核的组成和基本性质、核磁共振与顺磁共振的基本知识、原子核的放射性与核衰变定律，然后，简单介绍放射的防护及放射技术在医药学上的应用等。

第一节　原子核的组成与基本性质

一、原子核的组成

原子是由原子核和绕核旋转的电子组成，**原子核**（nucleus）带正电，它集中了整个原子的绝大部分质量，其半径不超过 10^{-14}m。原子核是由质子和中子组成的，两者统称为**核子**（nucleon）。中子用符号 n 表示，它是电中性的。质子用符号 p 表示，带有电量为 1.6021892×10^{-19}C 的正电荷，在数值上与电子的电量相等。原子核的质量常用**原子质量单位**（atomic mass unit）u 来表示，它等于碳的同位素 ^{12}C 原子质量的 $\frac{1}{12}$，即

$$1\text{u} = \frac{1}{12}\cdot\frac{0.012}{N_A} = \frac{1}{N_A}\times10^{-3} = 1.6605402\times10^{-27}\text{kg}$$

式中 N_A 为阿伏伽德罗常数。用这个单位来度量原子核的质量时，其质量都接近于某个整数，我们就把这一整数称为原子核的**质量数**（mass number），记作 A。核子的质量大体上等于一个原子单位 u，或者说等于 N_A^{-1}g，其中质子质量 $m_p=1.007276$u，中子质量 $m_n=1.008665$u，原子的质

量几乎全部集中在原子核上。在原子核中核子之间存在着强大的吸引力称为**核力**（nuclear force）。核力是短程力，它只在 3×10^{-15}m 以内起作用。

各种不同的原子核统称为**核素**（nuclide），通常用符号$^{A}_{Z}X$ 表示某一核素，这里 X 是元素符号，左下角 Z 标明核内的**质子数**（proton number），也称**核电荷数**或**原子序数**；左上角的 A 标明核内质子数和中子数之和，亦即**核子总数**，又称质量数。例如$^{226}_{88}Ra$ 代表一种镭的核素，它含有 88 个质子和 226-88=138 个中子。

具有相同原子序数 Z 和不同质量数 A 的原子核称为**同位素**（isotope），例如$^{1}_{1}H$、$^{2}_{1}H$、$^{3}_{1}H$ 是氢的三种同位素，其实同一元素的原子序数 Z 相同，给了元素符号，左下角的 Z 也可以省略，写作^{1}H、^{2}H、^{3}H 即可，这便是同位素通常的写法。

二、原子核的自旋角动量

原子核有角动量。原子核由质子和中子组成，中子和质子有自旋角动量，它们的自旋量子数与电子的一样，也等于$\frac{1}{2}$。在原子核内，中子和质子还有空间运动，具有轨道角动量，它们的自旋角动量和轨道角动量的矢量和就是原子核的自旋角动量。理论和实验表明，原子核的自旋角动量为

$$\boxed{L_I = \sqrt{I(I+1)}\,\frac{h}{2\pi}} \qquad (15-1)$$

式中 I 称为**核自旋量子数**，表 15-1 列出了若干种原子核的自旋量子数，它们的值是由实验测定的。从表可以看出，核自旋量子数 I 总是整数或半整数，且有下述规律：

表 15-1 若干原子核的自旋量子数 I 与核磁矩的最大值 μ'_{IZ}

核素	I	g	μ'_{IZ} (μ_N)	核素	I	g	μ'_{IZ} (μ_N)
中子	$\frac{1}{2}$	-3.8262	-1.9131	$^{16}_{8}O$	0	-	0
质子	$\frac{1}{2}$	5.5854	2.7927	$^{19}_{9}F$	$\frac{1}{2}$	5.2560	2.6280
$^{2}_{1}H$	1	0.8574	0.8574	$^{23}_{11}Na$	$\frac{3}{2}$	1.4783	2.2175
$^{3}_{1}H$	$\frac{1}{2}$	5.9576	2.9788	$^{31}_{15}P$	$\frac{1}{2}$	2.2632	1.1316
$^{10}_{5}B$	3	0.6002	1.8006	$^{39}_{19}K$	$\frac{3}{2}$	0.2609	0.3914
$^{12}_{6}C$	0	-	0	$^{40}_{19}K$	4	-0.3245	-1.2981
$^{13}_{6}C$	$\frac{1}{2}$	1.4048	0.7024	$^{127}_{53}I$	$\frac{5}{2}$	1.1238	2.8094
$^{14}_{7}N$	1	0.4036	0.4036	$^{207}_{82}Pb$	$\frac{1}{2}$	1.1788	0.5894

（1）质量数 A 为奇数的核，如质子、$^{13}_{6}C$、$^{127}_{53}I$ 等，其自旋量子数 I 必为$\frac{1}{2}$的奇数倍。

（2）质量数 A 为偶数的核，如$^{2}_{1}H$、$^{10}_{5}B$、$^{40}_{19}K$ 等，其自旋量子数 I 必为整数；其中 A 和 Z 都为偶数的核，自旋量子数等于零，如$^{12}_{6}C$ 和$^{16}_{8}O$ 等。

按照空间量子化规律，核自旋角动量在外磁场方向上的分量 L_{IZ} 也是量子化的，其值为

$$L_{IZ}=m_I\frac{h}{2\pi},\quad m_I=I、I-1、\cdots、-I+1、-I \tag{15-2}$$

式中 $m_I=I、I-1、\cdots、-I+1、-I$，m_I 称为**核自旋磁量子数**，它有 $2I+1$ 个可能的取值。这意味着，在外磁场中自旋量子数为 I 的原子核，其核自旋角动量 L_I 可能有 $2I+1$ 个不同的取向。

三、原子核的磁矩

原子核具有自旋角动量又带电，所以必然有磁矩。理论与实验均证明，**核磁矩** μ_I 与核自旋角动量 L_I 的关系为

$$\mu_I=\gamma L_I=g\frac{e}{2m_p}L_I \tag{15-3}$$

式中 $\gamma=g\frac{e}{2m_p}$ 称为核的**磁旋比**（magnetogyric ratio）；g 称为**朗德因子**（Lande' factor），它是反映核结构及环境影响信息的因子，其值不能通过公式算出，只能由实验测定（见表 15-1）；m_p 是质子的质量，e 为质子的正电荷量。

将式 15-1 代入上式得出

$$\mu_I=\sqrt{I(I+1)}\,g\frac{eh}{4\pi m_p}=\sqrt{I(I+1)}\,g\mu_N \tag{15-4}$$

式中 $\mu_N=\frac{eh}{4\pi m_p}=5.050824\times10^{-27}\,\text{A}\cdot\text{m}^2$，称为**核磁子**（nuclear magneton），是核磁矩的基本单位。

在外磁场 $\boldsymbol{B}$ 中，由于 $L_{IZ}=m_I\frac{h}{2\pi}$，所以核磁矩 μ_I 在外磁场方向上的分量为

$$\mu_{IZ}=\gamma L_{IZ}=m_Ig\frac{eh}{4\pi m_p}=m_Ig\mu_N \tag{15-5}$$

因为核自旋磁量子数 m_I 有 I，$I-1$，…，$-I+1$，$-I$ 共 $2I+1$ 个可能的取值，所以 μ_{IZ} 亦有 $2I+1$ 个可能的取值。当 $m_I=I$ 时，μ_{IZ} 有最大值，用 μ'_{IZ} 表示，则

$$\mu'_{IZ}=Ig\mu_N$$

表 15-1 以及一般文献中所列核素的磁矩就是指以 μ_N 为单位的 μ'_{IZ} 值。

例如，对于 $I=\frac{1}{2}$ 的原子核来说，由公式 15-4 可知，其核磁矩 $\mu_I=\frac{\sqrt{3}}{2}g\mu_N$，因为 m_I 只能取 $\pm\frac{1}{2}$ 两个值，所以由公式 15-5 可得

$$\mu_{IZ}=\pm\frac{1}{2}g\mu_N$$

正值表示 μ_{IZ} 和外磁场 $\boldsymbol{B}$ 的方向一致；负值则表示两者方向相反。可见，$I=\frac{1}{2}$ 的原子核在外磁场中，核磁矩只有 2 个可能取向，如图 15-1 所示。显然，$\mu'_{IZ}=\frac{1}{2}g\mu_N$。

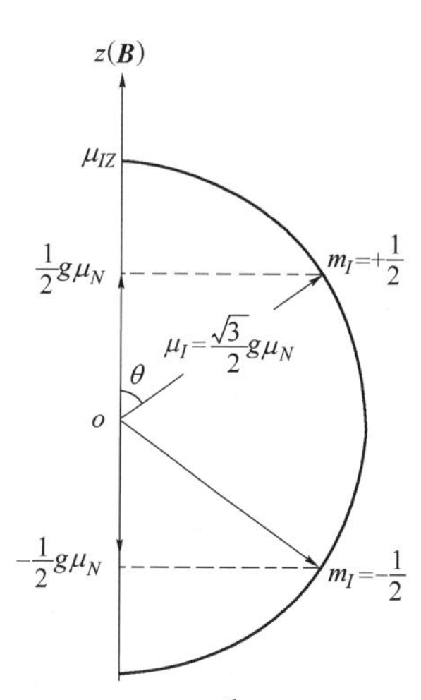

图 15-1　$I=\frac{1}{2}$ 的核磁矩在磁场中的取向

第二节 核磁共振与顺磁共振

一、核磁共振的基本原理

我们知道，磁矩在外磁场中具有势能。核磁矩$\boldsymbol{\mu}_I$在外磁场$\boldsymbol{B}$中也具有势能，如果选择$\boldsymbol{\mu}_I$垂直于$\boldsymbol{B}$时作为势能零位置，则有：

$$E=-\boldsymbol{\mu}_I\cdot\boldsymbol{B}=-\mu_I B\cos\theta$$

式中θ为$\boldsymbol{\mu}_I$与$\boldsymbol{B}$方向的夹角。因为$\mu_I\cos\theta=\mu_{IZ}=m_I g\mu_N$，所以

$$\boxed{E=-m_I g\mu_N B} \qquad (15\text{-}6)$$

对于自旋为I的原子核，m_I的可能取值有I、$I-1$、…、$I+1$、$-I$共$2I+1$个。就是说，在外磁场$\boldsymbol{B}$中，由于核磁矩可以有$2I+1$个不同的取向，它就可具有$2I+1$个不同的势能，附加在原来的能级上。所以，原来的每一个能级，在外磁场中就会分裂成$2I+1$个子能级。当$m_I=I$时，E为负值，子能级的能量最低；而$m_I=-I$时，E为正值，子能级的能量最高。根据跃迁的选择定则，$\Delta m_I=\pm1$,就是说，跃迁只可能发生于相邻的两个子能级间，其能量差为

$$\Delta E=-g\mu_N B[m_I-(m_I+1)]=g\mu_N B \qquad (15\text{-}7)$$

由此可见，在外磁场$\boldsymbol{B}$中，原子核两个相邻的核磁能级之差ΔE，除了由核本身的特征（核的g因子）决定外，还取决于外磁场$\boldsymbol{B}$的大小，这是核磁能级的特点。在光谱分析中，分子的能级只由分子本身的特性所决定，人们无法加以改变。然而在核磁能级中，改变外加磁场$\boldsymbol{B}$的大小，可以人为地改变核磁能级的能量差。

例如，对于$I=\frac{1}{2}$的原子核，因为$m_I=\pm\frac{1}{2}$，附加势能分别为$\pm\frac{1}{2}g\mu_N B$两个值，所以原来一个能级分裂成两个子能级，如图15-2所示。两能级之差$\Delta E=g\mu_N B$，随着B的增加而加大。

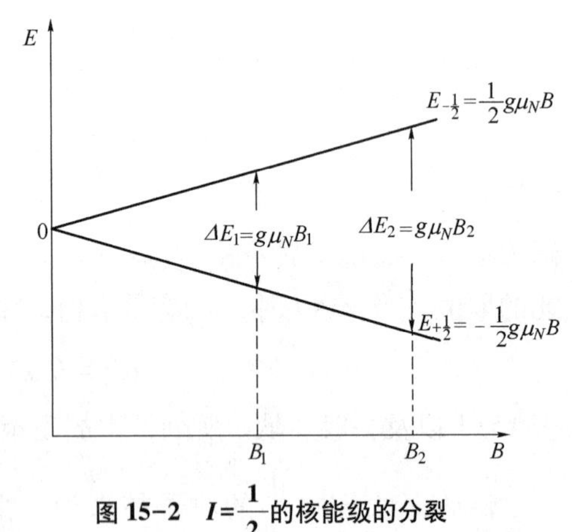

图15-2 $I=\frac{1}{2}$的核能级的分裂

下面我们根据玻尔兹曼能量分布定律估算原子核数按核磁能级分布的情况，设热平衡时，相邻两核磁能级的能量值分别为E_1和E_2，两能级上的原子核数分别为N_1和N_2，因为分布于各能级上的原子核数服从玻尔兹曼定律，因而有

$$\frac{N_2}{N_1}=e^{-\frac{(E_2-E_1)}{kT}} \qquad (15\text{-}8)$$

设$E_2>E_1$，则$N_1>N_2$，且系统的温度越低或两相邻的核磁能级能量之差ΔE越大，两能级的原子核数相差越大。由于低能级上的原子核数稍多于高能级上的原子核数，所以当它们获得适当能量后在能级间跃迁的总概率不同，由E_1到E_2跃迁的总概率将大于由E_2到E_1的总概率。如果在垂直于稳恒磁场$\boldsymbol{B}$的方向上，再另加一个较弱的高频交变磁场，且其频率满足共振条件

$$h\nu=\Delta E=g\mu_N B$$

即

$$\boxed{\nu = \frac{1}{h} g\mu_N B} \tag{15-9}$$

则处于此磁场中的原子核就会强烈吸收高频磁场的能量，从低能级跃迁到高能级，结果显示出宏观的能量吸收现象，这就是**核磁共振**（nuclear magnetic resonance，简称 NMR）。如果处于低能级的原子核数比高能级的原子核数多得越多，吸收现象将越强烈，共振信号也越强。

经典理论对核磁共振的解释是，具有自旋角动量 $\boldsymbol{L}$ 的原子核，同时具有磁矩 $\boldsymbol{\mu}_I$，在外磁场中将受到磁力矩 $\boldsymbol{M}$ 的作用，就像高速旋转的陀螺在重力场中受到重力矩作用时将产生进动一样，原子核将产生绕磁场 $\boldsymbol{B}$ 方向的进动，称为**拉莫尔进动**（Larmor precession），如图 15-3 所示。

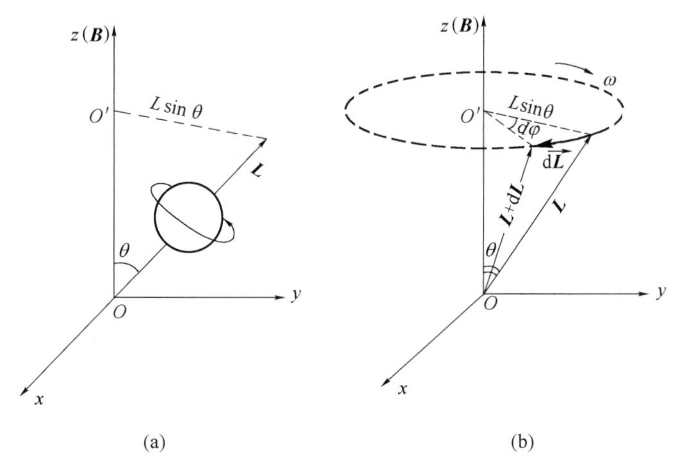

图 15-3　原子核的进动

由图 15-3（b）可以看出，$\mathrm{d}L$ 与进动角 $\mathrm{d}\varphi$ 之间有圆弧与圆周角的关系，即 $\mathrm{d}L = L\sin\theta\mathrm{d}\varphi$，所以

$$\frac{\mathrm{d}L}{\mathrm{d}t} = L\sin\theta \frac{\mathrm{d}\varphi}{\mathrm{d}t} = L\sin\theta\, \omega_N$$

式中 ω_N 为拉莫尔进动角速度。注意到转动定律可以写成以下形式：

$$M = \frac{\mathrm{d}L}{\mathrm{d}t}$$

原子核所受磁力矩 $\boldsymbol{M}=\boldsymbol{\mu}_I\times\boldsymbol{B}$，写成标量式为

$$M = \mu_I B\sin\theta$$

由上述三式得拉莫尔进动角速度

$$\omega_N = \frac{\mu_I}{L}B = \gamma B$$

因此拉莫尔进动频率为

$$\nu_N = \frac{\omega_N}{2\pi} = \frac{\gamma}{2\pi}B$$

将核的旋磁比 $\gamma = g\dfrac{e}{2m_p}$ 代入上式，并注意到核磁子 $\mu_N = \dfrac{eh}{4\pi m_p}$，上式可写成

$$\nu_N = \frac{1}{h} g\mu_N B$$

此结果与由量子理论推得的结果式 15-9 完全一致。

综上所述，对于 $I\neq 0$ 的自旋核绕外磁场方向进动时，其自旋轴线与外磁场方向的夹角 θ 不

变，核磁矩在外磁场中的附加势能 $E=-\mu_I B\cos\theta$ 也不变。如果在垂直于稳恒的外磁场 $\boldsymbol{B}$ 方向施加另一高频交变磁场，且其频率又与原子核的拉莫尔进动频率相等，此高频交变磁场的能量将被原子核强烈地吸收，使核的自旋轴线与外磁场方向的夹角 θ 和核磁矩的附加势能都将相应地增大，而发生核磁共振现象。

二、核磁共振波谱的测量

图 15-4 是一种典型的核磁共振仪的示意图。直流电通过电磁铁的线圈，产生恒稳的磁场，调节直流电的强度，可获得 $B=0.5\sim2.5\text{T}$ 的磁场。在磁场中还置有两个小线圈，它们的轴线方向和稳恒磁场的方向三者互相垂直，以减少相互的影响。由振荡器产生 100 MHz 左右的交变电流通过一个小线圈，产生沿着其轴线方向的高频交变磁场。样品放在试管中，调节直流电源，以改变稳恒磁场的 B 值。当 B 满足 $h\nu=g\mu_N B$ 时，交变磁场的能量强烈地被样品核所吸收，发生核磁共振。

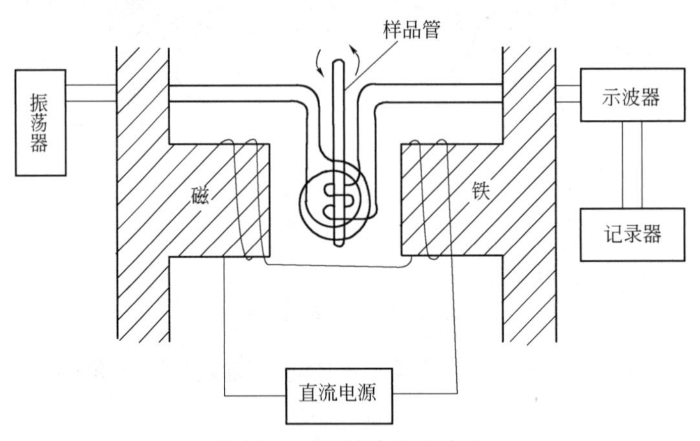

图 15-4　核磁共振仪示意图

原子核吸收了高频磁场的能量后跃迁到高能级。处于高能级的原子核有跃回低能级的趋势，以满足玻耳兹曼分布。在这过程中发生的电磁辐射通过接收线圈被示波器记录下来，这就是样品核的核磁共振吸收波谱。很明显，如果处在低能级的核数愈多，发生共振时，吸收磁场的能量亦愈多，因而接收到的信号愈强，即测量的灵敏度愈高。因为，高、低能级原子核数的分布遵从玻耳兹曼能量分布定律，当 B 愈大（即 ΔE 愈大）或 T 愈小时，处于低能级的原子核数将愈多。所以，为了提高测量的灵敏度，必须提高稳恒磁场的磁感应强度 B，另一方面，在低温的情况下进行测量也可以提高灵敏度。

对于孤立的质子在 100MHz 的高频交变场作用下，产生共振的磁感应强度为

$$B=\frac{h\nu}{g\mu_N}=\frac{6.625\times10^{-34}\times100\times10^{6}}{5.585\times5.0508\times10^{-27}}=2.3487(\text{T})$$

因此，当振荡器发射出 100MHz 的高频交变场时，将稳恒磁场调节到 2.3487T 时，孤立质子就发生能级的跃迁，从而得到质子的核磁共振吸收波谱（如图 15-5 所示）。对于不同的磁共振核，波谱吸收峰对应的 B 值不同，由实验结果可以算出磁旋比 γ 或朗德因子 g，从而测出它是哪一种原子核。

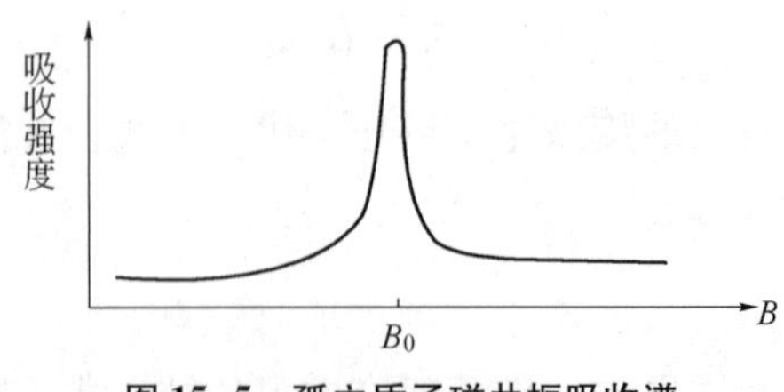

图 15-5　孤立质子磁共振吸收谱

事实上，由于原子核被核外电子壳层所包围，电子的

轨道运动和自旋产生的磁场会影响原子核系统，而且周围的原子核的磁矩产生的磁场也会对被测原子核产生影响，如图 15-6 所示，是乙醇（CH_3—CH_2—OH）的核磁共振吸收波谱。由于$^{12}_{6}C$ 和$^{16}_{8}O$ 的核磁矩都为零，所以乙醇的核磁共振吸收谱实际是氢核产生的。图 15-6（a）是由低分辨率的核磁共振仪测得的。图中出现三个吸收峰，各个峰与基线间的面积成 1∶2∶3，正好与三个基团 OH、CH_2、CH_3 中氢核的个数相对应。由图可知，三个吸收峰在不同的 B 值处出现，这种现象称为**化学位移**（chemical displacement）。化学位移是化合物分子中的电子屏蔽作用造成的，这种作用使各原子核实际“感受”的磁场比外加磁场小一些，要靠外磁场稍大一点来补偿。处于不同化合物或同一化合物不同化学环境中的同类原子核，因受到电子屏蔽作用强弱不同，具有不同的化学位移，在乙醇分子中的 6 个氢原子分属于三个基团，它们各有各的化学环境，氧核所带的正电荷比碳核多，对电子的吸引力较大，所以—OH 中的氢核几乎无核外电子。—CH_2 中的氢核离氧核较远，而碳核对电子的吸引力又较氧核为小，所以氢核外围电子的密度较大，屏蔽作用也较大，只有在加较强的外磁场的情况下，才能使氢核发生核磁共振。—CH_3离氧核最远，氢核外围电子密度最大，屏蔽作用也最大，因此，引起核磁共振所需要的外加磁场也最强。故乙醇的核磁共振曲线中有三个吸收峰。

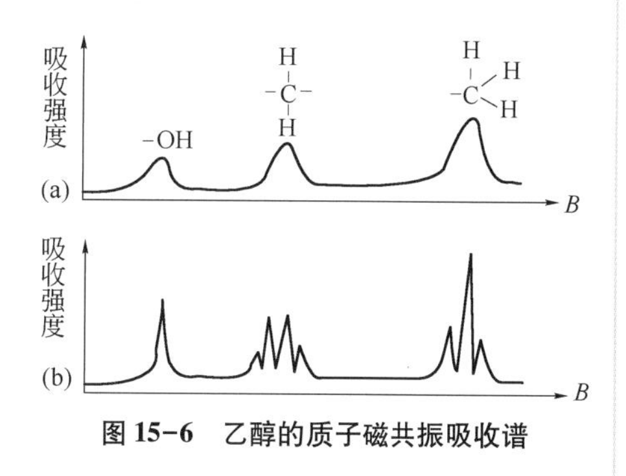

图 15-6 乙醇的质子磁共振吸收谱

图 15-6（b）是高分辨的核磁共振仪测得的结果，与图 15-6（a）相比，—CH_3 的谱线分裂成三条，—CH_2 的谱线分裂成四条。这是由于一个基团中的氢核与另一个基团中的氢核自旋-自旋相互作用所引起的。

化学位移和自旋-自旋相互作用是核磁共振术两个极为重要的特点。从化学位移的不同可以说明分子中有不同基团的存在，而自旋-自旋相互作用则反映了各种基团相对排列的位置。

三、核磁共振的应用

核磁共振方法是利用原子核作为探针来研究物质的内部结构，无论是固体还是液体，只要有不为零的核磁矩，都可以用核磁共振法进行研究。由公式 $h\nu=g\mu_N B$ 可知，如果已知外磁场的磁感应强度 B 和高频交变磁场频率 ν，则可精确地测出原子核的 g 因子，进而可推算出相应的核磁矩。反之，如果已知 g 因子和频率 ν，则可测出磁感应强度 B。

由于不同的化合物有不同的核磁共振谱，所以核磁共振法应用最多的是分析有机化合物的结构和成分，核磁共振仪已成为现代化学分析的常规仪器之一。现在已取得了几万种化合物的核磁共振标准图谱，要分析一个未知样品，只要测出其核磁共振谱图，将它与标准图谱对照，就可以推知该样品的结构和成分。这为研究中草药成分的结构提供了重要的手段。图 15-7 是从中草药百蕊草中提炼出来的一种有效成分的核磁共振谱。图中所标 TMS 表示选用四甲基硅烷 $Si(CH_3)_4$ 的谱线位置作基准，因为它的 12 个质子是等效的，在共振谱中只给出单个锐峰作为比较的标准。

核磁共振在药学方面的应用除了分析药物的成分和化学结构以外，还用于定量分析，其依据是谱峰面积与谱峰对应的核子数成正比。如乙基苯有三组峰，面积比为 3∶2∶5，相应于分子中三种基团的质子数之比 CH_3∶CH_2∶C_6H_5。将复方阿司匹林（APC）的核磁共振谱图与阿司匹林、非那西丁和咖啡因的核磁共振标准谱图进行比较，可以测定 APC 中三种药物的含量。核磁共振还用于研究药物分子间的相互作用，以及药物与生物高分子之间的作用机理等。

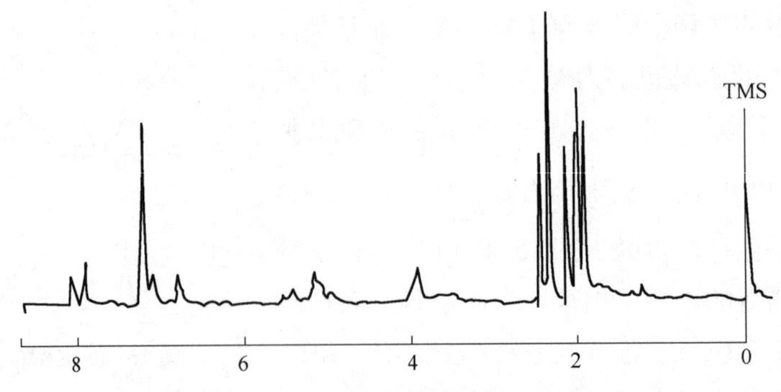

图 15-7 百蕊草中一种有效成分的核磁共振谱（60MHz）

在医学方面，由于恶性肿瘤组织与相应的正常组织的核磁共振谱有所不同，所以国内外研究将这一技术应用于癌症的诊断。使用核自旋成像技术，通过氢核磁共振信号，“拍摄”物体某一截面上氢原子的密度分布照片，可使各类组织清晰可辨，可应用于疾病的诊断等方面。在生物学方面，将核磁共振应用于胰岛素、核糖核酸酶、血红蛋白等的研究，已取得许多成果。

除了质子磁共振外，对含有${}_{5}^{11}B$、${}_{6}^{13}C$、${}_{7}^{14}N$、${}_{8}^{17}O$、${}_{15}^{31}P$、${}_{16}^{29}S$、${}_{16}^{33}S$和${}_{9}^{19}F$等核的化合物，也可用核磁共振进行研究。其中^{13}C对有机结构的研究来说，是很重要的。另外人体内^{31}P的核磁共振谱为人体组织的能量代谢提供了可靠的信息。

四、顺磁共振

原子中电子的绕核运动与自旋运动都会产生磁矩。原子的磁矩就是由原子内所有电子的轨道磁矩和自旋磁矩合成的。如果合成后原子的总磁矩等于零，则这种原子称为**逆磁性原子**（diamagnetism atom）。例如，惰性气体的原子就是逆磁性的。另有一些原子的合成磁矩不为零，这种原子称为**顺磁性原子**（paramagnetism atom）。就是说顺磁性原子具有固有磁矩。如果把顺磁性原子放在外磁场中，随着固有磁矩的不同取向，原子将具有不同的附加势能。这样，和原子核能级在磁场中分裂的情况一样，原子的能级在外磁场中也会分裂。分裂后，两能级的能量差可用与式 15-7 相似的形式表示，即

$$\Delta E = g_e \mu_B B \tag{15-10}$$

式中 g_e 是**原子的朗德因子**，它的值在 1～2 之间；$\mu_B = eh/4\pi m_e = 9.274078\times10^{-24}\text{A}\cdot\text{m}^2$，称为**玻尔磁子**（Bohr magneton），是原子磁矩的基本单位。由于电子质量 m_e 是质子质量 m_p 的 1/1836，所以玻尔磁子的数值是核磁子的 1836 倍。可见核磁矩要比原子中电子的磁矩小三个数量级，因此，在计算原子磁矩时，可以把核磁矩略而不计。

如果在与稳恒磁场相垂直的方向上，加一交变磁场，其频率 ν 又符合下列关系时，

$$h\nu = g_e \mu_B B \tag{15-11}$$

则顺磁性原子将大量吸收交变磁场的能量，发生共振吸收，称为**顺磁共振**（paramagnetic resonance）。这个频率 ν 通常也称为**拉莫尔频率**（Larmor frequency）。

从式 15-11 可以估算产生顺磁共振所需交变磁场的频率。设稳恒磁场 $B=1.5\text{T}$，$g_e=2$，则交变磁场的频率为

$$\nu = \frac{g_e \mu_B B}{h} = \frac{2\times9.27\times10^{-24}\times1.5}{6.63\times10^{-34}} = 4.2\times10^{10}(\text{Hz})$$

与核磁共振频率相比，要高三个数量级，属微波范围，因而实验技术、仪器设备也和核磁共振的不尽相同。

顺磁共振也是一种研究物质结构的有效方法。通过对顺磁共振波谱的研究，可得到有关分子、原子或离子中未偶电子的状态及其周围环境方面的信息，从而得到有关物质结构和化学键方面的知识。

第三节　原子核的放射性衰变

在目前已知的2600多种核素中，大约有90%是不稳定的，这些不稳定的核素称为**放射性核素**（radioactive nuclide），它们能自发地放出射线，而由一种核素变成另一种核素，这种现象称为**核衰变**或**放射性衰变**（radioactive decay）。各种放射性核素在衰变过程中，都严格遵守质量、能量、动量、电荷数和核子数等守恒定律。核衰变现象一方面是研究原子核内部性质和结构的重要途径之一，另一方面它在工、农、医药等许多领域有着广泛的实际应用。

一、核衰变类型

在所有的放射性核素中，有些放射出α射线而发生α衰变，有些放射出β射线而发生β衰变，有些在放射α或β射线时，伴随有γ射线放出而发生γ跃迁。

1. α衰变　α射线就是氦核${}^{4}_{2}\mathrm{He}$，它由两个质子和两个中子组成。当一个原子核发射一个α粒子时，它的原子序数Z减少2，质量数A减少4，原子核转变为另一种元素的核。一般可表示为

$$ {}^{A}_{Z}\mathrm{X} \rightarrow {}^{A-4}_{Z-2}\mathrm{Y} + {}^{4}_{2}\mathrm{He} \qquad (15-12)$$

式中${}^{A}_{Z}\mathrm{X}$是衰变前的原子核，称**母核**，${}^{A-4}_{Z-2}\mathrm{Y}$是衰变后的剩余核称为**子核**。

2. β衰变　β衰变是核电荷改变而核子数不变的核衰变。它主要包括β^-衰变、β^+衰变和电子俘获。

β^-射线是高速电子流，它带有电量$-e$。当一个原子核发射一个β^-粒子时，原子核的原子序数增加1，而质量数不变。但是，原子核中没有自由电子，我们只能认为是核内的中子自发地转变为质子和电子。在这一过程中，释放出相应的能量。实验测定表明，同一种核在β^-衰变中放出的电子能量很不相同，电子的能量并不等于β^-衰变过程中释放的能量。这似乎与能量守恒定律相矛盾。为了消除这一困难，泡利提出，在β^-衰变时，除放出电子外，还同时放出一个反中微子。β^-衰变时放出的能量除被电子带走外，剩下的就被反中微子带走。中微子${}^{0}_{0}\nu$和反中微子${}^{0}_{0}\bar{\nu}$都是静止质量不为零，自旋为$\frac{1}{2}$的中性粒子。泡利的假设为以后的实验所证实。β^-衰变一般表示为

$$ {}^{A}_{Z}\mathrm{X} \rightarrow {}^{A}_{Z+1}\mathrm{Y} + {}^{0}_{-1}e + {}^{0}_{0}\bar{\nu} \qquad (15-13)$$

β^-衰变可看成核内一个中子变成一个质子并放出一个电子和一个反中微子的结果，即

$$ {}^{1}_{0}n \rightarrow {}^{1}_{1}p + {}^{0}_{-1}e + {}^{0}_{0}\bar{\nu} \qquad (15-14)$$

实验发现，除了β^-衰变以外，β衰变还有两种。若原子核自发地放出正电子${}^{0}_{+1}e$和中微子${}^{0}_{0}\nu$，则称为**β^+衰变**（β^+-decay），一般表示为

$$ {}^{A}_{Z}\mathrm{X} \rightarrow {}^{A}_{Z-1}\mathrm{Y} + {}^{0}_{+1}e + {}^{0}_{0}\nu \qquad (15-15)$$

若原子核自发地俘获一个核外电子 ${}_{-1}^{0}e$，并放出一个中微子 ${}_{0}^{0}\nu$，则称为电子俘获（electron capture），一般表示为

$$ {}_{Z}^{A}\mathrm{X} + {}_{-1}^{0}e \rightarrow {}_{Z-1}^{A}\mathrm{Y} + {}_{0}^{0}\nu \tag{15-16}$$

3. γ 衰变 γ 射线是光子流。如果原子核发生 α、β 衰变而形成的子核处于激发态时，子核将从激发态跃迁到能量较低的激发态或基态。在这过程中，多余的能量可以通过发射 γ 射线的方式而发射出来，称为 **γ 跃迁**（γ-transition），这与原子跃迁时产生光子辐射一样，由于核能大于原子的能量，所以核过程发出的光子能量要大得多，通过 γ 光子能量的测定可以得到有关核能级的数据，在 γ 跃迁过程中，原子核只释放出能量而从激发态跃回基态，因而核的电荷数和质量数均不变。图 15-8 为 ^{60}Co 的 β^- 衰变简图，用向右斜行的单线表示子核在周期表中的位置移后 1 位，向下直行的单线表示 γ 跃迁时子核的电荷数不变。

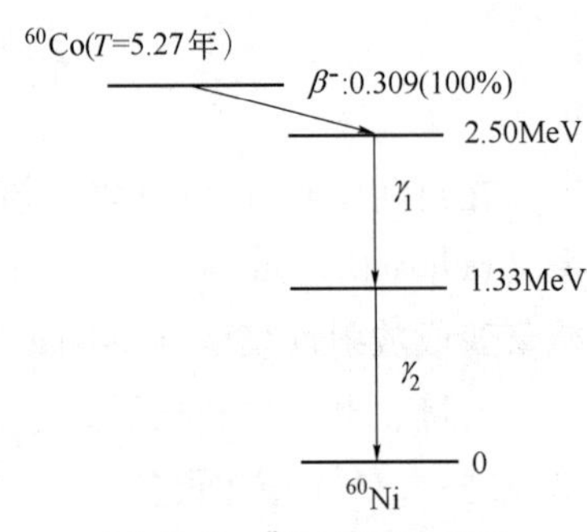

图 15-8 ^{60}Co 的衰变简图

二、核衰变规律

各种放射性核素衰变的快慢很不一致。对于单个原子核来说，究竟在什么时候发生衰变是无法预测的。但是，如果以大量的原子核作为考察的对象，那么原子核的个数由于衰变而逐渐减少的情况是服从一定的统计性规律的，现在对此作简单讨论。

（一）衰变定律

假定在 t 时刻有某种放射性核素的原子核数 N 个，经过无限小的一段时间 $\mathrm{d}t$ 后，衰变掉 $-\mathrm{d}N$ 个，从统计的观点看，$-\mathrm{d}N$ 必定与该时刻的原子核数 N 成正比，且与时间 $\mathrm{d}t$ 成正比，于是

$$-\mathrm{d}N = \lambda N \mathrm{d}t$$

λ 是比例常量；$\mathrm{d}N$ 表示 N 的减少量，是负值，所以在它前面需加负号。将上式改写成以下形式

$$\lambda = \frac{-\mathrm{d}N/\mathrm{d}t}{N}$$

其中 $-\mathrm{d}N/\mathrm{d}t$ 表示单位时间内发生衰变的原子核数，N 表示当时的原子核总数，因此 λ 就表示每个原子核在单位时间内发生衰变的概率。λ 称为**衰变常量**（decay constant），对于同一种核素，λ 为常量，λ 越大衰变越快，所以 λ 是放射性核素发生衰变快慢的标志。如果时间以秒为单位，则 λ 的单位是秒$^{-1}$（s^{-1}）。

设 $t=0$ 时原子核的数目为 N_0，上式积分可得

$$\int_{N_0}^{N} \frac{\mathrm{d}N}{N} = -\int_0^t \lambda \mathrm{d}t$$

$$\boxed{N = N_0 e^{-\lambda t}} \tag{15-17}$$

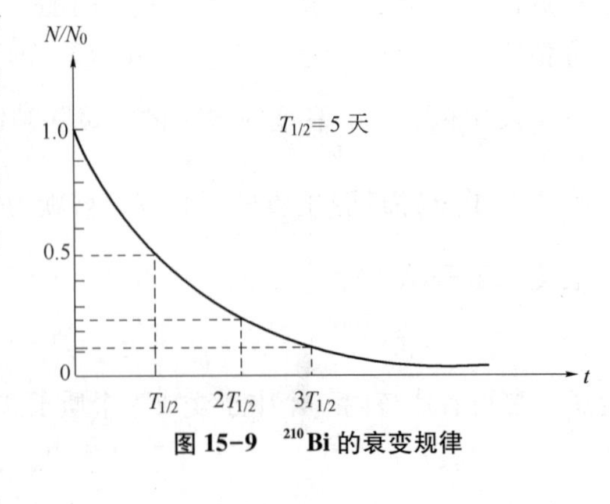

图 15-9 ^{210}Bi 的衰变规律

这就是放射性衰变服从的指数规律，称为放射性**衰变定律**（decay law）。图 15-9 为 ^{210}Bi 的衰变规律。

（二）半衰期

放射性核素衰变掉一半所需要的时间称为**半衰期**（half life period），通常用 $T_{1/2}$表示。设 $t=0$ 时，原子核数为 N_0，则 $t=T_{1/2}$时，$N=\frac{N_0}{2}$，于是

$$\frac{N_0}{2}=N_0e^{-\lambda T_{1/2}}$$

由此得

$$\boxed{T_{1/2}=\frac{\ln 2}{\lambda}=\frac{0.693}{\lambda}} \tag{15-18}$$

可见半衰期与衰变常量成反比关系。

（三）平均寿命

此外，也可以用**平均寿命**（mean life time）τ 来描述放射性核素衰变的快慢。$-\mathrm{d}N$ 指在 t 到 $t+\mathrm{d}t$的时间间隔内衰变掉的原子核数，它们的寿命是 t，寿命之和是$-t\mathrm{d}N$，因此

$$\tau=\frac{1}{N_0}\int_{N_0}^{0}(-t\mathrm{d}N)=\int_0^{\infty}\lambda te^{-\lambda t}\mathrm{d}t$$

$$=\frac{1}{\lambda}=\frac{T_{1/2}}{\ln 2}=1.44T_{1/2}$$

即衰变常量愈大，衰变愈快，平均寿命愈短。

（四）放射性活度

因为放射性核素只有在衰变时才放出射线，所以放射源的放射性强弱，应该用单位时间内衰变掉的原子核数来衡量。单位时间内衰变的核数称为**放射性活度**（degree of activity of radioactivity），简称活度，用 A 表示

$$\boxed{A=-\frac{\mathrm{d}N}{\mathrm{d}t}=\lambda N=\lambda N_0e^{-\lambda t}=A_0e^{-\lambda t}} \tag{15-19}$$

$A_0=\lambda N_0$ 为 $t=0$ 时的活度。由此可见，放射性活度也是随时间按负指数规律衰减的。活度的单位是贝可（Bq），1Bq 表示每秒产生一次核衰变，即

$$1\mathrm{Bq}=1\mathrm{s}^{-1}$$

放射性活度的另一个非国际单位是居里（Ci），$1\mathrm{Ci}=3.7\times10^{10}\mathrm{Bq}$。

例 15-1　^{32}P 经过 7.15d 后留存的核数与开始时核数之比为$\frac{\sqrt{2}}{2}$，求：

（1）^{32}P 的半衰期和平均寿命；

（2）1.00μg 的^{32}P 的活度；

（3）1.00μg 的^{32}P 在 28.6d 中所放出的β^-粒子数。

解：（1）根据衰变定律和已知条件可得

$$\frac{N}{N_0}=e^{-\lambda 7.15}=\frac{\sqrt{2}}{2} \tag{①}$$

$$e^{-\lambda T_{1/2}} = \frac{1}{2} \quad ②$$

②式两边开方得

$$e^{-\lambda T_{1/2}/2} = \frac{\sqrt{2}}{2} \quad ③$$

比较式①和式③可知半衰期 $T_{1/2} = 14.3\text{d}$

$$\lambda = \frac{0.693}{T_{1/2}} = \frac{0.693}{14.3} = 0.0485(\text{d}^{-1}) = 5.61 \times 10^{-7}(\text{s}^{-1})$$

平均寿命为

$$\tau = \frac{1}{\lambda} = \frac{1}{0.0485} = 20.6(\text{d})$$

（2）设 1.00μg ^{32}P 共有 N_0 个原子，则

$$N_0 = \frac{1.00 \times 10^{-6}}{32} \times 6.02 \times 10^{23} = 1.88 \times 10^{16}(\text{个})$$

活度 $A_0 = \lambda N_0 = 5.61 \times 10^{-7} \times 1.88 \times 10^{16} = 1.05 \times 10^{10}$（Bq）

（3）设经 28.6d 留存的核数为 N，则衰变掉的核数为

$$N_0 - N = N_0\left[1 - \left(\frac{1}{2}\right)^{t/T_{1/2}}\right] = 1.88 \times 10^{16}\left[1 - \left(\frac{1}{2}\right)^{28.6/14.3}\right] = 1.41 \times 10^{16}(\text{个})$$

由于每个^{32}P 衰变时放出一个 β^- 粒子，所以 1.00μg ^{32}P 在 28.6d 中共放出 1.41×10^{16} 个 β^- 粒子。

第四节　放射线的防护与放射技术的应用

一、放射线的防护

放射性核素在医药学等领域的广泛应用，使人类受到的放射性辐射大为增加，α、β、γ、X 和中子等各种射线会对人们带来不良的后果，例如皮肤红斑、毛发脱落、白细胞减少、白内障、生殖细胞突变、遗传变异和引起癌症等。这些效应均与照射量有关，因此对放射线的防护日益受到人们的重视。

1977 年国际放射防护委员会指出，放射性辐射能引起的生物效应可以分为非随机性效应和随机性效应两大类。对于非随机性效应，包括白内障，生育能力降低，造血障碍等疾患，其严重程度与所受剂量的大小有关，并存在着一定的阈剂量。只要一个人在其一生中所受的总剂量不超过某一阈值，就不会发生这种疾病。但是，对于随机性效应，包括癌症和遗传性疾患等的发生概率与所受剂量的大小成正比，不存在阈剂量。就是说，即使受到的剂量很小，也有引起癌症或遗传性疾病的可能，不过发生的概率很小而已。目前认为，放射性辐射没有什么“安全剂量”或“最大容许剂量”。因此，我们应避免一切不必要的照射，并把剂量保持在所需的最低水平。

人体接受各种射线照射的剂量与离放射源的距离及照射的时间有关，因此与放射性核素接触的工作人员，应尽可能利用远距离的操作工具，并减少在放射源附近停留的时间。此外，在放射源与工作人员之间应设置屏蔽，以减弱射线强度。对于 α 射线，因其贯穿本领弱，射程短，工作时只要戴上手套就能有效进行防护。对 β^- 和 β^+ 射线不宜用高原子序数的材料屏蔽，以避免产生韧致辐射，应采用原子序数较小的物质如各种塑料和有机玻璃等进行屏蔽。对于 X 射线和 γ 射

线，因其贯穿本领强，应当采用高原子序数的物质屏蔽，常用的有铅砖、铅衣、含铅玻璃和含铅胶皮等。中子射线应当用水和石蜡屏蔽。各种屏蔽物质的厚度，可以根据射线的类型和能量大小，从有关手册中查到。

由于α射线在体内具有强电离作用，其造成的损害比β、γ射线均严重。因此，除非是介入疗法或诊断的需要必须向体内引入放射性核素外，应尽量避免把放射性核素引入体内进行照射，这就要求使用放射性核素的单位要有严格的规章制度，以达到安全使用的目的。

二、放射性核素在医药方面的应用

（一）示踪原子的应用

由于放射性核素能放出某种射线，可用探测仪器对它们进行追踪，因而可利用它们作为显示踪迹的工具，这就是**示踪原子法**（method of labelled atom）。因为放射性核素与其稳定的同位素具有完全相同的化学性质，所以它们在机体内的作用、吸收、分布、运输、排泄等过程也完全相同。这为医药学的研究提供了极大的方便。示踪原子法的优点很多，主要有：

（1）灵敏度高，一般光谱分析方法可分析10^{-9}g的物质，示踪原子法能检查出10^{-14}～10^{-18}g的放射性物质。

（2）使用量极微，合乎机体正常的生理条件。

（3）利用示踪原子法还可以进行机体外的观察，在不妨碍机体正常活动的条件下进行研究。因此在医和药两个方面都有许多应用。

在药学方面，我们可以用放射性核素标记药物来观察和分析它们在体内的吸收、分布及疗效机理等。很多药物在临床应用之前，就是用放射性核素作标记而进行各种试验的。我们也可以用示踪原子方法对中草药进行研究。例如南瓜子的有效成分是南瓜子氨酸，可以用^{14}C标记的南瓜子氨酸来研究它的作用原理。又如用^{14}C、^{3}H、^{32}P等放射性核素通过生物合成，来研究有效成分在药用植物各部位的分布情况等。

在医学方面，用示踪原子法可以反映组织器官的整体局部功能，作无损伤的疾病诊断等。例如，正常人的甲状腺吸收碘的数量是一定的（20%左右，其余的随尿排出），甲状腺功能亢进的病人较正常人吸收的碘要多（高达60%），而甲状腺功能衰退的病人较正常人吸收的碘少。诊断时，先让病人口服少量^{131}I制剂，隔一段时间后，用探测仪测量病人甲状腺的放射性，根据射线的强弱就可诊断出甲状腺的病情。又如应用^{131}I标记的马尿酸作为示踪剂，静脉注射后通过肾图仪描记下肾区的放射性活度随时间变化的情况，可判断肾脏的分泌和排泄功能。如用^{131}I标记的二碘荧光素，可用于脑肿瘤的定位。因脑肿瘤组织对碘的吸收比正常组织高许多倍，所以用探测仪器可以确定肿瘤的位置。如果把胶体金（^{198}Au）注入静脉，它将积聚于肝脏，但不能进入肝肿瘤组织中，用扫描仪可探测到^{198}Au的肝脏分布，为肝癌的诊断提供有力的依据等等。

（二）射线的应用

放射性辐射对物质可以产生各种作用。在药学上用射线辐照药物能够除去或杀灭药物中的微生物及其芽孢，同时又可以保证药物的理化性质及临床疗效不受影响。用射线进行灭菌的方法称为**辐射灭菌法**（method of wiping out germ by radiation）。其机理主要是利用射线照射破坏了细菌细胞中的DNA和RNA分子，使它们失去了合成蛋白质和遗传的功能，从而使细胞增殖停止而死亡。辐射灭菌的特点是：①穿透力强，灭菌均匀；②可在常温下对物品进行消毒灭菌，不破坏被

辐照物的挥发性成分，适合于对热敏性药物进行灭菌，对色、味及化学成分的影响甚微；③不会产生感生放射性同位素，不会引起中成药药理毒理上的显著变化，是一种安全卫生的灭菌方法；④价格便宜，节约能源。

目前辐射灭菌常用的有γ射线和β射线。γ射线的穿透力很强，适用于较厚密封包装的灭菌，可用于固体、液体药物的灭菌，甚至整箱药物可直接辐照灭菌，而无机械性损害。β射线穿透力较γ射线为弱，通常仅用于非常薄（2cm 厚度物料）和密度小的物质的灭菌。但应指出，辐照灭菌的效果除与辐照剂量有关外，还与药物性质、单位物料中的杂菌数、微生物种类等有关。因此选择剂量时，应参考有关资料，进行实验研究。

在临床上利用射线可以抑制或杀死癌细胞，达到治疗的目的。具体可分为三类：一类是用^{60}Co的γ射线体外照射，主要用于治疗深部肿瘤，如颅脑内及鼻咽部的肿瘤。所用^{60}Co的活度约为数百到一千 Ci，它与硬 X 射线治疗相比，光子能量较大且较单纯，设备也较简单。另一类是利用低能β射线照射体表疾患，通常将放射源，例如^{32}P等敷贴于患部，治疗皮肤癌、神经性皮炎、牛皮癣等。第三类是将放射源引入体内，对患病组织进行内照射治疗，例如用^{131}I治疗甲状腺功能亢进和部分甲状腺癌等，由于甲状腺有集碘功能，引入体内的^{131}I通过血液循环很快集中在甲状腺中，它的β射线杀伤部分甲状腺组织，它的γ射线则基本上逸出体外。

三、放射线的探测

放射线不能被人体直接感知，而必须通过各种仪器来探测。利用射线通过物质产生电离作用而设计的探测仪器，主要有电离室、计数器、云室和乳胶照相等。基于射线通过某些物质产生荧光效应而设计的探测仪器，有闪烁计数器等。此外还有利用射线引起热效应和化学效应的探测仪器，如热释光剂量计等。现选择常用的四种简要介绍如下。

（一）电离室探测器

各种电离室的结构基本相同，在一个充有干燥空气或纯净惰性气体的密封容器中，放置绝缘良好的正、负两个电极，如图 15-10 所示。两极之间加有一定大小的工作电压，在电离室内形成电场。当射线进入电场时，室内气体电离产生许多离子对，正、负离子分别向负极、正极运动，形成电流，并在电阻上产生电压，其大小与单位时间内产生的离子平均值成正比，从而测出单位时间的照射量。

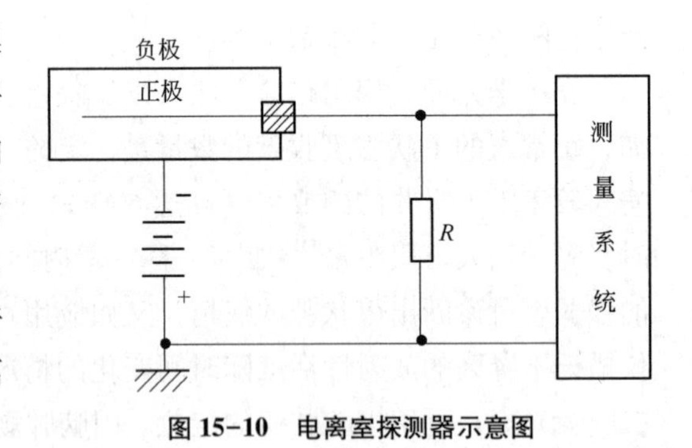

图 15-10　电离室探测器示意图

（二）盖革计数管

盖革（Geiger）计数管是由电离室发展而来的，但电离室主要用来测量射线引起电离的平均值，而盖革计数管可以用来探测单个高速带电粒子或高速光子。它的基本结构是在密封的玻璃圆筒内装一条沿轴线方向的细钨丝作为阳极 A；探测β粒子用的计数管的阴极 K 是在薄玻璃管的内壁涂一薄层导电物质，以便β粒子能够穿过管壁进入管内。阴极也可根据不同的情况做成其他形状。管内充有低压气体，压强为 5～20mmHg。充入的气体主要为氩、氖等惰性气体，作为电离对象，另外还有少量酒精、石油、乙醚等有机气体（称为有机管）或氯、溴等卤素气体（称为卤素管）。图 15-11 为原理图。盖革计数管两极上所加电压稍低于管内气体的击穿电压，因而不放电。

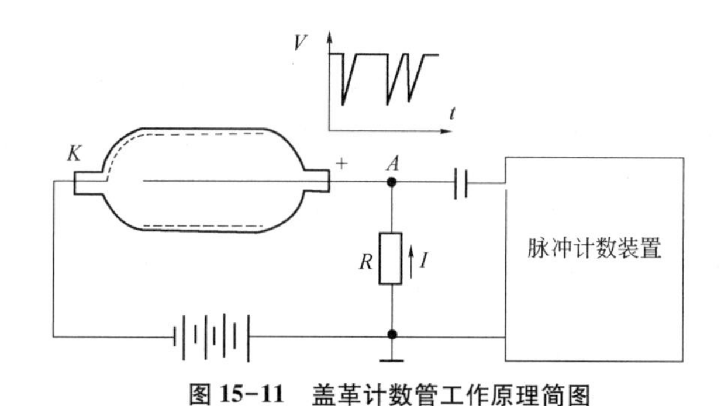

图 15-11　盖革计数管工作原理简图

当有 β 粒子射入管中时，引起管内气体的电离。在电场的作用下，正、负离子及电子分别向阴极和阳极移动。在途中，这些电子和离子又能引起气体的电离，特别是在阳极附近，因为那里的电场甚强，电子获得很大的动能，与气体碰撞产生了更多的电子和离子。这个过程继续下去形成“雪崩”现象。因此，当原来一个电子达到阳极时，产生了许许多多的电子，使阳极的电势发生急剧的下降，然后回升，于是就有短促的电流通过高电阻 R 流向阳极。这种电势的急剧变化称为**脉冲**，计数管每发生一次电势下降的负脉冲，经过脉冲放大电路放大后，就可以进行计数，由数码管或其他设备显示或记录。这样，不管入射粒子能量的大小，只要射入管中，都能引起同样的“雪崩”，因此输出脉冲的幅值都是相同的，它不随入射粒子的能量而变。

盖革记数管探测 β 射线的效率几乎达到 100%，但探测 γ 射线的效率很低，仅为 1%左右。

（三）闪烁计数器

闪烁计数器（scintillation counter）是利用射线的荧光效应来探测放射线的一种仪器。当荧光晶体吸收了放射源发出的粒子后，发射出波长较长的可见光，这就是**荧光效应**（fluorescence efficiency）。在一个光电倍增管前端装上某种荧光晶体，就构成一个闪烁计数器，如图 15-12 所示。放射线入射到荧光晶体上发生闪光，这些闪光的一部分落在光电倍增管的光电阴极 K 上，由于光电效应而击出电子，经过中间阴极 K_1、K_2、…的逐级放大，而在阳极 A 输出较大的电流，通过 R 形成脉冲，利用脉冲测量装置可分别将脉冲个数与幅度记录下来。如果入射粒子的能量愈大，从光电阴极 K 击出的电子愈多，脉冲的幅度将愈大。因此利用这一装置，非但可以记录粒子的个数，而且还可测出入射粒子的能量。

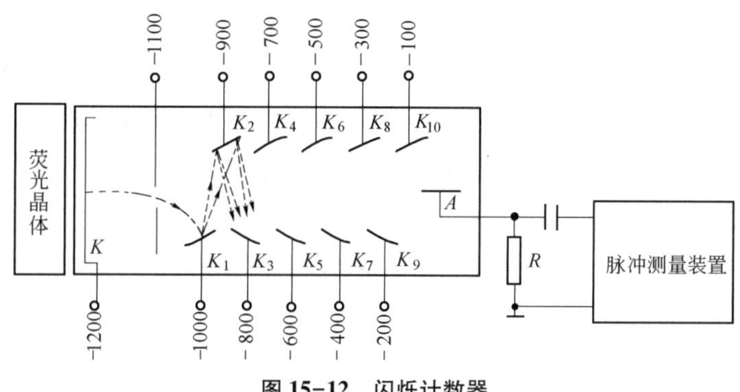

图 15-12　闪烁计数器

最常用的荧光晶体有硫化锌（测 α 射线用），碘化钠加铊（测 β、γ 和 X 射线用）。闪烁计数器的优点除了上述能测定入射粒子的能量外，还在于用它来探测 γ 射线的效率较高，可达 20%～30%。此外，它的分辨时间较短，约为 10^{-8}s，就是说，它记录了一个粒子后，只要隔开10^{-8}s，就能接着记录第二个粒子。盖革计数管的分辨时间较长，约为 10^{-4}s。所以对于活度较大的放射源

来讲，盖革计数器的漏计现象将较严重。

液体闪烁计数器除了采用荧光液体代替晶体外，其余和闪烁计数器相同。测量时，将放射性样品悬浮或混合在荧光液体中。这样，不论从哪一方向发出的射线都能激发荧光，对低能β射线的探测特别有利。

（四）热释光剂量计

热释光剂量计（thermoluminescence dosage meter）的工作原理是根据能带理论，晶体物质的电子能级分属于两种能带：处于基态并已被电子占满的容许能带——满带；没有电子填入或尚未填满的容许能带——导带，它们被一定宽度的禁带所隔开。在导带中由于存在着“缺陷”，又称为电子陷阱。当晶体受射线照射时，一些电子被激发由满带进入导带，电子在导带中有可能落入陷阱，若陷阱足够深，在常温下电子在陷阱中将长时间停留，只有当固体被加热到一定温度后，电子才能从陷阱中逃逸出来，进入导带，这样处于激发态的电子再回到基态时，便发出荧光，这种现象称为热释光。由于发光强度与陷阱释放的电子数成正比，而电子数又与物质吸收辐射能量有关，因此，可用热释光的强度来度量吸收射线的剂量。只要将热释光剂量计的晶体，受射线照射后取出放在暗盒中加热，通过光电转换器件（光电倍增管或光敏器件）转换成电信号，经电子线路放大记录，就可测出照射剂量。它适用于多种射线的测量。

热释光材料大致可分为两类：一类是原子序数较低的材料，如氟化锂（LiF）等，另一类是原子序数较高的材料，如氟化钙掺锰［CaF_2(Mn)］等。由于用热释光材料可以制成任意大小和形状，或制成个人剂量笔，随身携带。使用时只要将热释光粉末放在欲测量处一段时间，便可确定所在地的环境辐射和个人接受的辐射剂量。此外，还可以将热释光材料放进病人体内，如空腔、膀胱、肛门及阴道等，以测量病人治疗中所接受的辐射。

知识链接 15

玛丽·居里（Marie Curie）常被称为居里夫人（1867—1934 年），波兰裔法国籍女物理学家、放射化学家。1903 年和丈夫皮埃尔·居里及亨利·贝克勒尔共同获得了诺贝尔（生物）物理学奖，1911 年又因放射化学方面的成就获得诺贝尔化学奖。1995 年，她与丈夫皮埃尔·居里一起移葬入先贤祠。她还是“居里学院”的创始人。居里夫人原名玛丽·斯克罗多夫斯基·居里（Marie Curie），1867 年 11 月 7 日生于沙皇俄国统治下的华沙，父亲是中学教员。16 岁她以金质奖章毕业于华沙中学，因家庭无力供她继续读书，而不得不去担任家庭教师达六年之久。后来靠自己的一点积蓄和姐姐的帮助，于 1891 年去巴黎求学。在巴黎大学，她在极为艰苦的条件下勤奋地学习，经过四年，获得了物理和数学两个硕士学位；居里夫人的丈夫皮埃尔·居里，1859 年 5 月 15 日生于巴黎一个医生家庭里，1895 年 7 月 25 日皮埃尔·居里与玛丽·居里结婚。居里夫妇共同为科学事业奉献了自己的一生。

小 结

1. 原子核的基本性质

（1）原子核是由质子和中子组成的，两者统称为核子，在原子核中核子之间存在着强大的核力。

原子核的自旋角动量为 $L_I=\sqrt{I\ (I+1)}\dfrac{h}{2\pi}$，式中 I 为核自旋量子数，其值为整数和半整数。核自旋角动量在外磁场方向的分量为：$L_{IZ}=m_I\dfrac{h}{2\pi}$，$m_I=I$、$I-1$、…、$-I+1$、$-I$，式中 m_I 称为核自旋磁量子数，它有 $2I+1$ 个可能的取值。

（2）原子核的磁矩为 $\mu_I=\sqrt{I\ (I+1)}g\mu_N$，式中 μ_N 为核磁子，是核磁矩的基本单位。

核磁矩 μ_I 在外磁场方向上的分量为 $\mu_{IZ}=m_Ig\mu_N$。

2. 核磁共振与顺磁共振

（1）在外磁场 $\boldsymbol{B}$ 中，原子核的一个核磁能级分裂成 $2I+1$ 个子能级，两个相邻的子能级能量之差 $\Delta E=g\mu_NB$。如果在垂直于稳恒磁场 $\boldsymbol{B}$ 的方向上，另加一个高频交变磁场，且其频率满足共振条件 $h\nu=g\mu_NB$ 时，则处于此磁场中的原子核就会强烈吸收高频磁场的能量，从低能级跃迁到高能级，结果显示出宏观的能量吸收现象，这就是核磁共振。

核磁共振方法是利用原子核作为探针来研究物质的内部结构，无论是固体还是液体，只要有不为零的核磁矩，都可以用核磁共振法进行研究。

（2）顺磁性原子的能级在外磁场中分裂后，两能级的能量差 $\Delta E=g_e\mu_BB$。如果在与稳恒磁场相垂直的方向上，加一交变磁场，其频率 ν 又符合 $h\nu=g_e\mu_BB$ 时，则顺磁性原子将大量吸收交变磁场的能量，发生共振吸收，称为顺磁共振。顺磁共振也是一种研究物质结构的有效方法。

3. 原子核的放射性衰变

（1）原子核自发地放出射线，而由一种核素变成另一种核素，这种现象称为核衰变或放射性衰变。核衰变过程遵守能量、质量、动量、电荷数和核子数守恒定律。核衰变类型为 α 衰变、β^- 衰变、β^+ 衰变和电子俘获，其衰变方程分别为：

α 衰变 $\quad {}_Z^AX\rightarrow{}_{Z-2}^{A-4}Y+{}_2^4He$

β^- 衰变 $\quad {}_Z^AX\rightarrow{}_{Z+1}^{A}Y+{}_{-1}^{0}e+{}_0^0\bar{\nu}$

β^+ 衰变 $\quad {}_Z^AX\rightarrow{}_{Z-1}^{A}Y+{}_{+1}^{0}e+{}_0^0\nu$

电子俘获 $\quad {}_Z^AX+{}_{-1}^{0}e\rightarrow{}_{Z-1}^{A}Y+{}_0^0\nu$

如果核衰变而形成的子核处于激发态时，子核将从激发态跃迁到能量较低的激发态或基态，多余的能量通过发射 γ 射线的方式而发射出来，称为 γ 跃迁。

（2）放射性衰变定律是 $N=N_0e^{-\lambda t}$，其中 λ 为衰变常量。

衰变常量、半衰期及平均寿命的关系为：$\lambda=\dfrac{\ln2}{T_{1/2}}=\dfrac{1}{\tau}$。

单位时间内衰变的核数称为放射性活度。用 A 表示，则 $A=\dfrac{-\mathrm{d}N}{\mathrm{d}t}=\lambda N_0e^{-\lambda t}=A_0e^{-\lambda t}$

习题十五

15-1　简述核磁共振的基本原理。

15-2　放射性核素的衰变常量、半衰期和平均寿命各是什么意义？三者的关系如何？

15-3 设外磁场的磁感应强度 $B=1.5\text{T}$，已知 $I=\dfrac{1}{2}$，$g=0.8220$。

（1）问 ^{6}Li 的原子核在此磁场中的附加势能是多少?

（2）试计算相邻两子能级间的能量差。

（3）为了获得核磁共振现象，问交变磁场的频率应为多少?

15-4 用核磁共振法测量质子的磁矩时，设外加交变磁场的频率为 60MHz。当调节直流磁场强度达1.41T 时，发生磁共振现象。

（1）求质子的 g 因子；

（2）已知质子核自旋量子数 $I=\dfrac{1}{2}$，试求其磁矩及其在磁场方向的最大分量。

15-5 某核磁共振谱仪的磁感应强度为 1.4092T，求下述核的工作频率：^{1}H、9^{12}C、^{19}F、^{31}P。

15-6 某种放射性核素在 1.0h 内衰变掉原来的 29.3%，求它的半衰期、衰变常量和平均寿命。

15-7 已知核素 $^{198}_{79}$Au 的半衰期为 3.1d，求它的衰变常数和 1g 金的放射性活度。

15-8 已知 ^{222}Rn 的半衰期为 3.8d，求：

（1）它的平均寿命和衰变常数；

（2）1.0μg 的 ^{222}Rn 在 1.9d 有多少微克发生了衰变?

15-9 已知 ^{131}I 的半衰期为 8.1d，问 12mCi 的 ^{131}I 经 24.3d 后其活度是多少?

15-10 将少量含有放射性 ^{24}Na 的溶液注入病人静脉，当时测得计数率为 12000 核衰变/分。30h 后抽出血液 1.0cm^{3}，测得计数率为 0.50 核衰变/分。已知 ^{24}Na 的半衰期为 15h，试估算该病人全身的血液量。

勇攀高峰 4 嫦娥一号在西昌卫星发射中心发射升空

嫦娥一号是中国探月计划中的第一颗绕月人造卫星，以中国古代神话人物嫦娥命名。2007 年 10 月 24 日，嫦娥一号在西昌卫星发射中心发射升空；2009 年 3 月 1 日，嫦娥一号完成使命，撞击月球表面预定地点。

嫦娥一号卫星首次绕月探测的成功，树立了中国航天的第三个里程碑，突破了一大批具有自主知识产权的核心技术和关键技术，使中国成为世界上为数不多具有深空探测能力的国家。

嫦娥一号发射成功体现了中国强大的综合国力以及相关的尖端科技，是中国发展软实力的又一象征，表明了中国在有效地掌握和利用太空巨大资源、实现科研创新、凝聚民心、增强国家竞争力等一系列远大目标的决心与行动，将极大地振奋全国人民的民族精神。嫦娥是家喻户晓的月亮女神，以嫦娥名字命名绕月工程，寄托了中国人的强国之梦，反映了国内外华人对国家复兴的期待。

*第十六章 近代物理专题

扫一扫，查阅本章数字资源，含PPT、音视频、图片等

【教学要求】

1. 掌握相对论的基本假设、时间延缓、长度收缩、时空效应和质能方程；掌握粒子的来源与探测，粒子间的相互作用；掌握纳米技术。

2. 理解天体物理基本知识，宇宙大爆炸理论。

3. 了解广义相对论的等效原理和相对性原理；黑洞，夸克模型，宇宙的膨胀，宇宙的背景辐射；空间技术、传感器技术、新能源技术等物理新技术及其应用。

1905 年，著名的德国物理学家爱因斯坦（A. Einstein）创立了狭义相对论（special relativity），它把物理学扩展到高速物体运动规律的广大领域，它从根本上动摇了经典力学的绝对时空观，提出了关于空间、时间与物质运动相联系的一种新的时空观，揭示了空间与时间的内在联系，质量与能量的内在联系。建立了对高速运动物体也适用的相对论力学，而经典力学则是相对论力学在物体运动速度远小于光速条件下的近似。1915 年又创立了广义相对论（general relativity）。进一步揭示物理定律对一切参考系都是等价的。狭义相对论是局限于惯性参考系的时空理论，广义相对论是推广到一般参考系的引力场的理论。广义相对论关于引力红移和雷达回波延迟的预言，也于 20 世纪 60 年代相继被实验所证实。类星体、脉冲星和微波背景辐射的发现，不仅证实了以这个理论为基础的中子星理论和大爆炸宇宙论的预言，而且大大促进了相对论天体物理的发展。本章重点介绍狭义相对论的基本原理和主要结论，广义相对论的基本原理，天体物理的基本知识，宇宙大爆炸理论，纳米技术。

第一节 相对论基础

相对论的产生有着深远的历史根源。它始发于参考系问题的研究。由于经典力学认为存在着绝对空间，因此人们设想在所有惯性系中必然有一个相对于绝对空间静止的绝对参考系。这个绝对空间充满着一种称为“以太”（aether）的物质，而速度 c 就是光在这个最优惯性系“以太”中的传播速度。由于地球的运动，相对地球静止的观察者应该感觉到迎面而来的以太风。以太问题成为当时物理学研究的热点。为了确定这一绝对参考系的存在，物理学家进行过许多实验。其中最著名的是迈克尔孙-莫雷实验。

一、迈克尔孙-莫雷实验

1881 年，美国物理学家迈克尔孙（Michelson）自制了一台干涉仪用于验证“以太”存在的

实验。装置如图 16-1 所示。S 为光源，M 为被半透明半反射的玻片。入射到 M 上的光线分成两束，一束穿过 M 片到达反射镜 M_1，然后返回 M，再被 M 反射到观测镜筒 T。另一束被 M 反射到 M_2，再从 M_2 反射回来，穿过 M 片到达观测镜筒 T。把此装置水平放置在地球上，设地球相对于以太的漂移速度为 u（与地球公转方向相反），且 u 平行于 M_1，垂直于 M_2。可求出光束 1、2 在各自的路径往返时间分别为

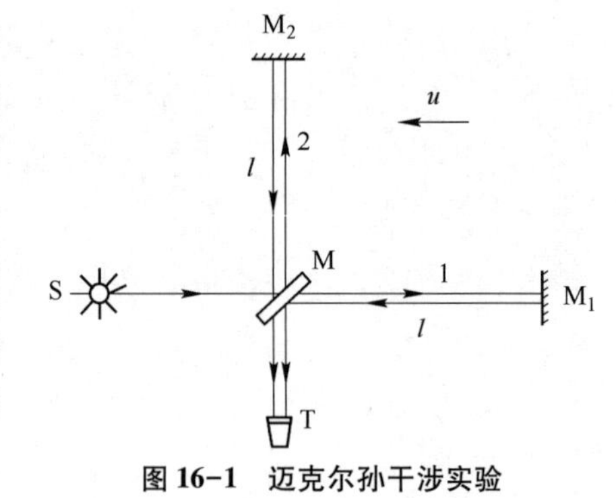

图 16-1　迈克尔孙干涉实验

$$t_1 = \frac{l}{c+u} + \frac{l}{c-u} = \frac{2l}{c}\left(\frac{1}{1-u^2/c^2}\right) \tag{16-1}$$

$$t_2 = \frac{l}{\sqrt{c^2-u^2}} + \frac{l}{\sqrt{c^2-u^2}} = \frac{2l}{c}\left(\frac{1}{\sqrt{1-u^2/c^2}}\right) \tag{16-2}$$

$t_1 - t_2 \approx \frac{l}{c}\left(\frac{u^2}{c^2}\right)$，说明光沿着路径 1 所用的时间比经过路径 2 所用的时间长。将整个实验装置在水平面上缓慢转过 90°后，两束光到达观测镜 T 所经历的时间差了 2（$t_1 - t_2$），为

$$\Delta t = 2(t_1 - t_2) \approx \frac{2lu^2}{c^3} \tag{16-3}$$

时间差的改变将引起干涉条纹的移动，移动数目为

$$\Delta N = \frac{2Lu^2}{\lambda c^2} \tag{16-4}$$

其中 λ 为光波波长，L 为光臂长度。迈克尔孙通过一次次的实验观测这一现象，结果都失败了。尤其是 1887 年与莫雷的合作，采用多次反射法，使光臂的有效长度 L 增至 10m 左右，λ 取 500nm，地球公转速率 u 取 3×10^4m/s 和光速 c 取 3×10^8m/s，代入上式计算，预期可观测到的条纹移动数目 ΔN 应为 0.4 条。这比仪器可观测的条纹移动最小值（约 0.01 条）大得多。但实验的结果是否定的，他们并没有观测到条纹的移动。这一实验结果表明：①相对于“以太”的绝对运动是不存在的，“以太”并不能作为绝对参考系；②在地球上，光沿各个不同方向传播速度的大小都是相同的，它与地球的运动状态无关。

光程差现象告诉人们以太相对于地球有漂移，迈克尔孙实验则没有测到这种漂移。这就是相对论诞生前夜物理学遇到的一个严重困难，即开尔文所说的乌云中的一朵。

知识链接 16

在经典力学中，人们在绝对时空观的框架内，是把力学相对性原理和伽利略变换混同在一起的。由于力学相对性原理的正确性已为大量实验所证实，所以人们普遍认为伽利略变换的正确性是理所当然的。但由于经典物理遇到的上述挫折，物理学家开始寻求伽利略变换以外的新变换，主要工作有：1892 年爱尔兰的菲兹哲罗和荷兰的洛仑兹提出运动长度缩短的概念。1899 年洛仑兹提出运动物体上的时间间隔将变长，同时还提出了著名的洛仑兹变换。1904 年法国的庞加莱提出物体质量随其速率的增加而增加，速度极限为真空中的光速。1905 年爱因斯坦提出狭义相对论。

二、狭义相对论的两个基本假设

迈克尔孙-莫雷实验的零结果使物理学家感到震惊和困惑，忙于修补以太论时，爱因斯坦却

得出了“地球相对于以太运动的想法是错误的”的结论。1905 年，爱因斯坦在他发表的“论运动物体的电动力学”的论文中，肯定了相对性原理的重要地位，以新的时空观替代了与伽利略变换相联系的旧的时空观并指出其局限性，首次提出了狭义相对性的基本假设，作为狭义相对论的基本原理：

（1）**相对性原理**（relativity principle）。物理定律在所有的惯性系中都是相同的，因此所有惯性系都是等价的，不存在特殊的绝对静止的惯性系。

（2）**光速不变原理**（principle of constancy of light velocity）。在所有的惯性系中，光在真空中的传播速率具有相同的值 c。作为基本物理常数，真空中光速的定义值为 $c=299792458\text{m/s}$。

这一原理表明，光速与光源和观察者的运动状态无关。光速不变原理是相对论时空观的基础。

第一个假设是把力学相对性原理的适用范围从力学定律推广到所有物理定律，由于牛顿第一定律可作为惯性系的定义，因此力学定律主要指牛顿第二定律。“在所有的惯性系中都相同”是指在某一变换下物理规律的不变性。同时否定了绝对静止参考系的存在。第二个假设与迈克尔孙-莫雷实验结果以及其他有关实验结果一致，但显然与伽利略变换不相容。满足上面两个假设而保持物理定律不变的变换是洛仑兹变换。

知识链接 17

阿尔伯特·爱因斯坦（Albert Einstein，1879—1955 年），是举世闻名的德裔美国科学家，现代物理学的开创者和奠基人。他的量子理论对天体物理学、特别是理论天体物理学都有很大的影响。爱因斯坦的狭义相对论成功地揭示了能量与质量之间的关系，解决了长期存在的恒星能源来源的难题。他创立了相对论宇宙学，建立了静态有限无边的自洽的动力学宇宙模型，并引进了宇宙学原理、弯曲空间等新概念，大大推动了现代天文学的发展。

三、洛仑兹坐标变换和速度变换

狭义相对论否定了牛顿的绝对时空观，同时也否定了伽利略变换，因此在相对性原理和光速不变原理的要求下，应有新的变换来代替伽利略变换。爱因斯坦从两个基本原理出发，导出了与洛伦兹一致的变换，即**洛仑兹变换**（Lorentz transformation）。洛仑兹变换是荷兰物理学家洛仑兹提出的新坐标变换关系。设惯性参考系 S′ 以恒定速度 u 相对于 S 系沿 x 轴运动，且两参考系平行。在 $t=t'=0$ 时，两参考系坐标重合。对同一事件的两组时空坐标（x，y，z，t）和（x'，y'，z'，t'）之间的关系，洛仑兹变换可表示为

$$\begin{cases} x'=\gamma(x-ut) \\ y'=y \\ z'=z \\ t'=\gamma\left(t-\dfrac{u}{c^2}x\right) \end{cases} \quad \text{其逆变换为} \begin{cases} x=\gamma(x'+ut') \\ y=y' \\ z=z' \\ t=\gamma\left(t'+\dfrac{u^2}{c^2}x'\right) \end{cases} \tag{16-5}$$

其中 $\gamma=\dfrac{1}{\sqrt{1-u^2/c^2}}$

由上式可知，在洛仑兹变换下，空间坐标和时间坐标是相互关联着的，这与伽利略变换有着根本的不同。然而在低速情况下，由于 $u\ll c$，$\gamma\to 1$，则洛仑兹变换将过渡到伽利略变换。即经典力学的伽利略变换是洛仑兹变换在低速情况下，即 $u\ll c$ 时的近似。

两组变换被洛仑兹本人认为是“纯数学手段”，但爱因斯坦却在相对论中揭示了变换方程的实际意义，即“对一个完全确定的事件在相对静止系统中的一组空间时间坐标（x，y，z，t）与同一事件在运动系统中的一组空间时间坐标（x'，y'，z'，t'）之间的联系”。爱因斯坦是依据狭义相对论的两条基本原理严格推导出来的。所以，虽然是同一组数学模型，在认识上却有质的飞跃。

知识链接 18

有趣的是相对论的最主要公式是洛仑兹变换，洛仑兹变换是洛仑兹最先提出来的，但相对论的创始人却不是洛仑兹而是爱因斯坦。这里不存在篡夺科研成果的问题。洛仑兹本人也认为，相对论是爱因斯坦提出的。在一次洛仑兹主持的会议上，他对听众宣布：“现在请爱因斯坦先生介绍他的相对论。”洛仑兹曾一度反对相对论，还与爱因斯坦争论过相对论的正确性，争论时为了区分自己的理论和爱因斯坦的理论，洛仑兹给爱因斯坦的理论起了个名字“相对论”。爱因斯坦觉得这个名字与自己的理论很相称，于是就接受了这一命名。

为了由洛伦兹变换求得在两个惯性系 S 和 S′系中，观测同一质点 P 在某一瞬时速度的变换关系，对式 16-5 两边求微分整理可得爱因斯坦速度变换式

$$\begin{cases} v_x{}' = \dfrac{v_x - u}{1 - \dfrac{uv_x}{c^2}} \\ v_y{}' = \dfrac{v_y}{\gamma\left(1 - \dfrac{uv_x}{c^2}\right)} \\ v_z{}' = \dfrac{v_z}{\gamma\left(1 - \dfrac{uv_x}{c^2}\right)} \end{cases} \quad \text{其逆变换为} \begin{cases} v_x = \dfrac{v_x{}' + u}{1 + \dfrac{uv_x{}'}{c^2}} \\ v_y = \dfrac{v_y{}'}{\gamma\left(1 + \dfrac{uv_x{}'}{c^2}\right)} \\ v_z = \dfrac{v_z{}'}{\gamma\left(1 + \dfrac{uv_x{}'}{c^2}\right)} \end{cases} \tag{16-6}$$

由上面速度的相对论变换式不难看出，在任何情况下，物体运动速度的大小不能大于光速 c。即在相对论范围内，光速 c 是一个极限速率。在物体的运动速率远小于光速的情况下，$\gamma \to 1$，洛仑兹速度变换过渡到伽利略速度变换，可见牛顿的绝对时空观是相对论时空观在参考系的相对运动速度远小于光速时的一种近似。

例 16-1 设火箭 A、B 沿 x 轴方向相向运动，在地面测得它们的速度各为 $v_A = 0.9c$，$v_B = -0.9c$。试求火箭 A 上的观测者测得火箭 B 的速度为多少？

解： 令地球为“静止”参考系S，火箭 A 为参考系 S′。A 沿 x、x' 轴正方向以速度 $u = v_A$ 相对于 S 运动，B 相对 S 的速度为 $v_x = v_B = -0.9c$。所以在 A 上观测到火箭 B 的速度为

$$v_x{}' = \frac{v_x - u}{1 - \dfrac{uv_x}{c^2}} = \frac{-0.9c - 0.9c}{1 - \dfrac{(0.9c)(-0.9c)}{c^2}} = \frac{-1.8c}{1.81} \approx -0.994c$$

四、同时性的相对性、长度收缩和时间延缓

按照经典力学理论，相对于同一惯性系在不同地点同时发生的两个事件，对于另一个与之有相对运动的惯性系来说也是同时发生的。而相对论则指出在一个惯性系中不同地点同时发生的两个事件，在另一与之有相对运动的惯性系中看来，并不是同时发生的，即同时性的概念是相对的。

（一）同时性的相对性

以洛仑兹变换为核心的相对论，使人们的时空观发生了巨大的变化。为了说明同时性的相对性，爱因斯坦创造了一个理想模型。设火车相对站台以匀速 u 向右运动如图 16-2 所示。当列车上的 A'、B' 与站台的 A、B 两点重合时，站台上同时在这两点受到雷击。所谓同时是指发生闪电的 A 处和 B 处发出的光，在站台 AB 距离的中点 C 处相遇。但列车的中点 C' 先接到 B 点的闪光，后接到 A 点的闪光。即对站在 C 点的观察者 C 来说，A 的闪光与 B 的闪光是同时的，而对观察者 C' 来说，B 的闪光早于 A 的闪光。也就是说，对站台参考系同时的事件，对列车参考系不是同时的，即同时性是相对的。

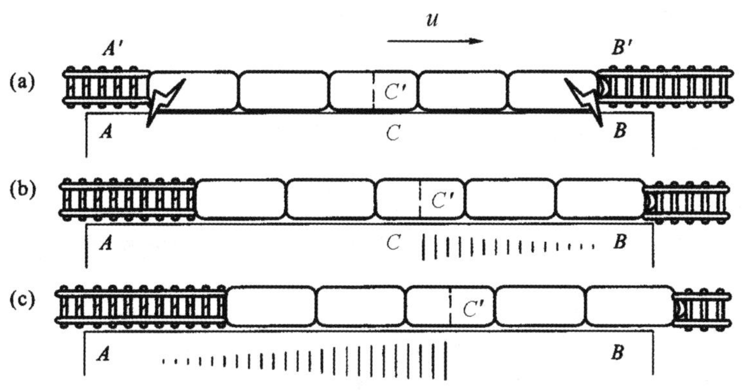

图 16-2　论证“同时性的相对性”的实验模型

“同时”是相对的，为什么我们通常感觉不到“同时”的相对性呢？是因为这种相对性只有在接近光速运动时，才会明显表现出来。我们通常接触的汽车、飞机甚至火箭运动速度都太小了，感觉不出这个差别。

同时的相对性这一概念用洛仑兹变换很容易证明。设在 S 系中有两个事件分别发生 t_1 时刻 x_1 位置和 t_2 时刻 x_2 位置。这两事件的时间差 Δt 和空间差 Δx 分别为

$$\Delta t = t_2 - t_1,\ \Delta x = x_2 - x_1$$

对洛仑兹变换式 16-5 的逆变换第 4 式时间变量得

$$\Delta t' = \frac{\Delta t - \dfrac{u}{c^2}\Delta x}{\sqrt{1 - \dfrac{u^2}{c^2}}} \tag{16-7}$$

如果在 S 系中看，这两个事件同时发生，那么 $t_1 = t_2$，$\Delta t = 0$。但是，只要这两事件发生的地点不同，$\Delta x = x_2 - x_1 \neq 0$，式 16-7 就会得到 $\Delta t' \neq 0$，即在 S′系看来，这两件事没有同时发生。

反过来，根据式 16-5 洛仑兹变换第 4 式可得

$$\Delta t = \frac{\Delta t' + \dfrac{u}{c^2}\Delta x'}{\sqrt{1 - \dfrac{u^2}{c^2}}} \tag{16-8}$$

从式 16-8 可知，在 S′系中同时发生的两事件即 $\Delta t' = 0$，只要不发生在同一地点即 $\Delta x' \neq 0$，在 S 系中看这两件事就不是同时发生的，即 $\Delta t \neq 0$。

上述表明相对论预言了同时的相对性。在一个惯性系中不同地点同时发生的事件，在另一个

相对于它运动的惯性系中看，并不同时发生。这就是**同时性的相对性**（relativity of simultaneity）。同时性的相对性否定了各个惯性系之间具有统一的时间，也否定了牛顿的绝对时空观。

知识链接 19

运动刚尺的收缩效应是洛仑兹等人最先提出的。但他们认为，这是刚尺相对于绝对空间运动时发生的效应，是一种真实的物理效应，这种效应发生时刚尺的原子结构和电荷分布会发生变化。爱因斯坦的相对论也认为有这种收缩，但他认为这种收缩是相对的，是一种时空效应，发生这种效应时，构成这种原子的内部结构和电荷分布都不会发生任何变化。相对论还认为运动刚尺的收缩是相对的，两个做相对运动的刚尺，都会认为对方缩短了。这是“同时”相对性的结果，与绝对空间没有任何关系，相对论认为根本不存在绝对空间。

（二）长度收缩

下面讨论空间长度的相对性问题，即同一物体的长度在不同的参考系中测得的量值之间的关系。要测量一个运动物体的长度，合理的办法是同时记下物体两端的位置。设 S' 系相对 S 以速度 u 沿 x 轴运动，S 系中有一根棒如图 16-3 所示。两端点的空间坐标为 x_1、x_2，则棒在 S 系中的长度为 $l_0=x_2-x_1$，是棒相对于参考系静止时所测得的长度，称为静长或原长。在 S′系中的 t' 时刻，记下棒两端的空间坐标 x'_1、x'_2，S′系中棒的长度为 $l'=x'_2-x'_1$，根据洛仑兹变换可得

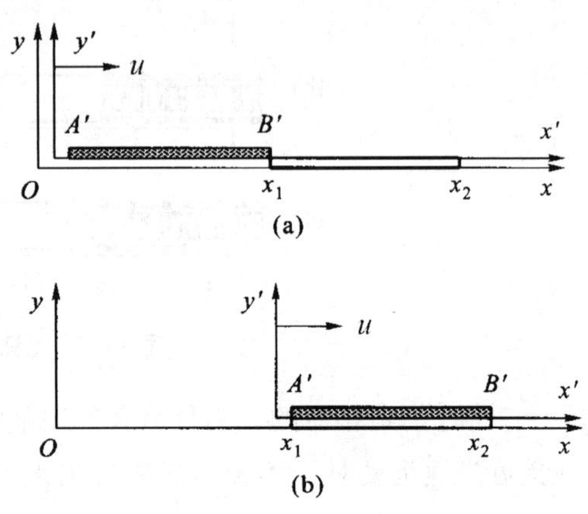

图 16-3　论证“长度收缩”的实验模型

$$x_1=\gamma\ (x'_1+ut') \qquad x_2=\gamma\ (x'_2+ut')$$

整理后得 S′系中棒的长度为

$$l'=x'_2-x'_1=(x_2-x_1)\sqrt{1-u^2/c^2}$$

$$l'=l_0\sqrt{1-u^2/c^2} \tag{16-9}$$

反之，如棒在 S′系中静止，棒在 S′系中的长度为静长 l'，可以证明棒在 S 系中的长度为

$$l=l'\sqrt{1-u^2/c^2} \tag{16-10}$$

由上可知被测物体和测量者相对静止时，测得物体的长度最大，等于棒的静长 l_0。被测物体和测量者相对运动时，测量者测得的沿其运动方向的长度变短了，如运动长度用 l 表示，则有

$$l=l_0\sqrt{1-u^2/c^2} \tag{16-11}$$

此效应，称为**长度收缩**（length contraction）**或洛仑兹收缩**。

在相对于被测物体运动的垂直方向上，无相对运动，故不发生长度收缩。

以上讨论表明，长度收缩效应并不是由于运动引起物质之间的相互作用而产生的实质性收缩，而是一种相对性的时空属性。无论从哪个参考系看，运动的尺都一定会产生洛仑兹收缩。若将两个同样的棒分别静止置于 S 和 S′系中，则两个参考系中的观测者都将看到对方参考系中的棒缩短了。

知识链接 20

长度的相对性与“同时”的相对性往往是相互关联的，为说明此观点我们来讨论如下：设在

地面参考系中，列车长 AB，正好与一段隧道的长度相同，而在列车参考系中看，列车就会比隧道长（因隧道相对于列车运动而缩短）。在地面参考系中当列车完全进入隧道时，在入口和出口处同时打两个雷。在列车参考系中看，列车会被雷击中吗？问题的关键在“同时的相对性”上。在地面参考系中同时打两个雷，而在列车参考系中是不同时的，出口 A 处雷击在先，这时车头还未出洞，此时虽车尾在洞外，但 B 处雷还未响，等 B 处雷响时，车尾已进洞。

（三）时间延缓

既然“同时”这一概念在不同的惯性参考系中是相对的，那么，两个事件的时间间隔或某一过程的持续时间是否也与参考系有关呢？

如图 16-4 所示参考系 S′相对参考系 S 以恒定速度 u 沿 x 轴正向运动，两者坐标轴平行，且 $t=0$ 时两坐标系重合。S 系中有一闪光源 A'，它旁边有一只钟 C'，在平行于 y'轴方向上有一反射镜 M′，其相对于 A'距离为 d。光从 A'发出再经 M′反射后返回 A'，C'钟走过时间为

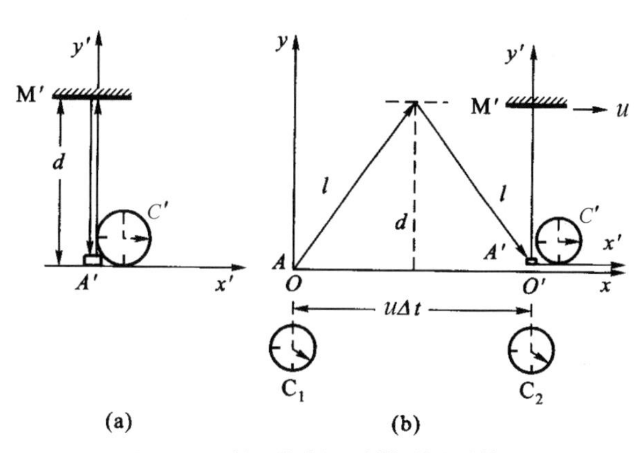

图 16-4　论证“时间延缓”的实验模型

$$\Delta t' = 2d/c \tag{16-12}$$

当我们在 S 系中测量时，由于 S′系相对于 S 系运动，光线由发出到返回并不沿同一条直线，而是沿一条折线。即光线的发出和返回这两个事件并不发生在 S 系中的同一地点。用 Δt 表示 S 系中测得闪光由 A 点发出并返回到 A'所经过的时间，此时间内 A'沿 x 方向移动了距离 $u\Delta t$，S 系中测量光线走过斜线的长度为

$$l = \sqrt{d^2 + \left(\frac{u\Delta t}{2}\right)^2} \tag{16-13}$$

由于光速不变，故有

$$\Delta t = \frac{2l}{c} = \frac{2}{c}\sqrt{d^2 + \left(\frac{u\Delta t}{2}\right)^2}$$

整理得

$$\Delta t = \frac{2d/c}{\sqrt{1 - u^2/c^2}} \qquad 即 \qquad \Delta t = \gamma\Delta t' \tag{16-14}$$

上式中 $\Delta t'$ 是在 S′系中同一地点的两个事件之间的时间间隔，是静止于此参考系中的一只钟测出的，称为**固有时**（proper time）或**原时**。由式 16-14 可知，$\sqrt{1 - u^2/c^2} < 1$ 故 $\Delta t' < \Delta t$，即原时最短。S 系中的 Δt 是不同地点的两个时间之间的时间间隔，是用静止于此参考系中的两只钟测出的，称为**两地时**，它比原时长，用 τ 表示。两者关系如下

$$\tau = \frac{\tau_0}{\sqrt{1 - u^2/c^2}} \tag{16-15}$$

对于原时最短的现象，下面用钟表的快慢来说明。在 S 系中的观察者将自己参考系上的钟与 S′系中相对于他运动的那只钟对比，发现 S′系中的钟慢了。在惯性系中，运动的钟比静止的钟走

得慢，这就是所谓**时间延缓**（time dilation）效应，也称为**时间膨胀**或说**运动时钟变慢**。

时间延缓效应来源于光速不变原理，它是时空的一种属性，并不涉及时钟内部的机械原因和原子内部的任何过程。由公式16-15还可看出，当$u \ll c$时，$\tau=\tau_0$。这时钟慢效应是完全可以忽略的，而在运动速度接近光速时，这种效应就变得非常重要了。

例16-2 μ子是在宇宙射线中发现的一种不稳定的粒子，它会自发地衰变为一个电子和两个中微子。对μ子静止的参考系而言，它自发衰变的平均寿命为2.15×10^{-6}s。我们假设来自太空的宇宙射线，在离地面6000m的高空所产生的μ子，以相对于地球$0.995c$的速率由高空垂直向地面飞来，试问在地面上的实验室中能否测得μ子的存在。

解：（1）按经典理论，μ子在消失前能穿过的距离为

$$l=0.995c\times2.15\times10^{-6}\text{s}=642\text{m}$$

所以μ子不可能到达地面实验室，这与在地面上能测得μ子存在的实验结果不符。

（2）按相对论，设地球参考系为S，μ子参考系为S′。依题意，S′系相对S系的运动速率$u=0.995c$，μ子在S′系中的固有寿命$\tau_0=2.15\times10^{-6}$s。根据相对论时间延缓公式，在地球上观察μ子的平均寿命为

$$\tau=\gamma\tau_0=\frac{1}{\sqrt{1-\frac{u^2}{c^2}}}\tau_0=2.15\times10^{-5}\text{s}$$

μ子在时间τ内的平均飞行距离为

$$l=u\tau=0.995c\times2.15\times10^{-5}\text{s}=6.42\times10^{3}\text{m}$$

这一距离大于6000m，所以μ子在衰变前可以到达地面，因而实验结果验证了相对论理论的正确。

广义相对论证明，在非惯性系中时间流逝的慢，故乙比甲年轻。1971年，美国马里兰大学的研究小组将原子钟带上飞机进行实验，发现飞机上的钟比地面上的钟慢59ns，与理论符合。

知识链接21

孪生子佯谬：关于时间的相对性问题，历史上曾经引发过一次称为“孪生子佯谬”的讨论。甲乙两孪生兄弟，甲留在地球，乙坐飞船旅行，在甲看，时间在飞船上流逝的比地球上慢，故乙比甲年轻，在乙看，时间在地球上流逝的比飞船上慢，故甲比乙年轻。到底谁年轻？从表面上看来，孪生子扮演着对称的角色，而实际上“飞船”和“地球”这两个参考系此时是不对称的。地球可以看作是惯性系，飞船在匀速飞行过程中也可以看作是惯性系，但飞船往返必有一段变速的过程，即必有加速度。所以飞船在“调头”过程中就不再是一个惯性系，这就超出了狭义相对论的理论范围，需要应用广义相对论来讨论。

五、相对论动力学基础

相对论对经典力学的时空观进行了根本性的变革，因而在相对论动力学中，一系列物理概念都面临重新定义和重新改造的问题。新的定义应遵循如下原则，首先必须满足相对性原理，即它在洛仑兹变换下是不变的，其次满足对应性原理，即当$u \ll c$时，新定义的物理量必须趋同于经典物理中的对应量，尽量保持基本守恒定律继续成立。

（一）质量和动量

在经典力学中，物体的动量定义为其质量与速度的乘积，即$\boldsymbol{p}=m\boldsymbol{v}$，这里质量$m$是不随物体

运动状态而改变的恒量。在狭义相对论中，如果动量仍然保留上述经典力学中的定义，则计算表明，动量守恒定律在洛仑兹变换下就不能对一切惯性系都成立。理论和实验都证明，相对论质量和速度的关系为

$$m=\frac{m_0}{\sqrt{1-v^2/c^2}}=\lambda m_0 \tag{16-16}$$

式中 v 为物体相对于某一参考系的运动速度，m_0为物体在相对静止的参考系中的质量，称为**静质量**（rest mass），m 为相对观测者速度为 v 时的质量，也称为**相对论质量**（relativistic mass），简称质量。

根据相对论质量表达式，相对论动量大小可表示为

$$p=mv=\frac{m_0 v}{\sqrt{1-v^2/c^2}}=\gamma m_0 v \tag{16-17}$$

新的动量定义式满足爱因斯坦相对性原理。此外，不难看出当 $v \ll c$ 时，$m=m_0$，相对论动量表达式及动量守恒定律还原为经典力学中的形式。

（二）相对论动能

在相对论力学中，仍然用动量对时间的变化率定义质点所受的力，即

$$\boldsymbol{f}=\frac{\mathrm{d}\boldsymbol{p}}{\mathrm{d}t}=\frac{\mathrm{d}}{\mathrm{d}t}(m\boldsymbol{v})=m\frac{\mathrm{d}\boldsymbol{v}}{\mathrm{d}t}+\boldsymbol{v}\frac{\mathrm{d}m}{\mathrm{d}t} \tag{16-18}$$

这就是**相对论动力学基本方程**，在 $v \ll c$ 时，$\frac{\mathrm{d}m}{\mathrm{d}t}=0$，该方程还原为经典的牛顿第二定律。

在相对论中，假定功能关系仍具有经典力学中的形式，动能定理仍然成立。因此，物体动能的增量等于外力对它所做的功，即

$$\mathrm{d}E_{\mathrm{k}}=\boldsymbol{F}\cdot\mathrm{d}\boldsymbol{r}=\frac{\mathrm{d}(m\boldsymbol{v})}{\mathrm{d}t}\cdot\mathrm{d}\boldsymbol{r}=\boldsymbol{v}\cdot\mathrm{d}(mv)=mv\mathrm{d}v+v^2\mathrm{d}m$$

将式 16-16 微分，可得速率增量为 $\mathrm{d}v$ 时的质量增量

$$\mathrm{d}m=\frac{m_0 v\mathrm{d}v}{c^2\left(1-\frac{v^2}{c^2}\right)^{3/2}}=\frac{mv\mathrm{d}v}{c^2-v^2}$$

将该式代入前式，可得

$$\mathrm{d}E_k=c^2\mathrm{d}m$$

设初态速率 $v=0$，$m=m_0$，$E_{\mathrm{k}}=0$，积分上式得

$$E_k=mc^2-m_0c^2 \tag{16-19}$$

这就是相对论动能公式，其动能等于因运动而引起的质量增量乘以光速的平方。当 $v \ll c$ 时

$$m=\frac{m_0}{\sqrt{1-v^2/c^2}}=m_0\left(1+\frac{1}{2}\frac{v^2}{c^2}+\frac{3}{8}\frac{v^4}{c^4}+\cdots\right)$$

略去高次项，代入式 16-19，可得

$$E_{\mathrm{k}}\approx\frac{1}{2}m_0v^2$$

即经典力学的动能表达式是其相对论表达式的低速近似。对于高速情况，上面展开式中高次项不能忽略。

（三）相对论质能关系

式 16-19 中出现的 m_0c^2项，可以认为是粒子在静止时具有的能量，称为**静能**（rest energy），用 E_0表示，即

$$E_0=m_0c^2 \tag{16-20}$$

式 16-19 中的 mc^2是系统的总能量 E，在数值上等于物体动能 E_k和静能 E_0之和，即

$$E=mc^2=\frac{m_0c^2}{\sqrt{1-v^2/c^2}}=\gamma m_0c^2 \tag{16-21}$$

或

$$\Delta E=\Delta mc^2 \tag{16-22}$$

式 16-21 和式 16-22 均为相对论的**质能关系式**（mass-energy relation）。这一关系的重要意义在于它把物体的质量和能量不可分割地联系起来了。它表明，当物体吸收或放出能量时，一定伴随着质量的增加或减少，说明质量不但是物质惯性的量度，还是能量的量度。

上式还表明，对于由若干相互作用的物体构成的系统，若其总能量守恒，则其总质量必然守恒。可见，相对论质能关系将能量守恒和质量守恒这两条原来相互独立的自然规律完全统一起来。但这里所说的质量守恒，指的是相对论质量守恒，其静质量并不一定守恒。而在相对论以前的质量守恒，实际上只涉及静质量，它只是相对论质量守恒在动能变化很小时的近似。

相对论推出的质能关系式的重大意义还在于，它为开创原子能时代提供了理论基础。在这一理论指导下，人类已成功地实现了核能的释放和利用，这是相对论质能关系的一个重要的实验验证，也是质能关系的重大应用之一。

（四）能量和动量的关系

根据相对论质能公式 16-21 和动量公式 16-17 可以推导出动量能量关系式

$$E^2=E_0{}^2+p^2c^2 \tag{16-23}$$

对于光子而言，因光子静质量 $m_0=0$，可得到光子的能量和动量的关系为

$$E=pc \tag{16-24}$$

又由光子的能量 $E=h\nu$，可得光子的动量

$$p=\frac{E}{c}=\frac{h\nu}{c}=\frac{h}{\lambda} \tag{16-25}$$

根据质能关系，可得光子的质量

$$m=\frac{E}{c^2}=\frac{h\nu}{c^2} \tag{16-26}$$

可见，光子不仅具有能量，而且具有动量和质量。因而，相对论揭示了光子的粒子性。

六、广义相对论基础

爱因斯坦在提出狭义相对论不久便发现理论存在两个严重缺陷。一是作为“相对论”基础的惯性系无法定义了；另一个是万有引力定律写不成相对论的形式。1922 年，爱因斯坦在日本东京大学演讲时提到，“虽然惯性与能量之间的关系已经如此美妙地从狭义相对论中推导出来，但是惯性和引力之间的关系却没能说明”。对这两个缺陷的清楚认识，是创立广义相对论的先决条件。经过了 10 年的艰苦努力，爱因斯坦终于在 1915 年又创立了广义相对论。广义相对论中的**等**

效原理（equivalence principle）和**广义相对性原理**（principle if general relativity）是广义相对论的基础。

（一）等效原理

1. 惯性质量和引力质量　根据牛顿定律和万有引力定律，可知一个受引力场唯一影响下的物体，其加速度是和物体的质量无关的。例如，当某物体在地球表面的均匀引力场中自由落下时，根据万有引力定律，作用在物体上的引力大小是

$$F = G_0 \frac{m'M}{R} \tag{16-27}$$

由牛顿第二定律 $F=ma$，可知

$$ma = G_0 \frac{m'M}{R^2} \tag{16-28}$$

上式中，与动力学方程相联系的质量 m 称为**惯性质量**；与万有引力定律相联系的质量m' 称为**引力质量**。M 和 R 表示地球的引力质量和半径。由式 16-28 可得

$$a = \frac{m'}{m} \cdot G_0 \cdot \frac{M}{R^2} \tag{16-29}$$

实验表明，在同一引力强度作用下，所有物体，不论其大小和材料性质如何，都以相同的加速度 $a = g$ 下落，因而引力质量与惯性质量之比 m'/m 对于一切物体而言也必然是一样的。从概念上讲，惯性质量和引力质量是两种本质不同的物理量，它们是在不同实验事实基础上定义出来的，惯性质量是量度物体惯性大小的量，引力质量则是量度物体与其他物体相互吸引的能力。但是，如果实验上能证明引力质量与惯性质量之比对一切物体都相同，那么就可以把它们当作同一量对待，即引力质量与惯性质量的等同性。

$$m=m' \tag{16-30}$$

爱因斯坦将惯性质量和引力质量相等的这一事实，推广为**等效原理**（equivalence principle）。

2. 等效原理　引力质量与惯性质量相等的实验基础上，爱因斯坦证明，均匀引力场中的静止参考系与没有引力场的空间加速运动参考系具有等价性，从而提出了引力与惯性力等效，或者说引力场与加速场等效的原理，把相对论推广到非惯性系。这个原理分为“弱等效原理”和“强等效原理”。弱等效原理是引力场与惯性场的力学效应，是局域不可区分的；强等效原理是引力场与惯性场的一切物理效应，都是局域不可区分的。

爱因斯坦设计了一个理想的升降机（电梯）实验，清楚地表达了他的等效原理思想。设想一个观察者处在一个封闭的升降机内，得不到升降机外部的任何信息。当他看到电梯内一切物体都自由下落，下落加速度 a 与物体大小及物质组成无关时，他无法断定升降机是静止在一个引力场强为 a 的星球表面还是在无引力场的太空中以加速度 a 运动。当观察者感到自己和电梯内的一切物体都处于失重状态时，同样无法判断升降机在引力场中自由下落还是在无引力的太空中做惯性运动。这说明无法用任何物理实验来区分引力场和惯性场，即等效原理造成了上述的不可区分性。

进一步假定任何物理实验，包括力学的，电学的，磁学的以及各种其他实验都不可能判断出观察者所在的升降机箱内是引力场的惯性系还是不受引力的加速系，即不能区分是引力还是惯性力的效果，即这两个参考系不仅对力学过程等效，而且对一切物理过程均等效。这就是等效原理。或描述为，**一个均匀的引力场与一个匀加速参考系完全等价。**

（二）广义相对性原理

根据等效原理，即由引力场和加速参考系的等价性可知，若考虑等效的引力存在，则一个作加速运动的非惯性系就可以与一个有引力场作用的惯性系等效。据此，爱因斯坦又把狭义相对论中的相对性原理由惯性系推广到一切惯性的和非惯性的参考系。即**所有参考系都是等价的，无论是对惯性系或是非惯性系，物理定律的表达形式都是相同的**。这一原理称为**广义相对性原理**。

等效原理和广义相对论原理是爱因斯坦关于广义相对论的基本原理。广义相对论建立了全新的引力理论，构造出了弯曲的时空模型，写出了正确的引力场方程，进而精确地解释了水星近日点的反常进动，预言了光线的引力偏折、引力红移和引力辐射等一系列效应，并对宇宙结构进行了开创性的研究。

（三）弯曲时空

广义相对论是一个关于时间、空间和引力的理论。狭义相对论认为时间、空间是一个整体（四维时空），能量动量是一个整体（四维动量），但没有指出时间-空间与能量-动量的关系。广义相对论指出了这一关系，能量-动量的存在（物质的存在），会使四维时空发生弯曲，即万有引力不是真正的力，而是时空弯曲的表现，物质消失，时空就回到平直状态。或者说引力效应是一种几何效应，万有引力不是一般的力，而是时空弯曲的表现。由于引力起源于质量，所以说弯曲时空起源于物质的存在和运动。

在相对论中引力的唯一效果是引起了背景时空的弯曲。而在引力场中间的物质的运动就是物体在弯曲背景时空上的运动。如太阳的质量使其周围空间发生弯曲，这种弯曲将影响光和行星的运动。光和行星在弯曲空间上的运动遵守“最短路线”原则，从而形成现在的运动方式。爱因斯坦认为：太阳对光和行星没有任何力的作用，它只是使空间发生弯曲，而光和行星只是沿这一弯曲空间中的“最短路线”运动而已。

知识链接 22

广义相对论的三个验证实验为：引力红移、轨道进动、光线偏折。水星近日点的进动：广义相对论成功地解释了令人困扰多年的水星近日点的进动问题。按照牛顿的引力理论，在太阳引力作用下，水星将围绕太阳作封闭的椭圆运动。但实际观测表明，水星的轨道并不是严格的椭圆，而是每转一圈它的长轴略有转动，称为水星近日点的进动。对此，牛顿力学虽能以其他行星的影响做出解释，但仍有每百年43.11″的进动值使得牛顿的引力理论无法解释。爱因斯坦按广义相对论，考虑到时空弯曲引起的修正，得出水星近日点的进动应有每百年43.03″的附加值，这与观测值几乎相等，因而成为初期对广义相对论的有力验证之一。广义相对论的另一重大验证是**光线的引力偏折**。根据广义相对论，光经过引力中心附近时，将会由于时空弯曲而偏向引力中心。爱因斯坦预言，若星光擦过太阳边缘到达地球，则太阳引力场造成的星光偏转角为1.75″。1919年，由英国天文学家领导的观测队分别从西非和巴西观测当年5月29日发生的日全食，从两地的实际观测照片计算出的星光偏转角分别为1.61″和1.98″，与理论预测值十分接近，轰动了全世界。以后进行的多次观测都证实了爱因斯坦理论的正确。特别是近年来，应用射电天文学的定位技术已测得偏转角为1.76″，这与广义相对论的理论值符合得相当好。此外，广义相对论关于**引力红移**和**雷达回波延迟**的预言，也于20世纪60年代相继被实验所证实。**类星体**（quasar）、**脉冲星**（pulsar）和**微波背景辐射**的发现，不仅证实了以这个理论为基础的**中子星**（neutron star）理论和

大爆炸宇宙论的预言，而且大大促进了相对论天体物理的发展。

（四）引力红移

按照广义相对论，时空弯曲的地方钟会走得慢，即时间缩短。时空弯曲越厉害，钟走得越慢。因此，太阳附近的钟会比地球上的钟走得慢。为了验证这一结论，我们通过测定太阳附近和地球上氢原子光谱来进行检验。太阳表面有大量氢原子，测定其光谱线和地球实验室中的氢光谱线进行对比。由于太阳附近的钟变慢，那里射过来的氢原子光谱频率与地球实验室的氢光谱频率相比会减小，即谱线会向红端移动。即广义相对论预言的引力红移。实验验证了这一结论。

引力红移是指光波在引力场作用下向波长增大、频率降低的方向移动的现象。由于引力场空间是弯曲空间，光线是以不变的光速沿弯曲路径传播，这当然要比在自由空间的直线传播延长时间，这种效应称为引力时间延缓。引力红移是引力时间延缓的一个可观测效应。

第二节　粒子物理

粒子物理学又称高能物理学，它是研究组成物质的最小单元及它们之间相互作用的学科。同原子物理和原子核物理相比，其探索的物质尺寸更小，可以到达 10^{-20}m。

1803 年道尔顿提出了物质的原子论，认为原子是物质的最小组成单元。1897 年，汤姆逊发现了电子。1911 年卢瑟福提出了原子的有核模型，发现了质子。1932 年查德威克发现了中子。1932 年还发现了正电子。此后，人们制造了加速器加速电子或质子，企图了解其内部结构，在高能粒子的轰击下，中子和质子不但不破碎成更小的碎片，而是在剧烈碰撞过程中产生许多更小的新粒子。至今已发现并确认的粒子多达 430 种。

一、粒子与探测

（一）粒子的来源

1911 年奥地利物理学家赫斯（V. F. Hess）携带一架屏蔽得很严格的“验电器”乘气球飞到高空。发现了穿透力非常强的辐射。赫斯注意到，这种辐射的强度随气球的升高而加强。后来将这种穿透力极强的辐射称为宇宙射线。宇宙射线是从宇宙射向地面的高能粒子流，其中包括各种“基本粒子”与某些原子核。早期发现的正电子、μ 介子、π 介子等多数都是从宇宙射线中观察到的。宇宙射线的特点是：能量高，强度弱，成分复杂。在宇宙射线中观察到的许多高能粒子其能量是目前人工加速器难以达到的。

受大气影响，宇宙辐射的强度随离地面高度的变化而变化。在高空，大气十分稀薄，几乎全部为初级射线。而在 50km 以下，大气密度增加，次级反应加强，宇宙辐射的总强度超过初级辐射强度。在大气层下，由于吸收作用增大，宇宙辐射强度减弱，但宇宙射线仍有极强的穿透能力，不但能到达地面，而且能深入地下。

除了大气的影响外，地磁场对宇宙辐射也有较大的影响。由于带电粒子受南北指向的地磁场作用，形成所谓的东西效应。从天上射来的正粒子，受洛仑兹力的影响向东偏转，负粒子则向西偏转。所以，到达地面上的正粒子看上去从西方来，而负粒子从东方来。在宇宙射线的观测中发现，从西方来的射线比东方来的多。说明初级射线主要是正粒子。

宇宙辐射的来源可能有两个：一是来自超新星爆炸，超新星在爆炸前是一个射电源，突然爆

炸后可能发射大量高能粒子。这些粒子并不直接射向地面，由于银河星际间存在磁场，使高能粒子运动轨道弯曲。能量低于 10^{12}Mev 的粒子可以在银河系徘徊很长时间，方向完全杂乱表现出为各向同性，而后射向地球。宇宙辐射的另一个来源，认为星际空间存在磁云的作用。磁云是一种高速运动着的稀薄电离物质。磁感应强度达零点几个特斯拉，范围很大。各种星球发出能量较低的带电粒子，在磁云的反复作用下，可使粒子的能量超过 10^{6}Mev，然后射向地面，形成初级宇宙辐射。当初级辐射到达大气层时，打在大气原子核上，使原子核炸裂，形成所谓“星裂”现象，产生许多新的粒子，形成次级宇宙辐射。当然，宇宙辐射也可能有其他来源。

宇宙辐射虽然能产生能量极大的高能粒子，但它们的强度极弱且无法控制。为了获得能量高、强度大、可控制的高能粒子，人们设计制造了多种类型的高能粒子加速器，这就是人工高能辐射源。

知识链接 23

1988 年我国建成了正负电子对撞机，加速后的正负电子对撞束能量为（10～22）$\times 10^{2}$Mev。世界上最大的粒子加速器于 1990 年在欧洲核子研究中心建成，该加速器称为“莱泼”正负电子对撞机，其环形隧道长 27km，直径 3.8m，深 50～150m，由它产生粒子束的最大能量超过 10^{5}Mev。

（二）粒子的探测

高能粒子的探测方法较多，下面主要介绍闪烁计数器、云室、气泡室和核乳胶法。闪烁计数器是核辐射探测的一种，应用较广。它是一种将闪烁体、光导和光电倍增管连接在一起的装置。闪烁体是透明晶体，分无机和有机两种。当带电粒子射入闪烁体时，闪烁体中的原子或整个分子被激发。在退激跃迁时，闪烁体产生极其短暂的荧光闪烁，闪烁光子被光导导入光电倍增管，倍增放大后形成较大的电脉冲信号。

云室是苏格兰物理学家威尔逊（C. T. R. Wilson）在 1895 年发明的，故此称为“威尔逊云室”。许多粒子都是在云室中被发现的，如质子、正电子。威尔逊云室的主要原理是：在一个装有活塞的玻璃容器内充满湿度达到饱和的空气。当活塞外拉，空气突然膨胀时，室内温度降低，空气湿度达到过饱和状态。此时如果有快速带电粒子穿过云室，会使云室中的原子发生电离，形成一串雾状水滴，从而指示出粒子的踪迹。如在云室上加一磁场带电粒子将发生偏转，根据粒子的径迹曲率方向可知其受力情况，进而算出粒子的动量。

美国物理学家格拉泽（D. A. Ccaser）发明的“气泡室”与“云室”原理基本相似。气泡室内充有比正常沸点高得多的液体，通常用液态氢、氦、乙醚等。先在室内充几个大气压，然后突然减压使液体处于过热状态，当带电粒子进入气泡室后，粒子会在所经过的液体中产生一连串小气泡，由于液体密度比气体大得多，气泡室内产生的离子就更多，且径迹较短。气泡室特别适合研究高速短寿命粒子，通常用在高能加速器上。

核乳胶是一种专门研究高能射线的特别照相乳胶，其溴化银含量相对高，是普通照相乳胶的 4 倍，且结晶颗粒细、分布均匀。当带电粒子穿过涂在玻璃板上的核乳胶时，与溴化银颗粒发生化学反应，形成显影中心，经显影、定影后留下运动径迹，由此可测定粒子的质量、能量和发射方向。

二、基本粒子

（一）粒子与反粒子

1930 年物理学家狄拉克（p. A. M. Dirac）将 20 世纪两个重要原理结合起来研究亚原子粒子

的性质，得出相对论中自由电子的能量为

$$E^2 = p^2c^2 + m_0^2c^4 \tag{16-31}$$

$$E = \pm\sqrt{p^2c^2 + m_0^2c^4} \tag{16-32}$$

为了解释式 16-32 中负能项的物理意义，他引入了反物质的概念，并预言了第一个反粒子——正电子的存在。1932 年美国物理学家安德森（C. D. Anderson）在研究高能粒子进入威尔逊云室实验时发现了狄拉克预言的正电子。它单独存在时间可以和电子一样稳定，但由于它产生在一个充满电子的世界里，在不到 10^{-6}s 的时间就能遇到一个电子。在极短时间内可能出现一个正、负电子组成的系统，当它们相互绕行结束时相互抵消而湮灭，转变为 γ 光子。不久安德森发现了这一现象的反现象，一个光子消失而转变为正、负电子。1955 年，张伯仑（Chambelain）用加速器产生的质子轰击铜靶时发现了反质子。到现在为止，基本粒子族中据推测应该存在的反粒子几乎都找到了。

反粒子具有如下特征：①质量、自旋、电荷、寿命的大小与正粒子相同。②电荷、轻子数、重子数的符号与正粒子相反。③有些正、反粒子的所有性质完全相同，因此就是同一种粒子。如光子和 π^0 介子。

（二） μ 介子和中微子

1937 年，安德森等人用核乳胶研究次级宇宙射线时发现了一种新型粒子，与此同时斯特威生（E. C. Stevenson）应用云室研究也发现了此粒子。实验发现这种粒子留下的径迹比质子更为弯曲但不如电子，质量为电子的 206. 77 倍。起初认为这种新粒子为汤川秀树预言的介子，故命名为 μ 介子，简称 μ 子。

按带电方式划分，有正负 μ 子，正 μ 子是负 μ 子的反粒子。除质量和电子不同外，其他性质完全相同，故也称“重电子”。负 μ 子能够替换原子中的电子而形成“μ 子原子”。正负 μ 子也会发生湮灭。

μ 子是不稳定粒子，平均寿命为 2.2×10^{-6}s，衰变产物为电子，同时伴随产生两种中性粒子，称为中微子。衰变方程式为

$$\mu^- \rightarrow e^- + \nu_\mu + \bar{\nu}_e \tag{16-33}$$

$$\mu^+ \rightarrow e^+ + \bar{\nu}_\mu + \nu_e \tag{16-34}$$

从上两式可以看出正负 μ 子的衰变过程伴随产生两种中微子，一种与 μ 子相关联，用 ν_μ 表示；另一种与电子相关联，用 ν_e 表示。ν_e 和 ν_μ 都是不带电的中性粒子，质量几乎为零，几乎不同物质相互作用，因而很难探测到。在太阳中心形成的中微子 3s 内即可飞到太阳表面而不受任何干扰。尽管如此 ν_e 和 ν_μ 还是有区别的，否则式 16-33 和式 16-34 中的中微子和反中微子将发生湮灭反应而发出 γ 光子，但实验没有发现 γ 光子。

（三）介子与超子

根据量子电动力学理论，电荷周围存在光子场，两带电粒子的相互作用实际上是两者交换光子的结果。由于光子的静止质量为零，康普顿波长无限长，所以带电粒子的库仑力为无穷大。1935 年，日本物理学家汤川秀树将上述理论应用于核子。认为核子间的相互作用是交换静质量较重的介子的结果。起初认为 μ 子就是介子，但因 μ 子不参与原子核的相互作用而被否定。1947 年，拉泰斯（C. Lattes）等人观察宇宙射线在核乳胶中的径迹时，发现一个荷电粒子，测定质量

约为电子质量的 273 倍。这种新粒子与原子核有很强的相互作用，恰好是汤川秀树所预言的粒子，后被命名为 π 介子。

π 介子分为正（π^+）、负（π^-）和中性（π^0），$\pi^\pm$介子的质量为电子质量的 273.7 倍，π^0 介子的质量为电子质量的 265 倍，$\pi^\pm$介子的平均寿命为 2.6×10^{-8}s，π^0 介子的平均寿命为 2.3×10^{-16}s。衰变方程为

$$\pi^+ \to \mu^+ + \nu_\mu,\ \pi^- \to \mu^- + \nu_\mu,\ \pi^0 \to \gamma + \gamma \tag{16-35}$$

π 介子发现不久，罗切斯特（Rochster）等人于 1947 年在云室中发现了一个可衰变为两个相反电荷的 π 介子的中性粒子，命名为 θ^0 介子。接着又发现了可以衰变为三个带电的 π 介子的粒子，命名为 τ 介子。衰变方程为

$$\tau^\pm \to \pi^\pm + \pi^+ + \pi^- \tag{16-36}$$

1953 年又发现了新类型的介子，如 $\theta^\pm$ 介子和 $K^\pm$ 介子。

1947 年在宇宙射线的研究中又发现了一种质量超过核子的粒子，其质量约为电子质量的 2200 倍，衰变后产生质子和 π^-介子。这种粒子被命名为 Λ^0（Lambda）粒子，又称为超子，平均寿命为 3.1×10^{-10}s。衰变方程为

$$\Lambda^0 \to p + \pi^- \quad 和 \quad \Lambda^0 \to n + \pi^0 \tag{16-37}$$

还有两种概率较小的衰变方式

$$\Lambda^0 \to p + \bar{e} + \bar{\nu}_e \quad 和 \quad \Lambda^0 \to p + \mu^- + \bar{\nu}_\mu \tag{16-38}$$

Λ^0 超子被发现后，其他一些超子也相继被发现。如 Σ（Sigma）超子，质量为电子质量的 2327 倍。自旋为 1/2。按带电方式分有 Σ^+ 、Σ^- 和 Σ^0，其中 Σ^+ 和 Σ^- 不互为反粒子，它们有各自反粒子。

后来又发现了Ξ（Xi）超子和 Ω（Omega）超子。Ξ超子先后有两种，即Ξ^-和Ξ^0。至今没发现Ξ^+。

知识链接 24

最早寻求基本粒子基本结构的人是德布罗意，他猜测光子是由正反两种中微子组合而成，称为德布罗意模型。而后杨振宁和他的老师费米共同提出了费米-杨振宁模型，认为当时所知的各种基本粒子都是由中子与质子以及它们的反粒子构成。日本物理学家坂田昌一发展了这一模型，加入奇异性的 λ 超子，即一切基本粒子都是由中子、质子、λ 超子以及它们的反粒子组成，称为坂田模型。美国的盖尔曼将坂田模型改为盖尔曼模型，提出了夸克模型，认为一切基本粒子都是由夸克组成。为此，盖尔曼获得了 1969 年诺贝尔物理学奖。丁肇中发现 $J-\Psi$ 粒子含第 4 种夸克——粲夸克，为此获得了 1976 年的诺贝尔物理学奖。

三、基本相互作用与守恒定律

（一）基本相互作用

粒子间的相互作用，按现代粒子理论的标准模型划分，有 4 种基本形式，即强相互作用力、弱相互作用力、电磁相互作用力和万有引力。按现代理论，各种相互作用都分别由不同粒子作为传递的媒介。光子是传递电磁作用的媒介，中间玻色子是传递弱相互作用的媒介，胶子是传递强相互作用的媒介。对于引力，现在只能假设它是由“引力子”作为媒介的。这些粒子都是在现代标准模型“规范理论”中预言的，统称为“规范粒子”。除规范粒子外，按照参与强相互作用的

不同分为两大类：一类不参与强相互作用的称为轻子；另一类参与强相互作用的称为强子。

强相互作用是组成原子核的核力，以及支配介子和重子相互碰撞产生粒子过程的相互作用均属此类，有效力程为 10^{-15}m。在强相互作用中，所有守恒定律都成立，具有最高的对称性。弱相互作用的强度只有核力的 10^{-13}倍，有效力程为 10^{-17}m。除光子外，其他所有粒子之间都存在弱相互作用。

弱相互作用支配着轻子的性质，也在一些粒子的衰变及俘获过程中起作用。在弱相互作用中，守恒定律中的同位旋、奇异数、宇称、电荷共轭等不变性均遭到破坏。按目前电磁和弱电统一理论，弱相互作用也是由交换媒介子而形成的，这种媒介子统称为中间玻色子，用 $W^{\pm}$ 和 W^{0} 表示，它可以带正负电荷，也可呈中性。

电磁相互作用是电荷粒子之间的相互作用，其强度仅为核力的 1/137 倍。电磁相互作用的过程是交换光子的过程。作用力程为无穷大。

万有引力相互作用是引力子实现的，引力是长程力，$R\sim\infty$，可推知引力子的质量为零，引力的强度为核力的 10^{-39}倍。由于强度太弱，在粒子物理中完全可忽略。

知识链接 25

1954 年，32 岁的杨振宁终于在和米尔斯的一次合作中把魏尔德规范理论推广到比较一般性的非阿贝尔群，建立起于 SU（2）群对应的杨-米尔斯场论。这一推广为弱相互作用与强相互作用的研究开辟了道路。这一理论遭到泡利的反对，在报告会上，年轻的杨振宁走上讲台，刚讲一句，泡利劈头就问：“场的质量是多少？”杨振宁说：“现在还不清楚。”泡利说：“质量都不清楚，你还讲什么？”杨振宁无法讲下去了，主持会议的奥本海默劝泡利：“你先让他讲。”杨-米尔斯理论的困难是，它所预言的传递相互作用的粒子质量为零。由于弱相互作用是短程力，传递弱相互作用的粒子静止质量肯定不为零，要把这一理论应用于弱相互作用，必须克服这一困难。1964 年，希格斯解决了这一困难。可以赋予杨-米尔斯场粒子质量。1967 年，温伯格、格拉肖和萨拉姆在希格斯机制的基础上，把魏尔的规范场和杨-米尔斯理论统一结合起来，建立了弱电统一理论，即弱相互作用和电磁相互作用有着本质的联系。后来，又有人给出了强、弱、电三种作用的统一理论，即所谓的大统一理论。

（二）守恒定律

在粒子物理中大概要涉及 12 个守恒定律，其中有的守恒定律早在 19 世纪就熟知了，如质量守恒、动量守恒、能量守恒、电荷守恒等。但有一些是大家不熟悉的守恒定律，如同位旋守恒、奇异数守恒、重子数守恒、电荷共轭守恒等。这里不做详细介绍。

四、夸克模型

1964 年，美国的盖尔曼和茨维格首先提出了强子的夸克模型。夸克理论的基本假设是：夸克本身是一种真正浑然一体的、像点一样的、没有内部成分的基本粒子。为了解释所有已知的强子，假设了 3 中夸克模型（即上夸克 u、下夸克 d、奇夸克 s），这 3 种夸克可以看成是缩小的质子、中子和 λ 超子，夸克所带的电荷只有质子电荷的 1/3 或 2/3，其中奇夸克和 λ 超子类似，带有奇异数。1974 年，丁肇中和里施特分别发现了 J-Ψ 粒子，为解释这种粒子，引入了第四种夸克，即粲夸克（c）。现在夸克已增加到“6 种味道，3 种颜色”，即有 6 种夸克（上夸克 u、下夸克 d、奇夸克 s、粲夸克 c、底夸克 b、顶夸克 t）及其反夸克。每种夸克还分 3 种颜色（红、绿、

蓝），反夸克则具有与夸克相反的互补色（反红、反绿、反蓝）。

目前学术界比较认可的粒子物理标准模型为，物质最基本单元由 48 种费米子和 12 种传播相互作用的规范玻色子组成。

48 种费米子：①夸克和反夸克 36 种。6 种味道（上、下、奇、粲、底、顶）和 3 种颜色（红、绿、蓝）的夸克，共计 18 种，再加上相应的 18 种反夸克。②轻子及其反粒子 12 种。6 种轻子（电子、μ 子、τ 子以及相应的 3 种中微子 ν_e 、ν_μ 、ν_τ ）及其对应的 6 种反粒子。

12 种规范玻色子都是自旋为 1 的粒子。它们是：①传播强相互作用的 8 种胶子。②传播弱相互作用的 3 种中间玻色子（ W^+ 、W^- 、Z^0）。③传播电磁作用的光子。

第三节 天体物理

一、星体的演化

（一）白矮星

人类确认的第一颗白矮星是天狼星的伴星（天狼 B 星）。天狼星的希腊名字为大犬座 a 星。“天狼”的名字是中国人起的，它是除太阳外肉眼看来最亮的一颗恒星。这是因为它离地球较近。1834 年，人们发现距我们约 9 光年的天狼星的位置有周期性的变化，推测它可能有一颗质量不小的伴星。天狼星的周期性位置变化，正是它与伴星绕着它们的共同重心旋转的表现。人们在 28 年后，发现了这颗伴星，质量与太阳差不多，但体积只有地球那么大。因其密度大，体积小，表面温度高，达 2×10^5K（太阳表面仅 6000K），发出很强的白光，因为它又白又小，故称为**白矮星**（white dwarf）。当时最让人吃惊的是它的密度，约为 2. 5t/cm^3，比地球上任何物质的密度都大。白矮星内没有核能源，它是在收缩时升温，靠余热发光的。随着余热散尽，其表面温度下降，它们将慢慢变成红矮星、黑矮星，直到看不见。从白矮星演化到黑矮星大约需要 100 亿年，与宇宙年龄相仿，至今还没有生成一颗黑矮星。

能演化到白矮星的恒星，其质量不能过大。若质量超过一定的上限，这时引力太大，电子简并压已无法抵挡，平衡不可能达到。钱德拉塞卡（S. Chandrasekhar）指出了白矮星的质量上限，被称为**钱德拉塞卡极限**

$$M_0 = 1.4m_\Theta \tag{16-39}$$

式中 m_Θ 为太阳质量。

知识链接 26

最早认识到白矮星密度极高，数量在银河系中很多的人是英国天体物理学家爱丁堡。最早认识到电子之间的泡利斥力可以抗拒恒星引力塌缩的人是英国物理学家狄拉克。而第一建立起白矮星结构理论的人则是印度青年物理学家钱德拉塞卡，他于 1930 年提出理论，1983 年获诺贝尔物理学奖。他把相对论、量子论与统计物理结合到一起考虑，认为泡利不相容原理所产生的电子之间的排斥力有一个限度，这种排斥力可以抵挡住质量小于 1. 4 个太阳质量的恒星的重力，但抵挡不住质量更大的恒星的重力。即小于 1. 4 个太阳质量的恒星在冷却时，有可能靠这种力抵挡住自身的万有引力，不再进一步塌缩，而形成原子核构成的晶格框架在电子海洋中漂浮的状态。白矮星上的物质就处于这种状态。如果质量大于 1. 4 个太阳质量，万有引力将迫使电子更加靠近，电

子间泡利斥力会增大，同时电子速度也会增大，当电子速度接近光速时，将会形成“相对论性电子气”，这时泡利斥力会突然减弱。这种力抵挡不住恒星的自身引力，恒星会进一步塌缩下去。所以，1.4 倍太阳质量是极限，不存在大于此质量的白矮星。

（二）中子星

质量超过钱德拉塞卡极限的星体，电子将被压入原子核中，与质子中和生成中子，成为“**中子星**”。中子星与白矮星有些相似，它不是靠热排斥或电磁作用来抗衡引力，而是靠中子间的简并压强（泡利斥力）来抗衡。中子星的质量也有上限。若不考虑中子间的强相互作用，质量上限的计算方法几乎等同白矮星，唯一区别是中子总数的计算。中子星的质量上限大约为

$$M_0' = 2m_\Theta \tag{16-40}$$

称为**奥本海默**（J. E. Oppenheimer）**上限**。

1932 年发现中子后不久，朗道即提出由中子组成致密星的设想。1934 年巴德（W. Baade）和兹威基（F. Zwicky）也提出了中子星的概念，并指出中子星可能产生于超新星爆发。1939 年奥本海默和沃尔科夫通过计算建立了第一个中子模型。然而中子星的发现是在 30 年后。

（三）脉冲星和超新星爆发

1967 年 10 月，剑桥大学休伊什（A. Hewish）教授用自己设计的仪器进行巡天观测，搜寻来自宇宙间的电磁波，他的主要助手女研究生贝尔（J. Bell）偶尔发现一个奇怪的射电源，它每隔 1.337s 发出一个脉冲讯号。其发射的短脉冲周期非常稳定，贝尔和她的导师曾以为它们可能和某种外星文明接上头，因而取了代号叫“LGM-小绿人”。不久他们又发现了几个发射类似电磁波的“小绿人”。不久人们认识到，这不是什么外星联络信号，而是一种未知星体发射来的电磁波，命名为“**脉冲星**（pulsar）”。脉冲星的特点是脉冲周期短，且周期高度稳定。经过多方论证，脉冲星就是高速旋转的中子星。

中子星是中等质量的恒星经引力坍缩而形成的致密星体。引力坍缩的过程非常猛烈，它导致恒星内大规模的核爆炸，这就是人们观测的**超新星**（supper-nova）爆发。

知识链接 27

1968 年，人们在蟹状星云和船帆座中几乎同时发现了脉冲星，这两颗脉冲星都位于以前出现过超新星的位置。它表明脉冲星是由超新星爆发而形成的。超新星是恒星演化晚期发生的一种大爆炸现象，爆炸规模相当于几百亿颗百万吨级的氢弹。一天内放出的能量几乎相当于太阳在 1 亿年放出的总能量。我国史书记载，称其为客星，公元 1054 年在金牛座出现过超新星，其他国家也记载过，但我国最详细。《宋会要》载：“至和元年五月，晨出东方，守天关。昼如太白，芒角四出，色赤白，凡见二十三日。”

（四）黑洞

黑洞（black hole）是广义相对论预言的一种特殊天体，这名字是 1969 年美国科学家惠勒取的。黑洞的特点是具有一个封闭的**视界**（horizon），外来的物质和辐射可以进入视界以内，而视界内的任何物质（包括光子）都不能跑到外面。1978 年拉普拉斯预言如果一个天体半径和质量满足下式

$$R_g = \frac{2GM}{c^2} \tag{16-41}$$

则它表面逃逸速度达到光速 c，任何物质都不能摆脱其引力的束缚而发射出来。1939 年奥本海默等人用广义相对论推导出同一公式，故称此公式为黑洞视界半径公式，也称为引力半径。

在拿破仑时代，拉普拉斯和米歇尔认为，宇宙中最大的星可能是看不见的。星球越大，万有引力越大，上抛物体逃离星球就越困难，当引力大到连光也会被拉回来的时候，外界的人就无法看到这颗星了，这就是黑洞。恒星晚期引力坍缩时，若其质量大过奥本海默极限，中子简并压也抵挡不住强大的引力，它将变为黑洞。在黑洞内物质将被引力挤压到一个奇点内，这里的密度和时空弯曲率都是无穷大。通常说的黑洞大小是指它的视界大小。

知识链接 28

1917 年施瓦氏（K. Schwarzschild）找到广义相对论中爱因斯坦场方程的一个球对称解，用此解能描述不转动的黑洞，它只依赖黑洞的质量一个唯一参量。1963 年克尔（R. Kerr）又找到了一个可描述匀速自传黑洞的解，它是轴对称的，只依赖于质量和轴对称两个参量，称克尔黑洞。1967 年伊斯雷尔（W. Israel）发现不管恒星结构如何复杂和不对称，一旦它坍缩成黑洞，若无自转，结构只能是绝对球对称。1970～1973 年，霍金（S. Hawking）和他的学生、同事证明，无论怎样复杂和不对称的恒星，坍缩成黑洞后，必具有克尔解所描述的那种轴对称的简单结构。后来演变为谚语，“黑洞是无毛的”，即“无毛定理（no-hair theorem）”，说明所有黑洞的结构都非常简单。1973 年霍金推算出连他自己都不相信的结果，黑洞按照热力学第二定律所要求的那样，向外发射粒子。或者说，黑洞不黑，它会“蒸发”。为了纪念霍金的功绩，后来把黑洞热辐射称为霍金辐射。

二、宇宙学

（一）宇宙膨胀

1910 年，天文学家就发现大多数星系的光谱有红移现象，个别星系的光谱还有红移现象。这可以用多普勒效应解释。如果认为星系的红移、紫移现象是多普勒现象，那么大多数星系都在远离我们，只有个别星系向我们靠近。后来发现，那些向我们靠近的个别紫星系都在本星系群中（银河系所在的星系群）。本星系群中星系，多数红移，少数紫移。而其他星系团的星系全是红移。

1917 年爱因斯坦提出了一个建立在广义相对论基础上的宇宙模型。在这个模型中，宇宙的三维空间是有限无边的，而且不随时间变化。爱因斯坦在三维空间均匀各向同性、且不随时间变化的假定下，求解广义相对论的场方程为

$$R_{\mu\nu} - \frac{1}{2}g_{\mu\nu}R = - kT_{\mu\nu} \tag{16-42}$$

后来修订为

$$R_{\mu\nu} - \frac{1}{2}g_{\mu\nu}R + \lambda g_{\mu\nu} = - kT_{\mu\nu} \tag{16-43}$$

新加入的项称为“宇宙项”，λ 是一个很小的常数，称为宇宙常数。依赖这个方程，爱因斯坦计算出了一个静态的、均匀各向同性的、有限无边的宇宙模型，称为爱因斯坦静态宇宙模型。

1922 年苏联数学家弗利德曼应用不加宇宙项的场方程，得到一个膨胀的或脉动的宇宙模型。

弗利德曼宇宙在三维空间上也是均匀的、各向同性的，但它不是静态的。这个宇宙模型随时间变化分三种情况。第一，三维空间的曲率是负的。第二，三维空间的曲率也为零，即三维空间是平直的。第三，三维空间的曲率是正的。前两种情况，宇宙不停地膨胀。第三种情况是宇宙先膨胀，达到一个极大值后开始收缩，然后再膨胀，再收缩……因此第三种宇宙是脉动的。弗利德曼的理论遭到爱因斯坦的反对，当时一直没有认可，1925 年黯然离世。后来得到承认（包括爱因斯坦的认可）。

1929 年美国物理学家哈勃提出了哈勃定律，河外星系的红移大小正比于它们离我们银河系中心的距离。由于多普勒效应的红移量与光源的速度成正比，故定律也可描述为：**河外星系的退行速度与它们离我们的距离成正比**。

$$v = Hd \tag{16-44}$$

这就是**哈勃定律**，式中比例系数 H 为哈勃常数，v 是河外星系的退行速度，d 是它们到我们银河系中心的距离。按哈勃定律，所有河外星系都在远离我们，而且离我们越远的河外星系逃离得越快。

（二）大爆炸理论

1927 年比利时勒梅特（Georges Lemaitre）用与弗利德曼同样的方式解出了爱因斯坦方程（是独立的，当时他并不知道弗利德曼的工作）以实现认识上的突破。后人称其为真正的“大爆炸”之父（因他不仅是一个宇宙学家和数学家，还是一位神父）。勒梅特神父努力协调科学与神学，他认为上帝最初创造的是一个乒乓球大小的“宇宙蛋”，这个宇宙蛋不断膨胀，形成了今天的宇宙。

哈勃定律有力地支持了弗利德曼的宇宙模型，宇宙在膨胀。1948 年，美国俄裔物理学家伽莫夫（G. Gammow）和他的合作者就提出了一个“**大爆炸**”宇宙理论。伽莫夫曾是弗利德曼的学生。根据今天宇宙膨胀的速度，可以推算，宇宙在一百亿年前脱胎于高温、高密状态，开始时膨胀的速度也极大。即宇宙诞生于一次大爆炸。这里所谓的“大爆炸”，并不像炸弹在空中爆炸的情况。宇宙没有中心，宇宙产生时的大爆炸并不源于一点，而是整个空间每一点都可以看作是膨胀的中心。爆炸过程中每对粒子间的距离都在飞速增长。随着宇宙的膨胀，其中的物质的密度将减小，温度将下降。

（三）宇宙背景辐射

在伽莫夫等的“大爆炸”宇宙理论中，仅造成氦所需要的条件就包括极高密度和极高温度这两项。只有在热大爆炸中大部分物质才能保持为氢，而且在创世瞬间之后几秒钟模型宇宙的密度究竟是多少，结果并不会造成太大差别。只要宇宙是热的，结果总是大约 1/3 的物质变成氦，其余的保持为氢，一直到随着宇宙的演化而在恒星里有新过程启动。大部分氢被阻止变成氦，而宇宙中则密集大量的高能辐射。这种辐射可以看成是一种称为光子的粒子。辐射的光子是一种能量形式，辐射密度可以用温度来表示。阿尔法和赫尔曼把弗利德曼的解用到宇宙的最初几秒钟，证明必定有这样一段时间，其辐射能量密度大于爱因斯坦的著名方程 $E = mc^2$ 给出的能量密度。伽莫夫宇宙是诞生于一个辐射的火球，随着膨胀而迅速冷却。最后的残余辐射温度约为 5K。1965 年前，天体物理学家并不知道大爆炸理论要求存在一个微波背景辐射，并可能被实际观察到。1964 年彭齐亚斯（A. A. Penzias）和威尔孙（R. W. Wilson）两位美国射电天文学家在测量高银纬区（银河平面以外区域）发出的射电波强度时，发现了无法排除的噪声干扰，后来证实这就是宇

宙微波辐射。辐射谱符合 3K 的黑体辐射。于是大爆炸宇宙模型获得了强有力的证据。大爆炸宇宙模型逐渐被接受，称为宇宙的“标准模型”。

第四节 物理新技术及其应用

一、空间技术

空间技术就是探索、开发和利用宇宙空间的技术，又称太空技术和航天技术。讨论航天，那什么是天？有两种定义。一种定义认为，天是指地球大气层以外无限遥远的空间。另一种定义认为，天是指地球大气层以外至太阳系内的空间。按后一种定义，大气层以外太阳系以内的航行活动则称之为航天，而太阳系以外的航行活动称之为航宇。相当长的历史阶段内，人类只能实现航天活动。因为任何一种航行活动都是与其推进技术密切联系的，只有当推进技术进步到一定程度，使运动物体速度提高到一定水平，才具有某种特定的航行活动。当飞行器达到第一宇宙速度（7.9km/s）才能克服地球引力而环绕地球飞行，不落回地球表面；提高到第二宇宙速度（11.2km/s）可以脱离地球飞向太阳系的其他行星；提高到第三宇宙速度（16.7km/s）就可以飞离太阳系。虽然第三宇宙速度理论上可以实现太阳系以外的航行活动，但是太阳系太大，现代航天器以第三宇宙速度来飞行，需飞行万年以上才能离开太阳系。进行太阳系之外的通信，信号来回一次需要一年以上时间。所以讨论太阳系以外的航行活动，为时尚早，当今技术远远做不到。发展空间技术，最终目的就是要实现空间转移。所以，把航天定义为地球大气层以外至太阳系之内的航行活动更为确切。当代研究的空间技术所涉及的范围也是指太阳系之内。

空间技术属于高技术，但技术更新进步极快，所以也是一门新技术。近 40 年来，空间技术发展很快，它有许多特点，这里强调三个突出特点。其一，空间技术是高度综合的现代科学技术，它是许多科技最新成就的集成，其中包括喷气技术、电子技术、自动化技术、遥感技术、材料科学、计算科学、数学、物理学、化学等。其二，空间技术是对国家现代化、社会进步具有宏观作用的科学技术。由于航天器飞行速度快，运行高度高，所以可快速地大范围覆盖地球表面。例如，通过卫星使电视网络覆盖全国乃至全球；气象卫星可以进行全球天气预报，包括长期天气预报；侦察卫星可以及时发现世界各个地区的军事活动等。这许多都是常规手段无法做到的。其三，空间活动是高投入、高效益、高风险的事业。尽管风险很大，但是空间技术的发展对人类的贡献是巨大的，因此它必将持续发展。

空间技术的意义有四个方面：在经济上，太空活动具有很高的经济和社会效益。多种应用卫星在通信广播、资源调查、环境监视、气象预报、导航定位等方面，已为人类做出了巨大的贡献。根据一些国家研究分析，空间技术投资效益比达 1∶10 以上。更为深远的意义是太空活动将为人类提供无限宝贵的种种资源。在军事上，许多军事专家认为谁占有空间优势，谁就具有军事战略优势。多年来，超级大国都在发展战略核武器，为选择打击目标，提高命中精度及了解敌方军事部署，竞相发展侦察卫星，它是洲际导弹的耳目，并已成为战略核武器的配套项目。通信、导航等卫星的发展，同样大大增强了国家的军事力量。航天技术的继续发展，对军事的影响将是革命性的。在科学技术上，空间活动带动和促进了众多学科的发展。首先，空间活动带动了技术发展，如电子技术、遥感技术、喷气技术、自动控制技术等；其次，对基础科学将有很大推动，包括对生命科学、宇宙的形成和发展等都将有重要的新发现；第三是形成了许多边缘学科，如空间工艺学、空间材料学、空间生物学、卫星测地学、卫星气象学、卫星海洋学等。在政治上，空

间技术极大地提高国家在综合国力及其在国际活动中的地位，国际上讨论的许多重大问题都与空间有关，世界大国首脑会谈也离不开这个问题。由于空间技术有如此重要的意义，当今参加开发空间的国家越来越多，已达60多个，而应用空间技术成果的国家几乎遍及世界各个角落。

二、传感器技术

传感器是能够感受规定的被测量并按一定规律转换成可用输出信号的器件或装置的总称。通常被测量是非电物理量，输出信号一般为电量。当今世界正面临一场新的技术革命，这场革命的主要基础是信息技术，而传感器技术被认为是信息技术三大支柱之一。一些发达国家都把传感器技术列为与通信技术和计算机技术同等位置。随着现代科学发展，传感技术作为一种与现代科学密切相关的新兴学科也得到迅速的发展，并且在工业自动化测量和检测技术、航天技术、军事工程、医疗诊断等学科被越来越广泛地利用，同时对各学科发展还有促进作用。

在科学技术和工程上所要测量的参数大多都是非电量，如机械量（尺寸、位移、力、振动等）、热功量（温度、压力、流量、物位等）和化学量等，往往难以直接测量，从而促使人们研究用电测的方法来测量非电量，从而形成一门新的技术学科——非电量的电测技术，传感器就是这一技术中非常关键的器件。传感器由两个环节组成：①敏感元件。许多非电量不能直接转换为电量，敏感元件的作用是对它们预变换，把被测非电量变换为易于转换成电学量的一种非电量。②转换元件，又称为变换器。它的作用是将非电量转换为电学量。传感器又分为电阻式传感器、电容式传感器、电感式传感器、压电式传感器、光纤传感器、频率式传感器、光电传感器等。绝大多数传感器都是依据各种物理原理或物理效应设计制成的。

目前在全世界有6000多家公司生产传感器，品种多达上万种。美国把20世纪80年代看作是传感器时代，日本把传感器列为20世纪80年代到2000年重大科技开发项目。我国把传感器列为“十五”计划重点科技研究发展项目之一。传感技术大体可分为3代，第1代是结构型传感器。它利用结构参量变化来感受和转化信号。例如：电阻应变式传感器，它是利用金属材料发生弹性形变时电阻的变化来转化电信号的。

第2代传感器是20世纪70年代开始发展起来的固体传感器，这种传感器由半导体、电介质、磁性材料等固体元件构成，是利用材料某些特性制成的。如：利用热电效应、霍尔效应、光敏效应，分别制成热电偶传感器、霍尔传感器、光敏传感器等。

20世纪70年代后期，随着集成技术、分子合成技术、微电子技术及计算机技术的发展，出现集成传感器。集成传感器包括两种类型：传感器本身的集成化和传感器与后续电路的集成化。例如：电荷藕合器件（CCD）、集成温度传感器AD590和集成霍尔传感器UGN3501等。这类传感器主要具有成本低、可靠性高、性能好、接口灵活等特点。集成传感器发展非常迅速，现已占传感器市场的2/3左右，它正向着低价格、多功能和系列化方向发展。

第3代传感器是20世纪80年代刚刚发展起来的智能传感器。所谓智能传感器是指其对外界信息具有一定检测、自诊断、数据处理以及自适应能力，是微型计算机技术与检测技术相结合的产物。20世纪80年代智能化测量主要以微处理器为核心，把传感器信号调节电路、微型计算机、存储器及接口集成到一块芯片上，使传感器具有一定的人工智能。20世纪90年代智能化测量技术有了进一步的提高，传感器实现了智能化，并具有自诊断功能、记忆功能、多参量测量功能以及联网通信功能等。

三、新能源技术

新能源技术是高技术的支柱，包括核能技术、太阳能技术、燃煤能源技术、磁流体发电技

术、地热能技术、海洋能技术等。其中核能技术与太阳能技术是新能源技术的主要标志，通过对核能、太阳能的开发利用，打破了以石油、煤炭为主体的传统能源观念，开创了能源的新时代。

1. 洁净煤 采用先进的燃烧和污染处理技术和高效清洁的煤炭利用途径（如煤的汽化与液化），减少燃煤的污染物排放，提高煤炭利用率，已成为我国乃至全世界的一项重要的战略性任务。

2. 太阳能 太阳向宇宙空间辐射能量极大，而地球所接受的只是其中极其微小的一部分。因地理位置以及季节和气候条件的不同，不同地点和在不同时间里所接受到的太阳能有所差异，地面所接受到的太阳能平均值大致是：北欧地区约为每天每平方米 2kW/h，大部分沙漠地带和大部分热带地区以及阳光充足的干旱地区约为每平方米 6kW/h。目前人类所利用的太阳能尚不及能源总消耗量的 1%。

3. 地热能 据测算，在地球的大部分地区，从地表向下每深入 100m 温度就约升高 3℃，地面下 35km 处的温度为 1100～1300℃，地核的温度则更高达 2000℃以上。估计每年从地球内部传到地球表面的热量，约相当于燃烧 370 亿吨煤所释放的热量。如果只计算地下热水和地下蒸汽的总热量，就是地球上全部煤炭所储藏的热量的 1700 万倍。现在地热能主要用来发电，不过非电应用的途径也十分广阔。世界第一座利用地热发电的试验电站于 1904 年在意大利运行。地热资源受到普遍重视是 20 世纪 60 年代以后的事。目前世界上许多国家都在积极地研究地热资源的开发和利用。地热能主要用来发电，地热发电的装机总容量已达数百万千瓦。我国地热资源也比较丰富，高温地热资源主要分布在西藏、云南西部和台湾等地。

4. 核能 核能与传统能源相比，其优越性极为明显。1kg 铀 235 裂变所产生的能量大约相当于 2500 吨标准煤燃烧所释放的热量。现代一座装机容量为 100 万千瓦的火力发电站每年需 200 万～300 万吨原煤，大约是每天 8 列火车的运量。同样规模的核电站每年仅需含铀 235 百分之三的浓缩铀 28 吨或天然铀燃料 150 吨。所以，即使不计算把节省下来的煤用作化工原料所带来的经济效益，只是从燃料的运输、储存上来考虑就便利得多和节省得多。据测算，地壳里有经济开采价值的铀矿不超过 400 万吨，所能释放的能量与石油资源的能量大致相当。如按目前速度消耗，充其量也只能用几十年。不过，在铀 235 裂变时除产生热能之外还产生多余的中子，这些中子的一部分可与铀 238 发生核反应，经过一系列变化之后能够得到钚 239，而钚 239 也可以作为核燃料。运用这些方法就能大大扩展宝贵的铀 235 资源。

目前，核反应堆还只是利用核的裂变反应，如果可控热核反应发电的设想得以实现，其效益必将极其可观。核能利用的一大问题是安全问题。核电站正常运行时不可避免地会有少量放射性物质随废气、废水排放到周围环境，必须加以严格控制。现在有不少人担心核电站的放射物会造成危害，其实在人类生活的环境中自古以来就存在着放射性。数据表明，即使人们居住在核电站附近，它所增加的放射性照射剂量也是微不足道的。事实证明，只要认真对待，措施周密，核电站的危害远小于火电站。据专家估计，相对于同等发电量的电站来说，燃煤电站所引起的癌症致死人数比核电站高出 50～1000 倍，遗传效应也要高出 100 倍。

5. 海洋能 海洋能包括潮汐能、波浪能、海流能和海水温差能等，这些都是可再生能源。海水的潮汐运动是月球和太阳的引力所造成的，经计算可知，在日月的共同作用下，潮汐的最大涨落为 0.8m 左右。由于近岸地带地形等因素的影响，某些海岸的实际潮汐涨落还会大大超过一般数值，例如我国杭州湾的最大潮差为 8～9m。潮汐的涨落蕴藏着很可观的能量，据测算全世界可利用的潮汐能约 10^9kW，大部集中在比较浅窄的海面上。潮汐能发电是从 20 世纪 50 年代才开始的，现已建成的最大的潮汐发电站是法国朗斯河口发电站，总装机容量为 24 万千瓦，年发电量 5 亿度。我国从 20 世纪 50 年代末开始兴建了一批潮汐发电站，目前规模最大的

是 1974 年建成的广东省顺德甘竹滩发电站，装机容量为 500kW。浙江和福建沿海是我国建设大型潮汐发电站比较理想的地区，专家们已经作了大量调研和论证工作，一旦条件成熟便可大规模开发。

大海里有永不停息的波浪，据估算每平方公里海面上波浪能的功率为 10×10^4 ～20×10^4kW。20 世纪 70 年代末我国已开始在南海上使用以波浪能作能源的浮标航标灯。1974 年日本建成的波浪能发电装置的功率达到 100kW。许多国家目前都在积极地进行开发波浪能的研究工作。

海流亦称洋流，它好比是海洋中的河流，有一定宽度、长度、深度和流速，一般宽度为几十到几百海里之间，长度可达数千海里，深度约几百米，流速通常为 1～2 海里/小时，最快的可达 425 海里/小时。太平洋上有一条名为“黑潮”的暖流，宽度在 100 海里左右，平均深度为 400m，平均日流速 30～80 海里，它的流量为陆地上所有河流之总和的 20 倍。现在一些国家的海流发电的试验装置已在运行之中。水是地球上热容量最大的物质，到达地球的太阳辐射能大部分都为海水所吸收，它使海水的表层维持着较高的温度，而深层海水的温度基本上是恒定的，这就造成海洋表层与深层之间的温差。依热力学第二定律，存在着一个高温热源和一个低温热源就可以构成热机对外作功，海水温差能的利用就是根据这个原理。20 世纪 20 年代就已有人作过海水温差能发电的试验。1956 年在西非海岸建成了一座大型试验性海水温差能发电站，它利用 20℃ 的温差发出了 7500kW 的电能。

6. 超导能　超导储能是一种无须经过能量转换而直接储存电能的方式，它将电流导入电感线圈，由于线圈由超导体制成，理论上电流可以无损失地不断循环，直到导出。目前，超导线圈采用的材料主要有铌钛（NbTi）和铌三锡（Nb3Sn）超导材料、铋系和钇钡铜氧（YBCO）高温超导材料等，这些材料的共同特点是需要运行在液氦或液氮的低温条件下才能保持超导特性。因此，目前一个典型的超导磁储能装置包括超导磁体单元、低温恒温以及电源转换系统等。

超导磁储能具有能量转换效率高（可达 95%）、毫秒级响应速度、大功率和大容量系统、寿命长等特点，但与其他技术相比，超导储能系统的超导材料及维持低温的费用较高。未来要实现超导磁储能的大规模应用，仍需在发展适合液氮温区运行的 MJ 级系统的超导体，解决高场磁体绕组力学支撑问题，与柔性输电技术结合，进一步降低投资和运行成本，分布式超导磁储能及其有效控制和保护策略等方面开展研究。

四、激光技术

激光英文全名为 Light Amplification by Stimulated Emission of Radiation（LASER）。于 1960 年面世，是一种因刺激产生辐射而强化的光。

科学家在电管中以光或电流的能量来撞击某些晶体或原子易受激发的物质，使其原子的电子达到受激发的高能量状态，当这些电子要恢复到平静的低能量状态时，原子就会射出光子，以放出多余的能量；而接着，这些被放出的光子又会撞击其他原子，激发更多的原子产生光子，引发一连串的连锁反应，并且都朝同一个方前进，形成强烈而且集中朝向某个方向的光；因此强的激光甚至可用作切割钢板。

激光被广泛应用是因为它的特性。激光几乎是一种单色光波，频率范围极窄，又可在一个狭小的方向内集中高能量，因此利用聚焦后的激光束可以对各种材料进行打孔。以红宝石激光器为例，它输出脉冲的总能量不够煮熟一个鸡蛋，但却能在 3mm 的钢板上钻出一个小孔。激光拥有上述特性，并不是因为它有与别的光不同的光能，而是它的功率密度十分高，这就是激光被广泛应用的原因。激光有三大特性：单色波长、同调性、平行光束。

1. 激光加工技术 激光的空间控制性和时间控制性很好，对加工对象的材质、形状、尺寸和加工环境的自由度都很大，特别适用于自动化加工。激光加工系统与计算机数控技术相结合可构成高效自动化加工设备，已成为企业实行适时生产的关键技术，为优质、高效和低成本的加工生产开辟了广阔的前景。

热加工和冷加工均可应用在金属和非金属材料，进行切割、打孔、刻槽、标记等。对热加工金属材料进行焊接，表面处理，生产合金，切割均极有利。冷加工则对光化学沉积，激光快速成型技术，激光刻蚀，掺染和氧化都很合适。

2. 激光快速成型 用激光制造模型时，采用的材料是液态光敏树脂，它在吸收了紫外波段的激光能量后便发生凝固，变成固体材料。首先，要编写好制造模型的程序，并输入到计算机；激光器输出的激光束由计算机控制，使它在模型材料上扫描刻划，在激光束所到之处，原先液态的材料就会凝固起来。激光束在计算机的控制下进行扫描刻划，将光敏聚合材料逐层固化，精确堆积成样件，从而造出模型。所以，用这个办法制造模型，不仅速度快，而且造出来的模型又精致。该项技术已在航空航天、电子、汽车等工业领域广泛应用。

3. 激光切割 激光切割技术广泛应用于金属和非金属材料的加工中，可大大减少加工时间，降低加工成本，提高工件质量。脉冲激光适用于金属材料，连续激光适用于非金属材料，后者是激光切割技术的重要应用领域。但激光在工业领域中的应用是有局限和缺点的，比如用激光来切割食物和胶合板就不成功，食物被切开的同时也被灼烧了，而切割胶合板在经济上不划算。

随着激光产业的飞速发展，相关的激光技术与激光产品也日趋成熟。在激光切割机领域，呈现出 YAG 固体激光切割机、CO_2 激光切割机双足鼎力，光纤激光切割机后来居上的局势。YAG 固体激光切割机具有价格低、稳定性好的特点，但能量效率低，一般<3%。产品的输出功率大多在 600W 以下，由于输出能量小，主要用于打孔和点焊及薄板的切割。它的绿色的激光束可在脉冲或连续波的情况下应用，具有波长短、聚光性好的特点，适于精密加工，特别是在脉冲下进行孔加工最为有效，也可用于切削、焊接和光刻等。YAG 固体激光切割机激光器的波长不易被非金属吸收，故不能切割非金属材料，且 YAG 固体激光切割机需要解决的是提高电源的稳定性和寿命，即要研制大容量、长寿命的光泵激励光源，如采用半导体光泵可使能量效率大幅度地增长。

4. 激光焊接 激光束照射在材料上，会把它加热至融熔，使对接在一起的组件接合在一起，即是焊接。激光焊接，用比切割金属时功率较小的激光束，使材料熔化而不使其汽化，在冷却后成为一块连续的固体结构。激光焊接技术具有溶池净化效应，能纯净焊缝金属，适用于相同和不同金属材料间的焊接。由于激光能量密度高，对高熔点、高反射率、高导热率和物理特性相差很大的金属焊接特别有利。因为用激光焊接是不需要任何焊料的，所以排除了焊接组件受污染的可能；其次，激光束可被光学系统聚成直径很细的光束，换言之，激光可以做成非常精细的焊枪，做精密焊接工作；还有激光焊接与组件不会直接接触，亦即这是非接触式的焊接，因而材料质地脆弱也行，还可以对远离我们身边的组件进行焊接，也可以把放置在真空室内的组件焊接起来。正因为激光焊接有这些特点，所以它在微电子工业中尤其受欢迎。

5. 激光雕刻 用激光雕刻刀做雕刻，比用普通雕刻刀更方便、更迅速。用普通雕刻刀在坚硬的材料上，比如在花冈岩、钢板上作雕刻，或者是在一些比较柔软的材料上，比如对皮革做雕刻，都比较吃力，刻一幅图案要花较长的时间。如果使用激光雕刻则不同，因为它是利用高能量密度的激光对工件进行局部照射，使表层材料汽化或发生颜色变化的化学反应，从而留下永久性标记的一种雕刻方法。它根本就没有作用力与材料直接接触，材料硬或者柔软，并不妨碍雕刻的

速度。所以激光雕刻技术是激光加工最大的应用领域之一。用这种雕刻刀作雕刻不管在坚硬的材料，还是在柔软的材料上雕刻，刻划的速度一样。倘若与计算机相配合，控制激光束移动，雕刻工作还可以自动化。把要雕刻的图案放在光电扫描仪上，扫描仪输出的讯号经过计算机处理后，用来控制激光束的动作，就可以自动地在木板上、玻璃上、皮革上按照我们的图样雕刻出来。同时，聚焦起来的激光束很细，相当于非常灵巧的雕刻刀，雕刻的线条细，图案上的细节也能够给雕刻出来。激光雕刻可以打出各种文字、符号和图案等，字符大小可以从毫米到微米量级，这对产品的防伪有特殊的意义。激光雕刻已发展至可实现亚微米雕刻，并已广泛用于微电子工业和生物工程。

6. 激光打孔　在组件上开个小孔是件很常见的事，但是，如果要求在坚硬的材料上，例如在硬质合金上打大量0.1mm到几微米直径的小孔，用普通的机械加工工具恐怕是不容易办到，即使能够做到，加工成本也会很高。激光有很好的同调性，用光学系统可以把它聚焦成直径很微小的光点（小于1μm），这相当于用来钻孔的微型钻头。其次，激光的亮度很高，在聚焦的焦点上的激光能量密度（平均每平方米面积上的能量）会很高，一台普通激光器输出的激光，产生的能量就可以高达$10^9J/cm^2$，足以让材料熔化并汽化，在材料上留下一个小孔，就像是钻头钻出来的。但是，激光钻出的孔是圆锥形的，而不是机械钻孔的圆柱形，这在有些地方就不是很适用。

7. 激光手术　激光能产生高能量、聚焦精确的单色光，具有一定的穿透力，作用于人体组织时能在局部产生高热量。激光手术就是利用激光的这一特点，去除或破坏目标组织，达到治疗的目的。主要包括激光切割和激光修肤。

8. 激光能源　激光还可应用于核能发电上。世界上建成的核发电站使用的核燃料是铀，使用氚核燃料的研究尚未成功。研究发现，氚核燃料比铀核燃料更加耐烧，1kg氚核燃料燃烧产生的能量是铀核燃料的3倍多。更有吸引力的是氚核燃料在地球上的贮量大。1kg海水中含有0.03g氚，地球上的海洋中就装有10^{21}kg海水；或者说，地球的海洋中就贮藏有10^{17}kg氚，把它开发出来作燃料，就相当于给我们提供了10^{21}吨煤，足够人类用上几亿年，既然氚核燃料这么好，为什么还不用？问题就在于把它点火燃烧不是一件容易做到的事。划一根火柴燃烧的温度就可以把纸片、汽油点着火，要让这种核燃料着火，则需要亿度的高温。激光是最有可能达到这个点火温度的技术。

五、红外成像技术

物体表面温度如果超过绝对零度即会辐射出电磁波，随着温度变化，电磁波的辐射强度与波长分布特性也随之改变，波长介于0.75～1μm间的电磁波称为“红外线”，而人类视觉可见的“可见光”介于0.4～0.75μm。其中波长为0.78～2.0μm的部分称为近红外，波长为2.0～1000μm的部分称为热红外线。红外线在地表传送时，会受到大气组成物质（特别是H_2O、CO_2、CH_4、N_2O、O_3等）的吸收，强度明显下降，仅在短波3～5μm及波长8～12μm的两个波段有较好的穿透率（Transmission），通称大气窗口（Atmospheric window），大部分的红外热像仪就是针对这两个波段进行检测，计算并显示物体的表面温度分布。此外，由于红外线对绝大部分的固体及液体物质的穿透能力极差，因此红外热成像检测是以测量物体表面的红外线辐射能量为主。照相机成像得到照片，电视摄像机成像得到电视图像，都是可见光成像。自然界中，一切物体都可以辐射红外线，因此利用探测仪测定目标的本身和背景之间的红外线差就可以得到不同的红外图像。热红外线形成的图像称为热图。

理论和实践证明，凡是温度高于绝对零度的物体都有红外辐射。红外辐射的普遍性是红外技术有着广泛应用的根本原因。热像仪是红外成像技术的结晶，是一种被动的红外成像装置。它是利用目标各部分之间或与环境之间的辐射差异，将红外辐射能量密度分布图示出来，成为热像。由于人的视觉对红外光不敏感，所以热像仪必须具有把红外光变成可见光的功能，从而将红外图像转化为可见光图像。红外成像具有被动工作、抗干扰性好、目标识别强、全天候工作等特点。因此，红外成像技术在军事上有着广泛的应用，例如，陆军主要用于夜间监视、瞄准、侦察、制导和防空等；海军主要用于监视、巡逻、观察和导弹跟踪等；空军主要用于轰炸机、侦察机、攻击机等的导航、着陆、空中摄影和射击投弹等。

六、现代通信技术

通信技术和通信产业是20世纪80年代以来发展最快的领域之一。不论是在国际还是在国内都是如此。这是人类进入信息社会的重要标志之一。通信就是互通信息。从这个意义上来说，通信在远古的时代就已存在。人之间的对话是通信，用手势表达情绪也可算是通信。以前用烽火传递战事情况是通信，快马与驿站传送文件当然也可是通信。现代的通信一般是指电信，国际上称为远程通信。

纵观通信的发展分为以下三个阶段：第一阶段是语言和文字通信阶段。在这一阶段，通信方式简单，内容单一。第二阶段是电通信阶段。1837年，莫尔斯发明电报机，并设计莫尔斯电报码。1876年，贝尔发明电话机。这样，利用电磁波不仅可以传输文字，还可以传输语音，由此大大加快了通信的发展进程。1895年，马可尼发明无线电设备，从而开创了无线电通信发展的道路。第三阶段是电子信息通信阶段。从总体上看，通信技术实际上就是通信系统和通信网的技术。通信系统是指点对点通所需的全部设施，而通信网是由许多通信系统组成的多点之间能相互通信的全部设施。而现代的主要通信技术有数字通信技术、程控交换技术、信息传输技术、通信网络技术、数据通信与网络、ISDN与ATM技术、宽带IP技术、接入网与接入技术。

数字通信即传输数字信号的通信，是通过信源发出的模拟信号经过数字终端对信源编码成为数字信号，由终端发出的数字信号再经过信道编码变成适合于信道传输的数字信号，然后由调制解调器把信号调制到系统所使用的数字信道上，再传输到对方端经过相反的变换最终传送到信宿。数字通信以其抗干扰能力强，便于存储、处理和交换等特点，已经成为现代通信中最主要的通信技术，广泛应用于现代通信网络的各种通信系统。程控交换技术即是指人们用专门的电子计算机根据需要把预先编好的程序存入计算机后完成通信中的各种交换。程控交换最初是由电话交换技术发展而来，由当初电话交换的人工转接、自动转接、电子转接、程控转接技术，到后来，由于通信业务范围的不断扩大，交换的技术已经不仅仅用于电话交换，还能实现传真、数据、图像通信等交换。程控数字交换机处理速度快，体积小，容量大，灵活性强，服务功能多，便于改变交换机功能，便于建设智能网，向用户提供更多、更方便的电话服务。随着电信业务从以话音为主向以数据为主转移，交换技术也相应地从传统的电路交换技术逐步转向基于分组的数据交换和宽带交换，以及适应下一代网络基于IP的业务综合特点的软交换方向发展。

信息传输技术主要包括光纤通信、数字微波通信、卫星通信、移动通信以及图像通信。

光纤是以光波为载频，以光导纤维为传输介质的一种通信方式。其主要特点是频带宽，比常用微波频率高10^4～10^5倍；损耗低，中继距离长；具有抗电磁干扰能力；线径细，重量轻；还有耐腐蚀、不怕高温等优点。

数字微波中继通信是指利用波长为1m～1mm范围内的电磁波，通过中继站传输信号的一种

通信方式。由于数字微波信号有可以“再生”，便于数字程控交换机的连接，便于采用大规模集成电路，保密性好，数字微波系统占用频带较宽等优点，因此，虽然数字微波通信只有 20 多年的历史，却与光纤通信、卫星通信一起被国际公认为最有发展前途的三大传输技术。

卫星通信简单而言，就是地球上的无线电通信站之间，利用人造地球卫星做中继站而进行的通信。其主要特点是：通信距离远，而投资费用和通信距离无关；工作频带宽，通信容量大，适用于多种业务的传输；通信线路稳定可靠；通信质量高等。

早期的通信形式属于固定点之间的通信，随着人类社会的发展，信息传递日益频繁，移动通信正是因为具有信息交流灵活、经济效益明显等优势，得到了迅速的发展，所谓移动通信，就是在运动中实现的通信。其最大的优点是可以在移动的时候进行通信，方便，灵活。移动通信系统主要有数字全球移动通信系统（GSM）和码分多址蜂窝移动通信系统（CDMA）。

对于通信网，主要分为电话网、支撑网和智能网。电话网是进行交互型话音通信，开放电话业务的电信网；一个完整的电信网除了有以传递信息为主的业务网外，还需要有若干个用以保障业务网正常运行，增强网络功能，提高网络服务质量的支撑网络，这就是支撑网。支撑网主要包括信令网、数字同步网和电信管理网。而智能网是在原有的网络基础上，为快速、方便、经济、灵活地生成和实现各种电信新业务而建立的附加网络结构。

在通信领域，信息一般可以分为话音、数据和图像三大类型。数据是具有某种含义的数字信号的组合，如字母、数字和符号等，传输时这些字母、数字和符号用离散的数字信号逐一表达出来，数据通信就是将这样的数据信号加到数据传输信道上传输，到达接收地点后再正确地恢复出原始发送的数据信息的一种通信方式。其主要特点是：人—机或机—机通信，计算机直接参与通信是数据通信的重要特征；传输的准确性和可靠性要求高；传输速率高；通信持续时间差异大等。而数据通信网是一个由分布在各地数据终端设备、数据交换设备和数据传输链路所构成的网络，在通信协议的支持下完成数据终端之间的数据传输与数据交换。

数据网是计算机技术与近代通信技术发展相结合的产物，它将信息采集、传送、存储及处理融为一体，并朝着更高级的综合体发展。纵观通信技术的发展，虽然只有短短的一百多年的历史，却发生了翻天覆地的变化，由当初的人工转接到后来的电路转接、程控交换、分组交换，还有可以作为未来分组化核心网用的 ATM 交换机、IP 路由器，由单一的固定电话到卫星电话、移动电话、IP 电话等，以及由通信和计算机结合的各种其他业务，随着通信技术的发展，人类社会已经逐渐步入信息化的社会。

七、纳米新材料技术

纳米材料是指几何尺寸为纳米量级的微粒或由纳米大小的微粒在一定条件下加压成形得到的固体材料。纳米材料包含纳米金属和金属化合物、纳米陶瓷、纳米非晶态材料等。纳米技术是指制备纳米材料所使用的技术。纳米微粒由于其尺度很小，微粒内包含的原子数仅为 $10^2 \sim 10^4$ 个，其中有 50%左右为界面原子。纳米微粒的微小尺寸和高比例的表面原子数导致了它的量子尺寸效应和其他一些特殊的物理性质。纳米材料具有很多潜在的应用价值，也是目前的研究热点。

（1）在微电子器件方面的应用，现在已有人尝试用纳米硅材料制作单电子隧穿二极管，也有人尝试制作纳米硅基超晶格。另外，纳米磁性材料的发展也十分迅速，纳米尺寸的多层膜除了可在微电子器件方面应用外，还在磁光存贮、磁记录等方面具有优越的性能。

（2）在磁记录方面的应用，磁性纳米微粒由于尺寸小，具有单磁畴结构，矫顽力很高，用它

制成磁记录材料可提高信噪比，改善图像质量。目前，日本松下公司已制成纳米级微粉录像带。

（3）在传感器上的应用，由于纳米微粒材料具有巨大的表面和界面，对外界环境如温度、光湿度等十分敏感，外界环境的改变会迅速引起表面或界面离子价态和电子输运的变化，而且响应速度快，灵敏度高。所以用于传感器也具有巨大的潜力。

知识链接 29

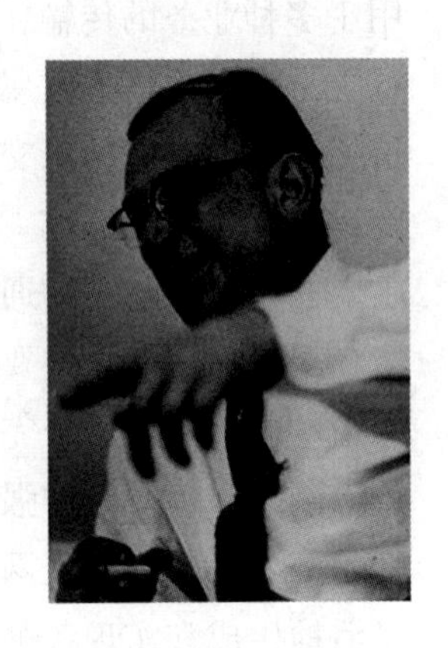

乔治·伽莫夫（1904 年 3 月 4 日—1968 年 8 月 20 日）是一位充满文学天才的幽默的科学家，有着无限的想象力，因而能从核物理转到宇宙学，再转到分子生物学领域。他在这三大领域都做出过突出贡献。最初伽莫夫与他的学生阿尔法（R. Alpher）一起提出宇宙起源的火球模型，他们写了一篇文章准备提交《物理学评论》发表，在准备印的最后文稿里，他突发奇想，觉得自己的姓与希腊字母 γ 同音，阿尔法的姓与 α 同音。当时正好有一位叫贝塔（H. Bethe）的物理学家也在研究这一领域，于是把贝塔的名字放在中间，形成了以 αβγ 的名义联名发表的宇宙火星模型论文。

小　结

本章在爱因斯坦的狭义相对论中，重点介绍了爱因斯坦的质量能量动量方程和质能方程、同时的相对性、时间延缓、尺度收缩。广义相对论重点介绍了等效原理，广义相对性原理和时空弯曲。在基本粒子一节重点介绍了基本粒子及反粒子、粒子的探测、相互作用原理和守恒定律、夸克模型。在天体物理一节，重点介绍了白矮星、中子星、脉冲星和超新星、宇宙膨胀理论和宇宙大爆炸模型。第四节介绍了空间技术、传感器技术、新能源技术、激光技术、红外成像技术和纳米新材料等物理新技术及其应用。主要公式有：

1. 迈克尔孙-莫雷实验

两束光时间差　$\Delta t = 2(t_1 - t_2) \approx \frac{2lu^2}{c^3}$

干涉引起条纹移动数目

$$\Delta N = \frac{2L}{\lambda}\frac{u^2}{c^2}$$

2. 洛仑兹变换及其逆变换

$$\begin{cases} x' = \gamma(x - ut) \\ y' = y \\ z' = z \\ t' = \gamma(t - \frac{u}{c^2}x) \end{cases} \quad \text{其逆变换为} \begin{cases} x = \gamma(x' + ut') \\ y = y' \\ z = z' \\ t = \gamma(t' + \frac{u}{c^2}x') \end{cases}$$

其中 $\gamma = \frac{1}{\sqrt{1 - u^2/c^2}}$

3. 爱因斯坦速度变换式

$$\begin{cases} v_x' = \dfrac{v_x - u}{1 - \dfrac{uv_x}{c^2}} \\ v_y' = \dfrac{v_y}{\gamma(1 - \dfrac{uv_x}{c^2})} \\ v_z' = \dfrac{v_z}{\gamma(1 - \dfrac{uv_x}{c^2})} \end{cases}$$

其逆变换为

$$\begin{cases} v_x = \dfrac{v_x' + u}{1 + \dfrac{uv_x'}{c^2}} \\ v_y = \dfrac{v_y'}{\gamma(1 + \dfrac{uv_x'}{c^2})} \\ v_z = \dfrac{v_z'}{\gamma(1 + \dfrac{uv_x'}{c^2})} \end{cases}$$

4. 同时性的相对性　$\Delta t' = \dfrac{\Delta t - \dfrac{u}{c^2}\Delta x}{\sqrt{1 - \dfrac{u^2}{c^2}}}$

5. 长度收缩　$l = l_0\sqrt{1 - u^2/c^2}$

6. 时间延缓　$\tau = \dfrac{\tau_0}{\sqrt{1 - u^2/c^2}}$

7. 相对论质量速度关系　$m = \dfrac{m_0}{\sqrt{1 - v^2/c^2}} = \lambda m_0$

8. 相对论动量　$p = mv = \dfrac{m_0 v}{\sqrt{1 - v^2/c^2}} = \gamma m_0 v$

9. 相对论动能　$E_k = mc^2 - m_0c^2$

10. 相对论质能方程　$\Delta E = \Delta mc^2$

11. 广义相对论等效原理　引力质量与惯性质量的等同性　$m = m'$

12. 基本粒子与反粒子能量　$E = \pm\sqrt{p^2c^2 + m_0^2c^4}$

13. 钱德拉塞卡极限　$M_0 = 1.4m_{\Theta}$

14. 奥本海默上限　$M'_0 = 2m_{\Theta}$

15. 黑洞引力半径　$R_g = \dfrac{2GM}{c^2}$

16. 哈勃定律　$v = Hd$

习题十六

16-1　狭义相对论的两个基本假设是什么？

16-2　狭义相对论效应如时间延缓和长度收缩对汽车和飞机也是存在的，为什么我们会对此效应感到陌生？

16-3　相对论的质能方程及其物理意义是什么？

16-4　广义相对论是在什么情况下建立起来的？

16-5　试解释相对论多普勒效应中的“红移”。

16-6 粒子探测常用的基本方法是什么?

16-7 何为夸克模型?

16-8 黑洞是如何定义的?

16-9 弗利德曼的宇宙模型是什么?

16-10 伽莫夫的宇宙大爆炸理论是什么?

16-11 地面观测者测定某火箭通过地面上相距 120km 的两城市花了 5×10^{-4}s，试求由火箭观测者测定的两城市空间距离和飞越时间间隔各是多少?

16-12 远方的一颗星以 0.8c 的速度离开地球，接收到它辐射出来的闪光 5 昼夜的周期变化，求固定在此星上的参考系测定的闪光周期。

勇攀高峰 5 我国成功研制世界上首台直管状氙灯抽运固体激光器

20 世纪 60 年代，美国诞生了世界上第一台激光器后不到一年的时间内，在相对落后的环境下，我国也成功研制出第一台激光器；虽然我国研制出第一台激光器的时间比国外晚了近一年，但是在许多方面比世界第一台激光器更好、更科学。比如，世界第一台激光器使用的抽运源是螺旋状氙灯，但这种结构并不能保证从光源发出的光能照射到增益介质中去。为此我国科学家王之江院士独辟蹊径，经过科学计算，决定采用直管状氙灯作为抽运源，这一设计立刻得到了全世界的认同，直到现在，使用直管状氙灯抽运仍然是固体激光器发展的主流。此外，我国第一台激光器使用的是球形照明系统，这也是该系统在世界上首次运用于激光器中。当增益介质跟氙灯的直径一样时，采用球形照明系统，能使激发效率达到最高。这些优势源自我国科学家王之江院士深厚的光学设计背景。

中国科学家在激光器制造的成果得益于当时的科学家前瞻的眼光、深厚的理论功底和强大的奉献精神。同学们应该学习这种奋发向上、孜孜不倦和永攀高峰的精神。

附录

常用物理量及其单位的定义、名称和符号

根据中华人民共和国国家标准，将常用的一些物理量及其单位的定义、名称和符号等分别列表如下：

表1　国际单位制的基本单位

量的名称	单位名称	单位符号		单位的定义
		中文	国际	
长度	米	米	m	米是光在真空中 1/299792458 秒的时间间隔内所经过的长度
质量	千克	千克	kg	千克是以保存在法国巴黎国际度量衡局中的一个含有 10%铱（误差达 0.0001 左右）的铂圆锥体的质量为标准
时间	秒	秒	s	秒是铯 133 原子基态的两个超精细能级之间跃迁所对应的辐射的 9192631770 个周期的持续时间
电流强度	安培	安	A	安培是一个恒定电流强度，若保持在真空中相距 1 米的两根无限长而圆截面积可忽略的平行直导线内，则此两直导线之间每米长度上产生 2×10^{-7} 牛顿的力
热力学温度	开尔文	开	K	开尔文是水三相点热力学温度的 1/273.16
物质的量	摩尔	摩	mol	摩尔是一物质体系的物质的量，该物质体系中所包含的基本单元数与 0.012 千克碳 12 的原子数相等。在使用摩尔时应指明单元，它可以是原子、分子、离子、电子以及其他粒子，或者是这些粒子的特定组合体
发光强度	坎德拉	坎	cd	坎德拉是一个光源在给定方向上的发光强度，该光源发出频率为 5.40×10^{14} 赫兹的单色辐射，且在此方向上的辐射强度为 1/263 瓦特每球面度

表2　国际单位制的辅助单位

量的名称	单位名称	单位符号		单位的定义
		中文	国际	
平面角	弧度	弧度	rad	弧度是一个圆内两条半径之间的平面角，这两条半径在圆周上截取的弧长与半径相等
立体角	球面度	球面度	sr	球面角是一个立体角，其顶点位于球心，而它在球面上截取的面积等于以球半径为边长的正方形面积

表 3 物理量及其国际单位制单位

量的名称	符号	单位名称	单位符号
长度	l, L	米	m
面积	A, S	平方米	m^2
体积	V	立方米	m^3
时间	t	秒	s
速度	υ	米每秒	m/s
加速度	a	米每二次方秒	m/s^2
重力加速度	g	米每二次方秒	m/s^2
角速度	ω	弧度每秒	rad/s
角加速度	α, β	弧度每二次方秒	rad/s^2
周期	T	秒	s
频率	f, ν	赫［兹］	Hz
旋转频率	n	每秒	s^{-1}
角频率（圆频率）	ω	弧度每秒	rad/s
波长	λ	米	m
波数	σ	每米	m^{-1}
质量	m	千克（公斤）	kg
密度	ρ	千克每立方米	kg/m^3
动量	p	千克米每秒	kg · m/s
角动量（动量矩）	L	千克二次方米每秒	$kg \cdot m^2/s$
转动惯量	I, J	千克二次方米	$kg \cdot m^2$
力	F, f	牛［顿］	N
重力	G, W	牛［顿］	N
力矩	M	牛［顿］米	N · m
转矩、力偶矩	T	牛［顿］米	N · m
压力、压强	p	帕［斯卡］	Pa
功	W, A	焦［耳］	J
能［量］	E, W	焦［耳］	J
动能	E_k, T	焦［耳］	J
势能，位能	E_p, V	焦［耳］	J
功率	P	瓦［特］	W
［动力］黏度	η	帕［斯卡］秒	Pa · s
运动黏度	ν	二次方米每秒	m^2/s
质量流量	q_m	千克每秒	kg/s
体积流量	q_V	立方米每秒	m^3/s
雷诺数	Re	—	—
热力学温度	T, Θ	开［尔文］	K
摄氏温度	t, θ	摄氏度	℃
热、热量	Q	焦［耳］	J
热流量	Φ	瓦［特］	W
热容	C	焦［耳］每开［尔文］	J/K
比热容	c	焦［耳］每千克开［尔文］	J/(kg · K)
定容摩尔热容	C_V	焦［耳］每摩尔开［尔文］	J/(mol · K)
定压摩尔热容	C_p	焦［耳］每摩［尔］开［尔文］	J/(mol · K)
熵	S	焦［耳］每开［尔文］	J/K

续表

量的名称	符号	单位名称	单位符号
内能	U, E	焦［耳］	J
物质的量	n	摩［尔］	mol
摩尔质量	M	千克每摩［尔］	kg/mol
摩尔体积	V_m	立方米每摩［尔］	m^3/mol
导热系数	λ	瓦［特］每米开［尔文］	W/(m·K)
扩散系数	D	二次方米每秒	m^2/s
比热比	γ	—	—
热机效率	η	—	—
分子或粒子数	N	—	—
分子数密度	n	每立方米	m^{-3}
摩尔气体常数	R	焦［耳］每摩［尔］开［尔文］	J/(mol·K)
阿伏伽德罗常数	N_A	每摩［尔］	mol^{-1}
玻耳兹曼常数	k	焦［耳］每开［尔文］	J/K
电流强度	I	安［培］	A
电荷、电量	Q, q	库［仑］	C
电荷面密度	σ	库［仑］每平方米	C/m^2
电荷体密度	ρ	库［仑］每立方米	C/m^3
电场强度	E	伏特每米	V/m
电势	V, φ	伏［特］	V
电势差、电压	U, V	伏［特］	V
电动势	E, ε	伏［特］	V
电位移	D	库［仑］每平方米	C/m^3
电通量	Ψ, Φ_e	牛［顿］平方米每库［仑］	$N\cdot m^2/C$
电容	C	法［拉］	F
介电常数（电容率）	ε	法［拉］每米	F/m
真空介电常数	ε_0	法［拉］每米	F/m
相对介电常数	ε_r	—	—
电极化率	χ	—	—
电极化强度	P	库［仑］每二次方米	C/m^2
电偶极矩	p	库［仑］米	C·m
电流密度	J, δ	安［培］每平方米	A/m^2
电阻	R	欧［姆］	Ω
电导	G	西［门子］	S
电阻率	ρ	欧［姆］米	Ω·m
电导率	γ	西［门子］每米	S/m
磁场强度	H	安［培］每米	A/m
磁感应强度	B	特［斯拉］	T
磁通量	Φ	韦［伯］	Wb
磁导率	μ	亨［利］每米	H/m
真空磁导率	μ_0	亨［利］每米	H/m
相对磁导率	μ_r	—	—
磁矩	m	安［培］平方米	$A\cdot m^2$
自感	L	亨［利］	H
互感	M, L_{12}	亨［利］	H

续表

量的名称	符号	单位名称	单位符号
发光强度	I	坎［德拉］	Cd
光通量	Φ	流明	lm
吸收比	α	—	—
反射比	ρ	—	—
透射比	τ，T	—	—
吸收系数	α	每米	m^{-1}
消光系数	ε，E	每米	m^{-1}
真空中光速	c	米每秒	m/s
折射率	n	—	—
辐射能	Q，W	焦［耳］	J
辐射功率	P，Φ	瓦［特］	W
辐射出射度（辐出度）	M	瓦［特］每平方米	W/m^2
单色辐出度	M_λ	瓦［特］每立方米	W/m^3
辐射强度	I	瓦［特］每球面度	W/sr
斯忒藩-玻耳兹曼常数	σ	瓦每平方米四次方开	$W/(m^2 \cdot K^4)$
康普顿波长	λ_0	米	m
质子数、原子序数	Z	—	—
中子数	N	—	—
核子数、质量数	A	—	—
原子质量常数	m_u	原子质量单位	u
普朗克常数	h	焦［耳］秒	J·s
玻尔半径	a_0	米	m
里德伯常数	R_∞	每米	m^{-1}
粒子或核的磁矩	μ	安［培］二次方米	$A \cdot m^2$
玻尔磁子	μ_B	安［培］二次方米	$A \cdot m^2$
核磁子	μ_N	安［培］二次方米	$A \cdot m^2$
磁旋比	γ	安［培］二次方米每焦［耳］秒	$A \cdot m^2/(J \cdot s)$
原子、电子的 g 因子	g_e	—	—
原子核的 g 因子	g	—	—
原子进动角频率	ω_L	每秒	s^{-1}
核进动角频率	ω_N	每秒	s^{-1}
拉莫尔频率	ν_L，ν_N	每秒	s^{-1}
电子静止质量	m_e	千克	kg
质子静止质量	m_p	千克	kg
中子静止质量	m_n	千克	kg
基本电荷	e	库［仑］	C
主量子数	n	—	—
轨道角动量量子数	l	—	—
磁量子数	m	—	—
自旋磁量子数	m_s	—	—
核自旋量子数	I	—	—
衰变常数	λ	每秒	s^{-1}
半衰期	$T_{1/2}$	秒	s
平均寿命	τ	秒	s
［放射性］活度	A	贝［可］	Bq

表 4　国家选定的非国际单位制单位

量的名称	单位名称	单位符号	换算关系
时间	分 ［小］时 天［日］	min h d	1min = 60s 1h = 60min = 3600s 1d = 24h = 86400s
平面角	度 ［角］分 ［角］秒	° ′ ″	1° = 60′ = （π/180） rad ≈ 0. 01745rad 1′ = 60″ = （π/10800） rad 1″ = （π/648000） rad
旋转速度	转每分	r/min	1r/min = （1/60） s^{-1}
质量	吨 原子质量单位	t u	1t = 10^3 kg 1u = 1. 6605655 × 10^{-27} kg
体积	升	L	1L = 1dm^3 = 10^{-3} m^3
能	电子伏特	eV	1eV ≈ 1. 6021892 × 10^{-19} J
级差	分贝	dB	

表 5　暂时与国际单位制并用的一些单位及其换算

量的名称	单位名称	单位符号	换算关系
长度	公里 埃	km Å	 1Å = 10^{-10} m
力	达因 千克力	dyn kgf	1dyn = 10^{-5} N 1kgf = 9. 80665N
力矩	千克力米	kgf · m	1kgf · m = 9. 80665N · m
压强 （压力）	巴 托 标准大气压 工程大气压 毫米汞柱 毫米水柱	bar Torr atm kgf/cm^2 mmHg mmH_2O	1bar = 10^5 Pa 1Torr = 133. 322Pa 1atm = 101325Pa 1kgf/cm^2 = 9. 80665 × 10^4 Pa 1mmHg = 133. 322Pa 1mmH_2O = 9. 80665Pa
动力黏度	泊	P	1P = 1dyn · s/cm^2 = 0. 1Pa · s
运动黏度	斯［托克斯］	St	1St = 10^{-4} m^2/s
能，功	千克力米 瓦［特］小时	kgf · m W · h	1 kgf · m = 9. 80665J 1W · h = 3600J
功率	马力		1 马力 = 75 kgf · m/s ≈ 735. 49875W
热量	卡	cal	1cal = 4. 1868J
比热容	卡每克摄氏度	cal/（g · ℃）	1cal/（g · ℃） = 4. 1868 × 10^3 J/（kg · K）
磁场强度	奥斯特	Oe	1Oe ≙ （1000/4π） A/m
磁感应强度	高斯	Gs	1Gs ≙ 10^{-4} T
磁通量	麦克斯韦	Mx	1Mx ≙ 10^{-8} Wb
活度	居［里］	Ci	1Ci = 3. 7 × 10^{10} Bq
照射量	伦［琴］	R	1R = 2. 58 × 10^{-4} C/kg
照射量率	伦［琴］每秒	R/s	1R/s = 2. 58 × 10^{-4} C/（kg · s）
吸收剂量	拉德	rad	1rad = 10^{-2} Gy
剂量当量	雷母	rem	1rem = 10^{-2} S

表 6 常用物理常数

量的名称	符号	量值	量的名称	符号	量值
标准重力加速度	g_n	9. 80665m/s^2	真空磁导率	μ_0	1. 25663706144×10^{-6}
标准大气压	p	101325Pa			H/m
万有引力常数	G	6. 672041×10^{-11}	电子伏特	eV	1. 6021892×10^{-19}J
		N · m^2/kg^2	真空中光速	c	2. 99792458×10^{8}m/s
阿伏伽德罗常数	N_A	6. 022045×10^{23}	斯忒藩-玻耳兹曼常数	σ	5. 67032×10^{-8}
摩尔气体常数	R	8. 31441J/(mol · K)			W/(m^2 · K^4)
理想气体摩尔体积	V_0	0. 02241383m^3/mol	里德伯常数	R_∞	1. 097373177×10^{7}m^{-1}
玻耳兹曼常数	k	1. 380662×10^{-23}J/K	维恩位移常数	b	2. 8978×10^{-3}m · K
基本电荷	e	1. 6021892×10^{-19}C	普朗克常数	h	6. 626176×10^{-34}J · s
电子静止质量	m_e	9. 109534×10^{-31}kg	玻尔半径	a_0	5. 2917706×10^{-11}m
质子静止质量	m_p	1. 6726485×10^{-27}kg	玻尔磁子	μ_B	9. 274078×10^{-24}A · m^2
中子静止质量	m_n	1. 6749543×10^{-27}kg	核磁子	μ_N	5. 050824×10^{-27}A · m^2
原子质量常数	m_u	1. 6605655×10^{-27}kg	质子磁矩	μ_p	1. 4106171×10^{-26}A · m^2
真空介电常数	ε_0	8. 854187818×10^{-11}	电子的康普顿波长	λ_0	2. 4263089×10^{-12}m
		C^2/(N · m^2)			

表 7 希腊字母表

大写	小写	英语读音	大写	小写	英语读音
Α	α	Alpha	Ε	ε	Epsilon
Β	β	Beta	Ζ	ζ	Zeta
Γ	γ	Gamma	Η	η	Eta
Δ	δ	Delta	Θ	θ	Theta
Ι	ι	Iota	Ρ	ρ	Rho
Κ	κ	Kappa	Σ	σ	Sigma
Λ	λ	Lambda	Τ	τ	Tau
Μ	μ	Mu	Υ	υ	Upsilon
Ν	ν	Nu	Φ	φ	Phi
Ξ	ξ	Xi	Χ	χ	Chi
Ο	ο	Omicron	Ψ	ψ	Psi
Π	π	Pi	Ω	ω	Omega

主要参考书目

[1] 程守洙，江之永. 普通物理学 [M]. 北京：人民教育出版社，1979.
[2] 储圣麟. 原子物理学 [M]. 北京：人民教育出版社，1983.
[3] 庄鸣山. 物理学 [M]. 北京：人民卫生出版社，1984.
[4] 周世勋. 量子力学教程 [M]. 北京：高等教育出版社，1984.
[5] 谈正卿. 物理学 [M]. 上海：上海科学技术出版社，1985.
[6] 王鸿儒. 物理学 [M]. 北京：人民卫生出版社，1994.
[7] 卢德馨. 大学物理 [M]. 北京：高等教育出版社，1998.
[8] 杨继庆，文峻. 医用物理学 [M]. 北京：科学技术文献出版社，2002.
[9] 胡新瑶. 医学物理学 [M]. 北京：人民卫生出版社，2002.
[10] 张淳民. 物理 [M]. 北京：电子工业出版社，2003.
[11] 舒辰慧. 物理学 [M]. 北京：人民卫生出版社，2003.
[12] 侯俊玲，孙铭. 物理学 [M]. 北京：科学出版社，2003.
[13] 章新友，侯俊玲. 物理学 [M]. 3 版. 北京：中国中医药出版社，2012.
[14] 章新友，侯俊玲. 物理学 [M]. 4 版. 北京：中国中医药出版社，2016.
[15] 章新友. 药用物理学 [M]. 南昌：江西高校出版社，2017.
[16] 章新友，侯俊玲. 物理学习题集 [M]. 4 版. 北京：中国中医药出版社，2018.
[17] 章新友，侯俊玲. 物理学实验 [M]. 4 版. 北京：中国中医药出版社，2018.

全国中医药行业高等教育“十四五”规划教材

全国高等中医药院校规划教材（第十一版）

教材目录（第一批）

注：凡标☆号者为“核心示范教材”。

（一）中医学类专业

序号	书　名	主　编		主编所在单位	
1	中国医学史	郭宏伟	徐江雁	黑龙江中医药大学	河南中医药大学
2	医古文	王育林	李亚军	北京中医药大学	陕西中医药大学
3	大学语文	黄作阵		北京中医药大学	
4	中医基础理论☆	郑洪新	杨　柱	辽宁中医药大学	贵州中医药大学
5	中医诊断学☆	李灿东	方朝义	福建中医药大学	河北中医学院
6	中药学☆	钟赣生	杨柏灿	北京中医药大学	上海中医药大学
7	方剂学☆	李　冀	左铮云	黑龙江中医药大学	江西中医药大学
8	内经选读☆	翟双庆	黎敬波	北京中医药大学	广州中医药大学
9	伤寒论选读☆	王庆国	周春祥	北京中医药大学	南京中医药大学
10	金匮要略☆	范永升	姜德友	浙江中医药大学	黑龙江中医药大学
11	温病学☆	谷晓红	马　健	北京中医药大学	南京中医药大学
12	中医内科学☆	吴勉华	石　岩	南京中医药大学	辽宁中医药大学
13	中医外科学☆	陈红风		上海中医药大学	
14	中医妇科学☆	冯晓玲	张婷婷	黑龙江中医药大学	上海中医药大学
15	中医儿科学☆	赵　霞	李新民	南京中医药大学	天津中医药大学
16	中医骨伤科学☆	黄桂成	王拥军	南京中医药大学	上海中医药大学
17	中医眼科学	彭清华		湖南中医药大学	
18	中医耳鼻咽喉科学	刘　蓬		广州中医药大学	
19	中医急诊学☆	刘清泉	方邦江	首都医科大学	上海中医药大学
20	中医各家学说☆	尚　力	戴　铭	上海中医药大学	广西中医药大学
21	针灸学☆	梁繁荣	王　华	成都中医药大学	湖北中医药大学
22	推拿学☆	房　敏	王金贵	上海中医药大学	天津中医药大学
23	中医养生学	马烈光	章德林	成都中医药大学	江西中医药大学
24	中医药膳学	谢梦洲	朱天民	湖南中医药大学	成都中医药大学
25	中医食疗学	施洪飞	方　泓	南京中医药大学	上海中医药大学
26	中医气功学	章文春	魏玉龙	江西中医药大学	北京中医药大学
27	细胞生物学	赵宗江	高碧珍	北京中医药大学	福建中医药大学

序号	书　名	主　编		主编所在单位	
28	人体解剖学	邵水金		上海中医药大学	
29	组织学与胚胎学	周忠光	汪　涛	黑龙江中医药大学	天津中医药大学
30	生物化学	唐炳华		北京中医药大学	
31	生理学	赵铁建	朱大诚	广西中医药大学	江西中医药大学
32	病理学	刘春英	高维娟	辽宁中医药大学	河北中医学院
33	免疫学基础与病原生物学	袁嘉丽	刘永琦	云南中医药大学	甘肃中医药大学
34	预防医学	史周华		山东中医药大学	
35	药理学	张硕峰	方晓艳	北京中医药大学	河南中医药大学
36	诊断学	詹华奎		成都中医药大学	
37	医学影像学	侯　键	许茂盛	成都中医药大学	浙江中医药大学
38	内科学	潘　涛	戴爱国	南京中医药大学	湖南中医药大学
39	外科学	谢建兴		广州中医药大学	
40	中西医文献检索	林丹红	孙　玲	福建中医药大学	湖北中医药大学
41	中医疫病学	张伯礼	吕文亮	天津中医药大学	湖北中医药大学
42	中医文化学	张其成	臧守虎	北京中医药大学	山东中医药大学

（二）针灸推拿学专业

序号	书　名	主　编		主编所在单位	
43	局部解剖学	姜国华	李义凯	黑龙江中医药大学	南方医科大学
44	经络腧穴学☆	沈雪勇	刘存志	上海中医药大学	北京中医药大学
45	刺法灸法学☆	王富春	岳增辉	长春中医药大学	湖南中医药大学
46	针灸治疗学☆	高树中	冀来喜	山东中医药大学	山西中医药大学
47	各家针灸学说	高希言	王　威	河南中医药大学	辽宁中医药大学
48	针灸医籍选读	常小荣	张建斌	湖南中医药大学	南京中医药大学
49	实验针灸学	郭　义		天津中医药大学	
50	推拿手法学☆	周运峰		河南中医药大学	
51	推拿功法学☆	吕立江		浙江中医药大学	
52	推拿治疗学☆	井夫杰	杨永刚	山东中医药大学	长春中医药大学
53	小儿推拿学	刘明军	邰先桃	长春中医药大学	云南中医药大学

（三）中西医临床医学专业

序号	书　名	主　编		主编所在单位	
54	中外医学史	王振国	徐建云	山东中医药大学	南京中医药大学
55	中西医结合内科学	陈志强	杨文明	河北中医学院	安徽中医药大学
56	中西医结合外科学	何清湖		湖南中医药大学	
57	中西医结合妇产科学	杜惠兰		河北中医学院	
58	中西医结合儿科学	王雪峰	郑　健	辽宁中医药大学	福建中医药大学
59	中西医结合骨伤科学	詹红生	刘　军	上海中医药大学	广州中医药大学
60	中西医结合眼科学	段俊国	毕宏生	成都中医药大学	山东中医药大学
61	中西医结合耳鼻咽喉科学	张勤修	陈文勇	成都中医药大学	广州中医药大学
62	中西医结合口腔科学	谭　劲		湖南中医药大学	

（四）中药学类专业

序号	书　名	主　编	主编所在单位	
63	中医学基础	陈　晶　程海波	黑龙江中医药大学	南京中医药大学
64	高等数学	李秀昌　邵建华	长春中医药大学	上海中医药大学
65	中医药统计学	何　雁	江西中医药大学	
66	物理学	章新友　侯俊玲	江西中医药大学	北京中医药大学
67	无机化学	杨怀霞　吴培云	河南中医药大学	安徽中医药大学
68	有机化学	林　辉	广州中医药大学	
69	分析化学（上）（化学分析）	张　凌	江西中医药大学	
70	分析化学（下）（仪器分析）	王淑美	广东药科大学	
71	物理化学	刘　雄　王颖莉	甘肃中医药大学	山西中医药大学
72	临床中药学☆	周祯祥　唐德才	湖北中医药大学	南京中医药大学
73	方剂学	贾　波　许二平	成都中医药大学	河南中医药大学
74	中药药剂学☆	杨　明	江西中医药大学	
75	中药鉴定学☆	康廷国　闫永红	辽宁中医药大学	北京中医药大学
76	中药药理学☆	彭　成	成都中医药大学	
77	中药拉丁语	李　峰　马　琳	山东中医药大学	天津中医药大学
78	药用植物学☆	刘春生　谷　巍	北京中医药大学	南京中医药大学
79	中药炮制学☆	钟凌云	江西中医药大学	
80	中药分析学☆	梁生旺　张　彤	广东药科大学	上海中医药大学
81	中药化学☆	匡海学　冯卫生	黑龙江中医药大学	河南中医药大学
82	中药制药工程原理与设备	周长征	山东中医药大学	
83	药事管理学☆	刘红宁	江西中医药大学	
84	本草典籍选读	彭代银　陈仁寿	安徽中医药大学	南京中医药大学
85	中药制药分离工程	朱卫丰	江西中医药大学	
86	中药制药设备与车间设计	李　正	天津中医药大学	
87	药用植物栽培学	张永清	山东中医药大学	
88	中药资源学	马云桐	成都中医药大学	
89	中药产品与开发	孟宪生	辽宁中医药大学	
90	中药加工与炮制学	王秋红	广东药科大学	
91	人体形态学	武煜明　游言文	云南中医药大学	河南中医药大学
92	生理学基础	于远望	陕西中医药大学	
93	病理学基础	王　谦	北京中医药大学	

（五）护理学专业

序号	书　名	主　编	主编所在单位	
94	中医护理学基础	徐桂华　胡　慧	南京中医药大学	湖北中医药大学
95	护理学导论	穆　欣　马小琴	黑龙江中医药大学	浙江中医药大学
96	护理学基础	杨巧菊	河南中医药大学	
97	护理专业英语	刘红霞　刘　娅	北京中医药大学	湖北中医药大学
98	护理美学	余雨枫	成都中医药大学	
99	健康评估	阚丽君　张玉芳	黑龙江中医药大学	山东中医药大学

序号	书　名	主　编		主编所在单位	
100	护理心理学	郝玉芳		北京中医药大学	
101	护理伦理学	崔瑞兰		山东中医药大学	
102	内科护理学	陈　燕	孙志岭	湖南中医药大学	南京中医药大学
103	外科护理学	陆静波	蔡恩丽	上海中医药大学	云南中医药大学
104	妇产科护理学	冯　进	王丽芹	湖南中医药大学	黑龙江中医药大学
105	儿科护理学	肖洪玲	陈偶英	安徽中医药大学	湖南中医药大学
106	五官科护理学	喻京生		湖南中医药大学	
107	老年护理学	王　燕	高　静	天津中医药大学	成都中医药大学
108	急救护理学	吕　静	卢根娣	长春中医药大学	上海中医药大学
109	康复护理学	陈锦秀	汤继芹	福建中医药大学	山东中医药大学
110	社区护理学	沈翠珍	王诗源	浙江中医药大学	山东中医药大学
111	中医临床护理学	裘秀月	刘建军	浙江中医药大学	江西中医药大学
112	护理管理学	全小明	柏亚妹	广州中医药大学	南京中医药大学
113	医学营养学	聂　宏	李艳玲	黑龙江中医药大学	天津中医药大学

（六）公共课

序号	书　名	主　编		主编所在单位	
114	中医学概论	储全根	胡志希	安徽中医药大学	湖南中医药大学
115	传统体育	吴志坤	邵玉萍	上海中医药大学	湖北中医药大学
116	科研思路与方法	刘　涛	商洪才	南京中医药大学	北京中医药大学

（七）中医骨伤科学专业

序号	书　名	主　编		主编所在单位	
117	中医骨伤科学基础	李　楠	李　刚	福建中医药大学	山东中医药大学
118	骨伤解剖学	侯德才	姜国华	辽宁中医药大学	黑龙江中医药大学
119	骨伤影像学	栾金红	郭会利	黑龙江中医药大学	河南中医药大学洛阳平乐正骨学院
120	中医正骨学	冷向阳	马　勇	长春中医药大学	南京中医药大学
121	中医筋伤学	周红海	于　栋	广西中医药大学	北京中医药大学
122	中医骨病学	徐展望	郑福增	山东中医药大学	河南中医药大学
123	创伤急救学	毕荣修	李无阴	山东中医药大学	河南中医药大学洛阳平乐正骨学院
124	骨伤手术学	童培建	曾意荣	浙江中医药大学	广州中医药大学

（八）中医养生学专业

序号	书　名	主　编		主编所在单位	
125	中医养生文献学	蒋力生	王　平	江西中医药大学	湖北中医药大学
126	中医治未病学概论	陈涤平		南京中医药大学	